凤凰建筑数字设计师系列

AutoCAD 建筑与室内设计实例精讲与上机实训教程

鼎翰文化　主编

江苏科学技术出版社

图书在版编目(CIP)数据

AutoCAD建筑与室内设计实例精讲与上机实训教程/鼎翰文化主编. —南京:江苏科学技术出版社，2014.1
(凤凰建筑数字设计师系列)
ISBN 978-7-5537-1894-1

Ⅰ.①A… Ⅱ.①鼎… Ⅲ.①建筑设计—计算机辅助设计—AutoCAD软件—教材②室内装饰设计—计算机辅助设计—AutoCAD软件—教材 Ⅳ.①TU201.4②TU238-39

中国版本图书馆CIP数据核字(2013)第202004号

凤凰建筑数字设计师系列
AutoCAD建筑与室内设计实例精讲与上机实训教程

主　　编	鼎翰文化
责任编辑	刘屹立
特约编辑	夏　莹
出版发行	凤凰出版传媒股份有限公司 江苏科学技术出版社
出版社地址	南京市湖南路1号A楼,邮编:210009
出版社网址	http://www.pspress.cn
总　经　销	天津凤凰空间文化传媒有限公司
总经销网址	http://www.ifengspace.cn
经　　销	全国新华书店
印　　刷	天津紫阳印刷有限公司
开　　本	787 mm×1 092 mm　1/16
印　　张	26.5
字　　数	628 000
版　　次	2014年1月第1版
印　　次	2014年1月第1次印刷
标准书号	ISBN 978-7-5537-1894-1
定　　价	59.80元

图书如有印装质量问题，可随时向销售部调换(电话:022-87893668)。

内容提要

本书从培训与自学的角度出发，全面、详细地介绍了 AutoCAD 2014 这一辅助绘图软件的强大功能与实际应用。

本书由国内一线 AutoCAD 教育与培训专家编著，内容完全遵循 AutoCAD 2014 教学大纲并按照认证培训的规定进行编写，内容不仅专业，而且丰富、实用。全书共分 10 章，内容包括：AutoCAD 2014 建筑制图基础、图形的绘制与标注、绘制常见建筑与装饰图块、绘制建筑与装饰平面图、绘制建筑与装饰立面图、绘制建筑与装饰设计剖面图、绘制建筑与装饰施工详图、绘制建筑三维模型、图形的打印、CAD 图形文件格式、电子传递与发布等，详细介绍了 AutoCAD 2014 在建筑制图和室内设计方面的绘图方法与技巧，使读者在学习理论的同时，通过案例逐步掌握绘图技能，最终成为 AutoCAD 绘图高手。

本书结构清晰、内容详实，通过 82 个典型实例的详细讲解与上机练习，采用了由浅入深、循序渐进的讲解方式，让读者朋友在短时间内完全掌握软件的基本操作技能，以及建筑与装饰绘图方法，从而完成从新手到高手的华丽转变。本书不仅是各类计算机培训中心、中等职业学校、中等专业学校、职业高中和技工学校的首选教材，同时也可作为建筑设计、室内设计以及园林景观设计师的自学参考用书。

前　言

软件简介

AutoCAD 2014 是美国 Autodesk 公司推出的 AutoCAD 的最新版本，它是一款计算机辅助绘图与设计软件，具有功能强大、易于掌握、使用方便和体系结构开放等特点，能够绘制二维与三维图形、标注图形尺寸、渲染图形以及打印输出图纸，在机械、电子、建筑、土木、园林、服装等领域有着广泛的应用，深受相关行业设计人员的青睐。

主要内容

章　节	主要内容
第 1～2 章	主要讲解了 AutoCAD 2014 的基本功能以及 AutoCAD 2014 在建筑绘图方面的基础理论等
第 3～6 章	主要讲解了 AutoCAD 2014 在建筑、室内装饰设计方面的应用实例，如建筑平、立面图和剖面图的绘制
第 7 章	主要讲解了 AutoCAD 2014 在绘制建筑详图方面的应用
第 8 章	主要讲解了 AutoCAD 2014 在三维制作方面的应用与实例
第 9～10 章	对 AutoCAD 2014 的图形打印、输出、文件格式进行讲解

本书特色

特　色	说　明
专家编著 依纲编写	本书由国内一线 AutoCAD 2014 教育与培训专家编著，内容完全遵循 AutoCAD 2014 教学大纲并按照认证培训的规定进行编写，内容不仅专业，而且丰富、实用
体系完整 讲解细致	书中内容完全从零起步，由浅入深，对 AutoCAD 2014 的各项功能与主体技术进行了全面、细致的讲解，让读者能逐步、轻松、高效地学习
100 多个范例 步骤图解	全书通过 82 个基础操作实例与建筑与装饰典型应用范例的详细讲解，让读者在精通软件的基础上通过实战演练，从新手快速步入到行业设计高手
注重应用 即学即用	本书实例范围包括建筑总平图、建筑立面图、建筑剖面图、室内立面图、室内平面图、室内剖面图、施工详图、三维制图等，从建筑设计到室内装饰设计制图，读者可以即学即用

作者信息

本书由李彪主编，同时参加编写的人员还有黄刚、尹新梅、李勇、王政、蒋平、何紧莲、何耀、赵阳春、王海欧、陈冲、杨仁股等。由于时间仓促，书中难免存在疏漏与不妥之处，欢迎广大读者来信咨询和指正，我们将听取您宝贵的意见，推出更多的精品计算机图书。

□版权声明□

本书所采用的产品、图片、创意和模型的著作权，均为所属公司或个人所有，本书引用仅为说明(教学)之用，绝无侵权之意，特此声明。

编　者

2014 年 1 月 1 日

目　　录

第1章 AutoCAD 2014 建筑制图基础

◈内容摘要◈

在过去的建筑行业中，长期以来，绘制建筑设计图纸一直是一项繁重的工作，制图必须使用绘图工具和仪器进行手工绘制，但却效率低、劳动强度大、容易出错，而且不方便编辑与修改。在今天，使用 AutoCAD 进行计算机辅助绘图，可以边设计边修改，直到设计者满意为止，再使用计算机打印设备出图，从而在设计过程中不用再费力地一遍又一遍地绘制很多不必要的草图。本章将向大家介绍 AutoCAD 2014 在建筑制图中的一些基础知识，为后面熟练掌握 AutoCAD 2014 绘图打下坚实的基础。

◈教学目标◈

- 绘图原理
- 建筑制图概念
- 投影理论
- 制图规范
- 初识 AutoCAD 2014

1.1 建筑制图与室内制图的概念与绘图原理

建筑制图与室内制图都是为了建造理想的建筑或家居设计而绘制的设计图纸。设计制图是用图样确切表示建筑的结构形状、尺寸大小、工作原理和技术要求的学科。图样由图形、符号、文字和数字等组成，是表达设计意图和制造要求以及交流经验的技术文件，常被称为设计界的语言。

1.1.1 建筑制图的概念

建筑制图是指按有关规定将建筑设计的意图绘制成图纸。建筑制图是为建筑设计服务的。因此，在建筑设计的不同阶段，需要绘制不同内容的设计图。在方案设计阶段和初步设计阶段绘制初步设计图，在技术设计阶段要绘制技术设计图，在施工图设计阶段要绘制施工图。

1. 初步设计图

初步设计图通常要画出建筑总平面图、建筑平面图、建筑立面图、建筑剖面图和建筑透视图或建筑鸟瞰图。初步设计图要求能表现出建筑中各主体、空间的基本关系和基本功能要求的方案构思，包括建筑中水平交通和垂直交通的设计、建筑外形和内部空间设计意向。这个阶段的设计图应能清晰、明确地表现出整个设计方案的意图。在研究制订建筑方案时，建筑师习惯使用半透明的草图纸进行绘制，这种作图方法有利于设计的构思和方案的修改。此外，在绘制初步设计图的同时还常常制作建筑模型，以弥补图纸的不足。

2. 技术设计图

技术设计对初步设计进行深入的技术研究与探讨，确定有关各工种的技术做法，使设计进一步完善。这一阶段的设计图纸要绘制出肯定的度量单位和技术做法，为施工图纸的制作准备条件。

3. 施工图

按照施工图的制图规定，绘制供施工时作为依据的全部图纸。施工图要按国家制定的制图标准进行绘制。一个建筑物的施工图包括：建筑施工图、结构施工图，以及给水排水、供暖、通风、电气、动力等施工图。

其中建筑施工图包括：

(1)总平面图，表示出构想中建筑物的平面位置和绝对标高、室外各项工程的标高、地面坡度、排水方向等，用以计算土方工程量，作为施工时定位、放线、土方施工和施工总平面布置的依据。工程复杂的，还应有给水、排水、供暖、电气等各种管线的布置图，竖向设计图等，如图 1-1 所示。

(2)建筑平面图，用轴线和尺寸线表示出各部分的尺寸和准确位置，门窗洞口的做法、标高尺寸，各层地面的标高，其他图纸、配件的位置和编号及其他工种的做法要求，如图 1-2 所示。建筑平面图是其他各种图纸的综合表现，应详尽确切。

(3)建筑立面图，表示出建筑外形各部分的做法和材料情况，建筑物各部位的可见高度和门窗洞口的位置，如图 1-3 所示。

(4)建筑剖面图，主要用标高表示建筑物的高度及其与结构的关系，如图 1-4 所示。

(5)建筑施工详图，包括建筑外檐剖面详图、楼梯详图、门窗等所有建筑装修和构造，以及特殊做法的详图，如图 1-5 所示。其详尽程度以能满足施工预算、施工准备和施工依据为准。

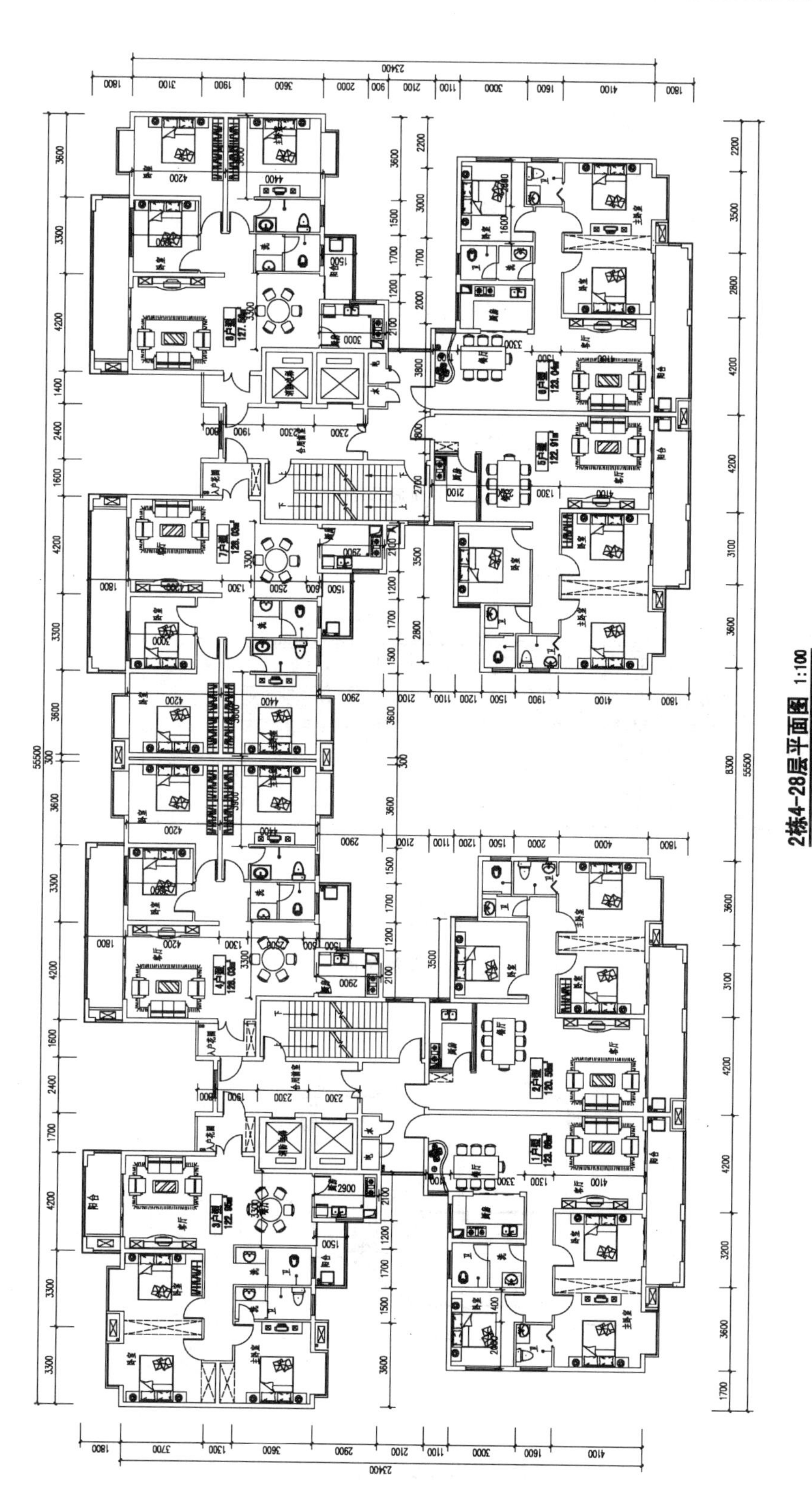

图 1-1 建筑总平面施工图

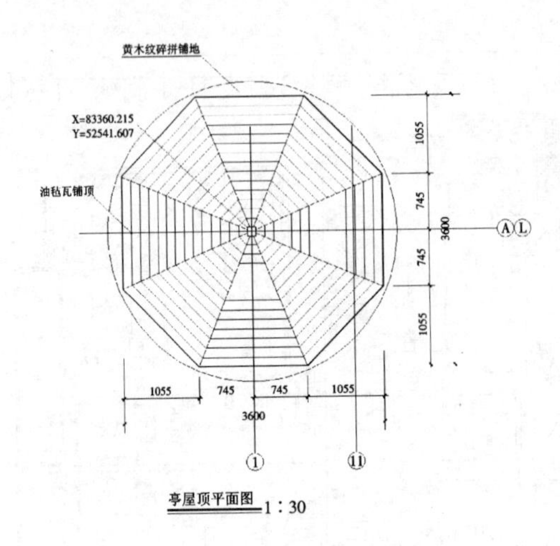

图 1-2 建筑平面施工图

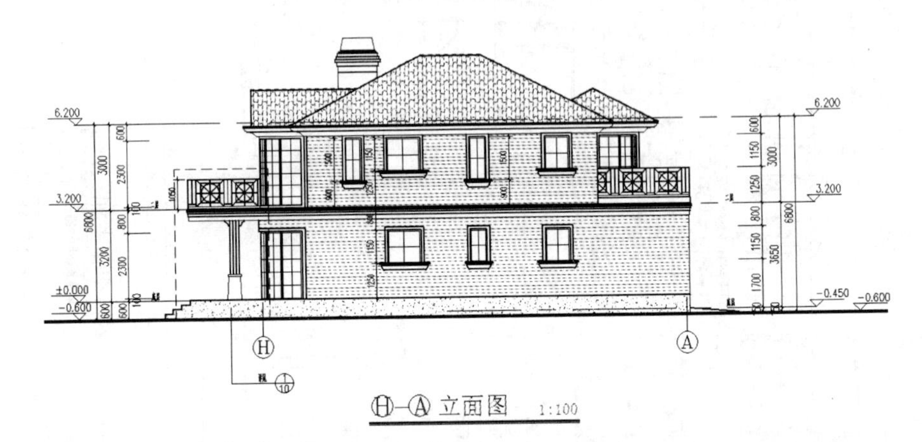

图 1-3 建筑立面施工图

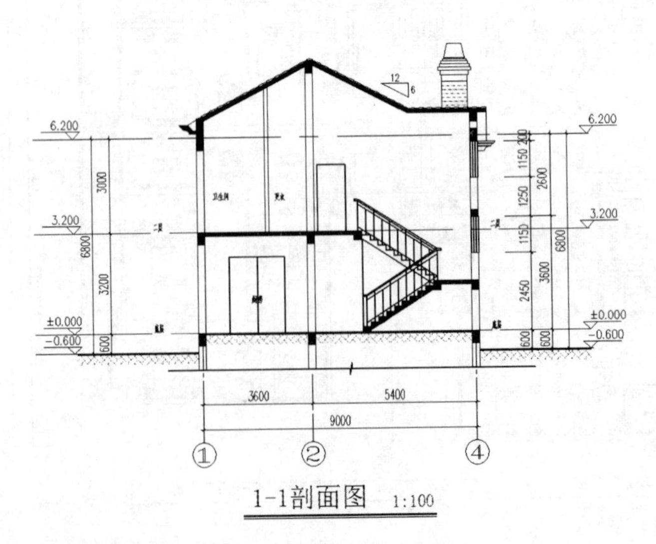

图 1-4 建筑剖面施工图

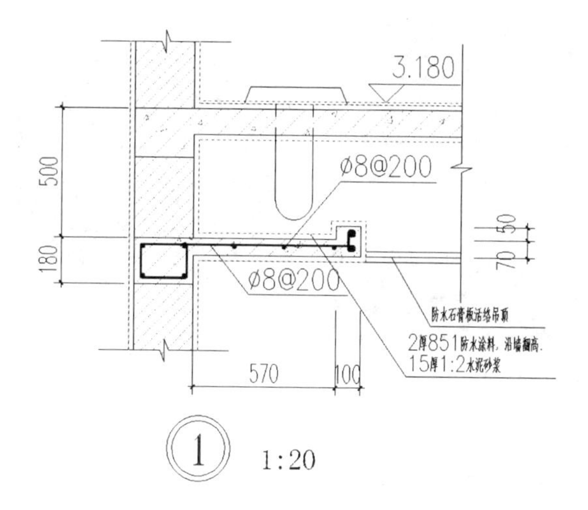

图 1-5　建筑施工详图(老虎窗)

1.1.2　室内制图的概念

室内设计是指根据建筑物的使用性质、所处环境和相应标准，运用物质技术手段和建筑美学原理，创造功能合理且能满足人们物质和精神生活需要的、舒适优美的室内环境。这一空间环境既具有使用价值，满足相应的功能要求，同时也反映了历史文脉、建筑风格、环境气氛等因素，满足人们的精神需求。

《辞海》对“室内设计”的定义是：对建筑的内部空间进行功能、技术、艺术的综合设计。室内设计涉及范围很广，包括结构施工，材料设备，造价标准、艺术性等。特别是在进行大型公用建筑室内设计时，需要大量的相互协调的工作，牵涉到业主、施工单位、经营管理方、建筑师，结构、电、水、空调工程师以及供货商等。只有相互协调，充分合作才能解决工程中的复杂问题，达到各个方面都满意的结果。

室内环境的功能包含以下两个方面。

物质功能：满足使用要求、冷暖光照等。如空间的面积大小、形状、合适的家具、设备布置、交通组织、疏散、消防、安全等设施，科学地创造良好的采光、照明、通风、隔声、隔热等物理环境，如图 1-6 所示为餐饮空间的物质功能。

精神功能：满足与建筑类型、性质相适应的环境氛围、风格、文脉等精神方面的要求。从人的文化、心理需求(如人的不同爱好、意愿、审美情趣、民族文化、民族象征、民族风格等)出发，并能充分体现在空间形式的处理和空间形象的塑造上，使人们获得精神上的满足和美的享受，如图 1-7 所示为某会客厅效果图。

图 1-6　餐饮空间

图 1-7　某会客厅效果图

1.1.3　绘图原理的表现形式

绘图原理表现形式一般有透视图、轴测图和多面正投影图三种。

(1)透视图是按中心投影法绘画，富有立体感，表现出人们对形体的直接感受，但不能反映形体的真实形象和大小。一般用作设计阶段的方案示意图，如图 1-8 所示。

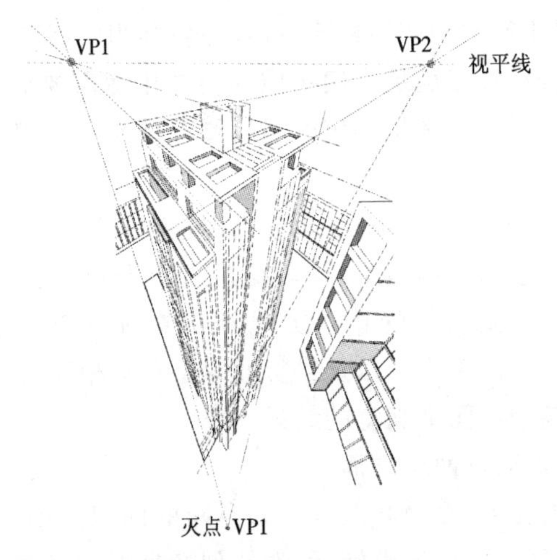

图 1-8　建筑透视图

(2)轴测图是按平等正确投影法绘图，富有立体感，但与人对形体的直观感受有差别。作图较简单，常用作工程上的辅助性图样，如图 1-9 所示。

(3)多面正投影图是按正投影法绘图，缺乏立体感，与人对形体的直接感受相差甚远。但能如实反映形象和大小，便于测量和作图，能满足空间构形设计和施工的需要，是工程上主要的施工图，如图 1-10 所示。

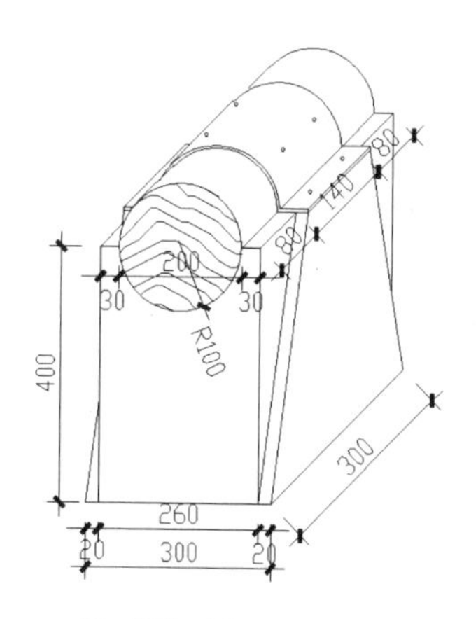

图 1-9 建筑轴测图

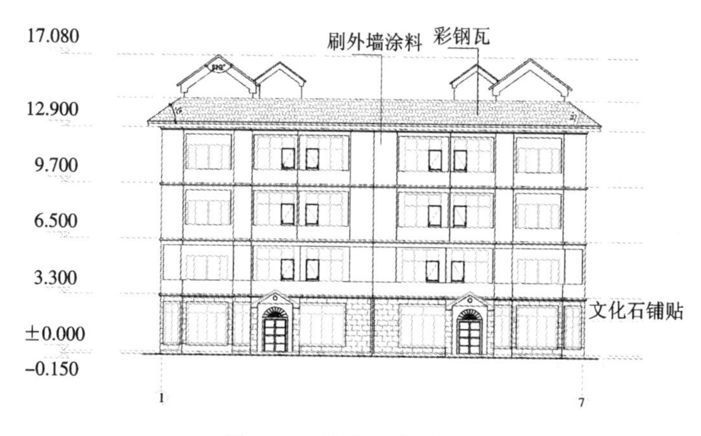

图 1-10 建筑正投影视图

1.2 投影基础知识与三视图的画法

能够正确反映物体长、宽、高尺寸的正投影工程图(主视图、俯视图、左视图三个基本视图)为三视图,这是工程界一种对物体几何形状约定俗成的抽象表达方式。

1.2.1 投影的概述与分类

当阳光或灯光照射物体时,就会在地面或墙壁上出现物体的影子,这是日常生活中常见的投影现象。受此启示,人们根据生产活动的需要,总结出了在平面上表示物体形状的方法,建立了投影法。

所谓投影法,就是投射线通过物体,向选定的面投射,并在该面上得到图形的方法。根据投影法所得到的图形,称为投影(投影图)。投影法中,得到投影的面,称为投影面。

根据投射线的类型(平行或汇交),投影法分为中心投影法和平行投影法两类。

中心投影法所得投影大小随着投影面、物体和投射中心三者之间距离的变化而变化，不能反映空间物体的真实大小，作图比较复杂，度量性差，因此机械图样中较少采用。但它具有较强的立体感，故在绘制建筑物外形图中经常使用，如图 1-11 所示。

假设将投射中心移至无穷远处，这时的投射线可看作相互平行，如图 1-12 所示。这种投射线相互平行的投影法，称为平行投影法。

平行投影法中，按投射线与投影面的相对位置(垂直或倾斜)，又分为斜投影法和正投影法。由于正投影法所得到的正投影能真实地反映物体的形状和大小，度量性好，作图简便，因此，机械图样是按正投影法绘制的。本书以下所述的“投影”都属于正投影。

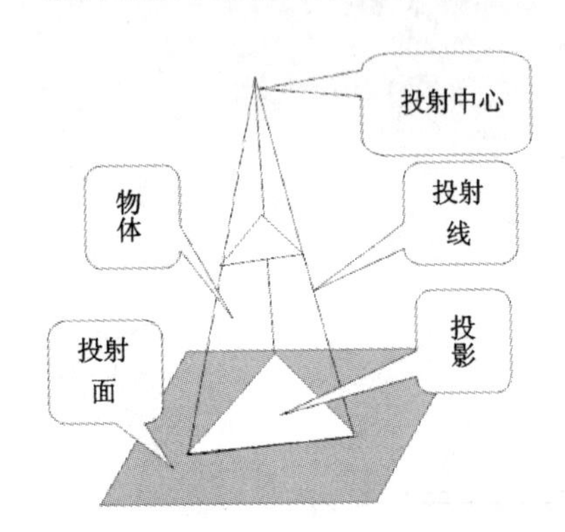

图 1-11　中心投影法

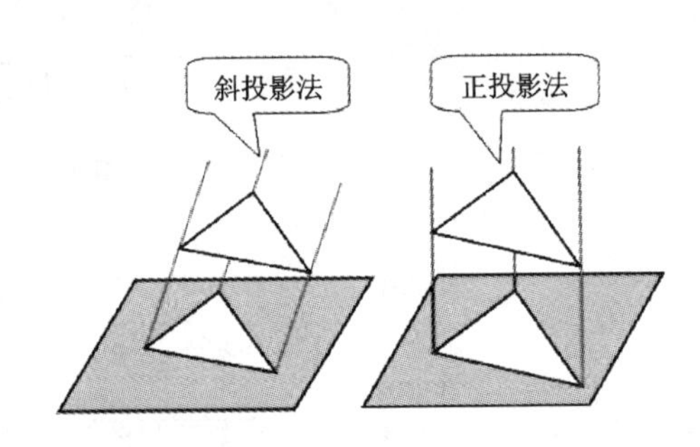

图 1-12　平行投影法

1.2.2　三视图的概念及其图样画法

视图——物体向投影面进行正投影所得到的图形。绘制工程图样时，通常以人的视线作为投射线，在投影面上所得到的投影图称为视图。根据有关标准和规定，用正投影法绘制出物体的图形称为视图。一个视图一般不能确定物体的空间形状。为了完整地表示物体的形状，常采用从几个不同方向进行投射的多面正投影的表示方法。

1. 三面视图的形成

首先将形体放置在我们建立的 V 、H 、W 三投影面体系中，然后分别向三个投影面作正投影，如图 1-13 所示。

形体在三投影面体系中的摆放位置应注意以下两点：

(1)应使形体的多数表面(或主要表面)平行或垂直于投影面(即形体正放)。

(2)形体在三投影面体系中的位置一经选定，在投影过程中不能移动或变更，直到所有投影都进行完毕为止。这样规定的目的主要是为了绘图、读图方便和研究问题的方便。

在三个投影面上作出形体的投影后，为了作图和表示的方便，将空间三个投影面展开摊平在一个平面上：

V 面保持不动，将 H 面和 W 面按图中箭头所指，方向分别绕 OX 和 OY 轴旋转，使 H 面和 W 面均与 V 面处于同一平面内，即得如图 1-14 所示的三面投影图。

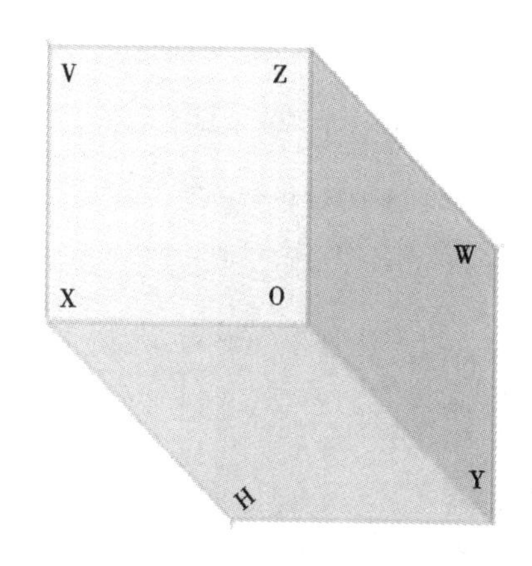

图 1-13 投影空间

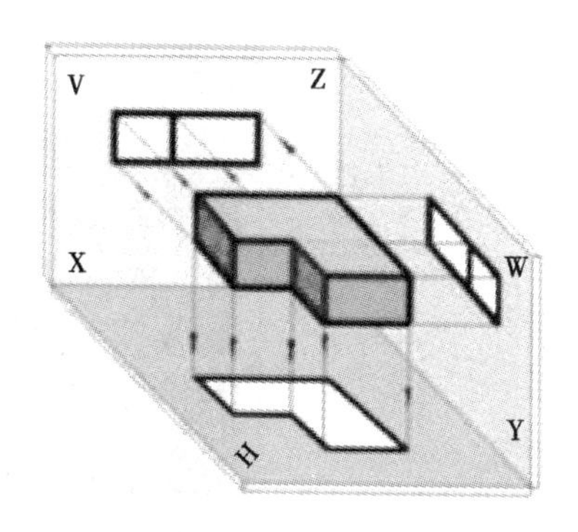

图 1-14 三面投影图

2. 三面视图的关系与画法

从上述三面投影图的形成过程可知，各面投影图的形状和大小均与投影面的大小无关。另外，可以想象，如果形体上、下、前、后、左、右平行移动，该形体的三面投影图仅在投影面上的位置有所变化，而其形状和大小是不会发生变化的，即三面投影图的形状和大小与形体和投影面的距离无关(也与投影轴的距离无关)。因此，在画三面投影图时，一般不画出投影面的大小(即不画出投影面的边框线)，也不画出投影轴。

1.3 AutoCAD 2014 的用户界面简介

AutoCAD 产生于 1982 年，至今已经过多次升级，其功能不断增强并日趋完善，如今已成为工程设计领域中应用最为广泛的计算机辅助绘图软件和设计软件之一。AutoCAD 具有功能强大、易于掌握、使用方便和体系结构开放等特点，能够绘制平面图形与三维图形、标注图形尺寸、渲染图形以及打印输出图纸，深受广大工程技术人员的欢迎。在 AutoCAD 2014 中，可以通过单击“绘图”和“修改”工具栏按钮，或使用“绘图”菜单和“修改”菜单下的相应命令来绘制图形。在 AutoCAD 2014 中，既可以绘制平面图，也可以绘制轴测图和三维图，如图 1-15 所示为 AutoCAD 2014 的工作界面。

在 AutoCAD 2014 中，操作界面分为“二维草图与注释”、“三维建模”、“AutoCAD 2014”等工作空间模式，一般在使用 AutoCAD 进行了建筑设计或室内设计时，只需在 AutoCAD 经典模式下操作即可。本书中的所有操作均在此模式下绘制。如需将 AutoCAD 的工作空间切换到“AutoCAD 经典”模式下，可单击操作界面右下角中的“切换工作空间” 按钮，在弹出的菜单中选择”AutoCAD 经典”选项，或者是在操作界面左上角的“二维草图与注释”下拉列表框中选择“AutoCAD 经典”选项，如图 1-16 所示。

新的工作空间提供了用户使用得最多的二维草图和注解工具直达访问方式。它包括菜单、工具栏和工具选项板组，以及面板。二维草图和注解工作空间以 CUI 文件方式提供，以便于用户将其整合到自己的自定义界面中。除了新的二维草图和注解工作空间外，三维建模工作空间也做了一些增强。

在 AutoCAD 中引入的面板，在本版本中有新的增强。它包含了 9 个新的控制台，更

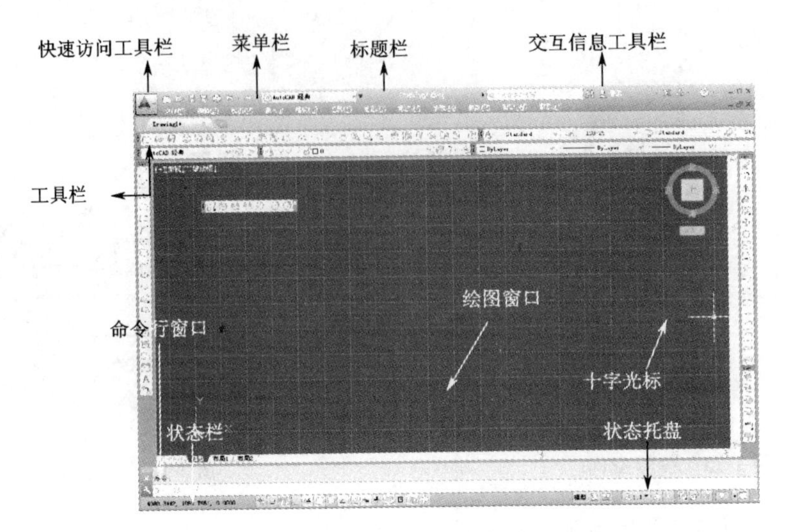

图 1-15　AutoCAD 2014 中文版操作界面

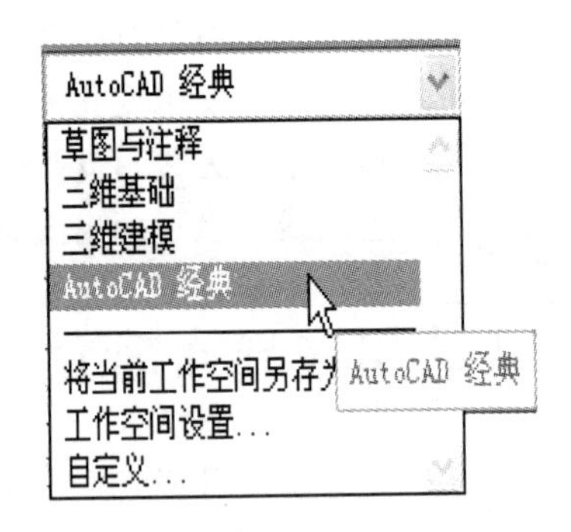

图 1-16　“二维草图与注释”下拉列表框

易于访问图层、注解比例、文字、标注、多种箭头、表格、二维导航、对象属性以及块属性等多种控制。

除了加入了面板控制台外，对于现有的控制台也做了改进，用户可使用自定义用户界面(CUI)工具来自定义面板控制台。用户界面还有更加自动化的一项，就是当用户从面板中选定一个工具时，如果该选定的面板控制台与一个工具选项板组相对应，则工具选项板将自动显示该组。例如，如果用户在面板上调整一可视样式属性，此时，样式选项板组将自动显示。

在该版本中，用户可基于现有的几何图形容易地创建新的工具选项板工具，就算用户要加入工具的工具选项板当前不处于活动状态也没问题。当用户从图形中拖动对象到非活动的工具选项板时，AutoCAD 会自动激活它，使用户可将对象放入到相应的位置。

用户可自定义工具选项板关联于工具的图标，它通过在工具上右键点击出现菜单中选择新的“指定图像”菜单项来完成。如果用户以后不想再使用选定的图像作为该工具的图标，可通过右键菜单项来移除它，移除后，将恢复原来默认的图像。

当用户修改工具选项板上的工具位置，它们的顺序将保持到工具目录中(除非目录文件为只读)和配置文件中，这样，用户不需要人工修改工具就可以和别人共享用户的工具选项板。

新的 TPNAVIGATE 命令可以通过命令行来设置工具选项板或工具选项板组。

1.4 AutoCAD 2014 绘图前的设置

在中文版 AutoCAD 2014 中,包括了许多工具栏,每个工具栏都由多个图标按钮组成,每个图标按钮又分别对应命令。复杂的工具栏会对用户的工作效率带来一定的影响,为了能在短时间内熟练使用 AutoCAD,用户可以通过 AutoCAD 提供的一套自定义工具栏的方法,对工具栏中的按钮进行适当调整,使整个屏幕变得整洁,从而提高工作效率。

1.4.1 设置绘图区背景颜色

在 AutoCAD 2014 中,默认的绘图区背景颜色是深灰色的,如有需要,可以自定义绘图区的背景颜色,具体的操作方法如下:

(1)在命令行中输入 OP 命令,此时将弹出“选项”对话框,如图 1-17 所示。

(2)切换至“显示”选项卡,单击“颜色”按钮,此时将弹出“图形窗口颜色”对话框,图 1-18 所示。

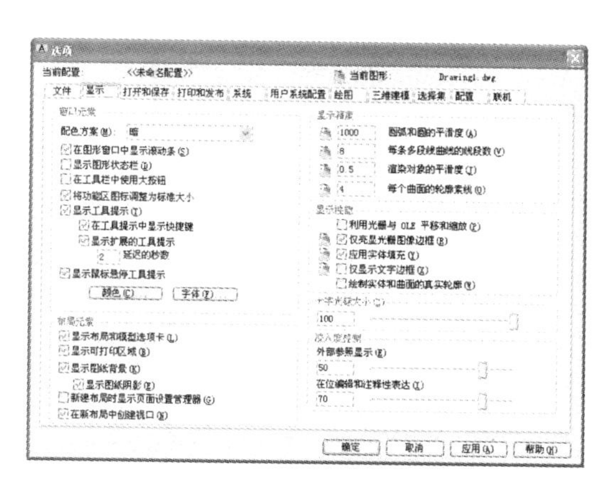

图 1-17 “选项”对话框

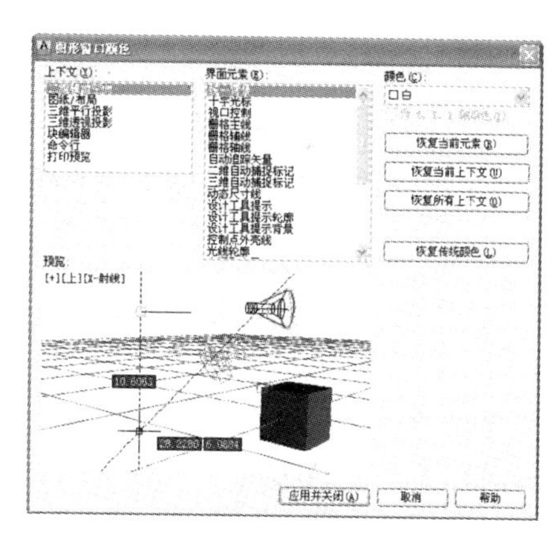

图 1-18 “图形窗口颜色”对话框

(3)在“颜色”列表框中,选择需要的颜色即可。

1.4.2 设置绘图单位

用户可以用以下方法设置图形单位:

- 命令行:DDUNITS(或 UNITS,快捷命令:UN)。
- 菜单栏:单击菜单栏中的“格式”→“单位”命令。

执行上述操作后,系统弹出“图形单位”对话框,如图 1-19 所示,该对话框用于定义单位和角度格式,其中各选项说明如下:

- “长度”与“角度”选项组:指定测量的长度与角度的当前单位及精度。

•“插入时的缩放单位”选项组：控制插入到当前图形中的块和图形的测量单位。如果块或图形创建时使用的单位与该项选择指定的单位不同，则在插入这些块或图形时，将对其按比例进行缩放。插入比例是原块或图形使用的单位与目标图形使用的单位之比。如果插入块时不按指定单位缩放，则在其下拉列表框中选择“无单位”选项。

•“输出样例”选项组：显示用当前单位和角度设置的例子。

•“光源”选项组：控制当前图形中光度控制光源的强度测量单位。为创建和使用光度控制光源，必须从下拉列表框中指定非“常规”的单位。如果“插入比例”设置为“无单位”，则将显示警告信息，通知用户渲染输出可能不正确。

•“方向”按钮：单击该按钮，系统弹出“方向控制”对话框，如图 1-20 所示，可进行方向控制设置。

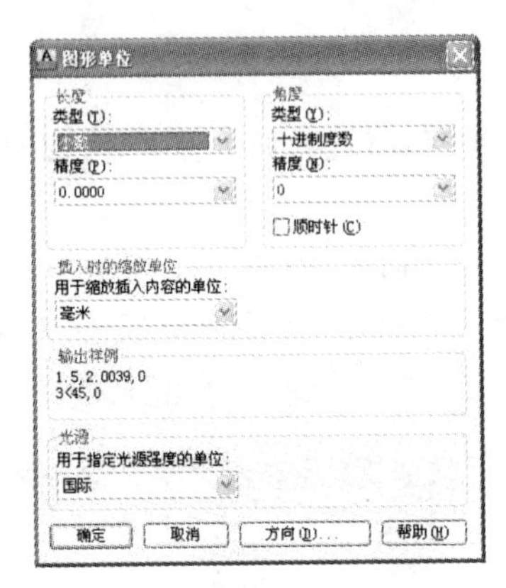

图 1-19 “图形单位”对话框

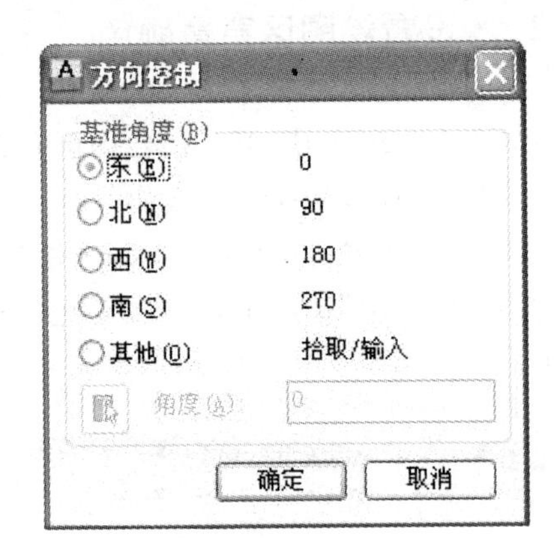

图 1-20 “方向控制”对话框

1.4.3 设置绘图边界

绘图界限即是设置图形绘制完成后输出到的图纸大小。常用图纸规格有 A5～A0，一般称为 0～5 号图纸。绘图界限的设置应与选定图纸的大小相对应。在模型空间中，绘图极限用来规定一个范围，使所建立的模型始终处于这一范围内，避免在绘图时出错。

使用图形界限 LIMITS 命令，可以定义绘图边界，相当于手工绘图时确定图纸的大小。绘图界限是代表绘图极限范围的两个二维点的 WCS 坐标，这两个二维点分别是绘图范围的左下角和右上角，它们确定的矩形就是当前定义的绘图范围，在 Z 方向上没有绘图极限限制。

图形界限是世界坐标系中的二维点，表示图形范围的左下和右上边界。图形界限有以下几种作用：

(1)打开界限检查功能之后，图形界限将输入的坐标限制在矩形区域内。

(2)决定显示栅格点的绘图区域。

(3)决定 ZOOM 命令相对于图形界限视图的大小。

(4)决定命令中“全部(A)”选项显示的区域。

启动绘图界限命令有如下两种方法：

• 下拉菜单：执行“格式”→“图形界限”命令

• 命令行：LIMITS

使用图形界限 LIMITS 命令，设定绘图界限范围为 420 mm×297 mm(4 号图纸)。具体操作步骤如下：

在命令行上输入图形界限命令 LIMITS，启动图形界限命令。

命令行上提示：“重新设置模型空间界限：”。

在命令行上提示：“指定左下角点或[开(ON)/关(OFF)]<0.0000,0.0000>：”时，输入绘图区域左下角坐标(0,0)。

在命令行提示：“指定右上角点<420.0000,297.0000>：”时，输入绘图区域右上角坐标(420,297)。

1.4.4 精确绘图设置

在绘制图形的过程中，使用对象捕捉工具栏上的命令，可以将指定点快速、精确地限制在已有对象的特殊位置上。

1. 设置对象捕捉类型

在窗口工具栏上单击鼠标右键，在弹出的快捷菜单中选择“ACAD”→“对象捕捉”命令，即可打开“对象捕捉”工具栏，如图 1-21 所示。

图 1-21 “对象捕捉”工具栏

• “临时追踪”按钮：命令形式为 TT。用于临时使用对象捕捉跟踪功能，可在不打开对象捕捉跟踪功能的情况下临时使用一次该功能。

• “捕捉自”按钮：命令形式为 FROM。用于设置一个参照点以便于定位。在使用该命令时，可以指定一个临时点，然后根据该临时点来确定其他点的位置。

• “捕捉到端点”按钮：命令形式为 END。用于捕捉圆弧、直线、多段线、网格、椭圆弧、射线或多段线的最近端点，“端点”对象捕捉还可以捕捉到延伸边的端点有 3D 面、迹线和实体填充线的角点。

• “捕捉到中点”按钮：命令形式为 MID。用于捕捉圆弧、椭圆弧、直线、多线、多段线、面域、实体、样条曲线或参照线的中点。

• “捕捉到交点”按钮：命令形式为 INT。用于捕捉直线、多段线、圆弧、圆、椭圆弧、椭圆、样条、曲线、结构线、射线或平行多线线段任何组合体之间的交点。

• “捕捉到外观交点”按钮：命令形式为 APPINT。用于捕捉两个在三维空间实际并未相交，但是由于投影关系在二维视图中相交的对象的交点，这些对象包括圆、圆弧、椭圆、椭圆弧、直线、多线、射线、样条曲线、参照线等。

• “捕捉到延长线”按钮：命令形式为 EXT。此捕捉模式将以用户选定的实体为基准，并显示出其延伸线，用户可捕捉此延伸线上的任一点。

• “捕捉到圆心”按钮：命令形式为 CEN，用于捕捉圆弧、圆、椭圆、椭圆弧或实体填充线的圆(中)心点，圆及圆弧必须在圆周上拾取一点。

• “捕捉到象限点”按钮：命令形式为 QUA。用于捕捉圆弧、椭圆弧、填充线、圆或椭圆的 0°、90°、180°、270°的四分之一象限点，象限点是相对于当前 UCS 用户坐标系而言的。

• “捕捉到切点”按钮：命令形式为 TAN。用于捕捉选取点与所选圆、圆弧、椭圆或样条曲线相切的切点。

• “捕捉到垂足”按钮：命令形式为 PER。用于捕捉选取点与选取对象的垂直交点，垂直交点并不一定在选取对象上定位。

• “捕捉到平行”按钮：命令形式为 PAR。用于将用户选定的实体为平行的基准，当光标与所绘制的前一点的连线方向平行于基准方向时，系统将显示出一条临时的平行线，用户可捕捉到此线上的任一点。

• “捕捉到插入点”按钮：命令形式为 INS。用于捕捉块、外部引用、形、属性、属性定义或文本对象的插入点。也可通过单击“对象捕捉”工具条中的图标来激活该捕捉方式。

• “捕捉到节点”按钮：命令形式为 NOD。用于捕捉点对象(POINT、DIVIDE、MEASURE 命令绘制的点)，包括尺寸对象的定义点。

• “捕捉到最近点”按钮：命令形式为 NEA。用于捕捉最靠近十字光标的点，此点位于直线、圆、多段线、圆弧、线段、样条曲线、射线、结构线、视区或实体填充线、迹线或 3D 面对应的边上。

• “无捕捉”按钮：命令形式为 NON。用于关闭一次对象捕捉。

• “对象捕捉设置”按钮：命令形式为 DSETTINGS。单击该按钮，打开如图 1-22 所示的“草图设置”对话框，在该对话框中，用户可以将经常使用的对象捕捉设置在一直处于打开状态。

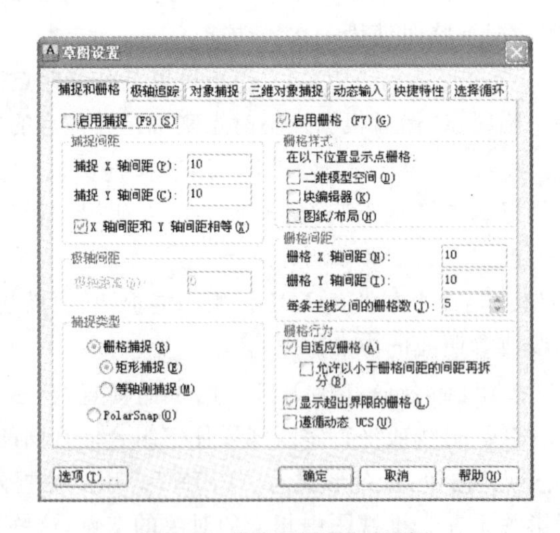

图 1-22 “草图设置”对话框

2. 设置运行捕捉模式和覆盖捕捉模式

在“草图设置”对话框中的“对象捕捉”选项卡中，设置的对象捕捉模式始终处于运行状态，直到关闭为止，用户将这种捕捉模式称为运行捕捉模式。如果要临时打开捕捉模式，则可以在输入点的提示下选择“对象捕捉”工具栏的工具，将这种捕捉模式称为覆盖捕捉模式。

设置覆盖捕捉模式，在按下＜Shift＞键或＜Ctrl＞键的同时单击鼠标右键，弹出如图1-23所示的快捷菜单，在快捷菜单中选择相应的捕捉方式。

3. 设置对象捕捉参数

在绘制图形时，可以根据绘图的方便，设置捕捉标记的大小、颜色和捕捉框的大小，以提高绘图的效率和质量。通过调整对象捕捉的靶框，可以对在靶框中的对象使用对象捕捉。靶框大小应根据选择的对象、图形的缩放设置、显示分辨率和图形的密度进行设置。此外，还可以通过设置确定是否显示捕捉标记、自动捕捉标记框的大小和颜色、是否显示自动捕捉靶框等。具体操作步骤如下：

执行“工具”→“选项”命令，将打开“选项”对话框，然后在“绘图”选项卡中进行设置，如图1-24所示。通过调整对象捕捉靶框，可以对在靶框内的对象使用对象捕捉。靶框大小应根据选择的对象、图形的缩放设置、显示图形分辨率和图形密度进行设置。

图1-23 覆盖捕捉模式对应的快捷菜单

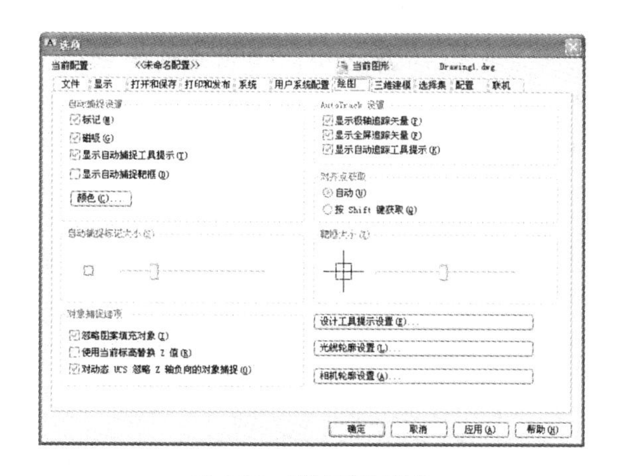

图1-24 “绘图”选项卡

• 靶框大小的设置

在“绘图”选项卡中，拖动“靶框大小”的滑动钮可调整十字光标中心的捕捉框大小。在滑杆左边的预览框中可预览捕捉框的大小。取值范围为4～50像素，值越大，靶框就越大，效果如图1-25(a)、(b)所示。设置完成后，单击 确定 按钮，完成操作，如图1-25所示。

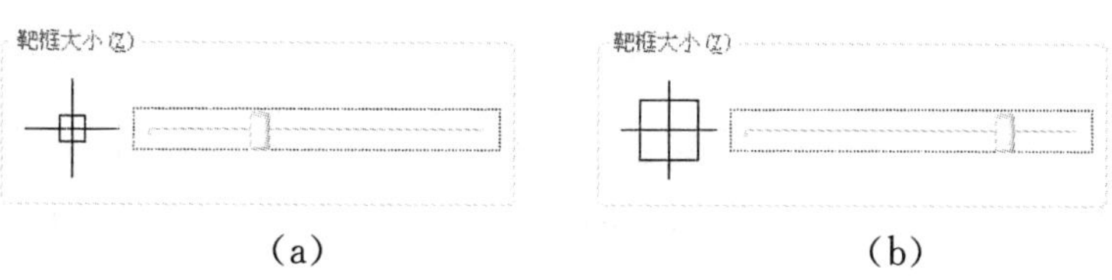

(a) (b)

图1-25 “靶框大小”的滑动钮

• 颜色的设置

在“绘图”选项卡面板中，单击“自动捕捉设置”中的“颜色”下拉列表的按钮，在弹出的下拉列表中选择合适的颜色。同时，还可以单击“选择颜色”选项，在打开的“选择颜色”对话框中选择其他颜色，效果如图 1-26 所示。

图 1-26 “选择颜色”对话框

• 捕捉标记的设置

在“绘图”选项卡中，拖动“自动捕捉标记大小”的滑动钮可调整捕捉标记的大小，在滑杆左边的预览框中可以预览捕捉标记的大小，效果如图 1-27(a)、(b)所示。自动捕捉标记的尺寸取值范围为 3～20 个像素。

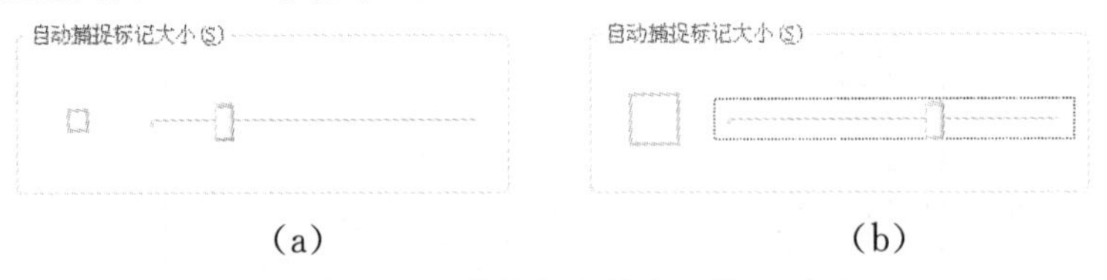

(a) (b)

图 1-27 捕捉标记的大小效果

4. 设置对象捕捉追踪

对象捕捉追踪功能可以看作是对象捕捉和极轴追踪功能的联合应用。即用户先根据对象捕捉功能确定对象的某一特征点(只需将光标在该点上停留片刻，当自动捕捉标记中出现黄色的标记即可)，然后以该点为基准点进行追踪，以得到准确的目标点。

对象捕捉追踪功能有两种形式，在“绘图设置”对话框的“极轴追踪”选项卡中的对象捕捉设置栏中提供了两种选择方式：

• 仅正交追踪：显示通过基点在水平和垂直方向上的追踪路径。

• 用所有极轴角设置追踪：将极轴追踪设置应用到对象捕捉追踪，即使用增量角、附加角等方向显示追踪路径。

提示

对象捕捉追踪应与对象捕捉配合使用。使用对象捕捉追踪时必须打开一个或多个对象捕捉，同时启用对象捕捉。但极轴追踪的状态不影响对象捕捉追踪的使用，即使极轴追踪处于关闭状态，用户仍可在对象捕捉追踪中使用极轴角进行追踪。

1.4.5 设置线型比例

在相关国家标准中，对建筑图样中使用的各种图线名称、线型、线宽以及在图样中的应用做了规定。其中常用的图线有 4 种，即粗实线、细实线、虚线、细点划线。图线分为粗、细两种，粗线的宽度 b 应按图样的大小和图形的复杂程度，在 0.5～2 mm之间选择，细线的宽度约为 $b/3$。

单击“图层”工具栏中的“图层特性管理器”按钮，弹出“图层特性管理器”对话框，在图层列表的线型列下单击线型名，系统弹出“选择线型”对话框，如图 1-28 所示。

对话框中选项的含义如下：

• “已加载的线型”列表框：显示在当前绘图中加载的线型，可供用户选用，其右侧显示线型的形式。

• “加载”按钮：单击该按钮，弹出“加载或重载线型”对话框，如图 1-29 所示，用户可通过此对话框加载线型并把它添加到线型列中。但要注意，加载的线型必须在线型库(LIN)文件中定义过。标准线型都保存在 acad.lin 文件中。

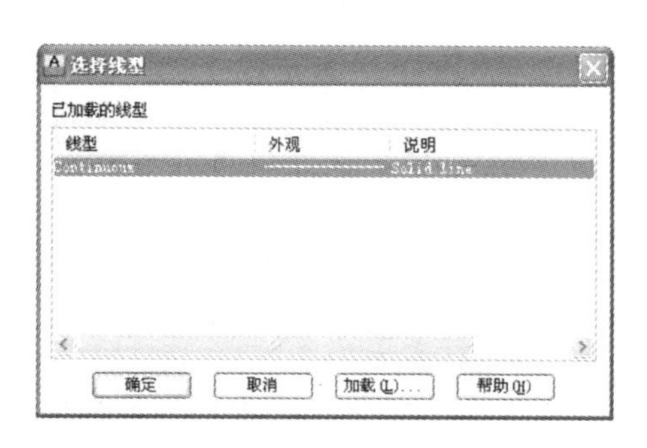

图 1-28 “选择线型”对话框

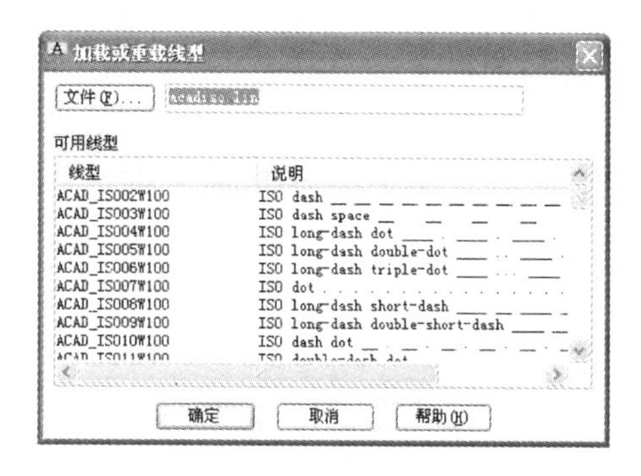

图 1-29 “加载或重载线型”对话框

用户也可以在命令行中输入 LINETYPE，然后按 Enter 键确认，系统将弹出“线型管理器”对话框，如图 1-30 所示。用户可以在该对话框中设置线型。该对话框中的选项含义与前面介绍的选项含义相同，此处不再介绍。

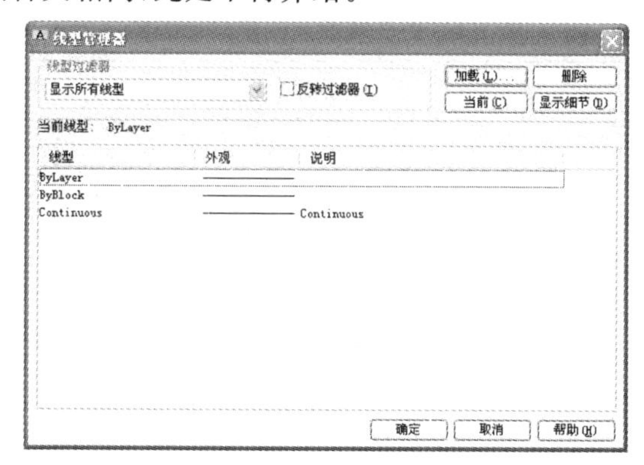

图 1-30 “线型管理器”对话框

1.5 AutoCAD 2014 的绘图方式

不同的绘图软件有着各自不同的绘图方式，AutoCAD 也是一样。对于 AutoCAD 2014 来说，它的绘图方式更加人性和便捷，标准的方式是：无论是创建图形对象还是编辑某图形对象，首先应该是使用键盘或者鼠标执行某命令，然后再根据命令行提示，进行下一步的操作，每一个操作之间，使用空格键或回车键进行确定。当然，在执行某命令时，可以有多种方式选择，比如说对 AutoCAD 的绘图快捷键较熟悉的，可以使用快捷键发出命令；而对于初学者来讲，可以使用工具栏中的绘图命令或编辑命令按钮，也可以使用菜单中的各项命令菜单发出命令，其结果都是一样的；对于非常熟练的绘图人员来说，还可以自定义自己的命令快捷键以及工作界面等。

1.6 建筑制图的标准规范

当前 AutoCAD 已经广泛应用于机械、电子、服装、建筑等设计领域。建筑施工图制图对图纸本身大小及图框尺寸，标题栏与会签栏的位置、大小、写作方法，图纸比例、图线都有相应的规定。

1.6.1 建筑图纸幅面及规格

在进行建筑绘图时，常常因为不同的需要，将图纸打印成不同的幅面，这就涉及图纸的规格问题，为了统一管理，图纸的幅面及规格做了统一的规范，本节具体介绍如下。

1.6.2 幅面及图框尺寸

图纸幅面是指图纸本身的大小规格。图框是图纸上所提供绘图范围的边线。图纸幅面及图框尺寸必须符合表 1-1 的规定。

表 1-1 图纸幅面及图框尺寸规定

尺寸代号	幅面代号				
	A0	A1	A2	A3	A4
$b \times l$	841×1189	594×841	420×594	297×420	210×297
c	10			5	
a	25				

提示

(1)表中尺寸单位为 mm。

(2)表中 A0 号表示整张图纸,A1 号是 A0 号图纸的长边对折裁开,A2 号是 A1 号图纸长边对折裁开,其余类推。图纸以短边作为垂直边称为横式,以短边作为水平边称为立式。一般 A0～A3 图纸宜横式使用;必要时,也可立式使用,如图 1-31 所示。在工程设计中,每个专业所使用的图纸不宜多于两种幅面(不含目录及表格所采用的 A4 幅面)。需要微缩复制的图纸,其一边上应附有一段精确米制尺度,四个边上均应附有对中标志,米制尺度的总长应为 100 mm,分格应为 10 mm。对中标志应画在图纸各边长的中点处,线宽应为 0.35 mm,线长从纸的边界处开始延伸入图框内约 5 mm。

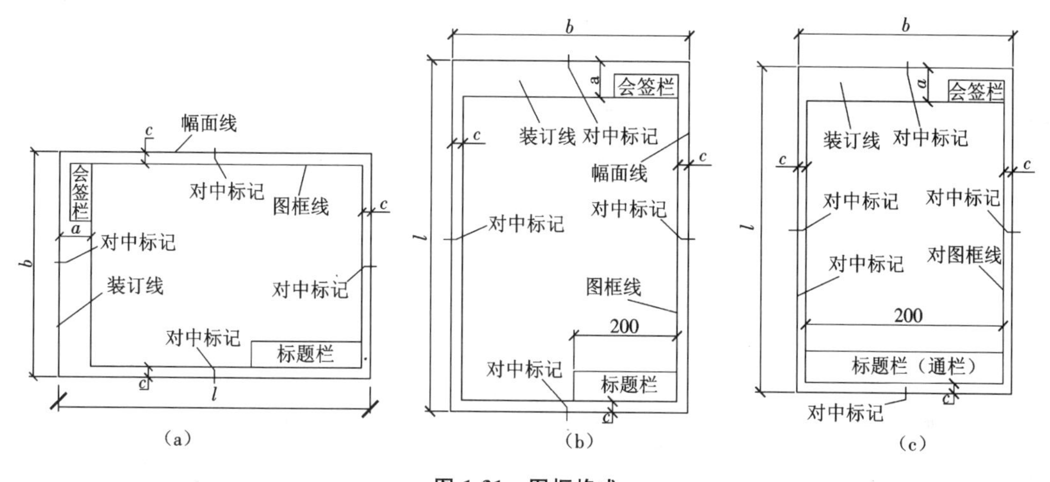

图 1-31 图框格式

(a) A0～A3 横式幅面;(b)A0～A3 立式幅面;(c)A4 立式幅面

图纸的短边一般不应加长,长边可加长,但应符合表 1-2 的规定。

表 1-2 图纸长边加长尺寸

幅面代号	长边尺寸	长边加长后尺寸
A0	1189	1486、1635、1783、1932、2080、2230、2378
A1	841	1051、1261、1471、1682、1892、2102
A2	594	743、891、1041、1189、1338、1486、1635、1783、1932、2080
A3	420	630、841、1051、1261、1471、1682、1892

1.6.3 标题栏与会签栏

图纸标题栏用于填写工程名称、编号、图名、图号以及设计人、制图人、审批人的签名和日期等,简称图标。图纸标题栏长边的长度应为 240 mm(或 200 mm),短边的长度宜采用 30 mm(或 40 mm、50 mm)，如图 1-32 所示。

会签栏是各工种负责人审验后签字的表格，一般放在装订边内。在对外工程中设计单位名称上应附加“中华人民共和国”中文字样，并在工程名称及图名的中文下边加译注外文。会签栏的格式应按图 1-33 所示格式绘制，其尺寸应为 100 mm×20 mm，栏内应填写会签人员所代表的专业、姓名、日期(年、月、日)。一个会签栏不够时，可另加一个，两个会签栏应并列，不需要会签拦的图纸可不设会签栏。

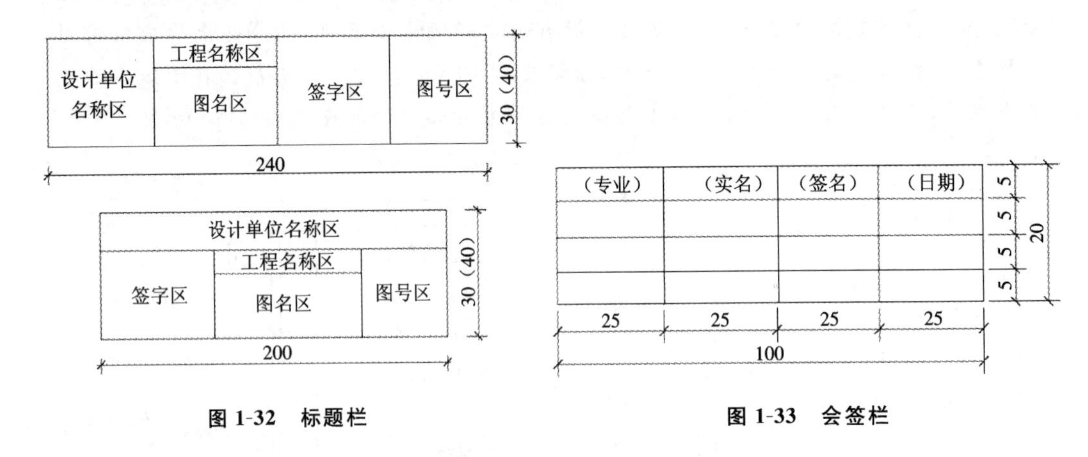

图 1-32 标题栏

图 1-33 会签栏

图框线、标题栏和会签栏线的宽度应按表 1-3 所示选用。

表 1-3 图框线、标题栏和会签栏线的宽度

幅面代号	图框线	标题栏外框线	标题栏分格线及会签栏线
A0、A1	1.4	0.7	0.35
A2、A3、A4	1.0	0.7	0.35

1.6.4 绘图比例

图样的比例，应为图形与实物相对应的线性尺寸之比。比例的大小，是指其比值的大小，如 1∶50 大于 1∶100。在工程图样中往往不可能将图形画成与实物同样的大小，因此就必须按一定比例缩小或放大进行绘制。无论是放大还是缩小，比例关系在标注时都应把图中量度写在前面，实物量度写在后面。比例的符号为“∶”，比例应以阿拉伯数字表示，如 1∶50、100∶1等。1∶50 即图中 1 个单位长相当实物中的 50 个单位，即图样比实物缩小 50 倍。而 100∶1则表示图中 100 个单位只相当于实物的 1 个单位，即图样比实物放大了 100 倍。比例宜标写在图名的右侧，字的基准线应取平；比例的字高宜比图名的字高小 1 号或 2 号，如图 1-34 所示。

绘图所用比例根据所绘图样繁简程度从表 1-4 中选取，并优先选取常用比例或按专业规定选用。

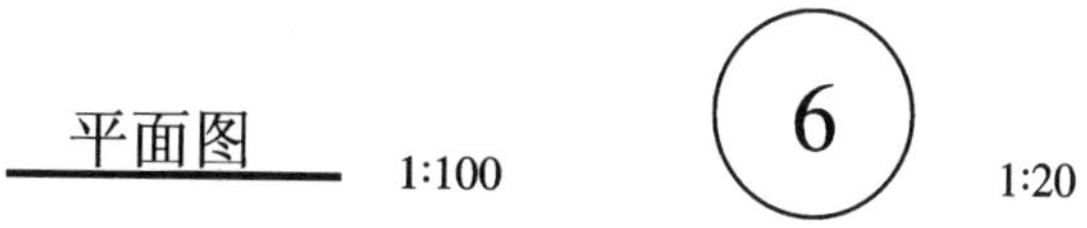

平面图 1:100 6 1:20

图 1-34 比例的标写

表 1-4 绘图比例

图名	常用比例	必要时可以增加的比例	说明
总平面图	1:500,1:1000,1:2000	1:2500,1:5000,1:10 000	—
平面图、立面图、剖面图	1:50,1:100,1:200	1:150,1:300	适用于室内设计的平面图、立面图、剖面图
次要平面图	1:300,1:400	1:500,1:800	本图系指屋面平面图、工业建筑中的地面平面图
详图	1:1,1:2,1:4,1:5,1:10,1:20,1:50	1:3,1:4,1:30,1:40	适用于室内设计的详图

1.6.5 图线

在图纸上绘制的线条称为图线。在工程图中,为了使所绘制的图形清晰、美观,国家《建筑制图标准》规定工程图中的内容必须用不同的线型和线宽来表示。

线宽即线条的粗细度。国家《建筑制图标准》中规定了三种线宽:粗线(b),中线(0.5b～0.35b),细线(0.35b～0.25b),其中 b 为线宽代号,线宽 b 系列从 0.18～2.0,共 8 级。

每个图样,应根据复杂程度与比例大小,先选定基本线宽 b,再选用表 1-5 中相应的线宽组。

表 1-5 线宽组

线宽比	线宽组					
b	2.0	1.4	1.0	0.7	0.5	0.35
0.5b	1.0	0.7	0.5	0.35	0.25	0.18
0.25b	0.5	0.35	0.25	0.18		

提示

(1)需要微缩的图纸,不宜采用 0.18 mm 及更细的线宽。

(2)在同一张图纸内,各不同线宽中的细线,可统一采用较细的线宽组的细线,相同比例的各样图,应选用相同的线宽组。在建筑工程中,常用的几种图线的名称、线型及一般应用如表 1-6 所示,图线应用如图 1-35 所示。

表 1-6 常用的几种图线的名称、线型及一般用途

名称		线型	一般应用
实线	粗实线		可见轮廓线、可见过渡线
	细实线		尺寸线、尺寸界线、剖面线、弯折线、牙底线、齿根线、引出线、辅助线等
虚线			不可见轮廓线、不可见过渡线
点画线	细点画线		轴线、对称中心线、轨迹线、齿轮节线等
	粗点画线		有特殊要求的线或表面的表示线
双点画线			相邻辅助零件的轮廓线、极限位置的轮廓线、假想投影的轮廓线等
波浪线			断裂处的边界线、剖视与视图的分界线
双折线			断裂处的边界线

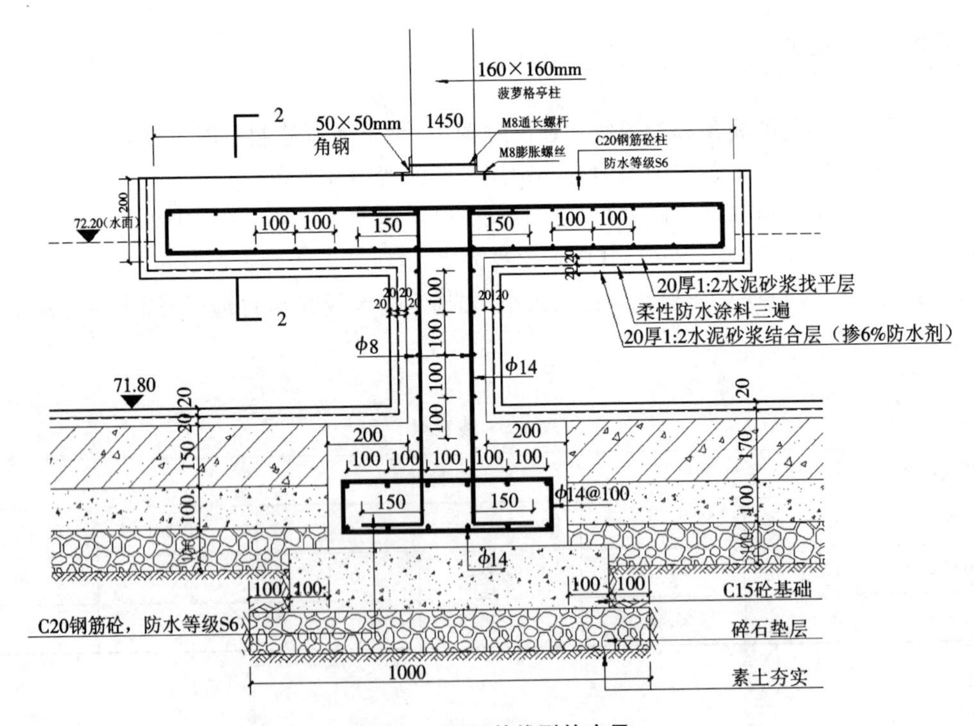

图 1-35 不同的线型的应用

画线时还应注意以下几点：

(1)同一图样中，同类图线的宽度应基本一致。虚线、点画线及双点画线的线段长度和间隔应各自大致相等。

(2)两条平行线(包括剖面线)之间的距离应不小于粗实线的两倍宽度，其最小距离不得小于 0.7 mm。

(3)绘制圆的对称中心线时,圆心应为线段的交点。

(4)在较小的图形上绘制点画线或双点画线有困难时,可用细实线代替。

(5)点画线、虚线以及其他图线相交时,都应在线段处相交,不应在空隙处或短画线处相交。当虚线成为实线的延长线时,在虚、实线的连接处,虚线应留出空隙。

(6)点画线和双点画线中的"点"应画成约 1 mm 的短划,点画线和双点画线的首尾两端应是线段而不是短划。

(7)轴线、对称中心线、双折线和作为中断处的双点画线,应超出轮廓线 2~5 mm。

1.6.6 字体

图纸上所需书写的文字、数字或符号等,均应笔画清晰、字体端正、排列整齐;标点符号应清楚正确。

1. 汉字

图样及说明中的汉字,必须符合国务院公布的《汉字简化方案》和有关规定,采用长仿宋体。字的大小应按字号规定,字体号数代表字体的高度(用 h 表示),文字的字高,应从如下系列中选用:2.5、3.5、5、7、10、14、20 mm。如需书写更大的字,其高度应按$\sqrt{2}$的比值递增,如图 1-36 所示。字宽一般为 $h/\sqrt{2}$,宽度与高度的关系应符合表 1-7 中的规定。大标题、图册封面、地形图等的汉字,也可书写成其他字体,但应易于辨认。

表 1-7 长仿宋字体字高和字宽的关系 (单位:mm)

字高	20	14	10	7	5	3.5
字宽	14	10	7	5	3.5	2.5

10号字

图纸上所需书写的文字、数字或符号等,均应笔画清晰、字体端正、排列整齐;标点符号应清楚正确。

7号字

图样及说明中的汉字,必须符合国务院公布的《汉字简化方案》和有关规定,采用长仿宋体

5号字

大标题、图册封面、地形图等的汉字,也可书写成其他字体,但应易于辨认.

图 1-36 长仿宋字体示例

2. 拉丁字母、阿拉伯数字与罗马数字

拉丁字母、阿拉伯数字与罗马数字的书写与排列,应符合表 1-8 的规定。拉丁字母、阿拉伯数字与罗马数字的字高,应不小于 2.5 mm。

表 1-8 拉丁字母、阿拉伯数字与罗马数字书写规则

书写格式	一般字体	窄字体
大写字母高度	h	h
小写字母高度(上下均无延伸)	$7/10h$	$10/14h$
小写字母伸出的头部或尾部	$3/10h$	$4/14h$
笔画宽度	$1/10h$	$1/14h$
字母间距	$2/10h$	$2/14h$
上下行基准线最小间距	$15/10h$	$21/14h$
词间距	$6/10h$	$6/14h$

拉丁字母、阿拉伯数字与罗马数字根据需要可以写成直体或斜体，写成斜体字时斜度应是从字的底线逆时针向上倾斜 75°，如图 1-37 所示。斜体字的高度与宽度应与相应的直体字相等。

ABCDEFGHIJKLMNOPQRSTUVWXYZ

abcdefghijklmnopq

rstuvwxyz

0123456789

图 1-37 字母和数字书写示例

数量的数值标写，应采用正体阿拉伯数字。各种计量单位凡前面有量值的，均应采用国家颁布的单位符号标写。单位符号应采用正体字母。例如 5000 米应写成 5000 m，400 千克应写成 400 kg，20 克每立方厘米应写成 20 g/cm^3。

分数、百分数和比例数的标写，应采用阿拉伯数字和数学符号，例如，四分之三、百分之二十五和一比二十应分别写成 3/4、25％和 1∶20。

当标写的数字小于 1 时，必须写出个位的“0”，小数点应采用圆点，齐基准线书写，例如 0.01。

1.6.7 尺寸标注

在建筑与室内设计制图中除了要画出建筑物及其各部分的形状外，还必须准确地、详尽地、清楚地标注各部分的实际尺寸，以确定其大小，作为施工的依据。因此国家《建筑制图标准》中对尺寸画法、标注都做了较详细的规定，设计制图时应遵照执行。

尺寸界限应用细实线绘画，一般应与被注长度垂直，其一端应离开图样的轮廓线不小于 2 mm，另一端宜超出尺寸线 2～3 mm。必要时可利用轮廓线作为尺寸界限(如图 1-38 中的尺寸 3060)。尺寸线也应用细实线绘画，并应与被注长度平行，但不宜超出尺寸界限

之外。图样上任何图线都不得用作尺寸线。尺寸起止符号一般应用中粗短斜线绘制，其倾斜方向应与尺寸界限成顺时针 45°，长度宜为 2～3 mm。在轴测图中标注尺寸时，其起止符号宜用小圆点。

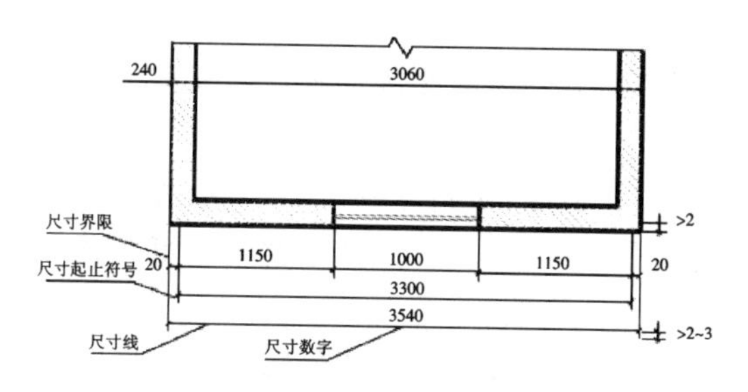

图 1-38　尺寸界线

提示

半径、直径、角度与弧长的尺寸起止符号，宜用箭头表示。

图样上的尺寸，应以尺寸数字为准，不得从图上直接量取。图样上的尺寸单位，除标高及总平面以 m 为单位外，其他必须以 mm 为单位。

尺寸数字一般应依据其方向标写在靠近尺寸线的上方中部。如没有足够的标写位置，最外边的尺寸数字可标写在尺寸界线的外侧，中间相邻的尺寸数字可错开标写，如图 1-39 所示。

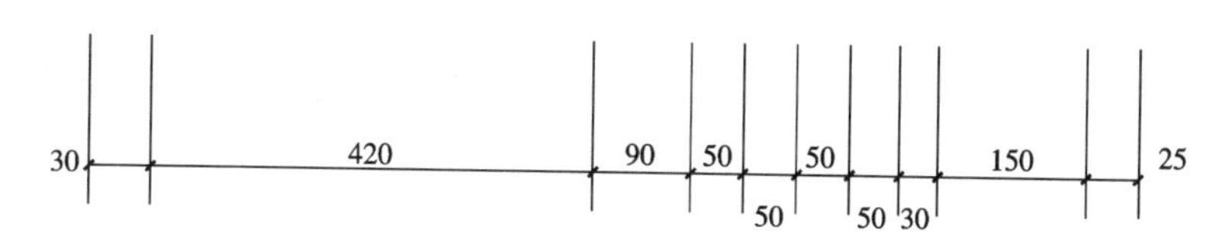

图 1-39　尺寸数字的标写位置

尺寸宜标注在图样轮廓以外，不宜与图线、文字及符号等相交，如图 1-40 所示。

互相平行的尺寸线，应从被标写的图样轮廓线由近至远整齐排列，较小尺寸应离轮廓线较近，较大尺寸应离轮廓线较远，如图 1-41 所示。

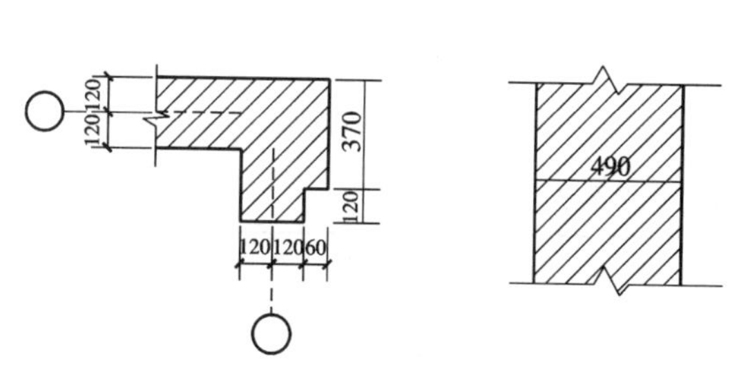

图 1-40　尺寸数字的标写

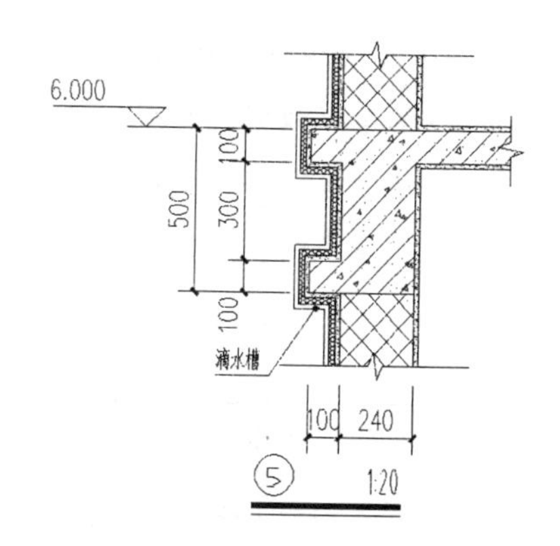

图 1-41　尺寸的排列

1.6.8 图例

1. 一般规定

常用建筑材料的图例画法，对其尺度比例不做具体规定。使用时，应根据图样大小而定，并应注意下列事项：

- 图例线应间隔均匀，疏密适度，做到图例正确，表示清楚。
- 不同品种的同类材料使用同一图例时（如某些特定部位的石膏板必须注明是防水石膏板时），应在图上附加必要的说明。
- 两个相同的图例相接时，图例线宜错开或使倾斜方向相反，如图 1-42 所示。
- 两个相邻的涂黑图例（如混凝土构件、金属件）间，应留有空隙。其宽度不得小于 0.7 mm，如图 1-43 所示。

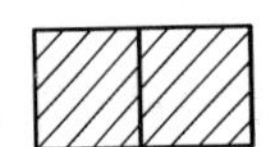
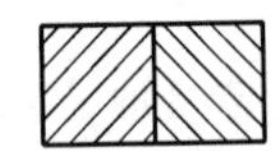

图 1-42　相同图例相接时的画法

图 1-43　相邻涂黑图例画法

下列情况可不加图例，但应加文字说明：

- 一张图纸内的图样只用一种图例时。
- 图形较小无法画出建筑材料图例时。

需画出的建筑材料图例面积过大时，可在断面轮廓线内，沿轮廓线做局部表示，如图 1-44 所示。

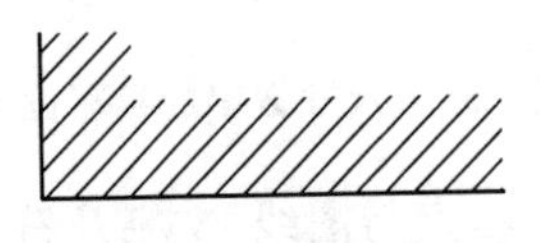

图 1-44　局部表示图例

提示

本标准中未包括建筑材料时，可自编图例。但不得与本标准所示的图例重复。绘制时，应在适当位置画出该材料图例，并加以说明。

2. 常用建筑材料图例

常用建筑材料应按表 1-9 所示图例画法绘制。

表 1-9　建筑材料图例画法

序号	名称	图例	说明
1	自然土壤		包括各种自然土壤
2	夯实土壤		—

续表

序号	名称	图例	说明
3	砂、灰土		靠近轮廓线较密的点
4	砂砾石、碎砖三合土		—
5	石材		—
6	毛石		—
7	普通砖		包括实心砖、多孔砖、砌块等砌体。断面较窄不易绘出图例线时，可涂红
8	耐火砖		包括耐酸砖等砌体
9	空心砖		指非承重砖砌体
10	饰面砖		包括铺地砖、马赛克、陶瓷锦砖、人造大理石等
11	焦渣、矿渣		包括与水泥、石灰等混合而成的材料
12	混凝土		(1)本图例指能承重的混凝土及钢筋混凝土。 (2)包括各种强度等级、骨料、添加剂的混凝土。 (3)在剖面图上画出钢筋时，不画图例线。 (4)断面图形小，不易画出图例线时，可涂黑
13	钢筋混凝土		
14	多孔材料		包括水泥珍珠岩、沥青、珍珠岩、泡沫混凝土、非承重加气混凝土、软木、硅石制品等
15	纤维材料		包括矿棉、岩棉、玻璃棉、麻丝、木丝板、纤维板等
16	泡沫塑料材料		包括聚苯乙烯、聚乙烯、聚氨酯等多孔聚合物类材料
17	木材		(1)上图为横断面，上左图为垫木、木砖或木龙骨。 (2)下图为纵断面
18	胶合板		应注明为X层胶合板
19	石膏板		包括圆孔、方孔石膏板、防水石膏板等

续表

序号	名称	图例	说明
20	金属		(1)包括各种金属。 (2)图形小时,可涂黑
21	网状材料		(1)包括金属、塑料网状材料。 (2)应注明具体材料名称
22	液体		应注明具体液体名称
23	玻璃		包括平板玻璃、磨砂玻璃、夹丝玻璃、钢化玻璃、中空玻璃、加层玻璃、镀膜玻璃等
24	橡胶		—
25	塑料		包括各种软、硬塑料及有机玻璃等
26	防水材料		构造层次多或比例大时,采用上面图例
27	粉刷		本图例采用较稀的点

注:序号 1、2、5、7、8、13、14、16、17、18、22、23 图例中的斜线、短斜线、交叉斜线等一律为 45。

1.7 AutoCAD 2014 的基本操作

1.7.1 AutoCAD 2014 图元的选取技巧

选择对象进行编辑时,用户可以进行多种选择。用定点设备点取对象,或在对象周围使用选择窗口;或输入坐标;或在执行编辑命令中,命令行提示“选择对象”时,输入“?”;命令行将提示“需要点或窗口(W)/上一个(L)/窗交(C)/框选(BOX)/全部(ALL)/栏选(F)/圈围(WP)/圈交(CP)/编组(G)/添加(A)/删除(R)/多选(M)/上一个(P)/放弃(U)/自动(AU)/单选(SI)”,我们只要从中选择一种方式即可进行选择对象。

在上述命令行提示中的每一选项功能如下:

• 窗口:该选项用于选择矩形(由两点定义)中的所有对象。从左到右指定角点创建窗口选择(从右到左指定角点则创建窗交选择)。

• 上一个:该选项用于选择最近一次创建的可见对象。

• 窗交:该选项用于选择区域(由两点确定)内部或与之相交的所有对象。窗交显示的方框为虚线或高亮度方框,这与窗口选择框不同:从左到右指定角点创建的是窗口选择;而从右到左指定角点是创建窗交选择。

• 框选:该选项用于选择矩形(由两点确定)内部或与之相交的所有对象。如果矩形的点是从右至左指定的,框选与窗交等价;否则,框选与窗选等价。

• 全部:该选项用于选择解冻的图层上的所有对象。

• 栏选：该选项用于选择与选择栏相交的所有对象。栏选方法与圈交方法相似，只是栏选不闭合，并且栏选可以与自己相交。栏选不受 PICKADD 系统变量的影响。

• 圈围：该选项用于创建多边形进行选择。(通过待选对象周围的点定义)中的所有对象。该多边形可以为任意形状，但不能与自身相交或相切。圈围不受 PICKADD 系统变量的影响。

• 圈交：该选项用于选择多边形(通过在待选对象周围指定点来定义)内部或与之相交的所有对象。该多边形可以为任意形状，但不能与自身相交或相切。将绘制多边形的最后一条线段，所以该多边形在任何时候都是闭合的。圈交不受 PICKADD 系统变量的影响。

• 编组：该选项用于选择指定组中的全部对象。

• 添加：该选项用于切换到“添加”模式，可以使用任何对象选择方法将选定对象添加到选择集。“自动”和“添加”为默认模式。

• 删除：该选项用于切换到“删除”模式，可以使用任何对象选择方法从当前选择集中删除对象。“删除”模式的替换模式是在选择单个对象时按下“Shift”键，或者是使用“自动”选项。

• 多选：该选项用于指定多次选择而不高亮显示对象，从而加快对复杂对象的选择。如果两次指定相交对象的交点，“多选”也将选中这两个相交对象。

• 上一个：该选项用于选择最近创建的选择集。从图形中删除对象将清除“上一个”选项设置。程序将跟踪是在模型空间中还是在图纸空间中指定每个选择集。如果在两个空间中切换，将忽略“上一个”选择集。

• 放弃：该选项用于放弃选择最近加到选择集中的对象。

• 自动：该选项用于切换到自动选择：指向一个对象即可选择该对象。指向对象内部或外部的空白区，将形成框选方法定义的选择框的第一个角点。“自动”和“添加”为默认模式。

• 单选：该选项用于切换到“单选”模式，选择指定的第一个或第一组对象，而不继续提示进一步选择。

不管由哪个命令给出“选择对象”提示，都可以使用下列方法。下面介绍几种常用的方法。

1. 逐个选择对象

在“选择对象”提示下，我们可以选择一个对象，也可以逐个选择多个对象。矩形拾取框光标放在要选择对象的位置时，亮显对象，单击以选择对象。可以在“选项”对话框的“选择”选项卡中控制拾取框的大小。

逐个地选择对象的步骤如下：

在任何命令的“选择对象”提示下，移动矩形拾取框光标，以亮显要选择的对象。

依次单击需要选择的对象，选定的对象将亮显。

按“Enter”键结束对象选择。

选择彼此接近或重叠的对象通常是很困难的，按住“Ctrl”键并循环单击这些对象，直到所需对象亮显。按住“Shift”键，并再次选择对象，可以将其从当前选择集中删除。

2. 窗口与窗交方式

在“选择对象”提示下，我们可以使用窗口与窗交方式同时选择多个对象。它们都是通过指定对角点来定义矩形区域。区域背景的颜色将更改，变成透明的。从第一点向对角点拖动光标的方向将确定选择的对象。

窗口选择方式是从左向右拖动光标，以只选择完全位于矩形区域中的对象，如图1-45所示。

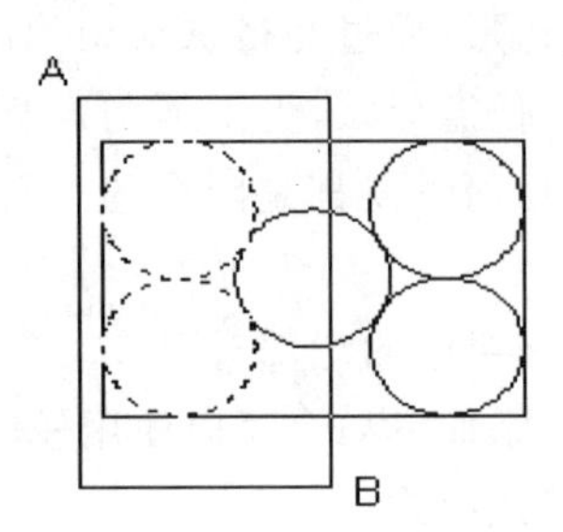

图 1-45　窗口选择方式

激活编辑命令后，其命令行提示如下：

选择对象：w	输入 w，选择窗口方式
指定第一个角点：	指定窗口的 A 角点
指定对角点：	指定窗口的 B 角点，拉出一个矩形窗口
系统提示：找到 xx 个对象	

窗交选择方式是从左向右拖动光标，以选择矩形窗口包围的或相交的对象，如图1-46所示。

激活编辑命令后，其命令行提示如下：

选择对象：c	输入 c，选择窗交方式
指定第一个角点：	指定窗交的 A 角点
指定对角点：	指定窗交的 B 角点，拉出一个矩形窗口
系统提示：找到 xx 个对象	

3. 栏选方式

在复杂图形中，使用选择栏。选择栏的外观类似于多段线，只选择它经过的对象，如图 1-47 所示。

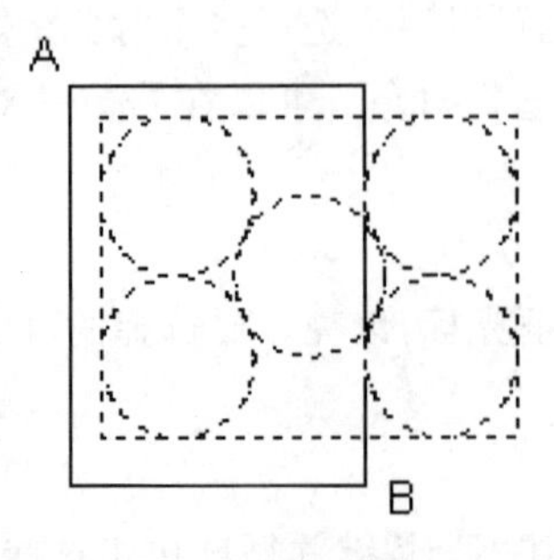

图 1-46　窗交选择

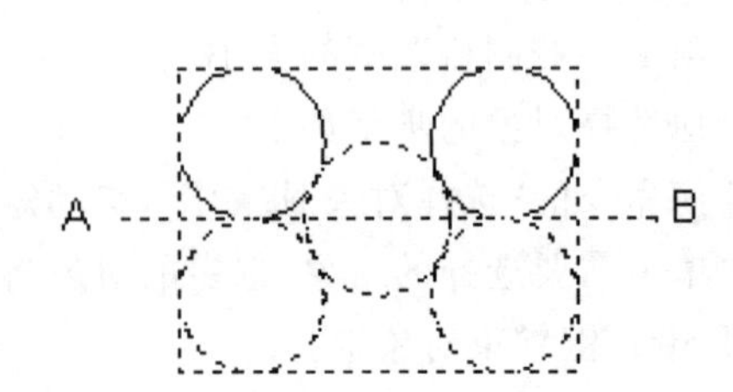

图 1-47　栏选方式

激活编辑命令后，其命令行提示如下：

选择对象：f	输入 f,选择栏选方式
指定第一个栏选点：	指定栏选的第一点 A
指定下一个栏选点或 \[放弃(U)\]：	指定栏选的第二点 B
指定下一个栏选点或 \[放弃(U)\]：	回车
系统提示：找到 xx 个对象	

4. 全部选择方式

对于图形文件中的所有对象，我们可以使用全部选择方式。激活编辑命令后，其命令行提示如下：

选择对象：all	输入 all，选择全部方式，系统将自动选择
系统提示：找到 xx 个对象	图形文件中的所有对象

5. 从多个对象中删除选择

我们可以在"选择对象"提示下输入 r(删除)，并使用任意选择选项将对象从选择集中删除。如果使用"删除"选项并想重新为选择集添加对象，请输入 a(添加)。通过按下"Shift"键并再次选择对象，或者按住"Shift"键然后单击并拖动窗口或交叉选择，也可以从当前选择集中删除对象。可以在选择集中重复添加或删除对象。

6. 快速选择对象

在 AutoCAD 中除了使用上述方式选择对象外，我们还可以使用快速选择对象的方法选择对象。

激活快速选择对象命令的方法如下：

• 执行"工具"→"快速选择"命令。

终止所有活动命令，在绘图区域中单击鼠标右键并选择"快速选择"。

• 在命令行输入命令：QSELECT。

激活命令后，系统将弹出"快速选择"对话框，如图 1-48 所示。该对话框用于指定过滤条件以及根据该过滤条件创建选择集的方式。其中各参数的含义如下：

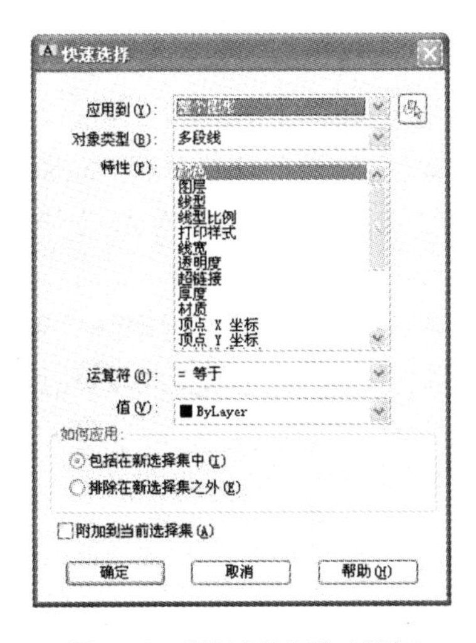

图 1-48　"快速选择"对话框

• 应用到：该选项用于将过滤条件应用到整个图形或当前选择集（如果存在）。要选择将在其中应用该过滤条件的一组对象，请使用“选择对象”按钮。完成对象选择后，按“Enter”键重新显示该对话框。“应用到”下拉列表将设置为“当前选择”。如果选择了“附加到当前选择集”，过滤条件将应用到整个图形。

• 对象类型：该选项用于指定要包含在过滤条件中的对象类型。如果过滤条件正应用于整个图形，则“对象类型”列表包含全部的对象类型，包括自定义。否则，该列表只包含选定对象的对象类型。如果用应用程序（例如 Autodesk Map）给对象添加了特征分类，则可以选择分类。

• 特性：该选项用于指定过滤器的对象特性。此列表包括选定对象类型的所有可搜索特性。选定的特性决定“运算符”和“值”中的可用选项。如果使用了 Autodesk Map 之类的应用程序为对象添加了特征分类，则可以选择分类特性。

• 运算符：该选项用于控制过滤的范围。根据选定的特性，选项可能包括“等于”、“不等于”、“大于”、“小于”和“* 通配符匹配”。对于某些特性，“大于”和“小于”选项不可用。“* 通配符匹配”只能用于可编辑的文字字段。

• 值：该选项用于指定过滤器的特性值。如果选定对象的已知值可用，则“值”成为一个列表，可以从中选择一个值；否则，请输入一个值。

• 如何应用：该选项用于指定是将符合给定过滤条件的对象包括在新选择集内，或是排除在新选择集之外。选择“包括在新选择集中”将创建其中只包含符合过滤条件的对象的新选择集。选择“排除在新选择集之外”，将创建其中只包含不符合过滤条件的对象新选择集。

• 附加到当前选择集：该选项用于指定是将由快速选择命令创建的选择集替换当前选择集还是附加到当前选择集。

1.7.2 AutoCAD 2014 图元的删除技巧

删除 ERASE 命令用于删除屏幕上选中的实体。

其具体操作步骤如下：

在命令行上输入 ERASE，启动删除命令。

在命令行上提示：“选择对象：”时，选择删除目标，如图 1-49 所示。

选择目标后，命令行将提示“选择对象：指定对角点：找到 4 个”，表示已经选择的对象。

在命令行上提示：“选择对象：”时，按下回车键删除对象，并结束删除命令。

使用删除 ERASE 命令删除图 1-50 中的垂直线段，删除后的效果如图 1-50 所示。

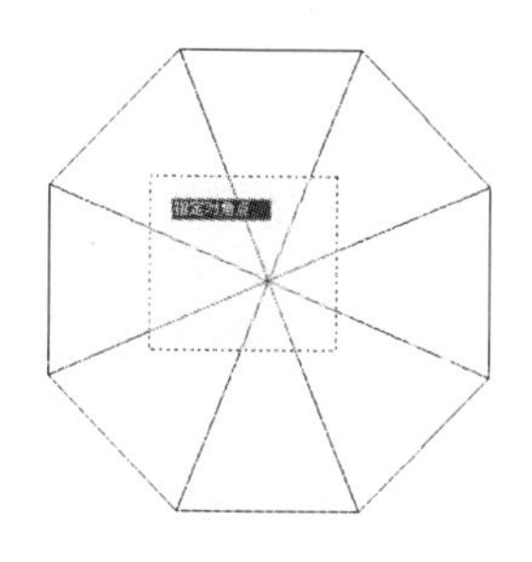

图 1-49 选择删除目标

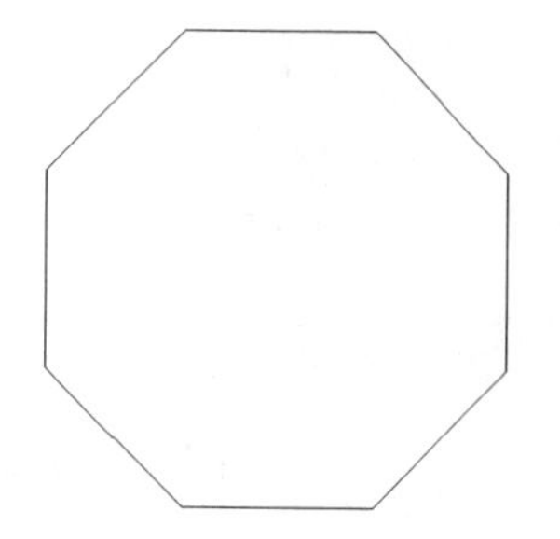

图 1-50 删除后的效果

1.8 本章小结

通过本章的学习，使读者了解 AutoCAD 2014 的全新功能，其中包括 AutoCAD 2014 的新增功能，以及 AutoCAD 2014 的全新界面，此外，本章着重介绍了建筑制图概念及原理，通过三视图的形成及原理，讲述了建筑制图的概念，通过对这些基础制图原理的学习，为今后绘制建筑图打下坚实基础。

第2章 图形的绘制与标注

◈内容摘要◈

任何复杂的图形都可以分解为简单的二维点、线、面等基本图形。熟练掌握二维图形的绘制与编辑，是绘制复杂图形的基础。在室内外建筑以及工程制图中，尺寸标注是必不可少的，它为设计者提供了精确的参数，为建筑以及工业零件的制作奠定了基础。本章主要介绍二维图形的绘制与编辑方法，如点、线、圆弧的绘制以及尺寸标注的方法等内容。

◈教学目标◈

- 绘制二维图形对象
- 编辑二维图形对象
- 创建尺寸标注
- 修改尺寸标注

2.1 绘制点对象

在 AutoCAD 2014 中，点对象可用作捕捉和偏移对象的节点或参考点。可以“单点”、“多点”、“定数等分”和“定距等分”4 种方法创建点对象。

2.1.1 设置点样式

在 AutoCAD 2014 中，默认情况下的点是一个实心圆心，在绘图区中只能看到一个小点，为了更加方便显示，可以通过“点样式”命令对点的显示状态进行设置。点在图形中的表示样式共有 20 种。可通过 DDPTYPE 命令或单击菜单栏中的“格式”→“点样式”命令，通过弹出的“点样式”对话框来设置，如图 2-1 所示。

2.1.2 绘制单点与多点

执行单点与多点命令的方法：

- 命令行：POINT(快捷命令：PO)
- 菜单栏：单击菜单栏中的“绘图”→“点”命令。
- 工具栏：单击“绘图”工具栏中的“点” · 按钮。

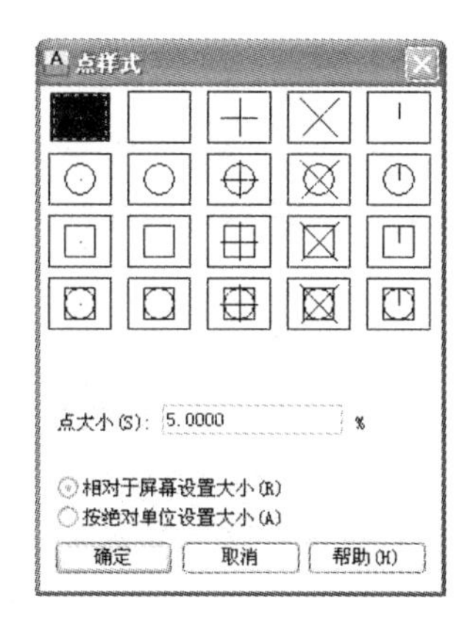

图 2-1 “点样式”对话框

通过菜单方法操作时，如图 2-2 为“点”的子菜单，“单点”命令表示只输入一个点，“多点”命令表示可输入多个点。可以按下状态栏中的“对象捕捉”按钮，设置点捕捉模式，帮助用户选择点，图 2-3 所示为绘制的多点。

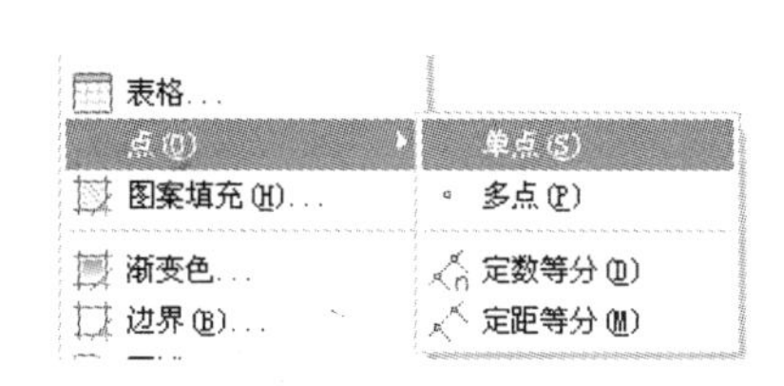

图 2-2 “点”子菜单

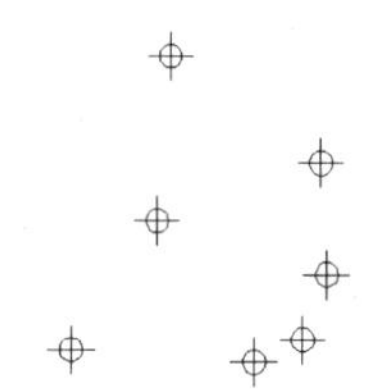

图 2-3 绘制多点

2.1.3 绘制定数等分点

定数等分点，可以在指定的线段上，按数量对线段进行等分并创建点。用户可以用以下方法执行绘制定数等分点的命令：

- 命令行：DIVIDE(快捷命令：DIV)
- 菜单栏：单击菜单栏中的“绘图”→“点”→“定数等分”命令。

定数等分点示意如图 2-4 所示。

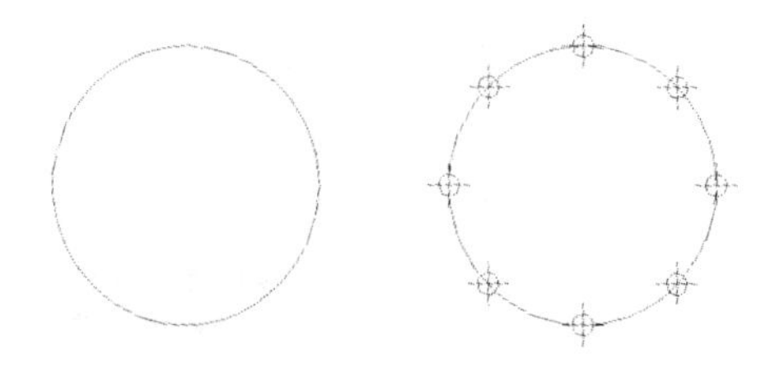

图 2-4 等分点

2.1.4 绘制定距等分点

定距等分点，可以在指定的线段上，按距离对线段进行等分并创建点。用户可以用以下方法绘制定距等分点的命令：

- 命令行：MEASURE（快捷命令：ME）
- 菜单栏：单击菜单栏中的"绘图"→"点"→"定距等分"命令。

提示

以上方法可以在指定的对象上按指定的长度绘制点或者插入块。使用该命令时，需要注意以下两点：①放置点的起始位置从离对象选取点较近的端点开始。②如果对象总长不能被所选长度整除，则最后放置点到对象端点的距离将不等于所选长度。

2.2 绘制直线型对象

直线类命令包括直线段、射线和构造线。这几个命令是 AutoCAD 中最简单的绘图命令，线类实体是应用最多的实体之一。

2.2.1 绘制直线

直线命令所绘制的实体为直线段。在几何学中，两点确定一条直线，因此，用户只需在绘图区域中指定两点，把这两点连接起来即可。

可以用以下方法执行绘制直线的命令：

- 命令行：LINE（快捷命令：L）
- 菜单栏：单击菜单栏中的"绘图"→"直线"命令。
- 工具栏：单击工具栏中的"直线" ⟋ 按钮。

使用直线命令绘制一个边长为 5 的正六边形，其操作步骤如下：

(1)在命令行中输入 LINE，按 Enter 键确认。在屏幕上任意指定一点 A，然后指定下一点为@5<0，按 Enter 键确认，如图 2-5 所示。

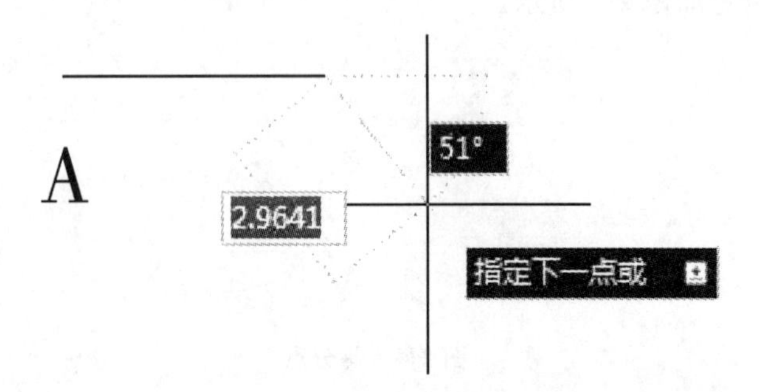

图 2-5 绘制的直线段

(2)指定下一点为@5<60,按 Enter 键确认;依次指定下一点为@5<120,@5<180,@5<240,如图 2-6 所示。

(3)最后在“指定下一点或 \[闭合(C)/放弃(U)\]：”输入 C,如图 2-7 所示,使用直线命令绘制一个边长为 5 的正六边形的实战操作步骤完毕。

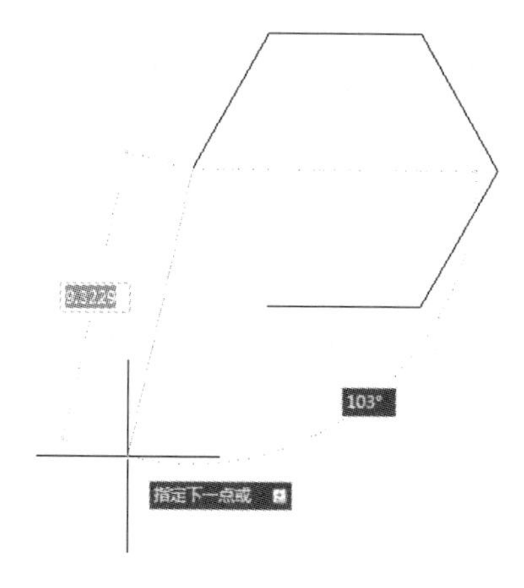

图 2-6 绘制中的正六边形

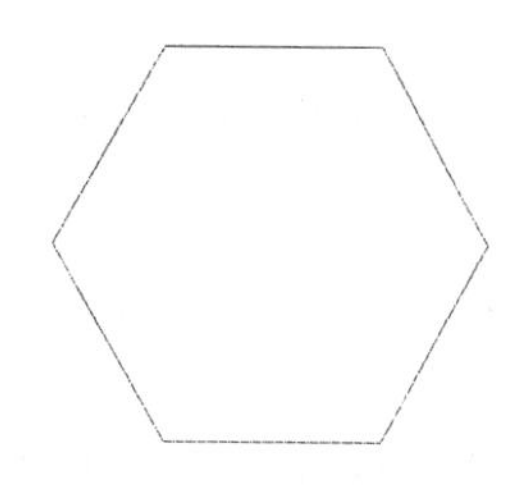

图 2-7 绘制中的正六形

• 若按系统默认状态,系统会把上次绘制图线的终点作为本次图线的起始点。若上次操作为绘制圆弧,按 Enter 键确认后绘出通过圆弧终点并与该圆弧相切的直线段,该线段的长度为光标在绘图窗口指定的一点与切点之间线段的距离。

• 在“指定下一点”提示下,用户可以指定多个端点,从而绘出多条直线段。但是,每一段直线是一个独立的对象,可以进行单独的编辑操作。

• 绘制两条以上直线段后,若采用输入选项“闭合(C)”确认“指定下一点”提示,系统会自动连接起始点和最后一个端点,从而绘出封闭的图形。若采用输入选项 U 确认提示,则删除最近一次绘制的直线段。

设置正交方式(按下状态栏中的“正交模式”按钮),只能绘制水平线段或垂直线段。若设置动态数据输入方式(按下状态栏中的“动态输入”按钮),则可以动态输入坐标或长度值,效果与非动态数据输入方式类似。除了特别需要,以后不再强调,而只按非动态数据输入方式输入相关数据。

2.2.2 绘制射线

射线为一端固定,另一端无限延伸的直线。执行“绘图”→“射线”命令,指定射线起点和通过点即可绘制一条射线,在 AutoCAD 2014 中,射线通常用于绘制辅助线。

可以用以下方法执行绘制射线的命令：

• 命令行:RAY

• 菜单栏:单击菜单栏中的“绘图”→“射线”命令。

在命令行输入绘制射线命令 RAY 后,命令行中的提示如下。

命令：RAY	
指定起点：	提示用户指定射线的端点
指定通过点：	提示用户指定通过第一条射线的点
指定通过点：	提示用户指定通过第二条射线的点

执行一次绘制射线命令，可以绘制多条射线，这些射线有一个共同的起点，当按 Enter 键时结束绘制射线。

2.2.3 绘制构造线

构造线主要用来作为辅助线，当绘制多视图时，为了保证“对正、平齐、相等”的投影关系，可以先画出若干构造线，然后再以构造线为基准绘图。

可以用以下方法执行绘制构造线的命令：

- 命令行：XLINE(快捷命令：XL)。
- 菜单栏：单击菜单栏中的“绘图”→“构造线”命令。
- 工具栏：单击“绘图”工具栏中的“构造线”按钮。

使用构造线命令绘制一个直角的角平分线，其操作步骤如下：

(1)绘制两条垂直的直线，在命令行中输入 XLINE，按 Enter 键确认。在“定点或\[水平(H)/垂直(V)/角度(A)/二等分(B)/偏移(O)\]：”输入 B；在“指定角的顶点：”捕捉点 O，将二等分角，如图 2-8 所示。

(2)在“指定角的起点：”捕捉点 A，在“指定角的端点：”捕捉点 B，最后按 Enter 键确认，效果如图 2-9 所示。

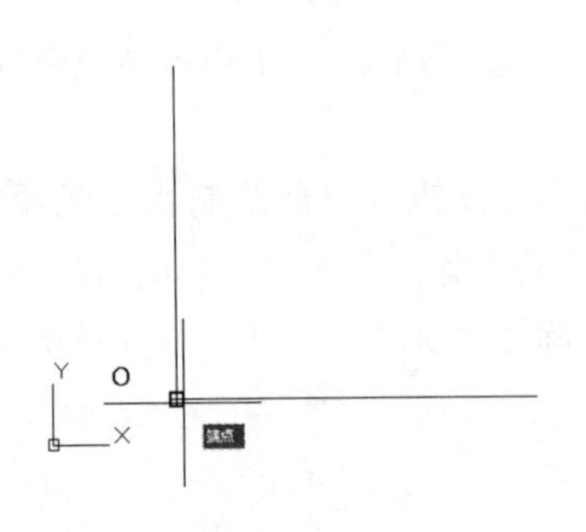

图 2-8 捕捉点 O

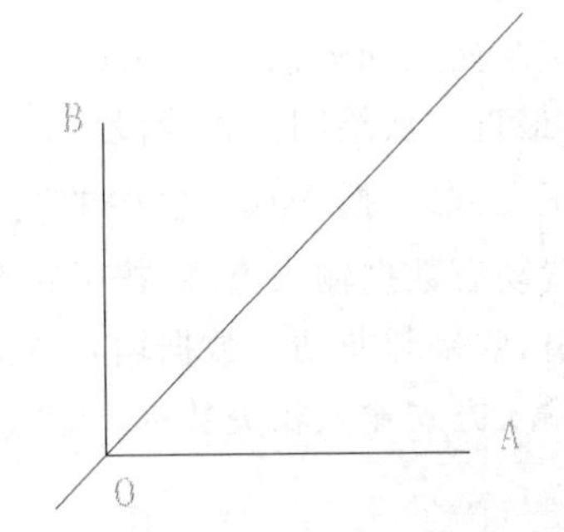

图 2-9 直角角平分线

绘制构造线时各选项说明如下：

执行选项中有“指定点”、“水平”、“垂直”、“角度”、“二等分”和“偏移”6 种方式绘制构造线，分别如图 2-10(a)—(f)所示。

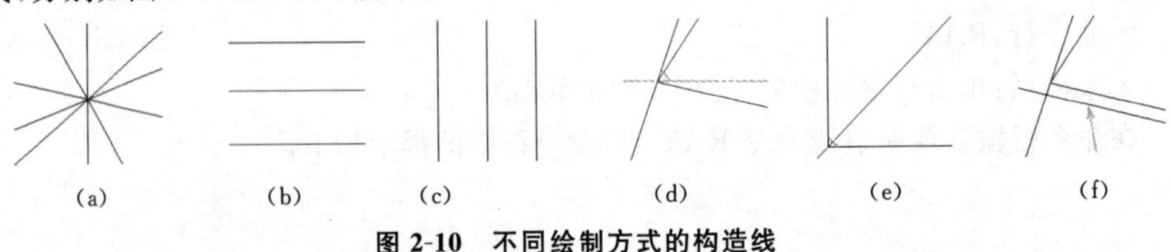

图 2-10 不同绘制方式的构造线

构造线模型手工作图中的辅助作图线，用特殊的线型显示，在图形输出时可不做输出。应用构造线作为辅助线绘制机械图中的三视图是构造线的最主要用途，构造线的应用保证了三视图之间“主、俯视图长对正，主、左视图高平齐，俯、左视图宽相等”的对应关系。

2.3 绘制曲线型对象

在 AutoCAD 2014 中，曲线型对象包括有“圆”、“椭圆”、“圆弧”和“圆环”四种图形对象。

2.3.1 绘制圆

用户可以用以下方法执行绘制圆命令：

- 命令行：CIRCLE(快捷命令：C)。
- 菜单栏：单击菜单栏中的“绘图”→“圆”命令。
- 工具栏：单击“绘图”工具栏中的“圆”按钮。

1. 用“圆心、半径”和“圆心、直径”方法绘制圆

(1)在命令行中输入 CIRCLE，按 Enter 键确认。在绘图窗口中指定圆的圆心为任意一点，指定圆的半径为 3。

(2)在状态栏中单击“对象捕捉”按钮，单击“绘图”工具栏中的“圆”按钮，绘制另一个圆，在“指定圆的半径或 \[直径(D)\] <3.0000>：”输入 D，指定圆的直径为 8，绘制效果如图 2-11 所示，使用“圆心、半径”和“圆心、直径”方法绘制圆的实战操作步骤完毕。

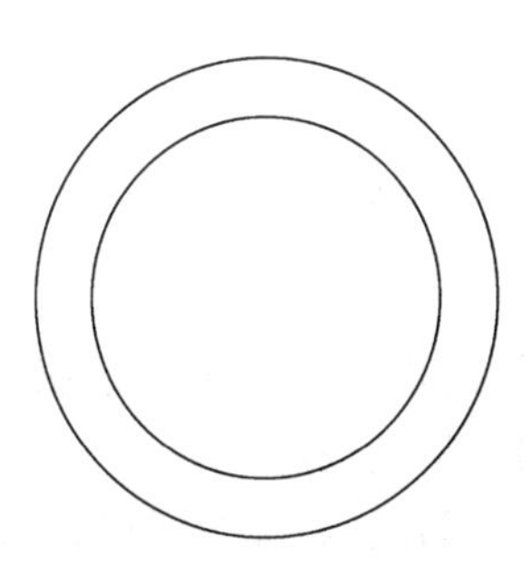

图 2-11　半径为 3 和直径为 8 的两个圆

2. 用“两点”方法绘制圆

(1)在命令行中输入 CIRCLE，按 Enter 键确认。在“指定圆的圆心或 \[三点(3P)/两点(2P)/切点、切点、半径(T)\]：”输入 2P。

(2)在绘图窗口中任意指定一点为圆直径第一个端点；指定如图 2-12 十字光标的方向为圆直径第二个端点，最终效果如图 2-13 所示，通过指定直径两端点绘制圆的实战操作步骤完毕。

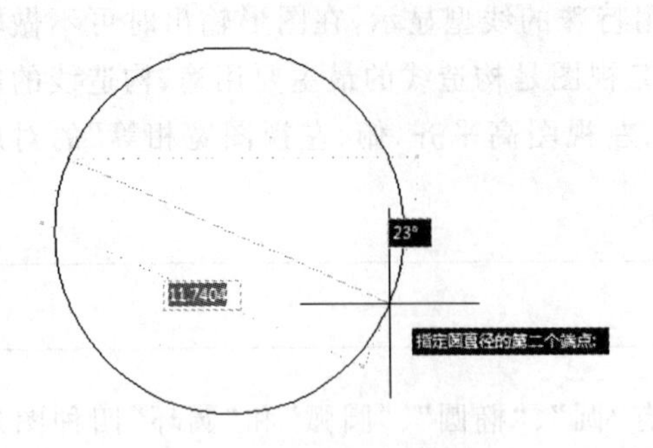

图 2-12　确定圆直径端点

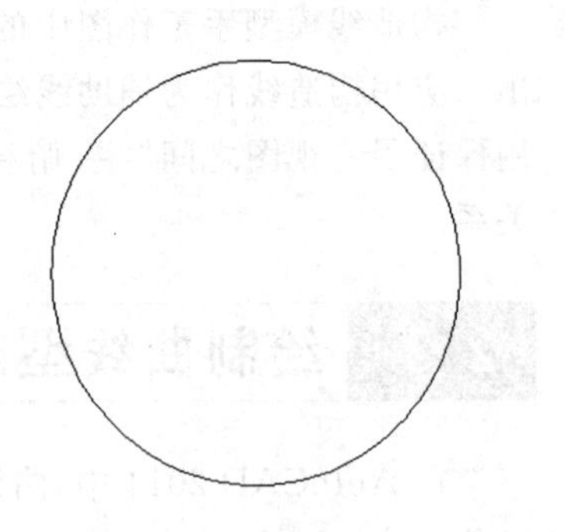

图 2-13　圆

3. 用“三点”方法绘制圆

通过指定圆周上三点绘制圆，其操作步骤如下：

(1)在命令行中输入 CIRCLE，按 Enter 键确认。在“指定圆的圆心或 \[三点(3P)/两点(2P)/切点、切点、半径(T)\]：”输入 3P。

(2)在绘图窗口中任意指定一点为圆上第一个端点；依次指定如图 2-14 的 A、B 两点圆上直径第二、三个端点最终确定一个圆，通过指定圆周上三点绘制圆的实战操作步骤完毕，如图 2-14 所示。

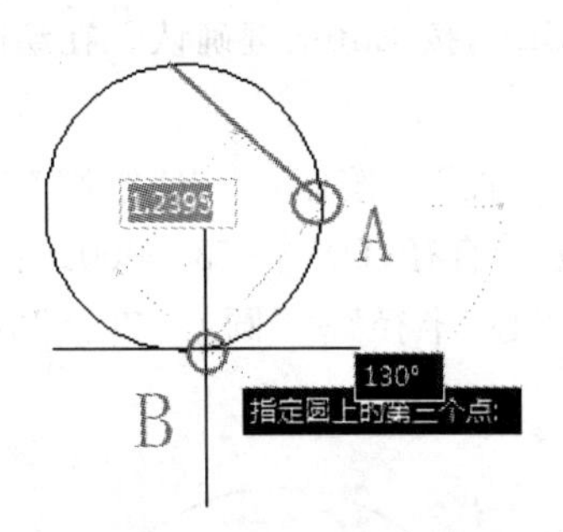

图 2-14　通过指定圆周上三点绘制图

4. 用“相切”方法绘制圆

通过先指定两个相切对象，再给出半径的方法绘制圆。要求绘制的圆半径为 15，并且与已知所绘圆弧和直线相切，其操作步骤如下：

(1)任意绘制一条直线和一段圆弧。在命令行中输入 CIRCLE，按 Enter 键确认。在“指定圆的圆心或\[三点(3P)/两点(2P)/切点、切点、半径(T)\]：”输入 T 。

(2)指定对象与圆的第一个切点。拖曳光标到直线上，当出现“延递切点”时单击确认，如图 2-15 所示。

(3)按照第二步操作，拖曳光标到圆弧上，当出现“延递切点”时单击确认，指定圆的半径为 6，最终效果如图 2-16 所示，使用“相切”方法绘制圆的实战操作步骤完毕。

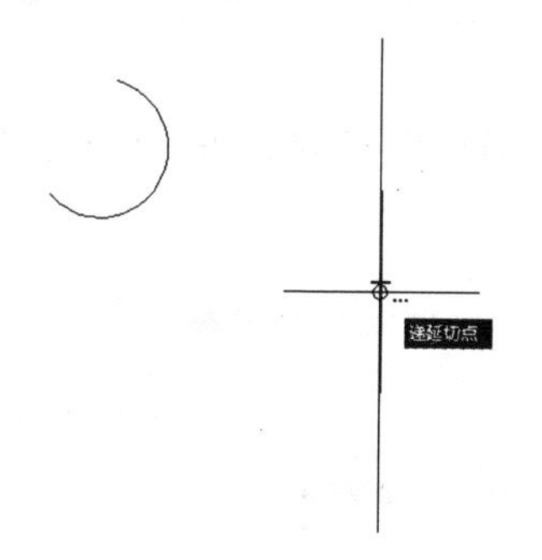

图 2-15 确认延递切点

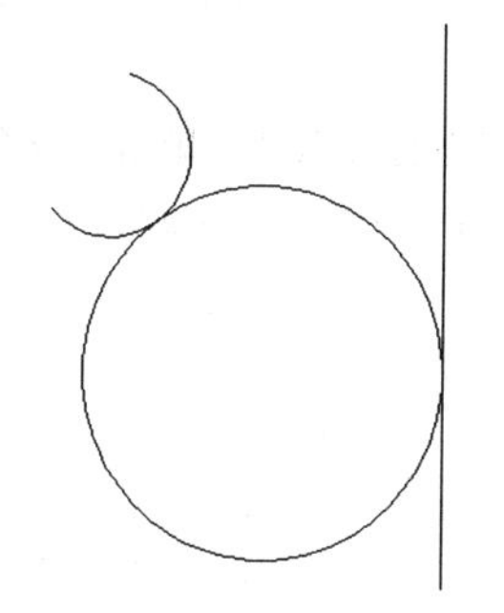

图 2-16 用“相切”方法绘制图

实例 1 灯具图标

(1)启动 AutoCAD 2014,执行 LINE(直线)命令,开启正交功能,在绘图区绘制一条长度为 146 的水平直线,如图 2-17 所示。

(2)再次执行 LINE(直线)命令,在任意位置绘制一条长度为 146 的垂直直线,如图 2-18 所示。

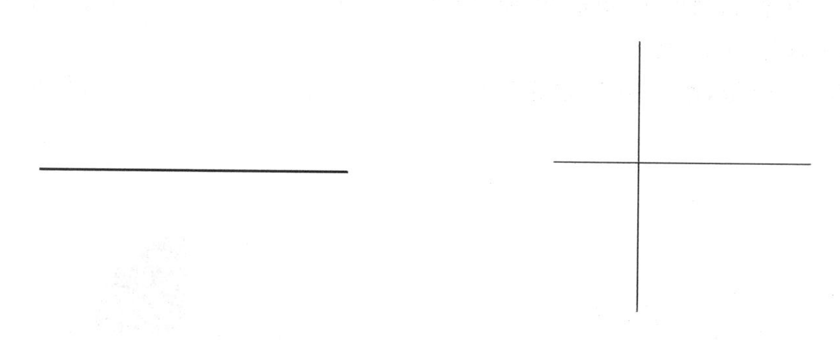

图 2-17 绘制水平直线　　图 2-18 绘制垂直直线

(3)执行 MOVE(移动)命令,根据命令行提示,选择垂直直线,按 Enter 键后,依次拾取两条直线的中点,如图 2-19 所示。

(4)移动直线后的效果如图 2-20 所示。

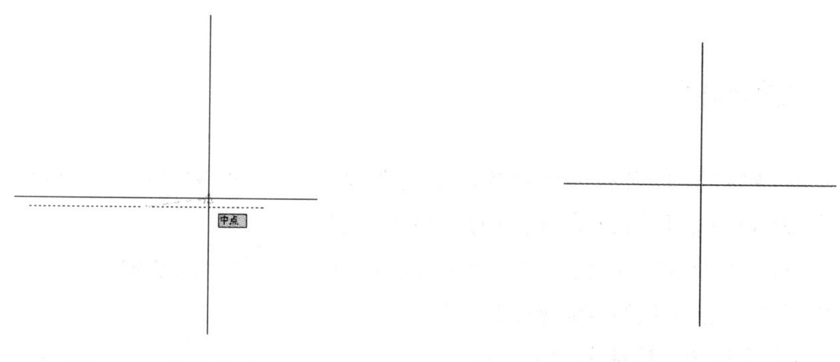

图 2-19 移动直线　　图 2-20 移动后的效果

(5)执行 CIRCLE(圆)命令,以十字交叉点为圆心,绘制一个半径为 50 的圆,如图 2-21 所示。

(6)执行 BHATCH(填充)命令,弹出"图案填充和渐变色"对话框,在其中设置填充图案为 SOLID,如图 2-22 所示。

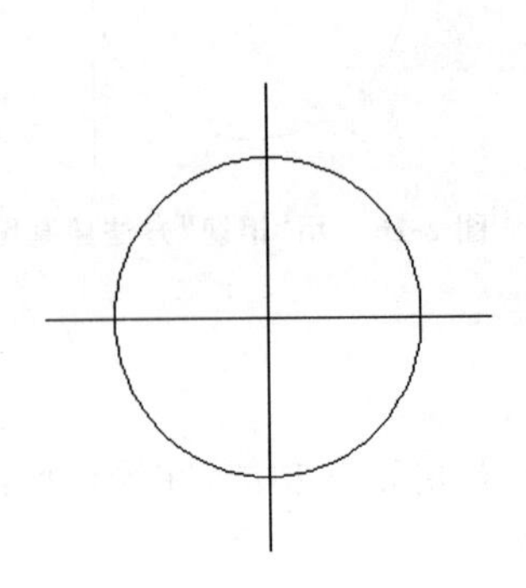

图 2-21 绘制图

图 2-22 "图案填充和渐变色"对话框

(7)在"边界"选项区中,单击"添加:拾取点"按钮,返回绘制区,在图形的右上扇区中单击鼠标,如图 2-23 所示。

(8)按 Enter 键,返回"图案填充和渐变色"对话框,单击"确定"按钮,效果如图 2-24 所示。

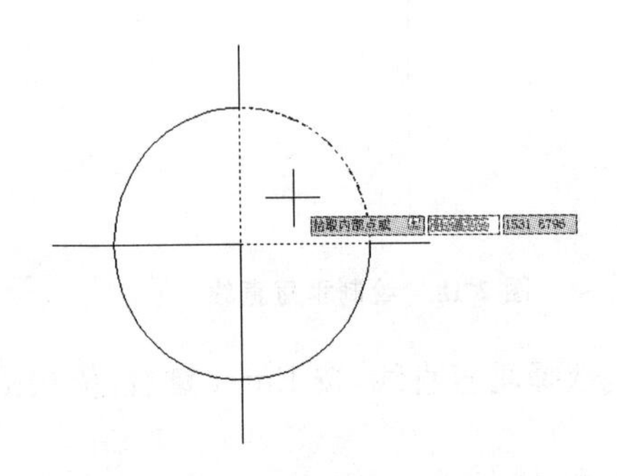

图 2-23 拾取点

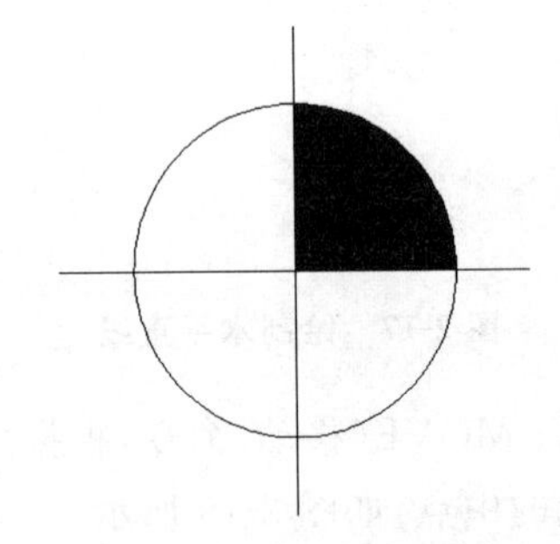

图 2-24 图案填充后的效果

2.3.2 绘制椭圆

椭圆是一种特殊的圆,它的中心到圆周上的距离是变化的,椭圆由定义其长度和宽度的两条轴决定,较长的轴称为长轴,较短的轴称为短轴。

在 AutoCAD 中,椭圆的形状主要由中心、长轴、短轴 3 个参数来确定。

用户可以用以下方法执行绘制椭圆的命令:

- 命令行:ELLIPSE(快捷命令:EL)。
- 菜单栏:单击菜单栏中的"绘图"→"椭圆"命令。

• 工具栏：单击“绘图”工具栏中的“椭圆” 按钮。

使用“轴，端点”的方法绘制长轴为20，短轴为5的椭圆，其操作步骤如下：

(1)在命令行中输入ELLIPSE，按Enter键确认，指定椭圆的轴端点为任意一点A，指定轴的另一个端点为20，如图2-25所示。

(2)指定另一条半轴长度为5，最终效果如图2-26所示，使用“轴，端点”的方法绘制椭圆的实战操作步骤完毕。

图2-25　确定椭圆的两个端点

图2-26　使用“轴，端点”的方法绘制的椭圆

绘制椭圆时各选项说明如下：

• 指定椭圆的轴端点：根据两个端点定义椭圆的第一条轴，第一条轴的角度确定了整个椭圆的角度。第一条轴既可定义椭圆的长轴，也可定义其短轴。

• 圆弧(A)：用于创建一段椭圆弧，与单击绘图工具栏中的椭圆弧按钮功能相同。其中第一条轴的角度确定了椭圆弧的角度。第一条轴既可定义椭圆弧长轴，也可定义其短轴。

提示

椭圆命令生成的椭圆是以多段线还是以椭圆为实体，是由系统变量PELLIPSE决定的，当其为1时，生成的椭圆就是以多段线形式存在。

2.3.3　绘制圆弧

在AutoCAD 2014中，执行“绘图”→“圆弧”命令，在其下的子命令菜单中，提供了很多种圆弧绘制方法，使用这些命令，可绘制相应的圆弧。

1. 用“三点”方法绘制圆弧

用户可以用以下方法执行“三点”方法绘制圆弧命令：

• 命令行：ARC(快捷命令：A)。

• 菜单栏：单击菜单栏中的“绘图”→“圆弧”命令。

• 工具栏：单击“绘图”工具栏中的“圆弧” 按钮。

使用三点方法绘制圆弧的操作步骤如下：

(1)在命令行中输入ARC，指定圆弧的起点为任意一点A；指定圆弧的第二个点为任意一点B，如图2-27所示。

(2)指定圆弧的端点为任意一点C，最终效果如图2-28所示，使用三点方法绘制圆弧的实战操作步骤完毕。

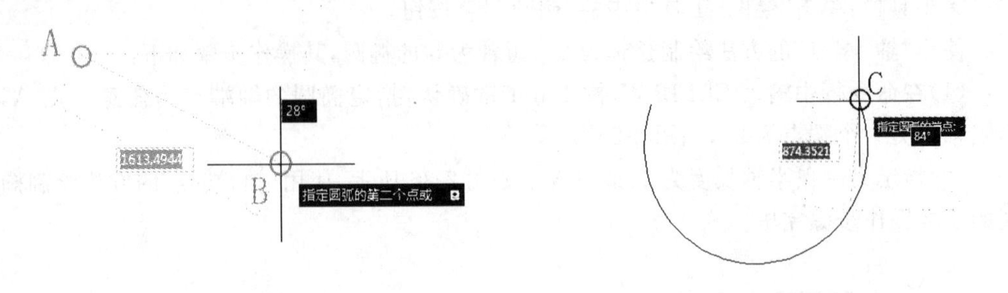

图 2-27　指定圆弧起点和第二个点　　　　图 2-28　指定圆弧端点

2. 用“起点、圆心、端点”方法绘制圆弧

指定圆弧的起点和圆心后，还需要指定圆弧的端点，包含角或弦长。

使用“起点、圆心、端点”方法绘制圆弧的操作步骤如下：

(1)在命令行中输入 ARC，指定圆弧的起点为任意一点 A；在“指定圆弧的第二个点或 \[圆心(C)/端点(E)\]：”输入 C，指定圆弧的圆心为任意一点 B，如图 2-29 所示。

(2)指定圆弧的端点为任意一点 C，如图 2-30 所示，使用“起点、圆心、端点”方法绘制圆弧的实战操作步骤完毕。

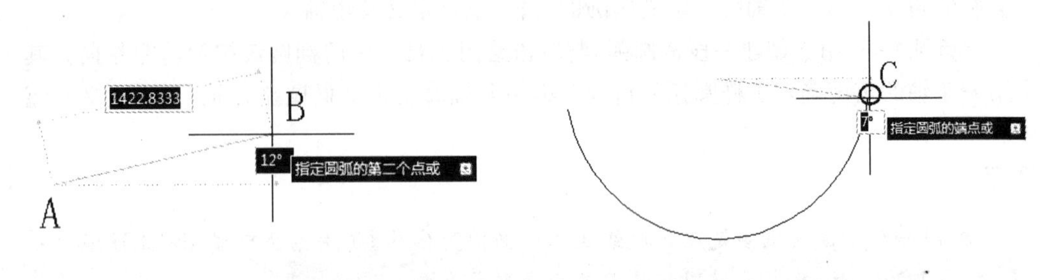

图 2-29　指定圆弧圆心　　　　图 2-30　指定圆弧端点

在为圆弧指定角度和弦长时，如果输入正值，则按逆时针方向绘制圆弧；如果输入负值，则按顺时针方向绘制圆弧。

提示

绘制圆弧时，注意圆弧的曲率是遵循逆时针方向的，所以在选择指定圆弧两个端点和半径模式时，需要注意端点的指定顺序，否则有可能导致圆弧的凹凸形状与预期的相反。

3. 用“起点、端点、角度”方法绘制圆弧

指定圆弧的起点和端点后，还需要指定圆弧的角度、半径或方向。

使用“起点、端点、角度”方法绘制圆弧的操作步骤如下：

(1)在命令行中输入 ARC，指定圆弧的起点为任意一点 A；在“指定圆弧的第二个点或 \[圆心(C)/端点(E)\]：”输入 E，指定圆弧的端点为任意一点 B，如图 2-31 所示。

(2)在“指定圆弧的圆心或 \[角度(A)/方向(D)/半径(R)\]：”输入 A，指定如图 2-32 所示的 C 点为角度，使用“起点、端点、角度”方法绘制圆弧的实战操作步骤完毕。

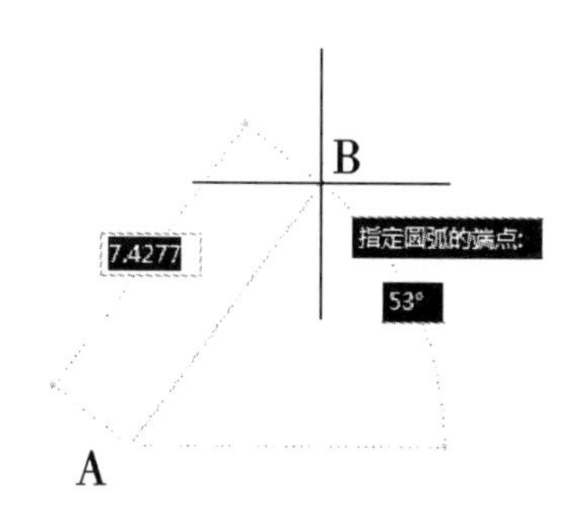

图 2-31 指定圆弧的起点和端点

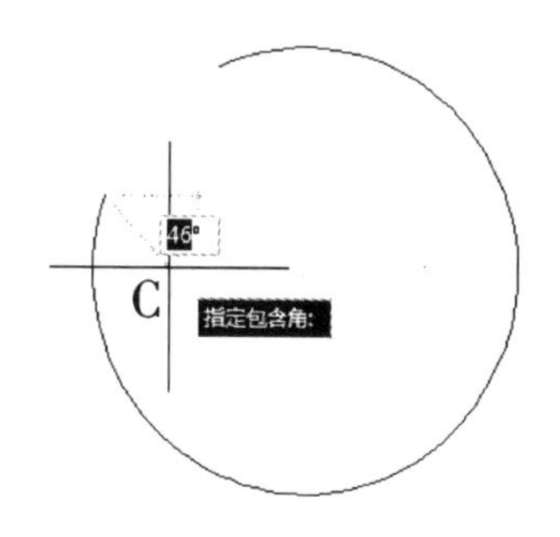

图 2-32 指定圆弧的包含角

4. 用“圆心、起点、端点”方法绘制圆弧

指定圆弧的圆心和起点后，还需要指定圆弧的端点、角度或弦长。

使用“圆心、起点、端点”方法绘制圆弧的操作步骤如下：

(1)在命令行中输入 ARC，输入 C，指定圆弧的圆心为绘图窗口中任意一点 A；指定圆弧起点为 B，如图 2-33 所示。

(2)指定 C 点为圆弧端点，如图 2-34 所示，使用“圆心、起点、端点”方法绘制圆弧的实战操作步骤完毕。

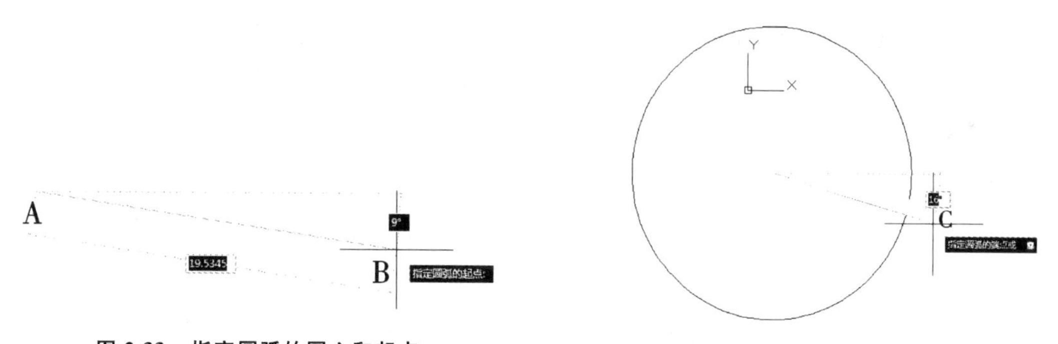

图 2-33 指定圆弧的圆心和起点

图 2-34 指定圆弧端点

5. 绘制圆弧的其他方法

使用“菜单栏”来激活绘制圆弧命令，将显示如图 2-35 所示的菜单；系统给用户提供了 11 种绘制圆弧的方法，具体使用哪种方式来绘制，用户可以根据绘图的不同情况来确定。

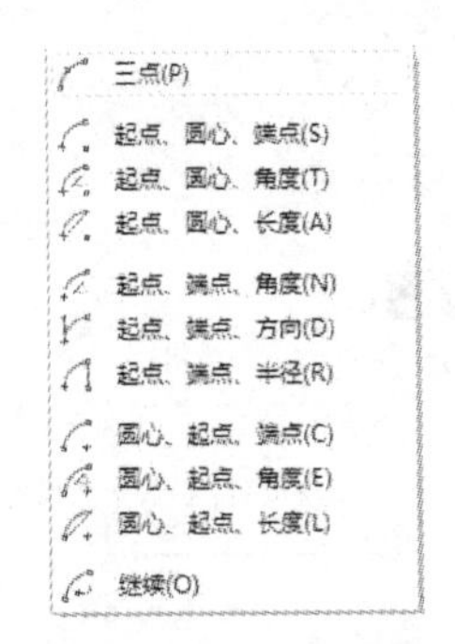

图 2-35　使用"菜单栏"来激活绘制圆弧命令

用"连续"选项绘制圆弧时，绘制的圆弧与最近创建的一个对象相切。用该方法绘制圆弧，命令行提示如下：

命令：_ arc	
指定圆弧的起点或\[圆心(C)\]：	程序自动捕捉到上一个对象的终点，并把它指定为圆弧的起点
指定圆弧的端点：	为圆弧指定端点

例如，已知一段直线，端点为 b，执行"连续"命令后将绘制出如图 2-36 所示的图形。

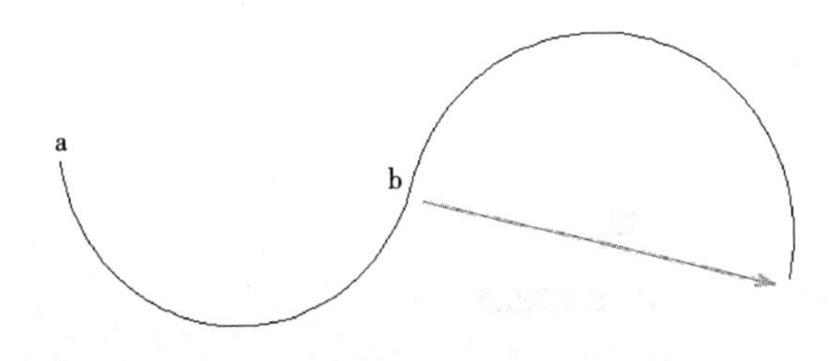

图 2-36　用"连续"选项绘制圆弧

2.3.4　绘制圆环

圆环由一对同心圆组成，实际上是一种呈圆形封闭的多段线。绘制圆环时，用户需指定内径、外径及圆环圆心的位置。

用户可以用以下方法执行绘制圆环的命令：

- 命令行：DONUT(快捷命令：DO)。
- 菜单栏：单击菜单栏中的"绘图"→"圆环"命令。

绘制一个内径为 25、外径为 40 的圆环，其操作步骤如下：

(1)在命令行中输入 DONUT，指定圆环的内径为 25。

(2)指定圆环外径为 40，在绘图窗口中指定任意一点为圆环中心点，圆环效果如图 2-37所示，绘制圆环的实战操作步骤完毕。

绘制圆环时各选项说明如下：

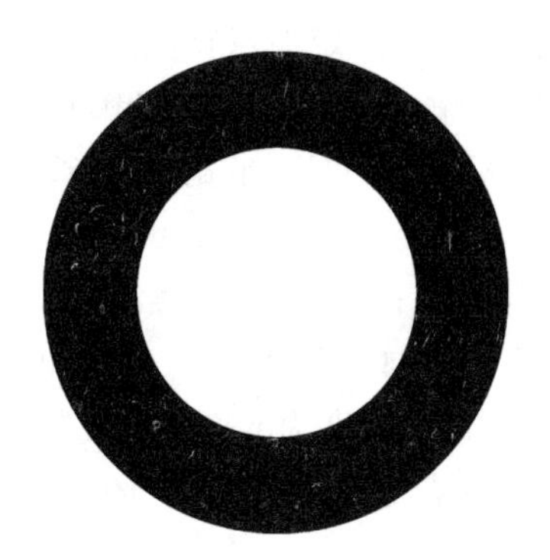

图 2-37　圆环

- 若指定内径为零，则画出实心填充圆，如图 2-38 所示。
- 用命令 FILL 可以控制圆环是否填充，如图 2-39 所示为不填充的圆环状态。

图 2-38　实心圆

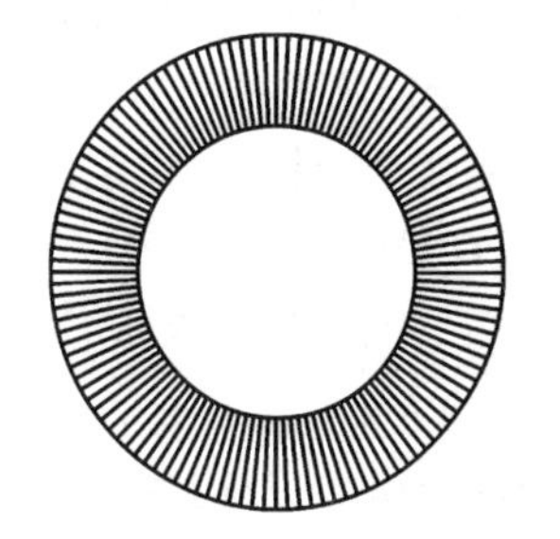

图 2-39　不填充状态下的圆环

2.4 绘制与编辑多段线和多线

多段线是作为单个对象且相互连接的序列线段，可以创建直线段、弧线段或两者的组合线段，在建筑绘图中常用多段线来绘制建筑的墙体。

2.4.1 绘制多段线

绘制多段线时，可以使用包含两个元素的 STANDARD 样式，也可以指定一个以前创建的样式。开始绘制之前，可以修改多段线的对正和比例。

用户可以用以下方法执行绘制多段线的命令：

- 命令行：PLINE(快捷命令：PL)。
- 菜单栏：单击菜单栏中的“绘图”→“多段线”命令。
- 工具栏：单击“绘图”工具栏的“多段线” 按钮。

实例 2　使用多段线绘制雨伞图形

(1)在命令行中输入 PLINE，指定任意一点为小雨伞的最高点 A，此时默认的当前线宽为 0.000 0。

(2)在命令行提示 “指定下一个点或[圆弧(A)/半宽(H)/长度(L)/放弃(U)/宽度

(W)]:”后输入 W,默认起点宽度为 0;指定端点宽度为 150。

(3)开启正交,向下引导光标,输入 20,然后按 Enter 键确定,这时绘制出伞顶;在命令行提示“指定下一点或[圆弧(A)/闭合(C)/半宽(H)/长度(L)/放弃(U)/宽度(W)]:”后输入 W。

(4)指定起点宽度为 5,此为 B 点;指定端点宽度为 5。

(5)在命令行提示“指定下一点或 [圆弧(A)/闭合(C)/半宽(H)/长度(L)/放弃(U)/宽度(W)]:”后输入 L,指定直线长度为 60,这时绘制出伞柄。

(6)在命令行提示“指定下一点或 [圆弧(A)/闭合(C)/半宽(H)/长度(L)/放弃(U)/宽度(W)]:” 后输入 A,

(7)在命令行提示“指定圆弧的端点或[角度(A)/圆心(CE)/闭合(CL)/方向(D)/半宽(H)/直线(L)/半径(R)/第二个点(S)/放弃(U)/宽度(W)]:”后输入 A。

(8)向左引导光标,指定包含角为－180。

(9)在命令行提示“指定圆弧的端点或[圆心(CE)/半径(R)]:”后输入 R,指定圆弧的半径为 10;指定圆弧的弦方向为－180,此时绘制出伞的抓手。

(10)在命令行提示“指定圆弧的端点或[角度(A)/圆心(CE)/闭合(CL)/方向(D)/半宽(H)/直线(L)/半径(R)/第二个点(S)/放弃(U)/宽度(W)]:” 后输入 L。

(11)在“指定下一点或[圆弧(A)/闭合(C)/半宽(H)/长度(L)/放弃(U)/宽度(W)]:”后输入 L。

(12)向上引导光标,指定直线的长度为 5,这是绘制出伞抓手末端,最终效果如图 2-40 所示,使用多段线命令绘制一个小雨伞的实战操作步骤完毕。

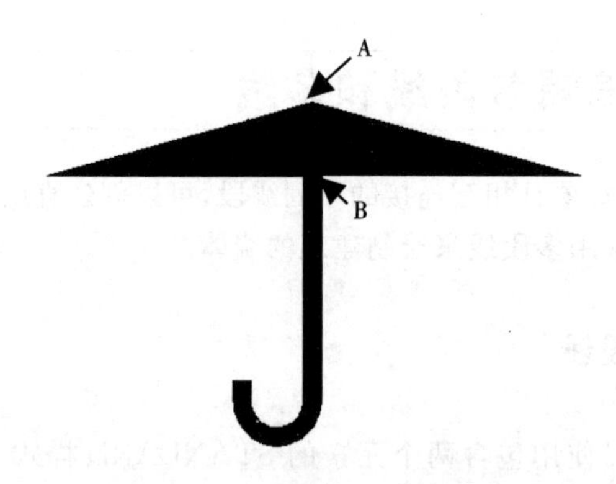

图 2-40 用多段线绘制小雨伞

绘制多段线时各选项说明如下:

• 多段线主要由连续且不同宽度的线段或圆弧组成,如果在上述提示中选择“圆弧(A)”选项,则命令行提示“指定圆弧的端点或\[角度(A)/圆心(CE)/方向(D)/半宽(H)/直线(L)/半径(R)/第二个点(S)/放弃(U)/宽度(W)\]:”

绘制圆弧的方法与圆弧命令相似。

2.4.2 编辑多段线

使用 PEDIT 命令可以编辑多段线，二维、三维多段线，矩形，正方形，三维多边形网格都是多段线的变形，都可以使用该命令进行编辑。在菜单栏，执行“修改”→“对象”→“多段线”命令，选择需要编辑的多段线后，将弹出如图 2-41 所示的快捷菜单，在此可以对多段线编辑命令。

输入选项
打开(O)
合并(J)
宽度(W)
编辑顶点(E)
拟合(F)
样条曲线(S)
非曲线化(D)
线型生成(L)
反转(R)
放弃(U)

图 2-41 快捷菜单

2.4.3 绘制多线

多线是一种复合线，由连续的直线段复合组成。多线的突出优点就是能够大大提高绘图效率，保证图线之间的统一性。

用户可以用以下方法执行绘制多线的命令：

• 命令行：MLINE(快捷命令：ML)。

• 菜单栏：单击菜单栏中的“绘图”→“多线”命令。

绘制多线的操作步骤如下：

(1)在命令行中输入 MLINE，指定起点坐标为(0,10)；指定下一点坐标为(10,10)，如图 2-42 所示。

(2)依次输入点坐标(10,0)、(0,0)，然后在“指定下一点或 \[闭合(C)/放弃(U)\]：”输入 C，选择闭合多线，最终效果如图 2-43 所示，绘制多线的实战操作步骤完毕。

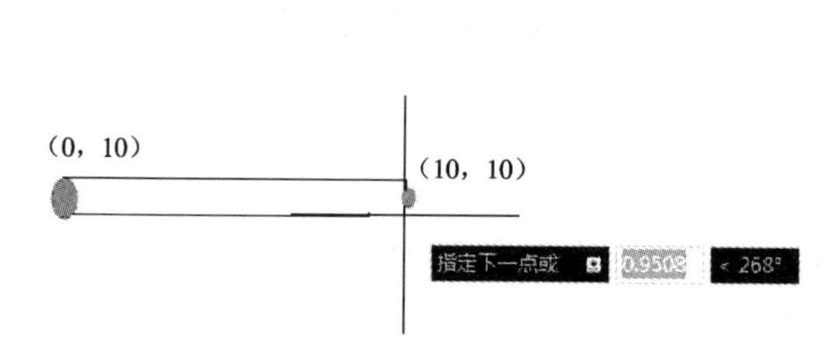

图 2-42 输入点坐标

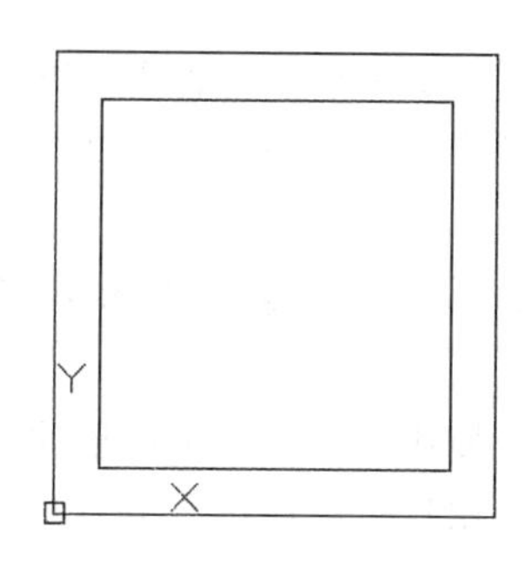

图 2-43 绘制的多线

• 对正(J):该项用于指定绘制多线的基准。共有 3 种对正类型“上”、“无”和“下”。其中,“上”表示以多线上侧的线为基准,其他两项以此类推。

• 比例(S):选择该项,要求用户设置平行线的间距。输入值为零时,平行线重合;输入值为负时,多线的排列倒置。

样式(ST):用于设置当前使用的多线样式。

2.4.4 编辑多线

用户可以用以下方法编辑多线:

• 命令行:MLEDIT

• 菜单栏:单击菜单栏中的“修改”→“对象”→“多线”命令。

执行上述操作后,弹出的“多线编辑工具”对话框,如图 2-44 所示。

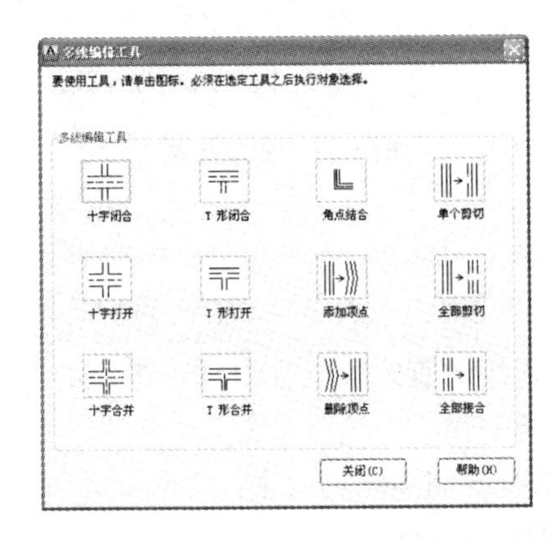

图 2-44 “多线编辑工具”对话框

利用该对话框,可以创建或修改多线的模式。对话框中分 4 列显示示例图形。其中,第一列管理十字交叉形多线,第二列管理 T 形多线,第三例管理拐角接合点和节点,第四列管理多线被剪切或连接的形式。单击选择某个示例图形,就可以调用该项编辑功能。

2.5 复制、偏移和镜像对象

在实际绘图过程中,常会遇到使用相同的一类图形,这类图形如果逐一绘制,将会严重影响绘图效率,AutoCAD 2014 为用户提供了各种复制图形对象的命令。

2.5.1 复制图形对象

使用复制命令可以创建与原有对象相同的图形,并指定到特定的位置。

用户可以通过以下方法执行复制命令。

• 命令行:COPY

• 菜单栏:单击“修改”→“复制”命令。

• 工具栏:单击工具栏中的“复制”按钮。

复制对象的操作步骤如下：

(1)单击工具栏中的"复制"按钮，选择图像，按 Enter 键确认，指定任意一点为基点，如图 2-45 所示。

(2)单击鼠标左键确定，最后按 Enter 键确认操作，完成复制对象的操作步骤，如图 2-46所示。

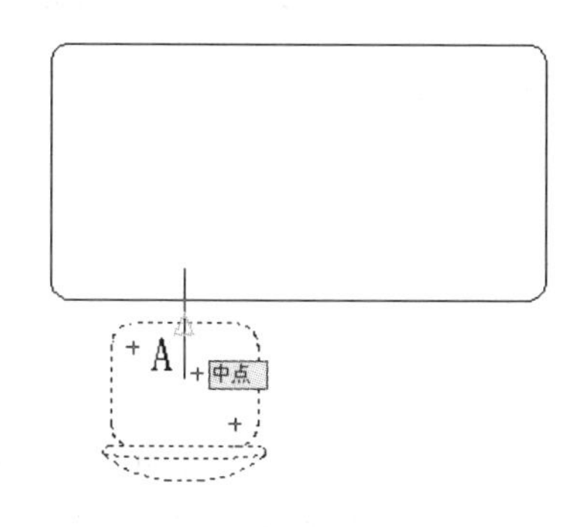

图 2-45　拾取基点

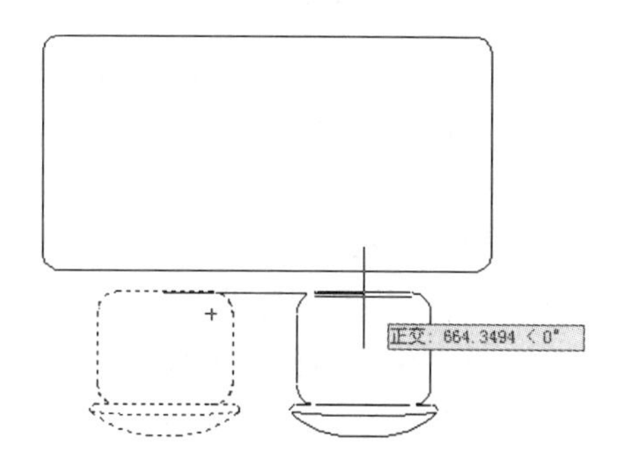

图 2-46　复制图形对象

2.5.2 镜像对象

用户可以用一条镜像线使对象产生镜像。这条镜像线可以用指定两点来确定。

用户可以通过以下方法执行镜像命令：

- 命令行：MIRROR
- 菜单栏：单击"修改"→"镜像"命令。
- 工具栏：单击工具栏中的"镜像"按钮。

镜像对象的操作步骤如下：

(1)执行 MIRROR 命令，选择要镜像的图形对象，按 Enter 键确认，拾取 A 点作为镜像的基点，如图 2-47 所示。

(2)单击鼠标左键并向右拖曳，拾取 B 点为第二基点，如图 2-48 所示。

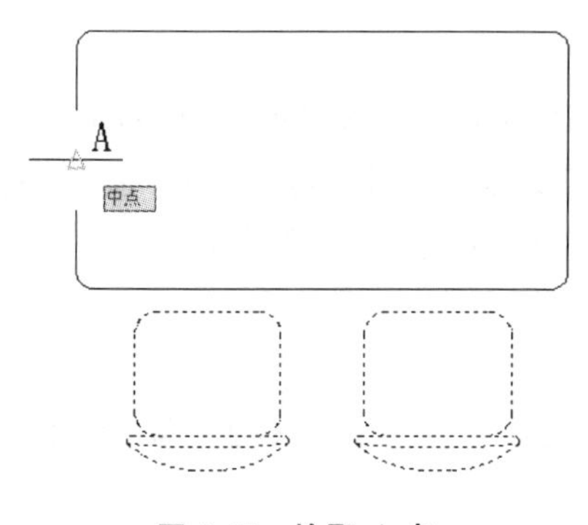

图 2-47　拾取 A 点

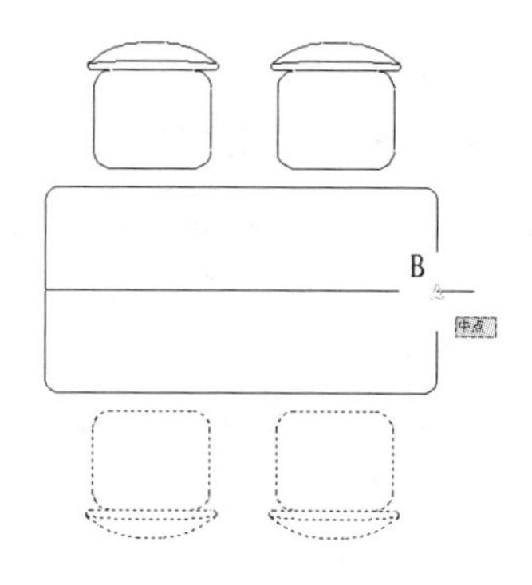

图 2-48　拾取 B 点

2.5.3 阵列图形对象

用户可以用矩形或环形阵列复制对象或选择集，根据不同的需要，采用不同的阵列方法，可以得到不同的效果。AutoCAD 2014 中，执行阵列命令，并不会向以往版本，弹出“阵列”话框，而是在命令行中进行相关参数的设置，如需在“阵列”对话框中进行参数设置，可在命令行中输入 ARRAYCLASSIC 命令，则可弹出“阵列”对话框。

用户可以通过以下方法执行阵列命令。

- 命令行：ARRAY
- 菜单栏：单击“修改”→“阵列”命令。
- 工具栏：单击工具栏中的“阵列”按钮。

矩形阵列对象的操作步骤如下：

执行阵列命令，弹出“阵列”对话框，如图 2-49 所示，单击“选择对象”按钮，在绘图窗口选择需要阵列的对象，按 Enter 键返回对话框，设置行数为 5，列数为 3，行偏移和列偏移为 10，最后单击“确定”按钮，阵列效果如 2-50 所示，矩形阵列对象的实战操作步骤完毕。

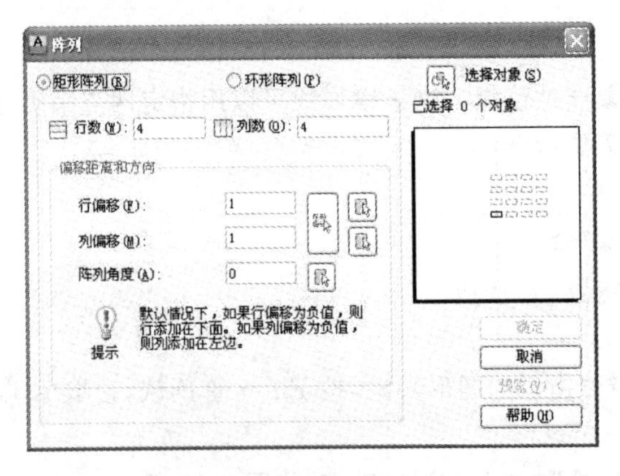

图 2-49 “阵列”对话框

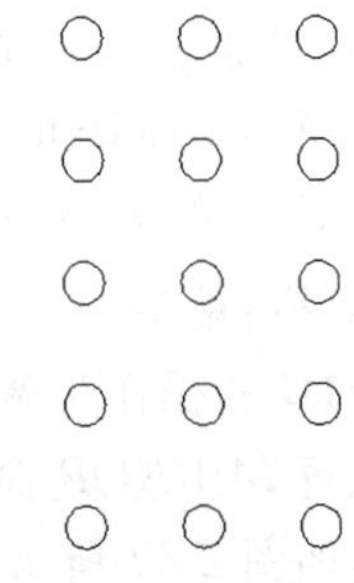

图 2-50 矩形阵列对象

环形阵列对象的操作步骤如下：

执行阵列命令，弹出“阵列”对话框，选中“环形阵列”按钮，此时对话框如图 2-51 所示，单击“选择对象”按钮，在绘图窗口选择需要阵列的对象，按 Enter 键返回对话框，设置项目总数为 8，其他选项为默认设置，单击“确定”按钮，阵列效果如 2-52 所示，环形阵列对象的实战操作步骤完毕。

对话框中的环形阵列选项区域的各项说明如下：

- “中心点”选项组：在文本框中输入中心点的 X 和 Y 的坐标值，也可以单击“拾取中心点”按钮，切换到绘图窗口中拾取中心点。
- “方法和值”选项组：在该选项组中设置环形阵列的排列方式，包括定位对象的方法、阵列项目总数、阵列填充角度、项目之间的角度等。
- “复制时旋转项目”复选框：选中此复选框，在环形阵列的同时旋转项目。

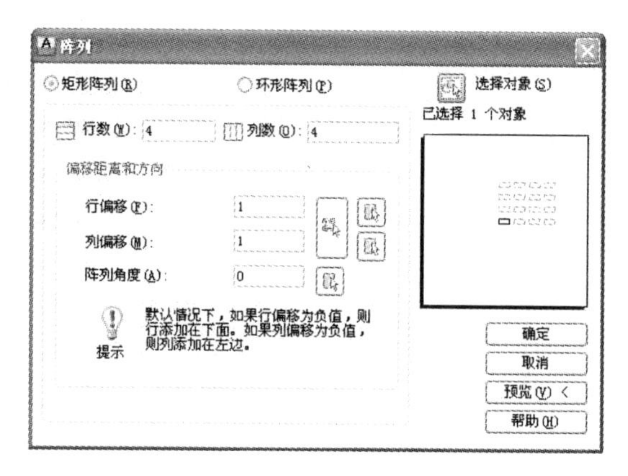

图 2-51 “阵列”对话框

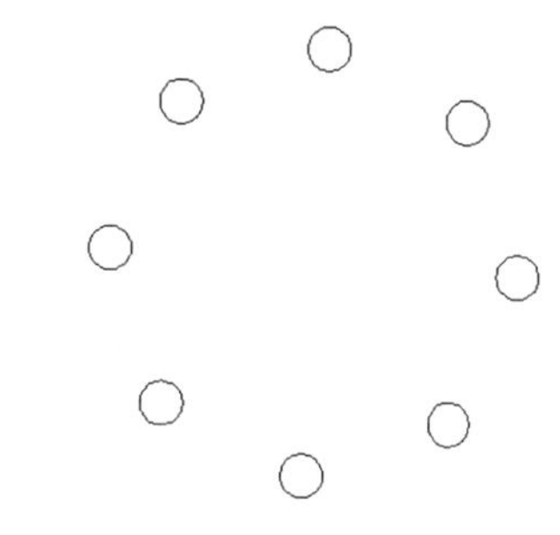

图 2-52 环形阵列对象

• “详细”按钮：单击此按钮后，系统将弹出环形阵列的附加选项，在该附加选项中用户可以设置对象基点的选择方式以及基点的坐标值。

提示

阵列在平面作图时有两种方式，可以在矩形或环形(圆形)阵列中创建对象的副本。对于矩形阵列，可以控制行和列的数目以及它们之间的距离。对于环形阵列，可以控制对象副本的数目并决定是否旋转副本。

2.5.4 偏移图形对象

偏移对象是用于创建造型与选定对象造型平行的新对象。偏移圆或圆弧可以创建更大或更小的圆或圆弧。也可以偏移直线、圆弧、圆、椭圆和椭圆弧、二维多段线等。

用户可以通过以下方法执行偏移命令。

• 命令行：OFFSET

• 菜单栏：单击“修改”→“偏移”命令。

• 工具栏：单击工具栏中的“偏移”按钮。

执行此命令后，命令行提示如下：

命令：OFFSET	
当前设置：删除源＝否 图层＝源 OFFSETGAPTYPE＝0	
指定偏移距离或 \[通过(T)/删除(E)/图层(L)\] ＜通过＞：	指定偏移的距离或输入其他选项
选择要偏移的对象，或 \[退出(E)/放弃(U)\] ＜退出＞：	选择要偏移的对象

指定要偏移的那一侧上的点，或 [退出(E)/多个(M)/放弃(U)] <退出>：	在屏幕上指定一点确定对象要偏移的方向
选择要偏移的对象，或 [退出(E)/放弃(U)] <退出>：	继续选择对象进行编辑或按 Enter 键来结束偏移命令

在偏移某些封闭的图形时，用户如果指定内部为偏移的一侧，则图形将被缩小，否则，图形将被放大。如图 2-53 所示，a 图为指定内部一侧，b 图为指定外部一侧。

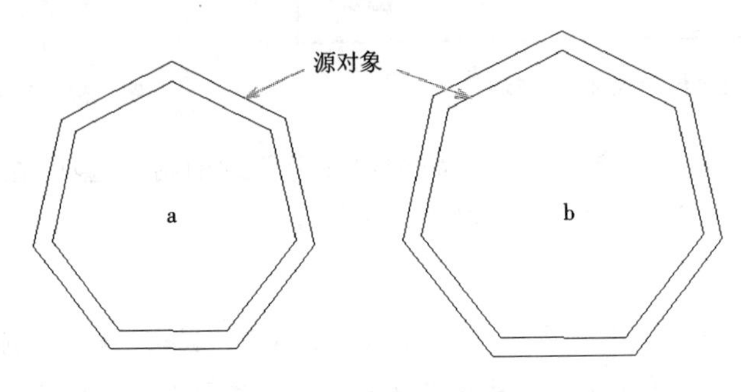

图 2-53　偏移对象

提示

在 AutoCAD 2014 中，可以使用偏移命令，对指定的直线、圆弧、圆等对象做定距离偏移复制操作。在实际应用中，常利用"偏移"命令的特性创建平行线或等距离分布图形，效果与阵列命令相同。默认情况下，需要先指定偏移距离，再选择要偏移复制的对象，然后指定偏移方向，以复制出需要的对象。

2.6 改变图形的大小及形状

在绘图过程中，常需要调整图形对象的位置、摆放角度和大小等，在 AutoCAD 2014 中，用户可以使用移动、旋转、缩放、拉伸和延伸等命令改变图形的位置与大小。

2.6.1 缩放图形对象

缩放图形对象可以将所选择的图形对象按指定的比例进行放大或缩小处理。调用缩放命令有以下几种方法。

- 命令行：SCALE
- 菜单栏：单击"修改"→"缩放"命令。

1. 使用比例因子缩放对象

使用比例因子缩放对象的操作步骤如下：

(1)执行 SCALE 命令后在命令行提示下，选取图形，如图 2-54 所示。

(2)按 Enter 键确认,指定衣物的中心为基点,在命令行提示下,输入比例因子为 0.5,按 Enter 键确认,效果如图 2-55(b)所示。

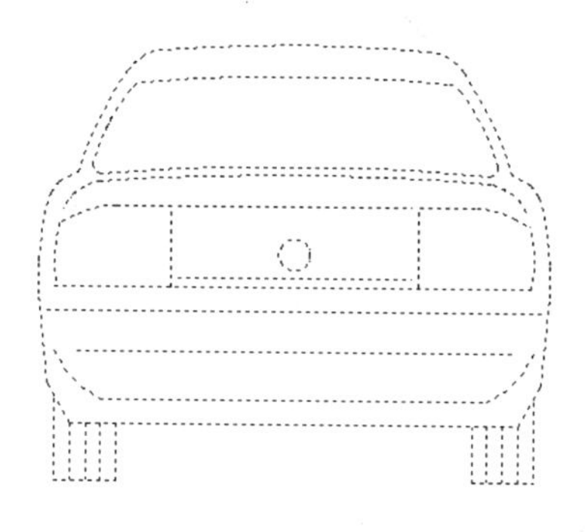

图 2-54　选择图形

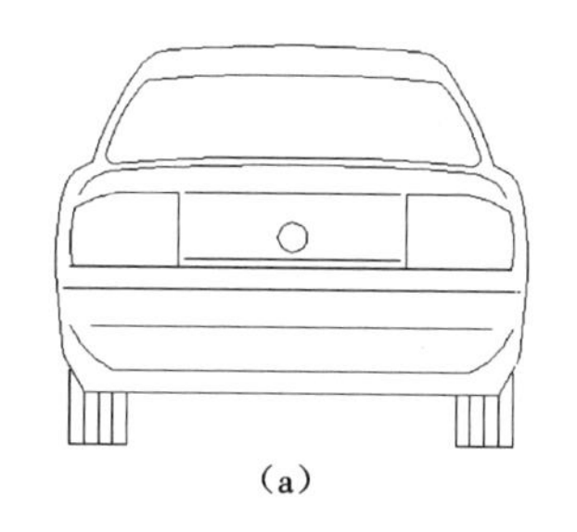

(a)

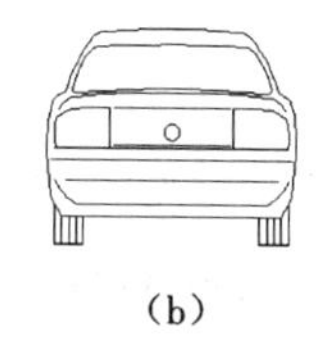

(b)

图 2-55　缩放前后的图形

2. 使用参照距离缩放对象

使用参照距离缩放对象的操作步骤如下:

(1)执行 SCALE 命令后,在命令行提示下,选取图形,如图 2-56 所示。

(2)按 Enter 键确认,指定柱体的中心为基点,在命令行提示下,输入 R(参照),根据命令行提示,指定参照长度为 1,按 Enter 键确认,根据命令行提示,指定新的长度为 2,按 Enter 键确认后,效果如图 2-57 所示。

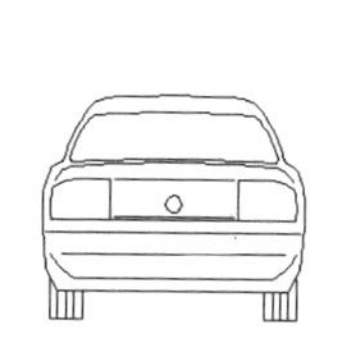

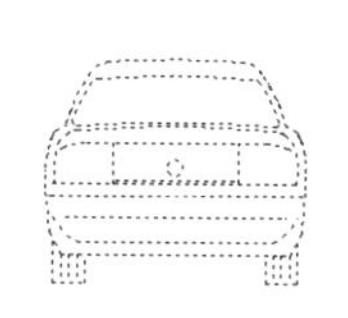

图 2-56　选取图形

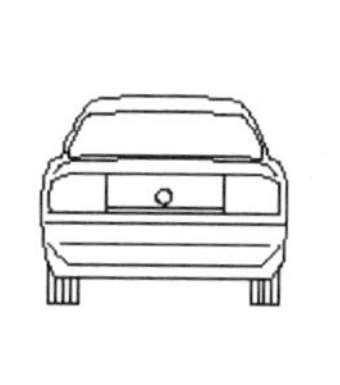

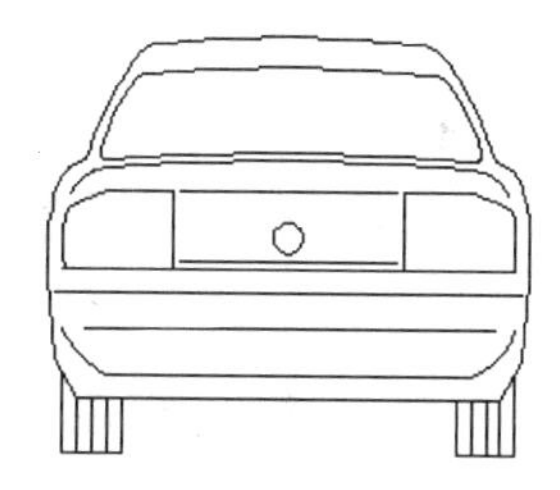

图 2-57　缩放结果

2.6.2　修剪和延伸图形对象

修剪和延伸命令可以精确地将某一个对象终止在由其他对象定义的边界处。延伸图形对象可以将指定的图形对象延伸到指定的边界(也可以称为边界的边)。使用延伸命令可以延伸图形对象,使该图形对象与其他的图形对象相接或精确地延伸至选定对象定义的边界上。

在 AutoCAD 中,可以修剪的对象包括直线、圆弧、圆、多段线、椭圆、椭圆弧、构造线、样条曲线、块和图纸空间的布局视口。

1. 修剪图形对象

修剪对象的操作步骤如下:

(1)绘制一个图形对象,如图 2-58 所示。

(2)单击“修改”→“修剪”命令,根据命令行提示,选择所有图形,按 Enter 键确认后,单击需要修剪的对象，效果如图 2-59 所示。

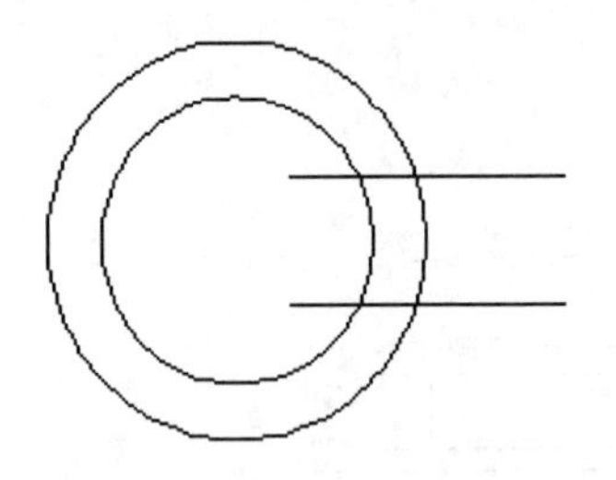

图 2-58 绘制图形

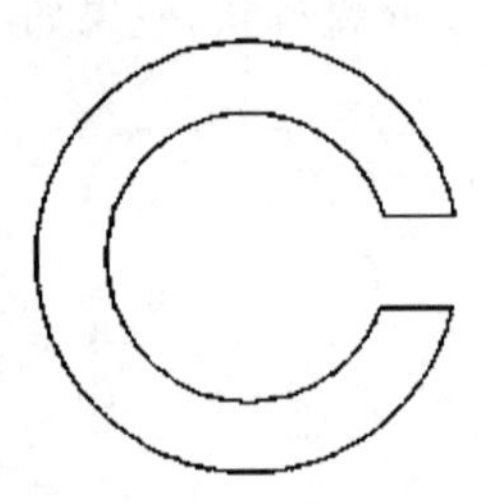

图 2-59 修剪结果

2. 延伸图形对象

在 AutoCAD 中，可以被延伸的图形对象包括圆弧、椭圆弧、直线、开放的二维多段线、三维多段线以及射线等。

延伸对象的实战操作步骤如下：

(1)绘制一个图形对象，如图 2-60 所示。

(2)执行 EXTEND 命令后，根据命令行提示，选取圆作为目标对象，按 Enter 键确认，根据命令行提示，依次拾取直线作为延伸对象，效果如图 2-61 所示。

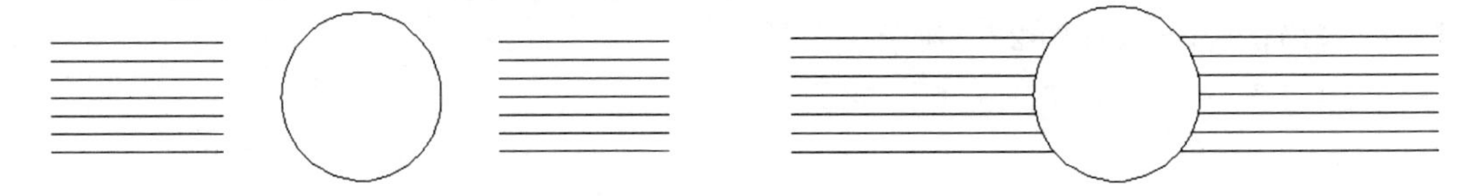

图 2-60 绘制图形文件　　图 2-61 延伸结果

2.6.3 拉长图形对象

拉长命令用于改变圆弧的角度，或改变非封闭对象的长度，包括直线、圆弧、非闭合多段线、椭圆弧和非封闭样条曲线。

在 AutoCAD 2014 中，用户可以通过以下两种方法调用 LENGTHEN 命令。

- 命令行：LENGTHEN
- 菜单栏：单击“修改”→“拉长”命令。

1. 使用命令拉长图形对象

使用命令拉长图形对象的具体操作步骤如下：

(1)绘制一个图形文件，如图 2-62 所示。

(2)单击“修改”→“拉长”命令，在命令行提示下，输入 DE(增量)100，按 Enter 键确认后，选择各条直线，效果如图 2-63 所示。

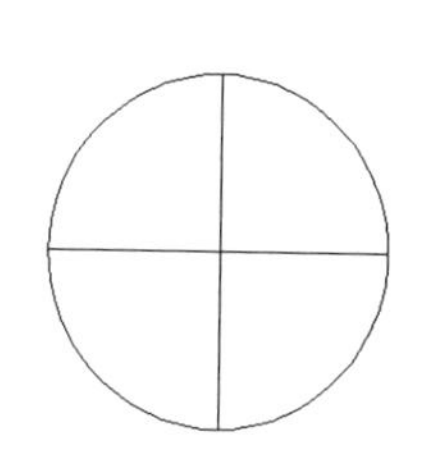

图 2-62 绘制图形

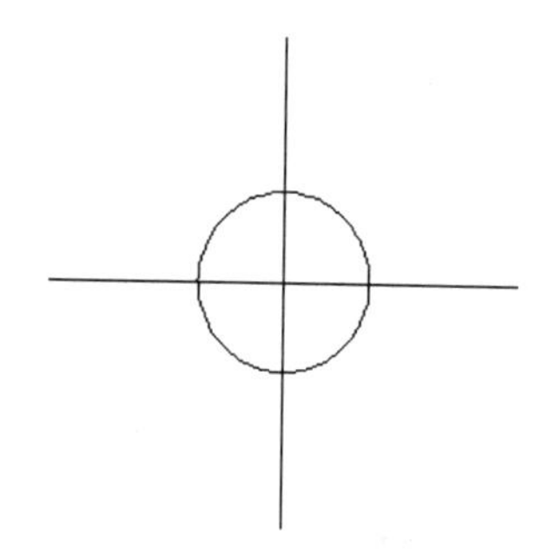

图 2-63 拉长结果

2. 通过拖动改变对象长度

用户还可以通过拖曳改变对象的长度。

通过拖动改变对象长度的实战操作步骤如下：

(1)启动 AutoCAD 2014 后，在绘图区中绘制一段圆弧，如图 2-64 所示。

(2)单击“修改”→“拉长”命令。根据命令行提示，输入 DY(动态)，选取圆弧并指定新的端点，效果如图 2-65 所示。

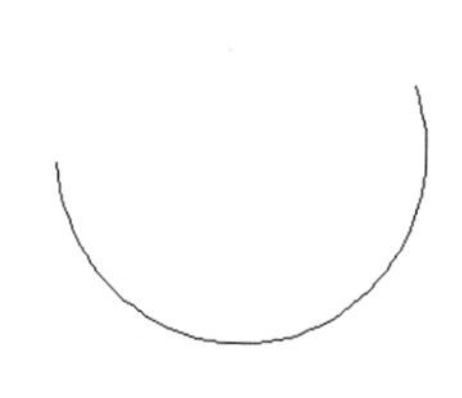

图 2-64 绘制圆弧

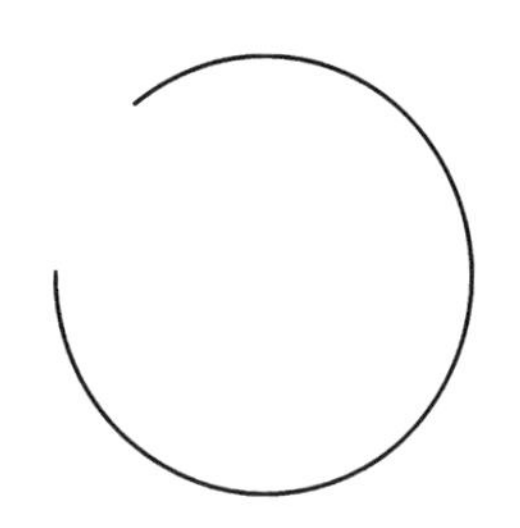

图 2-65 拉长结果

2.6.4 打断图形对象

打断对象命令可以在对象上的两个指定点之间创建间隔，从而将对象打断为两个对象。

用户可以通过以下方法执行打断命令。

- 命令行：BREAK
- 菜单栏：单击“修改”→“打断”命令。
- 工具栏：单击工具栏中的“打断”按钮。

打断对象的操作步骤如下：

(1)绘制一个图形对象，单击工具栏中的“打断”按钮，选择对象时要选择合适位置，如图 2-66 所示。

(2)在命令行提示“指定第二个打断点 或 \[第一点(F)\]：”时用鼠标单击第二个需要打断的点，如图 2-67 所示，打断对象最后效果如图 2-68 所示。

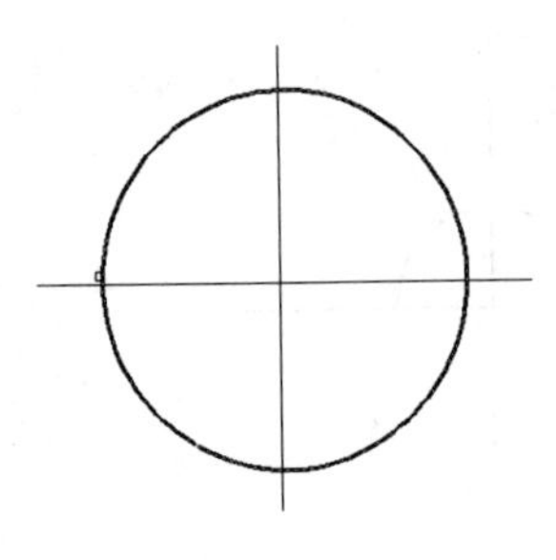

图 2-66　选择打断对象

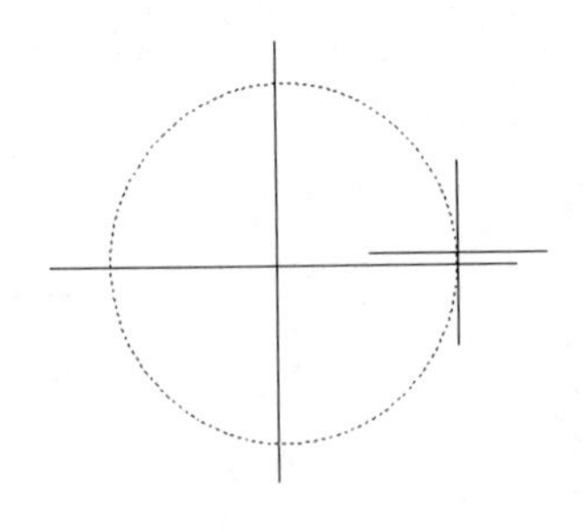

图 2-67　指定第二个打断点

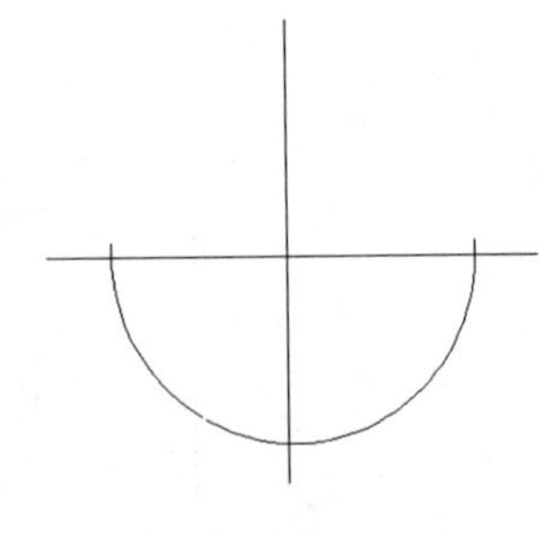

图 2-68　打断对象的效果

对圆或矩形等封闭图形使用打断命令时，系统将沿逆时针方向把第一个和第二个打断点之间的部分删除。打断点顺序不同，删除的部分也不同。

2.6.5 分解图形对象

分解对象命令可以将矩形、多段线、图块或者是尺寸标注等组合对象分解为单个独立的对象，以便单独进行编辑。用户可以通过以下方法执行分解命令。

- 命令行：EXPLODE
- 菜单栏：单击“修改”→“分解”命令。
- 工具栏：单击工具栏中的“分解”按钮。

执行分解命令，命令行提示如下：

```
命令：EXPLODE
选择对象：                          选择要分解的对象
```

选择一个对象后，该对象会被分解，系统继续提示该行信息，允许分解多个对象。

提示

分解命令是将一个合成图形分解为其部件的工具。例如，一个矩形被分解后就会变成 4 条直线，且一个有宽度的直线分解后就会失去其宽度属性。

2.6.6 倒角图形对象

倒角命令用于为选定的两条线在拐角处绘制斜线，可以做倒角的有直线、多段线、参照线和射线。

用户可以通过以下方法执行倒角命令。

- 命令行：CHAMFER
- 菜单栏：单击“修改”→“倒角”命令。
- 工具栏：单击工具栏中的“倒角”按钮。

倒角对象的操作步骤如下：

(1)绘制一个矩形，然后单击工具栏中的“倒角”按钮，在命令行提示下“选择第一

条直线或 \[放弃(U)/多段线(P)/距离(D)/角度(A)/修剪(T)/方式(E)/多个(M)\]:”输入 D,指定第一个倒角距离为 3,此时第二个倒角距离默认为 3,按 Enter 键确认,选择第一条直线如图 2-69 所示。

(2)在命令行提示“选择第二条直线,或按住 Shift 键选择要应用角点的直线:”直接单击鼠标左键,最终倒角效果如图 2-70 所示。

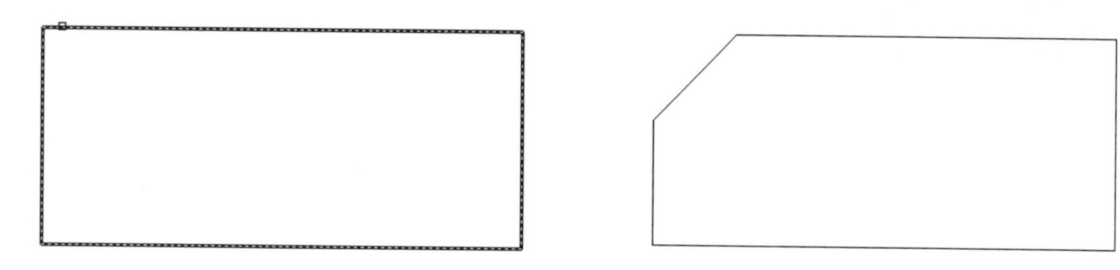

图 2-69 选择需要倒角的第一条直线

图 2-70 倒角效果

2.6.7 倒圆角对象

倒圆角对象命令可以将两个对象通过一个指定半径的圆弧来光滑地连接起来。可以做圆角的对象有直线、圆、圆弧、椭圆、多段线的直线段、样条曲线、构造线和射线等,并且当直线、构造线和射线平行时也可以做圆角。

用户可以通过以下方法执行圆角命令。

- 命令行:FILLET
- 菜单栏:单击“修改”→“圆角”命令。
- 工具栏:单击工具栏中的“圆角”按钮。

圆角对象的操作步骤如下:

绘制一个矩形,然后单击工具栏中的“圆角”按钮,在命令行提示下“选择第一个对象或 \[放弃(U)/多段线(P)/半径(R)/修剪(T)/多个(M)\]:”输入 R,指定圆角半径为 3,选择需要圆角的直线,最终圆角效果如图 2-71 所示。

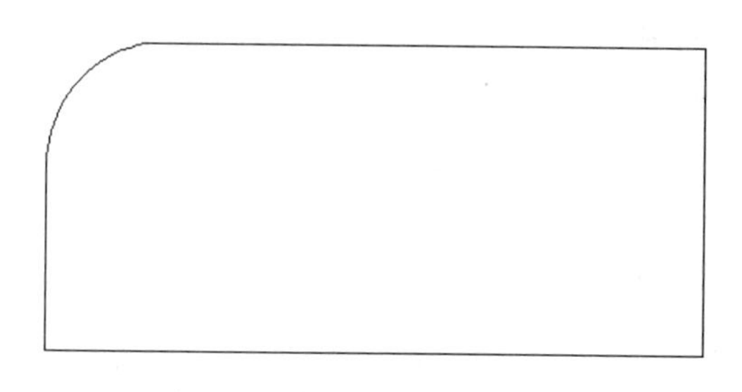

图 2-71 圆角效果

当进行圆角操作时,选取同一对象的位置不同,产生的效果可能会不同,系统将选择最接近被选对象的点作为圆角的端点。

2.6.8 合并对象

合并对象命令是分解命令的反命令，它可以将本来就是独立的对象或被分解后的独立对象合并成为一个整体。

用户可以通过以下方法执行合并命令。

- 命令行：JOIN
- 菜单栏：单击"修改"→"合并"命令。
- 工具栏：单击工具栏中的"合并"按钮。

执行合并命令，命令行提示如下：

```
命令：JOIN
选择源对象：                      选择一个对象
选择要合并到源的直线：            选择另一个对象
选择要合并到源的直线：            按 Enter 键确认
已将 1 条直线合并到源
```

2.7 创建与编辑图案填充

在绘制图形时，常常需要标识某一区域的用途，如表现建筑表面的装饰纹理、颜色及地板的材质等。在地图中也常用不同的颜色与图案来区分不同的区域等。

重复绘制某些图案以填充图形中的一个区域，从而表达该区域的特征，这种填充操作称为图案填充。图案填充的应用非常广泛，例如，在机械工程图中，可以用图案填充表达一个剖面的区域，也可以使用不同的图案填充来表达不同的零件或者材料。

2.7.1 设置图案填充

当进行图案填充时，首先要确定填充图案的边界。定义边界的对象只能是直线、双向射线、单向射线、多义线、样条曲线、圆弧、圆、椭圆、椭圆弧、面域等对象或用这些对象定义的块，而且作为边界的对象在当前图层上必须全部可见。

用户可以通过以下方法设置图案填充：

- 命令行：BHATCH(快捷命令：H)
- 菜单栏：单击"绘图"→"图案填充"命令。
- 工具栏：单击"绘图"工具栏中的"图案填充"按钮。

执行上述命令后，系统打开如图 2-72 所示的"图案填充和渐变色"对话框，"图案填充"区域各选项组介绍如下：

图 2-72 “图案填充和渐变色”对话框

(1)“类型和图案”选项组。

此选项组用于设置图案填充的类项的具体图案。

①“类型”下拉列表:设置填充的图案类型,有“预定义”、“用户定义”和“自定义”3个选项。其中,选择“预定义”选项,可以使用AutoCAD提供的图案,这些图案存储在图案文件acad. pathuo或acadiso. pat中;选择“用户定义”选项,则需要临时定义图案,该图案由一组平行线或者相互垂直的两组平行线组成;选择“自定义”选项,可以使用事先定义好的图案。

②“图案”下拉列表:当选择了“预定义”填充类型填充图案时,此下拉列表框用于选择填充图案。用户可以通过下拉列表选择图案,也可以单击右边的按钮,从弹出的“填充图案选项板”对话框中进行选择,如图2-73所示。

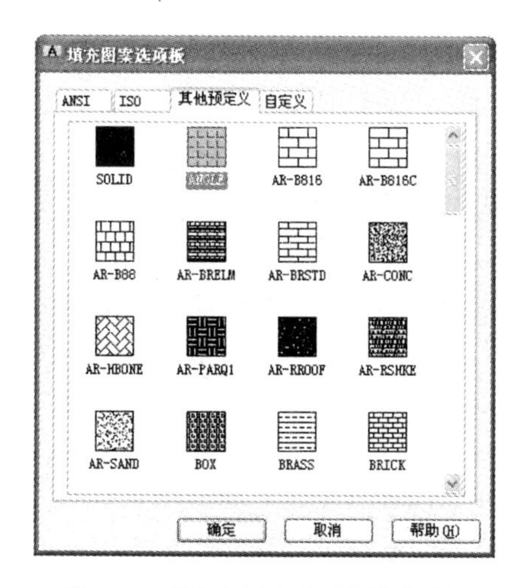

图 2-73 “填充图案选项板”对话框

③“填充图案选项板”对话框中有ANSI、ISO、“其他预定义”和“自定义”4个选项卡,如果用户没有自定义图案,“自定义”选项卡为空的选项卡,用户可以根据需要从某一个选

项卡中选择合适的图案进行填充。

④“样例”下拉列表框：用于显示当前填充图案的图案示例，可以单击“样例”以显示“填充图案选项板”对话框。

⑤“自定义”下拉列表：当图案填充选择“自定义”类型，即用户自定义的类型时该选项才可以使用，可以通过此列表框选择对应的填充图案。用户也可以单击列表框右侧的按钮，从弹出的对话框中进行选择。

(2)“角度和比例”选项组。

此选项组可以用于指定选定填充图案的角度和比例。

①“角度”下拉列表框：确定填充图案的旋转角度。0°旋转角为图案定义时的图案角度，用户可以直接在“角度”文本框内输入填充图案时的图案旋转角，也可以从对应的下拉列表中选择角度值。

②“比例”下拉列表框：确定填充图案时的比例值。每种图案在定义时的初始比例值是1，用户可以根据需要放大或缩小填充图案，方法是在“比例”文本框中直接输入比例值，或者从对应的下拉列表中选择比例值。只有将“类型”设置为“预定义”或“自定义”时，“比例”项才可以使用。

③“双向”复选框：对于用户定义的图案，将绘制第二组直线，这些直线与原来的直线成90°角，从而构成交叉线。只用在“图案填充”选项卡上将“类型”设置为“用户定义”时，此选项才可以使用。

④“相对图纸空间”复选框：相对图纸空间单位缩放填充图案。使用此选项，可以很容易地做到以适合于布局的比例显示填充图案。该选项仅使用于布局。

⑤“间距”文本框：指定用户定义图案中的直线间距。

⑥“ISO 笔宽”：基于选定笔宽缩放 ISO 预定义图案。只有将“类型”设置为“预定义”，并将“图案”设置为可用的 ISO 图案的一种时，此选项才可以使用。

(3)“图案填充原点”选项组。

此选项组控制填充图案生成的起始位置。某些图案填充需要与图案填充边界上的一点对齐，例如填充砖块图案时。在默认情况下，所有图案填充原点都对应于当前的 UCS 原点。

①“使用当前原点”选项：使用存储于 HPORIGINMODE 系统变量中的设置。在默认情况下，原点设置为(0,0)。

②“指定的原点”选项：指定新的图案填充原点。单击此选项可以使以下选择可用。

③“单击以设置新原点”：通过鼠标拾取直接指定新的图案填充原点。

④“默认为边界范围”：根据图案填充对象边界的矩形范围计算新原点，可以选择该范围的四个角点及其中心。

⑤“存储为默认原点”：将新图案填充原点的值存储在 HPORIGIN 系统变量中。

2.7.2 设置孤岛

当存在孤岛时确定图案的填充方式。填充图案时，将位于填充区域内的封闭区域称为孤岛。孤岛内的封闭区域也是孤岛，即孤岛可以嵌套，如图 2-74 所示。

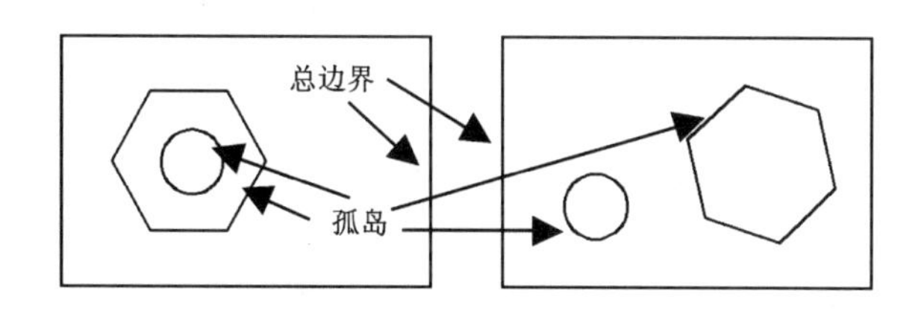

图 2-74 边界与孤岛

“孤岛检测”复选框用于确定是否进行孤岛检测以及孤岛检测的方式，选中该复选框表示要进行孤岛检测。系统提供了 3 种填充样式填充孤岛，分别是“普通”、“外部”和“忽略”。

(1)“普通”样式将从外部边界向内填充。如果填充过程中遇到内部边界，填充将关闭，直到遇到另一个边界为止。

(2)“外部”样式也是从外部边界向内填充并在下一个边界处停止。

(3)“忽略”样式将忽略内部边界，填充整个闭合区域。

2.7.3 设置渐变色填充

单击“图案填充和渐变色”对话框中的“渐变色”标签，将切换到“渐变色”选项卡，如图 2-75 所示。

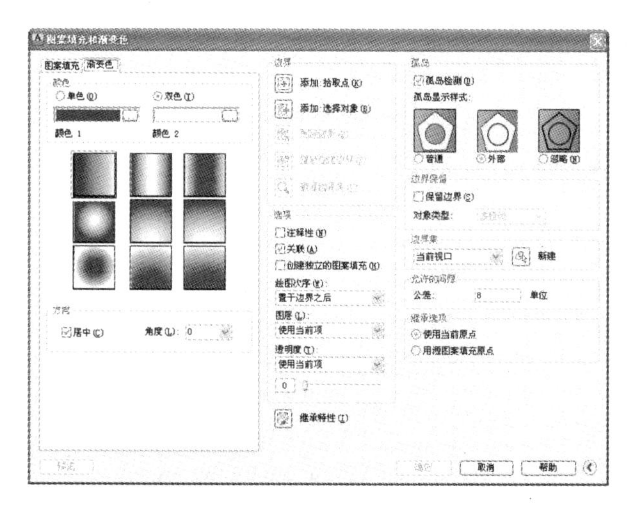

图 2-75 “图案填充和渐变色”对话框

渐变填充是实体图案填充，能够体现出光照在平面上而产生的过渡颜色效果。可以使用渐变填充在二维图形中表示实体。

在“渐变色”选项卡中，“单色”按钮用于实现从较深色调到较浅色调平滑过渡的单色填充；“双色”单选按钮用于实现在两种颜色之间平滑过渡的双色渐变填充。单击“单色”下方的[...]按钮，系统将弹出“选择颜色”对话框，如图 2-76 所示。当以一种颜色填充时，可以利用“双色”单选按钮下方的滑块变成与其左侧相同的颜色框和按钮，用于确定另一种颜色。位于选项卡中间的 9 个图像按钮用于确定填充方式。此外，用户可以通过“居中”复选框决定是否采用对称渐变配置；通过“角度”下拉列表确定渐变填充时的角度。

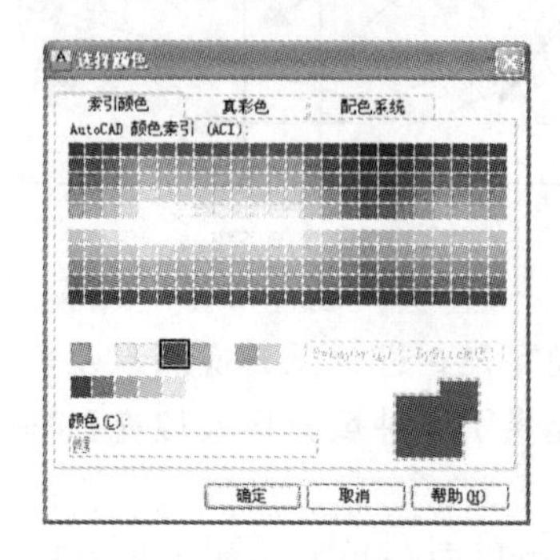

图 2-76 “选择颜色”对话框

2.7.4 编辑图案填充

利用 HATCHEDIT 命令可以编辑已经填充的图案。

- 命令行：HATCHEDIT(快捷命令：HE)
- 菜单栏：单击“修改”→“对象”→“图案填充”命令。
- 工具栏：单击“修改Ⅱ”工具栏中的“编辑图案填充”按钮。

执行上述操作后，系统提示选择图案填充对象。选择填充对象后，系统打开如图2-77所示的“图案填充编辑”对话框。

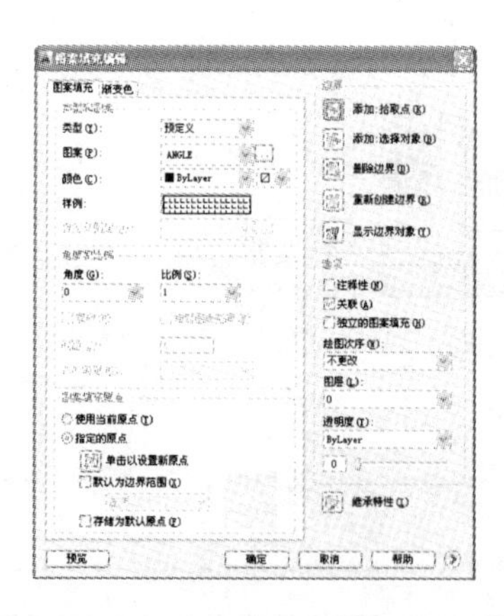

图 2-77 “图案填充编辑”对话框

编辑图案填充。下面以更换填充比例为例，向用户介绍编辑图案填充的方法，具体操作步骤如下：

(1)启动 AutoCAD 2014 后，打开如图 2-78 所示素材文件。

(2)执行“修改””→“对象”→“图案填充”命令，根据命令行提示，选择图案填充对象，弹出“图案填充编辑”对话框，如图 2-79 所示。

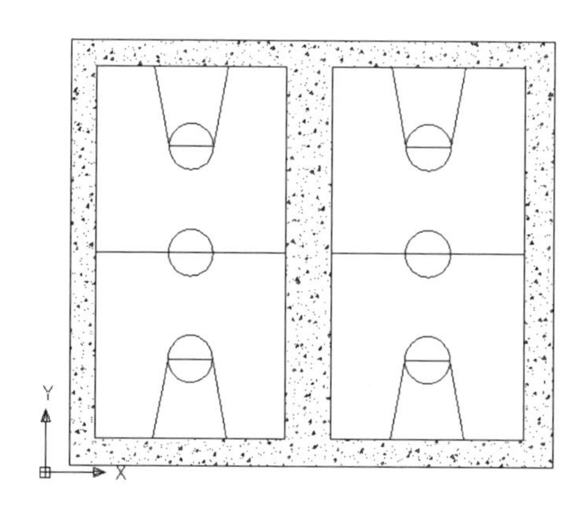

图 2-78　素材图形

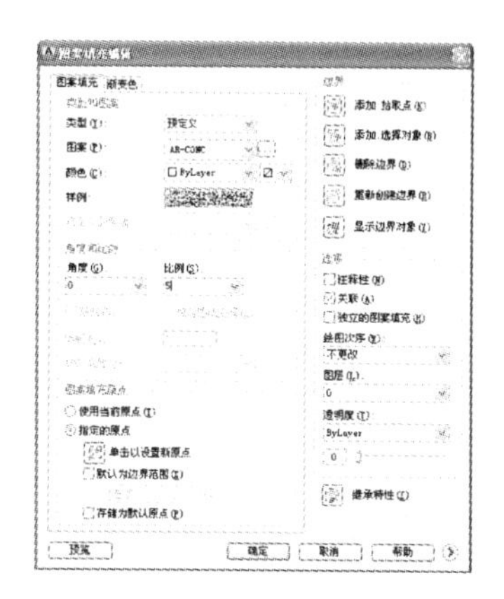

图 2-79　“图案填充编辑”对话框

(3)在“角度和比例”选项区中，重新设置填充比例为 5，单击“确定”按钮，效果如图2-80所示。

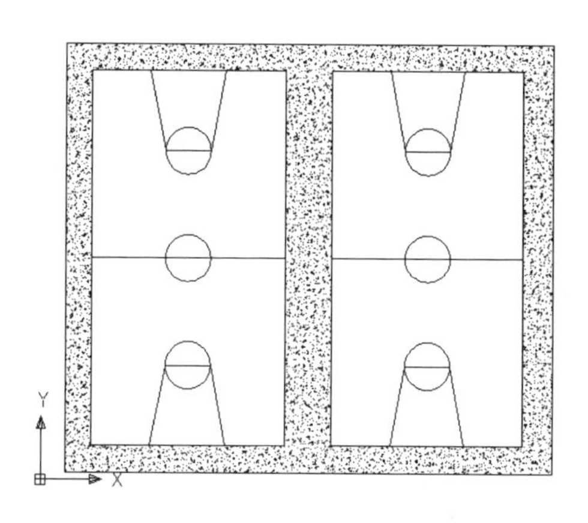

图 2-80　更改填充比例后的效果

2.8 尺寸标注

尺寸标注是工程绘图设计中的一项重要内容，它描述了图形对象的真实大小、形状和位置，是实际生活和生产中的重要依据。尺寸标注是一项细致而繁重的任务，AutoCAD 2014 为用户提供了完整的尺寸标注命令和实用程序，可以方便地完成对图形的尺寸标注。

2.8.1 尺寸标注的要素

在 AutoCAD 中，尺寸标注的基本要素分别由标注文字、箭头、尺寸线和尺寸界线4 个部分组成，如图 2-81 所示。

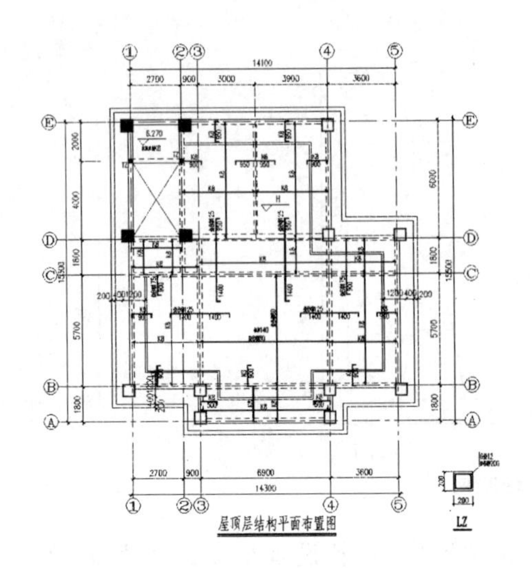

图 2-81 尺寸标注要素

尺寸标注基本要素的作用与其各含义如下：

• 标注文字：用于指示测量的字符串，一般位于尺寸线上方或中断处。标注文字可以反映基本尺寸，也可以包含前缀、后缀和公差，还可以按极限尺寸形式标注。

• 箭头：位于尺寸线的两端，用于指出尺寸的起始和终止位置，这里的箭头是一个广义的概念，可以根据需要用短画线、点或其他标记代替尺寸箭头。用户也可以创建自定义符号。

• 尺寸线：表示尺寸标注的范围。在系统默认状态下，一般是一条带有双箭头的线段，并与所标注的对象平行，一端或两端带有终端号，如箭头或斜线，角度标注的尺寸线为圆弧线。

• 尺寸界线：也称为延伸线或投影线。为使尺寸标注清晰，通常，利用尺寸界线将标尺线引出被标注对象之外。有时也用图形的轮廓线、对称线或中心线代替尺寸界线。

2.8.2 尺寸标注的规则

尺寸标注可以测量和显示对象的长度、角度等测量值。但在对绘制的图形进行尺寸标注时，应遵循如下几大规则：

图样上所标注的尺寸数为工程图形的真实大小，与绘图比例及绘图的准确度无关。

(1)图形中(包括技术要求和其他说明)的尺寸以系统默认值 mm(毫米)为单位时，不需要标注计量单位的代号或名称，若采用其他单位，则必须注明相应计量单位的代号或名称，如“度”的符号“°”等。

(2)图形中的每一尺寸一般只标注一次，并标注在最能清晰表现该图形结构特征的视图上。

(3)尺寸的配置要合理，功能尺寸应该直接标注；同一要素的尺寸应尽可能集中标注，如孔的直径和深度、槽的深度和宽度等；尽量避免在不可见的轮廓线上标注尺寸，数字之间不允许有任何图线穿过，必要时可以将图线断开。

(4)图样上所标注的尺寸数值应为工程图形最后完工的实际尺寸，反之则需要另外说明。

2.8.3 尺寸标注的类型

在 AutoCAD 2014 中，用户可以沿图样的各个方向创建尺寸标注，基本的标注类型可分为线性标注、径向标注、角度标注、坐标标注、弧长标注等。其中线性标注可分为水平线性标注、垂直线性标注、对齐线性标注、旋转线性标注、基线和连续标注等，径向标注可分为半径标注、直径标注和折弯标注。其中基本的几种标注类型如图 2-82 所示。

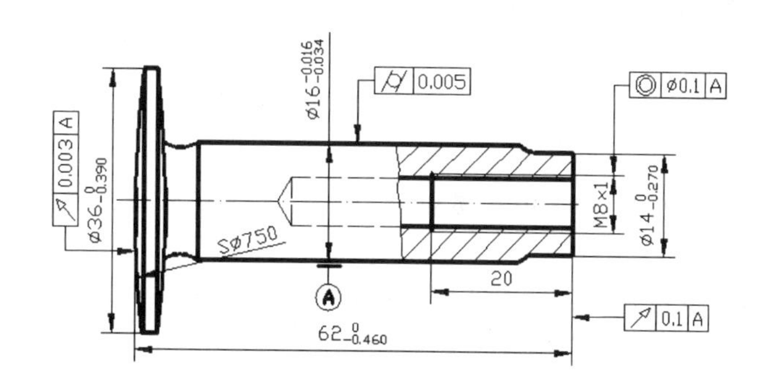

图 2-82 基本标注类型

提示

尺寸标注根据几何对象和为其提供距离和角度的标注之间的关系可以将其分为关联的(DIMASSOC 系统变量设置为 2)、无关联的(DIMASSOC 系统变量设置为 1)和分解的(DIMASSOC 系统变量设置为 0)3 种关联性。

2.9 创建与设置标注样式

标注样式可以使标注的外观，如箭头、尺寸公差和文字位置等发生改变，当用户进行尺寸标注时，可以使用系统默认的 Standard 的样式，也可以通过创建尺寸标注的样式来达到需要的标注外观，还可以将这些设置存储在标注样式中。

2.9.1 创建尺寸标注流程

在 AutoCAD 2014 中，创建一般尺寸标注的基本流程如下：

(1)单击菜单栏中的“格式”→“图层”命令，在弹出的“图层特性管理器”对话框中，单击按钮创建一个独立的图层，根据所需设置其各选项。

(2)单击菜单栏中的“格式”→“文字样式”命令，在弹出的“文字样式”对话框中，根据所需创建一种文字样式。

(3)单击菜单栏中的“格式”→“标注样式”命令，在弹出的“标注样式管理器”对话框中，根据所需创建或设置其标注样式。

(4)使用对象捕捉和相对应的标注等功能，就可以根据当前所设置的样式对图形中的元素进行标注。

2.9.2 创建标注样式

在对图形中的元素进行标注时，用户可通过弹出的“标注样式管理器”对话框创建新的标注样式。

用户可以用以下方法创建标注样式：

- 命令行：DIMSTYLE(快捷命令：D)。
- 菜单栏：单击菜单栏中“格式”→“标注样式”命令或“标注”→“标注样式”命令。
- 工具栏：单击“标注”工具栏中的“标注样式”按钮。

创建标注样式的操作步骤如下：

(1)在命令行中输入 D，按 Enter 键确认，弹出“标注样式管理器”对话框，如图 2-83 所示。

(2)单击“新建”按钮，弹出“创建新标注样式”对话框，在“新样式名”文本框中可以输入新的样式名，如图 2-84 所示。

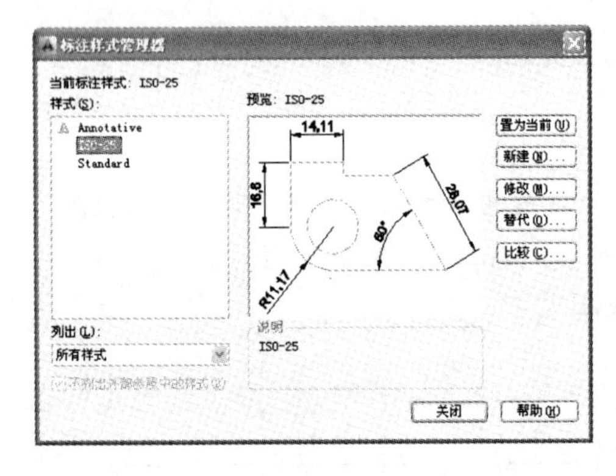

图 2-83 “标注样式管理器”对话框

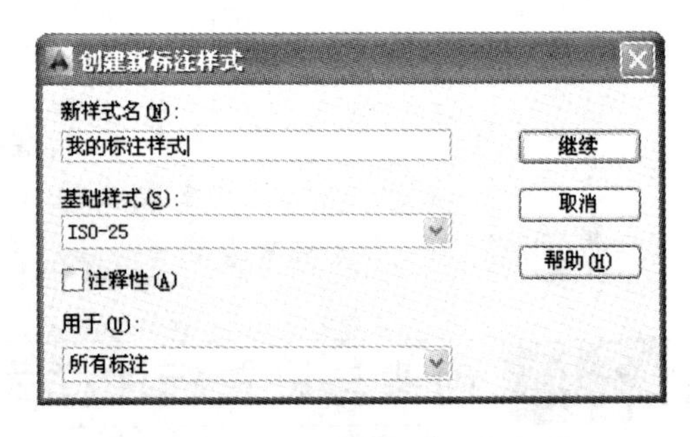

图 2-84 “创建新标注样式”对话框

(3)单击“继续”按钮，弹出“新建标注样式：我的标注样式”对话框，在其中用户可以对尺寸标注的各要素进行设置，如图 2-85 所示。

(4)单击“确定”按钮，返回到“标注样式管理器”对话框，在“样式”列表框中，选择新建的样式，如图 2-86 所示。

(5)单击“置为当前”按扭，将新建的标注样式置为当前样式。再单击“关闭”按钮返回绘图窗口，最终完成创建的标注样式。

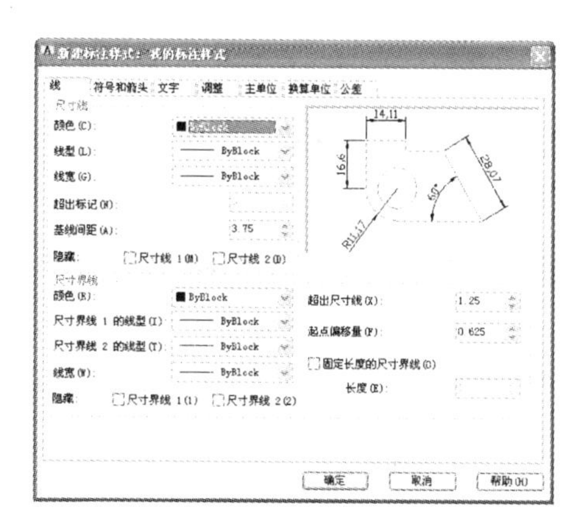

图 2-85 “新建标注样式:我的标注样式”对话框

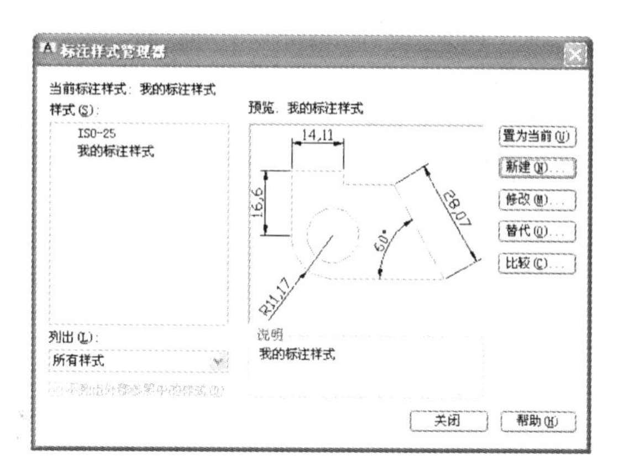

图 2-86 “标注样式管理器”对话框

2.9.3 设置尺寸线和尺寸界线

在“新建标注样式”对话框的“线”选项卡中,用户可以对尺寸线和尺寸界线进行设置,如图 2 -87 所示。

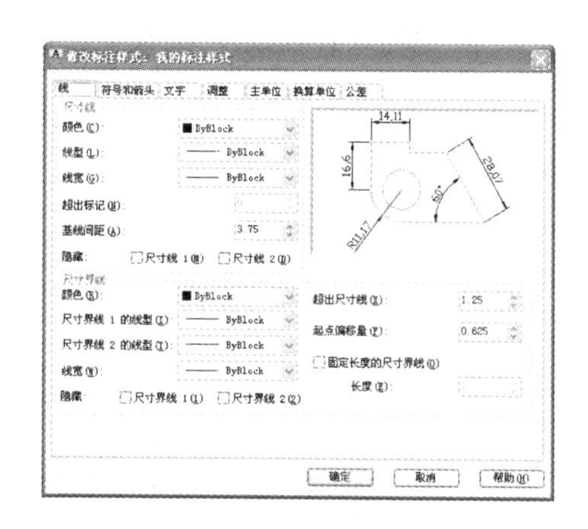

图 2-87 “线”选项卡

“线”选项卡中的主要选项区域的各项说明如下:

• “尺寸线”选项组:用于设置尺寸线的特性,包括线的颜色、线型、线宽、超出标记(超出尺寸线的距离)、基线间距(基线标注的尺寸线之间的距离)和控制是否隐藏尺寸线及相应箭头的设置。

• “尺寸界线”选项组:用于确定尺寸界线的形式,包括尺寸界线的颜色、线型、线宽、超出尺寸线(尺寸界线超出尺寸线的距离)、起点偏移量(标注的点到尺寸界线的偏移距离)和控制是否隐藏延伸线和固定线度的尺寸界线的设置。

实例 3 设置标注的尺寸线和尺寸界线

下面以隐藏图形尺寸线为例,具体操作步骤如下:

(1)启动 AutoCAD 2014 后,绘制一任意形状图形,并对图形进行尺寸标注,如图 2-88 所示。

(2)单击菜单栏中"格式"→"标注样式"命令,弹出"标注样式管理器"对话框,在"样式"列表框中,选择需要修改的标注样式,如图 2-89 所示。

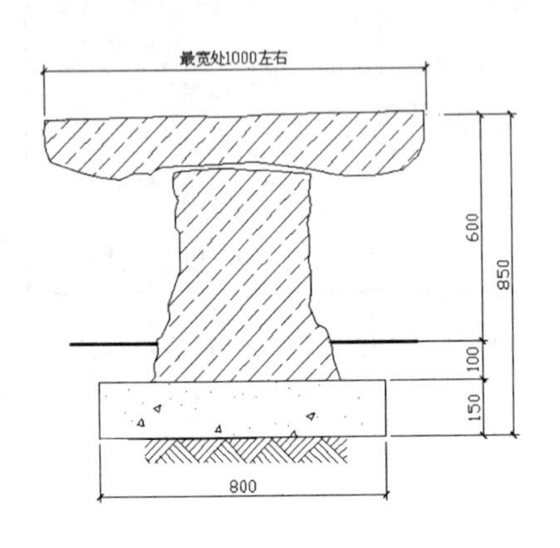

图 2-88　绘制图形

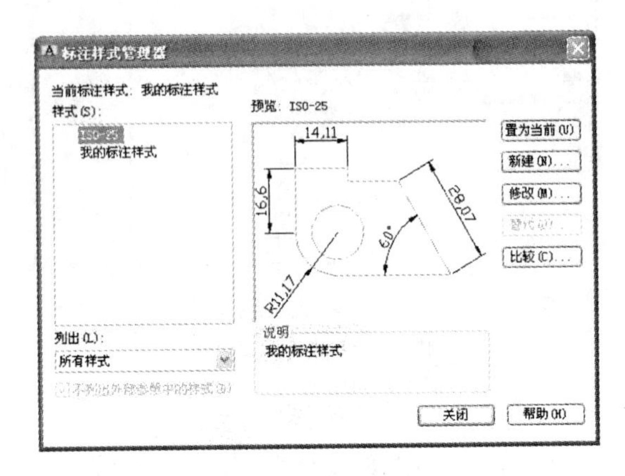

图 2-89　"标注样式管理器"对话框

(3)单击"修改"按钮,弹出"修改标注样式:ISO－25"对话框,切换至"线"选项卡,在"尺寸线"选项组中选"隐藏"复选框中"尺寸线 1"和"尺寸线 2"两个选项,如图 2-90 所示。

(4)单击"确定"按钮,返回"标注样式管理器"对话框,单击"关闭"按钮,效果如图 2-91 所示。

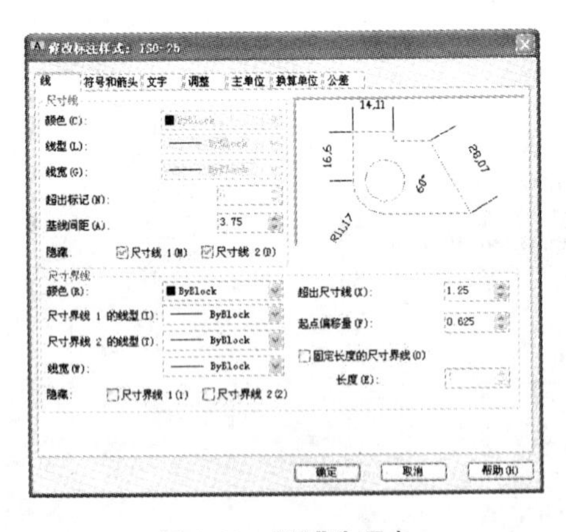

图 2-90　"线"选项卡

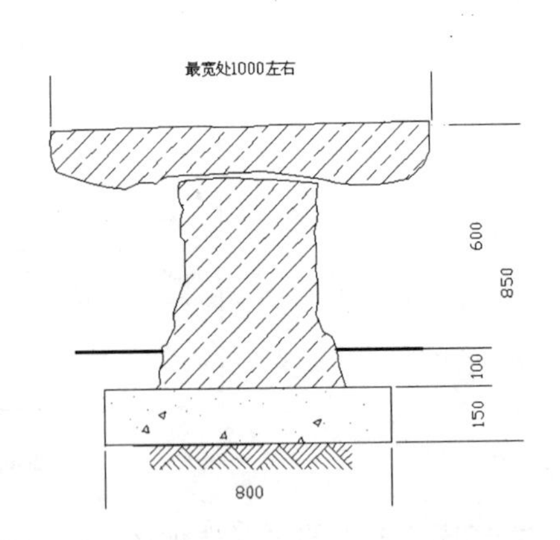

图 2-91　隐藏尺寸线后效果

2.9.4　设置符号和箭头

在"新建标注样式"对话框"符号和箭头"选项卡中,用户可以对符号和箭头进行设置,如图 2-92 所示。

"符号和箭头"选项卡中的主要选项区域的各项说明如下:

• "箭头"选项组:用于设置尺寸标注箭头的形式。在"第一个"和"第二个"下拉列表框中有多种箭头形状。

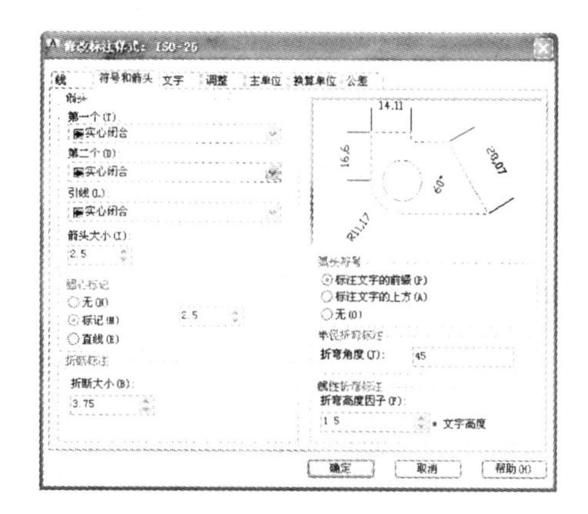

图 2-92 “符号和箭头”选项卡

- “圆心标记”选项组：用于设置半径标注、直径标注和中心标注中的中心标记和中心线形式。
- “折断标注”选项组：用于设置折断标注的间距宽度。
- “弧长符号”选项组：用于控制弧长标注中间弧符号的显示。
- “半径折弯标注”选项组：用于控制折弯半径标注的显示。在“折弯角度”文本框中可以输入连接半径标注的尺寸延伸线和尺寸线的横向直线角度。
- “线性折弯标注”选项组：用于控制折弯线性标注的显示。当标注不能精确表示实际尺寸时，常将折弯线添加到线性标注中。折弯的高度由标注样式的线性折弯大小值决定。将折弯添加到线性标注后，可以使用夹点定位折弯。

实例 4 设置箭头标注

下面以设置箭头标注为例，具体的操作步骤如下：

(1)启动 AutoCAD 2014 后，绘制图形并对图形进行直径标注，如图 2-93 所示。

(2)在命令行中输入 D，按 Enter 键确认，弹出“标注样式管理器”对话框，在“样式”列表框中，选择需要修改的标注样式，如图 2-94 所示。

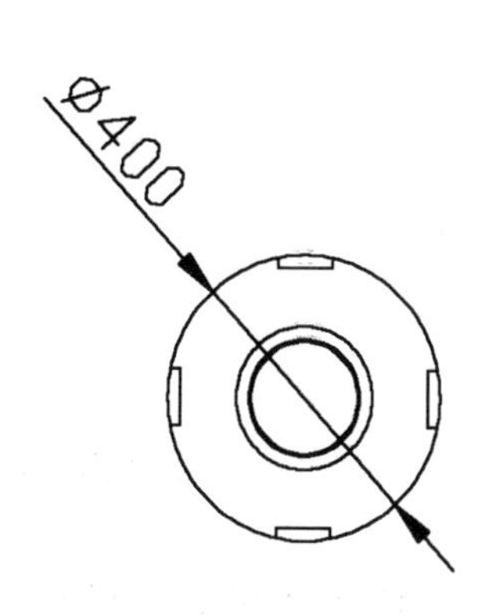

图 2-93 绘制图形

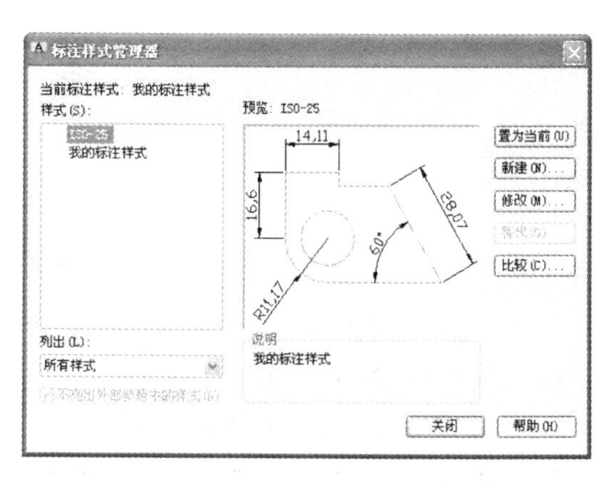

图 2-94 “标注样式管理器”对话框

(3)单击“修改”按钮，弹出“修改标注样式：ISO－25”对话框，切换至“符号和箭头”选项卡，在“箭头”选项区中“第一个”和“第二个”下拉列表框中，选择“实心方框”选项，如图2-95所示。

(4)单击“确定”按钮，返回“标注样式管理器”对话框，单击“关闭”按钮，效果如图2-96所示。

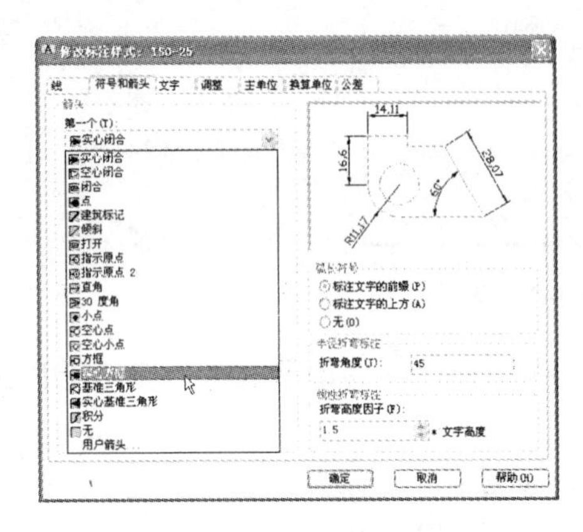

图 2-95 “符号和箭头”选项卡

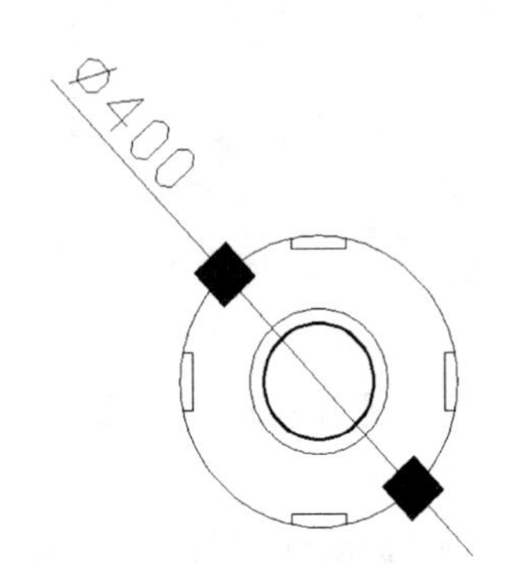

图 2-96 修改箭头样式后效果

2.9.5 设置标注文字

在“新建标注样式”对话框“文字”选项卡中，用户可以对标注文字的外观、位置及对齐方式进行设置，如图2-97所示。

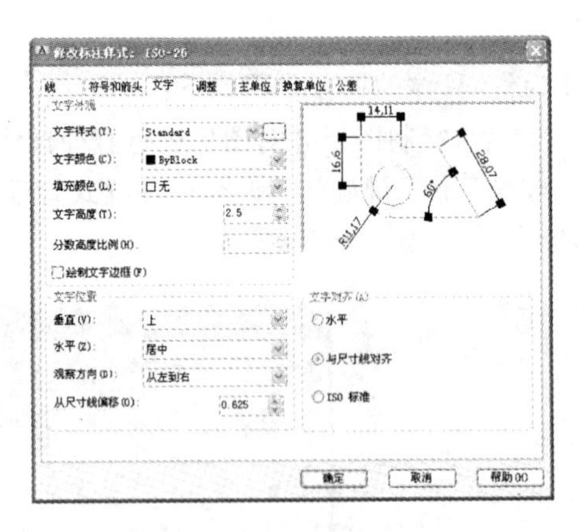

图 2-97 “文字”选项卡

“文字”选项卡中的主要选项区域的各项说明如下：

• “文字外观”选项组：在该选项组中可以设置标注文字的样式、颜色、填充颜色、高度和分数高度比例，以及是否绘制文字边框。

• “文字位置”选项组：在该选项组中可以设置标注文字的垂直、水平位置和观察方向以及从尺寸线的偏移量。

• “文字对齐”选项组：在该选项组中可以设置标注文字的水平、是否与尺寸线对齐还是 ISO 标准。

实例 5 设置标注文字

下面以设置标注文字高度为例，具体操作步骤如下：

(1)启动 AutoCAD 2014 后，绘制图形并对图形进行尺寸标注，如图 2-98 所示。

(2)单击菜单栏中“格式”→“标注样式”命令，在弹出“标注样式管理器”对话框“样式”列表框中，选择需要修改的标注样式，如图 2-99 所示。

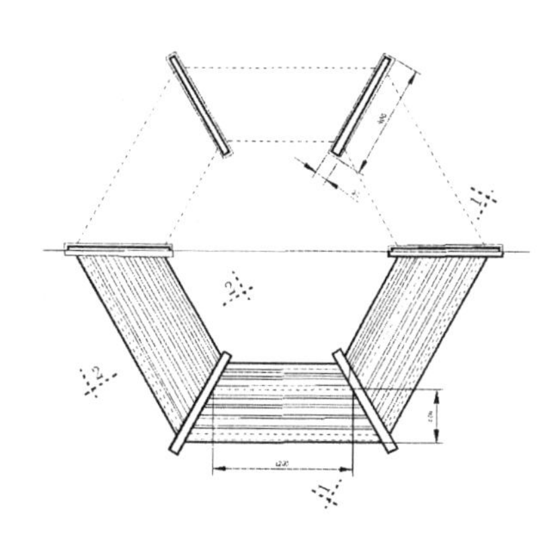

图 2-98 绘制图形

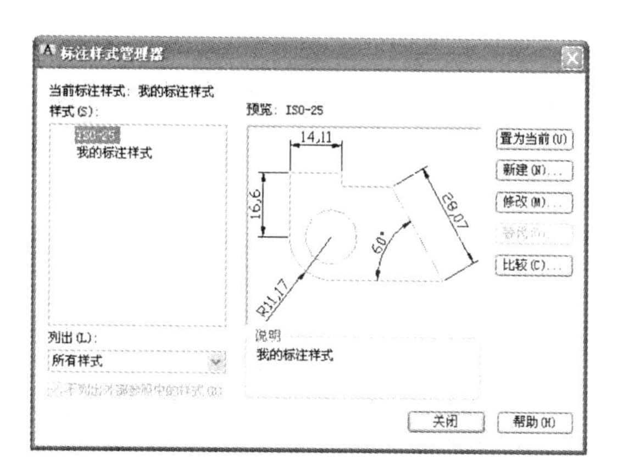

图 2-99 “标注样式管理器”对话框

(3)单击“修改”按钮，弹出“修改标注样式：ISO－25”对话框，切换至“文字”选项卡，在“文字外观”选项组“文字高度”数值框中，设置文字高度为 3，如图 2-100 所示。

(4)单击“确定”按钮，返回 “标注样式管理器”对话框，单击“关闭”按钮，效果如图 2-111所示。

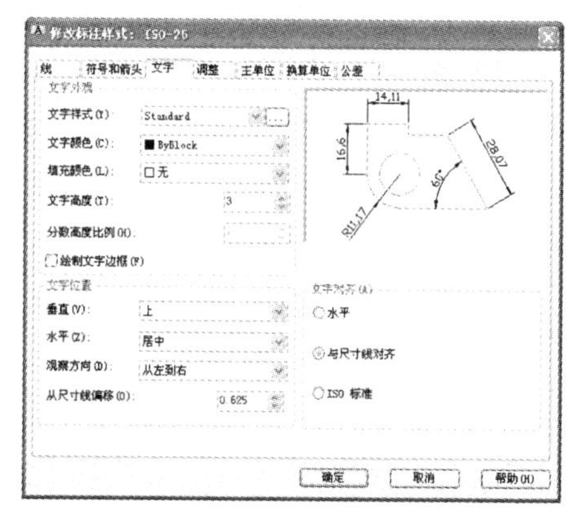

图 2-110 “文字”选项卡中

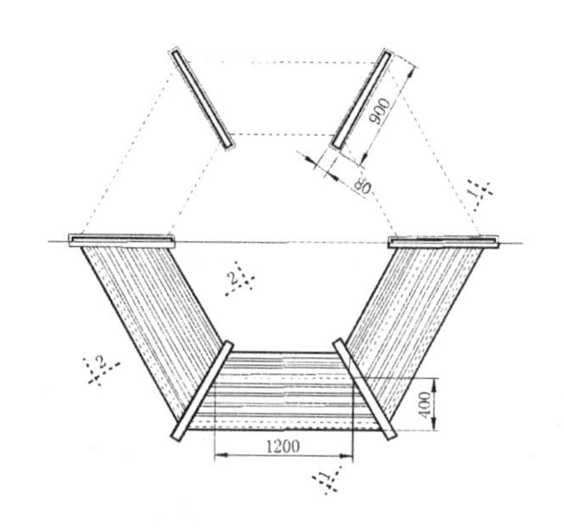

图 2-111 标注文字高度修改后效果

2.9.6 设置标注调整

在“新建标注样式”对话框中的“调整”选项卡中，用户可以对尺寸标注的调整选项、文字位置、标注特征比例和优化进行设置，如图 2-112 所示。如果空间允许，AutoCAD 总是把尺寸文本和箭头放置在尺寸延伸线的里面，如果空间不够，则根据本选项卡的各项设置放置。

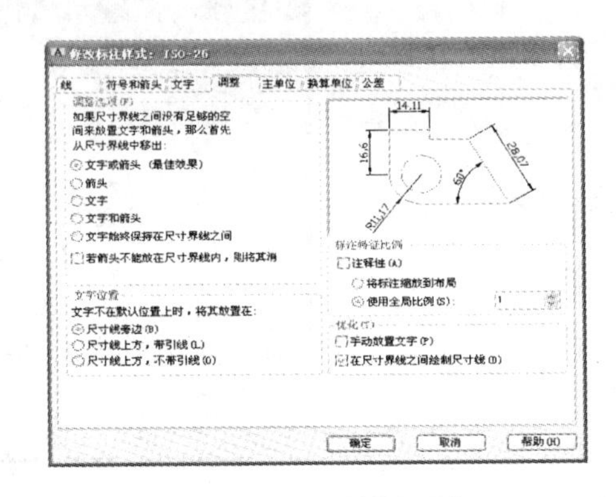

图 2-112 “调整”选项卡

“调整”选项卡中的主要选项区域的各项说明如下：

• “调整选项”选项组：该选项组用于确定当尺寸界线之间没有足够空间同时放置标注文字和箭头时，应从尺寸界线之间移出对象(文字或箭头、箭头、文字、文字和箭头或文字始终保持在延伸线之间)。

• “文字位置”选项组：该选项组用于设置当文字不在默认位置时的位置。

• “标注特征比例”选项组：该选项组用于设置标注尺寸的特征比例，可调整尺寸的整体比例系数。

• “优化”选项组：该选项线用于设置附加的尺寸文本布置选项，可以对标注文字和尺寸线进行细微调整。

实例 6 设置标注调整

下面以设置标注特征的全局比例为例，具体操作步骤如下：

(1)启动 AutoCAD 2014 后，随意绘制一个如图 2-113 所示的图形。

(2)单击“标注”工具栏中“标注样式”按钮，弹出“标注样式管理器”对话框，在“样式”列表框中，选择需要修改的标注样式，如图 2-114 所示。

(3)单击“修改”按钮，弹出“修改标注样式：ISO－25”对话框，切换至“调整”选项卡，在“标注特征比例”选项区“使用全局比例”数值框中，设置全局比例系数为 2，如图 2-115 所示。

(4)单击“确定”按钮，返回“标注样式管理器”对话框，单击“关闭”按钮，效果如图 2-116所示。

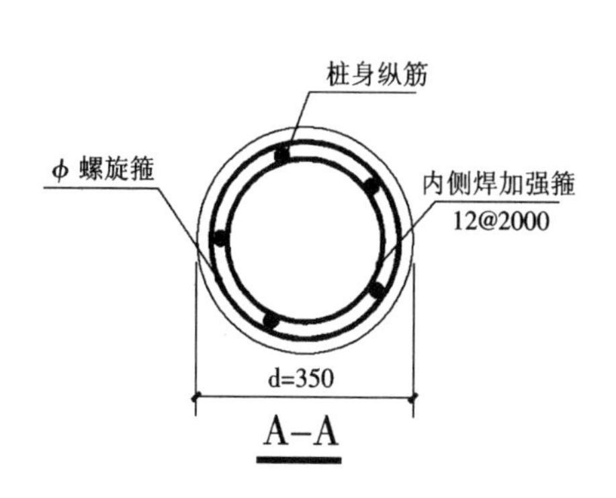

图 2-113 绘制图形

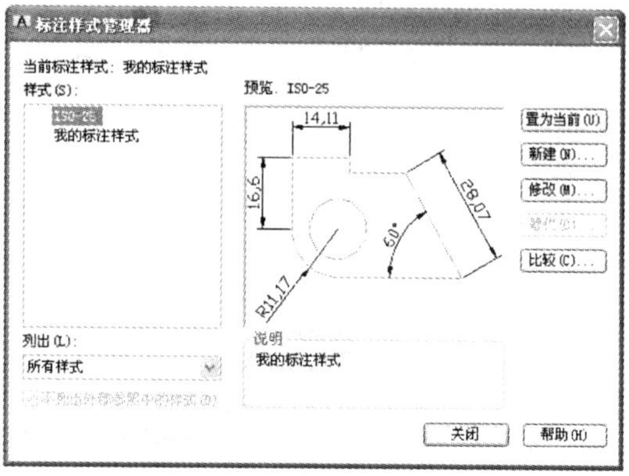

图 2-114 “标注样式管理器”对话框

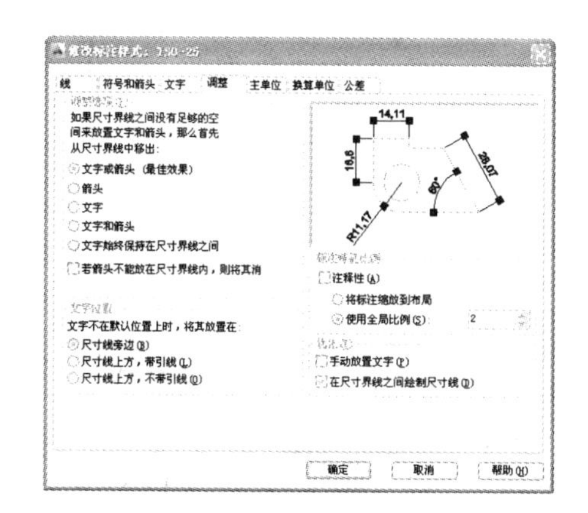

图 2-115 “调整”选项卡

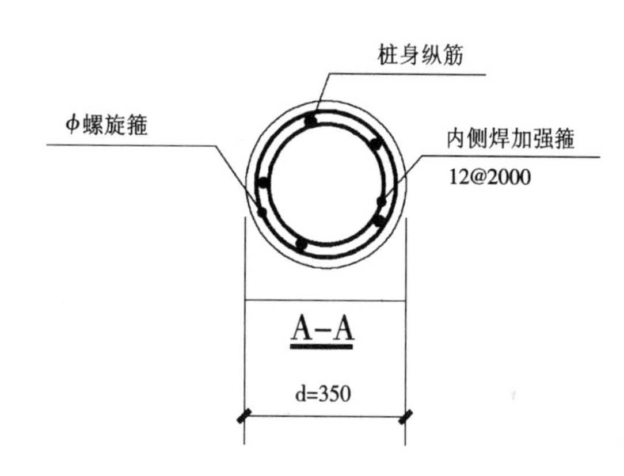

图 2-116 修改全局比例后效果

2.9.7 设置标注主单位

在“新建标注样式”对话框的“主单位”选项卡中，用户可以设置尺寸标注的主单位和精度，并设置标注文字的前缀和后缀，该选项卡主要可对线性标注和角度标注两个选项组进行设置，如图 2-117 所示。

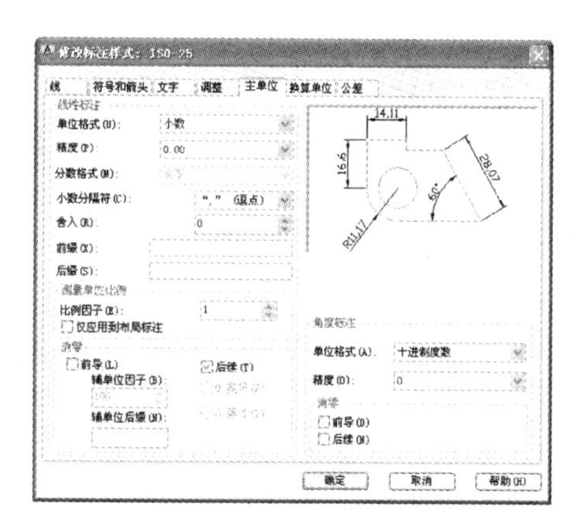

图 2-117 “主单位”选项卡

“主单位”选项卡中的主要选项区域的各项说明如下：

• “线性标注”选项组：该选项区用于显示和设置线性标注的当前线性格式。其中“单位格式”下拉列表框中包括科学、小数、工程、建筑、分数和 Windows 桌面 6 个选项。

• “角度标注”选项组：该选项区用于显

示和设置角度标注的当前角度格式。其中“单位格式”下拉列表框中包括十进制度数、度/分/秒、百分度和弧度 4 种单位格式。

实例 7　设置标注主单位

下面以设置线性标注和角度标注的精度为例，具体操作步骤如下：

(1)启动 AutoCAD 2014 后，打开如图 2-118 所示的图形，并对其进行尺寸标注。

(2)单击菜单栏中“标注”→“标注样式”命令，弹出“标注样式管理器”对话框，在“样式”列表框中，选择需要修改的标注样式，如图 2-119 所示。

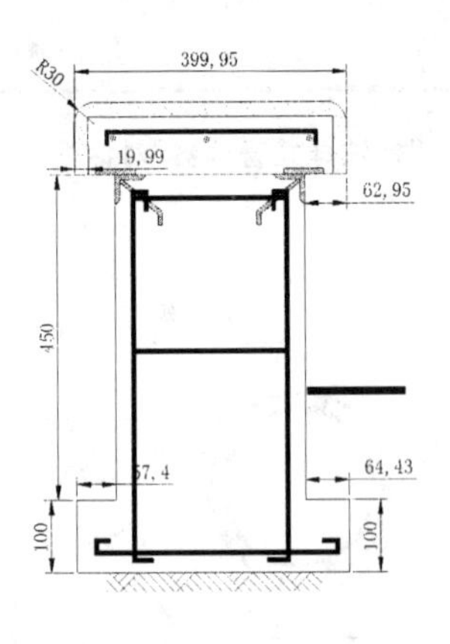

图 2-118　素材图形

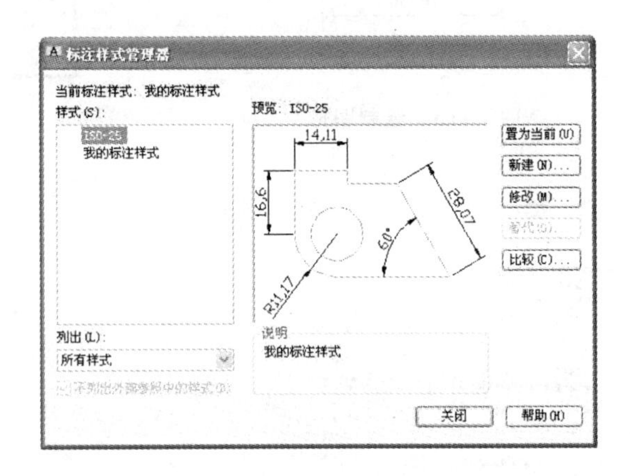

图 2-119　“标注样式管理器”对话框

(3)单击“修改”按钮，弹出“修改标注样式：ISO－25”对话框，切换至“主单位”选项卡，在“线性标注”选项区“精度”数值框中，设置精度为 0，如图 2-120 所示。

(4)同样在“角度标注”选项区“精度”数值框中，设置精度为 0，单击“确定”按钮，返回“标注样式管理器”对话框，单击“关闭”按钮，最终效果如图 2-121 所示。

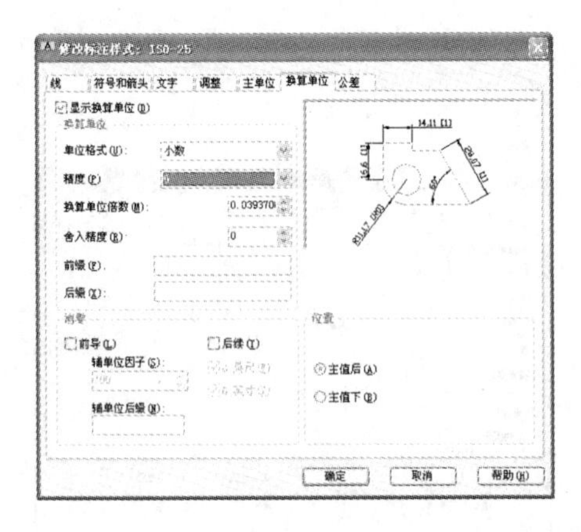

图 2-120　“主单位”选项卡

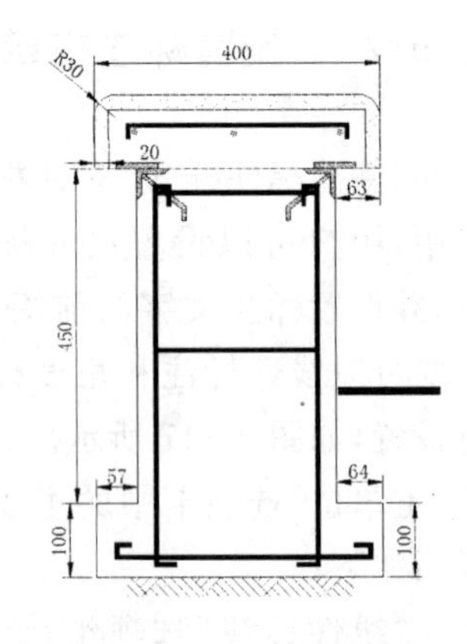

图 2-121　修改主单位精度后效果

2.9.8 设置换算单位

在“新建标注样式”对话框的“换算单位”选项卡中，用户可以指定标注测量值中换算单位和显示，并设置其格式和精度，如图 2-122 所示。

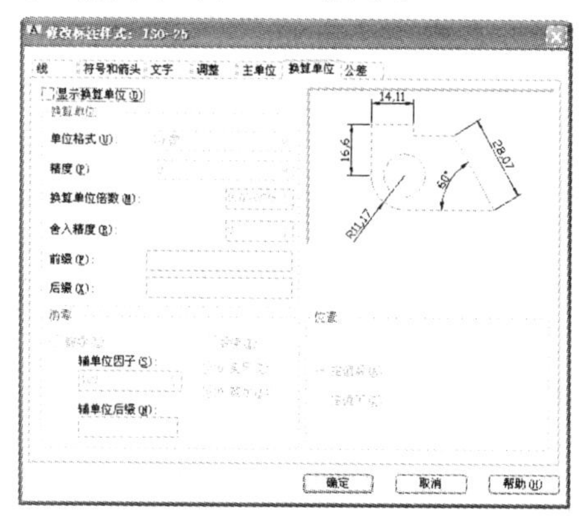

图 2-122 “换算单位”选项卡

“换算单位”选项卡中的主要选项区域的各项说明如下：

• “显示换算单位”复选框：勾选此复选框，则替换单位的尺寸值也同时显示在尺寸文本上。

• “换算单位”选项组：该选项区用于设置替换单位。

• “消零”选项组：该选项区用于设置是否输出前导零和后续零。

• “位置”选项组：用于设置替换单位尺寸标注的位置（主值后和主值下）。

实例 8 设置标注换算单位

下面以设置标注将英寸单位换算为毫米单位为例，具体操作步骤如下：

（1）启动 AutoCAD 2014 后，打开如图 2-123 所示的素材图形。

（2）单击菜单栏中“格式”→“标注样式”命令，弹出“标注样式管理器”对话框，在“样式”列表框中，选择需要修改的标注样式，如图 2-124 所示。

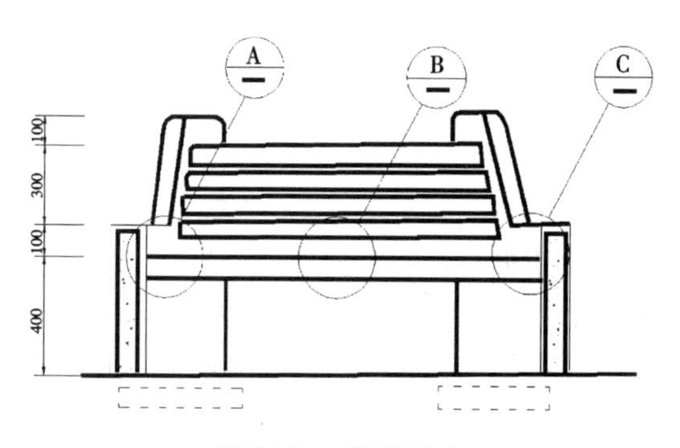

图 2-123 素材图形

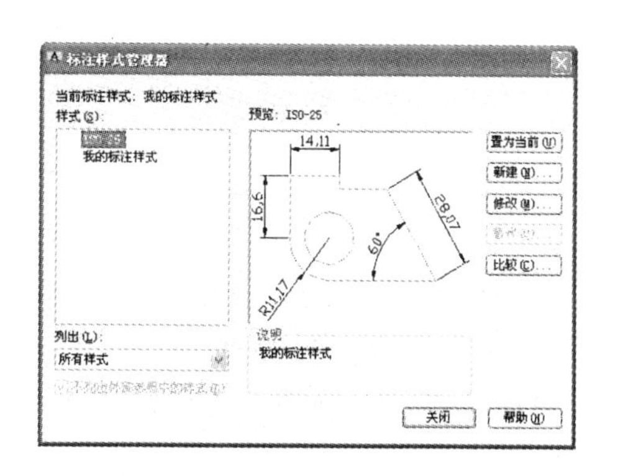

图 2-124 “标注样式管理器”对话框

(3)单击"修改"按钮,弹出"修改标注样式:ISO－25"对话框,切换至"换算单位"选项卡,首先勾选"显示换算单位"复选框,在"换算单位倍速数"微调框中输入倍数 25.4,如图 2-125 所示。

(4)单击"确定"按钮,返回"标注样式管理器"对话框,单击"关闭"按钮,然后使用标注命令重新进行标注,效果如图 2-126 所示。

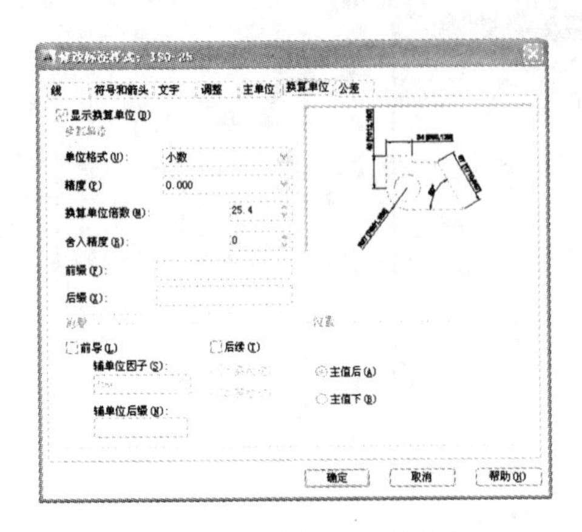

图 2-125 "换算单位"选项卡

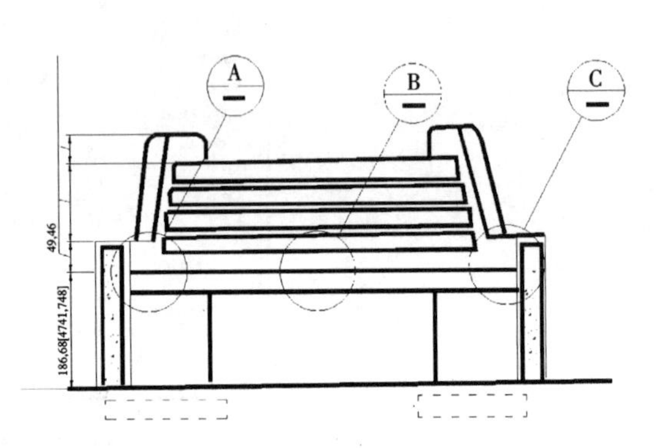

图 2-126 换算单位后效果

2.9.9 设置标注公差

在"新建标注样式"对话框的"公差"选项卡中,用户可以设置标注公差的方式,即设置是否标注公差、公差格式以及输入上、下偏差值,如图 2-127 所示。

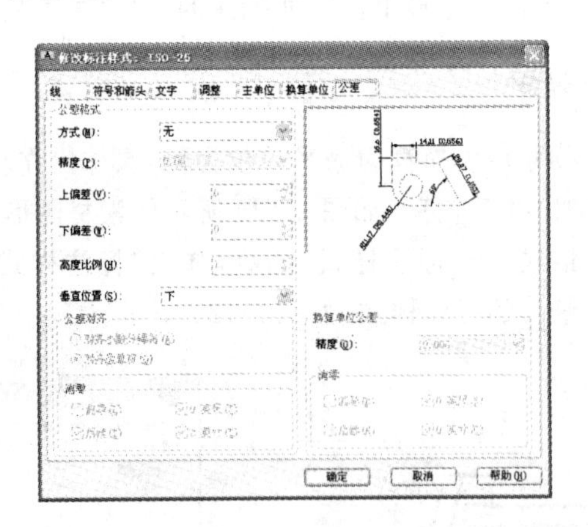

图 2-127 "公差"选项卡

"换算单位"选项卡中的主要选项区域的各项说明如下:

• "公差格式"选项组:用于设置公差的标注方式。其中"方式"下拉列表框中 AutoCAD 提供了 5 种标注公差的方式,分别是"无"、"对称"、"极限偏差"、"极限尺寸"和"基本尺寸"。

"公差对齐"选项组:用于在堆叠时,控制上偏差值和下偏差值的对齐。

"消零"选项组:用于控制是否禁止输出前导 0 和后续 0 以及 0 英尺和 0 英寸部分(可

用 DIMTZIN 系统变量设置)。

• “换算单位公差”选项组：用于对形位公差标注的替换单位进行设置。

2.10 创建长度型尺寸标注

正确地标注尺寸是绘图过程中非常重要的一个环节。长度型尺寸标注是指标注图形中两点间的长度，可以是端点、交点、圆弧弦线端点或能够识别的任意两个点。在 AutoCAD 2014 中，长度型尺寸标注包括线性尺寸标注、对齐尺寸标注和弧长尺寸标注等。

2.10.1 线性尺寸标注

线性尺寸标注是用于标注当前用户坐标系 XY 平面中的两个点之间的距离。线性尺寸标注适用于标注图形对象在水平方向、垂直方向或旋转方向上的尺寸。

用户可以通过以下方法执行线性尺寸标注：

• 命令行：DIMLINEAR

• 菜单栏：单击菜单栏中“标注”→“线性”命令。

• 工具栏：单击“标注”工具栏中的“线性”按钮。

执行命令后，命令行中的提示如下。

```
命令：_ DIMLINEAR
指定第一个延伸线原点或〈选择对象〉：
指定第二条延伸线原点：
\[多行文字(M)/文字(T)/角度(A)/水平(H)/垂直(V)/旋转(R)\]：
```

创建线性尺寸标注的具体操作步骤如下：

(1)启动 AutoCAD 2014 后，打开如图 2-128 所示的素材图形。

(2)执行命令 DIMLINEAR，根据命令行提示，鼠标左键单击如图 2-129 所示的端点 A。

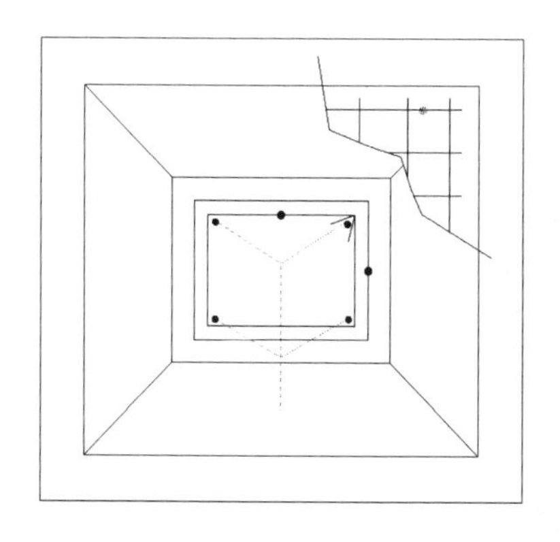

图 2-128 素材文件

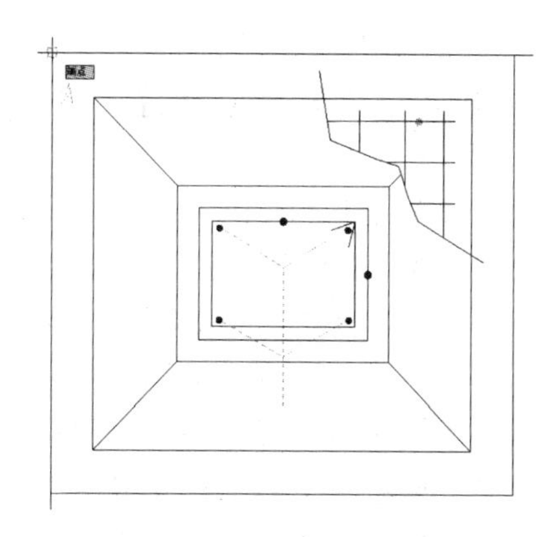

图 2-129 拾取 A 点

(3)移动鼠标移至需要测量的另一个端点 B，如图 2-130 所示，然后向上移动鼠标，在合适的位置单击鼠标左键,即可创建线性尺寸标注,效果如图 2-131 所示。

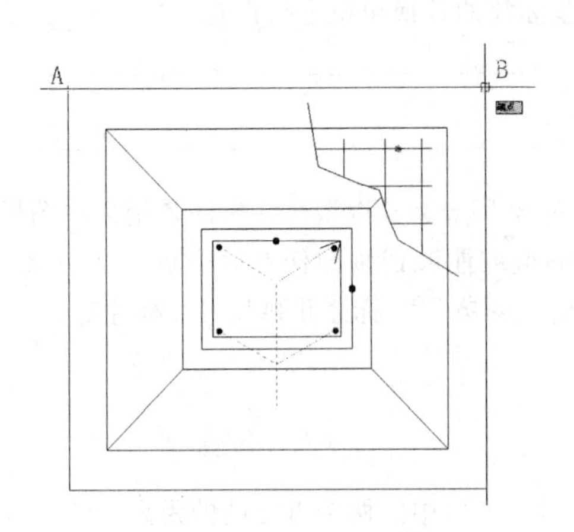

图 2-130 端点 B

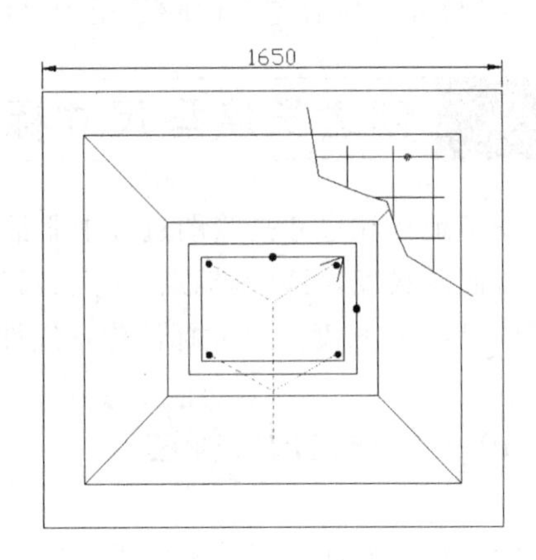

图 2-131 线性尺寸标注效果

执行 DIMLINEAR 后,命令行中提示各个选项的含义如下:

• 多行文字(M):显示文字编辑器,可用来编辑标注文字。要添加前缀或后缀,请在生成的测量值前后输入前缀或后缀。用控制代码和 Unicode 字符串来输入特殊字符或符号。

• 文字(T):自定义标注文字,生成的标注测量值显示在尖括号中(< >)。

• 角度(A):确定尺寸文字的倾斜角度。

• 水平(H):水平标注尺寸,无论被标注线段沿什么方向,尺寸线均是保持水平放置。

• 垂直(V):垂直标注尺寸,无论被标注线段沿什么方向,尺寸线均是保持垂直放置。

• 旋转(R):确定尺寸标注的旋转角度。

提示

当选择"旋转(R)"选项时,指定的选择角度不同,系统测出标注长度也不同。这是由于系统测量的是对象在某个角度的投影距离,该方法适合测量某段倾斜角度已知的直线段或倾斜槽的宽度。

2.10.2 对齐尺寸标注

在对齐尺寸标注中,尺寸线的方向与所选定的线段或给定的两点间连线方向一致。用户可以选定对象并指定对齐标注的位置,系统将自动生成尺寸界线。

用户可以用以下方法执行对齐标注。

• 命令行:DIMALIGNED

• 菜单栏:单击菜单栏中"标注"→"对齐"命令。

• 工具栏:单击"标注"工具栏中的"对齐"按钮。

执行命令后,命令行中的提示如下:

命令：_ DIMALIGNED
指定第一个延伸线原点或〈选择对象〉：
指定第二条延伸线原点：
\[多行文字(M)/文字(T)/角度(A)\]： //
命令提示中的“多行文字(M)”、“文字(T)”和“角度(A)”用法同线性尺寸标注。

创建对齐尺寸标注的具体操作步骤如下：

(1)启动 AutoCAD 2014 后，打开如图 2-132 所示的素材图形。

(2)单击菜单栏中“标注”→“对齐”命令，如图 2-133 所示。

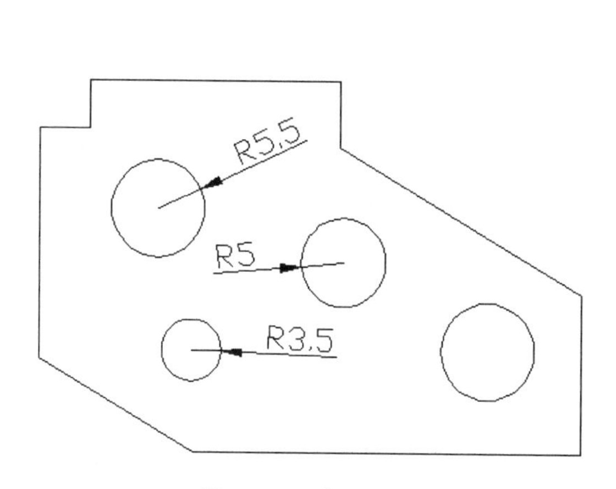

图 2-132　素材文件

图 2-133　下拉列表中“对齐”命令

(3)根据命令行提示，依次拾取 A、B 两点，如图 2-134 所示。

(4)移动鼠标，在合适的位置单击鼠标左键，即可创建对齐尺寸标注，效果如图 2-135 所示。

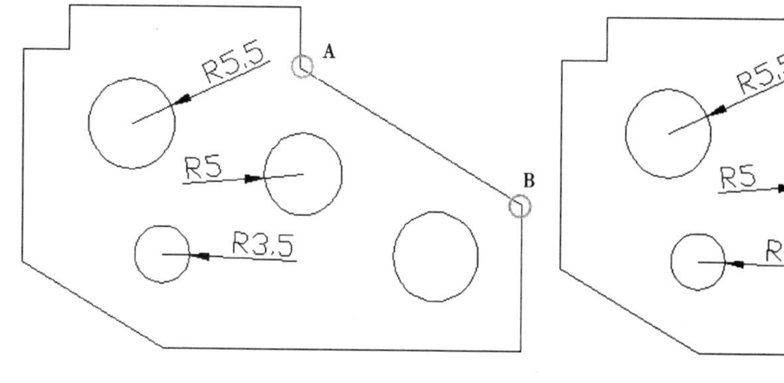

图 2-134　拾取点

图 2-135　对齐尺寸标注效果

2.10.3 弧长尺寸标注

弧长尺寸标注用于测量圆弧或多段线弧线上的距离。弧长标注的典型用法包括测量围绕凸轮的距离或表示电缆的长度。

用户可以用以下方法执行弧长尺寸标注。

- 命令行：DIMARC
- 菜单栏：单击菜单栏中“标注”→“弧长”命令。
- 工具栏：单击“标注”工具栏中的“弧长”按钮。

执行命令后，命令行中的提示如下：

命令：_DIMARC	
选择弧线段或多段线圆弧段：	选择弧线段或多段线弧段
指定弧长标注位置或 \[多行文字(M)/文字(T)/角度(A)/部分(P)/引线(L)\]：	指定一点或选择某一选项

创建弧长尺寸标注的具体操作步骤如下：

(1)启动 AutoCAD 2014 后，打开如图 2-136 所示的素材图形。

(2)单击菜单栏中“标注”→“弧长”命令，根据命令行提示，拾取圆弧，如图 2-137 所示

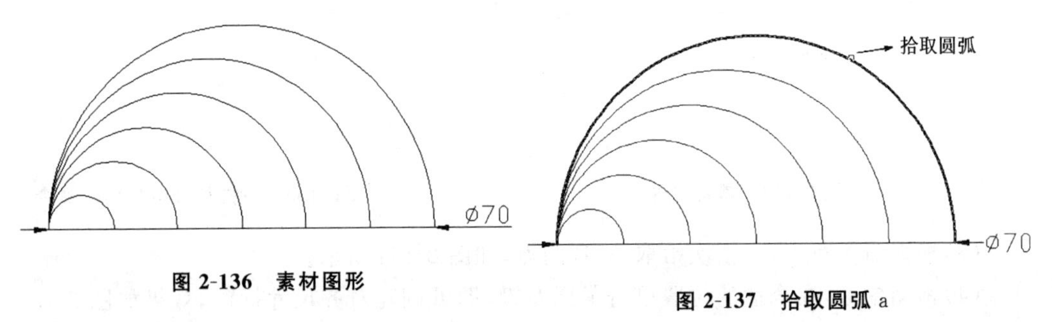

图 2-136 素材图形

图 2-137 拾取圆弧 a

(3)移动鼠标，在合适的位置单击鼠标左键，即可创建弧长尺寸标注，效果如图 2-138 所示。

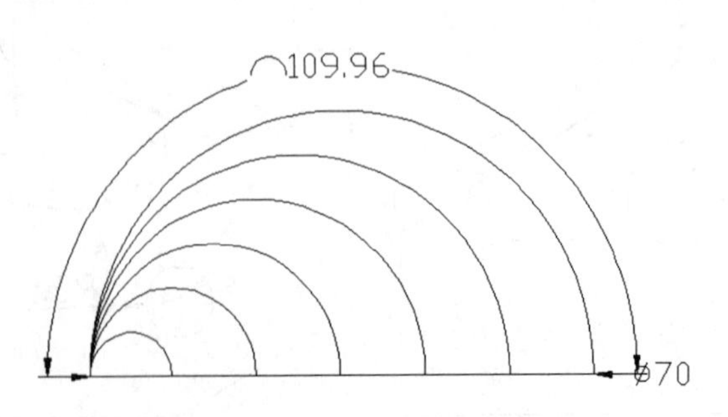

图 2-138 弧长尺寸标注效果

执行 DIMARC 命令后，命令行中提示各个选项的含义如下：

- 多行文字(M)、文字(T)、角度(A)：与线性标注中的功能相同。

• 部分(P)：用来标注圆弧的某一部分弧长，如图 2-139 所示。

• 引线(L)：为标注添加引线对象，当圆弧或弧线段大于 90°时才会显示此选项。引线是按径向绘制的，指向所标注圆弧的圆心，如图 2-140 所示。

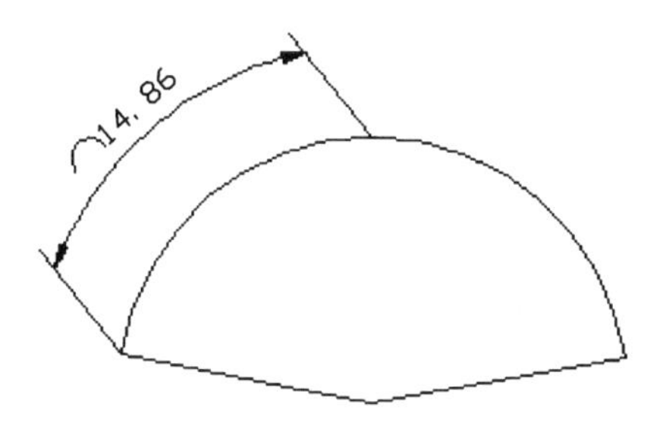

图 2-139 部分弧长

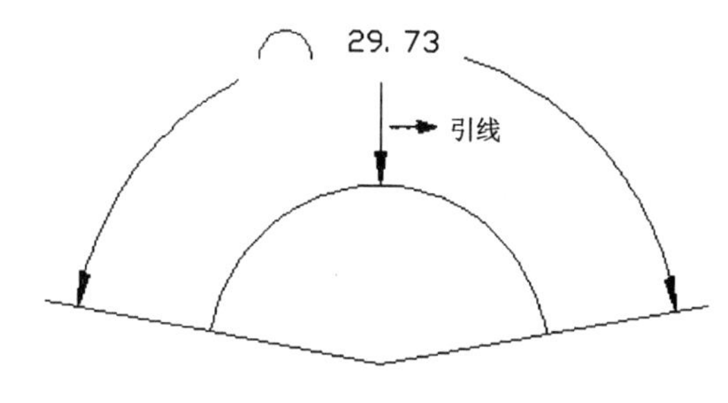

图 2-140 引线标注

提示

弧长标注的尺寸界线(或延伸线)可以正交或径向，只能当圆弧的包含角度小于90°时才显示正交尺寸界线。

2.10.4 基线尺寸标注

基线尺寸标注用于产生一系列基于同一尺寸延伸线的尺寸标注，在创建基线标注之前，必须创建线性、对齐或角度标注。

用户可以用以下方法执行基线尺寸标注

• 命令行：DIMBASELINE

• 菜单栏：单击菜单栏中“标注”→“基线”命令。

• 工具栏：单击“标注”工具栏中的“基线”按钮。

执行命令后，命令行中的提示如下：

```
命令：_ DIMBASELINE
选择基准标注：                                    选择作为基准的尺寸标注
指定第二条延伸线原点或 \[放弃(U)/选择(S)\]
<选择>：                                          指定第二条尺寸延伸线的起点
```

如果在命令行中输入“U”，根据命令行中的提示，按 Enter 键确认，表示放弃上一步标注，然后重新进行尺寸标注；如果在命令行中输入“S”，则表示需要重新选择作为基准的尺寸标注。

创建基线尺寸标注的具体操作步骤如下：

(1)启动 AutoCAD 2014 后，打开如图 2-141 所示的素材图形。

(2)执行命令 DIMBASELINE，根据命令行提示，选择基准标注，然后依次拾取 A、B 两点，如图 2-142 所示。

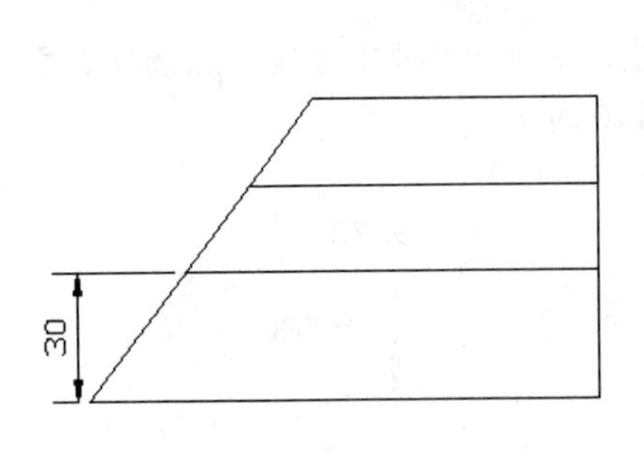

图 2-141　素材图形

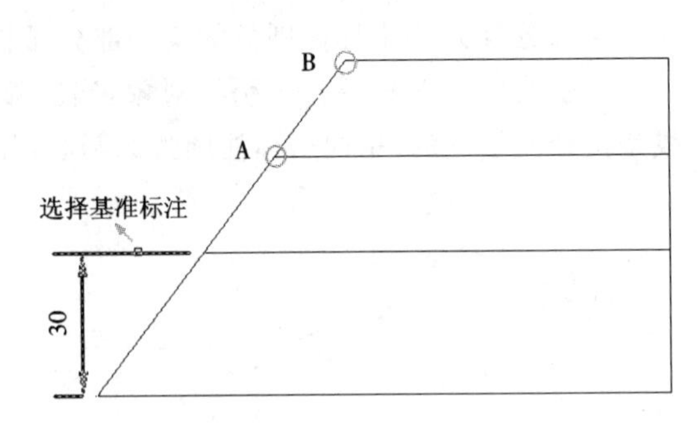

图 2-142　选择基准标注

(3)按 ESC 键退出，基线尺寸标注效果如图 2-143 所示。

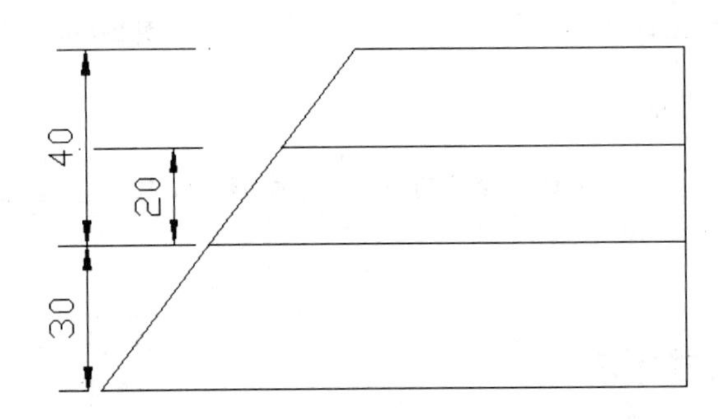

图 2-143　基线尺寸标注效果

2.10.5　连续尺寸标注

连续尺寸标注又叫尺寸链标注，是首尾相连的多个标注，在创建连续标注之前，也必须创建线性、对齐或角度坐标，然后执行连续标注命令时，将以最近创建的标注为增量方式创建连续尺寸标注。

用户可以用以下方法执行连续尺寸标注。

- 命令行：DIMCONTINUE
- 菜单栏：单击“标注”→“连续”命令。
- 工具栏：单击“标注”工具栏中的“连续”按钮。

执行命令后，命令行中的提示如下：

命令：_DIMCONTINUE
选择连续标注：　　选择作为连续标注的尺寸标注
指定第二条延伸线原点或 \[放弃(U)/选择(S)\]
<选择>：　　指定第二条尺寸延伸线的起点

创建连续尺寸标注的具体操作步骤如下：

(1)启动 AutoCAD 2014 后，打开如图 2-143 所示的素材图形。

(2)单击“标注”→“线性”命令，为图形创建线性尺寸标注，如图 2-144 所示。

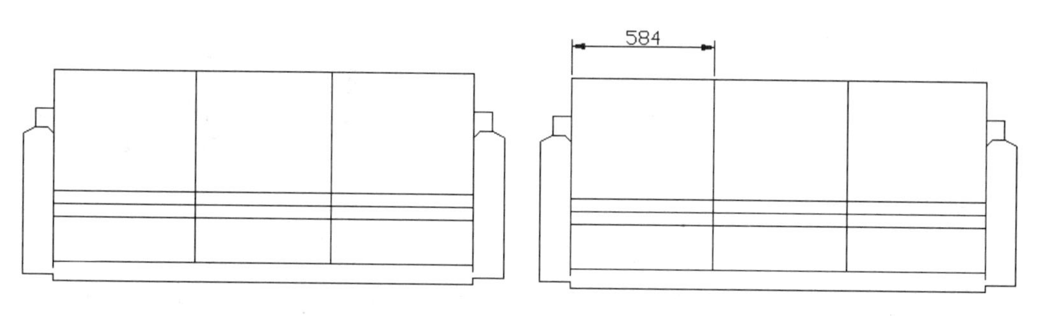

图 2-143　素材文件　　　　图 2-144　创建的线性尺寸标注

(3)执行命令 DIMCONTINUE 后,连续标注会以创建的线性尺寸标注为增量方式,然后将鼠标移到 A 点,依次再拾取 A、B 两点,如图 2-145 所示。

(4)按 ESC 键退出,连续尺寸标注效果如图 2-146 所示。

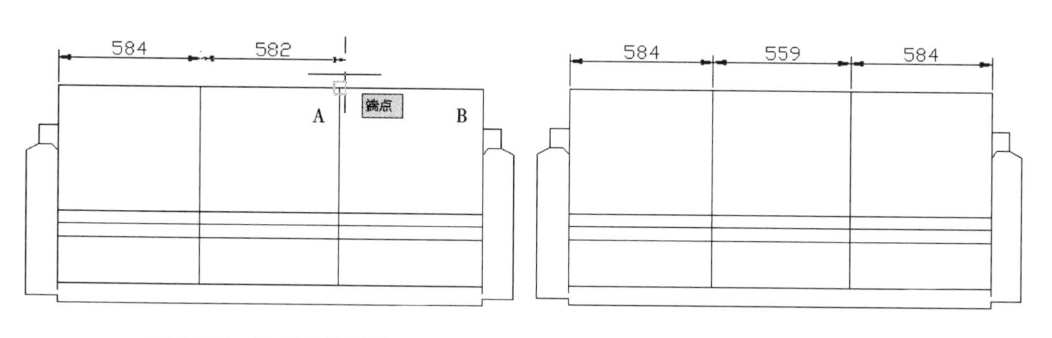

图 2-145　选择基线标注　　　　图 2-146　连续尺寸标注效果

2.11 创建圆弧型尺寸标注

圆弧型尺寸标注用于对圆或圆弧的直径、半径、圆心、圆心角度等进行标注,其中主要包括半径尺寸标注、折弯尺寸标注、直径尺寸标注、角度尺寸标注。

2.11.1 半径尺寸标注

半径尺寸标注用于标注圆或圆弧的半径尺寸,并在标注文字的前面会显示一个半径符号。

用户可以用以下方法执行半径尺寸标注。

• 命令行:DIMRADIUS

• 菜单栏:单击菜单栏中“标注”→“半径”命令。

• 工具栏:单击“标注”工具栏中的“半径”按钮。

执行命令后,命令行中的提示如下:

命令：_ DIMRADIUS	
选择圆弧或圆：	选择圆弧或圆
指定尺寸线位置或 \[多行文字(M)/文字(T)/角度(A)\]：	指定一点或选择某一选项

创建半径尺寸标注的具体操作步骤如下：

(1)启动 AutoCAD 2014 后，打开如图 2-147 所示的素材图形。

(2)单击菜单栏中“标注”→“半径”命令，根据命令行提示，选择需要标注的圆弧，如图 2-148 所示。

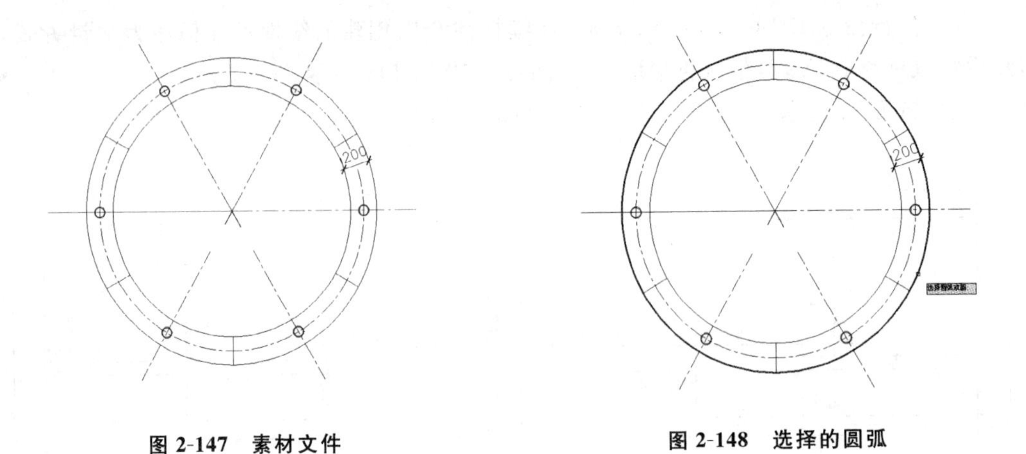

图 2-147　素材文件　　　　图 2-148　选择的圆弧

(3)移动鼠标，在合适的位置单击鼠标左键，即可创建半径尺寸标注，效果如图 2-149 所示。

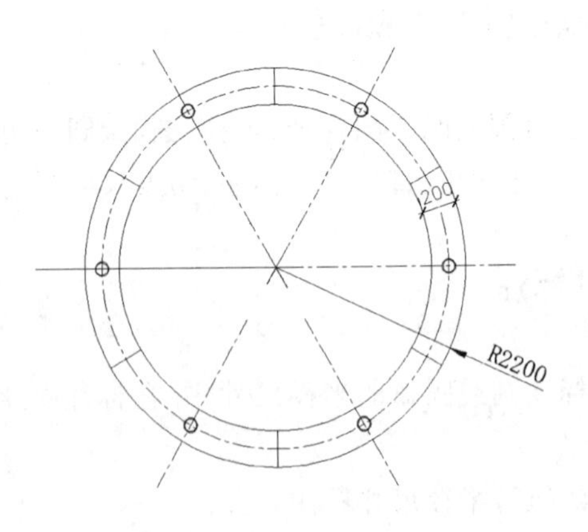

图 2-149　半径尺寸标注效果

2.11.2　直径尺寸标注

直径尺寸标注用于标注圆或圆弧的直径，并在标注文字的前面会显示一个直径符号。用户可以用以下方法执行直径尺寸标注。

• 命令行:DIMDIAMETER

• 菜单栏:单击“标注”→“直径”命令。

• 工具栏:单击“标注”工具栏中的“直径”按钮。

执行命令后,命令行中的提示如下:

命令:_DIMDIAMETER	
选择圆弧或圆:	选择圆弧或圆
指定尺寸线位置或 [多行文字(M)/文字(T)/角度(A)]:	指定一点或选择某一选项

创建直径尺寸标注的具体操作步骤如下:

(1)启动 AutoCAD 2014 后,打开如图 2-150 所示,并在命令行中执行 DIMDIAMETER 命令,根据命令行提示,选择需要标注的圆。

(2)移动鼠标,在合适的位置单击鼠标左键,即可创建直径尺寸标注,效果如图 2-151 所示。

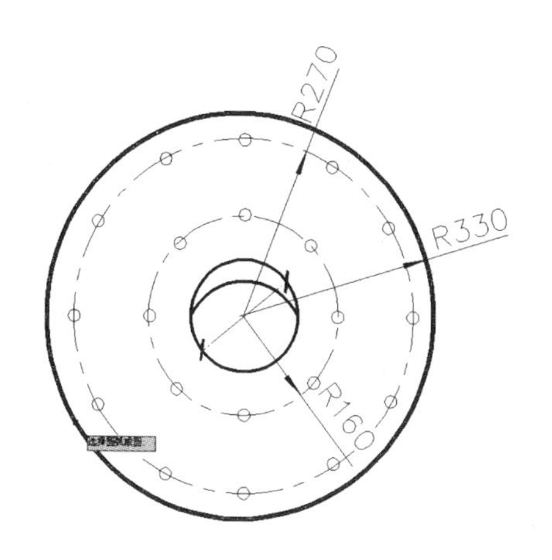

图 2-150 选择的圆

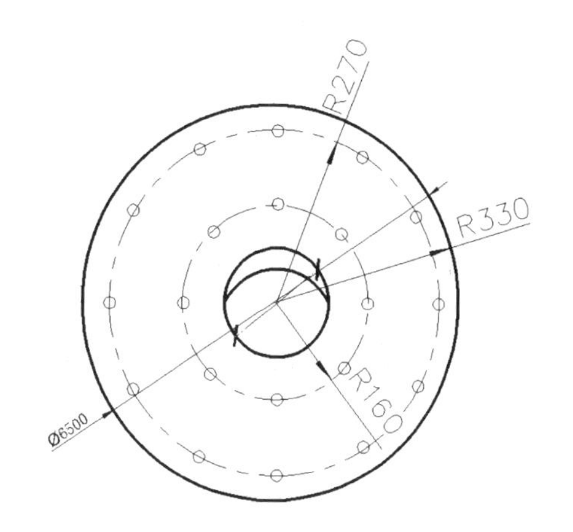

图 2-151 直径尺寸标注效果

2.11.3 标注圆心标记

圆心标记用于标记圆或圆弧的中心位,圆心标记有 3 种形式,分别为“无”、“标记”和“直线”,可以通过“标注样式管理器”对话框中的“符号和箭头”选项卡来设置。

用户可以用以下方法执行圆心标记。

• 命令行:DIMCENTER

• 菜单栏:单击菜单栏中“标注”→“圆心标记”命令。

• 工具栏:单击“标注”工具栏中的“圆心标记”按钮。

执行命令后,命令行中的提示如下:

命令:_DIMCENTER	
选择圆弧或圆:	选择要标注中心或中心线的圆或圆弧

下面以设置“直线”形式的圆心标记为例,具体操作步骤如下:

(1)启动 AutoCAD 2014 后,打开如图 2-152 所示的素材图形。

(2)单击菜单栏中"格式"→"标注样式"命令,弹出"标注样式管理器"对话框,在"样式"列表框中,选择需要修改的标注样式。

(3)单击"修改"按钮,弹出"修改标注样式:ISO－25"对话框,切换至"符号和箭头"选项卡,在"圆心标记"选项区中选择"直线"单选按扭,如图 2-153 所示。

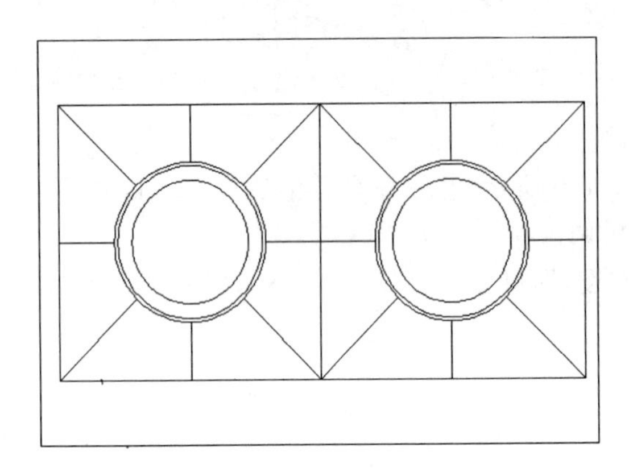

图 2-152　素材图形

图 2-153　"修改标注样式:ISO－25"对话框

(4)单击"确定"按钮,返回"标注样式管理器"对话框,单击"关闭"按钮。

(5)在命令行执行命令 DIMCENTER,根据命令行提示,选择需要标注的圆,如图 2-154所示。

(6)单击鼠标左键,即可标注圆心标记,效果如图 2-155 所示。

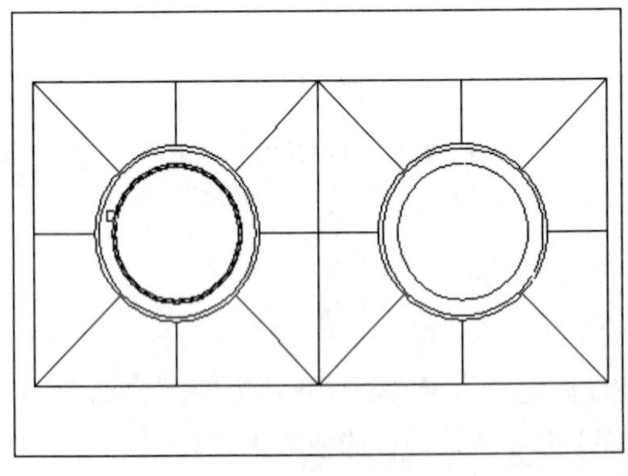

图 2-154　选择的圆

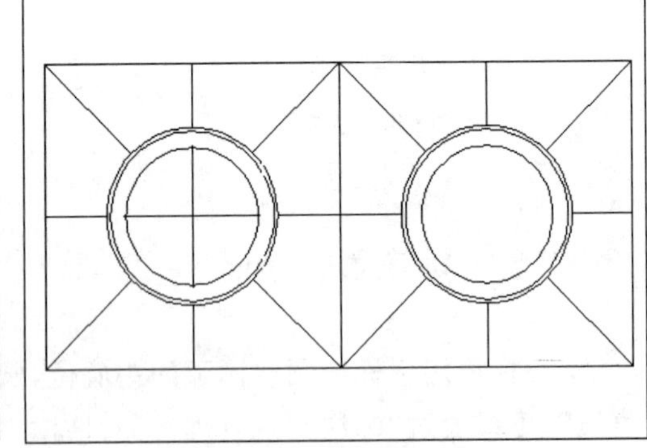

图 2-155　圆心标记效果

2.11.4　角度尺寸标注

角度尺寸标注用来标注圆和圆弧的角度、两条直线间的角度或三点间的角度。

用户可以用以下方法执行角度尺寸标注。

- 命令行:DIMANGULAR
- 菜单栏:单击菜单栏中"标注"→"角度"命令。

• 工具栏：单击“标注”工具栏中的“角度”按钮。

执行命令后，命令行中的提示如下：

命令：_ DIMANGULAR
选择圆弧、圆、直线或 <指定顶点>：

下面以选择对象为“直线”为例，创建角度尺寸标注的具体操作步骤如下：

(1)启动 AutoCAD 2014 后，打开如图 2-156 所示的素材图形。

(2)执行命令 DIMANGULAR，根据命令行提示，依次单击 a、b 两条直线，移动鼠标至合适位置，角度尺寸标注效果如图 2-157 所示。

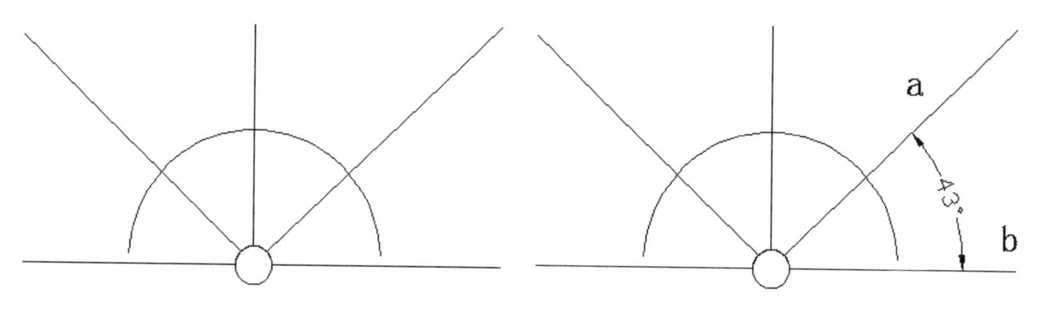

图 2-156 素材图形

图 2-157 角度标注结果

在选项中，当选择对象为“圆弧”时，系统按自动测量得到的值标注出相应的角度，角度尺寸标注如图 2-158 所示，命令行提示如下：

指定标注弧线位置或 \[多行文字(M)/文字(T)/角度(A)/象限点(Q)\]：

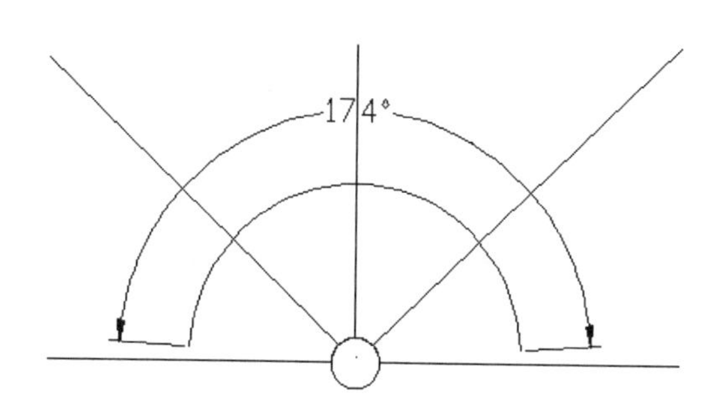

图 2-158 角度标注

当选择对象为“圆”时，系统标注出一个角度值，该角度以圆心为顶点，两条尺寸延伸线通过所选取的两点，第二点可以不必在圆周上，命令行提示如下：

指定角的第二个端点：
指定标注弧线位置或 \[多行文字(M)/文字(T)/角度(A)/象限点(Q)\]：

当选择对象为“直线”时，系统自动标出两条直线之间的夹角。该角以两条直线的交点为顶点，以两条直线为尺寸延伸线，所标注角度取决于尺寸线的位置，命令行提示如下：

选择第二条直线：
指定标注弧线位置或 \[多行文字(M)/文字(T)/角度(A)/象限点(Q)\]：

当选择对象为“指定顶点”时，根据指定的三点标注出角度，命令行提示如下：

指定角的顶点：
指定角的第一个端点：
指定角的第二个端点：
创建了无关联的标注
指定标注弧线位置或 \[多行文字(M)/文字(T)/角度(A)/象限点(Q)\]：

2.11.5 折弯尺寸标注

折弯尺寸标注也称为缩略的半径标注，用于当圆弧或圆的中心位于圆形边界外，且无法显示在其实际位置时的情况。

用户可以用以下方法执行折弯尺寸标注。

- 命令行：DIMJOGGED
- 菜单栏：单击菜单栏中“标注”→“折弯”命令。
- 工具栏：单击“标注”工具栏中的“折弯”按钮。

执行命令后，命令行中的提示如下：

命令：_ DIMJOGGED	
选择圆弧或圆：	选择圆弧或圆
指定图示中心位置：	指定一点
指定尺寸线位置或 \[多行文字(M)/文字(T)/角度(A)\]：	指定一点或选择某一选项
指定折弯位置：	指定折弯位置

创建折弯尺寸标注的具体操作步骤如下：

(1)启动 AutoCAD 2014 后，打开如图 2-159 所示的素材图形。

(2)单击菜单栏中“标注”→“折弯”命令，根据命令行提示，选择圆弧，如图 2-160 所示。

(3)按 Enter 键后，在图形外单击一点，并移动鼠标，在合适的位置单击鼠标左键，然后再次确认之后单击鼠标左键，折弯尺寸标注效果如图 2-161 所示。

2.12 创建其他类型尺寸标注

在 AutoCAD 2014 中，除了上述常见的尺寸标注外，还可以使用坐标尺寸标注、快速尺寸标注、引线尺寸标注等。

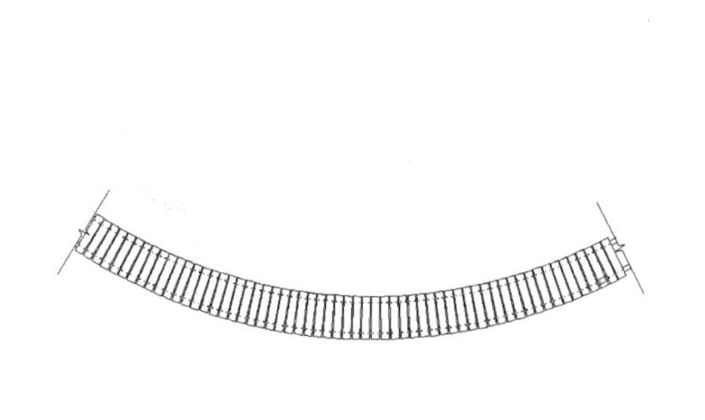

图 2-159 素材图形

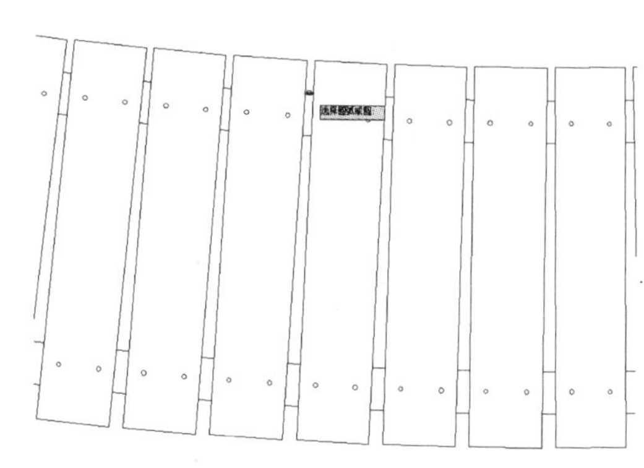

图 2-160 选择的圆弧

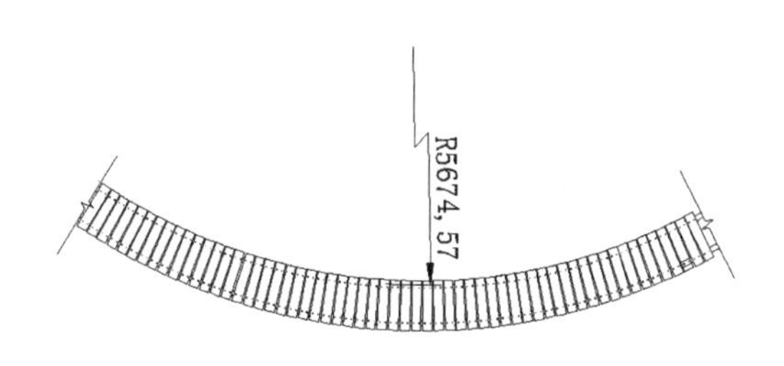

图 2-161 折弯尺寸标注效果

2.12.1 坐标尺寸标注

坐标尺寸标注用于标注测量从原点到图形之间的水平或垂直距离。这种标注保持特征点与基准点的精确偏移量,从而避免增大误差。

用户可以用以下方法执行坐标尺寸标注。

- 命令行:DIMORDINATE
- 菜单栏:单击菜单栏中"标注"→"坐标"命令。
- 工具栏:单击"标注"工具栏中的"坐标"按钮。

执行此命令后,命令行提示如下:

```
命令:_ DIMORDINATE
指定点坐标:
指定引线端点或 \[X 基准(X)/Y 基准(Y)/多行文字(M)/文字(T)/角度(A)\]:
```

S 坐标尺寸标注的具体操作步骤如下:

(1)启动 AutoCAD 2014 后,打开如图 2-162 所示的素材图形。

(2)执行命令 DIMORDINATE,根据命令行提示,拾取标注点,如图 2-163 所示。

(3)按 Enter 键后,移动鼠标至合适位置并单击鼠标左键,标注效果如图 2-164 所示。

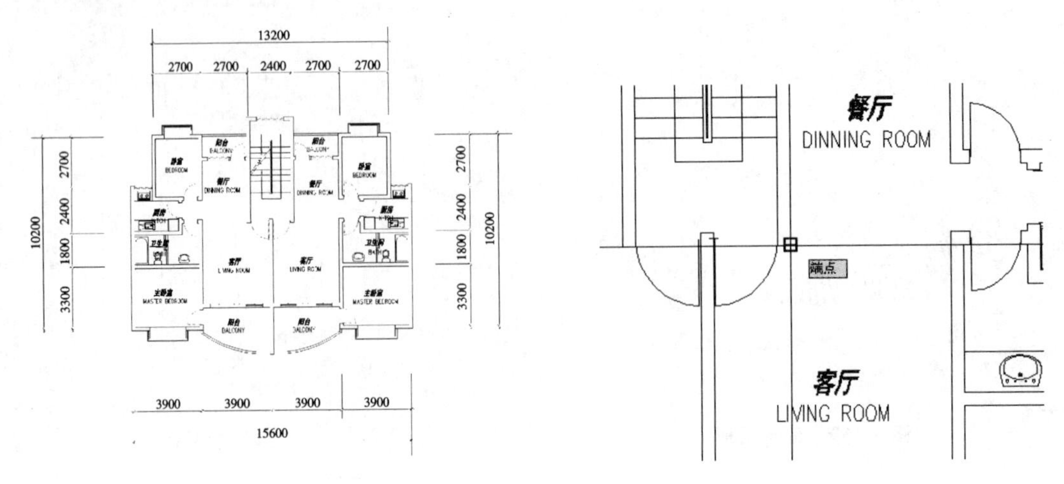

图 2-162　素材图形　　　　图 2-163　拾取的标注点

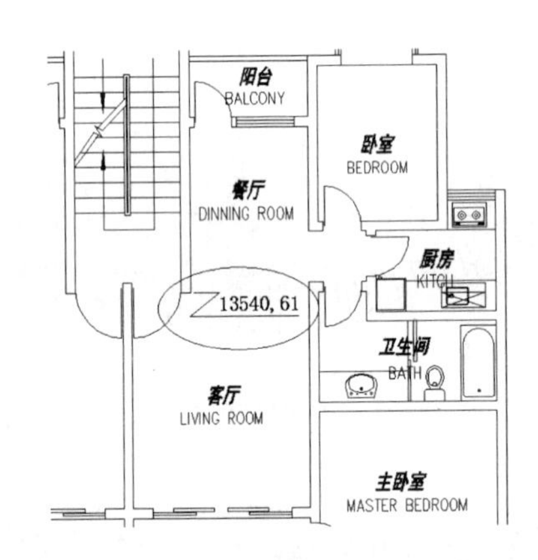

图 2-164　坐标尺寸标注结果

执行 DIMORDINATE 后，命令行中提示各个选项的含义如下：

- X 基准(X)：用于标注 X 坐标值。
- Y 基准(Y)：用于标注 Y 坐标值。

多行文字(M)、文字(T)、角度(A)：用法与线性尺寸标注相同。

2.12.2 快速尺寸标注

快速尺寸标注是采用基线、连续标注的方式对所选的对象进行一次性标注。用户可以用以下方法执行快速尺寸标注。

- 命令行：QDIM
- 菜单栏：单击菜单栏中“标注”→“快速标注”命令。
- 工具栏：单击“标注”工具栏中的“快速标注”按钮。

执行此命令后，命令行提示如下：

命令：_ QDIM
关联标注优先级 = 端点
选择要标注的几何图形：找到 1 个
选择要标注的几何图形：
指定尺寸线位置或 \[连续(C)/并列(S)/基线(B)/坐标(O)/半径(R)/直径(D)/基准点(P)/编辑(E)/设置(T)\] <半径>：

快速尺寸标注的具体操作步骤如下：

(1)启动 AutoCAD 2014 后，打开如图 2-165 所示的素材图形。

(2)单击菜单栏中“标注”→“快速标注”命令，根据命令行提示，选择需要的图形，如图 2-166 所示。

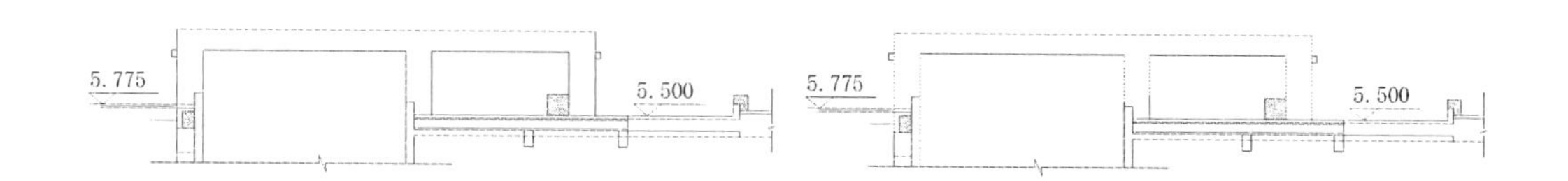

图 2-165　素材图形　　　图 2-166　选择要标注的图形

(3)按 Enter 键后，移动鼠标，在合适的位置单击鼠标左键，标注效果如图 2-167 所示。

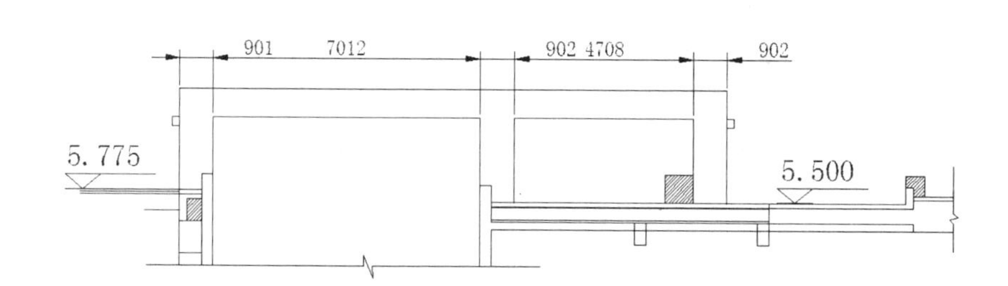

图 2-167　快速尺寸标注效果

执行 QDIM 后，命令行中提示各个选项的含义如下：

- 连续(C)：用于指定快速标注的方式是连续尺寸标注。
- 并列(S)：用于指定快速标注的方式是并列尺寸标注。
- 基线(B)：用于指定快速标注的方式是基线尺寸标注。
- 坐标(O)：用于指定快速标注的方式是坐标尺寸标注。
- 半径(R)：用于指定快速标注的方式是半径尺寸标注。
- 直径(D)：用于指定快速标注的方式是直径尺寸标注。
- 基准点(P)：用于选择新的标注基准点。
- 编辑(E)：用于删除或添加快速标注的尺寸点。
- 设置(T)：用于指定关联尺寸的优先级。

2.12.3 引线尺寸标注

引线是连续注释和图形对象的线，是一条带有显示箭头的直线，通常箭头指向被标注的对象。

用户可以用以下方法执行引线尺寸标注。

• 命令行：MLEADER

• 菜单栏：单击菜单栏中"标注"→"多重引线"命令。

• 工具栏：单击工具栏中的"多重引线"按钮。

执行此命令后，命令行提示如下：

命令：_MLEADER
指定引线箭头的位置或 \[引线基线优先(L)/内容优先(C)/选项(O)\] <选项>：
指定引线基线的位置：

用户可以通过单击"工具"→"工具栏"→"AutoCAD"→"多重引线"命令，调出多重引线工具栏，如图 2-168 所示。

图 2-168 多重引线工具栏

多重引线工具栏中各按钮的说明如下：

• "添加引线"按钮：用于为已有的引线基线添加多个引线箭头。

• "删除引线"按钮：用于删除已有的引线。

• "多重引线对齐"按钮：可以使多个引线的注释文字对齐到一条引线。

• "多重引线合并"按钮：可以使具有相同引线注释合并。

• "多重引线样式"按钮：用于设置引线及其注释属性。

引线尺寸标注的具体操作步骤如下：

(1)启动 AutoCAD 2014 后，打开如图 2-169 所示的素材图形。

(2)单击菜单栏中"标注"→"多重引线"命令，根据命令行提示，在需要标注的位置单击鼠标左键，如图 2-170 所示。

(3)按 Enter 键后，移动鼠标，在合适的位置单击鼠标左键，并输入说明文字，标注效果如图 2-171 所示。

如果用户需要对多重引线进行更改或设置，可以单击"多重引线样式"按钮，将弹出"多重引线样式管理器"对话框，如图 2-172 所示。单击"新建"按钮(用户也可以单击"修改"按钮对其进行修改)，弹出"创建新多重引线样式"对话框，用户可以输入新样式名，如图 2-173 所示。

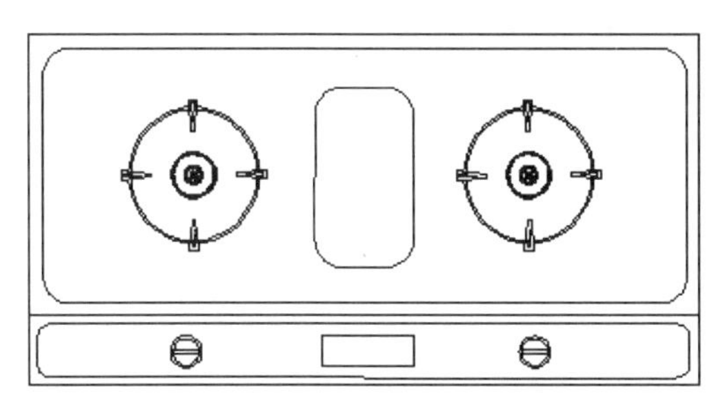

图 2-169　素材图形

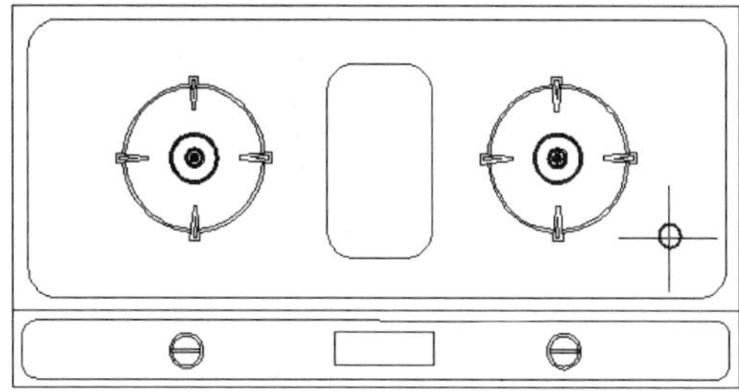

图 2-170　指定引线箭头的位置

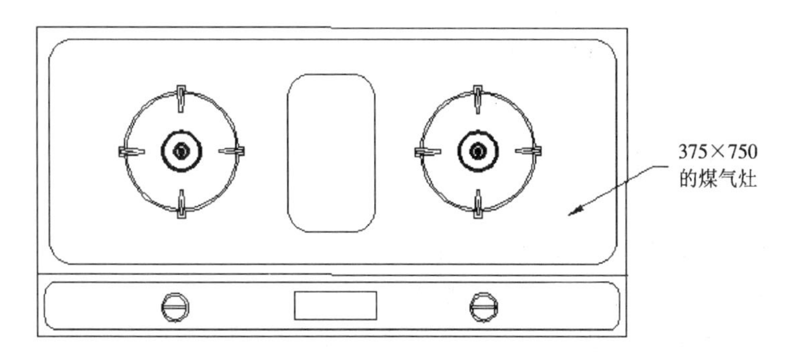

图 2-171　指定引线位置和文本

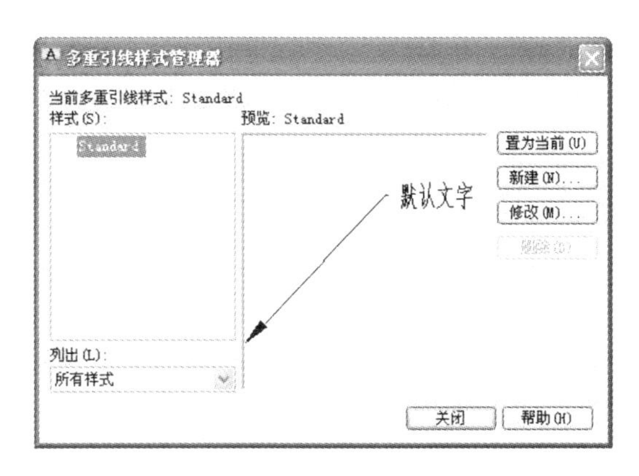

图 2-172　“多重引线样式管理器”对话框

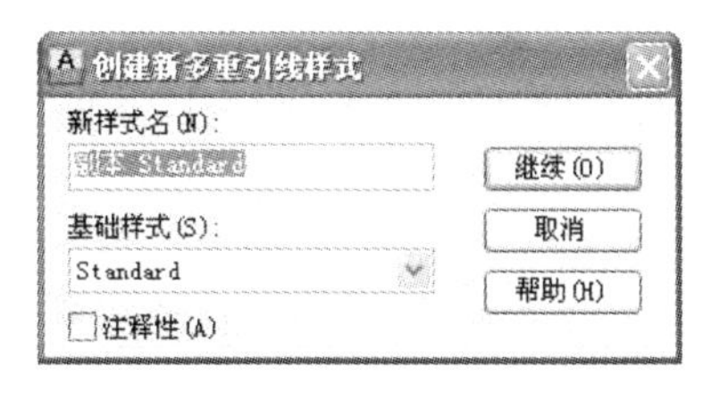

图 2-173　“创建新多重引线样式”对话框

然后单击“继续”按钮，将弹出“修改多重引线样式：副本 Standard”对话框，如图2-174所示。在该对话框中，用户可以通过“引线格式”、“引线结构”和“内容”3 个选项卡来设置引线及其注释属性。

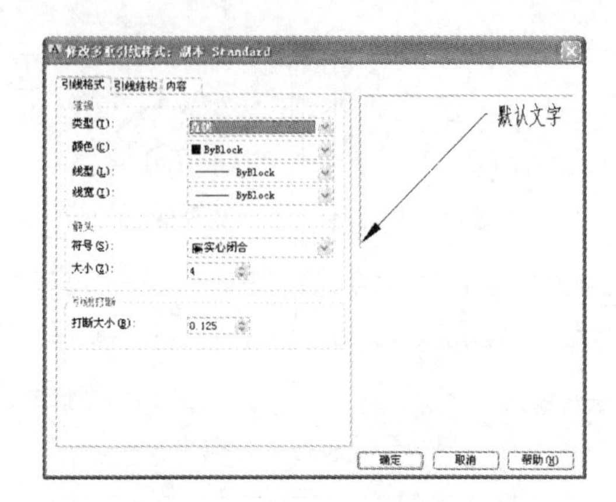

图 2-174 “修改多重引线样式”对话框

2.13 本章小结

本章通过理论及实例，对基本二维图形的绘制以及尺寸标注进行了讲解，二维图形的绘制是所有的 CAD 图形绘制的基础，通过对二维图形的编辑、深入刻画，便能设计出任何复杂的建筑、室内的施工图纸。为了更加全面地了解各种标注类型，本章使用部分机械图纸进行讲解。因为机械图纸所使用的标注类型更加全面、更加复杂。深刻理解本章的知识后，读者将对图形标注有一个更加清晰的认识，对于室内设计以及建筑设计图纸标注也将掌握得易如反掌。

第3章 绘制常见建筑与装饰图块

◈内容摘要◈

绘制基本的建筑与装饰图形及图块，可以将各个简单的建筑图形保存为图块，以便在绘制大型建筑图形时进行调用，从而快速完成图形的绘制，本章主要通过多个基本建筑与装饰图形图块的绘制，掌握各种绘图及编辑命令的使用。

◈教学目标◈

- 绘制家装常用图块
- 绘制建筑常用图块
- 绘制公装常用图块
- 绘制室外常用图块
- 绘制各种图块的立面图

3.1 建筑与装饰图块实例详解

在本节实例详解中，主要安排了常见建筑与装饰图形的绘制，其中主要包括门、窗、楼梯、厨房用具、客厅用品、卫生间洁具、卧室物品等，通过本节实例的绘制，可以掌握常见建筑及装饰图形的绘制，掌握使用各种绘图命令完成基本图形的绘制方法。

实例9 绘制台阶

案例效果

本例将绘制如图3-1所示的台阶图形，通过本实例的绘制，可以掌握台阶图形的绘制方法和直线命令并结合正交功能绘制图形的方法。

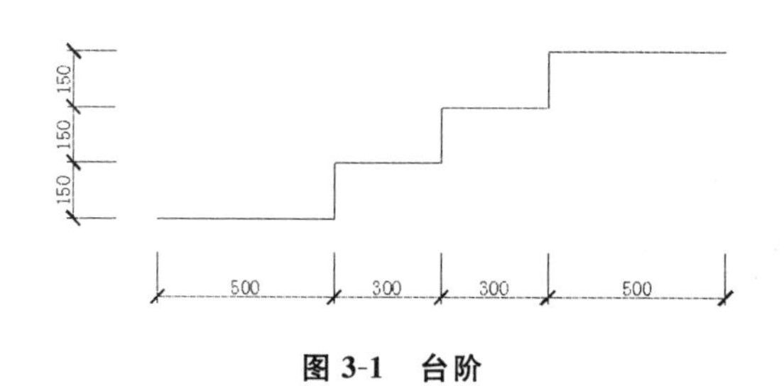

图3-1 台阶

案例步骤

在命令行输入 L，执行直线命令，利用正交功能，绘制台阶，命令行操作内容如下：

命令行	说明
命令：l LINE	执行直线命令
指定第一点：	在屏幕上拾取一点，按 F8 键打开正交功能
指定下一点或 \[放弃(U)\]：500	鼠标右移并输入直线长度，如图 3-2 所示
指定下一点或 \[放弃(U)\]：150	鼠标上移并输入直线长度，如图 3-3 所示
指定下一点或 \[闭合(C)/放弃(U)\]：300	鼠标右移并输入直线长度，如图 3-4 所示
指定下一点或 \[闭合(C)/放弃(U)\]：150	鼠标上移并输入直线长度，如图 3-5 所示
指定下一点或 \[闭合(C)/放弃(U)\]：300	鼠标右移并输入直线长度，如图 3-6 所示
指定下一点或 \[闭合(C)/放弃(U)\]：150	鼠标上移并输入直线长度，如图 3-7 所示
指定下一点或 \[闭合(C)/放弃(U)\]：500	鼠标右移并输入直线长度，如图 3-8 所示
指定下一点或 \[闭合(C)/放弃(U)\]：	按 Enter 键结束直线命令

命令执行结果如图 3-9 所示。

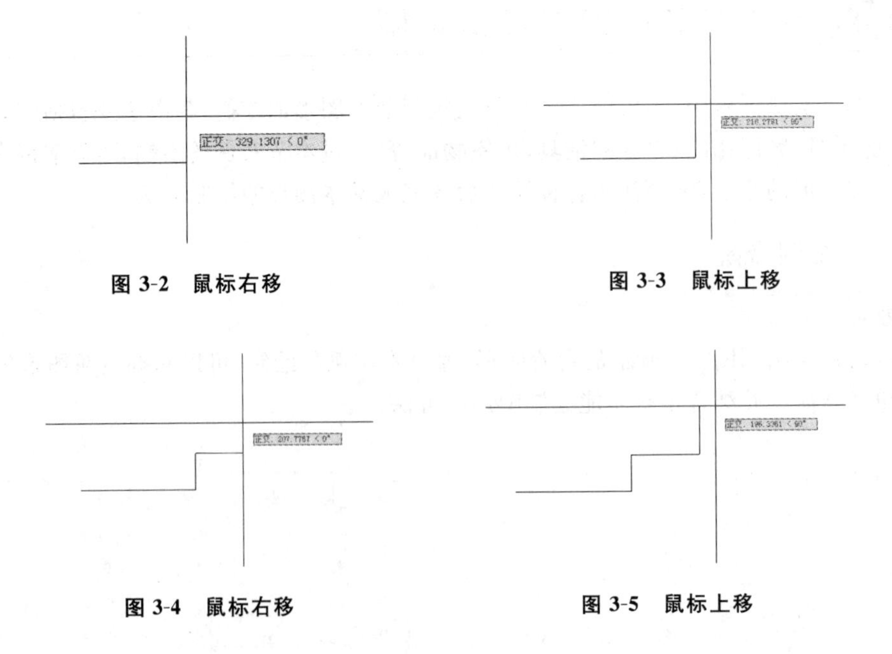

图 3-2　鼠标右移

图 3-3　鼠标上移

图 3-4　鼠标右移

图 3-5　鼠标上移

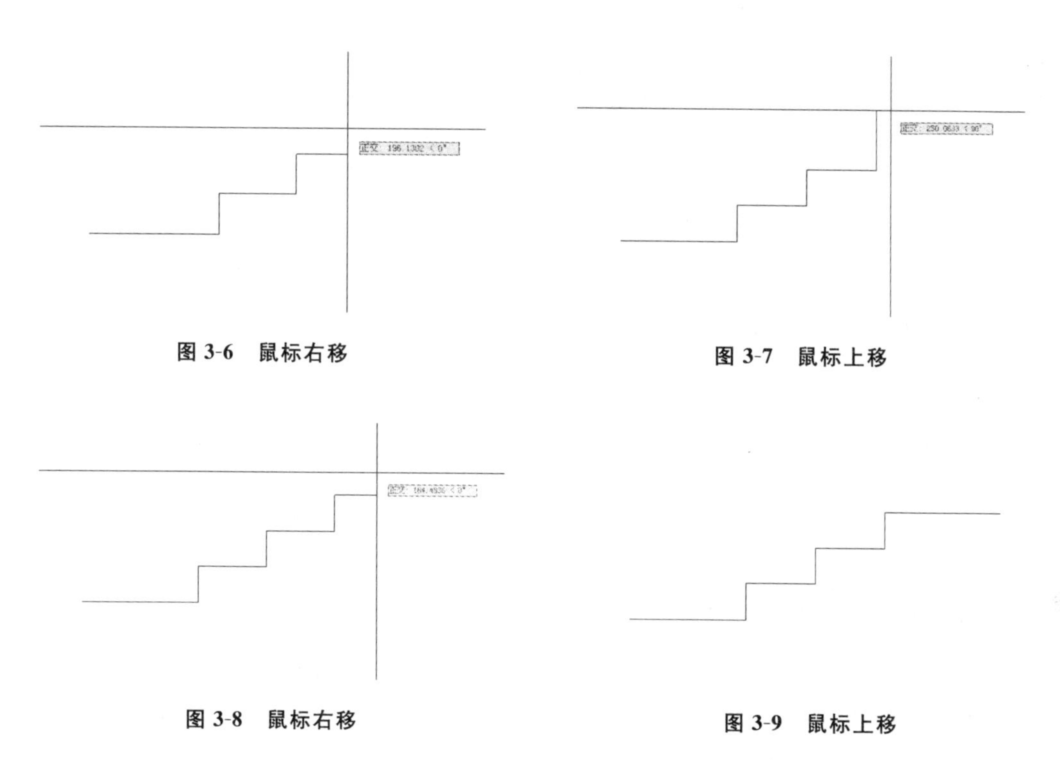

图 3-6　鼠标右移

图 3-7　鼠标上移

图 3-8　鼠标右移

图 3-9　鼠标上移

实例 10　绘制窗户平面图

案例效果

本例将绘制如图 3-10 所示的窗户平面图，通过本实例的绘制，可以掌握窗户平面图形的绘制，掌握矩形、分解命令以及偏移等命令的使用及绘制和编辑方法。

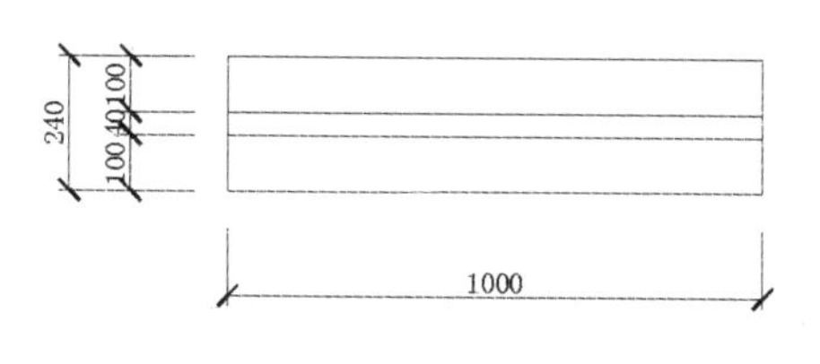

图 3-10　窗户平面

案例步骤

(1)在命令行输入 REC，执行矩形命令，绘制长度为 1000、宽度为 240 的矩形，命令行操作内容如下：

命令：rec RECTANG	执行矩形命令
指定第一个角点或\[倒角(C)/标高(E)/圆角(F)/厚度(T)/宽度(W)\]：	在屏幕上拾取一点，如图 3-11 所示
指定另一个角点或\[面积(A)/尺寸(D)/旋转(R)\]：@1000,240	指定矩形另一个角点的相对坐标

命令执行结果如图 3-12 所示。

图 3-11　指定矩形第一个角点　　　　图 3-12　绘制矩形

(2)在命令行输入 X，执行分解命令，将绘制的矩形进行分解处理。

(3)在命令行输入 O，执行偏移命令，将分解后矩形的水平线向中间进行偏移，其偏移距离为 100，命令行操作内容如下：

命令：o OFFSET	执行偏移命令
当前设置：删除源＝否　图层＝源　OFFSETGAPTYPE＝0	
指定偏移距离或 \[通过(T)/删除(E)/图层(L)\] ＜通过＞：　100	设置偏移距离
选择要偏移的对象，或 \[退出(E)/放弃(U)\] ＜退出＞：	选择偏移对象，如图 3-13 所示
指定要偏移的那一侧上的点，或 \[退出(E)/多个(M)/放弃(U)\] ＜退出＞：	指定偏移方向，如图 3-14 所示
选择要偏移的对象，或 \[退出(E)/放弃(U)\] ＜退出＞：	选择偏移对象，如图 3-15 所示
指定要偏移的那一侧上的点，或 \[退出(E)/多个(M)/放弃(U)\] ＜退出＞：	指定偏移方向，如图 3-16 所示
选择要偏移的对象，或 \[退出(E)/放弃(U)\] ＜退出＞：	按 Enter 键结束偏移命令

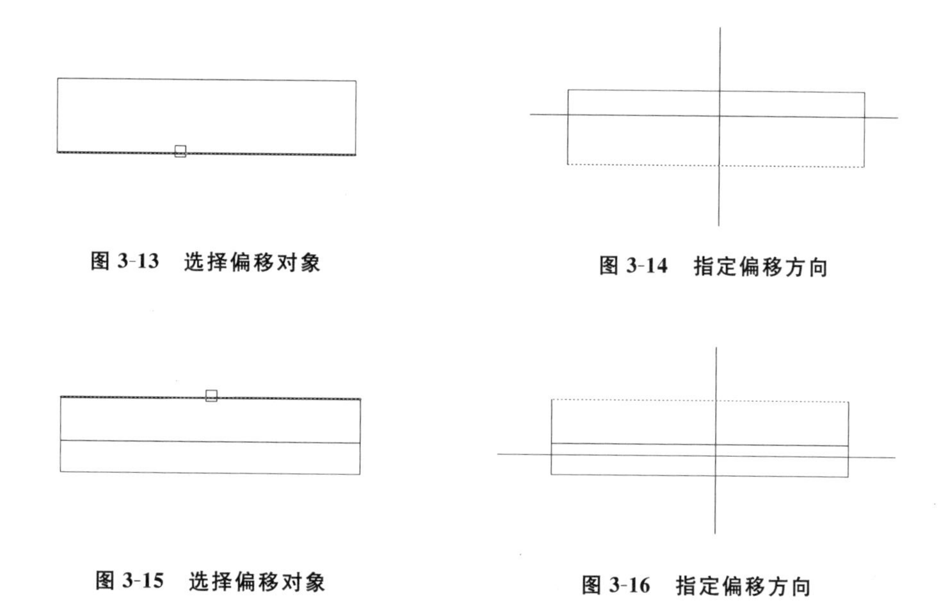

图 3-13　选择偏移对象　　图 3-14　指定偏移方向

图 3-15　选择偏移对象　　图 3-16　指定偏移方向

实例 11　绘制窗户立面图

案例效果

本例将绘制如图 3-17 所示的窗户平面图，通过本实例的绘制，可以掌握窗户立面图形的绘制，掌握矩形、分解命令以及偏移、修剪等命令的使用及绘制和编辑方法。

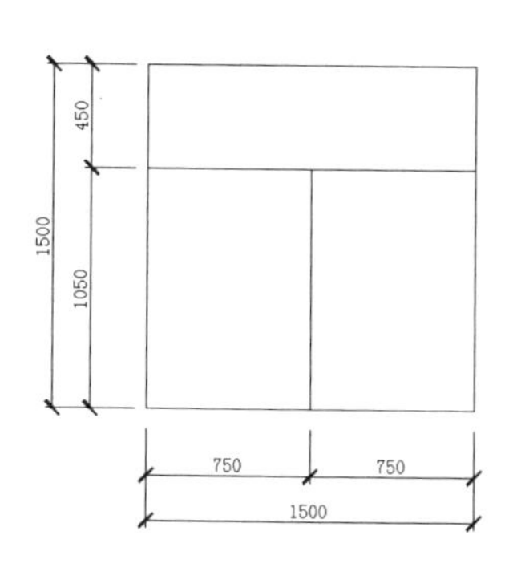

图 3-17　窗户立面

案例步骤

(1)在命令行输入 REC，执行矩形命令，绘制长度为 1500、宽度为 1500 的矩形，命令行操作内容如下：

命令行操作	说明
命令：rec RECTANG	执行矩形命令
指定第一个角点或 \[倒角(C)/标高(E)/圆角(F)/厚度(T)/宽度(W)\]：	在屏幕上拾取一点，如图 3-18 所示
指定另一个角点或 \[面积(A)/尺寸(D)/旋转(R)\]：@1500,1500	指定矩形另一个角点的相对坐标

命令执行结果如图 3-19 所示。

图 3-18 指定矩形第一个角点

图 3-19 绘制矩形

(2)在命令行输入 X,执行分解命令,将绘制的矩形进行分解处理。

(3)在命令行输入 O,执行偏移命令,将分解后矩形的顶端水平线向下进行偏移,其偏移距离为 450,命令行操作内容如下:

命令:o OFFSET	执行偏移命令
当前设置:删除源=否 图层=源 OFFSETGAPTYPE=0	
指定偏移距离或 \[通过(T)/删除(E)/图层(L)\] ＜300.0000＞: 450	设置偏移距离
选择要偏移的对象,或 \[退出(E)/放弃(U)\] ＜退出＞:	选择偏移对象,如图 3-20 所示
指定要偏移的那一侧上的点,或 \[退出(E)/多个(M)/放弃(U)\] ＜退出＞:	指定偏移方向,如图 3-21 所示
选择要偏移的对象,或 \[退出(E)/放弃(U)\] ＜退出＞:	按 Enter 键结束偏移命令

命令执行结果如图 3-22 所示。

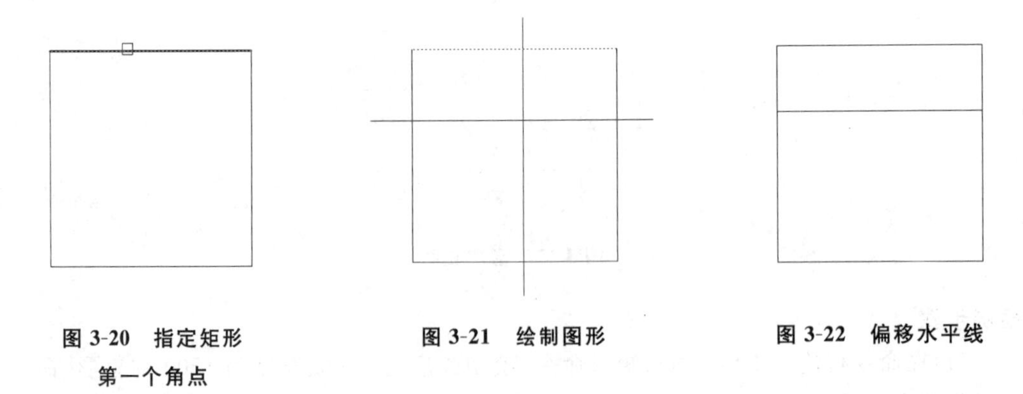

图 3-20 指定矩形第一个角点

图 3-21 绘制图形

图 3-22 偏移水平线

(4)在命令行输入 O,再次执行偏移命令,将分解后的垂直线进行偏移,其偏移所通过的点为水平线的中点,命令行操作内容如下:

命令：o OFFSET	执行偏移命令
当前设置：删除源=否　图层=源　OFFSETGAPTYPE=0	
指定偏移距离或 \[通过(T)/删除(E)/图层(L)\] <450.0000>：t	选择“通过”选项
选择要偏移的对象，或 \[退出(E)/放弃(U)\] <退出>：	选择偏移对象，如图 3-23 所示
指定通过点或 \[退出(E)/多个(M)/放弃(U)\] <退出>：	指定偏移通过点，如图 3-24 所示
选择要偏移的对象，或 \[退出(E)/放弃(U)\] <退出>：	按 Enter 键结束偏移命令

命令执行结果如图 3-25 所示。

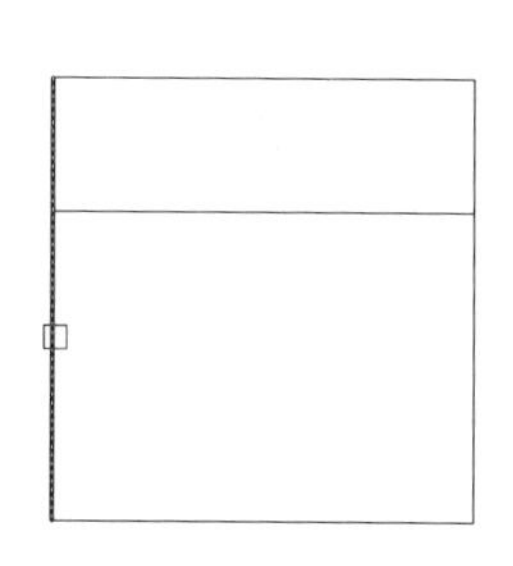

图 3-23　选择偏移对象

图 3-24　指定通过的点

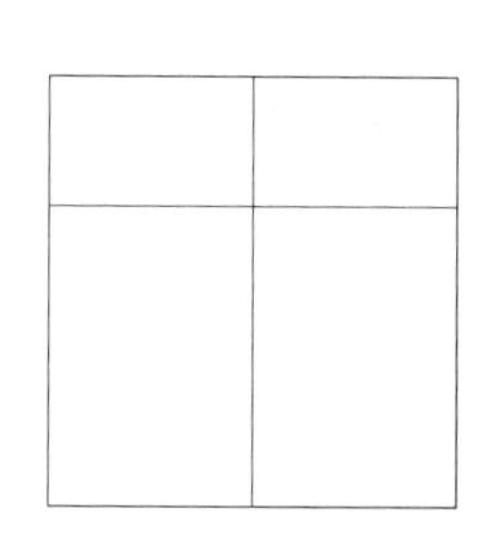

图 3-25　偏移垂直线

(5)在命令行输入 TR，执行修剪命令，将偏移后的垂直线进行修剪，命令行操作内容如下：

命令：tr TRIM	执行修剪命令
当前设置：投影=UCS，边=无	
选择剪切边...	
选择对象或 <全部选择>：	选择水平线，如图 3-26 所示
选择对象：	按 Enter 键确定对象的选择
选择要修剪的对象，或按住 Shift 键选择要延伸的对象，或 \[栏选(F)/窗交(C)/投影(P)/边(E)/删除(R)/放弃(U)\]：	选择修剪对象，如图 3-27 所示
选择要修剪的对象，或按住 Shift 键选择要延伸的对象，或 \[栏选(F)/窗交(C)/投影(P)/边(E)/删除(R)/放弃(U)\]：	按 Enter 键结束修剪命令

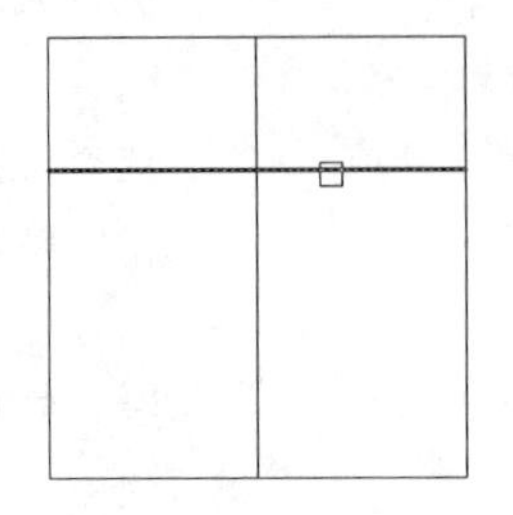

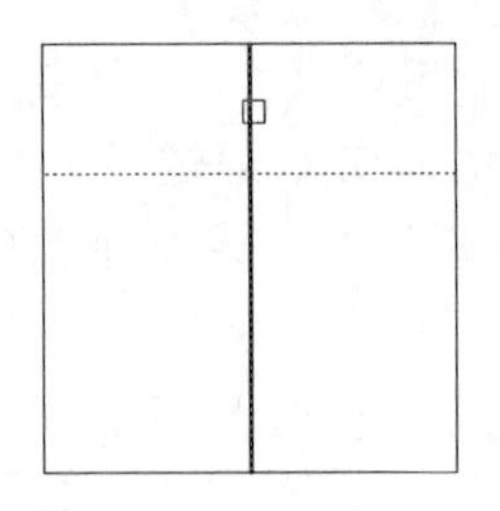

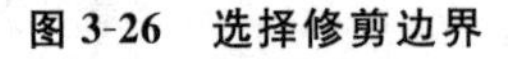

图 3-26　选择修剪边界　　　　图 3-27　选择修剪对象

实例 12　绘制平面门

案例效果

本例将绘制如图 3-28 所示的平面门图形，通过本实例的绘制，可掌握矩形、圆弧命令的使用及绘制方法，掌握平面门图形的绘制方法与相关技巧。

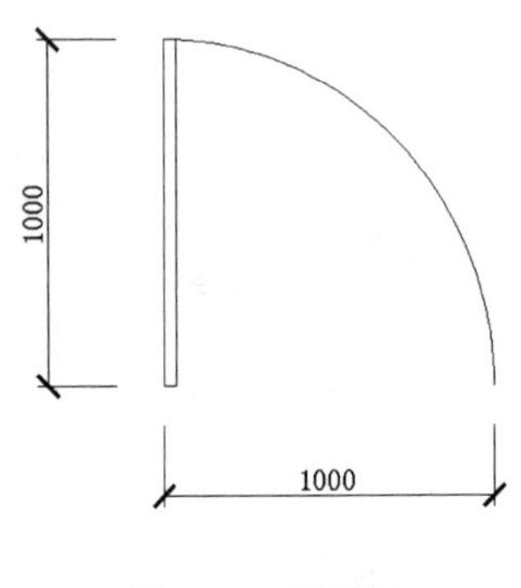

图 3-28　平面门

案例步骤

(1)在命令行输入 REC，执行矩形命令，绘制长度为 40、高度为 1000 的矩形，命令行操作内容如下：

命令：rec RECTANG	执行矩形命令
指定第一个角点或 \[倒角(C)/标高(E)/圆角(F)/厚度(T)/宽度(W)\]：	在屏幕上拾取一点，如图 3-29 所示
指定另一个角点或 \[面积(A)/尺寸(D)/旋转(R)\]：@40,1000	指定矩形另一个角点

命令执行结果如图 3-30 所示。

(2)在命令行输入 A，执行圆弧命令，以矩形左下端点为圆弧的圆心，绘制圆弧，命令行操作内容如下：

图 3-29　指定矩形第一个角点　　　　图 3-30　绘制矩形

命令：a ARC	执行圆弧命令
指定圆弧的起点或 \[圆心(C)\]：c	选择“圆心”选项
指定圆弧的圆心：	捕捉矩形左下端点，如图 3-31 所示
指定圆弧的起点：	捕捉矩形左上端点，如图 3-32 所示
指定圆弧的端点或 \[角度(A)/弦长(L)\]：a	选择“角度”选项
指定包含角：－90	指定圆弧角度

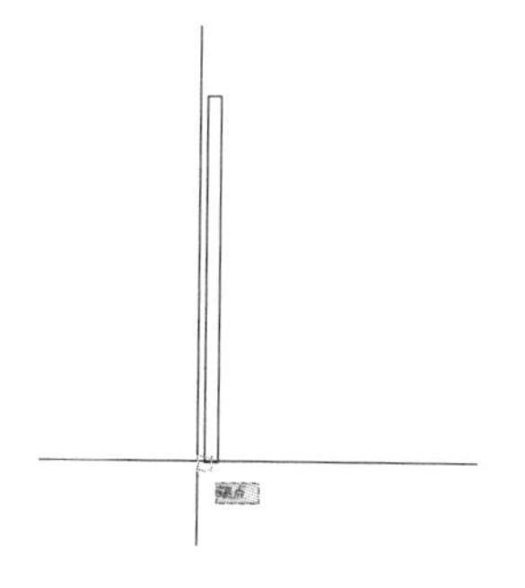

图 3-31　指定圆弧圆心

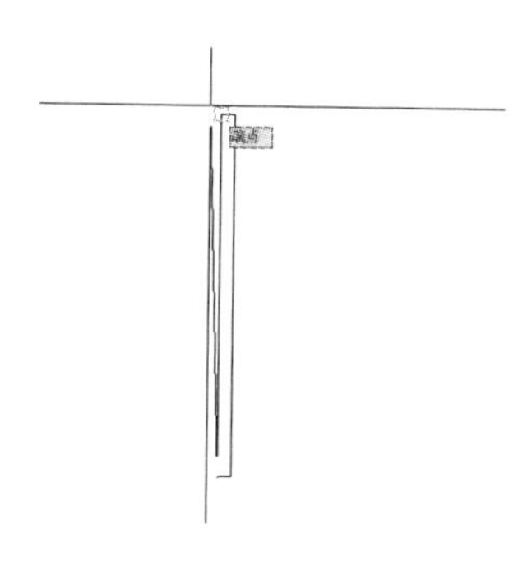

图 3-32　指定圆弧起点

实例 13　绘制立面门

案例效果

本例将绘制如图 3-33 所示的立面门图形，通过本实例的绘制，可掌握矩形、对象捕捉、对象追踪以及圆等命令的使用，以及绘图的相关技巧等。

案例步骤

(1)在命令行输入 REC，执行矩形命令，绘制长度为 1000、高度为 2100 的矩形，命令行操作内容如下：

命令：rec RECTANG	执行矩形命令
指定第一个角点或 \[倒角(C)/标高(E)/圆角(F)/厚度(T)/宽度(W)\]：	在屏幕上拾取一点，如图 3-34 所示
指定另一个角点或 \[面积(A)/尺寸(D)/旋转(R)\]：@1000,2100	指定矩形另一个角点

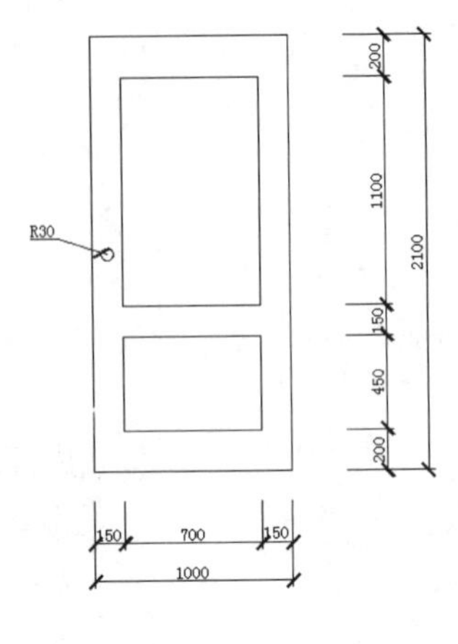

图 3-33　立面门

命令执行结果如图 3-35 所示。

图 3-34　指定矩形第一个角点

图 3-35　绘制矩形

(2)在命令行输入 REC,执行矩形命令,绘制长度为 700、高度为 450 的矩形,命令行操作内容如下:

命令行	说明
命令：rec RECTANG	执行矩形命令
指定第一个角点或 \[倒角(C)/标高(E)/圆角(F)/厚度(T)/宽度(W)\]：from	选择“捕捉自”捕捉选项
基点：	捕捉矩形端点,如图 3-36 所示
<偏移>：@150,200	指定矩形第一个角点
指定另一个角点或 \[面积(A)/尺寸(D)/旋转(R)\]：@700,450	指定矩形另一个角点

命令执行结果如图 3-37 所示。

(3)在命令行输入 REC,执行矩形命令,绘制长度为 700、高度为 1100 的矩形,命令行操作内容如下:

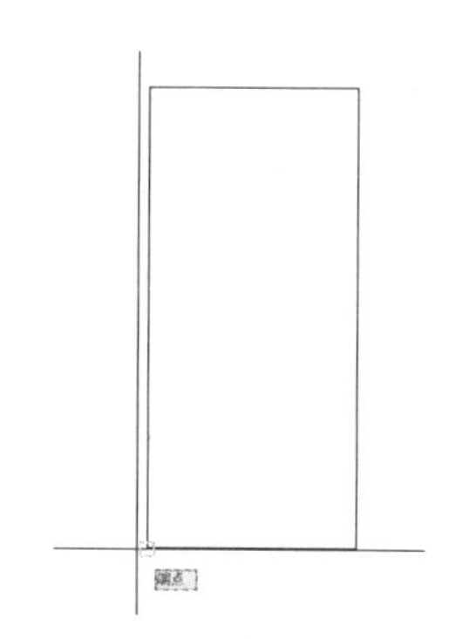

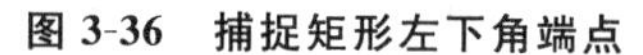

图 3-36 捕捉矩形左下角端点

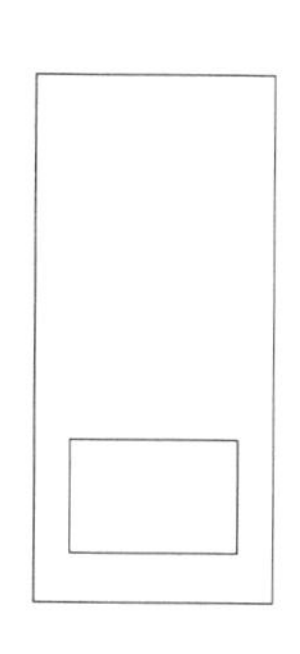

图 3-37 绘制矩形

命令行操作	说明
命令：rec RECTANG	执行矩形命令
指定第一个角点或 \[倒角(C)/标高(E)/圆角(F)/厚度(T)/宽度(W)\]：from	选择“捕捉自”捕捉选项
基点：	捕捉矩形端点，如图 3-38 所示
＜偏移＞：@0,150	指定矩形第一个角点
指定另一个角点或 \[面积(A)/尺寸(D)/旋转(R)\]：@700,1100	指定矩形另一个角点

命令执行结果如图 3-39 所示。

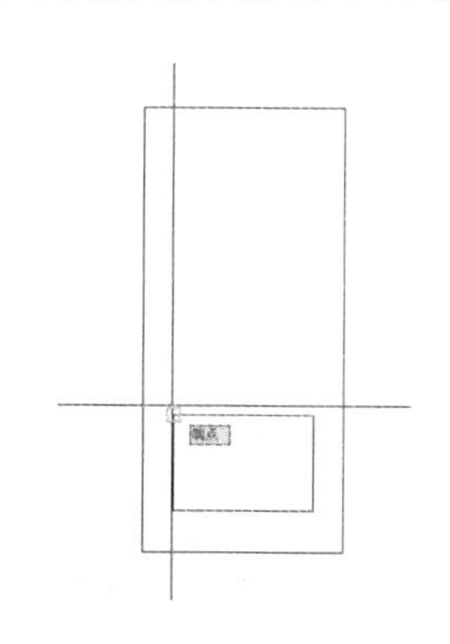

图 3-38 捕捉矩形左上角端点

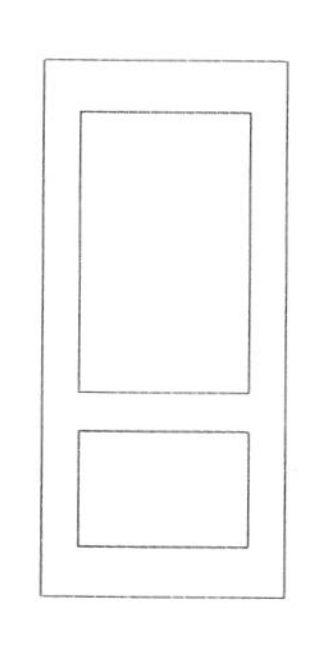

图 3-39 绘制图形

(4)在命令行输入 C，执行圆命令，绘制半径为 30 的圆，命令行操作内容如下：

命令行操作	说明
命令：c CIRCLE	执行圆命令
指定圆的圆心或 \[三点(3P)/两点(2P)/切点、切点、半径(T)\]：75	捕捉对象追踪线，如图 3-40 所示
指定圆的半径或 \[直径(D)\]：30	指定圆的半径

命令执行结果如图 3-41 所示。

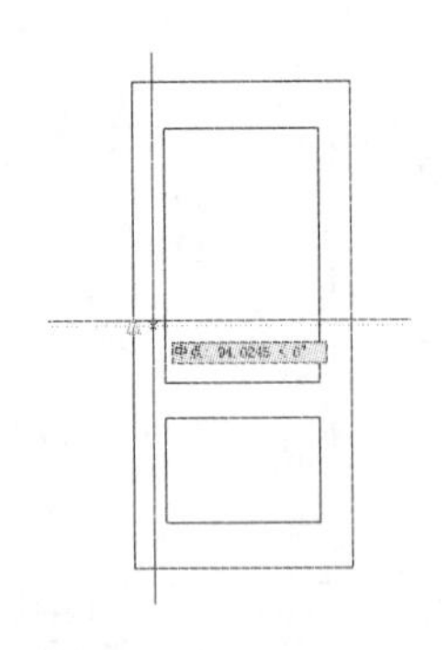

图 3-40　指定圆的圆心

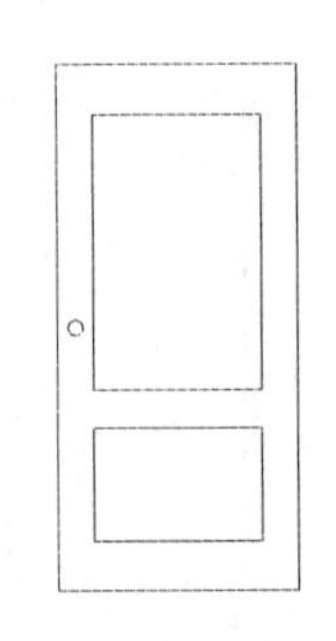

图 3-41　立面门

实例 14　绘制楼梯立面

案例效果

本例将绘制如图 3-42 所示的楼梯立面图形，通过本实例的绘制，可掌握直线命令的绘制，掌握阵列以及对象追踪等命令的使用等。

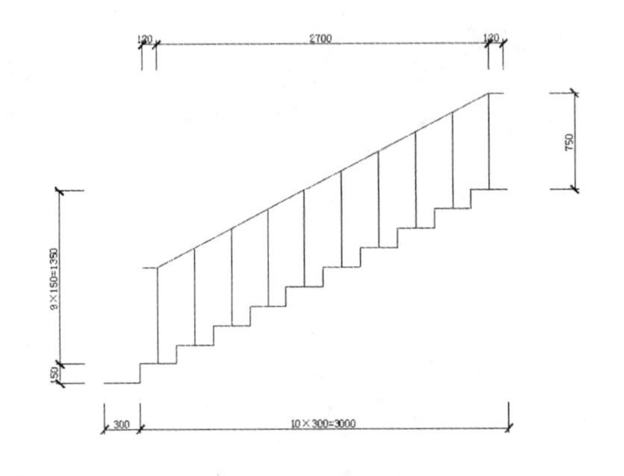

图 3-42　楼梯立面

案例步骤

（1）在命令行输入 L，执行直线命令，绘制楼梯立面轮廓，命令行操作内容如下：

命令：l LINE	执行直线命令
指定第一点：	在屏幕上拾取一点，指定直线起点
指定下一点或 [放弃(U)]：300	鼠标右移并输入长度，如图 3-43 所示
指定下一点或 [放弃(U)]：150	鼠标上移并输入长度，如图 3-44 所示
指定下一点或 [闭合(C)/放弃(U)]：300	鼠标右移并输入长度，如图 3-45 所示
指定下一点或 [闭合(C)/放弃(U)]：	按 Enter 键结束直线命令

（2）在命令行输入 L，再次执行直线命令，绘制楼梯栏杆扶手立柱，命令行操作内容如下：

命令：l LINE	执行直线命令
指定第一点：	捕捉水平线中点，如图 3-46 所示
指定下一点或 \[放弃(U)\]：750	鼠标上移并输入长度，如图 3-47 所示
指定下一点或 \[放弃(U)\]：	按 Enter 键结束直线命令

命令执行结果如图 3-48 所示。

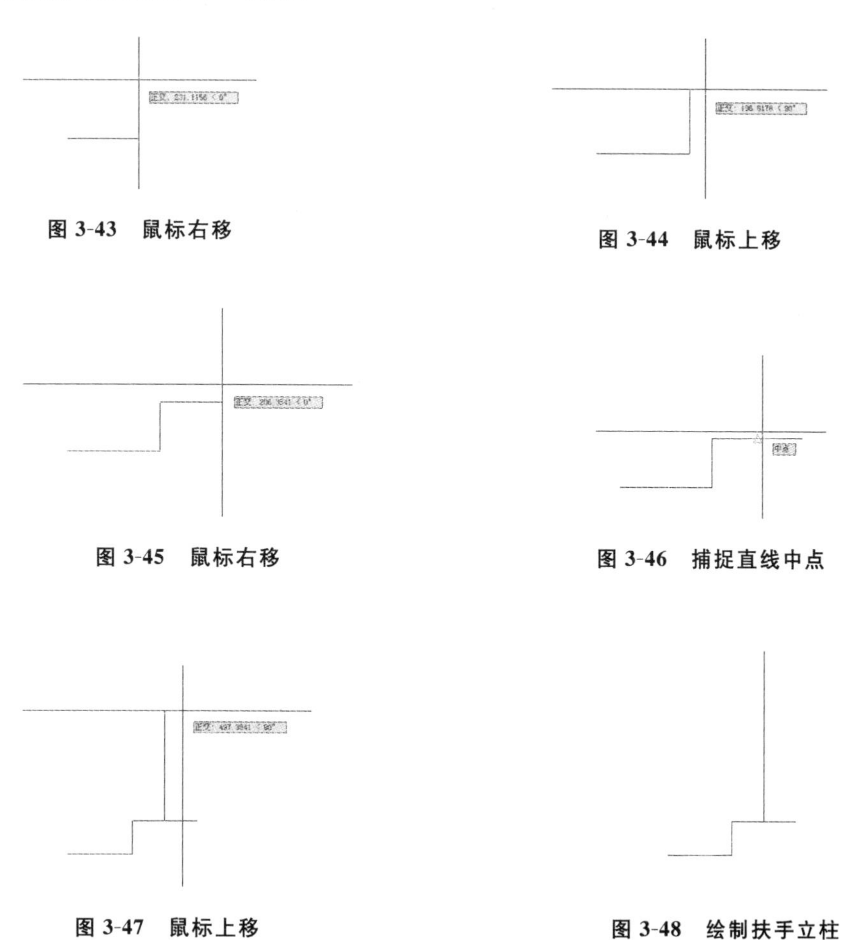

图 3-43　鼠标右移

图 3-44　鼠标上移

图 3-45　鼠标右移

图 3-46　捕捉直线中点

图 3-47　鼠标上移

图 3-48　绘制扶手立柱

(3)在命令行输入 ARRAYCLASSIC，执行阵列命令，打开如图 3-49 所示的“阵列”对话框。

(4)将“列数”选项设置为 10，单击“选择对象”按钮，进入绘图区，选择阵列对象。

(5)在命令行提示“选择对象：”后选择除了左下角水平直线外的所有线条，如图 3-50 所示，按 Enter 键返回“阵列”对话框。

提示

在 AutoCAD 2014 中，执行 AR(阵列)命令并不能弹出“阵列”对话框，而是根据命令行的提示，选择相应的选项进行阵列。若需要弹出“阵列”对话框，可以在命令行中输入 ARRAYCLASSIC，就可以弹出“阵列”对话框了。本书中对两种方法均有讲述，在后面的章节中，此操作不再进行提示。

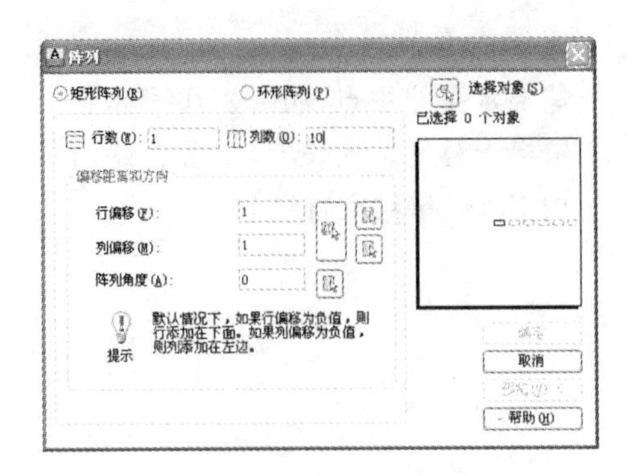

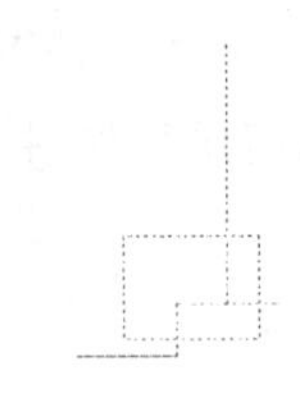

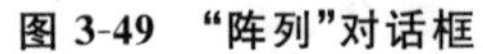
图 3-49 “阵列”对话框

图 3-50 选择阵列对象

(6)在“阵列”对话框中单击“拾取列偏移”按钮，如图 3-51 所示，进入绘图区，在绘图区中指定列偏移距离。

(7)在命令行提示“指定列间距：”后捕捉直线的端点，指定阵列列偏移的第一点，如图 3-52 所示。

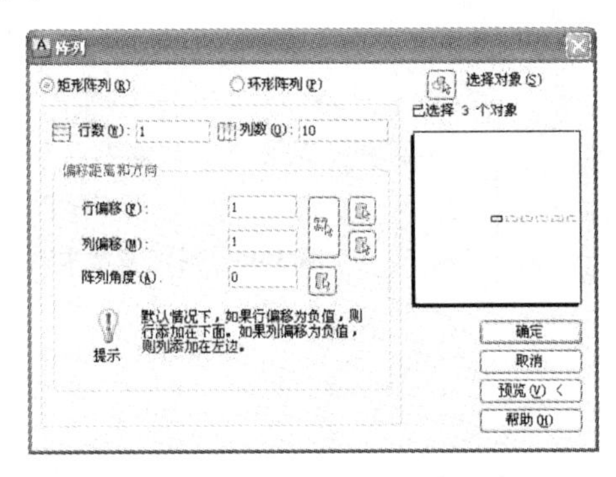

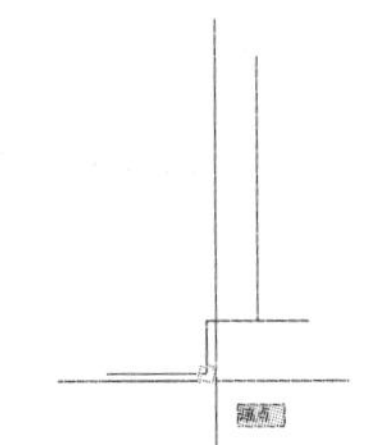

图 3-51 “阵列”对话框

图 3-52 选择列偏移的第一点

(8)在命令行提示“第二点：”后捕捉直线的端点，如图 3-53 所示，在指定阵列列偏移的第二点后返回“阵列”对话框。

(9)在“阵列”对话框中单击“阵列角度”后的“拾取阵列的角度”按钮，进入绘图区指定阵列角度，如图 3-54 所示。

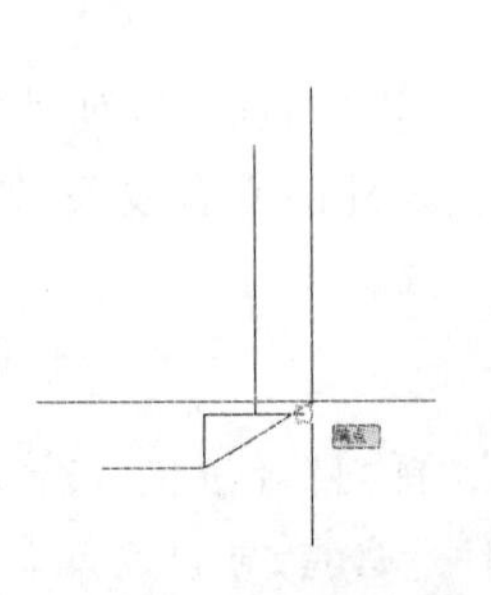

图 3-53 选择列偏移的第二点

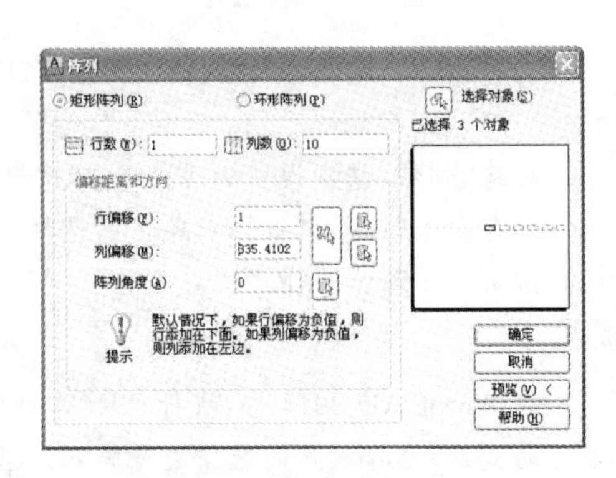

图 3-54 “阵列”对话框

(10)在命令行提示“指定阵列角度:”后捕捉直线的端点,指定阵列角度的第一点,如图 3-55 所示。

(11)在命令行提示“指定第二点:”后捕捉直线的端点,指定阵列角度的第二点,如图 3-56 所示。

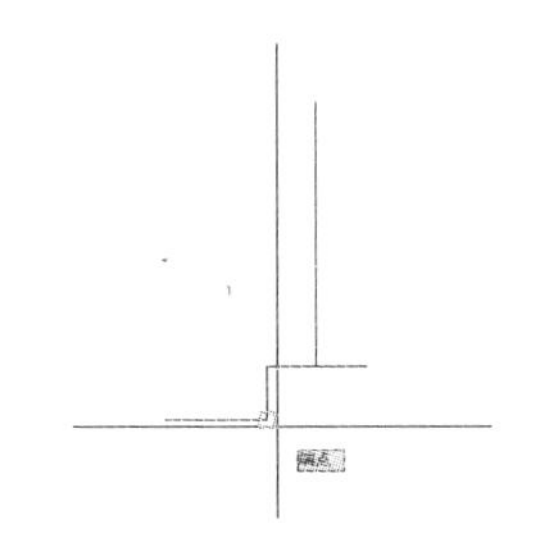

图 3-55　指定阵列角度的第一点

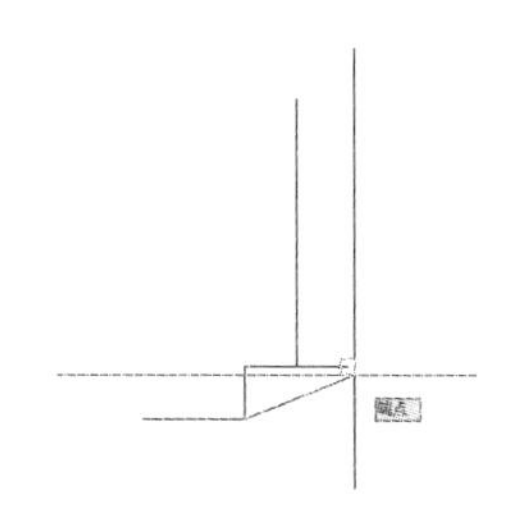

图 3-56　指定阵列角度的第二点

(12)在“阵列”对话框中单击“确定”按钮,对图形进行阵列复制,如图 3-57 所示。

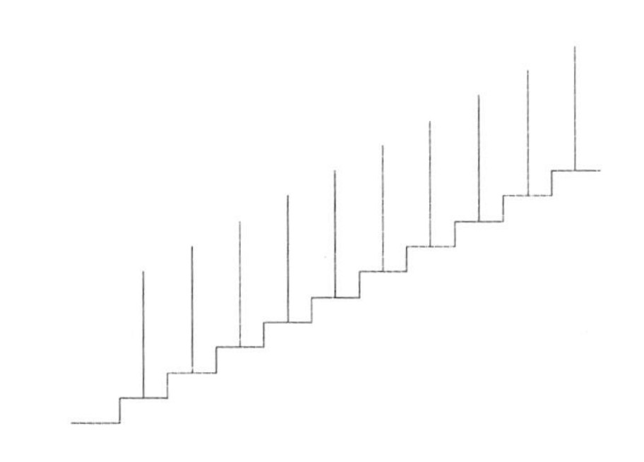

图 3-57　阵列复制图形

(13)在命令行输入 L,执行直线命令,绘制楼梯扶手,命令行操作内容如下:

命令:l LINE	执行直线命令
指定第一点:120	捕捉对象追踪线,如图 3-58 所示
指定下一点或 \[放弃(U)\]:	捕捉垂直线端点,如图 3-59 所示
指定下一点或 \[放弃(U)\]:	捕捉垂直线端点,如图 3-60 所示
指定下一点或 \[闭合(C)/放弃(U)\]:120	捕捉对象追踪线,如图 3-61 所示
指定下一点或 \[闭合(C)/放弃(U)\]:	按 Enter 键结束直线命令

命令执行结果如图 3-62 所示。

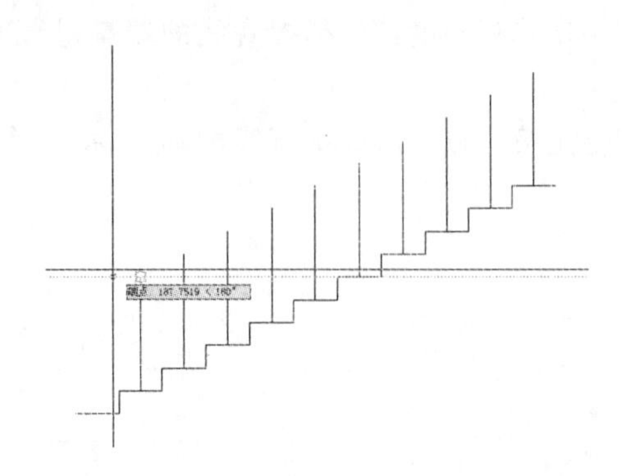

图 3-58　捕捉对象追踪线

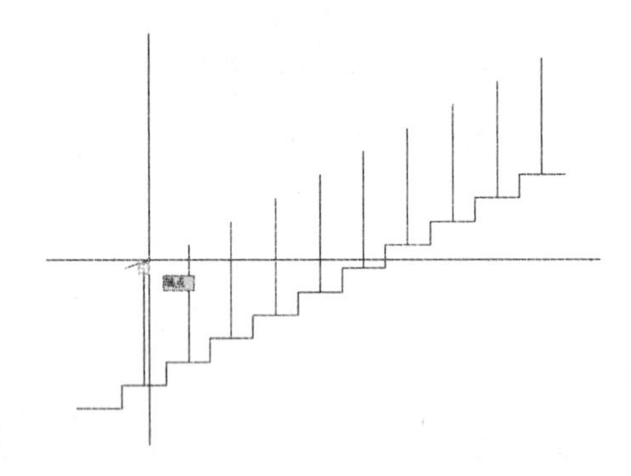

图 3-59　捕捉垂直线端点

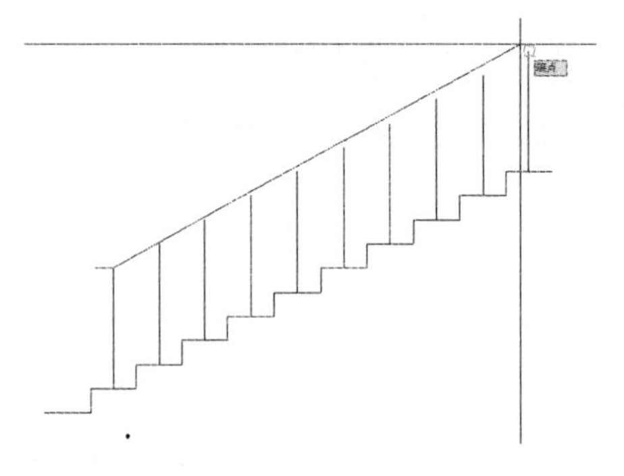

图 3-60　捕捉垂直线端点

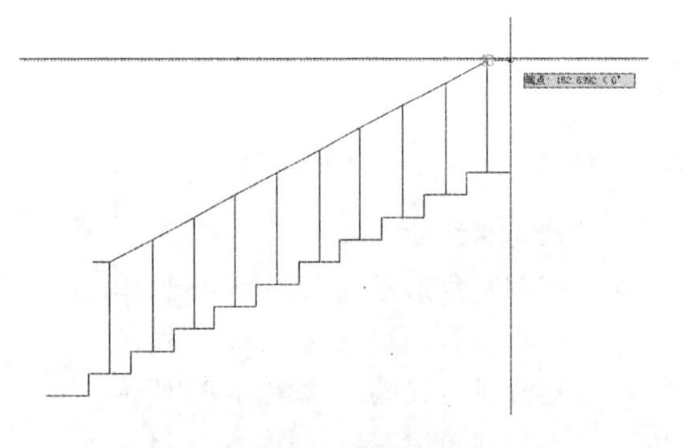

图 3-61　捕捉对象追踪线

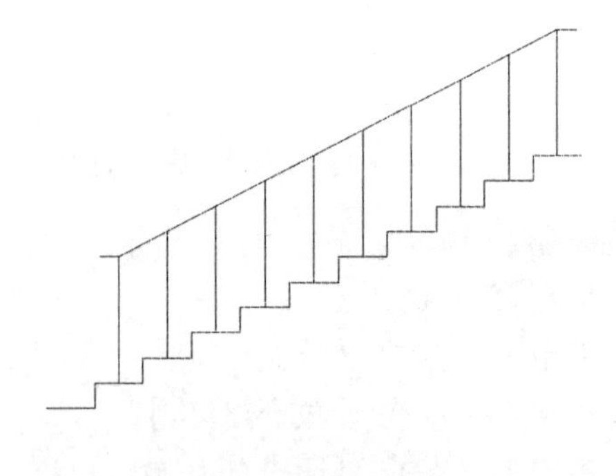

图 3-62　楼梯立面图形

实例 15　绘制楼梯平面

案例效果

本例将绘制如图 3-63 所示的楼梯平面图形，通过本实例的绘制，可掌握矩形、直线、阵列、镜像等绘图及编辑命令的使用。

案例步骤

(1)单击“快速访问”工具栏中的“打开”按钮，打开附赠光盘中的楼梯墙线图形文件。

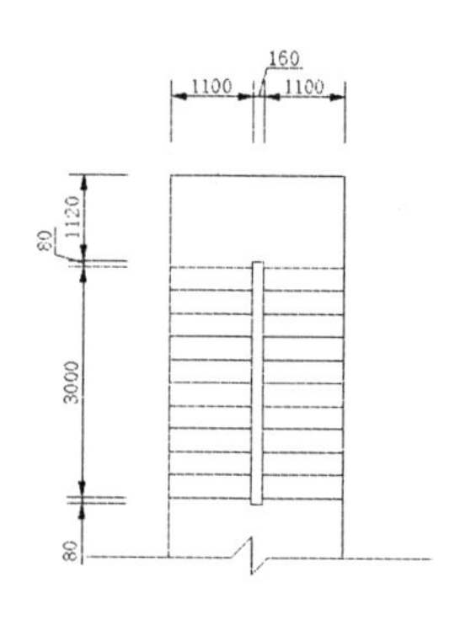

图 3-63　楼梯平面

(2)在命令行输入 L,执行直线命令,绘制楼梯踏步直线,命令行操作内容如下:

命令:l LINE	执行直线命令
指定第一点:from	选择“捕捉自”捕捉选项
基点:	选择“捕捉自”捕捉选项
<偏移>:@0,−1200	捕捉直线端点,如图 3-64 所示
指定下一点或 \[放弃(U)\]:1100	指定起点并按 F8 键打开“正交”功能
指定下一点或 \[放弃(U)\]:	鼠标右移并输入长度,如图 3-65 所示

命令执行结果如图 3-66 所示。

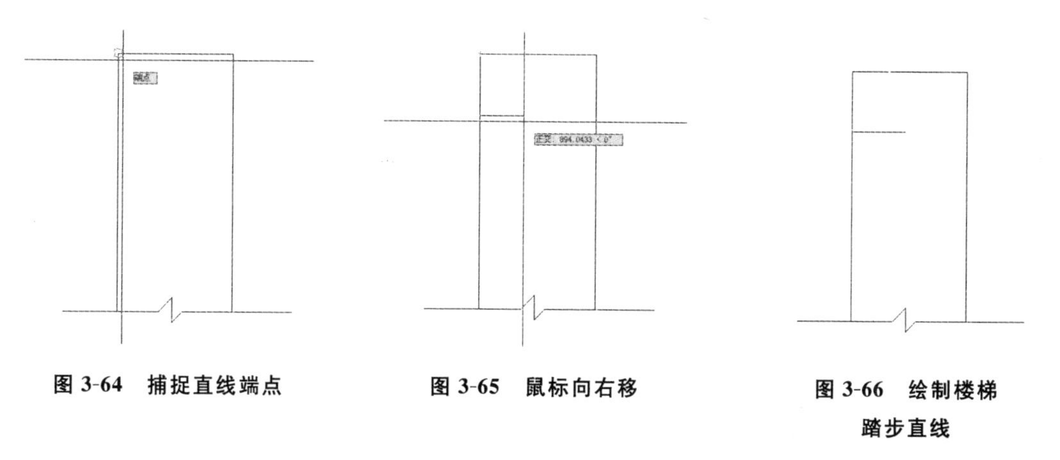

图 3-64　捕捉直线端点

图 3-65　鼠标向右移

图 3-66　绘制楼梯踏步直线

(3)在命令行输入 MI,执行镜像命令,将绘制的直线进行镜像复制,命令行操作内容如下:

命令：mi MIRROR	执行镜像命令
选择对象：	选择镜像对象，如图 3-67 所示
选择对象：	按 Enter 键确定镜像对象的选择
指定镜像线的第一点：	捕捉直线中点，如图 3-68 所示
指定镜像线的第二点：	鼠标下移并拾取一点，如图 3-69 所示
要删除源对象吗？[是(Y)/否(N)] <N>：	不删除源图形对象

命令执行结果如图 3-70 所示。

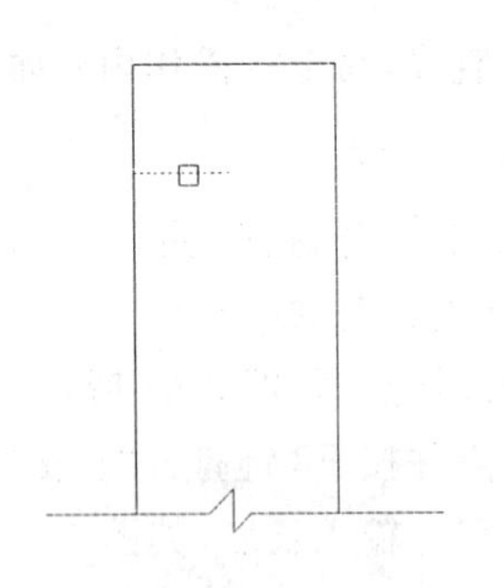

图 3-67　选择镜像对象

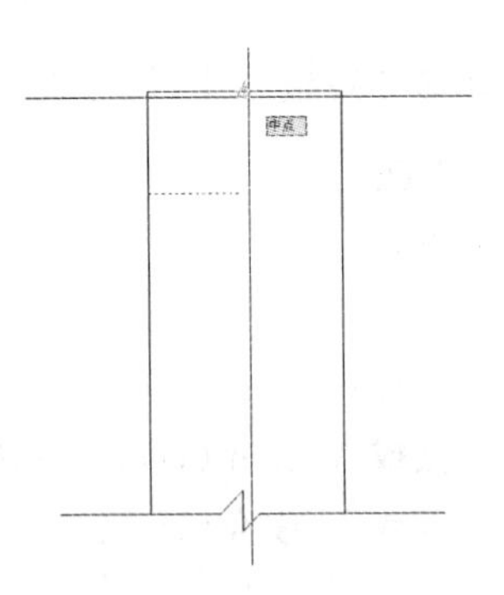

图 3-68　捕捉直线中点

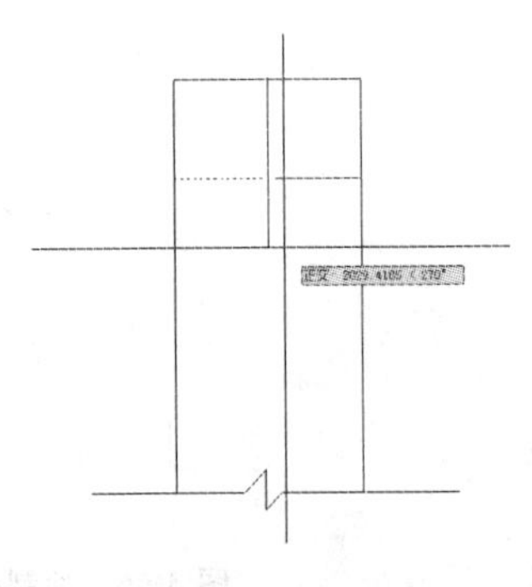

图 3-69　指定镜像线的第二点

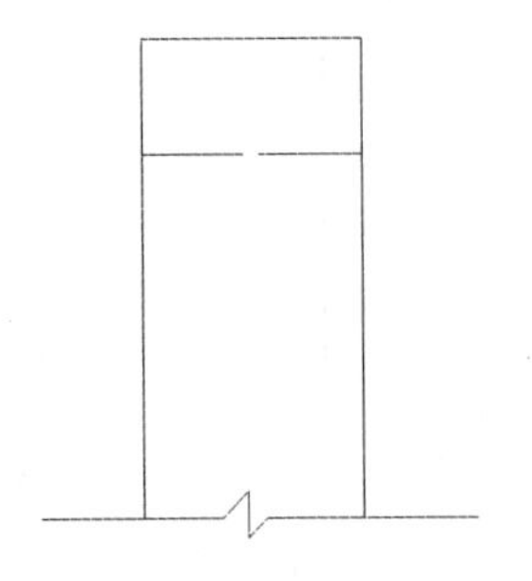

图 3-70　镜像复制直线

(4)在命令行输入 ARRAYCLASSIC，执行阵列命令，打开"阵列"对话框，将"行数"设置为 11，"行偏移"选项设置为－300，如图 3-71 所示。

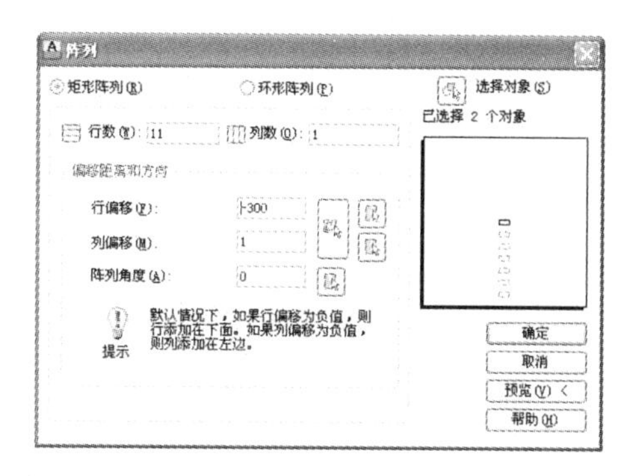

图 3-71 “阵列”对话框

(5)单击“选择对象”按钮，进入绘图区，选择绘制的两条直线，按 Enter 键返回“阵列”对话框。

(6)单击“确定”按钮，返回绘图区，完成对直线的阵列操作，如图 3-72 所示。

(7)在命令行输入 REC，执行矩形命令，绘制楼梯扶手，命令行操作内容如下：

命令：rec RECTANG	执行矩形命令
指定第一个角点或 \[倒角(C)/标高(E)/圆角(F)/厚度(T)/宽度(W)\]：80	捕捉对象追踪线并输入距离，如图 3-73 所示
指定另一个角点或 \[面积(A)/尺寸(D)/旋转(R)\]：80	捕捉对象追踪线并输入距离，如图 3-74 所示

命令执行结果如图 3-75 所示。

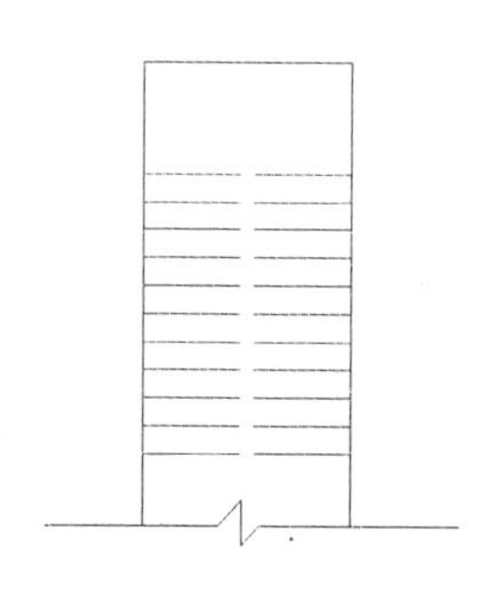

图 3-72 阵列复制图形

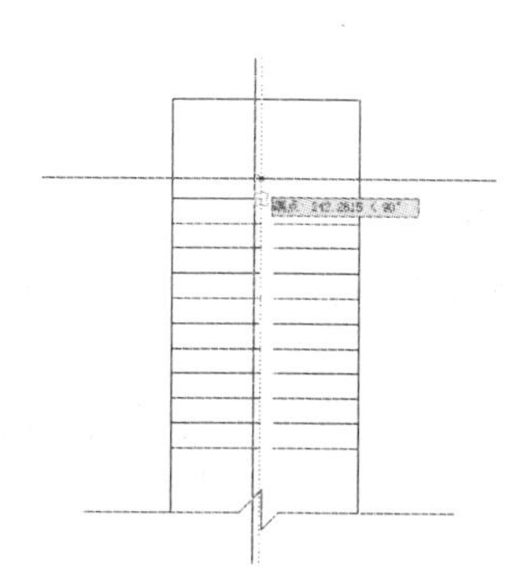

图 3-73 捕捉对象追踪线

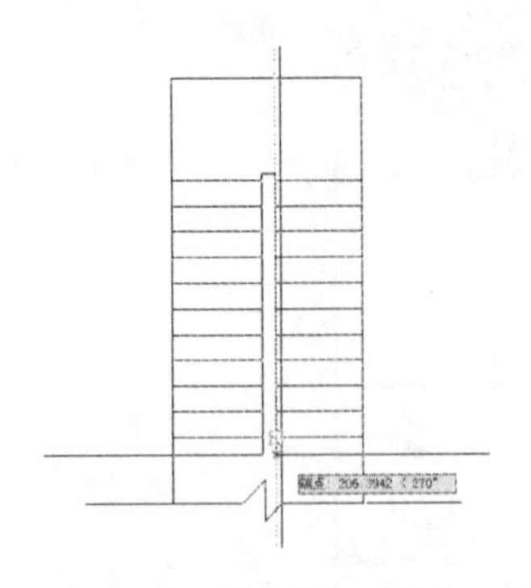

图 3-74 捕捉对象追踪线

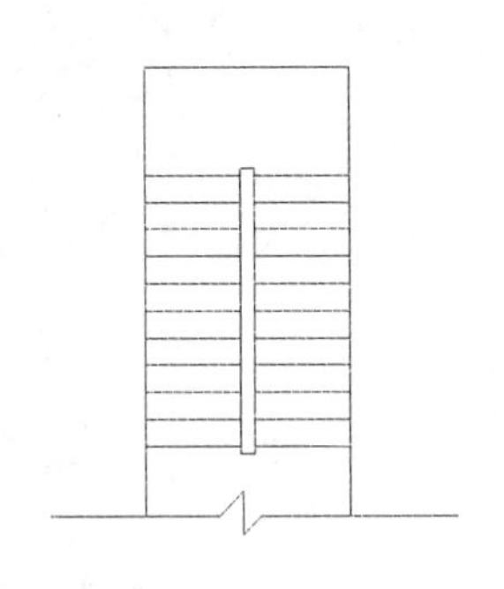

图 3-75 楼梯平面

实例 16 绘制转角楼梯

案例效果

本例将绘制如图 3-76 所示的转角楼梯图形，通过本实例的绘制，可掌握直线、阵列、镜像、多段线图形的绘制及相关编辑技巧等。

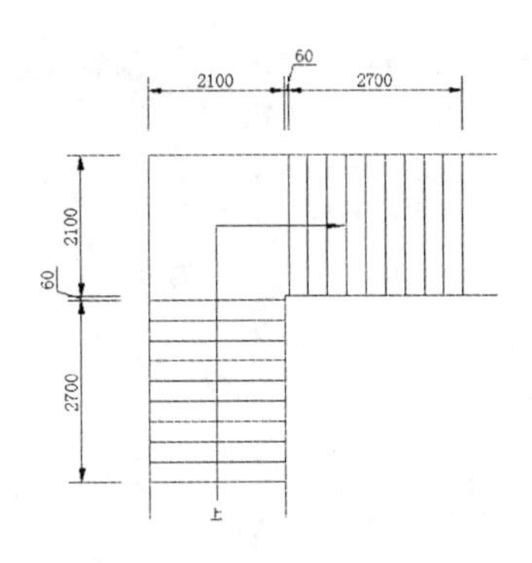

图 3-76 转角楼梯

案例步骤

(1)单击“快速访问”工具栏中的“打开”按钮，打开附赠光盘中的转角楼梯图形文件，如图 3-77 所示。

(2)在命令行输入 L，执行直线命令，先捕捉到素材图形的内角点，然后向下引导光标，输入 60，命令行操作内容如下：

命令：l LINE	执行直线命令
指定第一点：	捕捉对象追踪线，向上引导光标，输入 60，如图 3-78 所示
指定下一点或[放弃(U)]：	捕捉线条垂足点，如图 3-79 所示
指定下一点或[放弃(U)]：	按 Enter 键结束直线命令

命令执行结果如图 3-80 所示。

(3)在命令行输入 ARRAYCLASSIC，执行阵列命令，打开如图 3-81 所示的“阵列”对

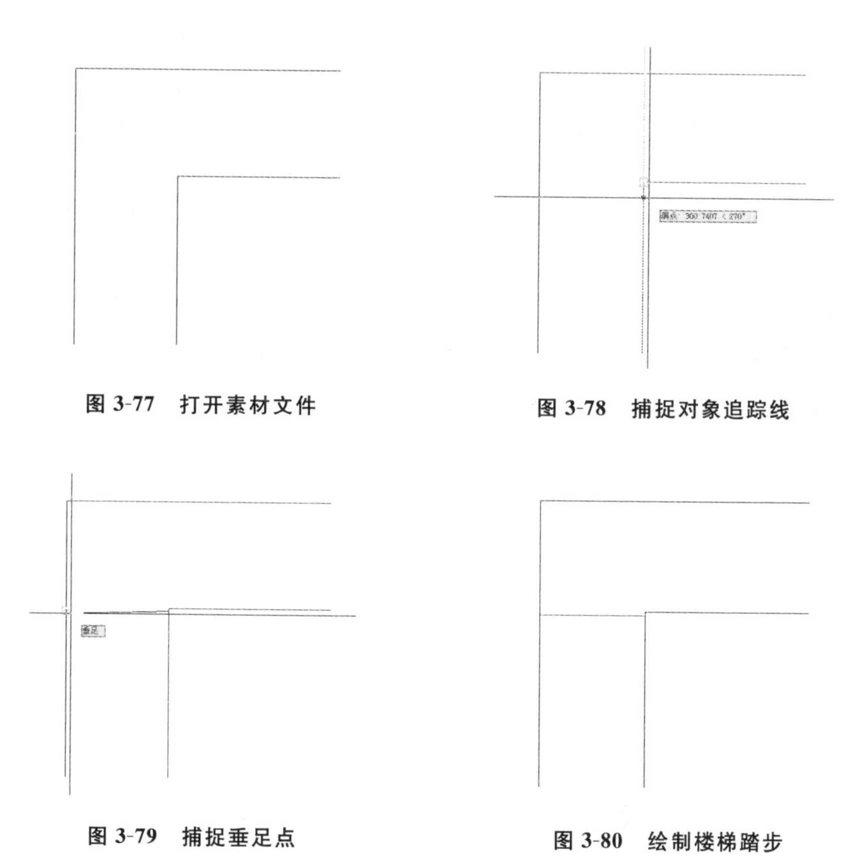

图 3-77 打开素材文件

图 3-78 捕捉对象追踪线

图 3-79 捕捉垂足点

图 3-80 绘制楼梯踏步

话框。

(4)将“行数”设置为 10,“行偏移”选项设置为－300,单击“选择对象”按钮,进入绘图区,选择绘制的直线,并按 Enter 键返回“阵列”对话框。

(5)单击“确定”按钮,对直线进行阵列操作,如图 3-82 所示。

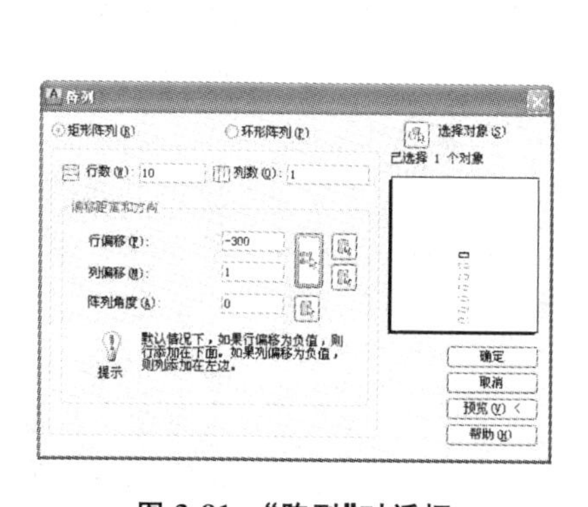

图 3-81 “阵列”对话框

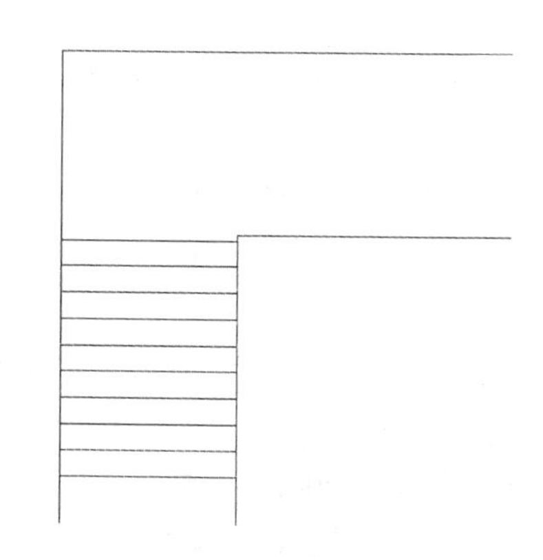

图 3-82 阵列复制直线

(6)在命令行输入 MI,执行镜像命令,将阵列复制的楼梯直线进行镜像复制,命令行操作内容如下:

命令：mi MIRROR	执行镜像命令
选择对象：	选择阵列复制的直线
选择对象：	按 Enter 键确定镜像对象的选择
指定镜像线的第一点：	捕捉直线的端点，如图 3-83 所示
指定镜像线的第二点：	捕捉直线端点，如图 3-84 所示
要删除源对象吗？\[是(Y)/否(N)\] <N>：	不删除源图形对象

命令执行结果如图 3-85 所示。

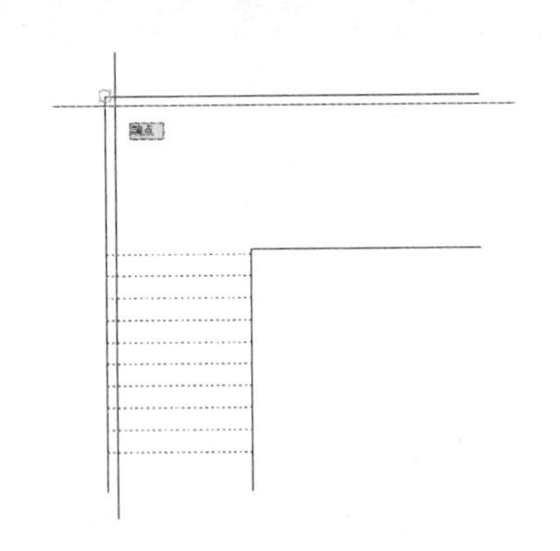
图 3-83　指定镜像线的第一点

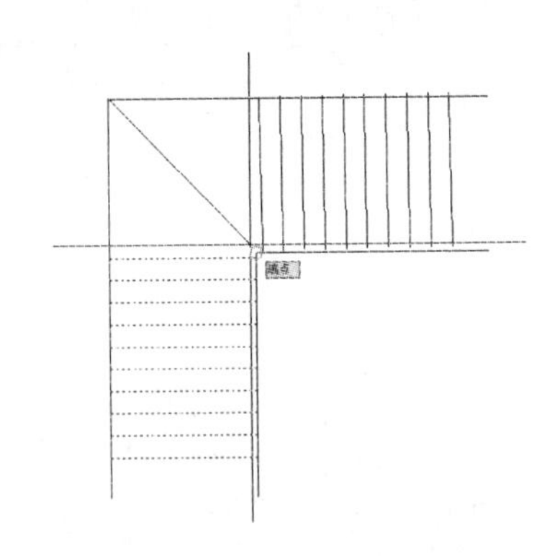
图 3-84　指定镜像线的第二点

(7)在命令行输入 PL，执行多段线命令，绘制楼梯行走方向，命令行操作内容如下：

命令：pl PLINE	执行多命令线命令
指定起点：300	捕捉对象追踪线，如图 3-86 所示
当前线宽为 0.0000	
指定下一个点或 \[圆弧(A)/半宽(H)/长度(L)/放弃(U)/宽度(W)\]：	捕捉对象追踪线的交点，如图 3-87 所示
指定下一点或 \[圆弧(A)/闭合(C)/半宽(H)/长度(L)/放弃(U)/宽度(W)\]：	捕捉直线的中点，如图 3-88 所示
指定下一点或 \[圆弧(A)/闭合(C)/半宽(H)/长度(L)/放弃(U)/宽度(W)\]：w	选择"宽度"选项
指定起点宽度 <0.0000>：50	指定起点宽度
指定端点宽度 <50.0000>：0	指定端点宽度
指定下一点或 \[圆弧(A)/闭合(C)/半宽(H)/长度(L)/放弃(U)/宽度(W)\]：260	鼠标向右移，并输入线条长度

指定下一点或 \[圆弧(A)/闭合(C)/半宽(H)/长度(L)/放弃(U)/宽度(W)\]：　　按 Enter 键结束多段线命令

命令执行结果如图 3-89 所示。

(8)在命令行输入 TEXT，执行单行文字命令，对图形进行文字标注，如图 3-90 所示。

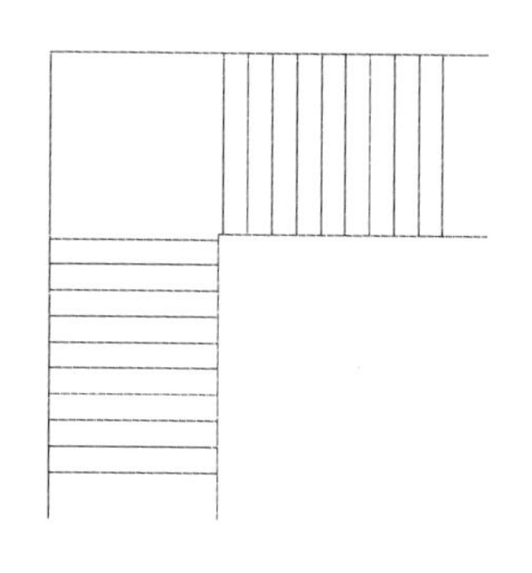

图 3-85　镜像复制图形

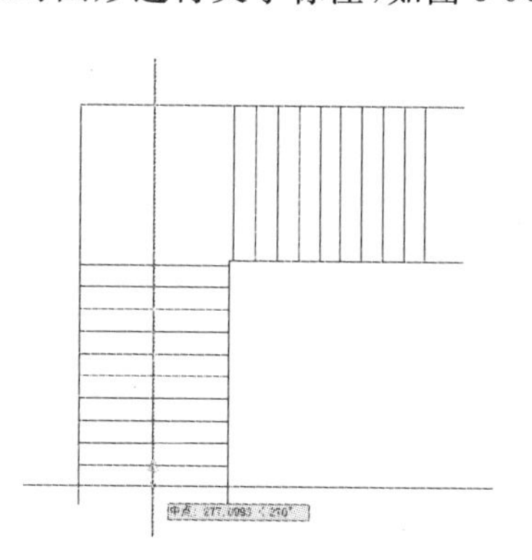

图 3-86　捕捉对象追踪线

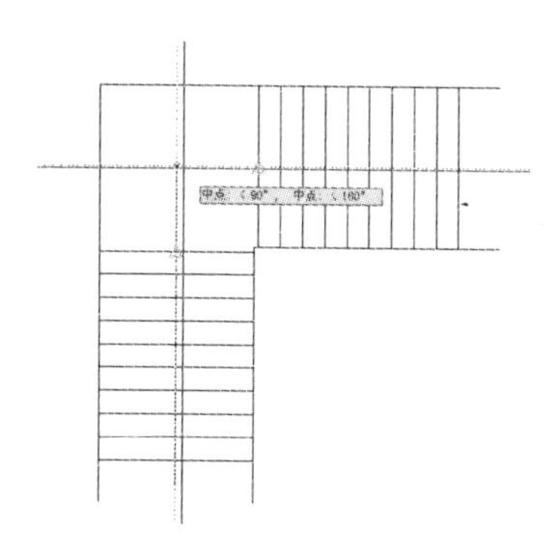

图 3-87　捕捉对象追踪线的交点

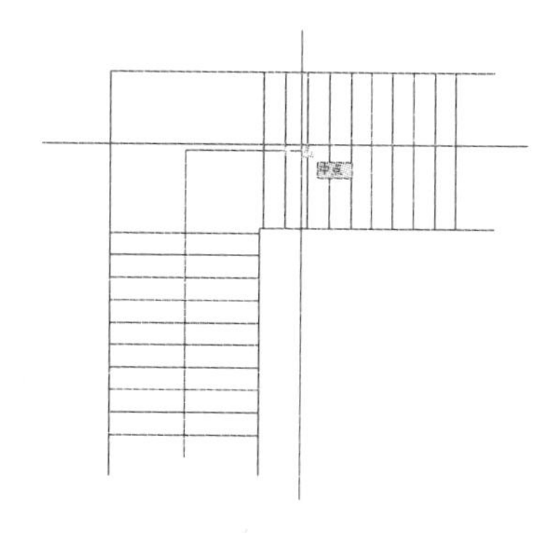

图 3-88　捕捉中点

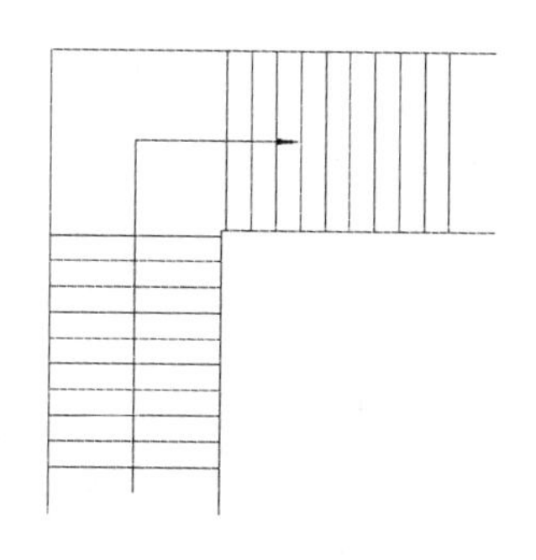

图 3-89　绘制多线段

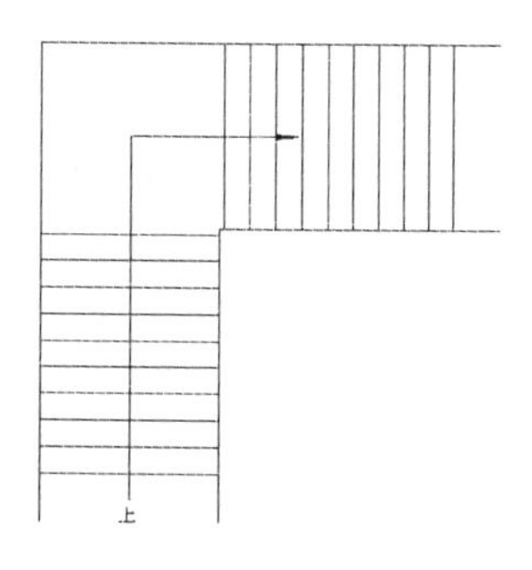

图 3-90　文字标注图形

实例 17 绘制旋转楼梯

案例效果

本例将绘制如图 3-91 所示的旋转楼梯图形，通过本实例的绘制，可掌握圆、偏移、直线、阵列以及多段线等命令的绘制及编辑技巧。

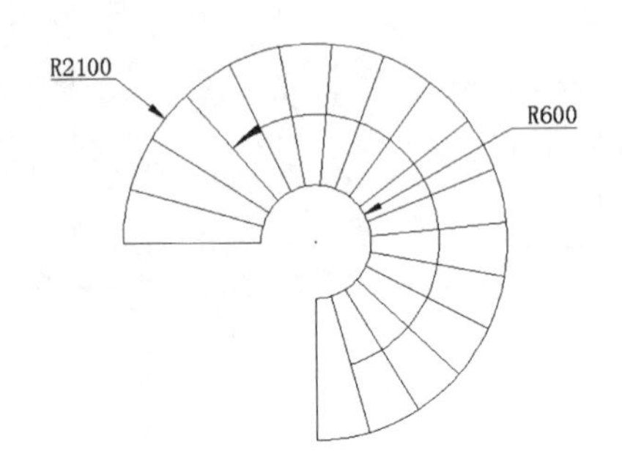

图 3-91 旋转楼梯

案例步骤

(1)在命令行输入 C，执行圆命令，绘制半径为 2100 的圆，如图 3-92 所示。

(2)在命令行输入 O，执行偏移命令，将绘制的圆向内进行偏移，其偏移距离为 1500，如图 3-93 所示。

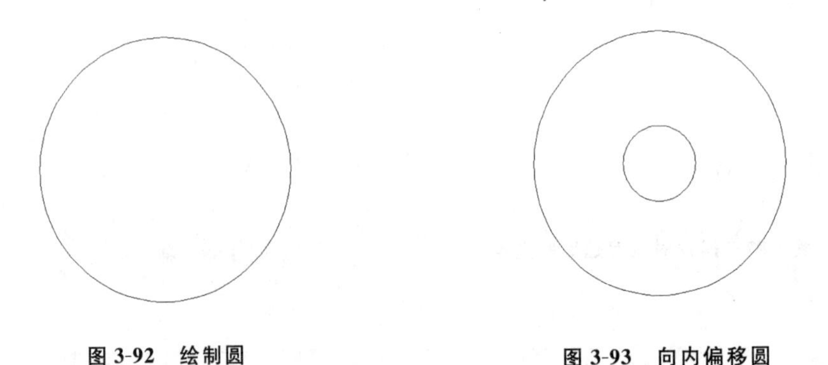

图 3-92 绘制圆　　　　图 3-93 向内偏移圆

(3)在命令行输入 L，执行直线命令，绘制两个圆象限点间的连线，命令行操作内容如下：

命令：l LINE	执行直线命令
指定第一点：	捕捉偏移圆的象限点，如图 3-94 所示
指定下一点或 \[放弃(U)\]：	捕捉大圆的象限点，如图 3-95 所示
指定下一点或 \[放弃(U)\]：	按 Enter 键结束直线命令

命令执行结果如图 3-96 所示。

(4)在命令行输入 ARRAYCLASSIC，执行阵列命令，打开“阵列”对话框。

(5)选中“环形阵列”单选项，将“项目总数”选项设置为 18，“填充角度”设置为 270，单击“拾取中心点”进入绘图区，指定阵列中心点，如图 3-97 所示。

（6）在命令行提示“指定阵列中心点：”后捕捉圆的圆心，如图 3-98 所示，指定阵列中心点，并返回“阵列”对话框。

（7）单击“选择对象”按钮，进入绘图区，选择绘制的直线，指定阵列对象，按 Enter 键返回“阵列”对话框。

（8）单击“确定”按钮，完成对直线的阵列操作，如图 3-99 所示。

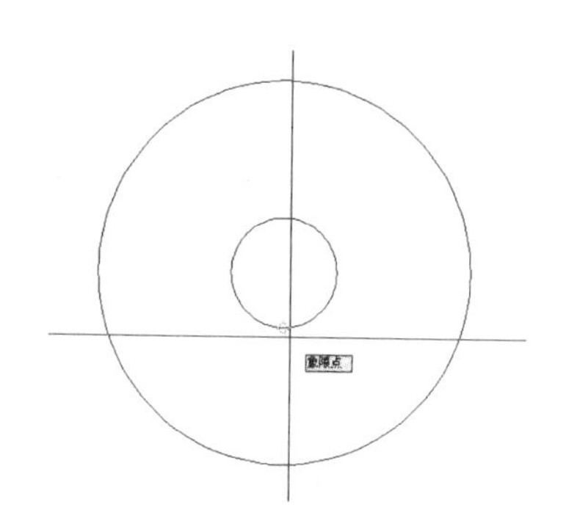

图 3-94 捕捉象限点

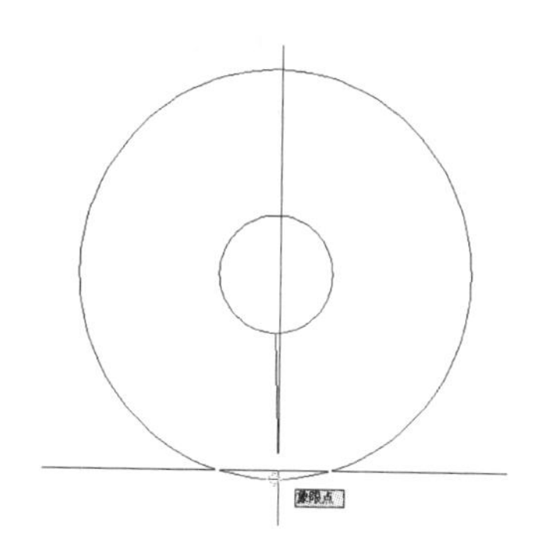

图 3-95 捕捉象限点

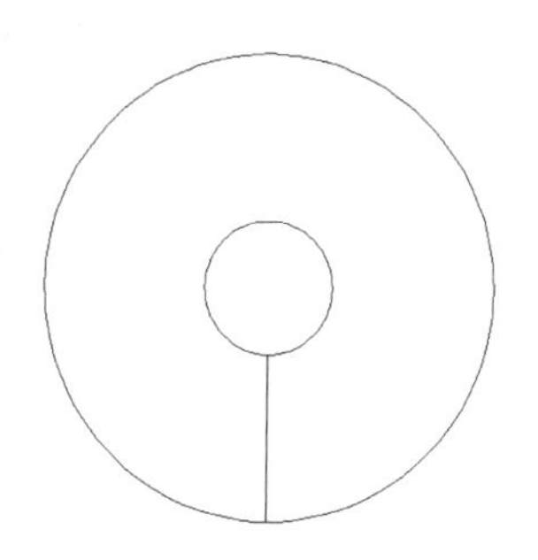

图 3-96 绘制直线

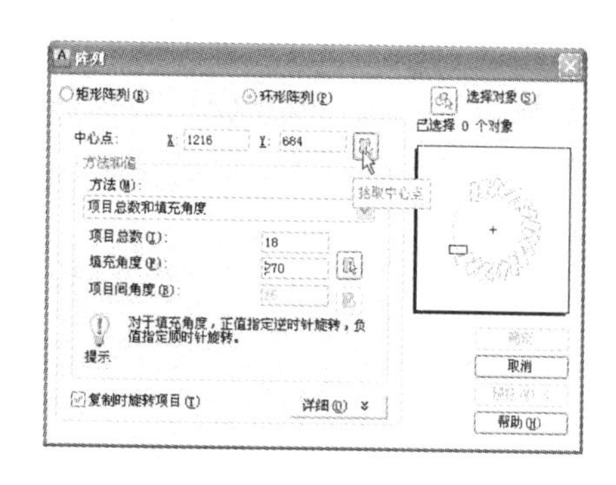

图 3-97 设置阵列参数

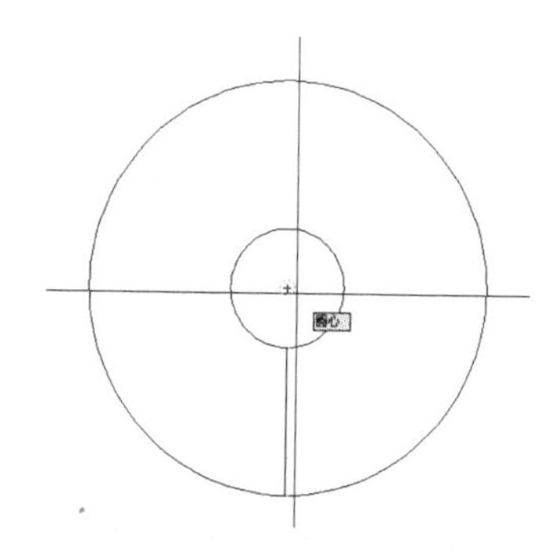

图 3-98 指定阵列中心

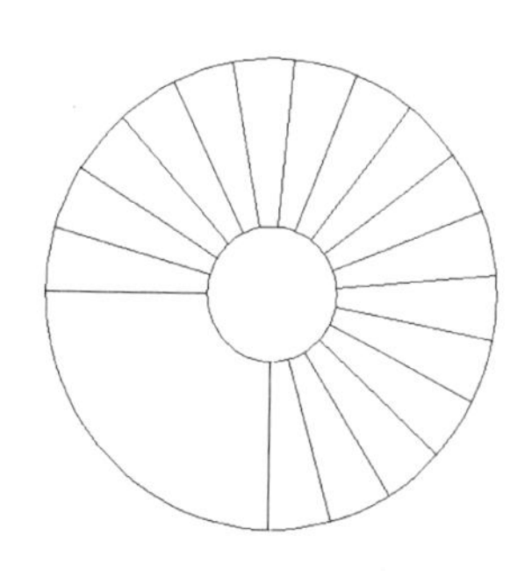

图 3-99 阵列复制直线

（9）在命令行输入 TR，执行修剪命令，将多余线条进行修剪处理，如图 3-100 所示。

(10)在命令行输入 PL,执行多段线命令,绘制楼梯走向多段线,命令行操作内容如下:

命令行	说明
命令:pl PLINE	执行多段线命令
指定起点:	捕捉直线中点,如图 3-101 所示
当前线宽为 0.0000	
指定下一个点或 \[圆弧(A)/半宽(H)/长度(L)/放弃(U)/宽度(W)\]:a	选择"圆弧"选项
指定圆弧的端点或\[角度(A)/圆心(CE)/方向(D)/半宽(H)/直线(L)/半径(R)/第二个点(S)/放弃(U)/宽度(W)\]:ce	选择"圆心"选项
指定圆弧的圆心:	捕捉圆的圆心,如图 3-102 所示
指定圆弧的端点或 \[角度(A)/长度(L)\]:	捕捉直线中点,如图 3-103 所示
指定圆弧的端点或\[角度(A)/圆心(CE)/闭合(CL)/方向(D)/半宽(H)/直线(L)/半径(R)/第二个点(S)/放弃(U)/宽度(W)\]:w	选择"宽度"选项
指定起点宽度 ＜0.0000＞:80	指定起点宽度
指定端点宽度 ＜80.0000＞:0	指定端点宽度
指定圆弧的端点或\[角度(A)/圆心(CE)/闭合(CL)/方向(D)/半宽(H)/直线(L)/半径(R)/第二个点(S)/放弃(U)/宽度(W)\]:	捕捉直线中点,如图 3-104 所示
指定圆弧的端点或\[角度(A)/圆心(CE)/闭合(CL)/方向(D)/半宽(H)/直线(L)/半径(R)/第二个点(S)/放弃(U)/宽度(W)\]:	按Enter 键结束多段线命令

命令执行结果如图 3-105 所示。

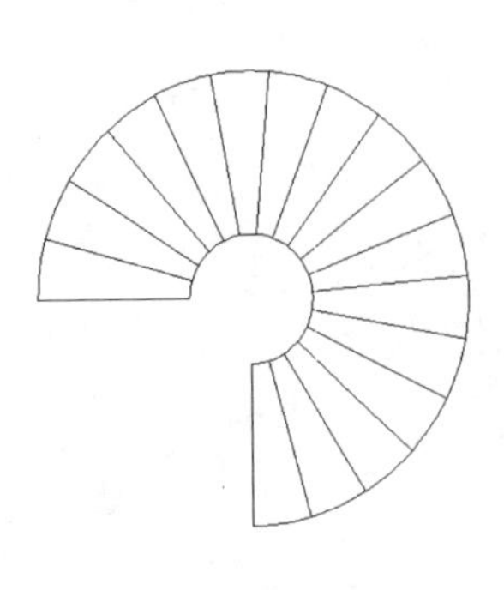

图 3-100 修剪多余线条

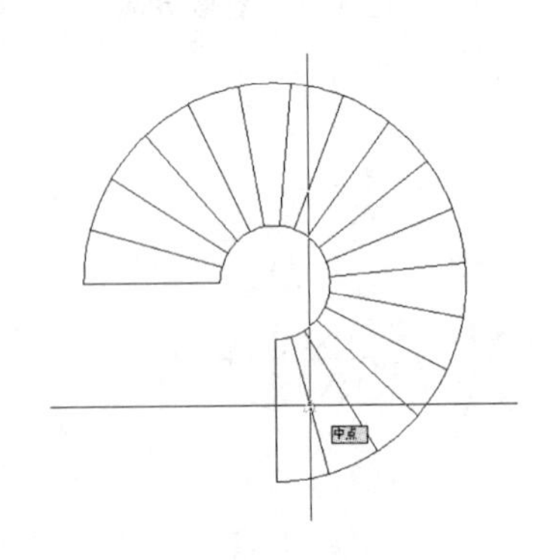

图 3-101 捕捉直线中点

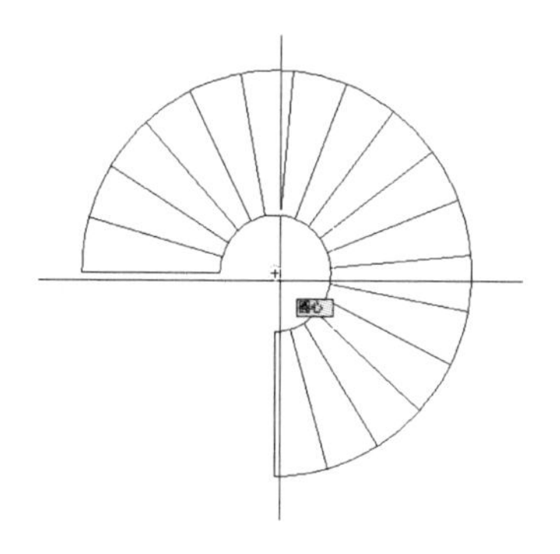

图 3-102　捕捉圆弧圆心

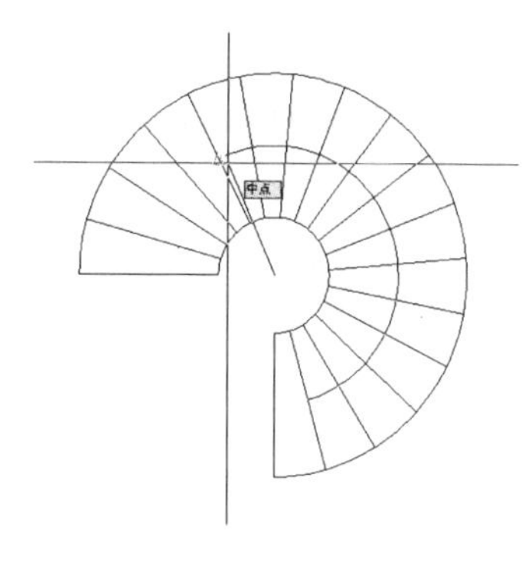

图 3-103　捕捉直线中点

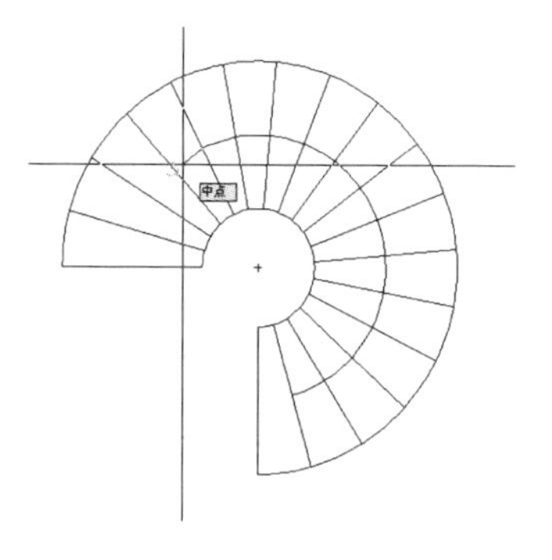

图 3-104　捕捉直线中点

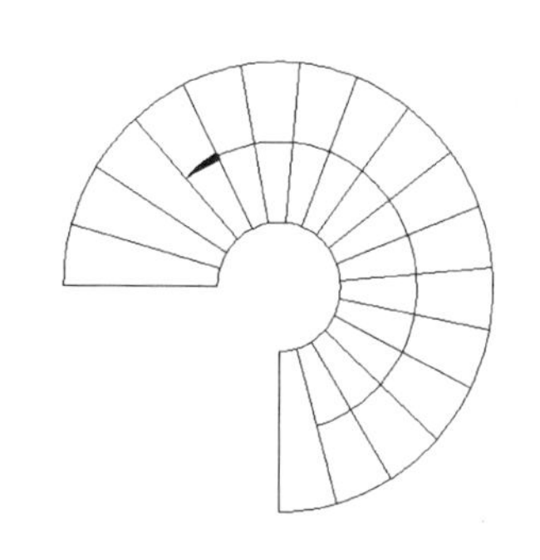

图 3-105　旋转楼梯

实例 18　绘制洗衣机左立面

案例效果

本例将绘制如图 3-106 所示的洗衣机左立面图形，通过本实例的绘制，可掌握矩形、圆角、分解、偏移、阵列等绘图及编辑命令的绘制及相关的编辑技巧。

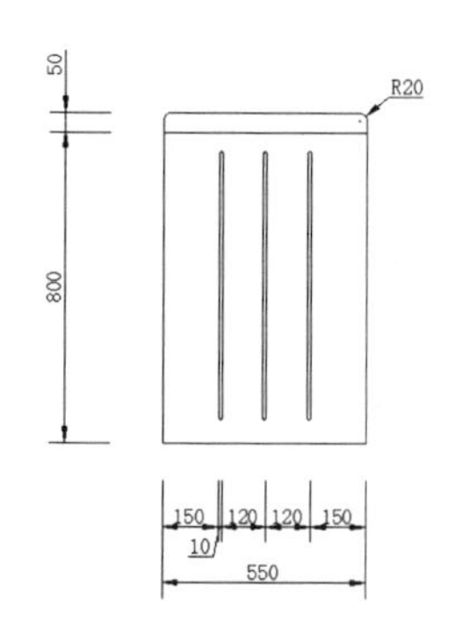

图 3-106　洗衣机左立面

案例步骤

(1)在命令行输入 REC，执行矩形命令，绘制长度为 550、高度为 850 的矩形，命令行操作内容如下：

命令：rec RECTANG	执行矩形命令
指定第一个角点或 \[倒角(C)/标高(E)/圆角(F)/厚度(T)/宽度(W)\]：	在屏幕上拾取一点，如图 3-107 所示
指定另一个角点或 \[面积(A)/尺寸(D)/旋转(R)\]：@550,850	指定矩形另一个角点

命令执行结果如图 3-108 所示。

图 3-107　指定矩形第一个角点　　图 3-108　绘制矩形

(2)在命令行输入 A，执行圆弧命令，以矩形左下端点为圆弧的圆心，绘制圆弧，命令行操作内容如下：

命令：f FILLET	执行圆角命令
当前设置：模式 = 修剪，半径 = 0.0000	
选择第一个对象或 \[放弃(U)/多段线(P)/半径(R)/修剪(T)/多个(M)\]：r	选择“半径”选项
指定圆角半径 ＜0.0000＞：20	指定圆角半径
选择第一个对象或 \[放弃(U)/多段线(P)/半径(R)/修剪(T)/多个(M)\]：	选择圆角边，如图 3-109 所示
选择第二个对象，或按住 Shift 键选择要应用角点的对象：	选择另一圆角边，如图 3-110 所示

命令执行结果如图 3-111 所示。

(3)在命令行输入 F，再次执行圆角命令，将右上角的角进行圆角处理，圆角半径为 20，如图 3-112 所示。

(4)在命令行输入 O，执行偏移命令，将底端水平线向上进行偏移，其偏移距离为 800，如图 3-113 所示。

(5)在命令行输入 REC，执行矩形命令，绘制矩形，命令行操作内容如下：

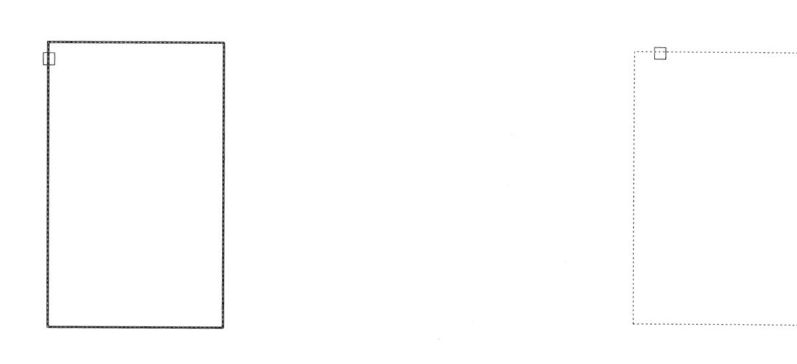

图 3-109　选择第一条圆角边　　图 3-110　选择第二条圆角边

图 3-111　对图形进行圆角　　图 3-112　圆角右上角

命令：rec RECTANG	执行矩形命令
指定第一个角点或 \[倒角(C)/标高(E)/圆角(F)/厚度(T)/宽度(W)\]：f	选择“圆角”选项
指定矩形的圆角半径 <0.0000>：5	指定圆角半径
指定第一个角点或 \[倒角(C)/标高(E)/圆角(F)/厚度(T)/宽度(W)\]:from	选择“捕捉自”捕捉选项
基点：	捕捉直线端点，如图 3-114 所示
<偏移>：@150,60	指定矩形起点，如图 3-115 所示
指定另一个角点或 \[面积(A)/尺寸(D)/旋转(R)\]：@10,690	指定对角点

命令执行结果如图 3-116 所示。

(6)在命令行输入 ARRAYCLASSIC，执行阵列命令，打开“阵列”对话框，将“列数”设置为 3，“列偏移”选项设置为 120，如图 3-117 所示。

(7)单击“选择对象”按钮，进入绘图区选择绘制的圆角矩形，按 Enter 键返回“阵列”对话框。

(8)单击“确定”按钮，完成图形的阵列操作，如图 3-118 所示。

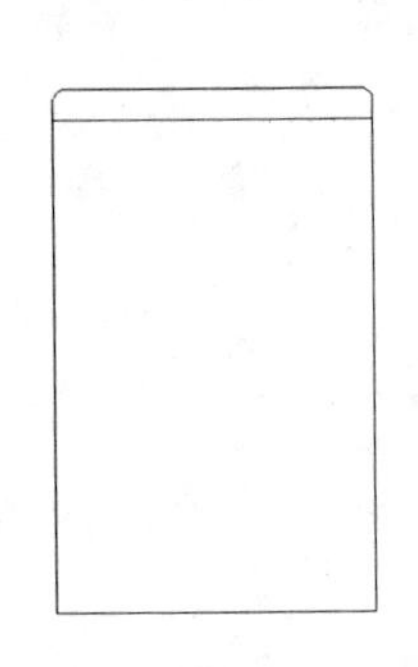

图 3-113　偏移水平线

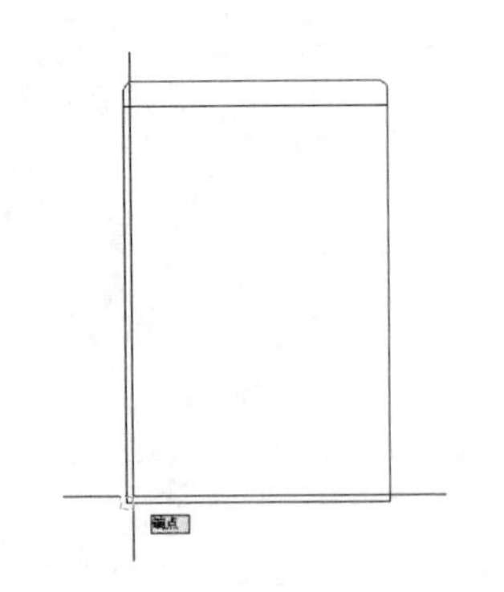

图 3-114　捕捉端点

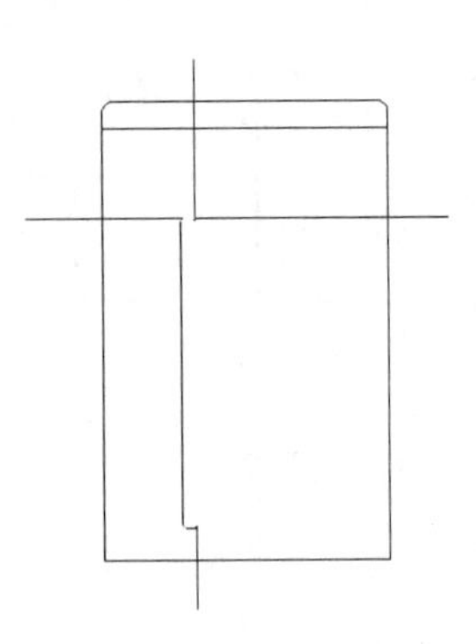

图 3-115　指定起点

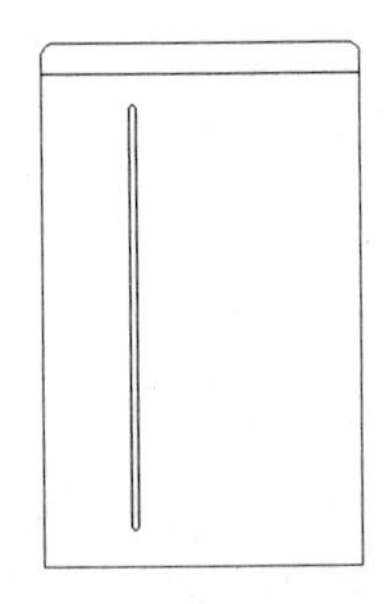

图 3-116　绘制圆角矩形

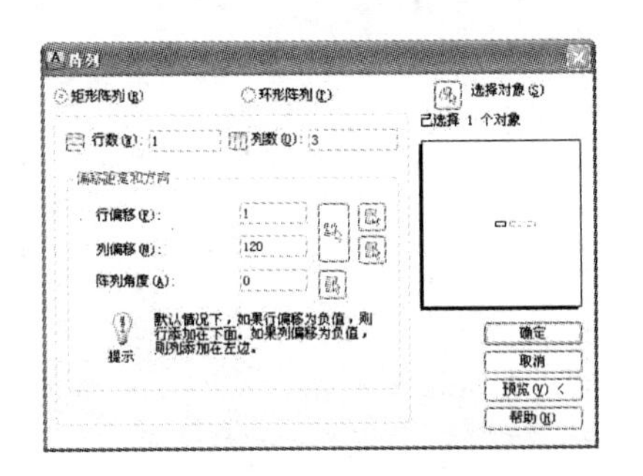

图 3-117　设置阵列参数

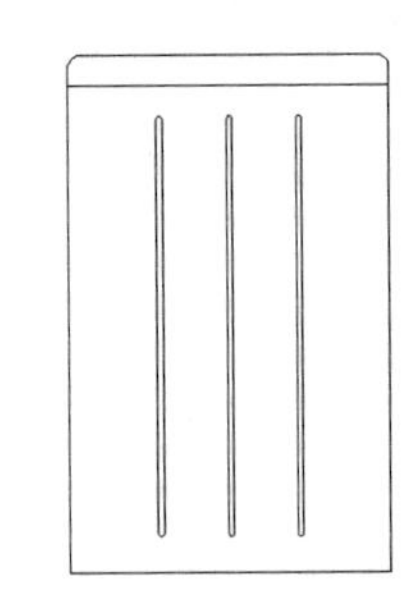

图 3-118　阵列复制图形

实例 19　绘制洗衣机正立面

案例效果

本例将绘制如图 3-119 所示的洗衣机正立面图形，通过本实例的绘制，可掌握矩形、圆角、分解、偏移、圆、阵列以及图案填充等命令的使用及相关技巧等。

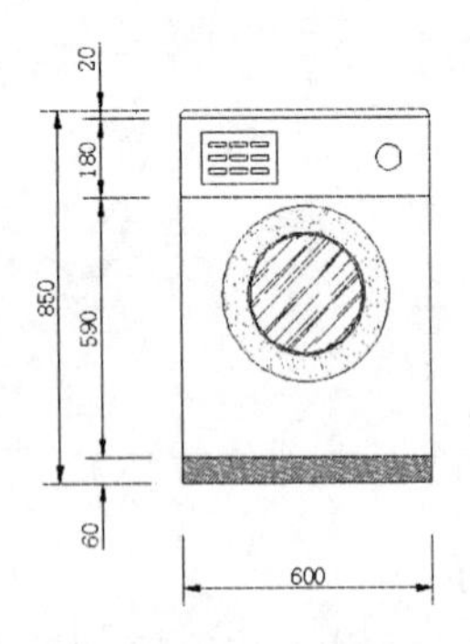

图 3-119　洗衣机正立面

案例步骤

(1)在命令行输入 REC，执行矩形命令，绘制长度为 600、高度为 850 的矩形，如图 3-120 所示。

(2)在命令行输入 X，执行分解命令，将绘制的矩形进行分解处理。

(3)在命令行输入 O,执行偏移命令,将底端水平线向上进行偏移,其偏移距离为 60、650 和 830,如图 3-121 所示。

图 3-120　绘制矩形　　　　图 3-121　偏移线条

(4)在命令行输入 F,执行圆角命令,将顶端左右两个角进行圆角处理,其圆角半径为 20,如图 3-122 所示。

(5)在命令行输入 C,执行圆命令,绘制半径为 200 的圆,命令行操作内容如下:

命令:c CIRCLE	执行圆命令
指定圆的圆心或 \[三点(3P)/两点(2P)/	
切点、切点、半径(T)\]:from	选择"捕捉自"捕捉选项
基点:	捕捉直线端点,如图 3-123 所示
<偏移>:@300,−220	指定圆的圆心
指定圆的半径或 \[直径(D)\]:200	指定圆的半径

命令执行结果如图 3-124 所示。

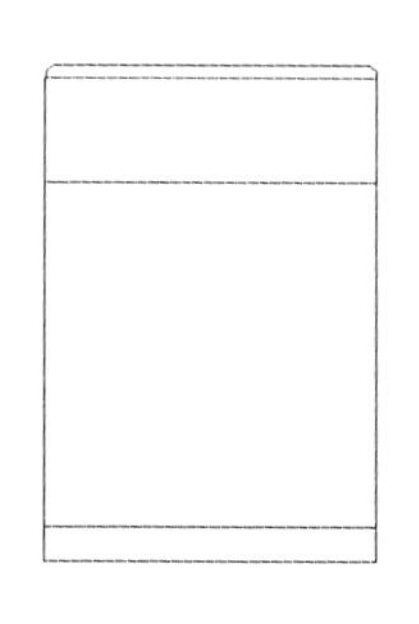

图 3-122　进行圆角

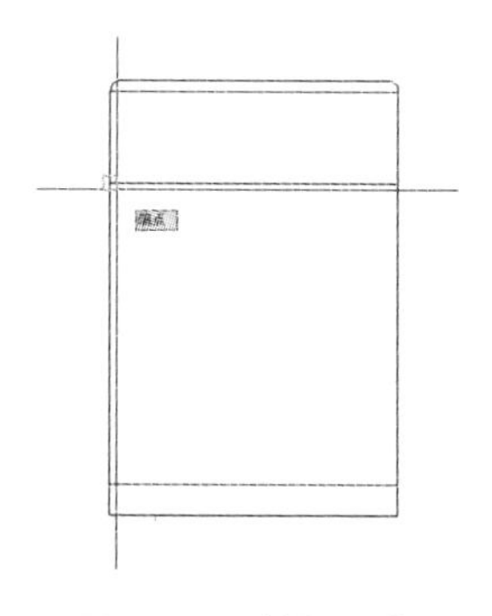

图 3-123　捕捉端点

(6)在命令行输入 O,执行偏移命令,将绘制的圆向内进行偏移,其偏移距离为 60 和 65,如图 3-125 所示。

(7)在命令行输入 REC,执行矩形命令,绘制长度为 180、高度为 120 的矩形,命令行操作内容如下:

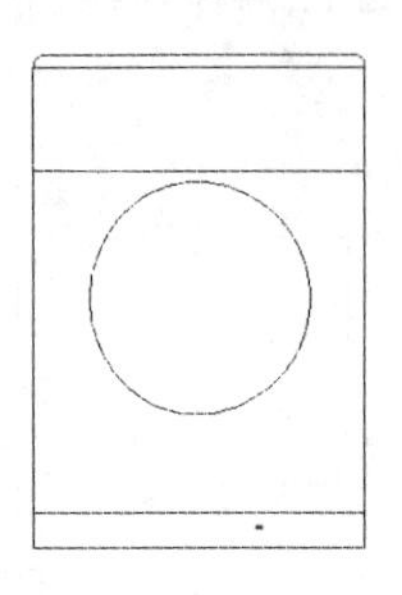

图 3-124　绘制圆

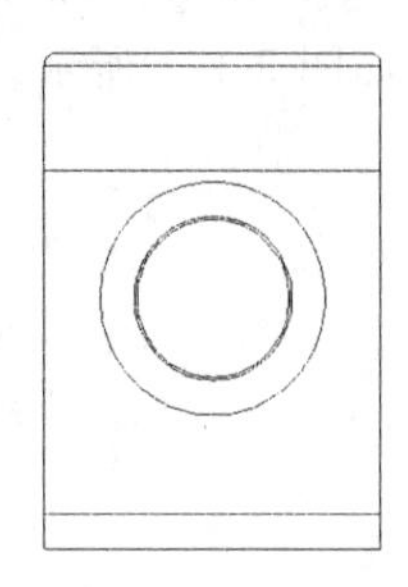

图 3-125　偏移圆

命令行操作	说明
命令：rec RECTANG	执行矩形命令
指定第一个角点或 \[倒角(C)/标高(E)/圆角(F)/厚度(T)/宽度(W)\]：from	选择“捕捉自”捕捉选项
基点：	捕捉直线端点，如图 3-126 所示
<偏移>：@50,30	指定矩形起点
指定另一个角点或 \[面积(A)/尺寸(D)/旋转(R)\]：@180,120	指定对角点

命令执行结果如图 3-127 所示。

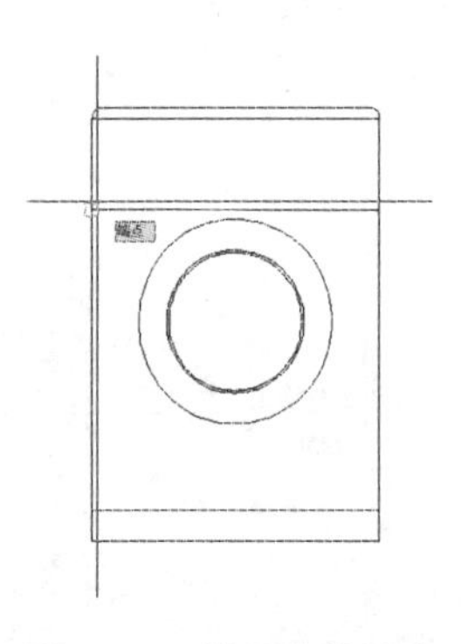

图 3-126　捕捉直线端点

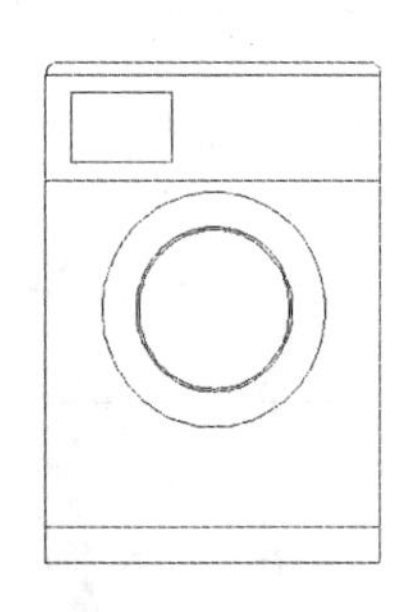

图 3-127　绘制矩形

(8)在命令行输入 REC，执行矩形命令，绘制长度为 40、高度为 10 的矩形，命令行操作内容如下：

命令：rec RECTANG	执行矩形命令
指定第一个角点或 \[倒角(C)/标高(E)/圆角(F)/厚度(T)/宽度(W)\]：from	选择“捕捉自”捕捉选项
基点：	捕捉直线端点，如图3-128 所示
<偏移>：@20,25	指定矩形起点
指定另一个角点或 \[面积(A)/尺寸(D)/旋转(R)\]：@40,10	指定对角点

命令执行结果如图 3-129 所示。

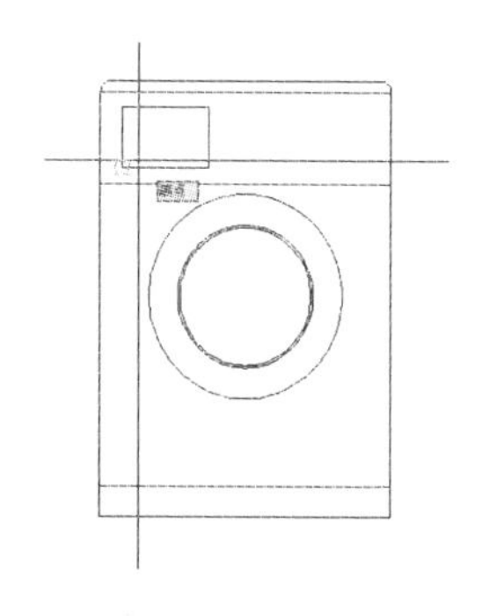

图 3-128　捕捉直线端点

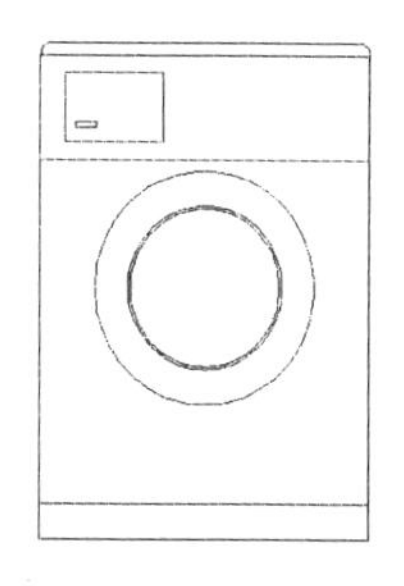

图 3-129　绘制矩形

(9)在命令行输入 ARRAYCLASSIC，执行阵列命令，打开“阵列”对话框。

(10)将“行数”和“列数”选项设置为 3，将“行偏移”选项设置为 30，“列偏移”选项设置为 50，如图 3-130 所示。

(11)单击“选择对象”按钮，进入绘图区，选择长度为 40、高度为 10 的矩形，按 Enter 键返回“阵列”对话框。

(12)单击“确定”按钮，完成对矩形的阵列操作，如图 3-131 所示。

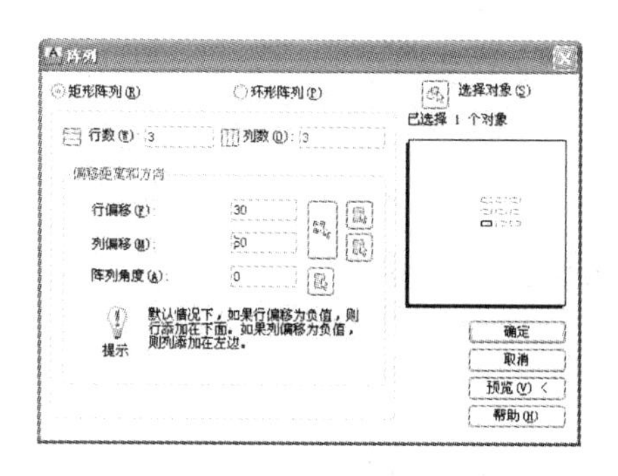

图 3-130　设置阵列参数

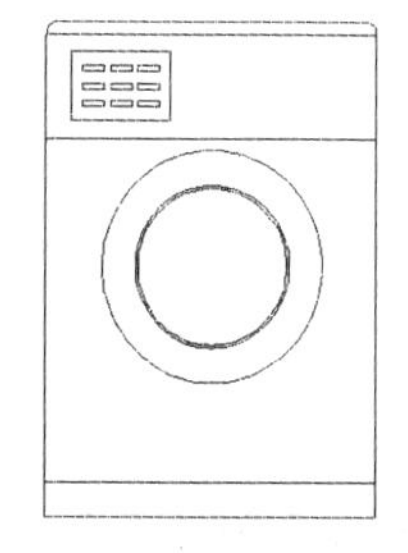

图 3-131　阵列复制矩形

(13)在命令行输入 C，执行圆命令，绘制半径为 30 的圆，命令行操作内容如下：

命令：c CIRCLE	执行圆命令
指定圆的圆心或 \[三点(3P)/两点(2P)/切点、切点、半径(T)\]：270	捕捉对象追踪线，如图 3-132 所示
指定圆的半径或 \[直径(D)\]：30	指定圆的半径

命令执行结果如图 3-133 所示。

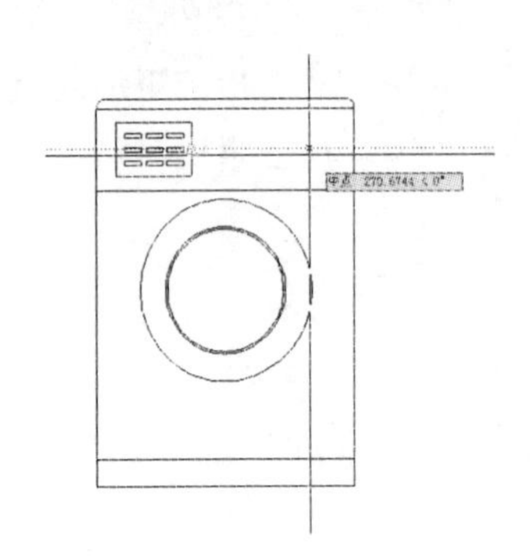

图 3-132　捕捉对象追踪线

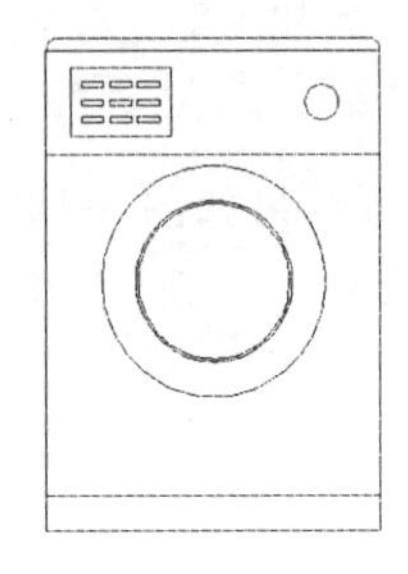

图 3-133　绘制圆

(14)在命令行输入 BH，执行图案填充命令，打开“图案填充和渐变色”对话框，将“图案”选项设置为 ANSI31，“比例”选项设置为 50，如图 3-134 所示。

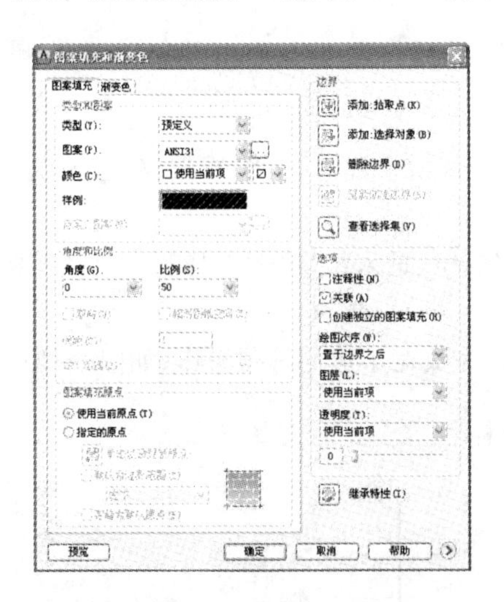

图 3-134　设置图案填充参数

(15)单击“添加：拾取点”按钮，进入绘图区，选择要进行图案填充的区域，按 Enter 键返回“图案填充和渐变色”对话框。

(16)单击“确定”按钮，完成图形的图案填充操作，如图 3-135 所示。

(17)在命令行输入 BH，再次执行图案填充命令，将图形进行图案填充操作，其中“图案”选项设置为 AR-SAND，“比例”选项设置为 20，如图 3-136 所示。

(18)在命令行输入 BH，执行图案填充命令，将图形进行图案填充操作，其中“图案”选项设置为 AR-RR00F，“比例”选项设置为 50，“角度”选项设置为 45，如图 3-137 所示。

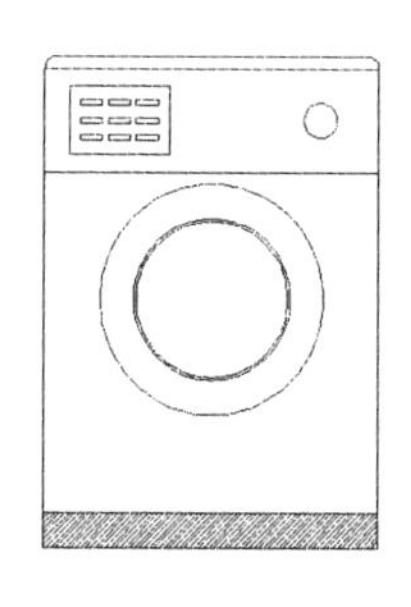

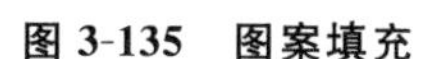

图 3-135　图案填充

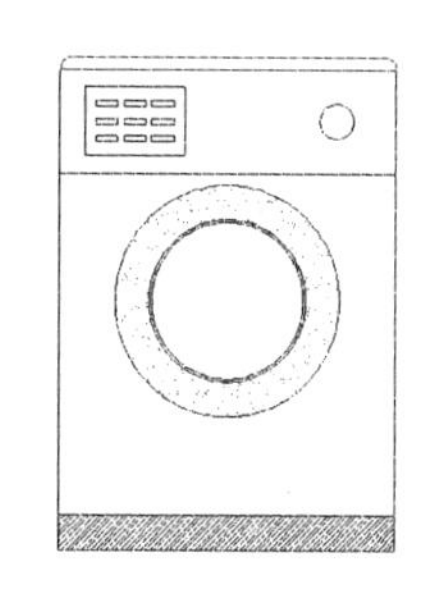

图 3-136　图案填充图形

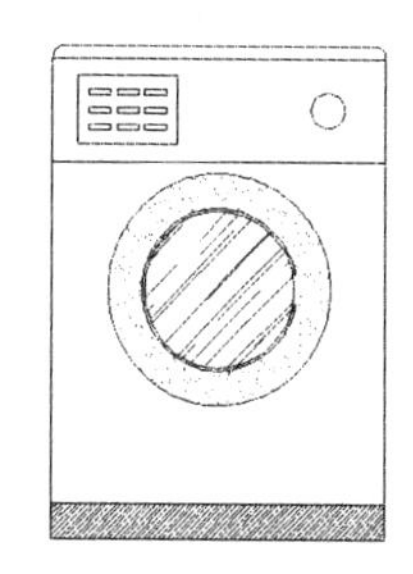

图 3-137　洗衣机正立面

实例 20　绘制冰箱立面

案例效果

本例将绘制如图 3-138 所示的冰箱立面图形，通过本实例的绘制，可以掌握矩形、分解、偏移、修剪、复制等绘图及编辑命令的使用和相关的编辑方法等。

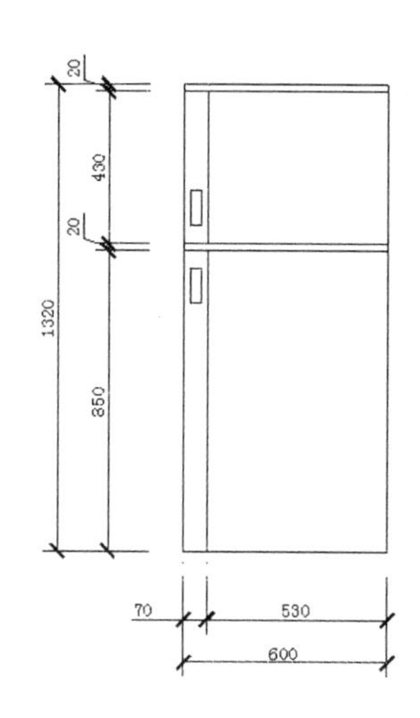

图 3-138　冰箱立面

案例步骤

(1)在命令行输入 REC，执行矩形命令，绘制长度为 600、高度为 1320 的矩形，如图 3-139 所示。

(2)在命令行输入 X，执行分解命令，将绘制的矩形进行分解。

(3)在命令行输入 O，执行偏移命令，将顶端水平线向下进行偏移，其偏移距离为 20，如图 3-140 所示。

(4)在命令行输入 CO，执行复制命令，将顶端两条水平直线向下进行复制，其相对距离为 450，如图 3-141 所示。

(5)在命令行输入 O，执行偏移命令，将左端垂直线向右进行偏移，其偏移距离为 70，如图 3-142 所示。

图 3-139 绘制矩形

图 3-140 偏移顶端水平线

图 3-141 复制水平直线

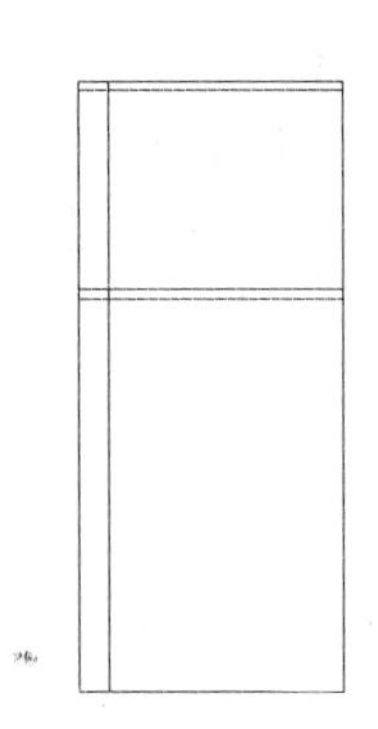

图 3-142 偏移左端垂直线

(6)在命令行输入 TR，执行修剪命令，将向右偏移后的垂直线进行修剪处理，其修剪边界为水平线，如图 3-143 所示。

(7)在命令行输入 REC，执行矩形命令，绘制长度为 30、高度为 100 的矩形，命令行操作内容如下：

命令：rec RECTANG	执行矩形命令
指定第一个角点或 \[倒角(C)/标高(E)/圆角(F)/厚度(T)/宽度(W)\]：from	选择“捕捉自”捕捉选项
基点：	捕捉直线端点，如图 3-144 所示
＜偏移＞：@20,50	指定矩形第一个角点
指定另一个角点或 \[面积(A)/尺寸(D)/旋转(R)\]：@30,100	指定另一个角点

命令执行结果如图 3-145 所示。

(8)在命令行输入 CO，执行复制命令，将绘制的矩形向下进行复制，其相对距离为 220，如图 3-146 所示。

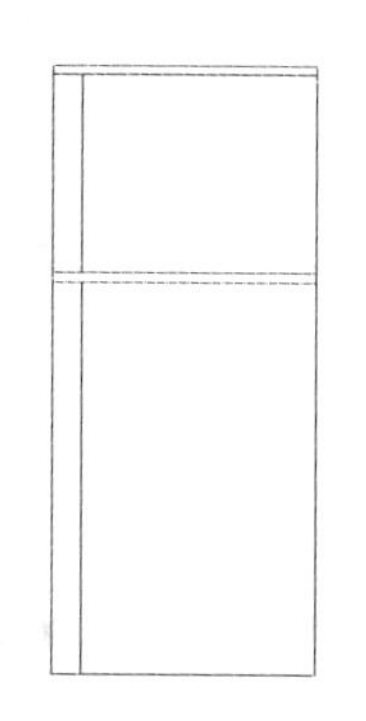

图 3-143 修剪多余线条

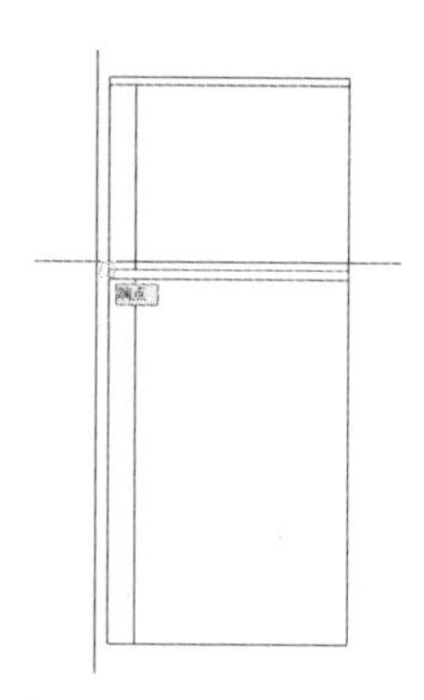

图 3-144 捕捉直线端点

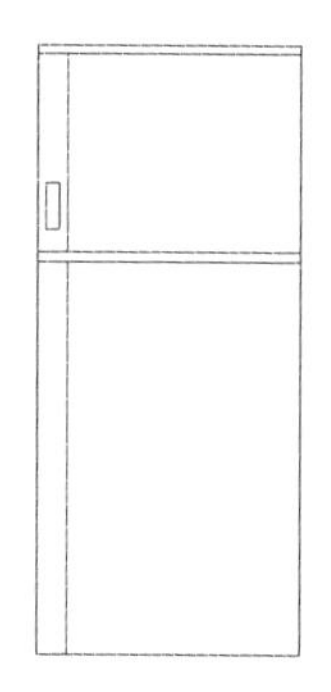

图 3-145 绘制矩形

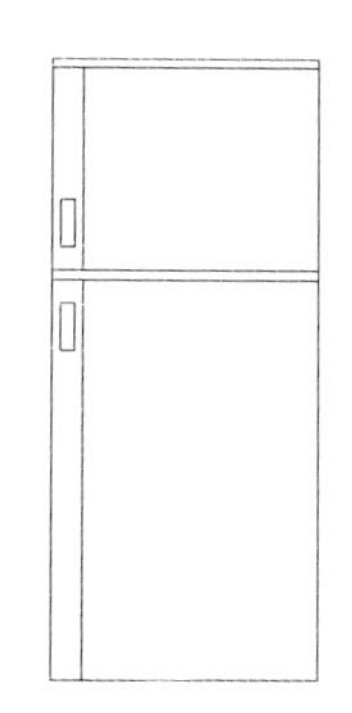

图 3-146 冰箱立面

实例 21 绘制燃气灶平面

案例效果

本例将绘制如图 3-147 所示的燃气灶平面图形，通过本实例的绘制，可以掌握矩形、分解、圆、阵列、图案填充等命令的使用，掌握绘制燃气灶平面图形的方法。

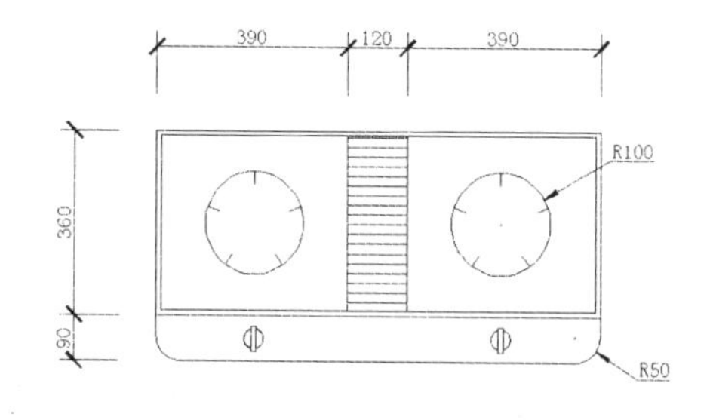

图 3-147 燃气灶平面

案例步骤

(1)在命令行输入 REC，执行矩形命令，绘制长度为 900、高度为 360 的矩形，如图 3-148 所示。

(2)在命令行输入 O,执行偏移命令,将绘制的矩形向内进行偏移,其偏移距离为 10,如图 3-149 所示。

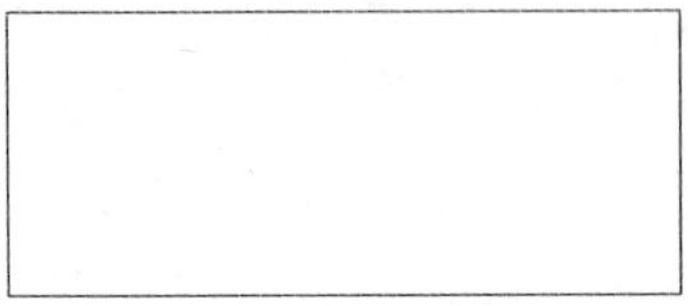

图 3-148 绘制矩形

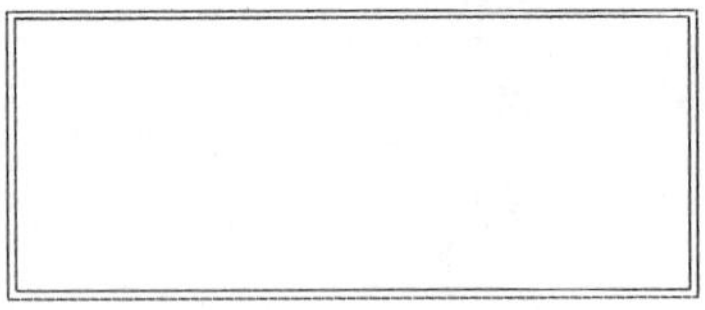

图 3-149 向内偏移矩形

(3)在命令行输入 X,执行分解命令,将两个矩形进行分解。

(4)在命令行输入 O,执行偏移命令,将底端水平线向下进行偏移,其偏移距离为 90,如图 3-150 所示。

(5)在命令行输入 EX,执行延伸命令,将左右两端的垂直线进行延伸处理,其延伸边界为向下偏移后的水平线,如图 3-151 所示。

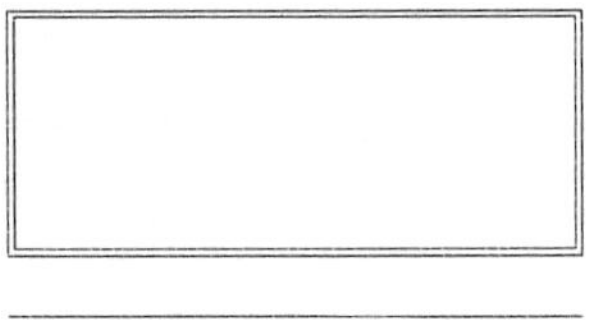

图 3-150 向下偏移直线

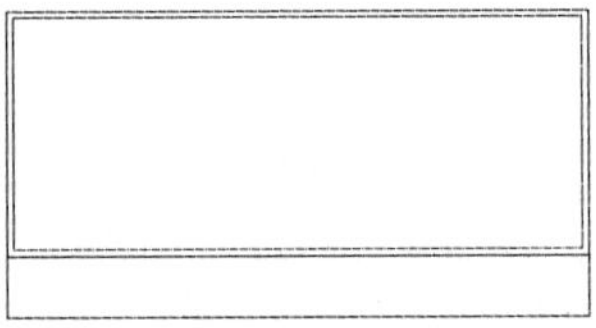

图 3-151 延伸垂直线

(6)在命令行输入 F,执行圆角命令,将底端两个角进行圆角处理,其圆角的效果如图 3-152 所示。

(7)在命令行输入 O,执行偏移命令,将向内偏移并经过分解后矩形的垂直线向中间进行偏移,其偏移距离为 380,如图 3-153 所示。

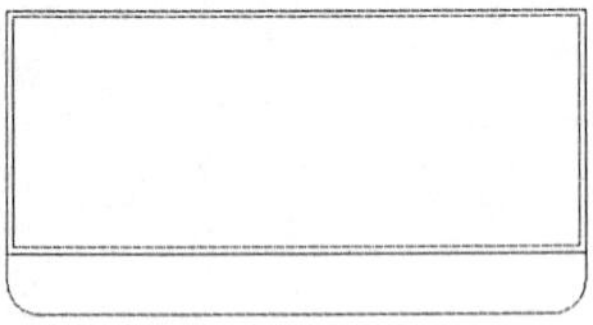

图 3-152 对图形进行圆角

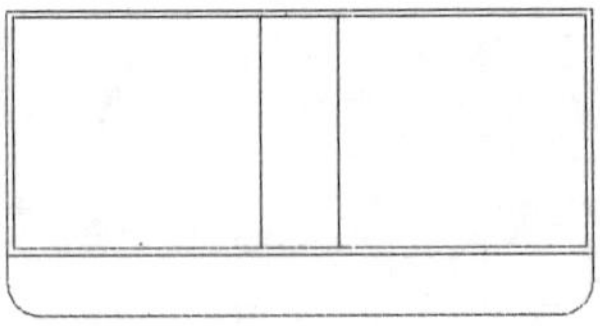

图 3-153 偏移垂直线

(8)在命令行输入 C,执行圆命令,绘制半径为 100 的圆,命令行操作内容如下:

命令：c CIRCLE	执行圆命令
指定圆的圆心或 \[三点(3P)/两点(2P)/切点、切点、半径(T)\]：190	捕捉对象追踪线，如图 3-154 所示
指定圆的半径或 \[直径(D)\]：100	指定圆的半径

命令执行结果如图 3-155 所示。

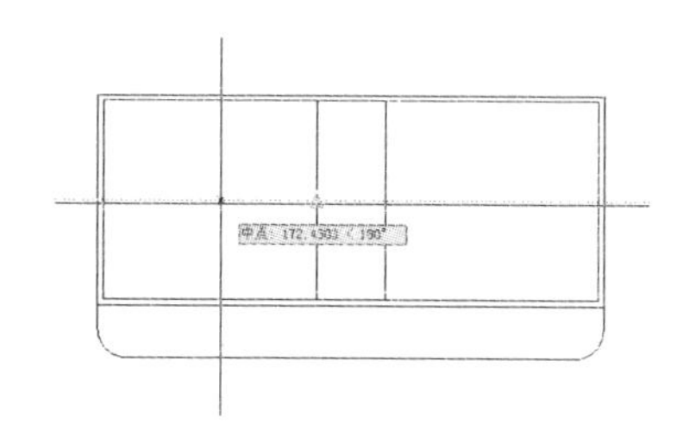

图 3-154　捕捉对象追踪线

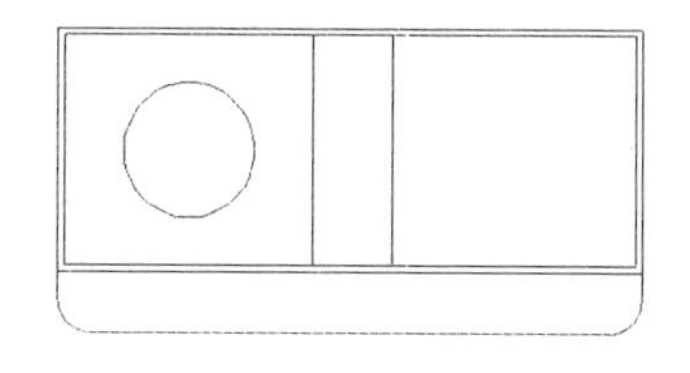

图 3-155　绘制圆

(9)在命令行输入 L，执行直线命令，绘制长度为 25 的直线，命令行操作内容如下：

命令：l LINE	执行直线命令
指定第一点：	捕捉圆的象限点，如图 3-156 所示
指定下一点或 \[放弃(U)\]：25	鼠标向下移，如图 3-157 所示
指定下一点或 \[放弃(U)\]：	按 Enter 键结束直线命令

命令执行结果如图 3-158 所示。

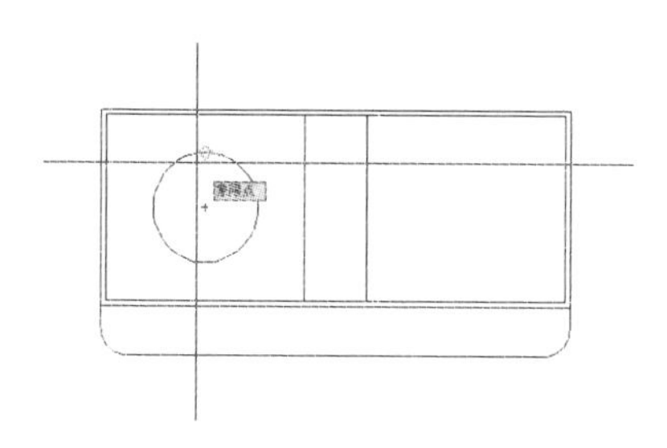

图 3-156　捕捉象限点

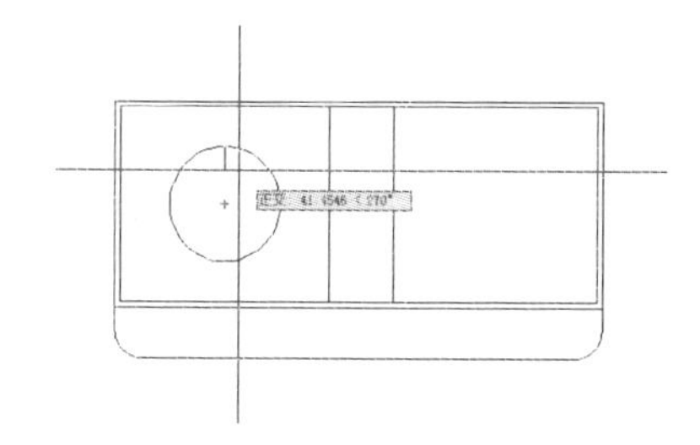

图 3-157　鼠标向下移

(10)在命令行输入 ARRAYCLASSIC，执行阵列命令，将绘制的直线进行环形阵列操作，其中阵列的“项目总数”选项设置为 5，阵列中心点为半径为 100 的圆的圆心，如图 3-159 所示。

(11)在命令行输入 C，执行圆命令，绘制半径为 20 的圆，命令行操作内容如下：

命令：c CIRCLE	执行圆命令
指定圆的圆心或 \[三点(3P)/两点(2P)/切点、切点、半径(T)\]：225	捕捉对象追踪线，如图 3-160 所示
指定圆的半径或 \[直径(D)\] <100.0000>：20	指定圆的半径

命令执行结果如图 3-161 所示。

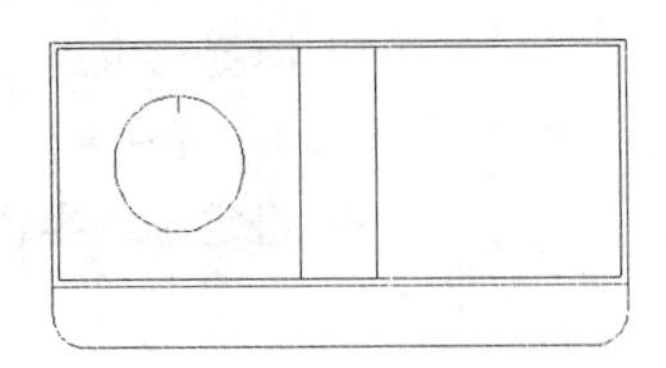

图 3-158　绘制直线

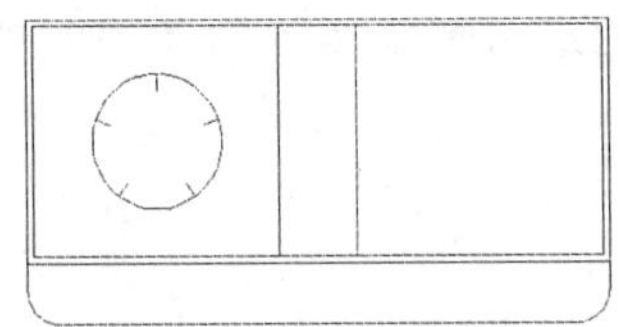

图 3-159　阵列直线

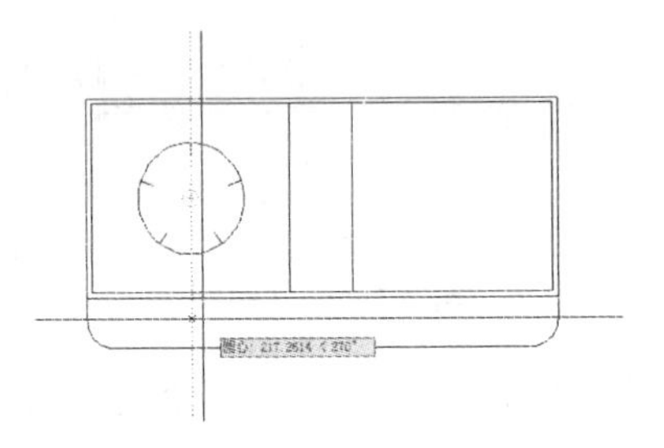

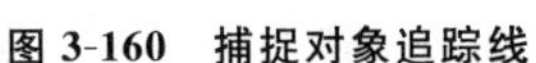

图 3-160　捕捉对象追踪线

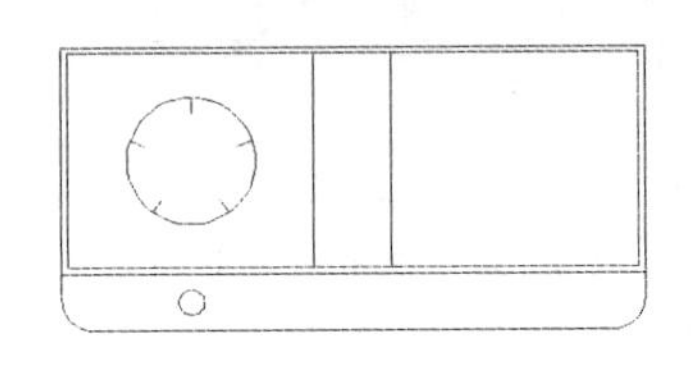

图 3-161　绘制圆

(12)在命令行输入 REC,执行矩形命令,绘制长度为 10、高度为 50 的矩形,命令行操作内容如下:

命令:rec RECTANG	执行矩形命令
指定第一个角点或 \[倒角(C)/标高(E)/圆角(F)/厚度(T)/宽度(W)\]:from	选择"捕捉自"捕捉选项
基点:	捕捉圆的圆心,如图 3-162 所示
<偏移>:@－5,－25	指定矩形的第一个角点
指定另一个角点或 \[面积(A)/尺寸(D)/旋转(R)\]:@10,50	指定另一个角点

命令执行结果如图 3-163 所示。

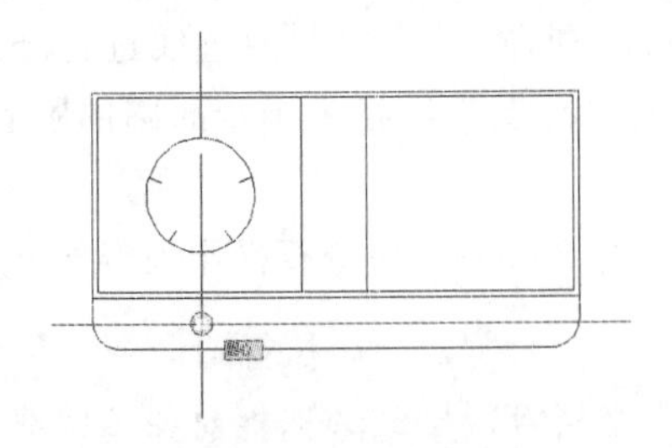

图 3-162　捕捉圆的圆心

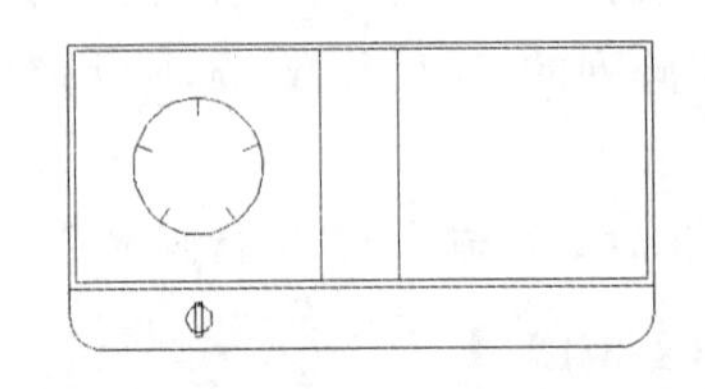

图 3-163　绘制矩形

(13)在命令行输入 TR,执行修剪命令,将圆进行修剪处理,其修剪边界为矩形,如图 3-164 所示。

(14)在命令行输入 MI,执行镜像命令,将绘制的炉盘及开关进行镜像操作,其中镜像线为水平线中点的连线,如图 3-165 所示。

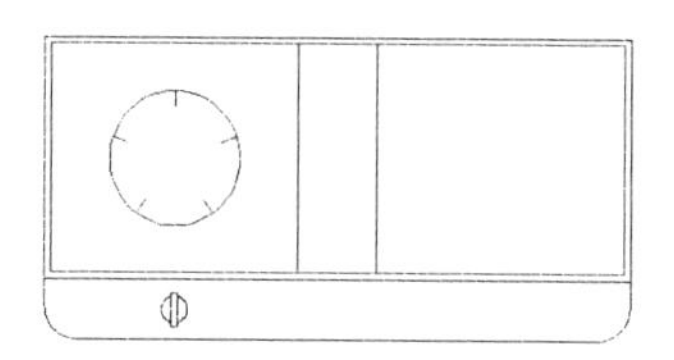

图 3-164 修剪多余线条

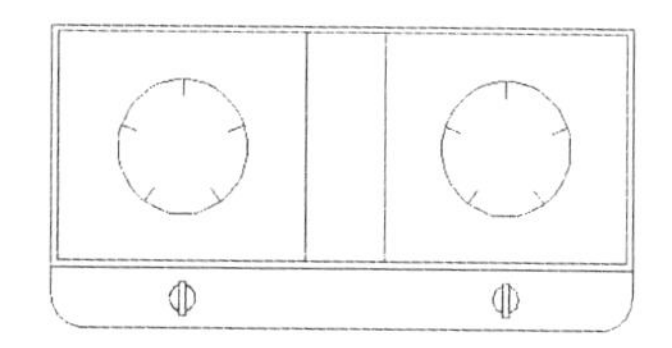

图 3-165 镜像复制图形

(15)在命令行输入 BH,执行图案填充命令,打开“图案填充和渐变色”对话框,将“图案”选项设置为 ANSI31,“角度”选项设置为 135,“比例”选项设置为 150,如图 3-166 所示。

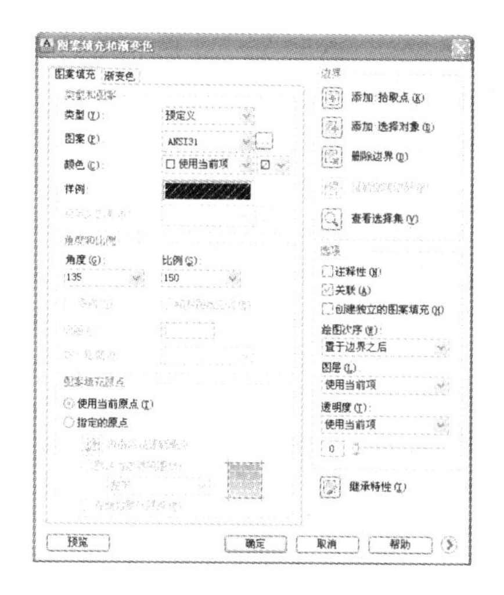

图 3-166 设置图案填充参数

(16)单击“添加:拾取点”按钮,进入绘图区,单击要进行图案填充的区域,按 Enter 键返回“图案填充和渐变色”对话框。

(17)单击“确定”按钮,返回绘图区,完成图案填充操作,如图 3-167 所示。

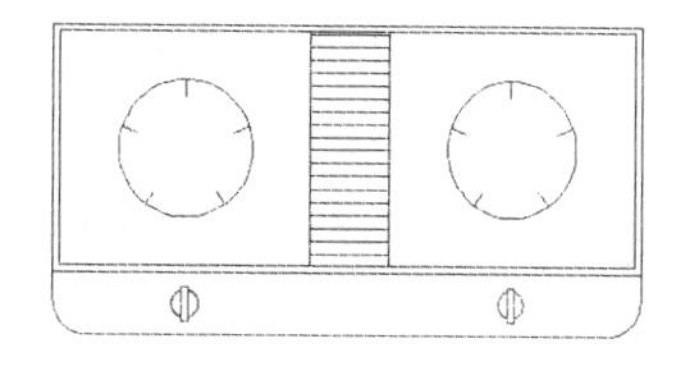

图 3-167 燃气灶

实例 22 绘制洗手池平面

案例效果

本例将绘制如图 3-168 所示的洗手池平面图形,通过本实例的绘制,可以掌握圆、构造线、对象捕捉、矩形以及修剪等绘图和编辑命令的使用。

案例步骤

(1)在命令行输入 C,执行圆命令,绘制半径为 250 的圆,如图 3-169 所示。

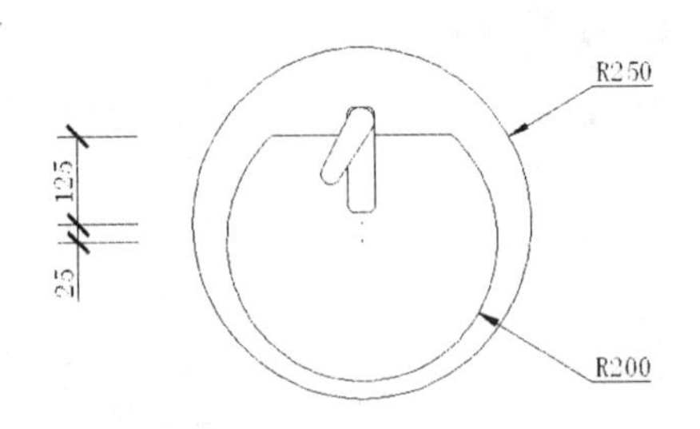

图 3-168　洗手池平面

(2)在命令行输入 C,再次执行圆命令,以半径为 250 圆的圆心相距 25 的位置为圆心,绘制半径为 200 的圆,其命令行操作内容如下:

命令:c CIRCLE	执行圆命令
指定圆的圆心或 \[三点(3P)/两点(2P)/切点、切点、半径(T)\]: 25	捕捉对象追踪线,如图 3-170 所示
指定圆的半径或 \[直径(D)\] <250.0000>: 200	指定圆的半径

命令执行结果如图 3-171 所示。

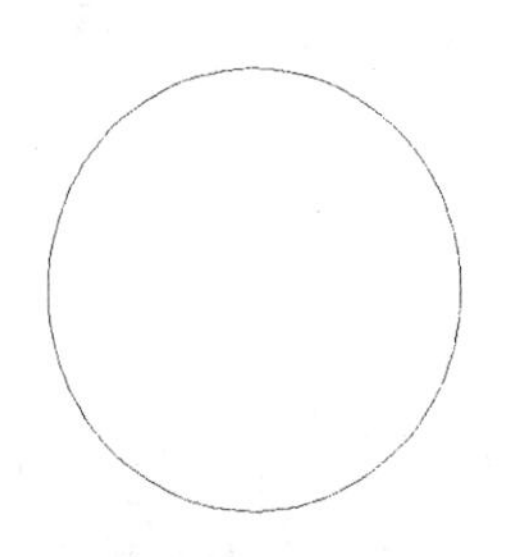

图 3-169　绘制半径为 250 的圆

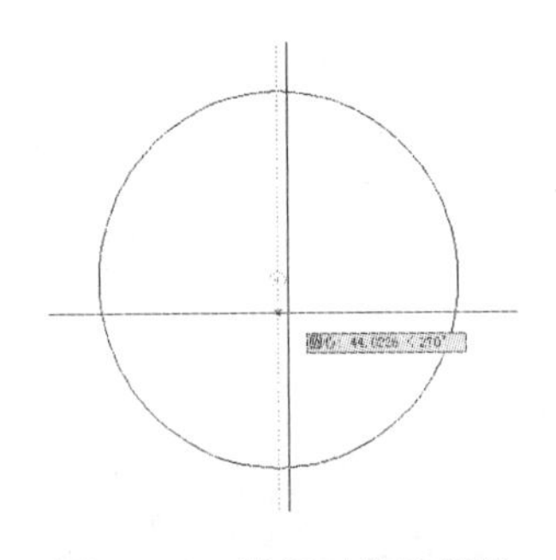

图 3-170　捕捉对象追踪线

(3)在命令行输入 XL,执行构造线命令,在距离半径为 200 的圆的圆心 150 的位置绘制水平线,命令行操作内容如下:

命令:xl XLINE	执行构选线命令
指定点或 \[水平(H)/垂直(V)/角度(A)/二等分(B)/偏移(O)\]: h	选择"水平"选项
指定通过点:150	捕捉对象追踪线,如图 3-172 所示
指定通过点:	按 Enter 键结束构造线命令

命令执行结果如图 3-173 所示。

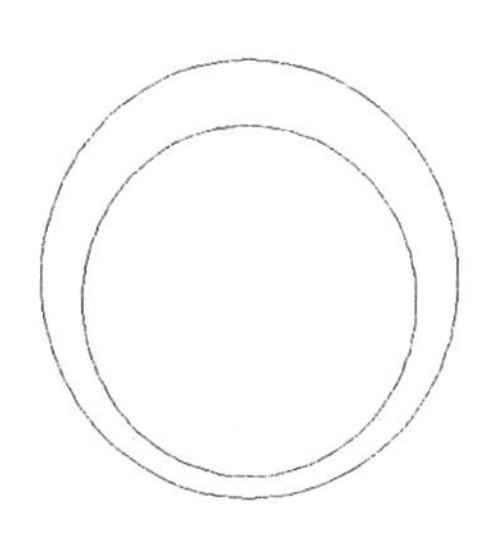

图 3-171 绘制半径为 200 的圆

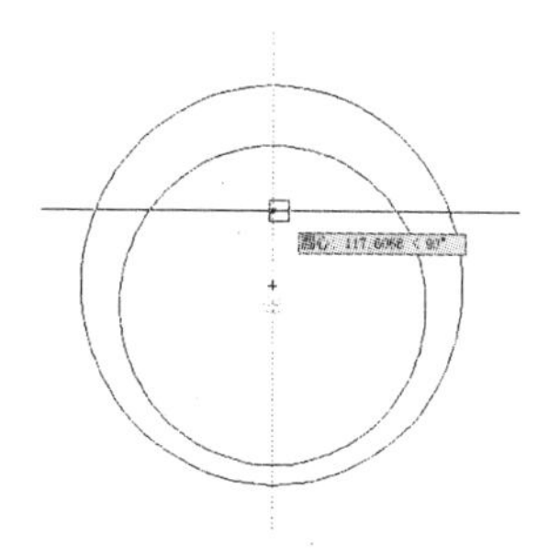

图 3-172 捕捉对象追踪线

(4)在命令行输入 TR，执行修剪命令，将绘制的半径为 200 的圆和构造线进行修剪，如图 3-174 所示。

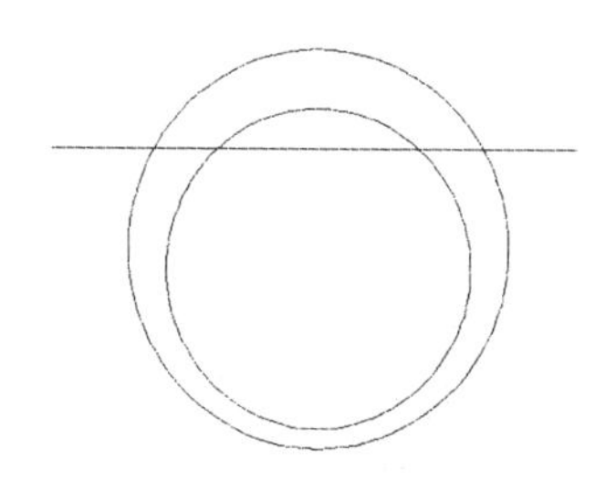

图 3-173 绘制构造线

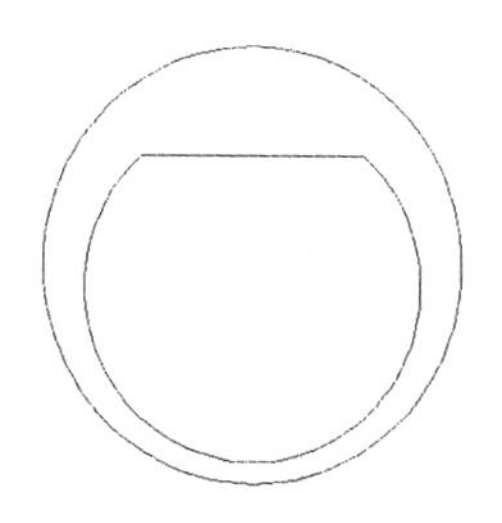

图 3-174 修剪多余线条

(5)在命令行输入 C，执行圆命令，绘制半径为 20 的圆，命令行操作内容如下：

命令：c CIRCLE	执行圆命令
指定圆的圆心或 \[三点(3P)/两点(2P)/切点、切点、半径(T)\]：20	捕捉对象追踪线，如图 3-175 所示
指定圆的半径或 \[直径(D)\] <200.0000>：20	指定圆的半径

命令执行结果如图 3-176 所示。

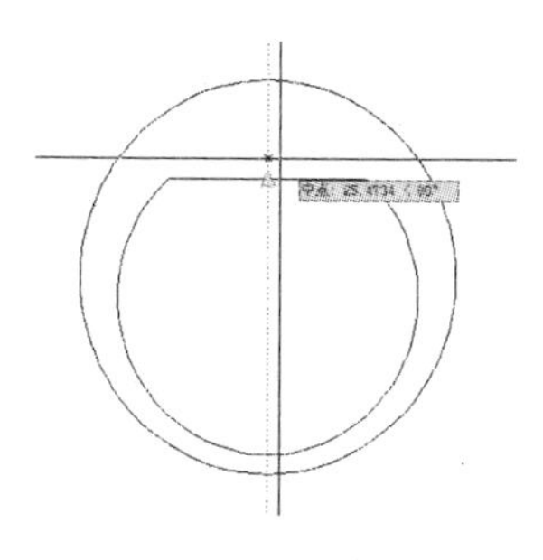

图 3-175 捕捉对象追踪线

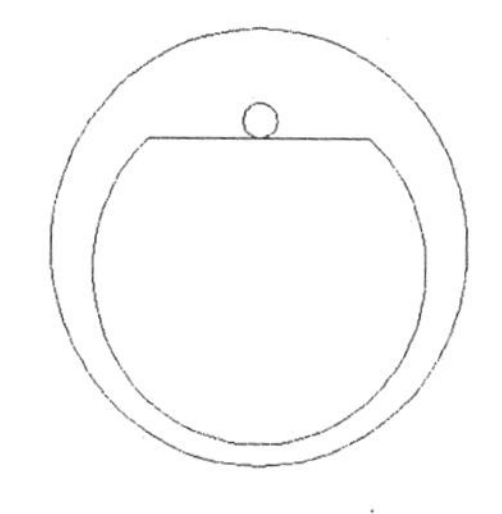

图 3-176 绘制半径为 20 的圆

(6)在命令行输入 C，再次执行圆命令，绘制半径为 15 的圆，命令行操作内容如下：

命令：c CIRCLE	执行圆命令
指定圆的圆心或 \[三点(3P)/两点(2P)/切点、切点、半径(T)\]：from	选择“捕捉自”捕捉选项
基点：	捕捉圆的圆心，如图 3-177 所示
<偏移>：@－45，－75	指定圆的圆心
指定圆的半径或 \[直径(D)\] <20.0000>：15	指定圆的半径

命令执行结果如图 3-178 所示。

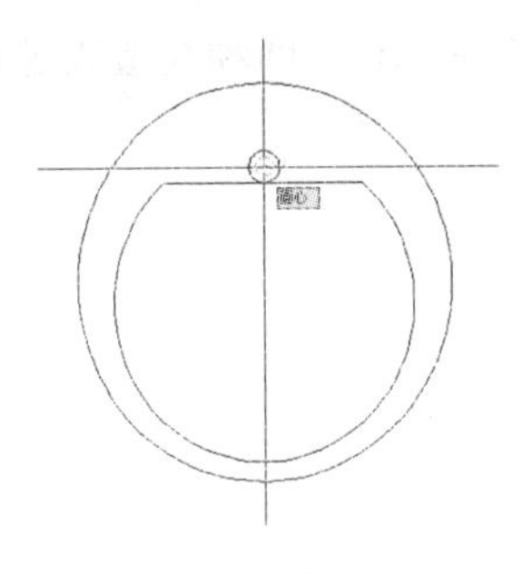

图 3-177　捕捉圆的圆心

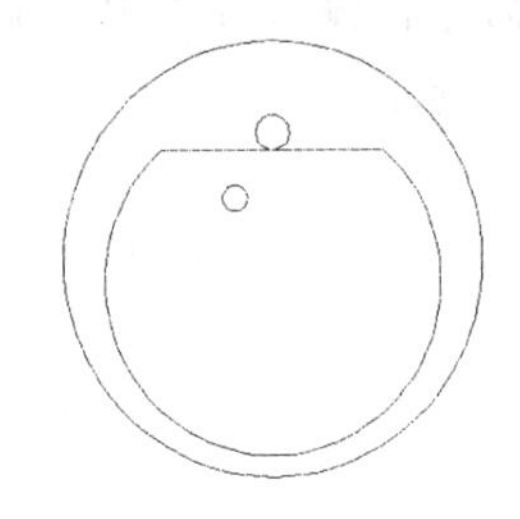

图 3-178　绘制半径为 15 的圆

(7)在命令行输入 L，执行直线命令，连接半径为 20 和 15 的两个圆切点间的连线，如图 3-179 所示。

(8)在命令行输入 REC，执行矩形命令，绘制长度为 40、高度为－150、圆角半径为 10 的圆角矩形，命令行操作内容如下：

命令：rec RECTANG	执行矩形命令
指定第一个角点或 \[倒角(C)/标高(E)/圆角(F)/厚度(T)/宽度(W)\]：f	选择“圆角”选项
指定矩形的圆角半径 <0.0000>：10	指定圆角半径
指定第一个角点或 \[倒角(C)/标高(E)/圆角(F)/厚度(T)/宽度(W)\]：from	选择“捕捉自”捕捉选项
基点：	捕捉圆的象限点，如图 3-180 所示
<偏移>：@－20，0	指定矩形的第一个角点
指定另一个角点或 \[面积(A)/尺寸(D)/旋转(R)\]：@40，-150	指定矩形的另一个角点

命令执行结果如图 3-181 所示。

(9)在命令行输入 TR，执行修剪命令，将多余线条进行修剪处理，如图 3-182 所示。

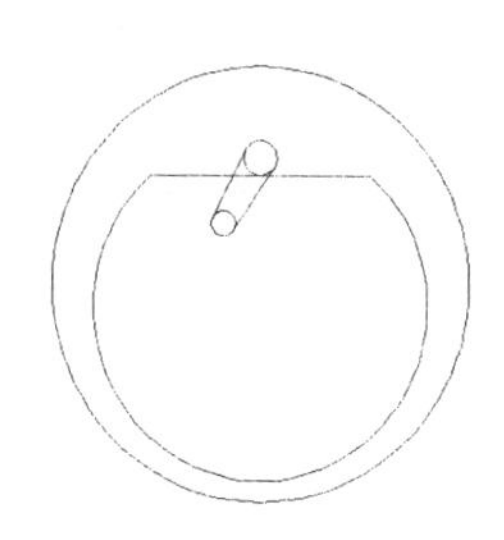

图 3-179　连接圆切点间的连线

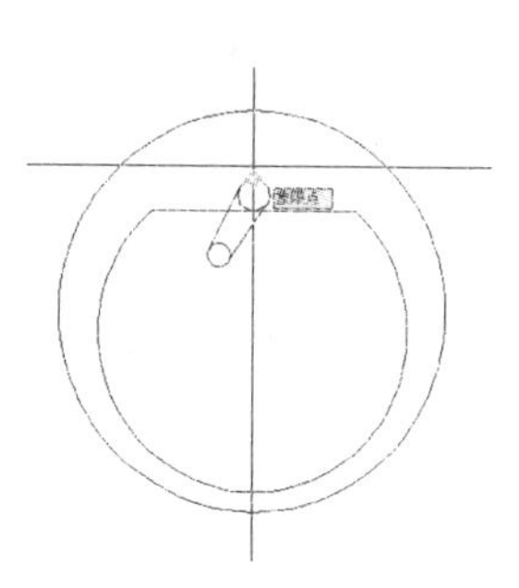

图 3-180　捕捉象限点

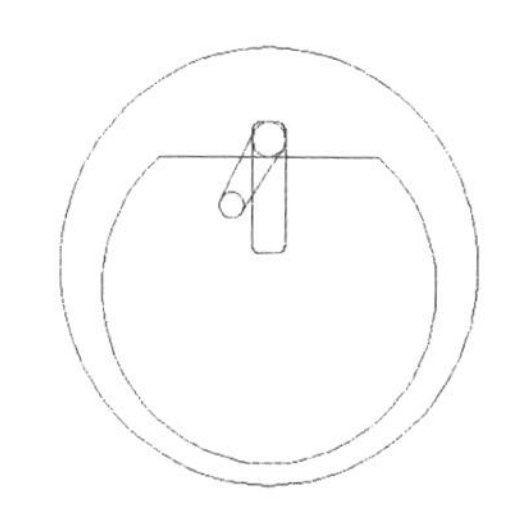

图 3-181　绘制圆角矩形

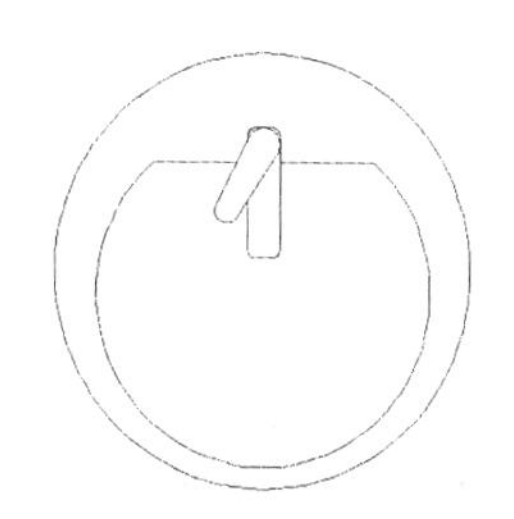

图 3-182　修剪多余线条

实例 23　绘制微波炉

案例效果

本例将绘制如图 3-183 所示的微波炉图形，通过本实例的绘制，可以进一步掌握矩形、圆、阵列、图案填充等命令的使用及绘制方法，掌握微波炉图形的绘制方法及相关技巧。

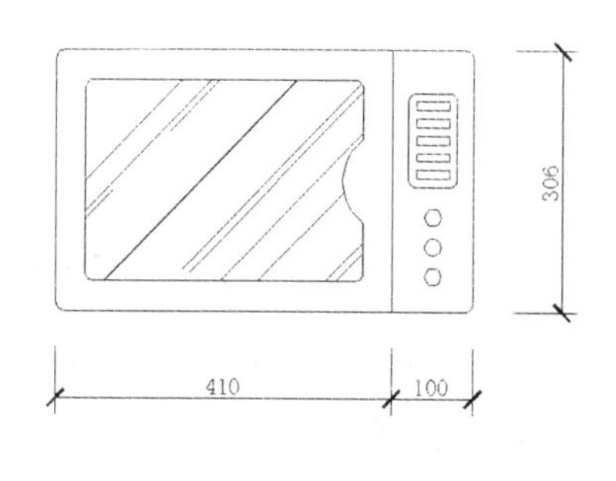

图 3-183　微波炉

案例步骤

(1)在命令行输入 REC，执行矩形命令，绘制长度为 510、高度为 306 的圆角矩形，其中圆角半径为 10，命令行操作内容如下：

命令：rec RECTANG	执行矩形命令
指定第一个角点或 \[倒角(C)/标高(E)/圆角(F)/厚度(T)/宽度(W)\]：	
f	选择“圆角”选项
指定矩形的圆角半径 ＜0.0000＞：10	指定圆角半径
指定第一个角点或 \[倒角(C)/标高(E)/圆角(F)/厚度(T)/宽度(W)\]：	在屏幕上拾取一点，如图 3-184 所示
指定另一个角点或 \[面积(A)/尺寸(D)/旋转(R)\]：@510,306	指定矩形另一个角点

命令执行结果如图 3-185 所示。

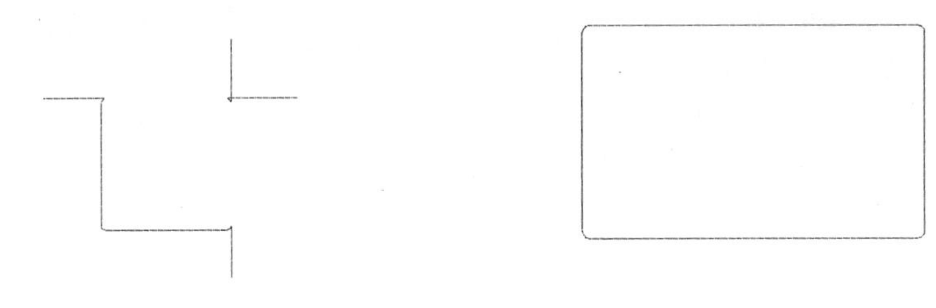

图 3-184　指定矩形第一个角点　　**图 3-185　绘制圆角矩形**

(2)在命令行输入 X,执行分解命令,将绘制的圆角矩形进行分解。

(3)在命令行输入 O,执行偏移命令,将分解矩形后的右端垂直线向左进行偏移,其偏移距离为 100,如图 3-186 所示。

(4)在命令行输入 EX,执行延伸命令,将向左偏移后的垂直线向两端进行延伸,其延伸边界为上下两条水平线,如图 3-187 所示。

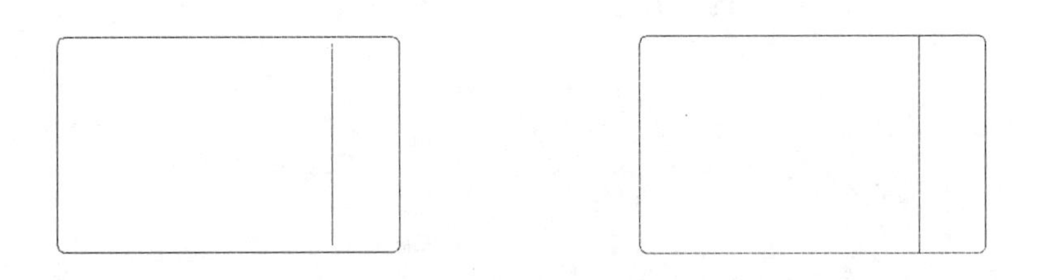

图 3-186　偏移右端垂直线　　**图 3-187　延伸垂直线**

(5)在命令行输入 O,执行偏移命令,将左端两条垂直线,以及上下两条水平线向中间进行偏移,其偏移距离为 35,如图 3-188 所示。

(6)在命令行输入 F,执行圆角命令,将偏移后的四条线进行圆角处理,其圆角半径为 10,如图 3-189 所示。

(7)在命令行输入 C,执行圆命令,以右端第二条垂直线的中点为圆心,绘制半径为 60 的圆,命令行操作内容如下：

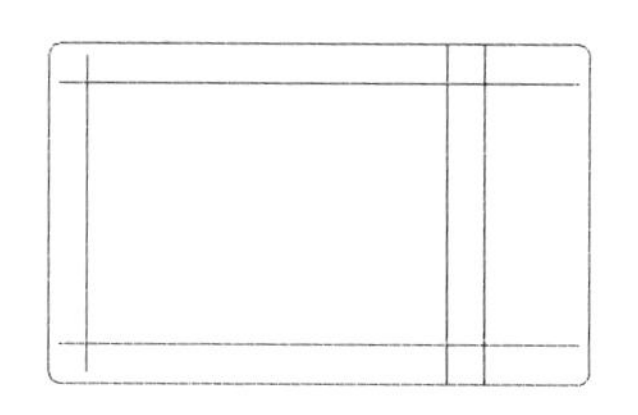

图 3-188 偏移直线

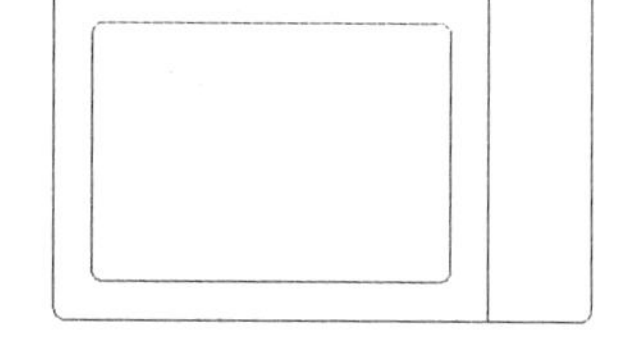

图 3-189 圆角图形

命令	说明
命令：c CIRCLE	执行圆命令
指定圆的圆心或 \[三点(3P)/两点(2P)/切点、切点、半径(T)\]：	捕捉垂直线的中点，如图 3-190 所示
指定圆的半径或 \[直径(D)\]：60	指定圆的半径

命令执行结果如图 3-191 所示。

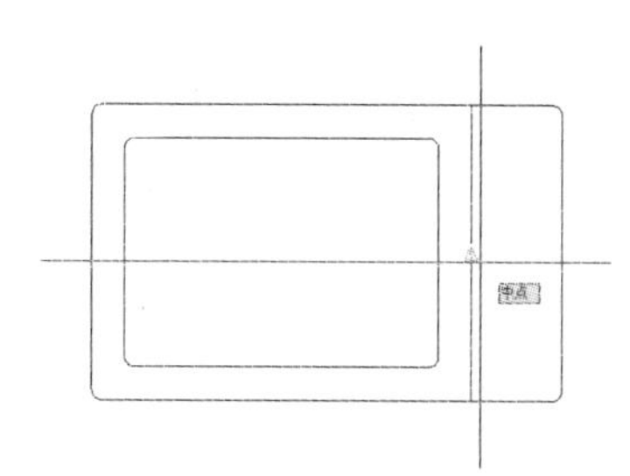

图 3-190 捕捉直线中点

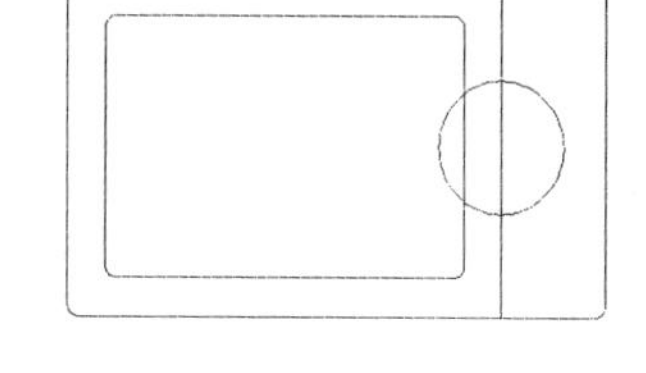

图 3-191 绘制圆

(8)在命令行输入 TR,执行修剪命令,将绘制的圆进行修剪处理,如图 3-192 所示。

(9)在命令行输入 REC,执行矩形命令,绘制长度为 60、高度为 110 的矩形,命令行操作内容如下：

命令	说明
命令：rec RECTANG	执行矩形命令当前矩形模式：圆角 = 10.0000
指定第一个角点或 \[倒角(C)/标高(E)/圆角(F)/厚度(T)/宽度(W)\]：from	选择“捕捉自”捕捉选项
基点：	捕捉直线端点，如图 3-193 所示
<偏移>：@20，−50	指定矩形第一个角点
指定另一个角点或 \[面积(A)/尺寸(D)/旋转(R)\]：@60，−110	指定矩形另一个角点

命令执行结果如图 3-194 所示。

(10)在命令行输入 REC,再次执行矩形命令,绘制长度为 40、高度为 10 的矩形,命令

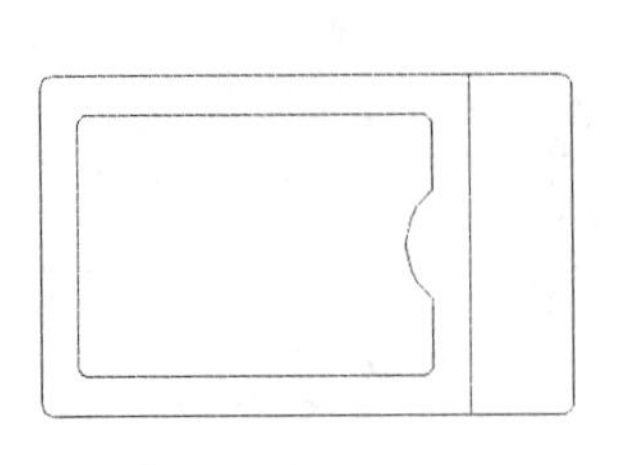

图 3-192　修剪多余线条

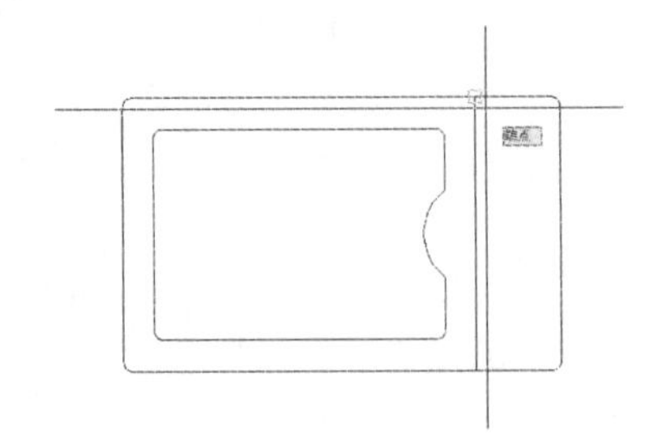

图 3-193　捕捉直线端点

行操作内容如下：

命令行操作	说明
命令：rec RECTANG	执行矩形命令
当前矩形模式：　圆角＝10.0000	
指定第一个角点或 \[倒角(C)/标高(E)/圆角(F)/厚度(T)/宽度(W)\]：f	选择“圆角”选项
指定矩形的圆角半径 <10.0000>：0	指定圆角半径
指定第一个角点或 \[倒角(C)/标高(E)/圆角(F)/厚度(T)/宽度(W)\]：	捕捉圆角矩形右下角圆心
指定另一个角点或 \[面积(A)/尺寸(D)/旋转(R)\]：@40,10	指定矩形另一个角点

命令执行结果如图 3-195 所示。

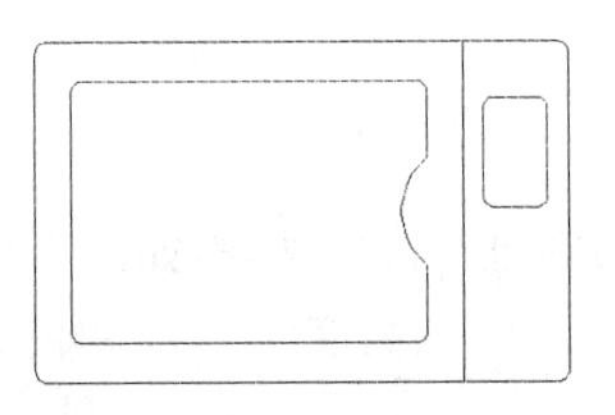

图 3-194　绘制圆角矩形

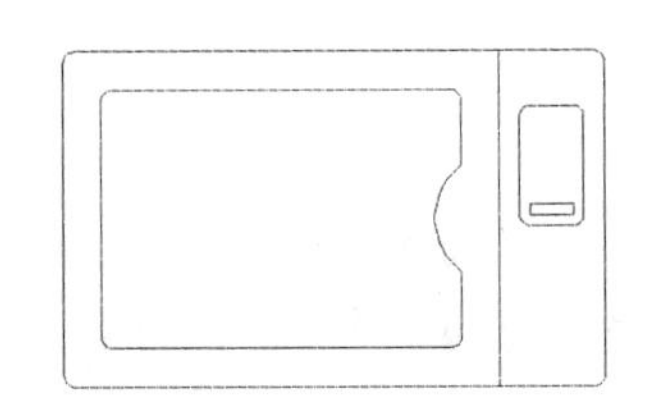

图 3-195　绘制矩形

(11)在命令行输入 ARRAYCLASSIC，执行阵列命令，将长度为 40 的矩形进行阵列操作，其中阵列的行数为 5，“行偏移”选项设置为 20，如图 3-196 所示。

(12)在命令行输入 C，执行圆命令，绘制半径为 10 的圆，命令行操作内容如下：

命令行操作	说明
命令：c CIRCLE	执行圆命令
指定圆的圆心或 \[三点(3P)/两点(2P)/切点、切点、半径(T)\]：35	捕捉对象追踪线，如图 3-197 所示
指定圆的半径或 \[直径(D)\]：10	指定圆的半径

命令执行结果如图 3-198 所示。

(13)在命令行输入 ARRAYCLASSIC，执行阵列命令，将绘制的圆进行阵列操作，其中阵列行数设置为 3，“行偏移”选项设置为－35，如图 3-199 所示。

(14)在命令行输入 BH，执行图案填充命令，打开“图案填充和渐变色”对话框。

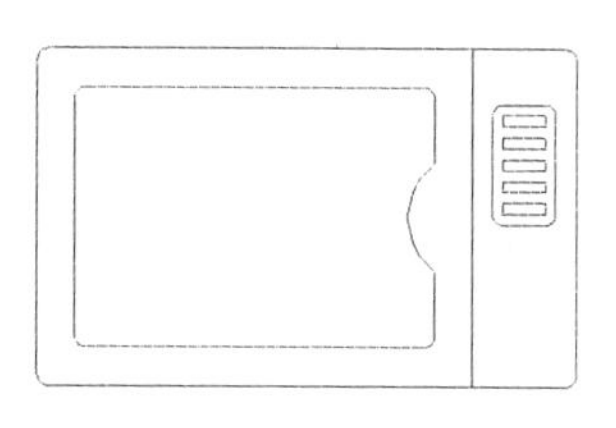

图 3-196 阵列复制矩形

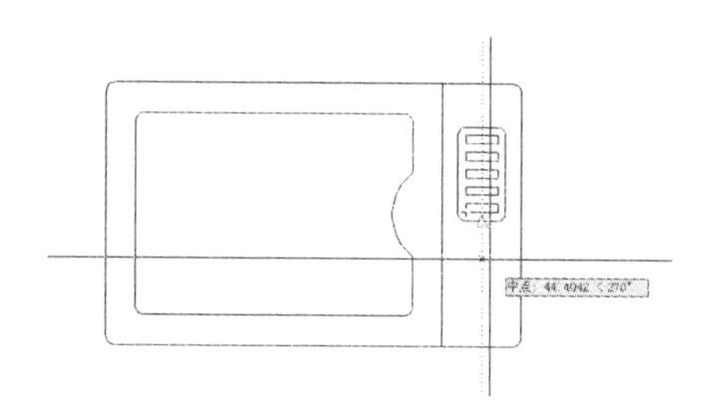

图 3-197 捕捉对象追踪线

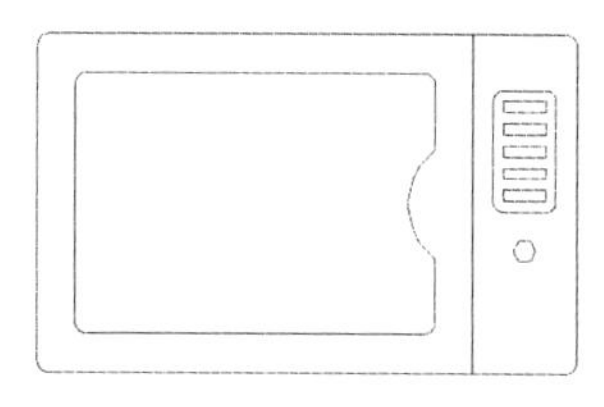

图 3-198 阵列复制矩形

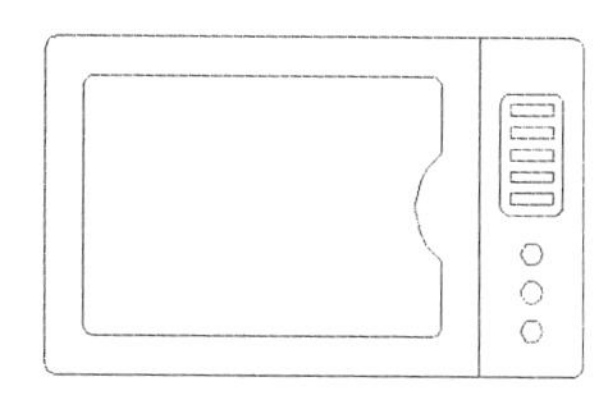

图 3-199 捕捉对象追踪线

(15)将“图案”选项设置为 AR-RROOF,将“角度”选项设置为 45,“比例”选项设置为 100,如图 3-200 所示。

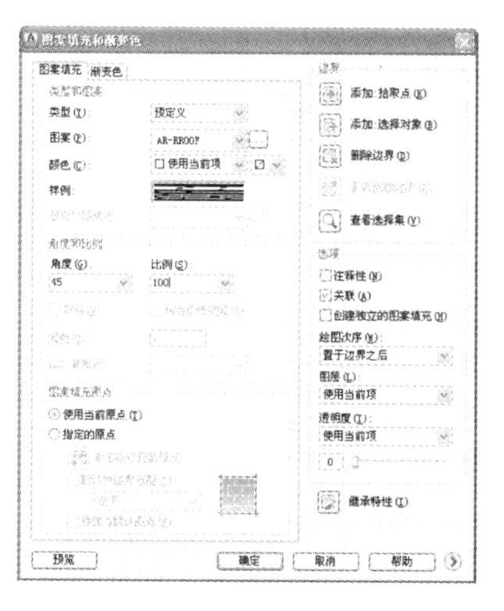

图 3-200 设置图案填充参数

(16)单击“添加:拾取点”按钮,进入绘图区,选择要进行图案填充的区域,按 Enter 键返回“图案填充和渐变色”对话框。

(17)单击“确定”按钮,完成图案填充操作,如图 3-201 所示。

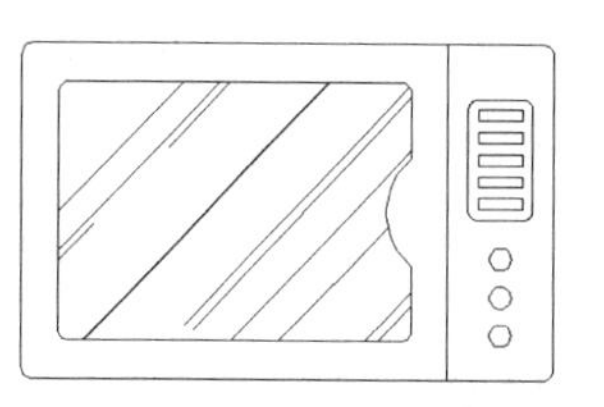

图 3-201 微波炉

实例 24　绘制油烟机

案例效果

本例将绘制如图 3-202 所示的油烟机图形，通过本实例的绘制，可以掌握矩形、分解、阵列、多段线等命令的使用及绘制方法。

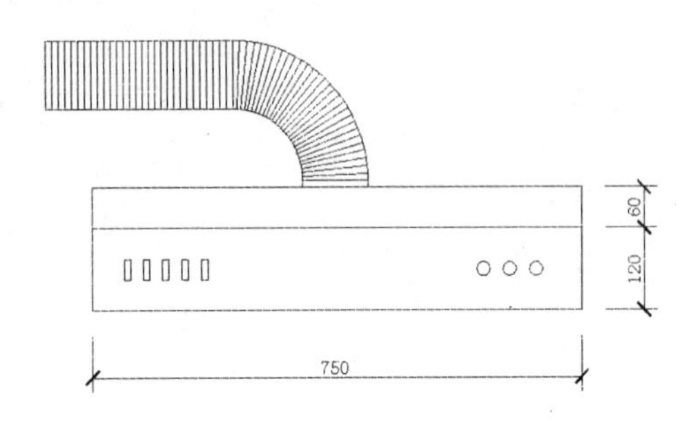

图 3-202　油烟机

案例步骤

(1)在命令行输入 REC，执行矩形命令，绘制长度为 40、高度为 1000 的矩形，如图 3-203 所示。

(2)在命令行输入 X，执行分解命令，将绘制的矩形进行分解。

(3)在命令行输入 O，执行偏移命令，将顶端水平线向下进行偏移，其偏移距离为 60，如图 3-204 所示。

图 3-203　绘制矩形　　　　图 3-204　偏移水平

(4)在命令行输入 REC，执行矩形命令，绘制长度为 10、高度为 30 的矩形，命令行操作内容如下：

命令：rec RECTANG	执行矩形命令
指定第一个角点或 \[倒角(C)/标高(E)/圆角(F)/厚度(T)/宽度(W)\]：from	选择“捕捉自”选项
基点：	捕捉直线端点，如图 3-205 所示
<偏移>：@50,45	指定矩形的第一个角点
指定另一个角点或 \[面积(A)/尺寸(D)/旋转(R)\]：@10,30	指定另一个角点

命令执行结果如图 3-206 所示。

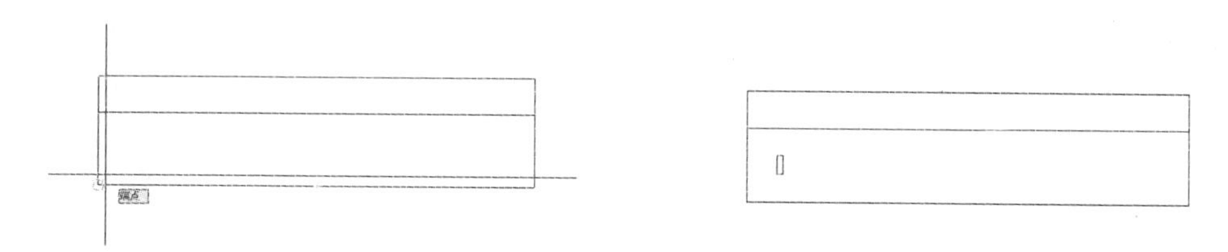

图 3-205　捕捉直线端点　　　　图 3-206　绘制矩形

(5)在命令行输入 ARRAYCLASSIC，执行阵列命令，打开“阵列”对话框，将“列数”选项设置为 5，“列偏移”选项设置为 30，如图 3-207 所示。

(6)单击“选择对象”按钮进入绘图区，选择长度为 10 的矩形，按 Enter 键返回“阵列”对话框。

(7)单击“确定”按钮，完成阵列操作，如图 3-208 所示。

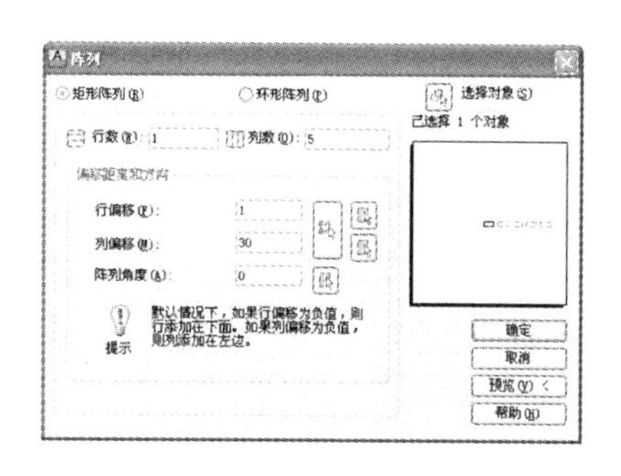

图 3-207　设置阵列参数

图 3-208　阵列矩形

(8)在命令行输入 C，执行圆命令，绘制半径为 10 的圆，命令行操作内容如下：

命令：c CIRCLE	执行圆命令
指定圆的圆心或 \[三点(3P)/两点(2P)/切点、切点、半径(T)\]：420	捕捉对象追踪线，如图 3-209 所示
指定圆的半径或 \[直径(D)\] <10.0000>：10	指定圆的半径

命令执行结果如图 3-210 所示。

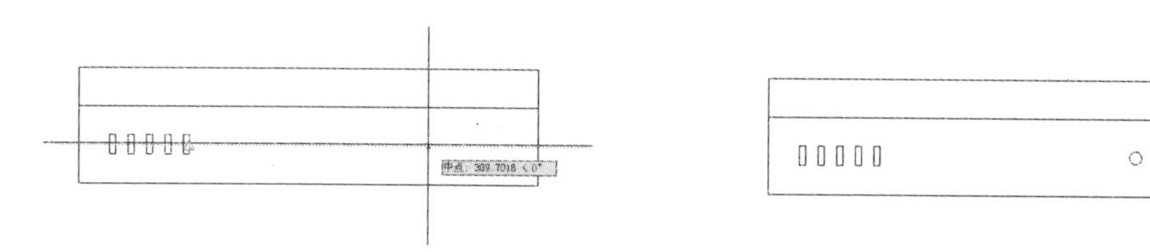

图 3-209　捕捉对象追踪线　　　　图 3-210　绘制圆

(9)在命令行输入 ARRAYCLASSIC，执行阵列命令，将绘制的圆进行阵列操作，其中阵列列数设置为 3，“列偏移”选项设置为 40，如图 3-211 所示。

(10)在命令行输入 PL，执行多段线命令，绘制多段线，命令行操作内容如下：

命令	说明
命令：pl PLINE	执行多段线命令
指定起点：50	捕捉对象追踪线，如图 3-212 所示
当前线宽为 0.0000	
指定下一个点或 \[圆弧(A)/半宽(H)/长度(L)/放弃(U)/宽度(W)\]：a	选择“圆弧”选项
指定圆弧的端点或\[角度(A)/圆心(CE)/方向(D)/半宽(H)/直线(L)/半径(R)/第二个点(S)/放弃(U)/宽度(W)\]：a	选择“角度”选项
指定包含角：90	指定圆弧角度
指定圆弧的端点或 \[圆心(CE)/半径(R)\]：150	捕捉极轴追踪线，如图 3-213 所示
指定圆弧的端点或\[角度(A)/圆心(CE)/闭合(CL)/方向(D)/半宽(H)/直线(L)/半径(R)/第二个点(S)/放弃(U)/宽度(W)\]：l	选择“直线”选项
指定下一点或 \[圆弧(A)/闭合(C)/半宽(H)/长度(L)/放弃(U)/宽度(W)\]：300	鼠标左移，并指定直线长度
指定下一点或 \[圆弧(A)/闭合(C)/半宽(H)/长度(L)/放弃(U)/宽度(W)\]：	按 Enter 键结束多段线命令

命令执行结果如图 3-214 所示。

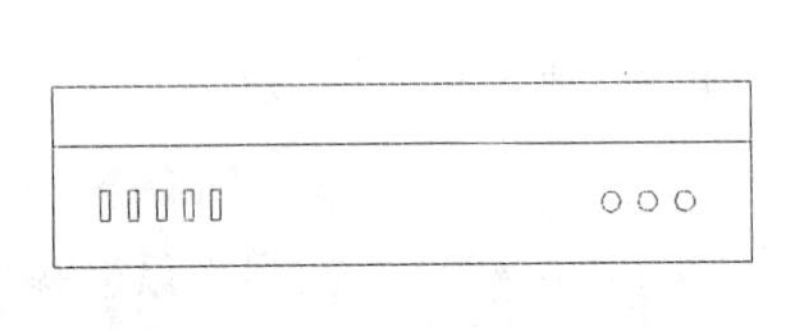

图 3-211 阵列复制圆

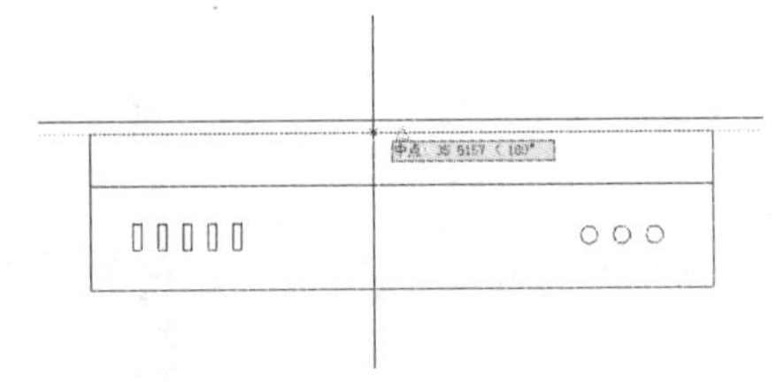

图 3-212 捕捉对象追踪线

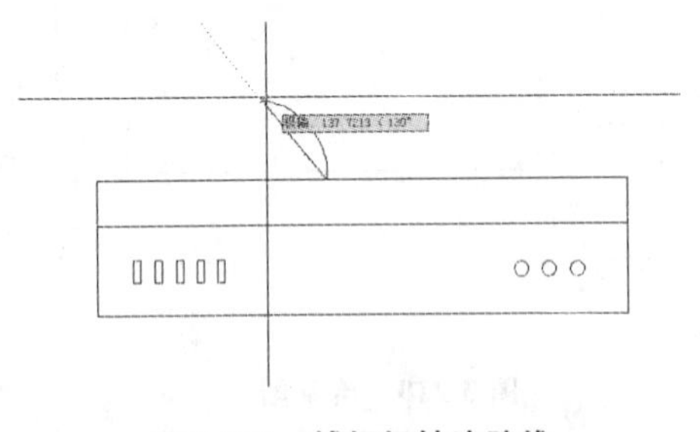

图 3-213 捕捉极轴追踪线

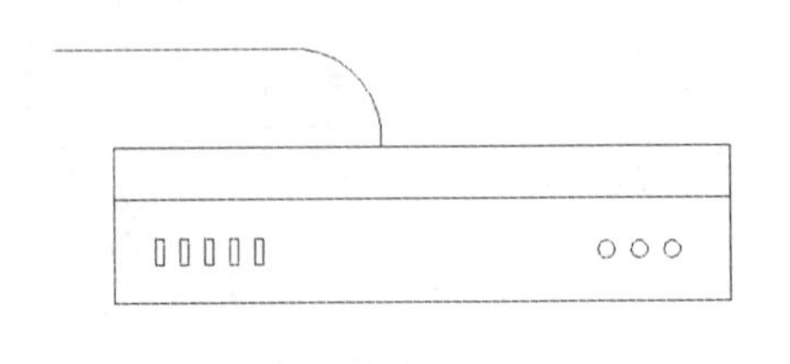

图 3-214 绘制多线段

(11)在命令行输入 O，执行偏移命令，将绘制的多段线向右上方进行偏移，其偏移距离为 100，如图 3-215 所示。

(12)在命令行输入 TR，执行修剪命令，将偏移后多段线超出顶端水平线的部分进行修剪处理，如图 3-216 所示。

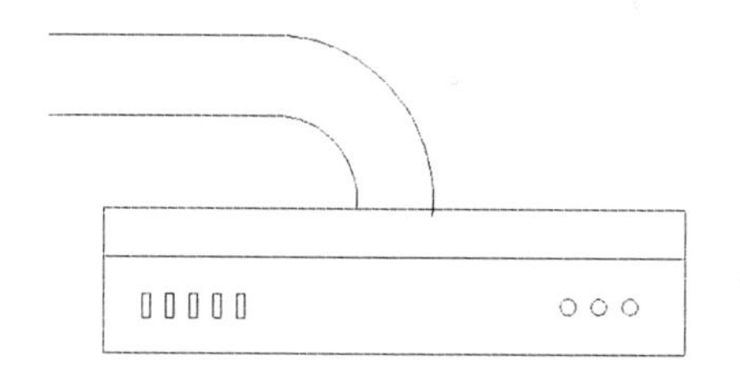

图 3-215 偏移多段线

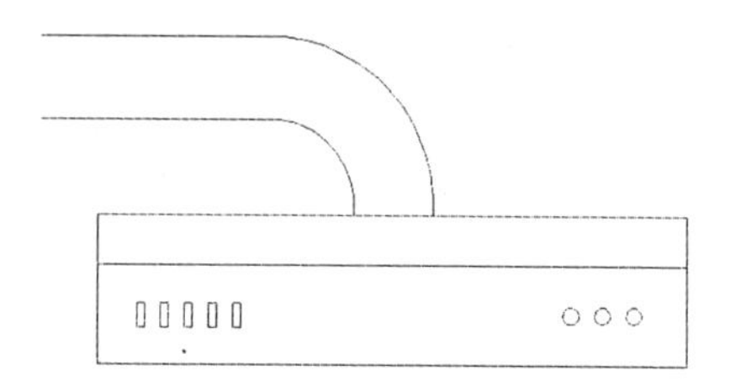

图 3-216 修剪多段线

(13)在命令行输入 L，执行直线命令，连接两条多段线左端端点，如图 3-217 所示。

(14)在命令行输入 ARRAYCLASSIC，执行阵列命令，打开“阵列”对话框，将“列数”选项设置为 30，“列偏移”选项设置为 10，如图 3-218 所示。

(15)单击“选择对象”按钮，进入绘图区，选择左端垂直线，按 Enter 键返回“阵列”对话框。

(16)单击“确定”按钮，返回绘图区，完成直线阵列操作，如图 3-219 所示。

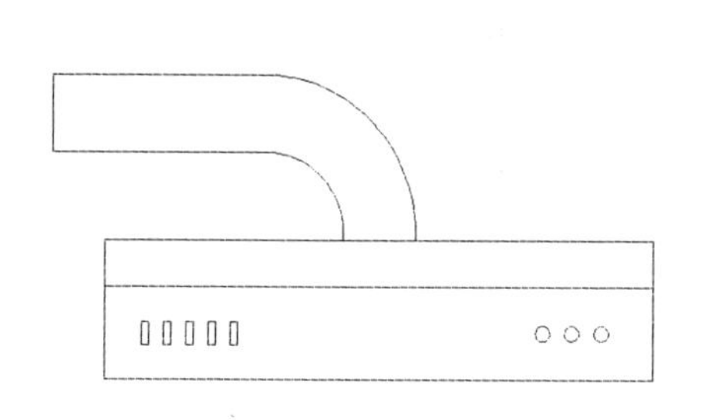

图 3-217 连接直线

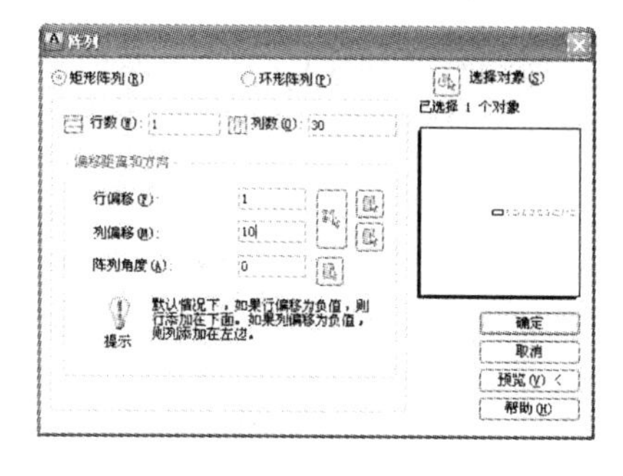

图 3-218 设置阵列参数

(17)在命令行输入 ARRAYCLASSIC，再次执行阵列命令，打开“阵列”对话框，选择“环形阵列”单选项，并单击“中心点”选项后的“拾取中心点”按钮，进入绘图区。

(18)在命令行提示“指定阵列中心点：”后捕捉多段线的圆心，如图 3-220 所示，并返回“阵列”对话框。

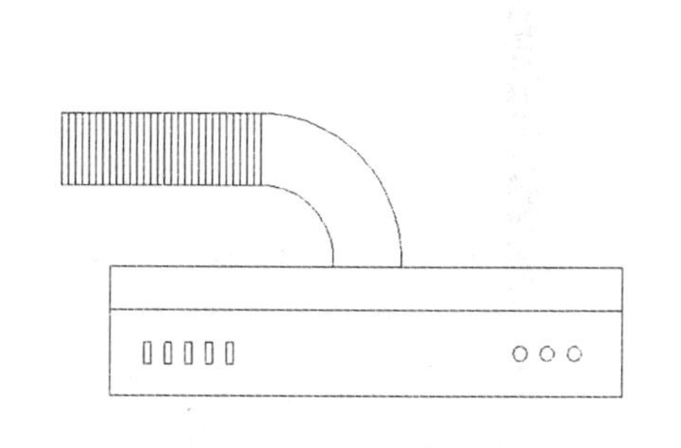

图 3-219 阵列复制直线

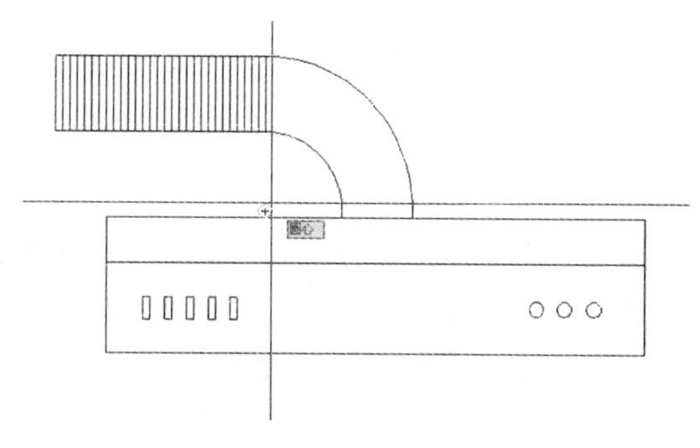

图 3-220 指定阵列中心点

(19)将“项目总数”选项设置为 30,“填充角度”选项设置为－90,如图 3-221 所示。

(20)单击“选择对象”按钮,进入绘图区,在命令行提示“选择对象”后选择阵列后最右端垂直线,按 Enter 键返回“阵列”对话框。

(21)单击“确定”按钮,完成油烟机图形的绘制,如图 3-222 所示。

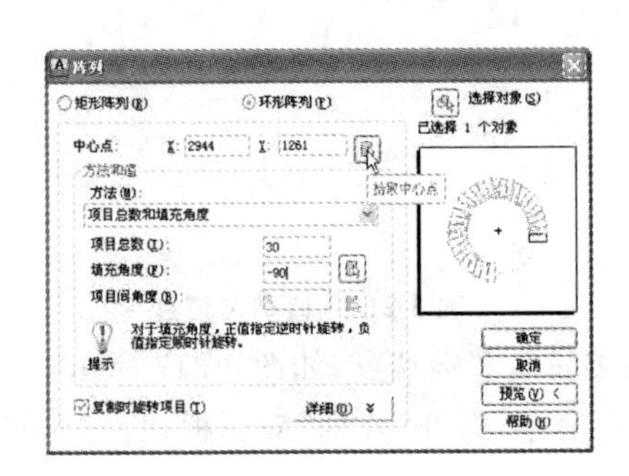

图 3-221　设置阵列参数

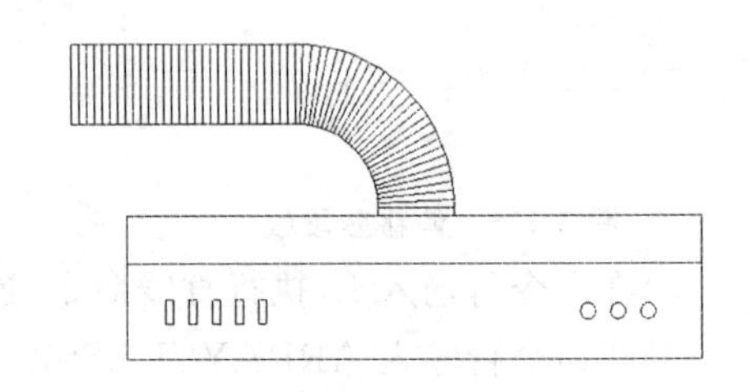

图 3-222　油烟机

实例 25　绘制浴缸平面图

案例效果

本例将绘制如图 3-223 所示的浴缸平面图形,通过本实例的绘制,可以掌握矩形、偏移、对象追踪、圆等命令的使用及相关技巧。

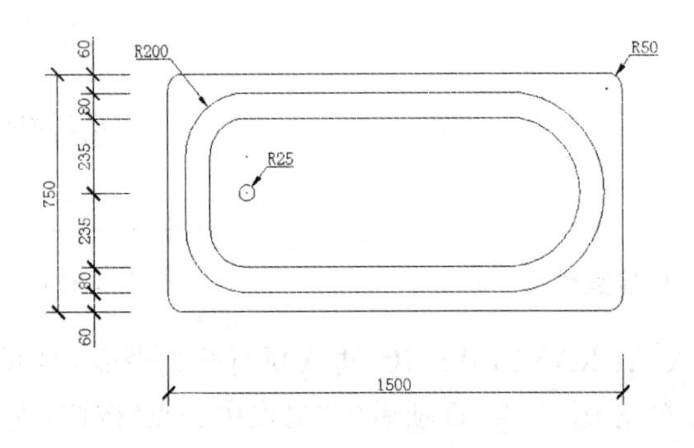

图 3-223　浴缸平面

案例步骤

(1)在命令行输入 REC,执行矩形命令,绘制长度为 1500、高度为 750 的圆角矩形,其中圆角半径为 50,命令行操作内容如下:

命令：rec RECTANG	执行矩形命令
指定第一个角点或 \[倒角(C)/标高(E)/圆角(F)/厚度(T)/宽度(W)\]:f	选择“圆角”选项
指定矩形的圆角半径 <0.0000>：50	设置圆角半径
指定第一个角点或 \[倒角(C)/标高(E)/圆角(F)/厚度(T)/宽度(W)\]:	在屏幕上拾取一点,如图 3-224 所示
指定另一个角点或 \[面积(A)/尺寸(D)/旋转(R)\]：@1500,750	指定另一个角点

命令执行结果如图 3-225 所示。

图 3-224 指定矩形第一个角点　　图 3-225 绘制矩形

(2)在命令行输入 O,执行偏移命令,将绘制的矩形向内进行偏移,其偏移距离为 60,如图 3-226 所示。

(3)在命令行输入 F,执行圆角命令,将偏移后的矩形右端的两个角进行圆角,其圆角半径为 315,如图 3-227 所示。

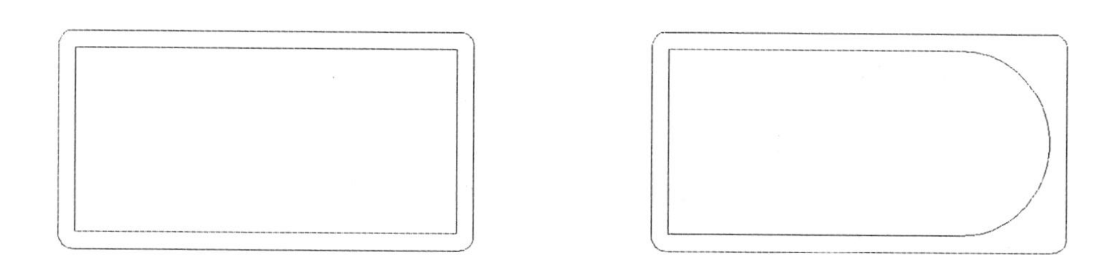

图 3-226 偏移矩形　　图 3-227 圆角矩形

(4)在命令行输入 F,再次执行圆角命令,将偏移矩形左端的两个角进行圆角处理,其圆角半径为 200,如图 3-228 所示。

(5)在命令行输入 O,执行偏移命令,将圆角后的矩形向内进行偏移,其偏移距离为 80,如图 3-229 所示。

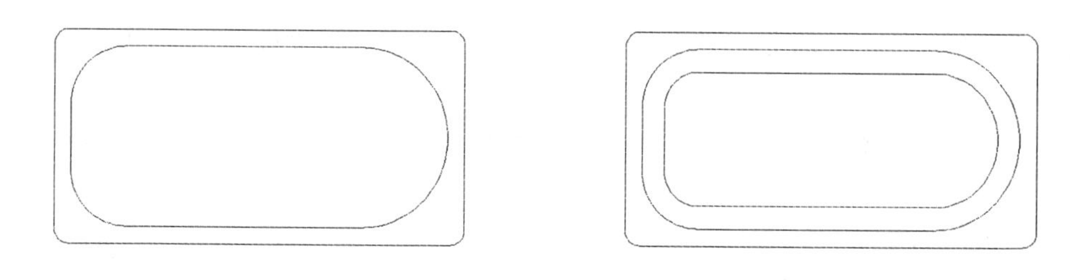

图 3-228 圆角矩形　　图 3-229 偏移圆角后的矩形

(6)在命令行输入 C,执行圆命令,绘制半径为 25 的圆,命令行操作内容如下:

命令：c CIRCLE	执行圆命令
指定圆的圆心或 \[三点(3P)/两点(2P)/切点、切点、半径(T)\]：200	捕捉对象追踪线，如图 3-230 所示
指定圆的半径或 \[直径(D)\]：25	指定圆的半径

命令执行结果如图 3-231 所示。

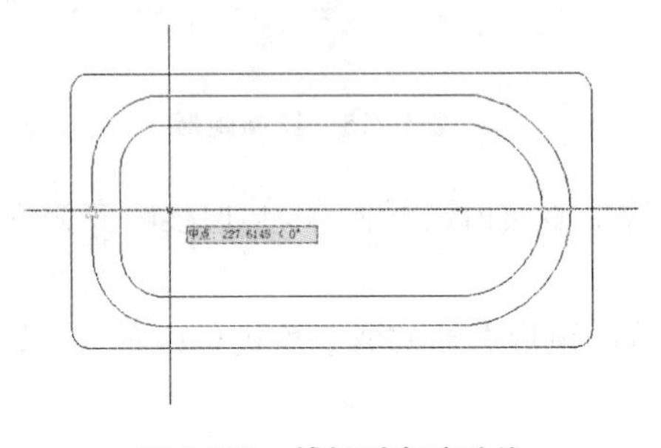
图 3-230　捕捉对象追踪线

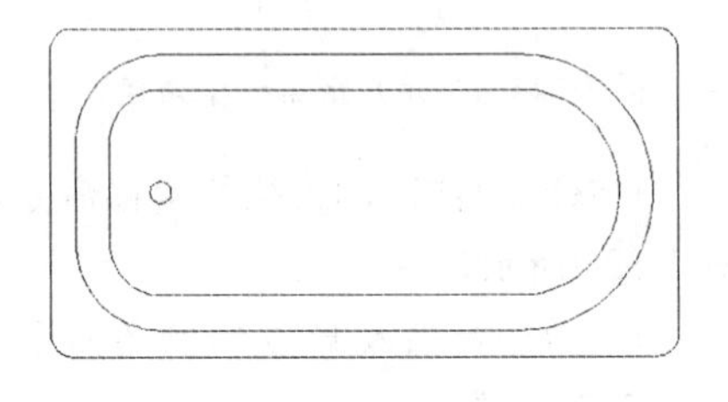
图 3-231　浴缸平面

实例 26　绘制浴缸立面图

案例效果

本例将绘制如图 3-232 所示的浴缸立面图形，通过本实例的绘制，可掌握矩形、对象追踪、构造线、修剪等命令的使用与相关方法。

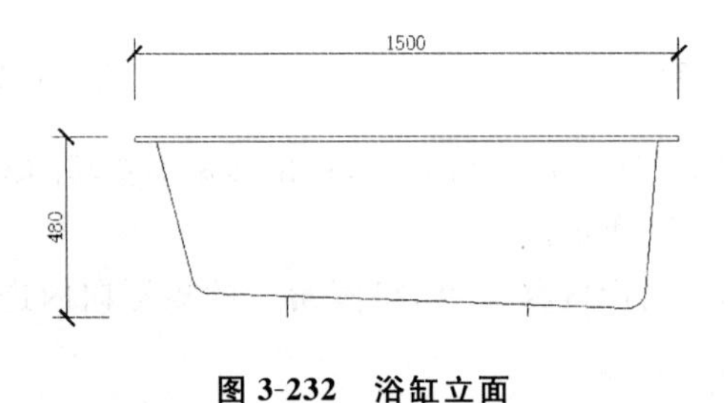

图 3-232　浴缸立面

案例步骤

(1)在命令行输入 REC，执行矩形命令，绘制长度为 1500，高度为 15 的矩形，如图 3-233 所示。

(2)在命令行输入 XL，执行构造线命令，绘制角度为 85 的构造线，命令行操作内容如下：

命令：xl XLINE	执行构造线命令
指定点或 \[水平(H)/垂直(V)/角度(A)/二等分(B)/偏移(O)\]：a	选择“角度”选项
输入构造线的角度 (0) 或 \[参照(R)\]:85	指定构造线的角度
指定通过点：60	捕捉对象追踪线，如图 3-234 所示
指定通过点：	按 Enter 键结束构造线命令

命令执行结果如图 3-235 所示。

图 3-233　绘制图形

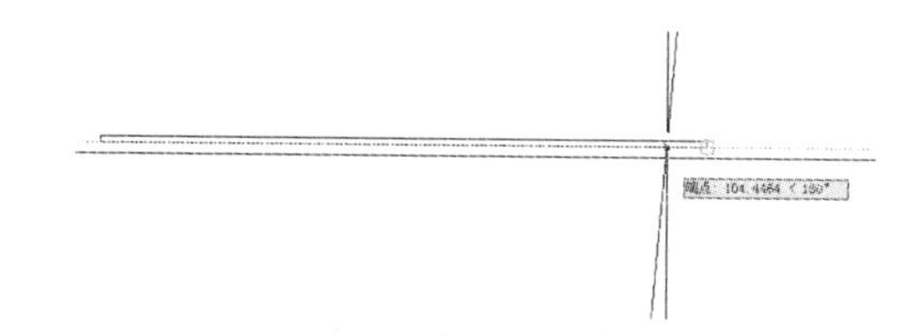

图 3-234　捕捉对象追踪线

(3)在命令行输入 XL,再次执行构造线命令,绘制角度为－75 的构造线,命令行操作内容如下:

命令行	说明
命令：xl XLINE	执行构造线命令
指定点或 \[水平(H)/垂直(V)/角度(A)/二等分(B)/偏移(O)\]：a	选择"角度"选项
输入构造线的角度 (0) 或 \[参照(R)\]：－75	指定构造线的角度
指定通过点：60	捕捉对象追踪线,如图 3-236 所示
指定通过点：	按 Enter 键结束构造线命令

命令执行结果如图 3-237 所示。

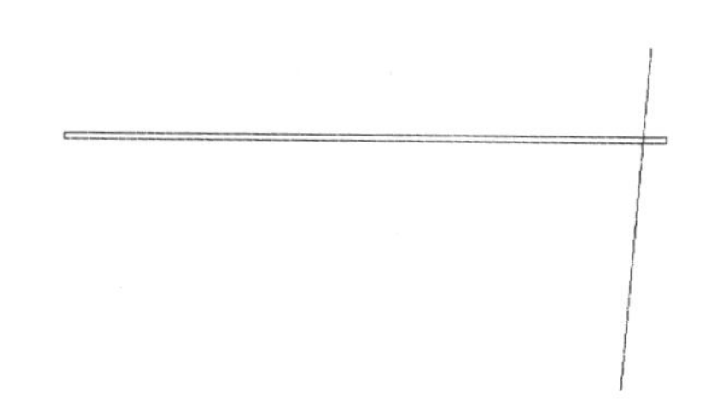

图 3-235　绘制构造线

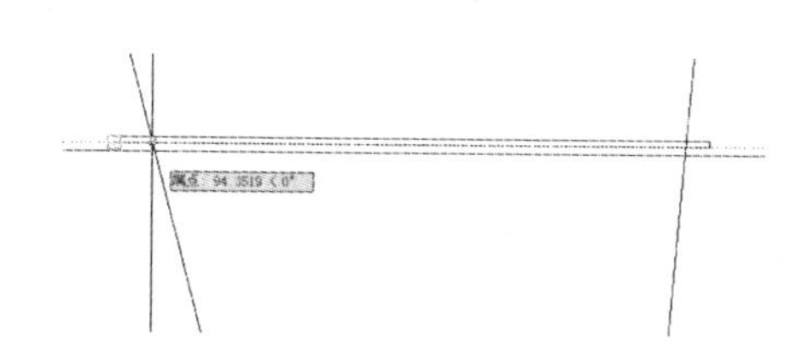

图 3-236　捕捉对象追踪线

(4)在命令行输入 XL,再次执行构造线命令,绘制角度为－2 的构造线,命令行操作内容如下:

命令行	说明
命令：xl XLINE	执行构造线命令
指定点或 \[水平(H)/垂直(V)/角度(A)/二等分(B)/偏移(O)\]：a	选择"角度"选项
输入构造线的角度 (0) 或 \[参照(R)\]：－2	指定构造线的角度
指定通过点：420	捕捉对象追踪线,如图 3-238 所示
指定通过点：	按 Enter 键结束构造线命令

命令执行结果如图 3-239 所示。

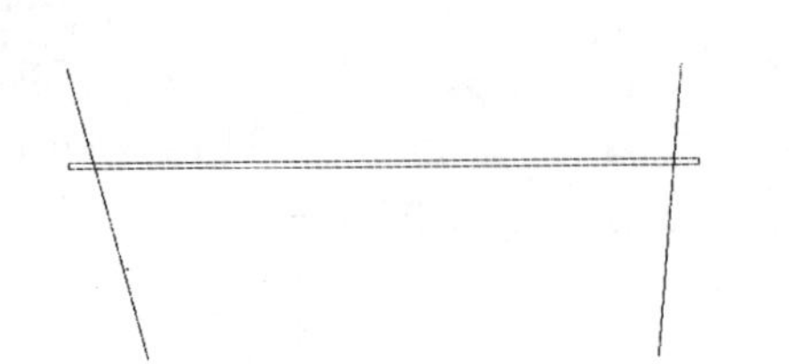

图 3-237　绘制构造线

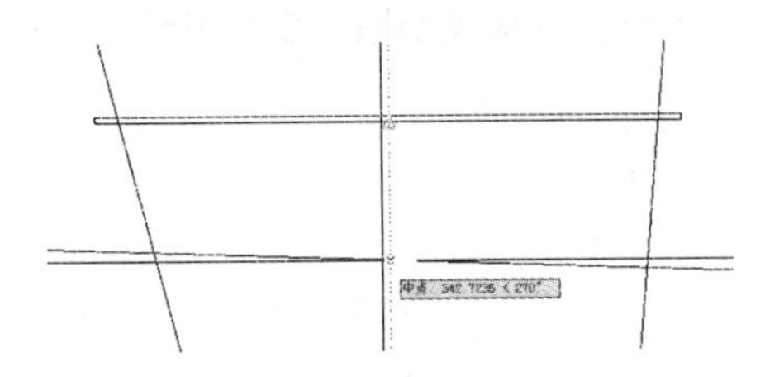

图 3-238　捕捉对象追踪线

(5)在命令行输入 TR,执行修剪命令,将绘制的构造线进行修剪处理,如图 3-240 所示。

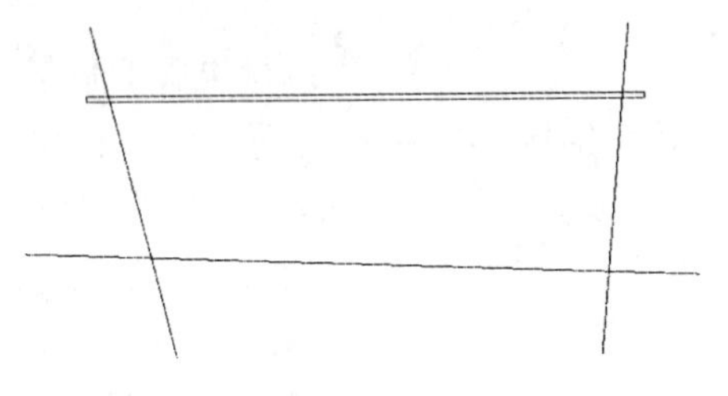

图 3-239　绘制构造线

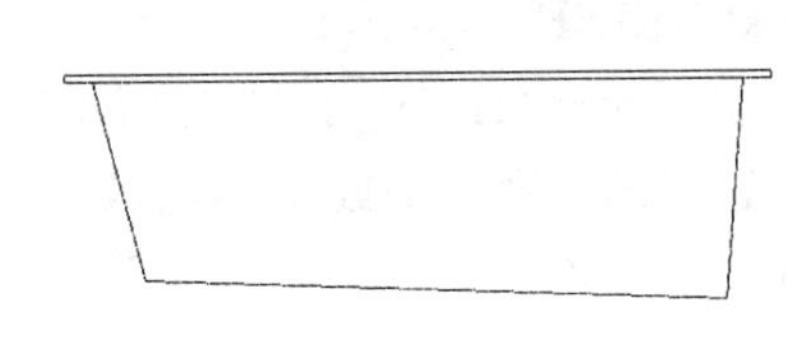

图 3-240　修剪多余线条

(6)在命令行输入 F,执行圆角命令,将修剪后的线条进行圆角处理,其圆角半径为 45,如图 3-241 所示。

(7)在命令行输入 XL,执行构造线命令,绘制垂直构造线,命令行操作内容如下:

命令行	说明
命令:xl XLINE	执行构造线命令
指定点或 \[水平(H)/垂直(V)/角度(A)/二等分(B)/偏移(O)\]:v	选择"垂直"选项
指定通过点:420	捕捉对象追踪线,如图 3-242 所示
指定通过点:420	捕捉对象追踪线,如图 3-243 所示
指定通过点:	按 Enter 键结束构造线命令

命令执行结果如图 3-244 所示。

图 3-241　圆角图形

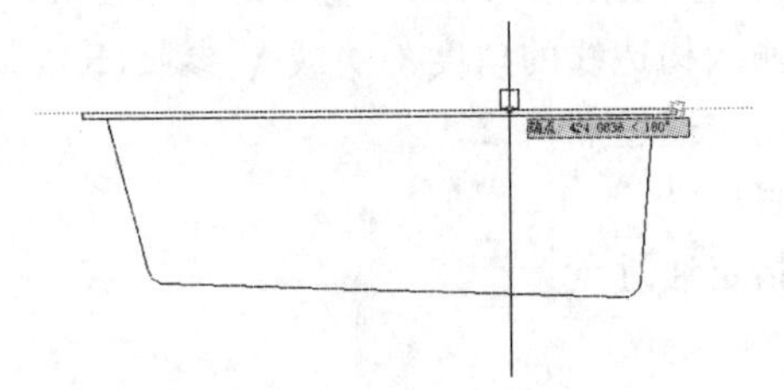

图 3-242　捕捉对象追踪线

(8)在命令行输入 XL,执行构造线命令,绘制水平构造线,命令行操作内容如下:

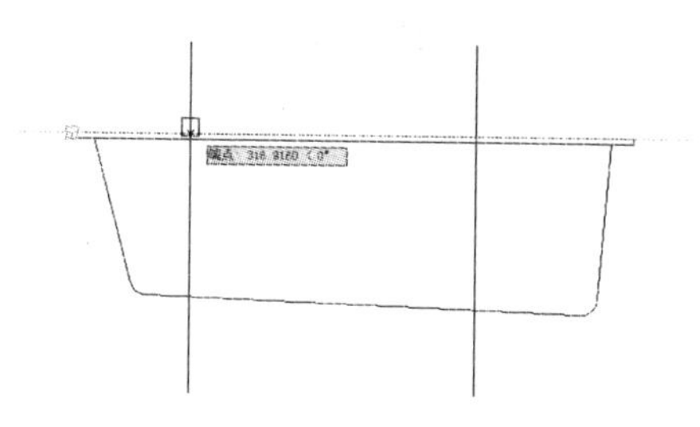

图 3-243 捕捉对象追踪线

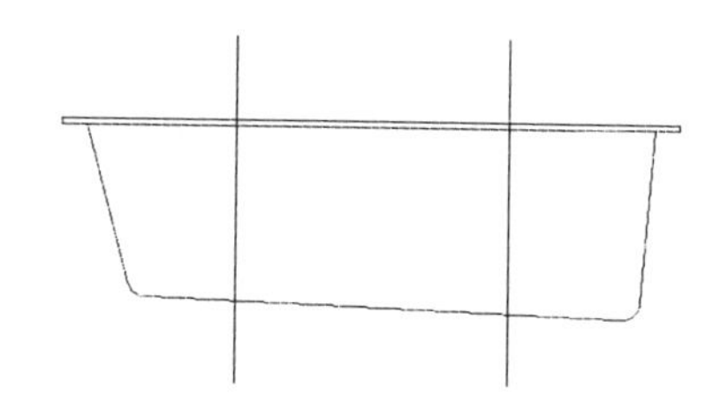

图 3-244 绘制垂直构造线

命令	说明
命令：xl XLINE	执行构造线命令
指定点或 \[水平(H)/垂直(V)/角度(A)/二等分(B)/偏移(O)\]：h	选择“水平”选项
指定通过点：480	捕捉对象追踪线，如图 3-245 所示
指定通过点：	按 Enter 键结束构造线命令

命令执行结果如图 3-246 所示。

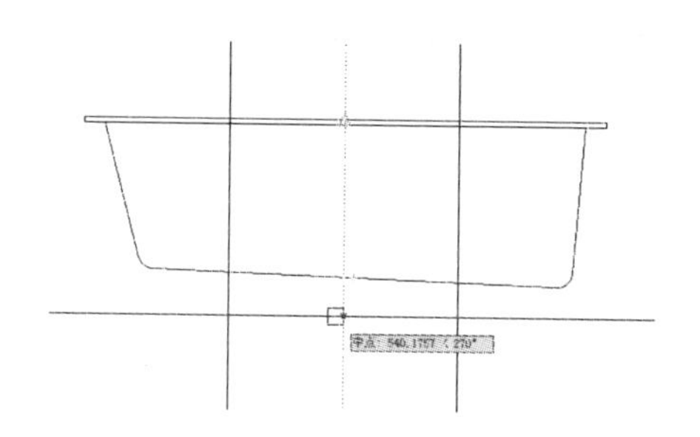

图 3-245 捕捉对象追踪线

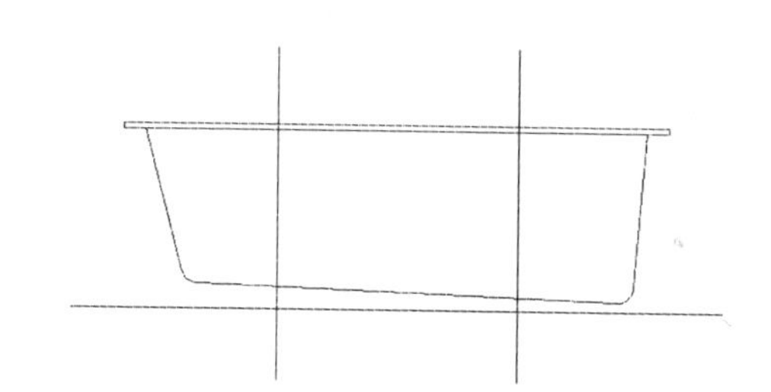

图 3-246 绘制水平构造线

(9)在命令行输入 TR，执行修剪命令，将两条垂直构造线进行修剪，如图 3-247 所示。

(10)在命令行输入 E，执行删除命令，将底端绘制的水平构造线进行删除，如图 3-248 所示。

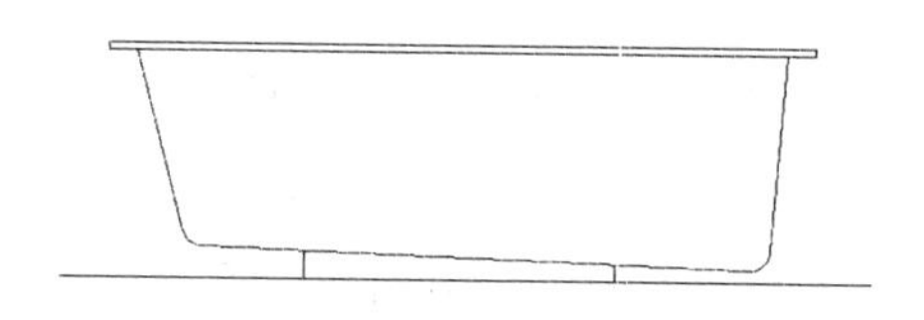

图 3-247 修剪垂直构造线

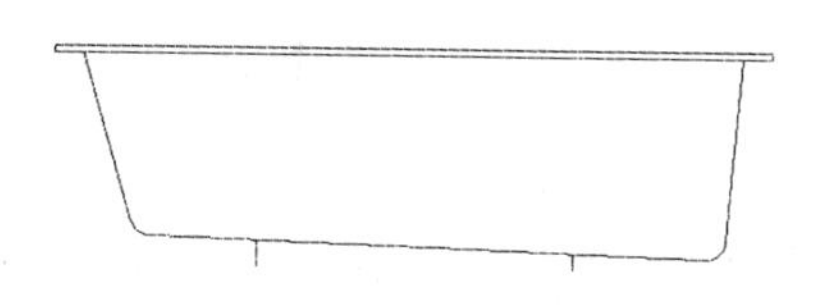

图 3-248 浴缸立面

实例 27 绘制蹲便器

案例效果

本例将绘制如图 3-249 所示的蹲便器图形，通过本实例的绘制，可以掌握矩形、圆角、偏移、构造线、直线、阵列以及镜像等绘图及编辑命令的使用和相应操作技巧等。

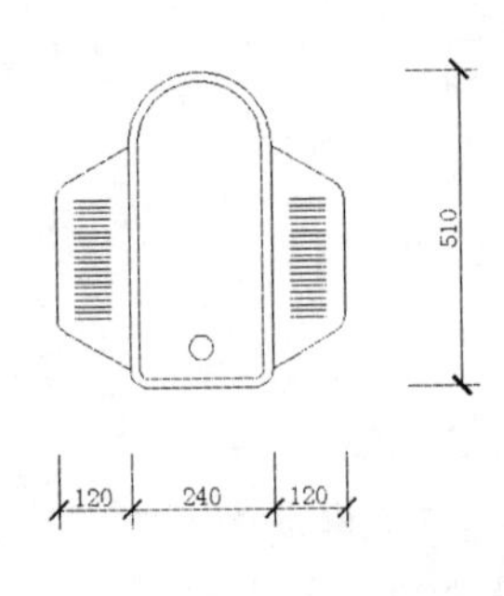

图 3-249　蹲便器

案例步骤

(1)在命令行输入 REC,执行矩形命令,绘制长度为 240、高度为 510 的矩形,如图 3-250所示。

(2)在命令行输入 F,执行圆角命令,将矩形顶端两个角进行圆角处理,其圆角半径为 120,如图 3-251 所示。

(3)在命令行输入 F,执行圆角命令,将矩形底端两个角进行圆角处理,其圆角半径为 30,如图 3-252 所示。

图 3-250　绘制矩形　　图 3-251　对图形进行圆角　　图 3-252　圆角矩形

(4)在命令行输入 O,执行偏移命令,将圆角后的矩形向内进行偏移,其偏移距离为 15,如图 3-253 所示。

(5)在命令行输入 C,执行圆命令,绘制半径为 20 的圆,命令行操作内容如下:

命令:c CIRCLE	执行圆命令
指定圆的圆心或 \[三点(3P)/两点(2P)/切点、切点、半径(T)\]:50	捕捉对象追踪线,如图 3-254 所示
指定圆的半径或 \[直径(D)\]:20	指定圆的半径

命令执行结果如图 3-255 所示。

(6)在命令行输入 XL,执行构造线命令,绘制垂直构造线,命令行操作内容如下:

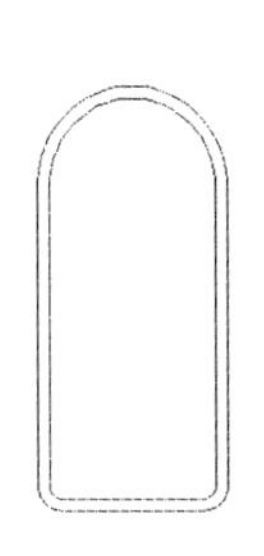

图 3-253 偏移圆角后的矩形

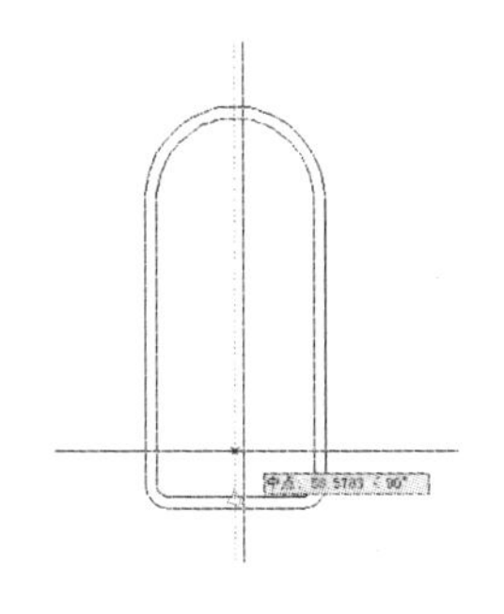

图 3-254 捕捉对象追踪线

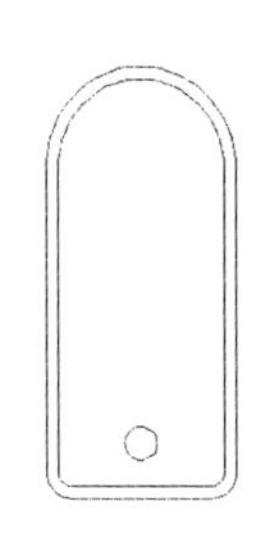

图 3-255 绘制圆

命令：xl XLINE	执行构造线命令
指定点或 \[水平(H)/垂直(V)/角度(A)/二等分(B)/偏移(O)\]：v	选择“垂直”选项
指定通过点：120	捕捉对象追踪线，如图 3-256 所示
指定通过点：	按 Enter 键结束构造线命令

命令执行结果如图 3-257 所示。

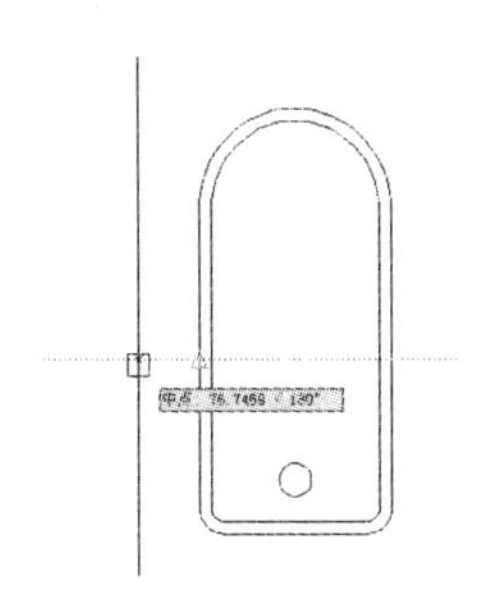

图 3-256 捕捉对象追踪线

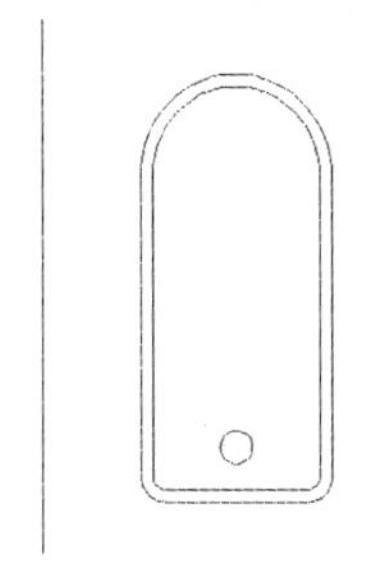

图 3-257 绘制构造线

(7)在命令行输入 XL，执行构造线命令，绘制角度为 30 的构造线，命令行操作内容如下：

命令：xl XLINE	执行构造线命令
指定点或 \[水平(H)/垂直(V)/角度(A)/二等分(B)/偏移(O)\]：a	选择“角度”选项
输入构造线的角度 (0) 或 \[参照(R)\]:30	指定构造线的角度
指定通过点：	捕捉圆弧端点，如图 3-258 所示
指定通过点：	按 Enter 键结束构造线命令

命令执行结果如图 3-259 所示。

(8)在命令行输入 MI，执行镜像命令，将倾斜构造线进行镜像复制，命令行操作内容如下：

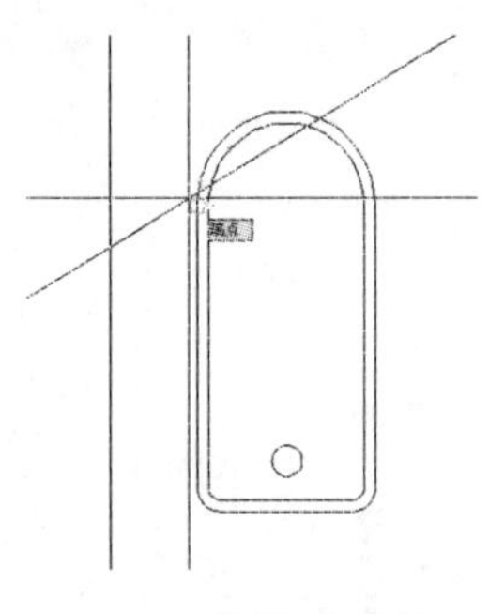

图 3-258 捕捉圆弧端点

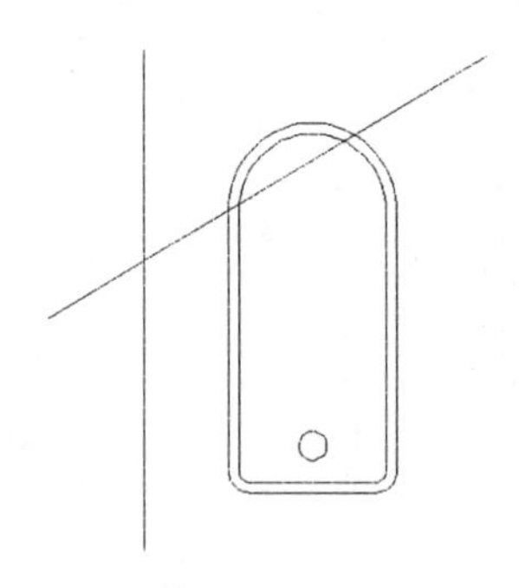

图 3-259 绘制构造线

命令：mi MIRROR	执行镜像命令
选择对象：	选择角度为 30 的构造线
选择对象：	按 Enter 键确定对象的选择
指定镜像线的第一点：	捕捉直线中点，如图 3-260 所示
指定镜像线的第二点：	捕捉另一直线中点，如图 3-261 所示
要删除源对象吗？\[是(Y)/否(N)\] <N>：	不删除源图形对象

命令执行结果如图 3-262 所示。

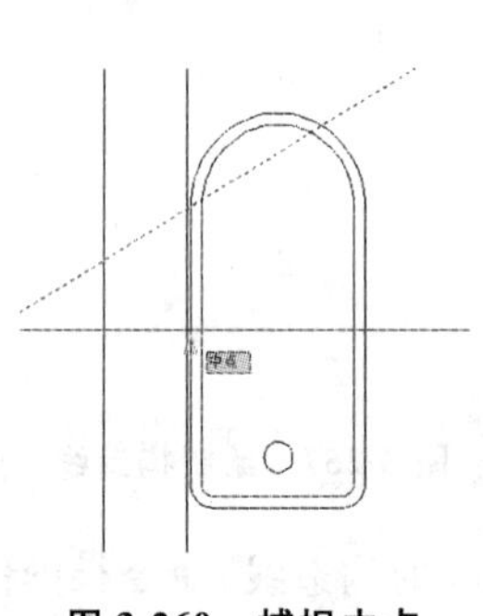

图 3-260 捕捉中点

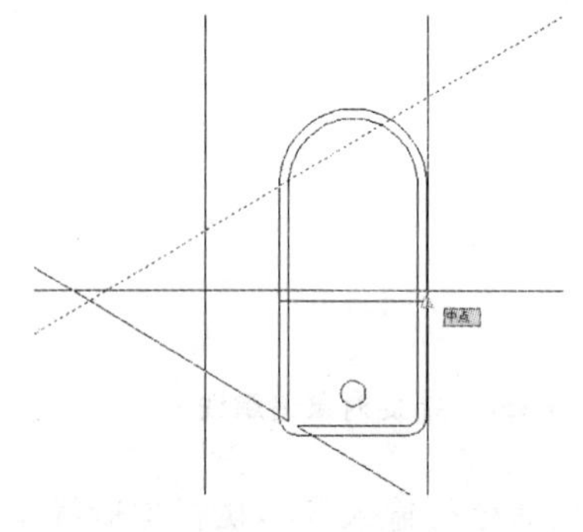

图 3-261 捕捉中点

(9)在命令行输入 TR，执行修剪命令，将构造线进行修剪处理，如图 3-263 所示。

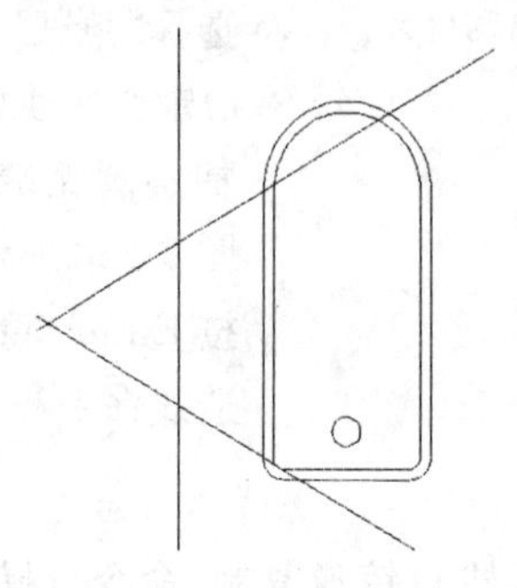

图 3-262 镜像复制构造线

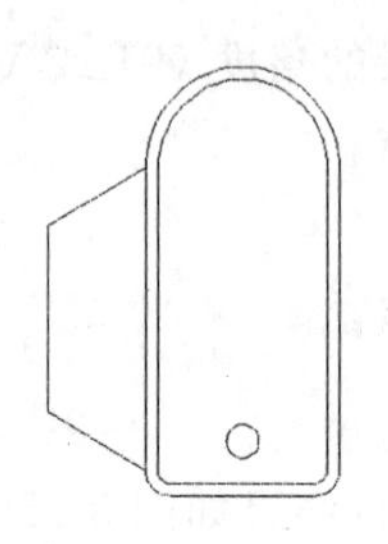

图 3-263 绘制构造线

(10)在命令行输入 F，执行圆角命令，将修剪后的线条进行圆角处理，其圆角半径为 30，如图 3-264 所示。

(11)在命令行输入 L，执行直线命令，绘制长度为 60 的直线，命令行操作内容如下：

命令：l LINE	执行直线命令
指定第一点：	捕捉圆角圆心，如图 3-265 所示
指定下一点或 \[放弃(U)\]：60	鼠标向右移，并输入直线长度
指定下一点或 \[放弃(U)\]：	按 Enter 键结束直线命令

命令执行结果如图 3-266 所示。

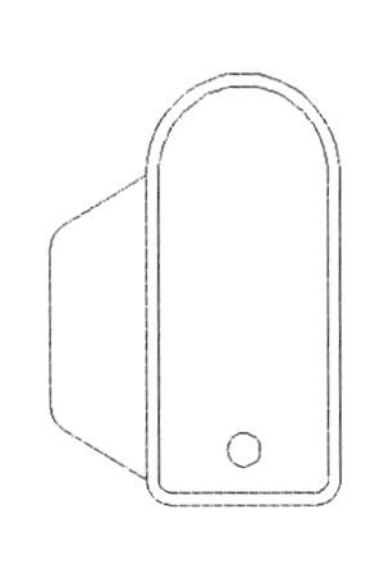

图 3-264 圆角图形

图 3-265 捕捉圆角圆心

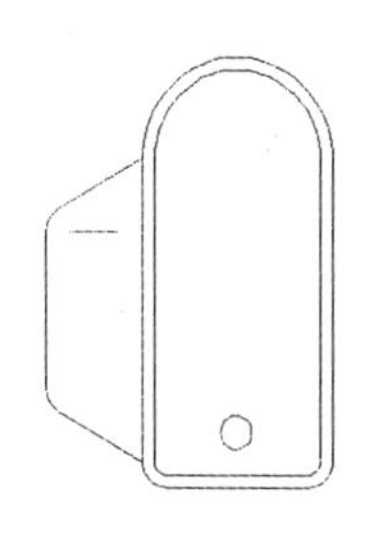

图 3-266 绘制直线形

(12)在命令行输入 ARRAYCLASSIC，执行阵列命令，打开“阵列”对话框，选择“矩形”阵列选项。

(13)将“行数”选项设置为 20，“行偏移”选项设置为－10，如图 3-267 所示。

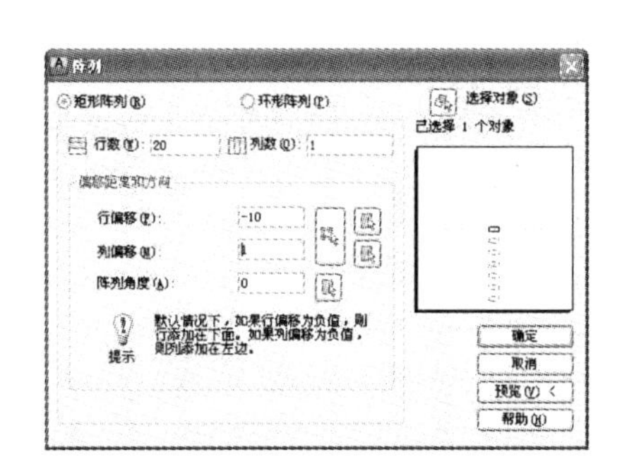

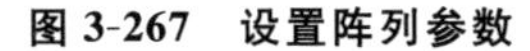

图 3-267 设置阵列参数

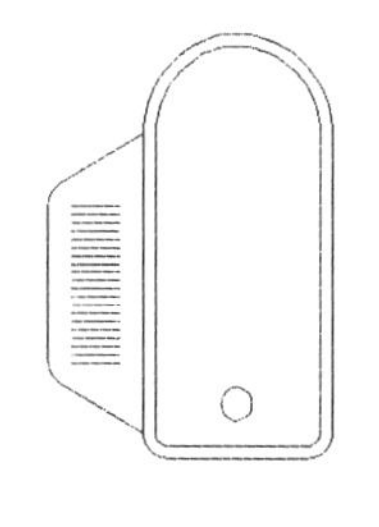

图 3-268 阵列复制直线

(14)单击“选择对象”按钮，进入绘图区，选择绘制的直线，按 Enter 键返回“阵列”对话框。

(15)单击“确定”按钮，完成直线的阵列操作，如图 3-268 所示。

(16)在命令行输入 MI，执行镜像命令，将绘制的图形进行镜像复制，命令行操作内容如下：

命令：mi MIRROR	执行镜像命令
选择对象：	选择要镜像的直线
选择对象：	按 Enter 键确定镜像对象的选择
指定镜像线的第一点：	捕捉直线中点，如图 3-269 所示
指定镜像线的第二点：	捕捉圆弧端点，如图 3-270 所示
要删除源对象吗？\[是(Y)/否(N)\] <N>：	不删除源图形对象

命令执行结果如图 3-271 所示。

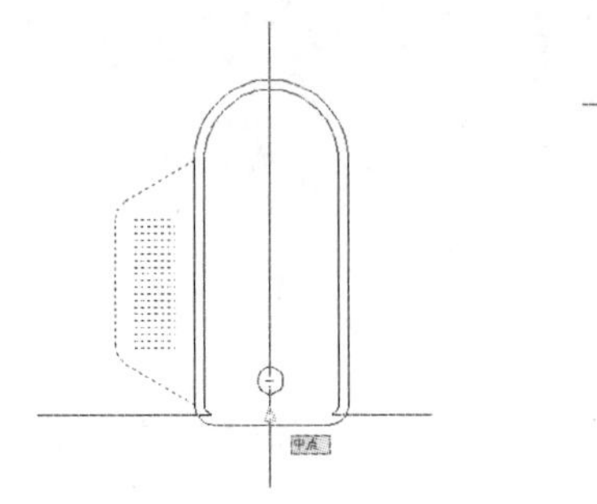

图 3-269 捕捉直线中点

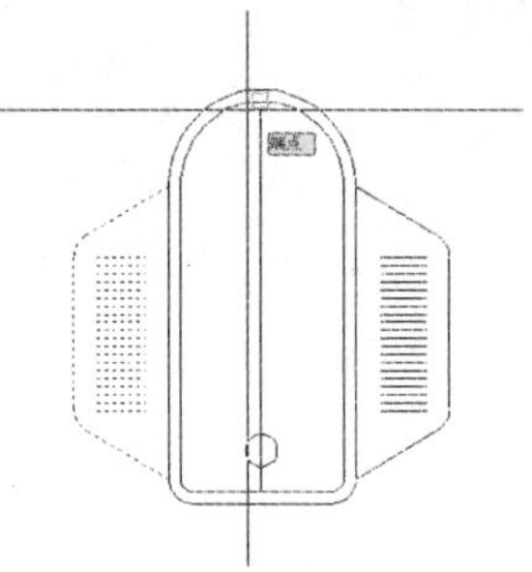

图 3-270 捕捉圆弧端点

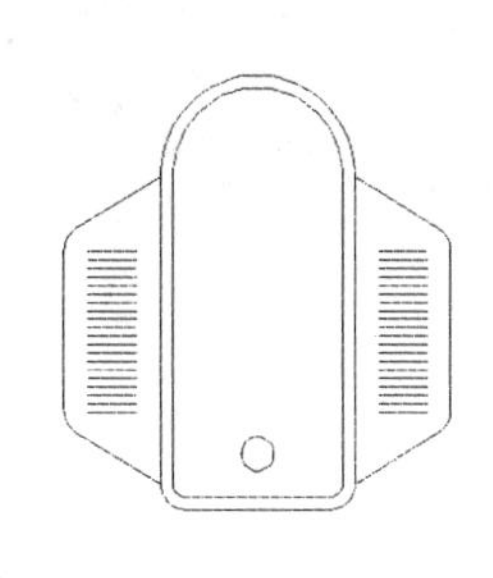

图 3-271 蹲便器

实例 28 绘制坐便器平面

案例效果

本例将绘制如图 3-272 所示的坐便器平面图形，通过本实例的绘制，可以掌握圆角矩形、椭圆、构造线以及圆和修剪等命令的绘制和相关技巧。

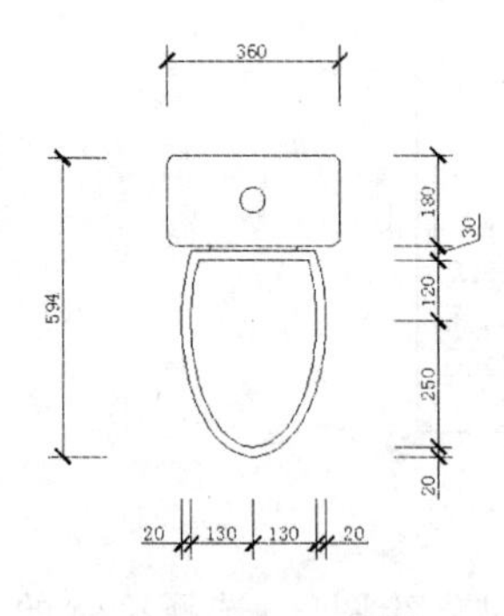

图 3-272 坐便器平面

案例步骤

(1)在命令行输入 REC，执行矩形命令，绘制长度为 360、高度为 180 的圆角矩形，绘制圆角半径为 20，如图 3-273 所示。

(2)在命令行输入 EL，执行椭圆命令，绘制半轴长度为 130 和 250 的椭圆，命令行操作内容如下：

命令：_ ellipse	执行椭圆命令
指定椭圆的轴端点或 [圆弧(A)/中心点(C)]：c	选择“中心点”选项
指定椭圆的中心点：150	捕捉对象追踪线，如图 3-274 所示
指定轴的端点：130	鼠标右移，如图 3-275 所示
指定另一条半轴长度或 [旋转(R)]：250	鼠标下移，如图 3-276 所示

命令执行结果如图 3-277 所示。

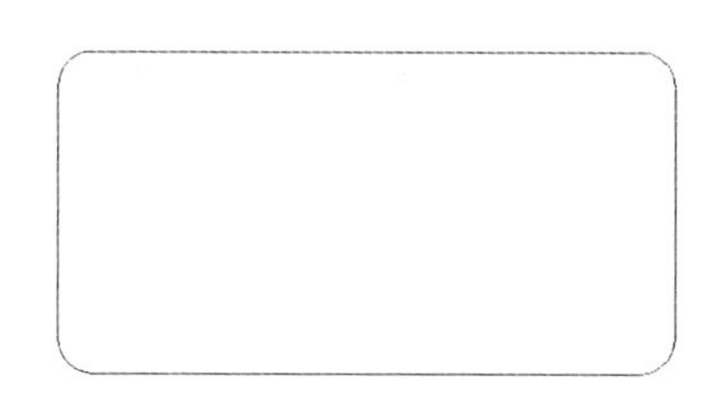

图 3-273　绘制圆角矩形

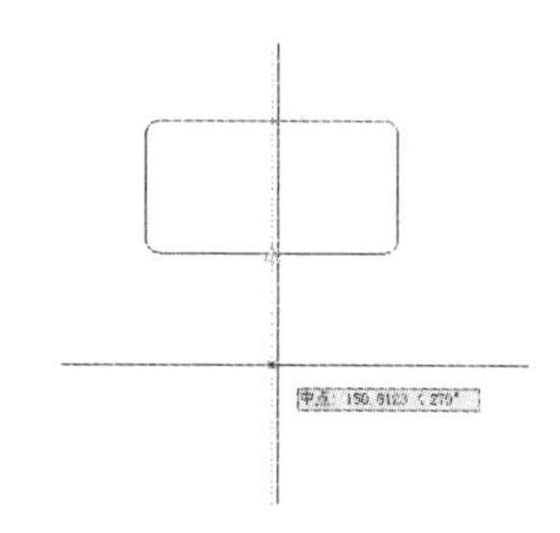

图 3-274　捕捉对象追踪线

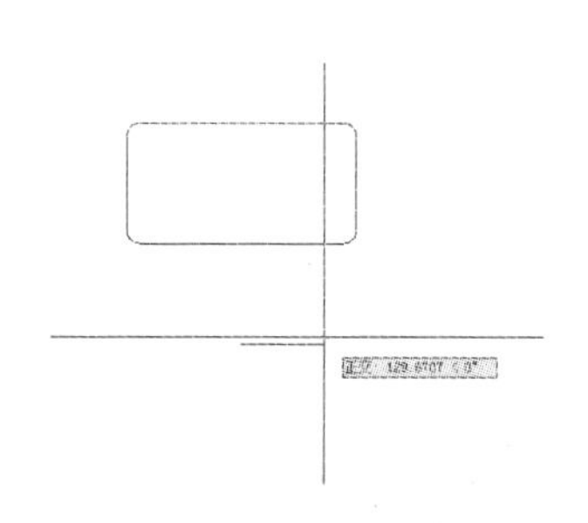

图 3-275　鼠标右移

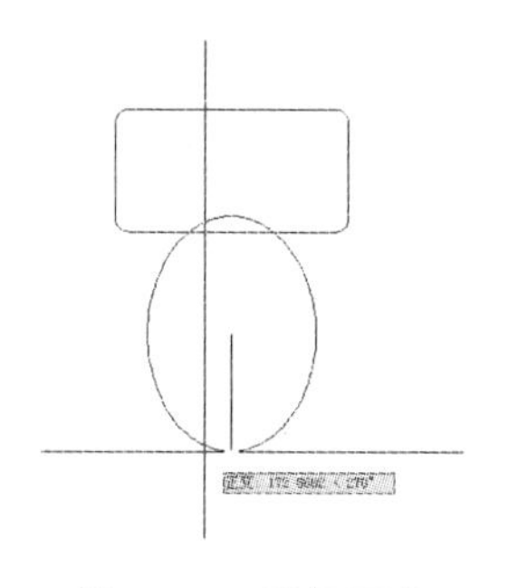

图 3-276　鼠标下移

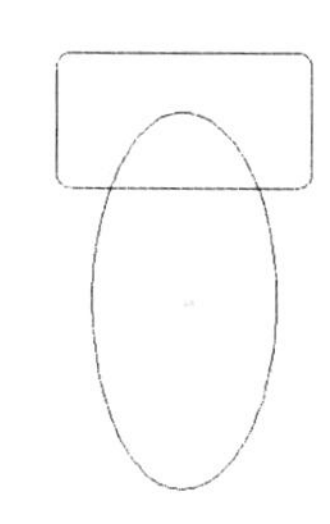

图 3-277　绘制椭圆

(3)在命令行输入 EL，再次执行椭圆命令，绘制半轴分别为 150 和 270 的椭圆，命令行操作内容如下：

命令：el ELLIPSE	执行椭圆命令
指定椭圆的轴端点或 [圆弧(A)/中心点(C)]：c	选择“中心点”选项
指定椭圆的中心点：	捕捉椭圆圆心，如图 3-278 所示
指定轴的端点：150	鼠标右移，如图 3-279 所示
指定另一条半轴长度或 [旋转(R)]：270	鼠标下移，如图 3-280 所示

命令执行结果如图 3-281 所示。

(4)在命令行输入 XL，执行构造线命令，绘制两条水平构造线，命令行操作内容如下：

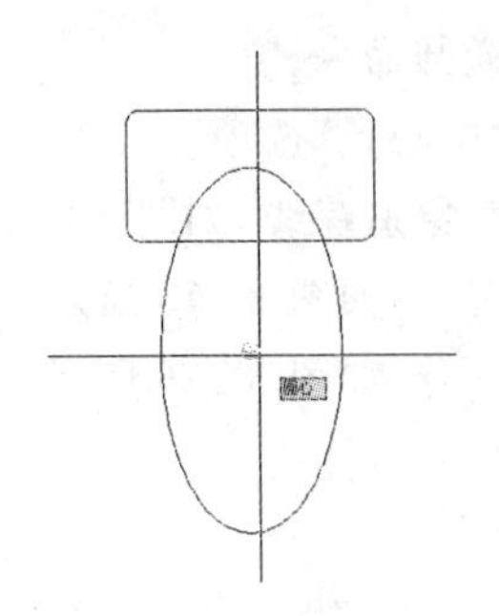

图 3-278 捕捉圆心

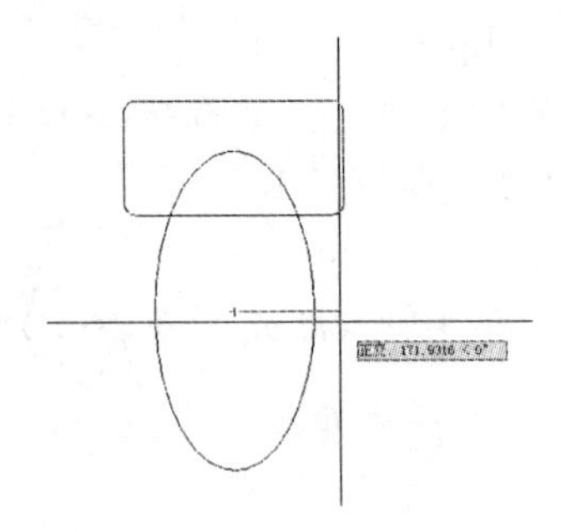

图 3-279 鼠标右移

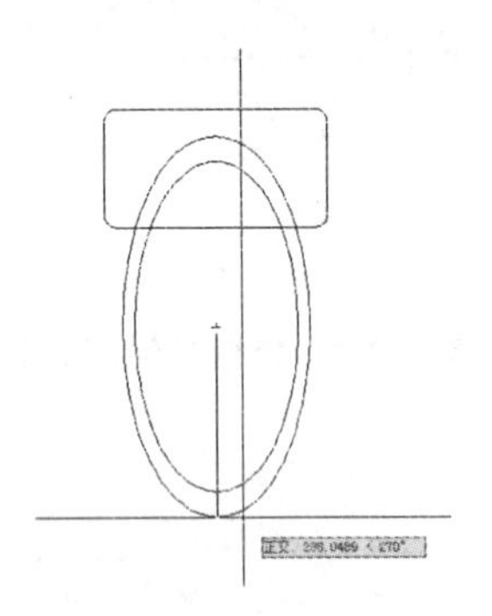

图 3-280 鼠标下移

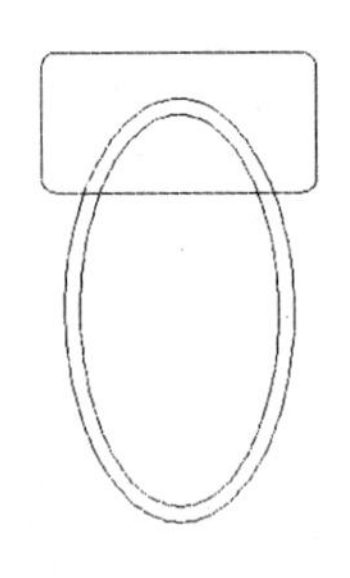

图 3-281 绘制椭圆

命令：xl XLINE	执行构造线命令
指定点或 \[水平(H)/垂直(V)/角度(A)/二等分(B)/偏移(O)\]：h	选择“水平”选项
指定通过点：10	捕捉对象追踪线，如图 3-282 所示
指定通过点：30	捕捉对象追踪线，如图 3-283 所示
指定通过点：	按 Enter 键结束构造线命令

命令执行结果如图 3-284 所示

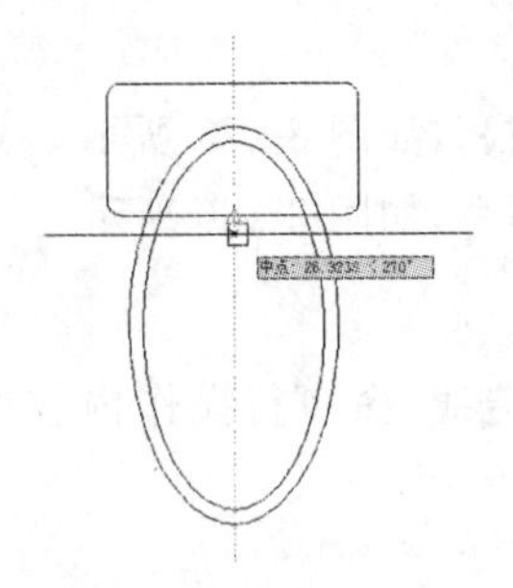

图 3-282 捕捉对象追踪线

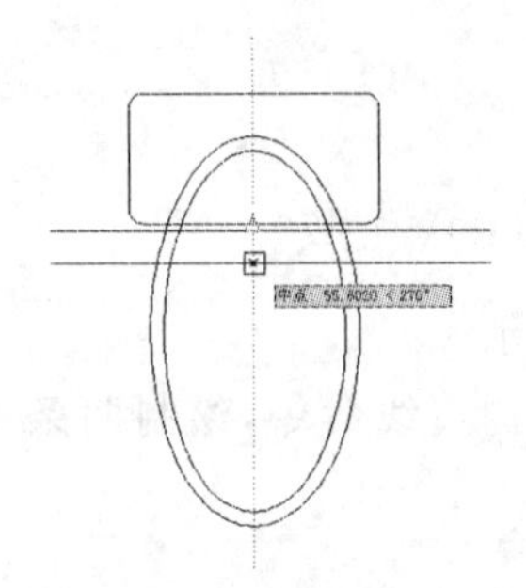

图 3-283 捕捉对象追踪线

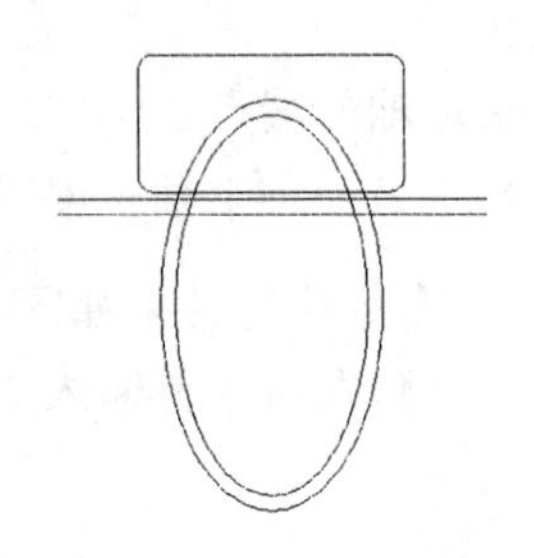

图 3-284 绘制水平构造线

(5)在命令行输入 TR,执行修剪命令,将水平构造线和椭圆进行修剪处理,如图 3-285 所示。

(6)在命令行输入 XL,执行构造线命令,绘制两条垂直构造线,命令行操作内容如下:

命令行	说明
命令:xl XLINE	执行构造线命令
指定点或 \[水平(H)/垂直(V)/角度(A)/二等分(B)/偏移(O)\]: v	选择"垂直"选项
指定通过点:90	捕捉对象追踪线,如图 3-286 所示
指定通过点:90	捕捉对象追踪线,如图 3-287 所示
指定通过点:	按 Enter 键结束构造线命令

命令执行结果如图 3-288 所示。

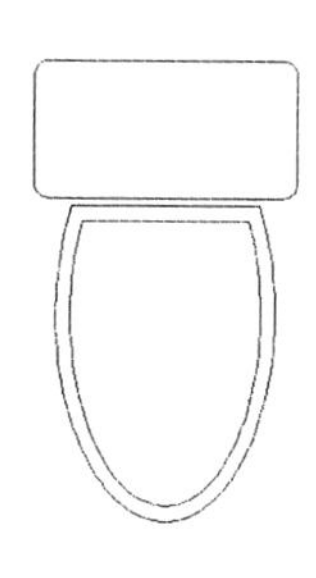

图 3-285　修剪多余线条

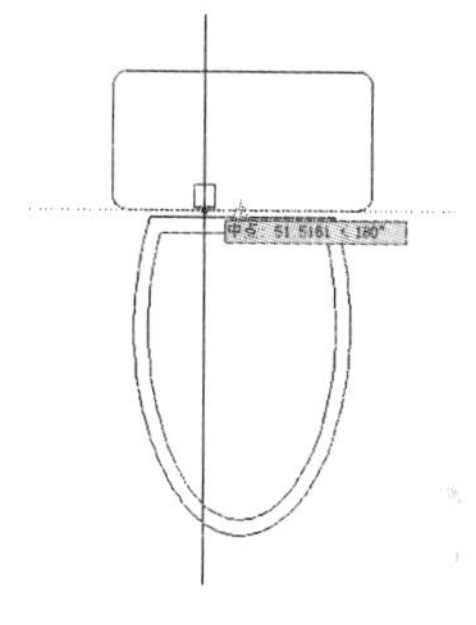

图 3-286　捕捉对象追踪线

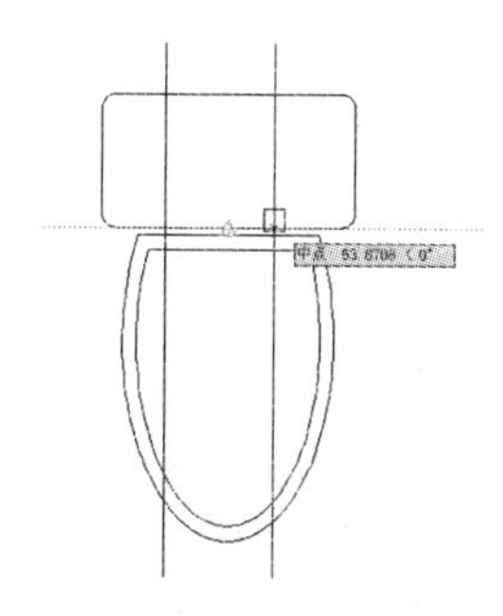

图 3-287　捕捉对象追踪线

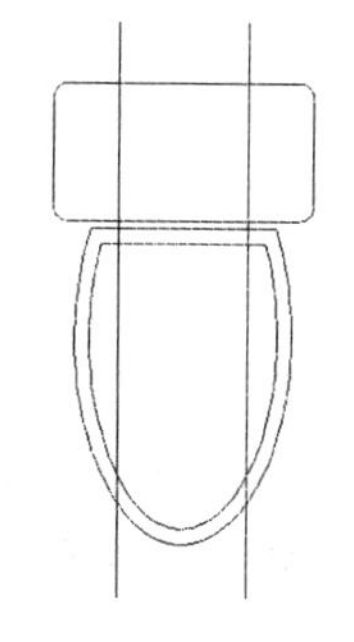

图 3-288　绘制垂直构造线

(7)在命令行输入 TR,执行修剪命令,将绘制的构造线进行修剪处理,如图 3-289 所示。

(8)在命令行输入 C,执行圆命令,以圆角矩形水平及垂直边中点的对象追踪线的交点为圆心,绘制半径为 25 的圆,如图 3-290 所示。

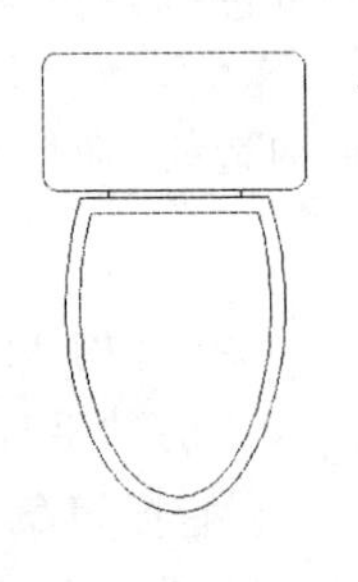

图 3-289 修剪多余线条

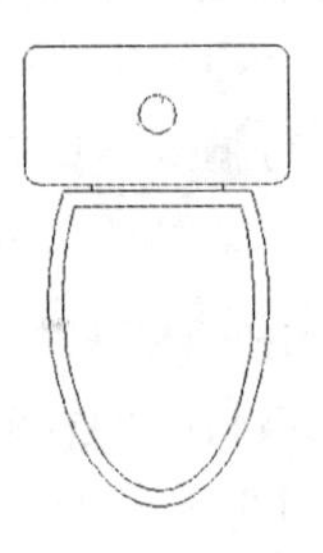

图 3-290 坐便器

实例 29 绘制小便器平面图

案例效果

本例将绘制如图 3-291 所示的小便器图形，通过本实例的绘制，可以掌握矩形、圆弧、构造线、圆角以及圆等命令的使用及绘制方法。

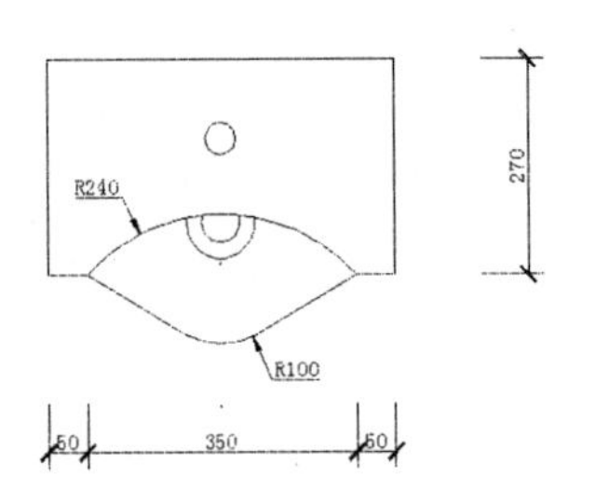

图 3-291 小便器

案例步骤

(1)在命令行输入 REC，执行矩形命令，绘制长度为 450、高度为 270 的矩形，如图 3-292 所示。

(2)在命令行输入 A，执行圆弧命令，绘制半径为 240 的圆弧，命令行操作内容如下：

命令：a ARC	执行圆弧命令
指定圆弧的起点或 [圆心(C)]：50	捕捉对象追踪线，如图 3-293 所示
指定圆弧的第二个点或 [圆心(C)/端点(E)]：e	选择“端点”选项
指定圆弧的端点：50	捕捉对象追踪线，如图 3-294 所示
指定圆弧的圆心或 [角度(A)/方向(D)/半径(R)]：r	选择“半径”选项
指定圆弧的半径：240	指定圆弧的半径

命令执行结果如图 3-295 所示。

(3)在命令行输入 XL，执行构造线命令，绘制角度为 30 的构造线，命令行操作内容如下：

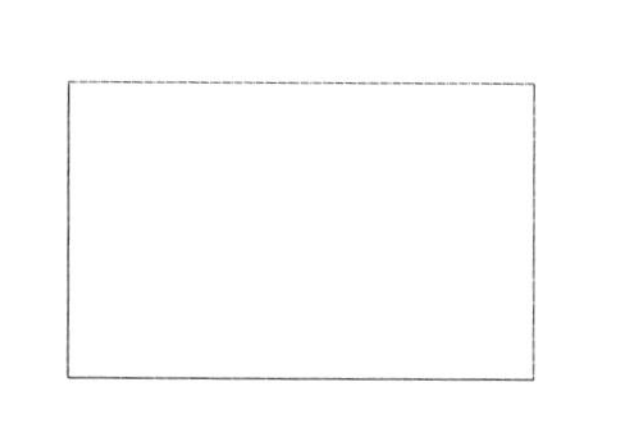

图 3-292 绘制矩形

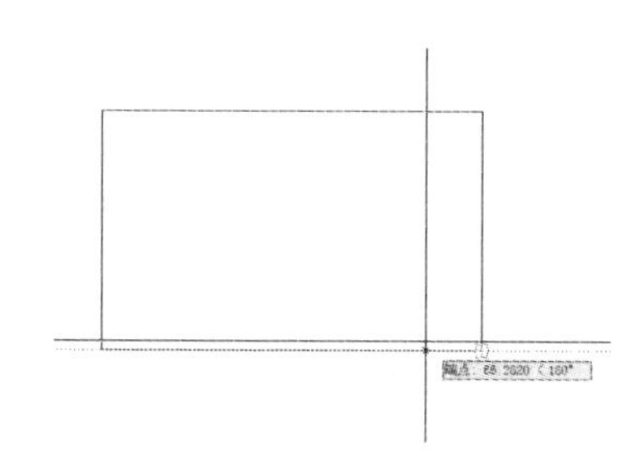

图 3-293 捕捉对象追踪线

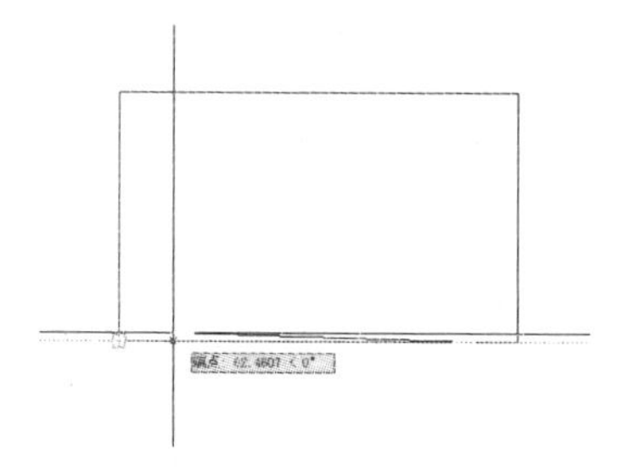

图 3-294 捕捉对象追踪线

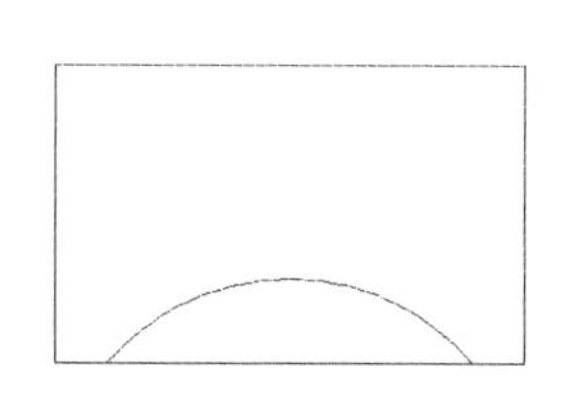

图 3-295 绘制圆弧

命令	说明
命令：xl XLINE	执行构造线命令
指定点或 \[水平(H)/垂直(V)/角度(A)/二等分(B)/偏移(O)\]：a	选择“角度”选项
输入构造线的角度 (0) 或 \[参照(R)\]:30	指定构造线的角度
指定通过点：	捕捉圆弧端点，如图 3-296 所示
指定通过点：	按 Enter 键结束构造线命令

命令执行结果如图 3-297 所示。

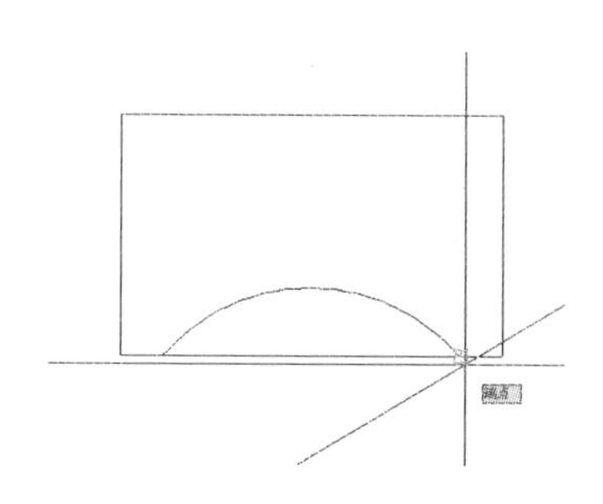

图 3-296 捕捉圆弧端点

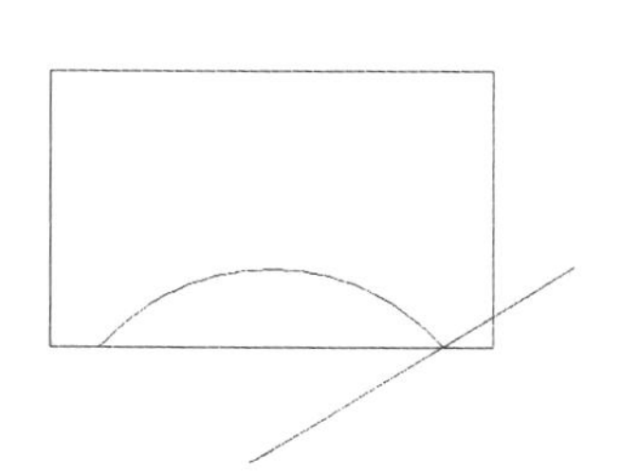

图 3-297 绘制构造线

(4)在命令行输入 MI，执行镜像命令，将绘制的构造线进行镜像复制操作，其中镜像线为矩形水平线中点间的连线，如图 3-298 所示。

(5)在命令行输入 TR，执行修剪命令，将构造线及矩形进行修剪处理，如图 3-299 所示。

(6)在命令行输入 F，执行圆角命令，将修剪后的构造线进行圆角处理，其中圆角半径

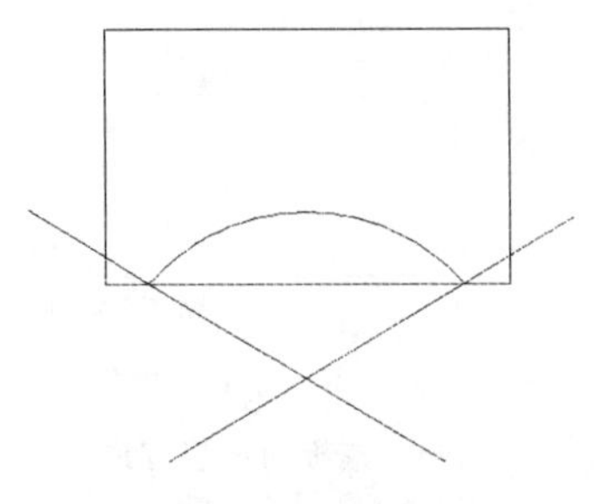

图 3-298　镜像复制构造线

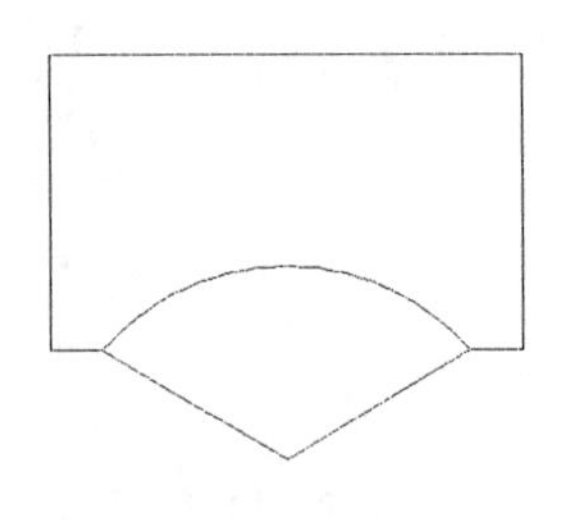

图 3-299　修剪多余线条

为 100，如图 3-300 所示。

(7)在命令行输入 C，执行圆命令，绘制半径为 25 的圆，命令行操作内容如下

命令：c CIRCLE	执行圆命令
指定圆的圆心或 \[三点(3P)/两点(2P)/切点、切点、半径(T)\]：10	捕捉对象追踪线，如图 3-301 所示
指定圆的半径或 \[直径(D)\] <25.0000>：25	指定圆的半径

命令执行结果如图 3-302 所示。

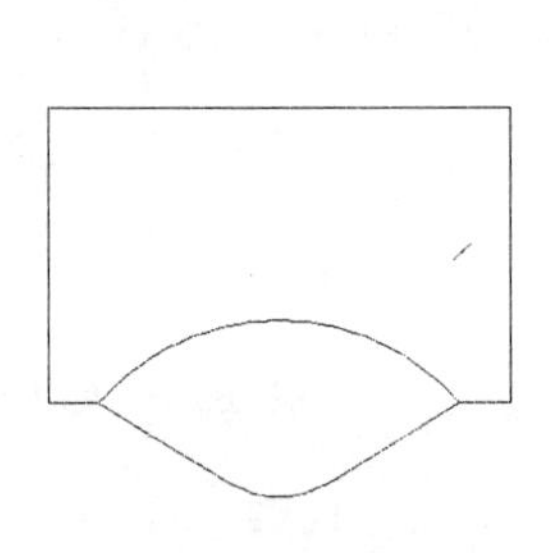

图 3-300　圆角图形

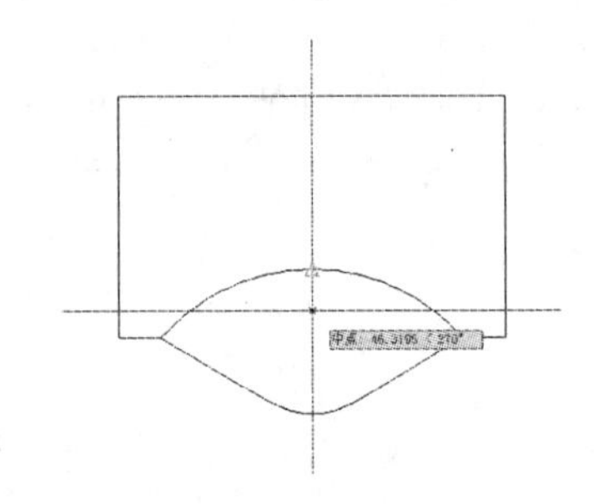

图 3-301　捕捉对象追踪线

(8)在命令行输入 C，再次执行圆命令，以半径为 25 的圆的圆心为圆心，绘制半径为 45 的圆，如图 3-303 所示。

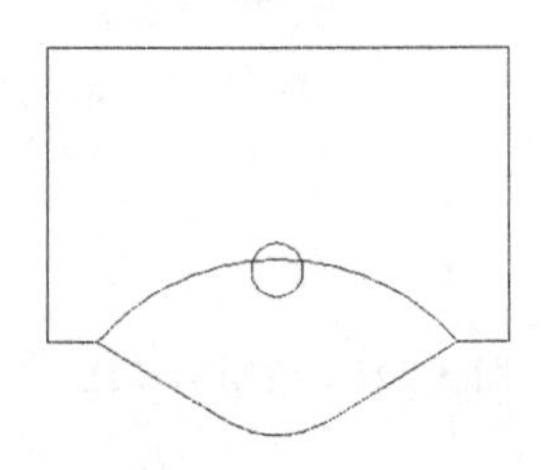

图 3-302　绘制半径为 25 的圆

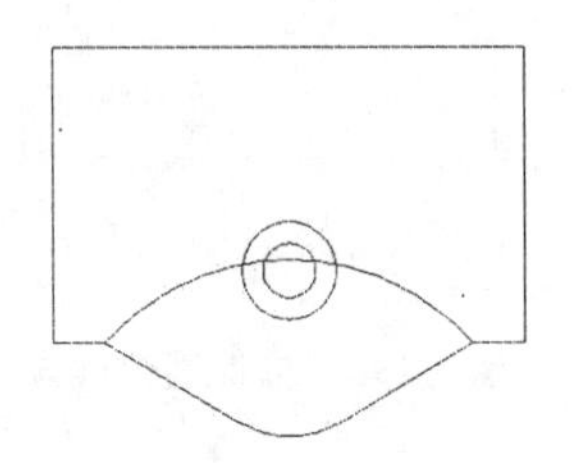

图 3-303　绘制半径为 45 的圆

(9)在命令行输入 TR，执行修剪命令，将绘制的圆进行修剪处理，其修剪边界为半径为 240 的圆弧，如图 3-304 所示。

(10)在命令行输入 C,执行圆命令,以矩形顶端水平线中点向下 100 的距离为圆心,绘制半径为 20 的圆,如图 3-305 所示。

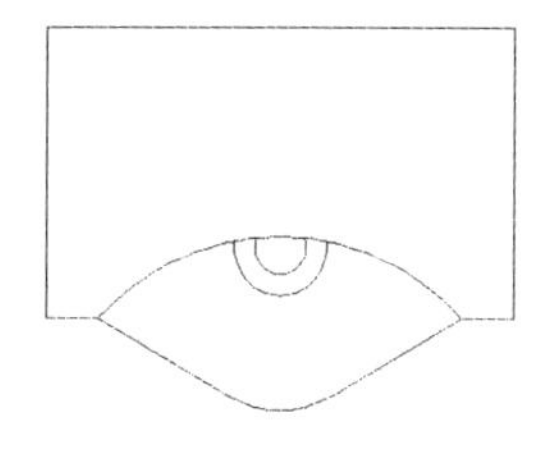

图 3-304 修剪圆

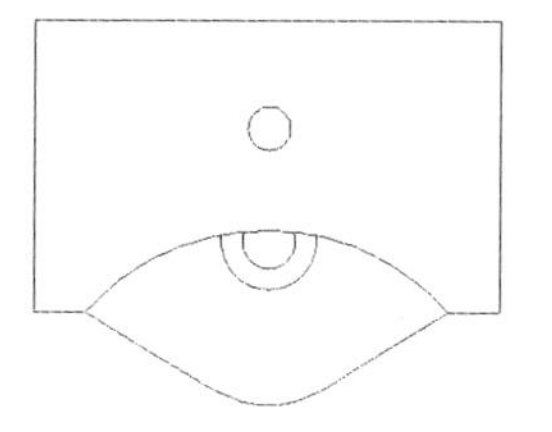

图 3-305 小便器

实例 30 绘制显示器正立面

案例效果

本例将绘制如图 3-306 所示的显示器正立面图形,通过本实例的绘制,可以掌握矩形、圆弧、偏移、圆角、镜像命令的使用及绘制方法,掌握显示器正立面图形的绘制方法与相关技巧。

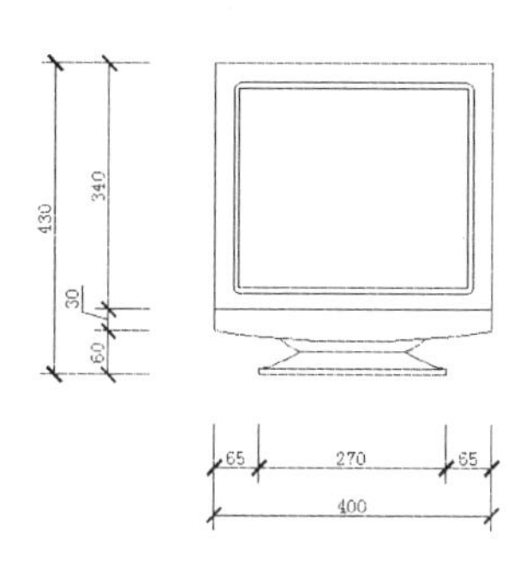

图 3-306 显示器正立面

案例步骤

(1)在命令行输入 REC,执行矩形命令,绘制长度为 330、高度为 2750 的矩形,如图 3-307 所示。

(2)在命令行输入 O,执行偏移命令,将绘制的矩形向外进行偏移,其偏移距离为 8,如图 3-308 所示。

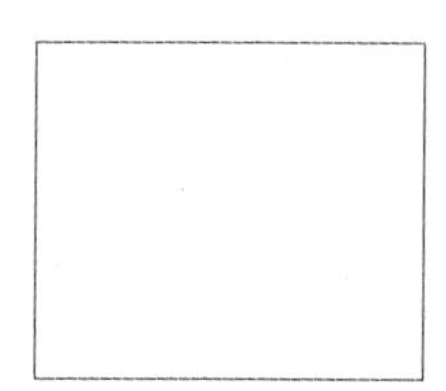

图 3-307 绘制矩形

图 3-308 偏移矩形

(3)在命令行输入 F,执行圆角命令,将向外偏移后的矩形进行圆角处理,其圆角半径为 10,如图 3-309 所示。

(4)在命令行输入 O,执行偏移命令,将长度为 330 的矩形向外进行偏移,其偏移距离为 35,如图 3-310 所示。

图 3-309 圆角矩形

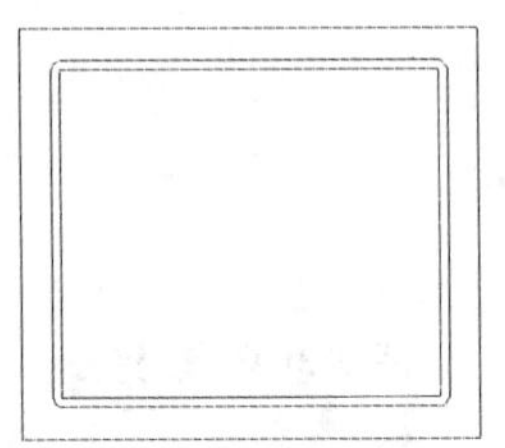

图 3-310 偏移矩形

(5)在命令行输入 X,执行分解命令,将偏移后的矩形进行分解处理。

(6)在命令行输入 M,执行移动命令,将底端水平线向上进行移动,其移动距离为 5,如图 3-311 所示。

(7)在命令行输入 O,执行偏移命令,将分解后顶端水平线向下进行偏移,其偏移距离为 370,如图 3-312 所示。

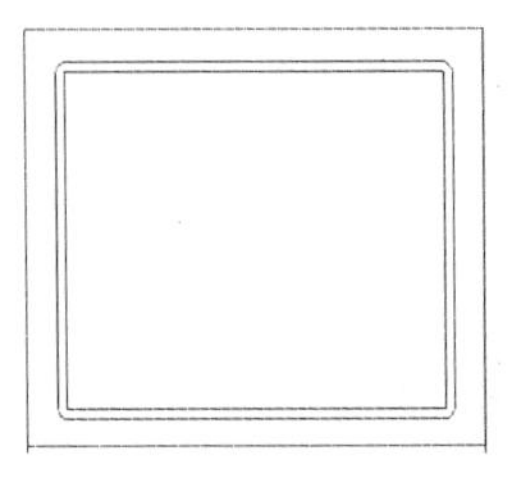

图 3-311 移动底端水平线

图 3-312 偏移顶端水平线

(8)在命令行输入 EX,执行延伸命令,将左右两端的垂直线进行延伸处理,其延伸边界为偏移后的水平直线,如图 3-313 所示。

(9)在命令行输入 E,执行删除命令,将底端水平线进行删除,如图 3-314 所示。

(10)在命令行输入 A,执行圆弧命令,绘制角度为 15 的圆弧,命令行操作内容如下:

命令:a ARC	执行圆弧命令
指定圆弧的起点或 \[圆心(C)\]:	捕捉直线端点,如图 3-315 所示
指定圆弧的第二个点或 \[圆心(C)/端点(E)\]:e	选择“端点”选项
指定圆弧的端点:	捕捉直线端点,如图 3-316 所示
指定圆弧的圆心或 \[角度(A)/方向(D)/半径(R)\]:a	选择“角度”选项
指定包含角:15	指定圆弧角度

命令执行结果如图 3-317 所示。

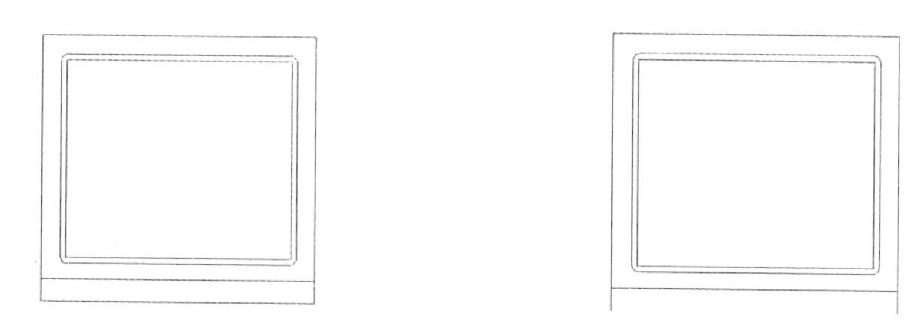

图 3-313 延伸垂直线　　图 3-314 删除底端水平线

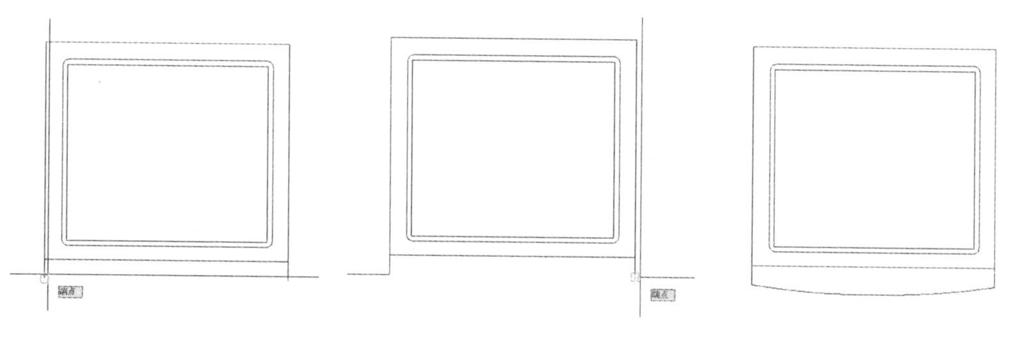

图 3-315 捕捉直线端点　　图 3-316 删除底端水平线　　图 3-317 绘制圆弧

(11)在命令行输入 O,执行偏移命令,将顶端水平直线向下进行偏移,其偏移距离为 430,如图 3-318 所示。

(12)在命令行输入 O,执行偏移命令,将向下偏移后的水平线向上进行偏移,其偏移距离分别为 8 和 32,如图 3-319 所示。

(13)在命令行输入 O,执行偏移命令,将右端垂直线向左进行偏移,其偏移距离分别为 65 和 125,如图 3-320 所示。

(14)在命令行输入 TR,执行修剪命令,将偏移后的线条进行修剪处理,如图 3-321 所示。

图 3-318 偏移水平线　　图 3-319 偏移水平线

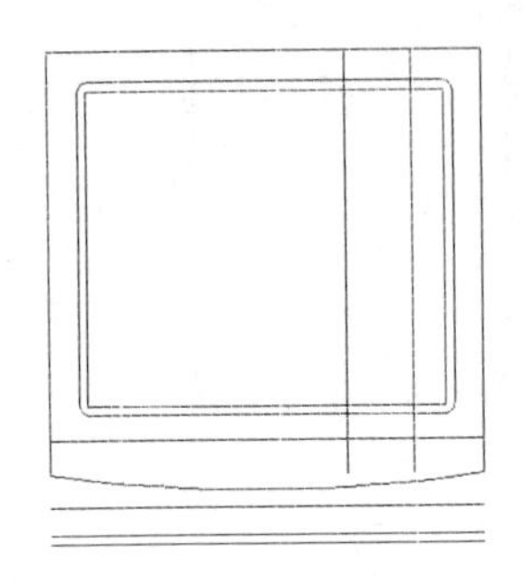

图 3-320　偏移垂直线

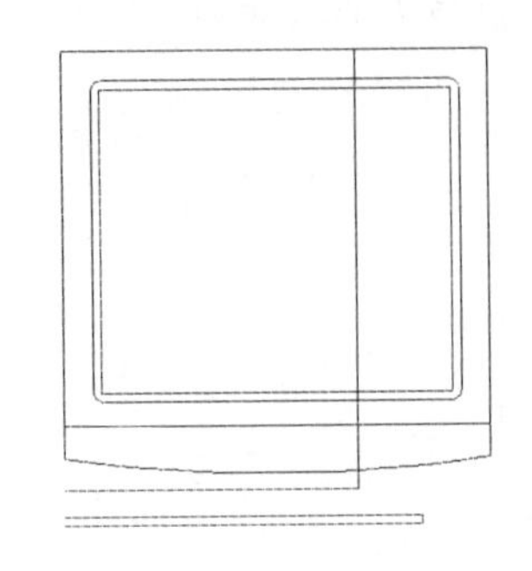

图 3-321　修剪多余线条

(15)在命令行输入 A,执行圆弧命令,绘制角度为－15 的圆弧,命令行操作内容如下:

命令行	说明
命令:a ARC	执行圆弧命令
指定圆弧的起点或 \[圆心(C)\]:	捕捉直线端点,如图 3-322 所示
指定圆弧的第二个点或 \[圆心(C)/端点(E)\]:e	选择"端点"选项
指定圆弧的端点:	捕捉直线端点,如图 3-323 所示
指定圆弧的圆心或 \[角度(A)/方向(D)/半径(R)\]:a	选择"角度"选项
指定包含角:－15	指定圆弧角度

命令执行结果如图 3-324 所示。

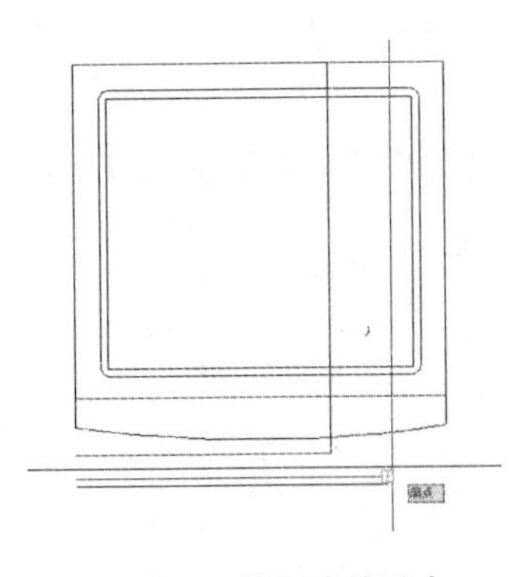

图 3-322　捕捉直线端点

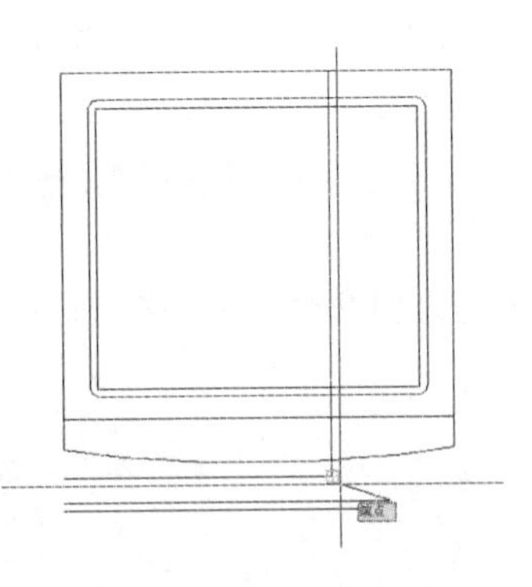

图 3-323　捕捉直线端点

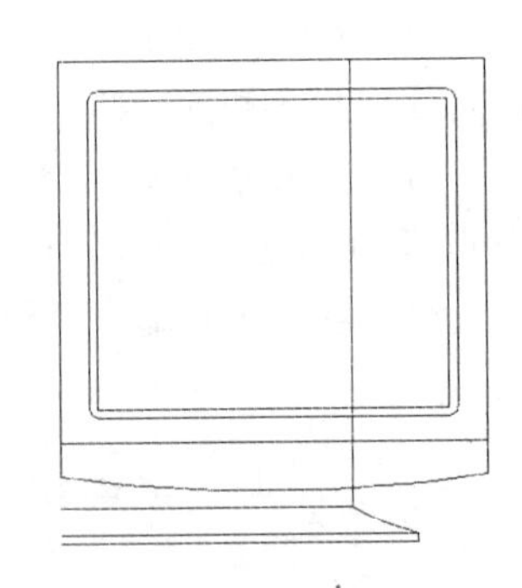

图 3-324　绘制圆

(16)在命令行输入 M,执行移动命令,将修剪后的垂直线向右进行移动,其移动距离为 30,如图 3-325 所示。

(17)在命令行输入 A,执行圆弧命令,绘制角度为 30 的圆弧,命令行操作内容如下:

命令：a ARC	执行圆弧命令
指定圆弧的起点或 \[圆心(C)\]：	捕捉直线端点，如图 3-326 所示
指定圆弧的第二个点或 \[圆心(C)/端点(E)\]：e	选择“端点”选项
指定圆弧的端点：	捕捉交点，如图 3-327 所示
指定圆弧的圆心或 \[角度(A)/方向(D)/半径(R)\]：a	选择“角度”选项
指定包含角：30	指定圆弧角度

命令执行结果如图 3-328 所示。

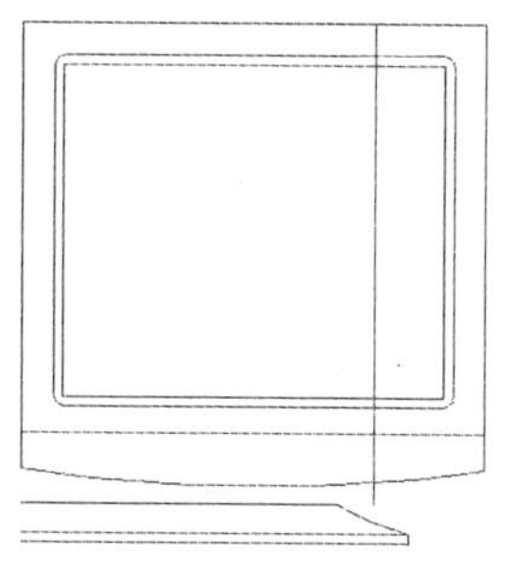
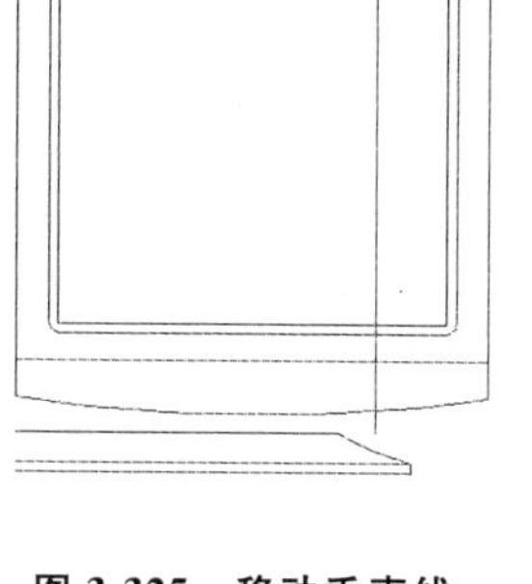

图 3-325　移动垂直线

图 3-326　捕捉直线端点

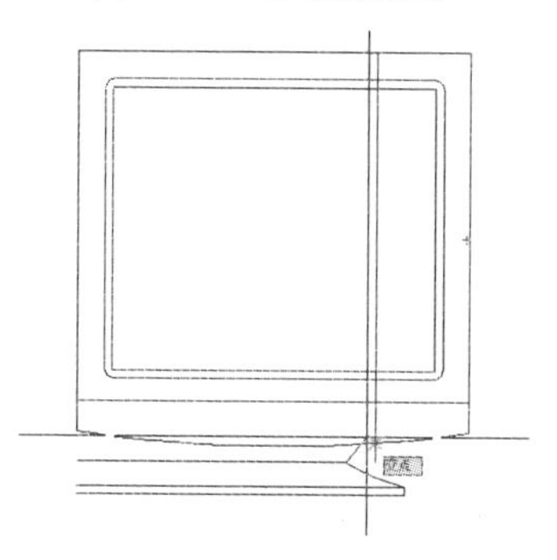

图 3-327　捕捉交点

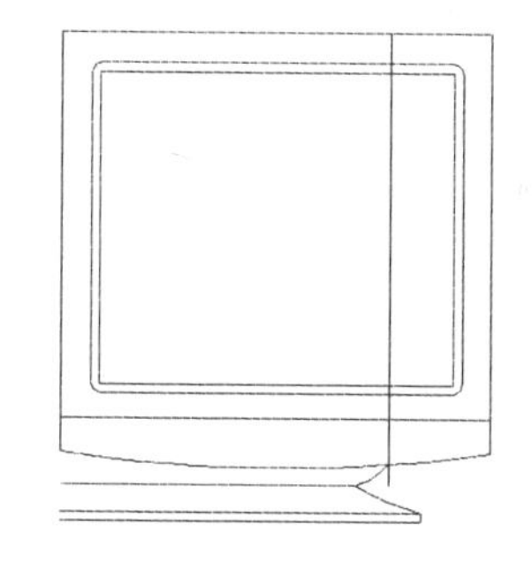

图 3-328　绘制圆弧

(18)在命令行输入 MI，执行镜像命令，将绘制的两条圆弧进行镜像复制，如图 3-329 所示。

(19)在命令行输入 TR，执行修剪命令，将多余线条进行修剪处理，如图 3-330 所示。

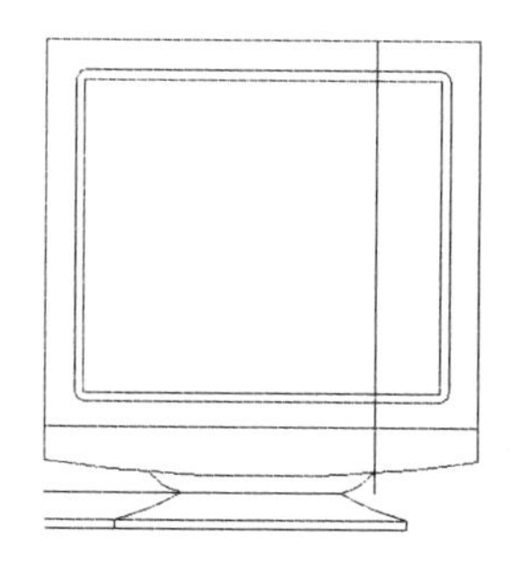

图 3-329　镜像复制图形

图 3-330　显示器正立面

实例 31　绘制显示器侧立面

案例效果

本例将绘制如图 3-331 所示的显示器侧立面图形，通过本实例的绘制，可以掌握构造线、圆弧、偏移命令的使用及绘制方法。

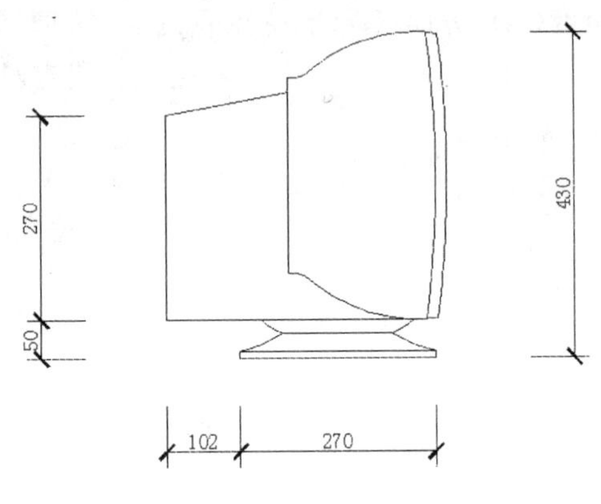

图 3-331　显示器侧立面

案例步骤

(1)单击“快速访问”工具栏中的“打开”按钮，打开附赠光盘中的“显示器正立面”图形文件，如图 3-332 所示。

图 3-332　显示器正立面

(2)在命令行输入 E，执行删除命令，将多余线条进行删除处理，如图 3-333 所示。

(3)在命令行输入 XL，执行构造线命令，绘制水平构造线，命令行操作内容如下：

命令：xl XLINE	执行构造线命令
指定点或 \[水平(H)/垂直(V)/角度(A)/二等分(B)/偏移(O)\]：h	选择"水平"选项
指定通过点：	捕捉圆弧端点，如图 3-334 所示
指定通过点：430	捕捉对象追踪线，如图 3-335 所示
指定通过点：	按 Enter 键结束构造线命令

命令执行结果如图 3-336 所示。

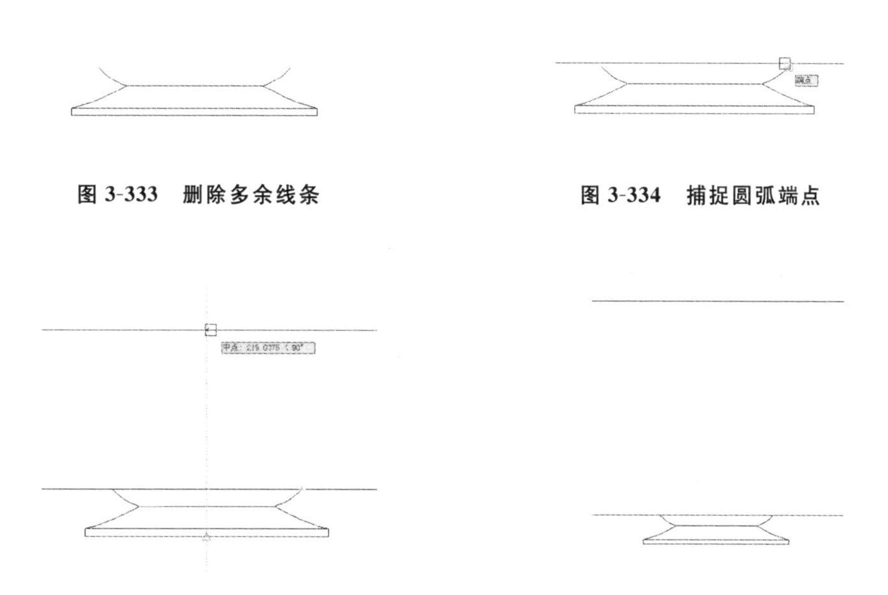

图 3-333 删除多余线条

图 3-334 捕捉圆弧端点

图 3-335 捕捉对象追踪线

图 3-336 绘制水平构造线

(4)在命令行输入 XL，再次执行构造线命令，绘制垂直构造线，命令行操作内容如下：

命令：xl XLINE	执行构造线命令
指定点或 \[水平(H)/垂直(V)/角度(A)/二等分(B)/偏移(O)\]：v	选择"垂直"选项
指定通过点：18	捕捉对象追踪线，如图 3-337 所示
指定通过点：360	捕捉对象追踪线，如图 3-338 所示
指定通过点：170	捕捉对象追踪线，如图 3-339 所示
指定通过点：	按 Enter 键结束构造线命令

命令执行结果如图 3-340 所示。

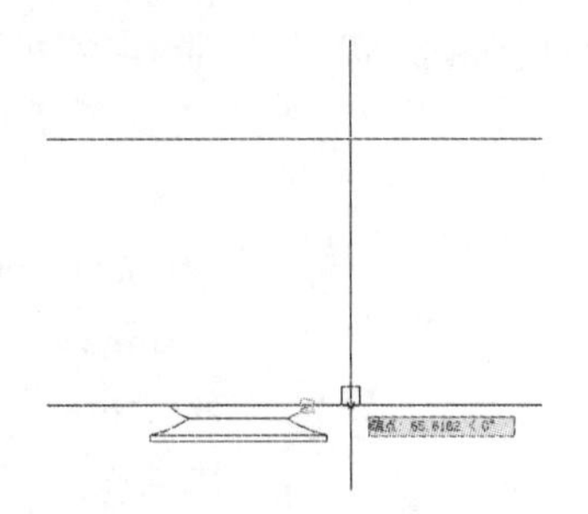
图 3-337　捕捉对象追踪线

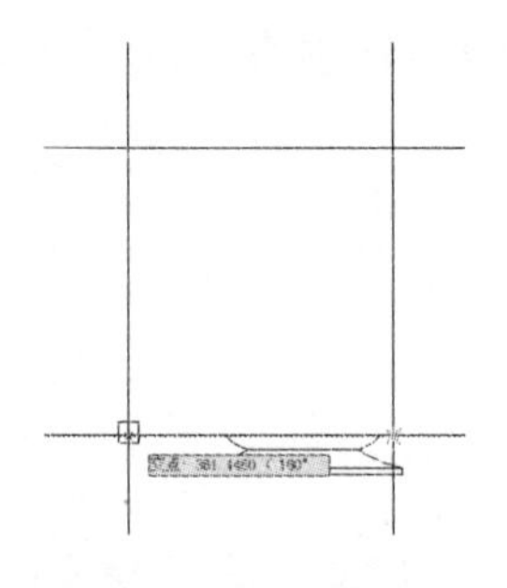
图 3-338　捕捉对象追踪线

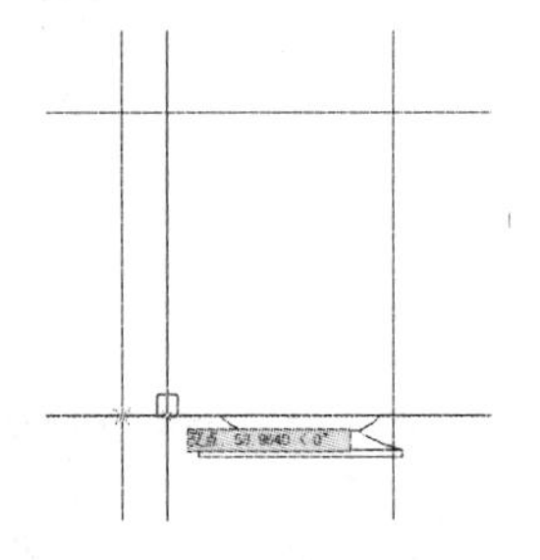
图 3-339　捕捉对象追踪线

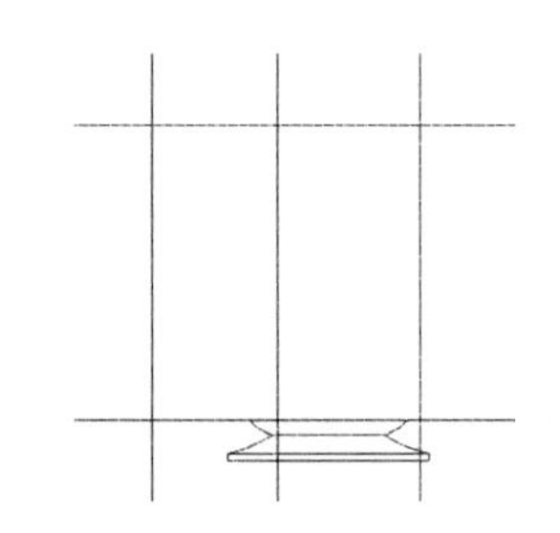
图 3-340　绘制垂直构造线

(5)在命令行输入 L,执行直线命令,绘制倾斜线,命令行操作内容如下:

命令:l LINE	执行直线命令
指定第一点:270	捕捉对象追踪线,如图 3-341 所示
指定下一点或 \[放弃(U)\]:	捕捉 10°极轴追踪线与直线交点,如图 3-342 所示
指定下一点或 \[放弃(U)\]:	按 Enter 键结束直线命令

命令执行结果如图 3-343 所示。

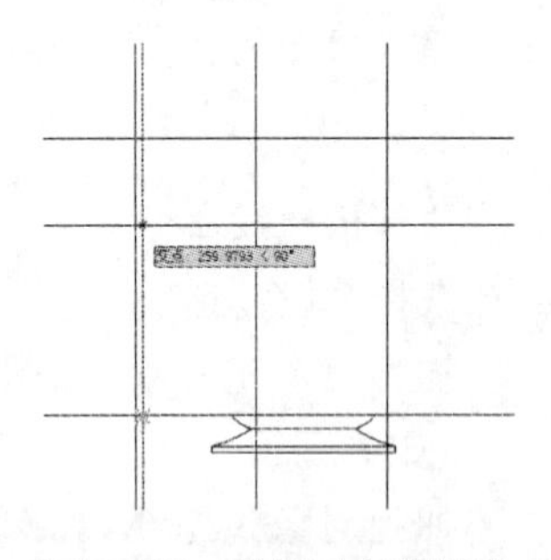
图 3-341　捕捉对象追踪线

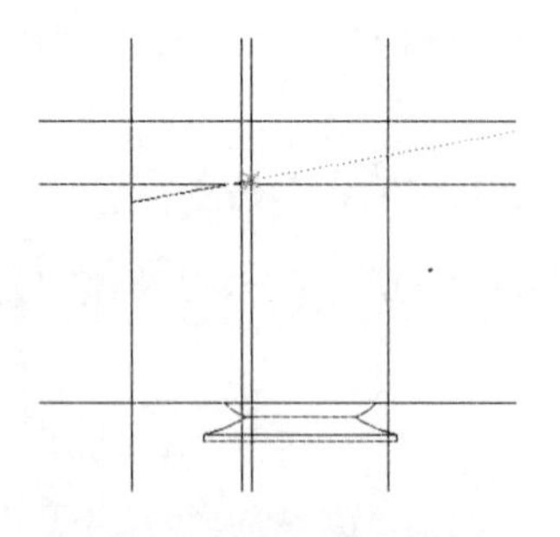
图 3-342　极轴追踪线与垂直线的交点

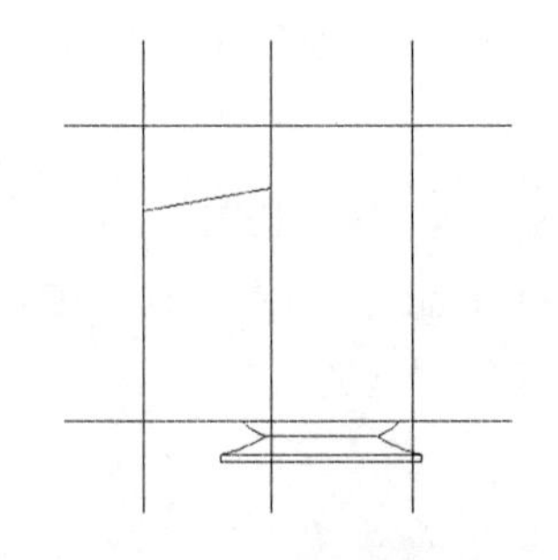
图 3-343　绘制倾斜线

(6)在命令行输入 O,执行偏移命令,将顶端及底端水平构造线向中间进行偏移,其偏移距离为 60,如图 3-344 所示。

(7)在命令行输入 A,执行圆弧命令,绘制角度为 15 的圆弧,命令行操作内容如下:

命令：a ARC	执行圆弧命令
指定圆弧的起点或 \[圆心(C)\]：	捕捉构造线交点，如图 3-345 所示
指定圆弧的第二个点或 \[圆心(C)/端点(E)\]：e	选择"端点"选项
指定圆弧的端点：	捕捉构造线的交点，如图 3-346 所示选择"角度"选项
指定圆弧的圆心或 \[角度(A)/方向(D)/半径(R)\]：a	
指定包含角：15	指定圆弧角度

命令执行结果如图 3-347 所示。

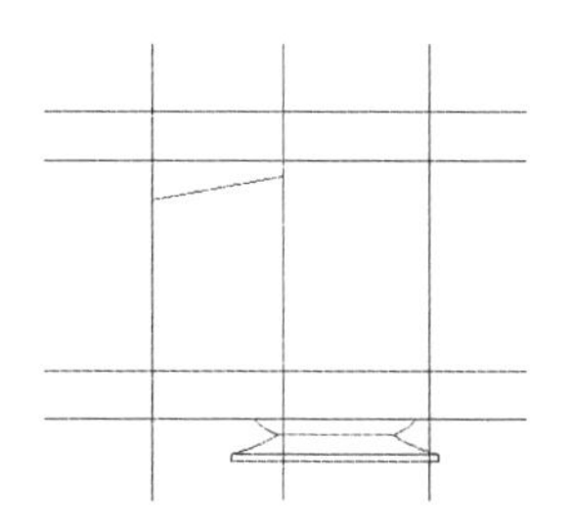

图 3-344　偏移构造线

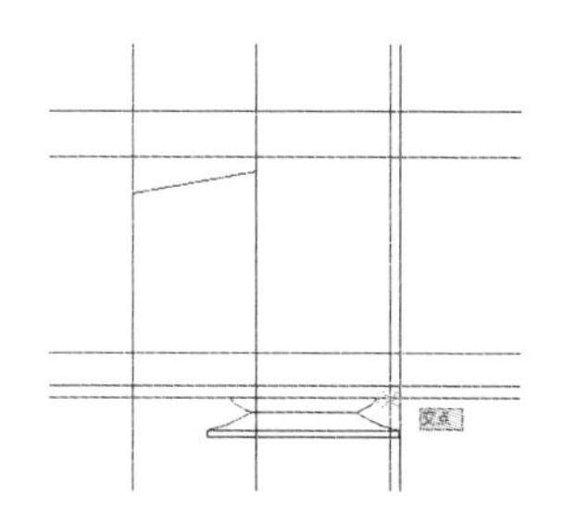

图 3-345　捕捉构造线交点

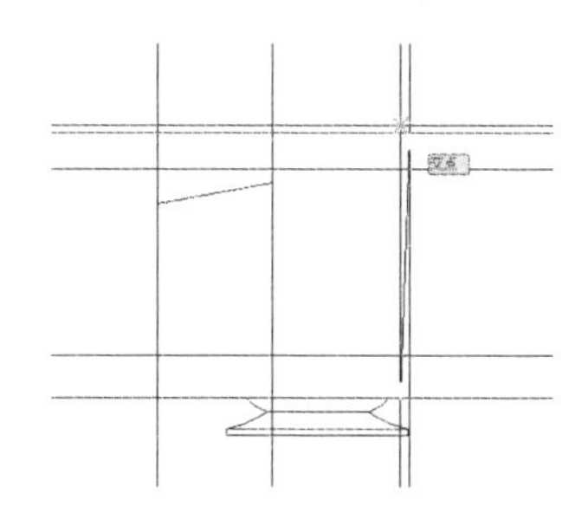

图 3-346　捕捉构造线交点

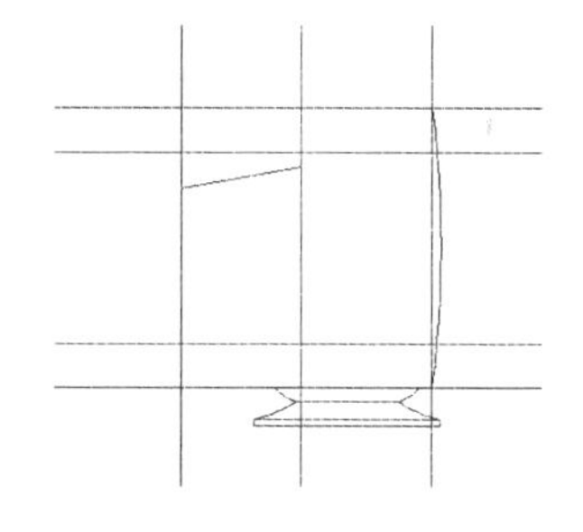

图 3-347　绘制圆弧

(8)在命令行输入 TR，执行修剪命令，将多余线条进行修剪处理，如图 3-348 所示。

(9)在命令行输入 A，执行圆弧命令，绘制角度为 45 的圆弧，命令行操作内容如下：

命令：a ARC	执行圆弧命令
指定圆弧的起点或 \[圆心(C)\]：	捕捉圆弧端点，如图 3-349 所示
指定圆弧的第二个点或 \[圆心(C)/端点(E)\]：e	选择"端点"选项
指定圆弧的端点：20	捕捉对象追踪线，如图 3-350 所示
指定圆弧的圆心或 \[角度(A)/方向(D)/半径(R)\]：a	选择"角度"选项
指定包含角：45	指定圆弧角度

命令执行结果如图 3-351 所示。

(10)在命令行输入 MI，执行镜像命令，将圆弧进行镜像复制，如图 3-352 所示。

(11)在命令行输入 TR，执行修剪命令，将多余直线进行修剪处理，如图 3-353 所示。

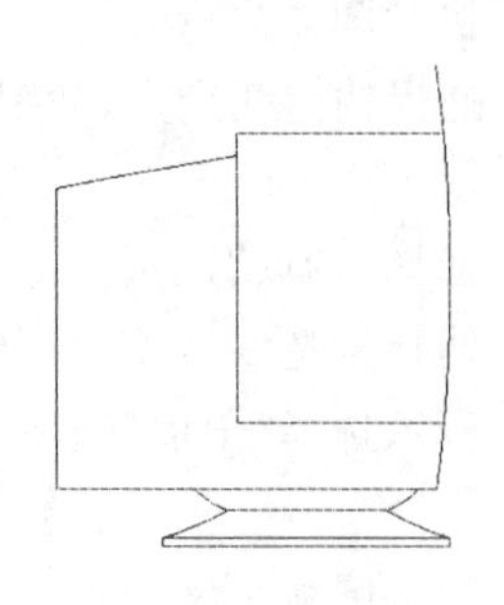

图 3-348　修剪多余线条

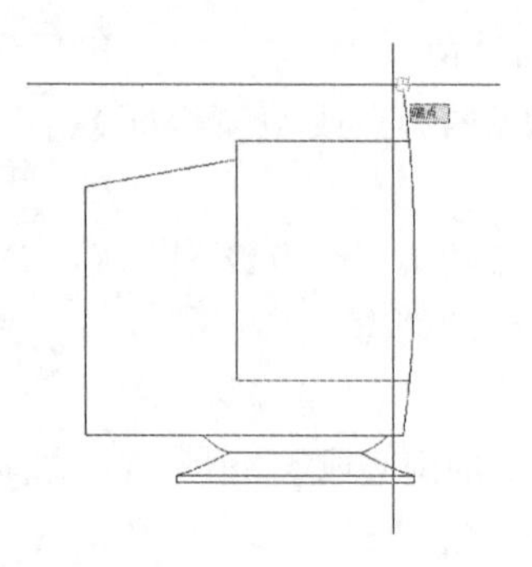

图 3-349　捕捉圆弧端点

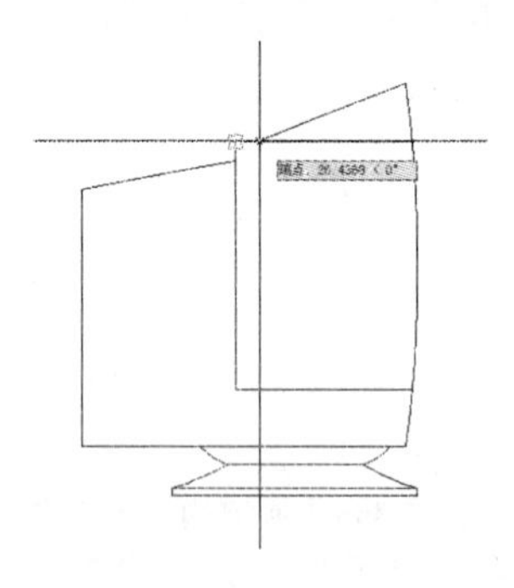

图 3-350　捕捉对象追踪线

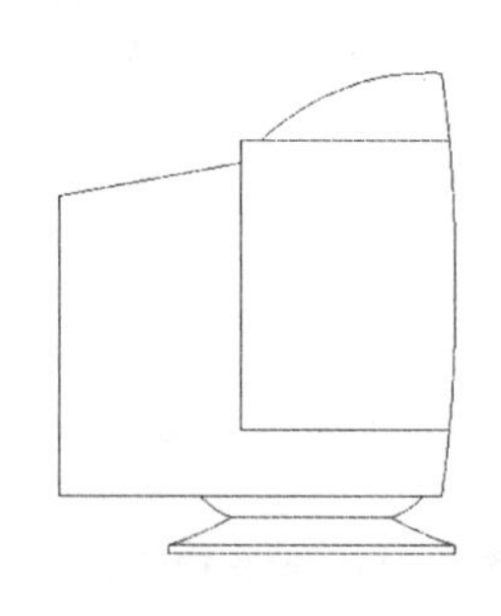

图 3-351　绘制圆弧

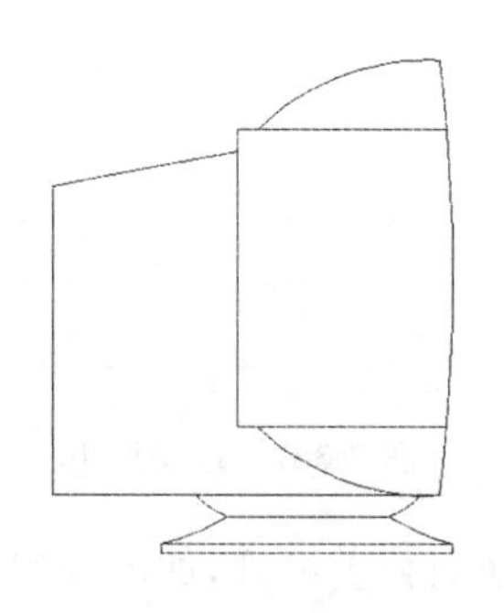

图 3-352　镜像复制圆弧

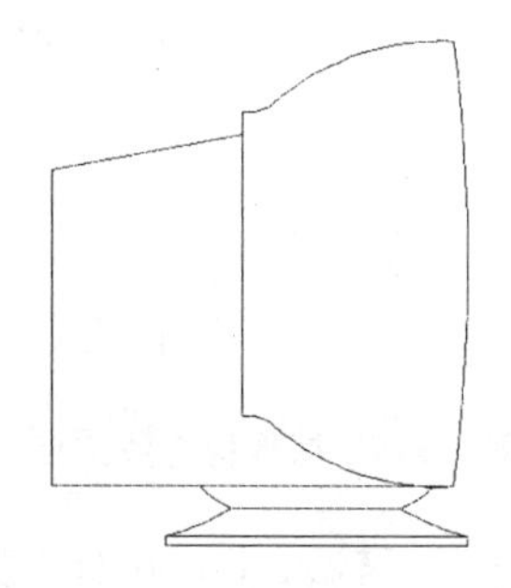

图 3-353　修剪多余线条

(12)在命令行输入 O,执行偏移命令,将右端圆弧向右进行偏移,其偏移距离为 15,如图 3-354 所示。

(13)在命令行输入 EX,执行延伸命令,将上下两条角度为 45 的圆弧进行延伸处理,其延伸边界为向右偏移后的圆弧。

(14)在命令行输入 TR,执行修剪命令,将向右偏移后的圆弧进行修剪处理,如图 3-355所示。

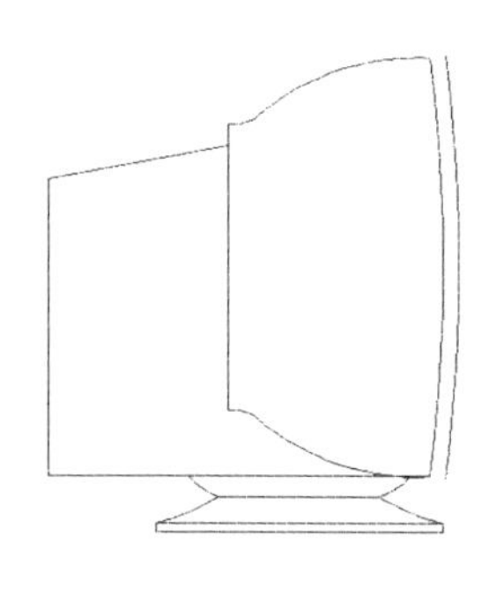
图 3-354 偏移圆弧

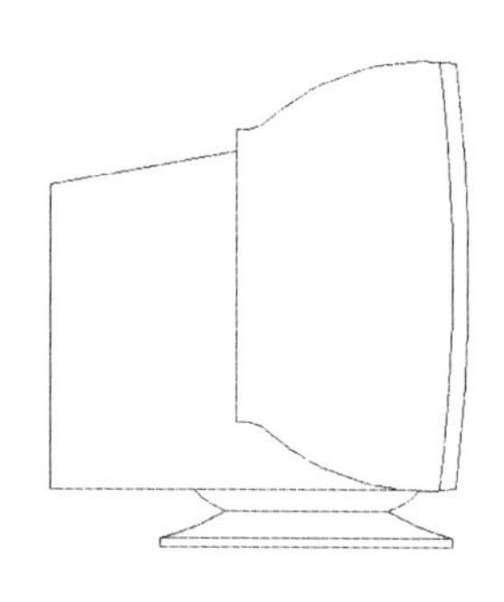
图 3-355 显示器侧立面

实例 32 绘制单人沙发

案例效果

本例将绘制如图 3-356 所示的单人沙发图形，通过本实例的绘制，可以掌握构造线、偏移、圆角以及圆弧等绘图及编辑命令的使用及绘制方法，掌握单人沙发图形的绘制方法。

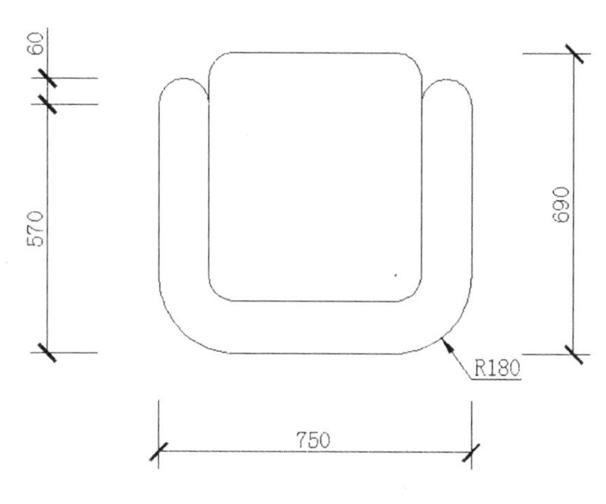

图 3-356 单人沙发

案例步骤

(1)在命令行输入 XL，执行构造线命令，并利用“正交”功能，绘制水平及垂直构造线，如图 3-357 所示。

(2)在命令行输入 O，执行偏移命令，将垂直构造线向右进行偏移，其偏移距离为 120，如图 3-358 所示。

(3)在命令行输入 CO，执行复制命令，将两条垂直构造线向右进行复制，其相对距离为 630，如图 3-359 所示。

(4)在命令行输入 O，执行偏移命令，将水平构造线向上进行偏移，其偏移距离分别为 120 和 570，如图 3-360 所示。

(5)在命令行输入 TR，执行修剪命令，将构造线进行修剪处理，如图 3-361 所示。

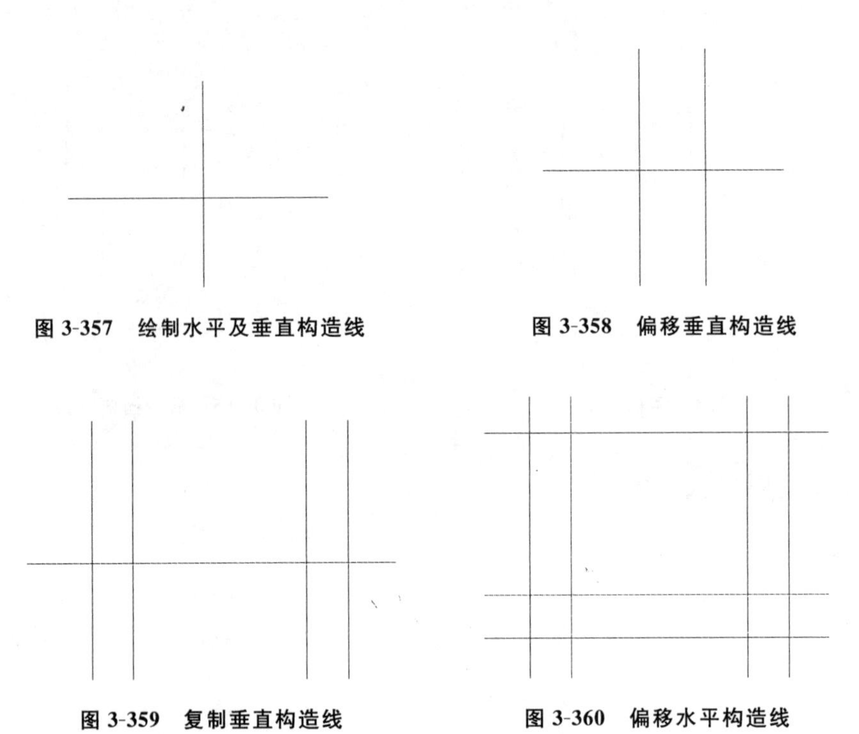

图 3-357　绘制水平及垂直构造线

图 3-358　偏移垂直构造线

图 3-359　复制垂直构造线

图 3-360　偏移水平构造线

(6)在命令行输入 M,执行移动命令,将顶端修剪后的水平线向上进行移动,其相对距离为 120,如图 3-362 所示。

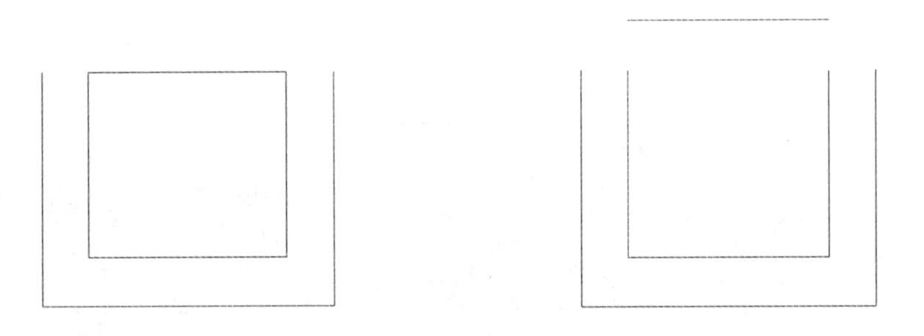

图 3-361　修剪线条

图 3-362　移动水平线

(7)在命令行输入 A,执行圆弧命令,绘制角度为－180 的圆弧,命令行操作内容如下:

命令:a ARC	执行圆弧命令
指定圆弧的起点或 [圆心(C)]:	捕捉直线端点,如图 3-363 所示
指定圆弧的第二个点或 [圆心(C)/端点(E)]: e	选择"端点"选项
指定圆弧的端点:	捕捉直线端点,如图 3-364 所示
指定圆弧的圆心或 [角度(A)/方向(D)/半径(R)]: a	选择"圆弧"选项
指定包含角:－180	指定圆弧角度

命令执行结果如图 3-365 所示。

(8)在命令行输入 CO,执行复制命令,将绘制的圆弧进行复制,其移动基点为圆弧的右端端点,移动的第二点为右端垂直线顶端端点,如图 3-366 所示。

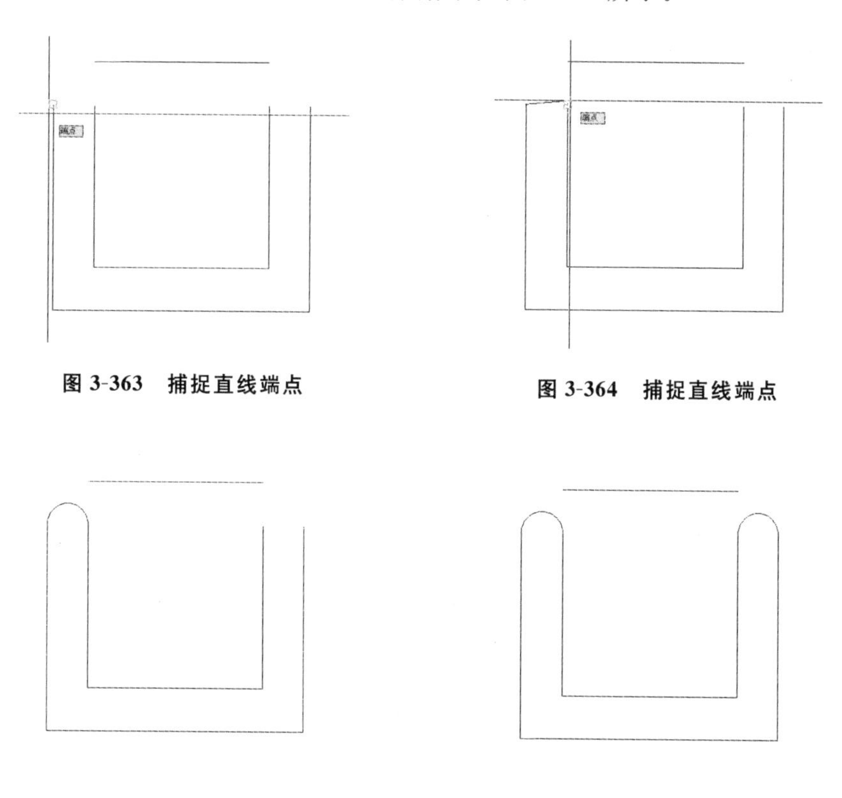

图 3-363 捕捉直线端点

图 3-364 捕捉直线端点

图 3-365 绘制圆弧

图 3-366 复制圆弧

(9)在命令行输入 F,执行圆角命令,将直线进行圆角处理,其圆角半径为 180,如图 3-367 所示。

(10)在命令行输入 F,再次执行圆角命令,将直线进行圆角处理,其圆角半径为 60,如图 3-368 所示。

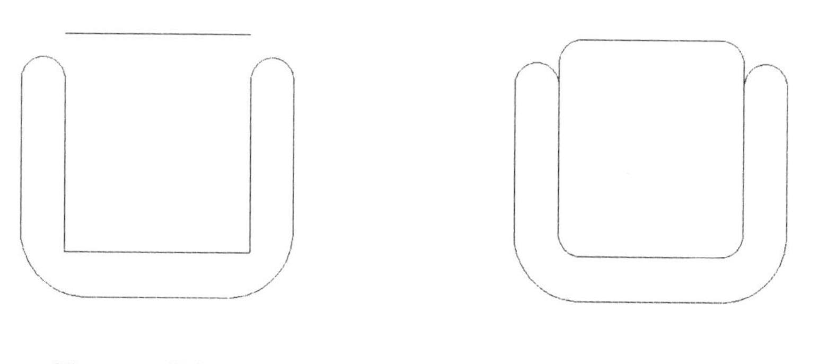

图 3-367 圆角图形

图 3-368 单人沙发

实例 33　绘制三人沙发

案例效果

本例将绘制如图 3-369 所示的三人沙发图形，通过本实例的绘制，可掌握构造线、偏移、修剪、圆弧、圆角等命令的使用及绘制方法，掌握沙发图形的绘制技巧。

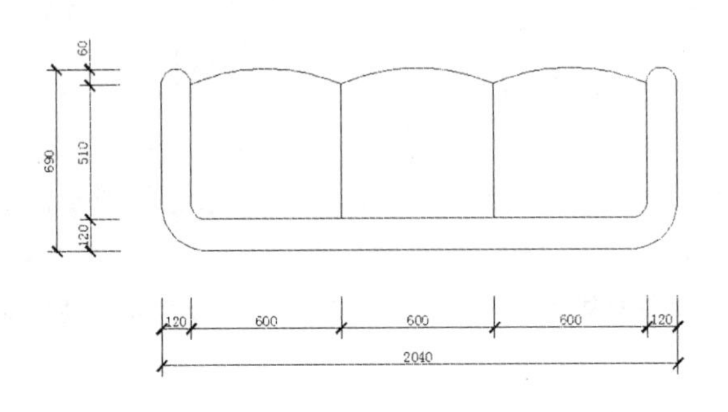

图 3-369　三人沙发

案例步骤

(1)在命令行输入 X，执行构造线命令，绘制水平及垂直构造线，如图 3-370 所示。

(2)在命令行输入 O，执行偏移命令，将水平构造线向上进行偏移，其偏移距离分别为 120 和 630，如图 3-371 所示。

图 3-370　绘制构造线　　　图 3-371　偏移水平构造线

(3)在命令行输入 O，执行偏移命令，将垂直构造线向右进行偏移，其偏移距离为 120，如图 3-372 所示。

(4)在命令行输入 O，再次执行偏移命令，将右端垂直构造线向右连续三次进行偏移，其偏移距离为 600，如图 3-373 所示。

(5)在命令行输入 O，执行偏移命令，将右端垂直构造线向右进行偏移，其偏移距离为 120，如图 3-374 所示。

(6)在命令行输入 TR，执行修剪命令，将构造线进行修剪处理，如图 3-375 所示。

(7)在命令行输入 E，执行删除命令，将顶端修剪后的水平线进行删除，如图 3-376 所示。

(8)在命令行输入 A，执行圆弧命令，绘制圆弧，命令行操作内容如下：

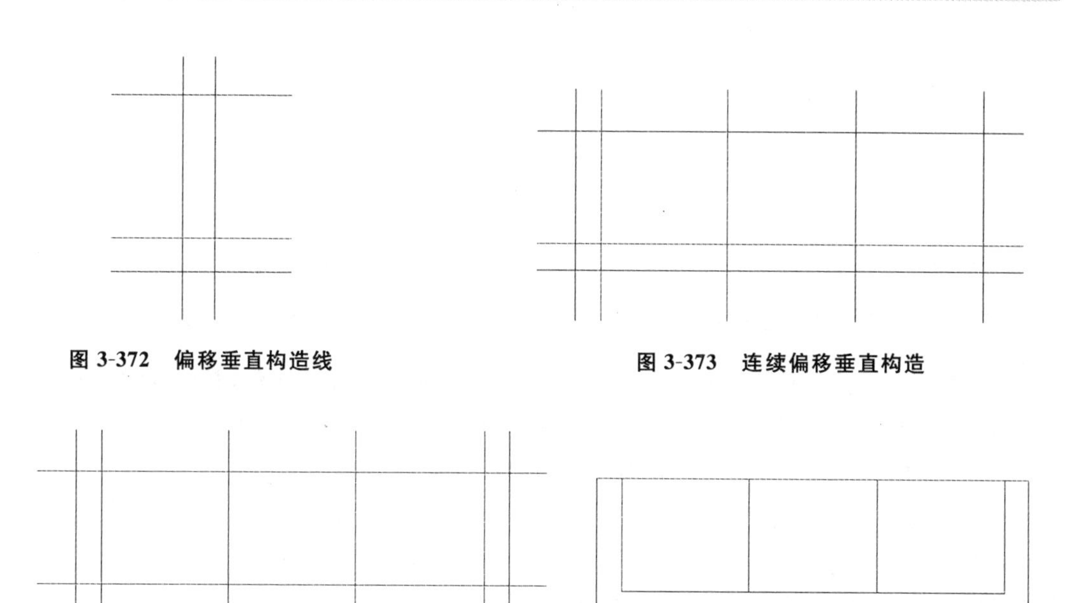

图 3-372　偏移垂直构造线

图 3-373　连续偏移垂直构造

图 3-374　偏移垂直构造线

图 3-375　修剪线条

命令：a ARC	执行圆弧命令
指定圆弧的起点或 \[圆心(C)\]：	捕捉直线端点，如图 3-377 所示
指定圆弧的第二个点或 \[圆心(C)/端点(E)\]：e	选择“端点”选项
指定圆弧的端点：	捕捉直线端点，如图 3-378 所示
指定圆弧的圆心或 \[角度(A)/方向(D)/半径(R)\]：a	选择“角度”选项
指定包含角：180	指定圆弧角度

命令执行结果如图 3-379 所示。

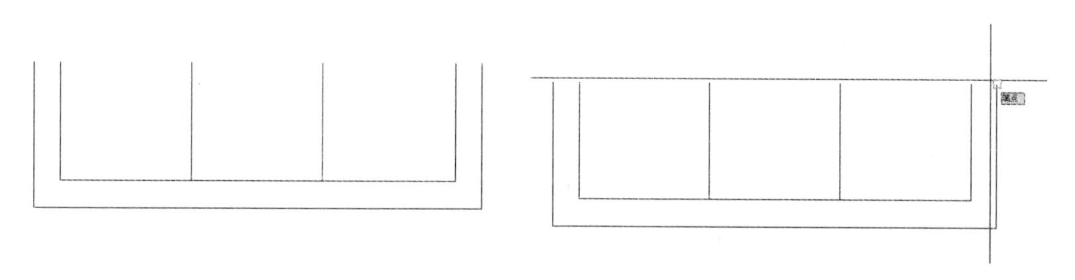

图 3-376　删除多余线条

图 3-377　捕捉直线端点

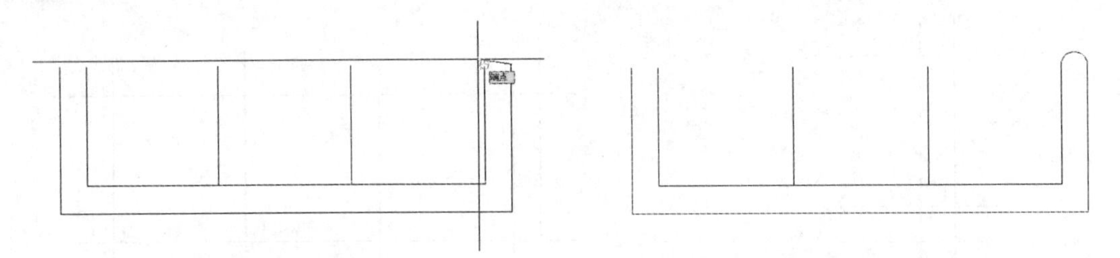

图 3-378　捕捉直线端点　　　　图 3-379　绘制圆弧

(9)在命令行输入 CO,执行复制命令,将绘制的圆弧进行复制操作,其中复制的基点为圆弧左端端点,复制的第二点为左端垂直线顶端端点,如图 3-380 所示。

(10)在命令行输入 A,执行圆弧命令,绘制圆弧,命令行操作内容如下:

```
命令:a ARC                                              执行圆弧命令
指定圆弧的起点或 \[圆心(C)\]:                              捕捉直线端点,如图 3-381 所示
指定圆弧的第二个点或 \[圆心(C)/端点(E)\]:e                  选择“端点”选项
指定圆弧的端点:                                          捕捉直线端点,如图 3-382 所示
指定圆弧的圆心或 \[角度(A)/方向(D)/半径(R)\]:a              选择“角度”选项
指定包含角:45                                            指定圆弧角度
```

命令执行结果如图 3-383 所示。

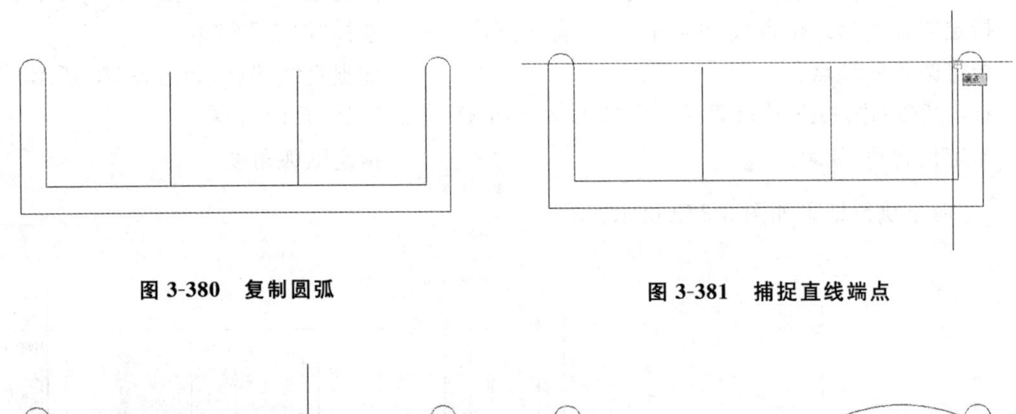

图 3-380　复制圆弧　　　　图 3-381　捕捉直线端点

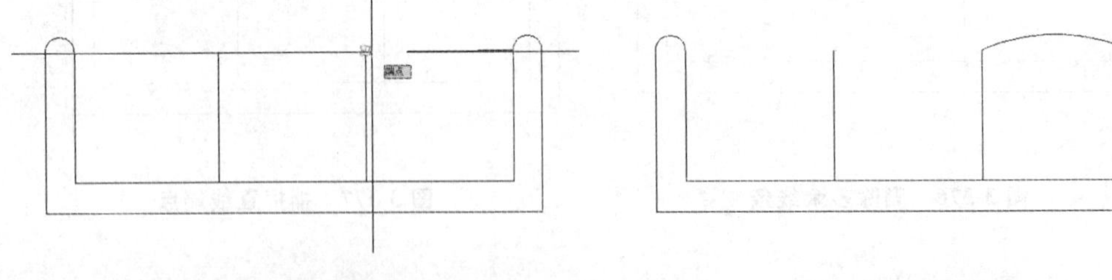

图 3-382　捕捉直线端点　　　　图 3-383　绘制圆弧

(11)在命令行输入 CO,执行复制命令,将绘制的圆弧进行复制,如图 3-384 所示。

(12)在命令行输入 F,执行圆角命令,将沙发的角进行圆角处理,其中外端圆角的半径为 180,内角的圆角半径为 60,如图 3-385 所示。

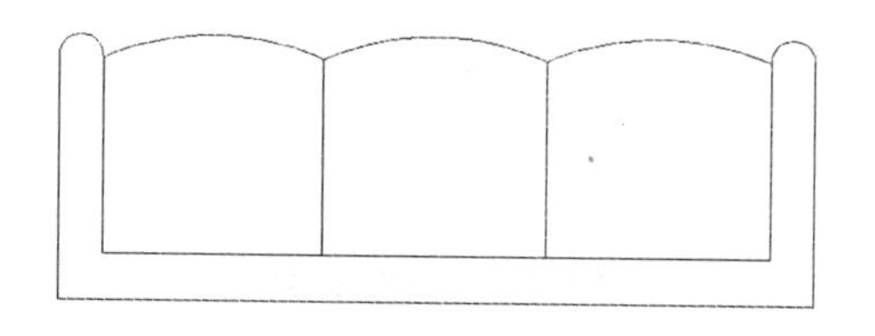

图 3-384　复制圆弧

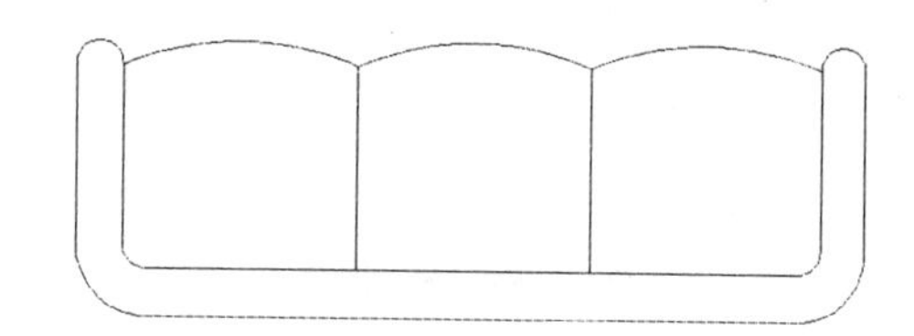

图 3-385　三人沙发

实例 34　绘制电视平面图

案例效果

本例将绘制如图 3-386 所示的电视平面图形，通过本实例的绘制，可以掌握矩形、对象追踪、直线、圆弧以及镜像等命令的使用及绘制方法，掌握电视平面图形的绘制方法与相关技巧。

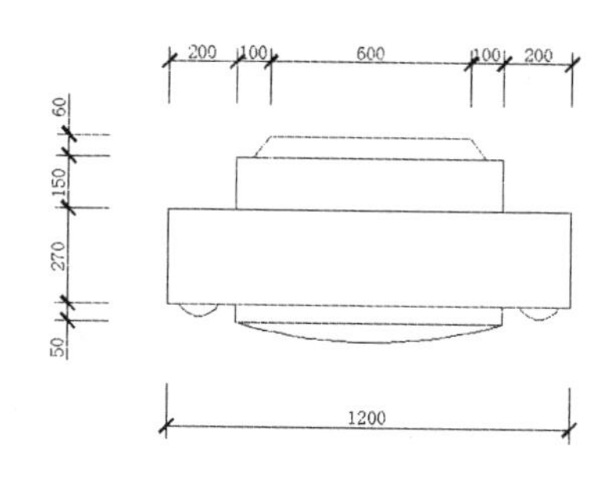

图 3-386　电视平面

案例步骤

(1)在命令行输入 REC，执行矩形命令，绘制长度为 1200、高度为 270 的矩形，如图 3-387 所示。

(2)在命令行输入 L，执行直线命令，绘制直线，命令行操作内容如下：

命令：l LINE	执行直线命令
指定第一点：200	捕捉对象追踪线，如图 3-388 所示
指定下一点或 \[放弃(U)\]：150	鼠标向上移，如图 3-389 所示
指定下一点或 \[放弃(U)\]：800	鼠标向右移，如图 3-390 所示
指定下一点或 \[闭合(C)/放弃(U)\]：	捕捉水平线垂足点，如图 3-391 所示
指定下一点或 \[闭合(C)/放弃(U)\]：	按 Enter 键结束直线命令

命令执行结果如图 3-392 所示。

(3)在命令行输入 L，再次执行直线命令，绘制直线，命令行操作内容如下：

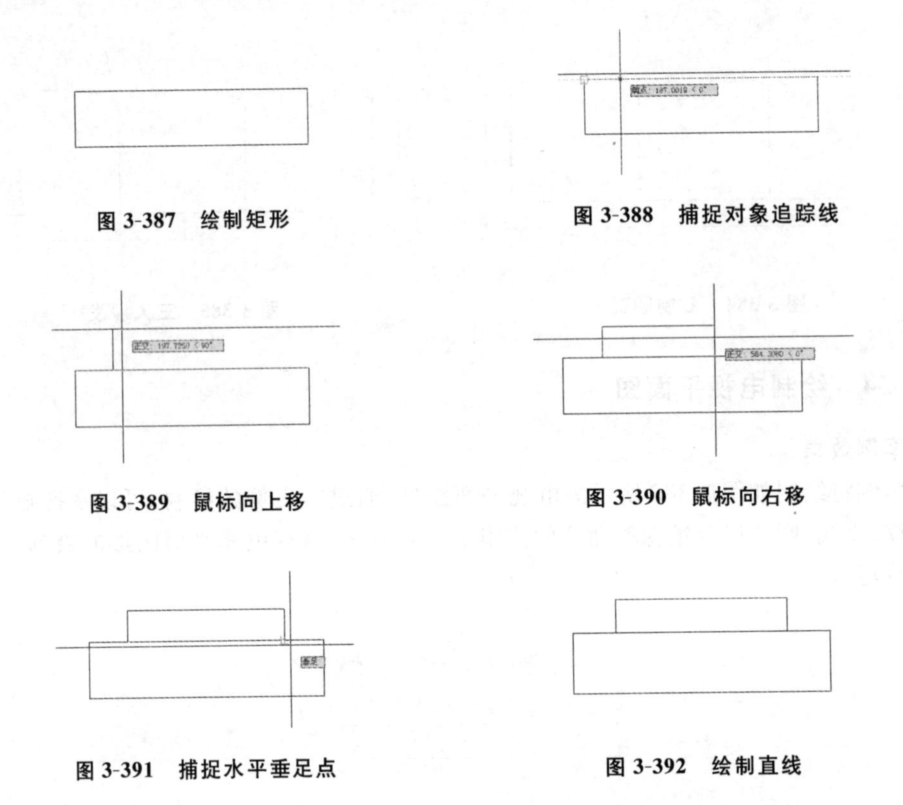

图 3-387 绘制矩形　　图 3-388 捕捉对象追踪线

图 3-389 鼠标向上移　　图 3-390 鼠标向右移

图 3-391 捕捉水平垂足点　　图 3-392 绘制直线

命令：l LINE	执行直线命令
指定第一点：50	捕捉对象追踪线，如图 3-393 所示
指定下一点或 \[放弃(U)\]：@50,60	指定直线下一点相对坐标
指定下一点或 \[放弃(U)\]：600	鼠标右移，如图 3-394 所示
指定下一点或 \[闭合(C)/放弃(U)\]：@50,－60	指定直线下一点相对坐标
指定下一点或 \[闭合(C)/放弃(U)\]：	按 Enter 键结束直线命令

命令执行结果如图 3-395 所示。

(4)在命令行输入 MI，执行镜像命令，将第一次使用直线命令绘制的直线进行镜像复制，其镜像线为矩形垂直边中点间的连线，如图 3-396 所示。

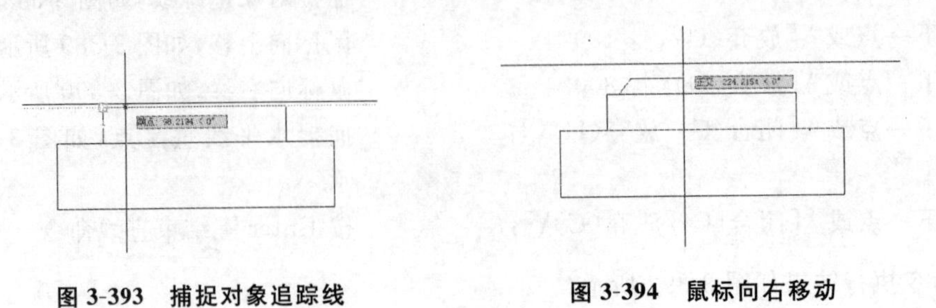

图 3-393 捕捉对象追踪线　　图 3-394 鼠标向右移动

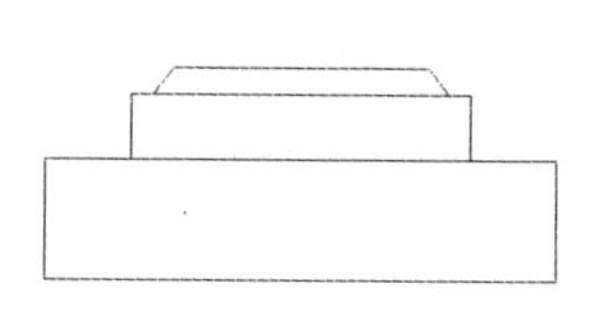

图 3-395　绘制直线

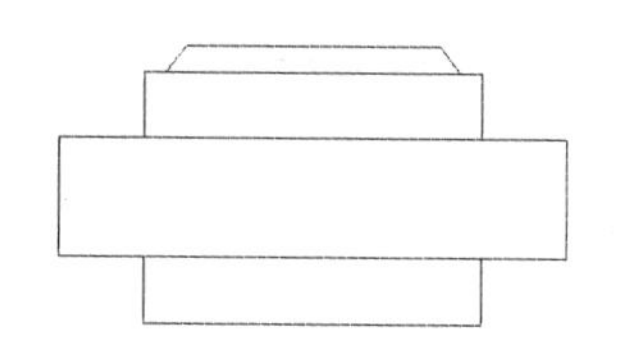

图 3-396　镜像复制直线

(5)在命令行输入 S,执行拉伸命令,将镜像复制后的直线向上进行拉伸,其命令行操作内容如下:

命令:s STRETCH	执行拉伸命令
以交叉窗口或交叉多边形选择要拉伸的对象...	
选择对象:	交叉方式选择图形,如图 3-397 所示
选择对象:	按 Enter 确定选择拉伸对象
指定基点或 \[位移(D)\] ＜位移＞:	在屏幕上拾取一点
指定第二个点或 ＜使用第一个点作为位移＞: 100	鼠标上移并输入长度,如图 3-398 所示

命令执行结果如图 3-399 所示。

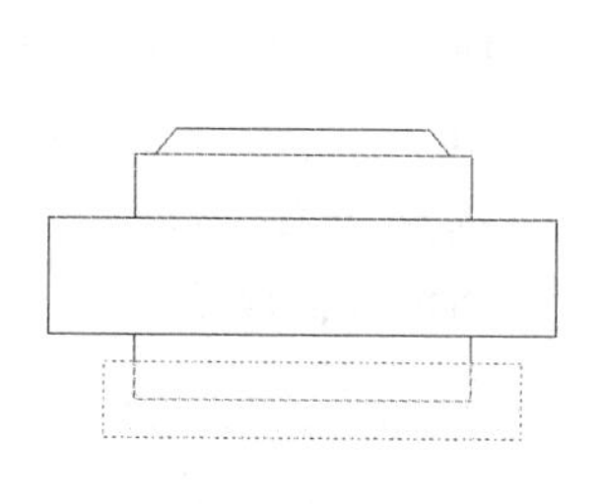

图 3-397　选择拉伸对象

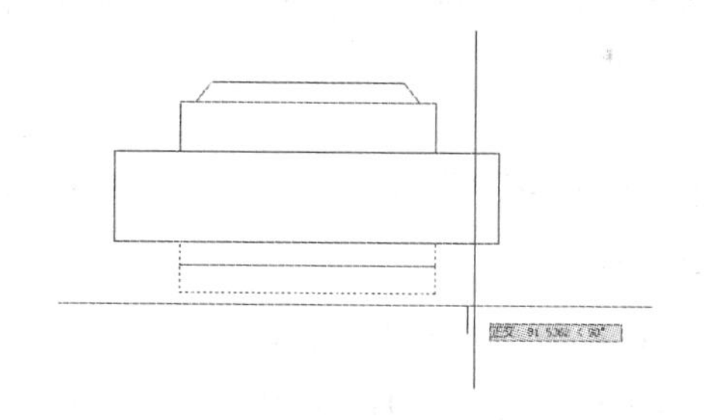

图 3-398　鼠标向上移动

(6)在命令行输入 A,执行圆弧命令,绘制角度为 30 的圆弧,命令行操作内容如下:

命令:a ARC	执行圆弧命令
指定圆弧的起点或 \[圆心(C)\]:	捕捉直线端点,如图 3-400 所示
指定圆弧的第二个点或 \[圆心(C)/端点(E)\]: e	选择"端点"选项
指定圆弧的端点:	捕捉直线端点,如图 3-401 所示
指定圆弧的圆心或 \[角度(A)/方向(D)/半径(R)\]: a	选择"角度"选项
指定包含角: 30	指定圆弧角度

命令执行结果如图 3-402 所示。

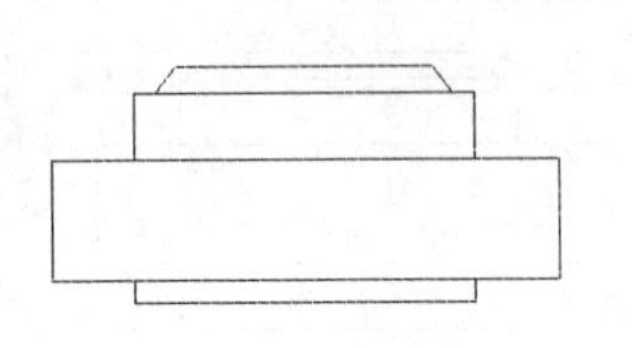

图 3-399 拉伸图形

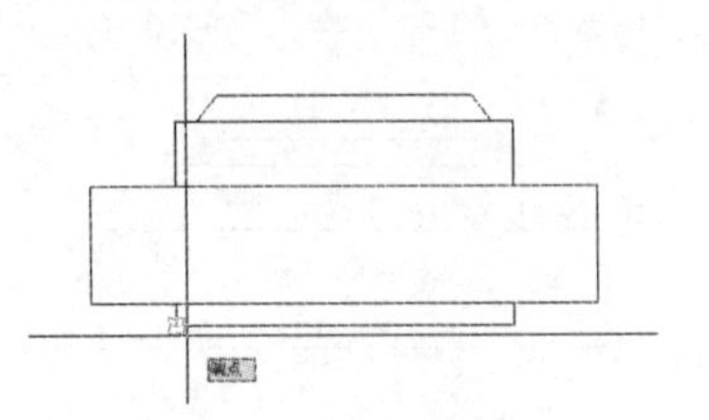

图 3-400 捕捉直线端点

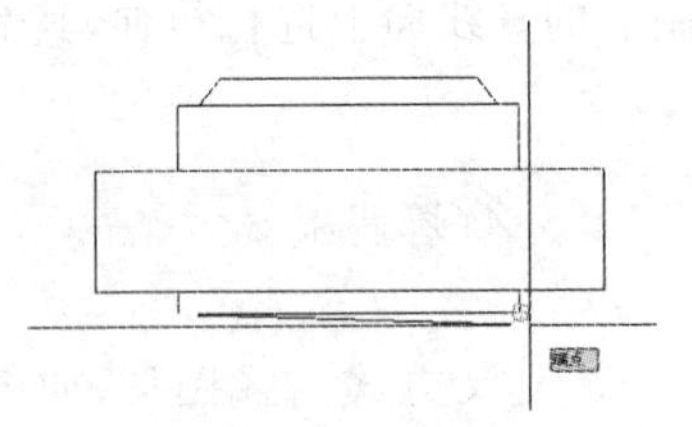

图 3-401 捕捉直线端点

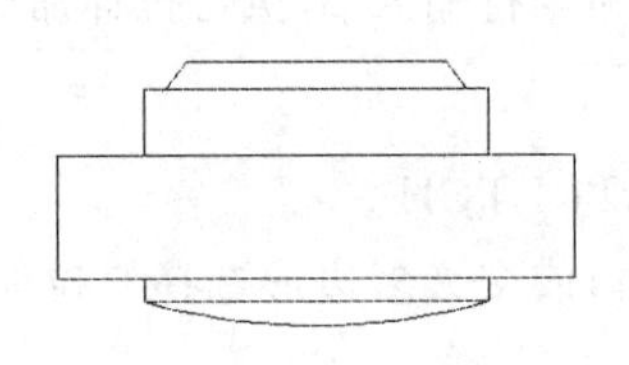

图 3-402 绘制圆弧

(7)在命令行输入 A，执行圆弧命令，绘制角度为 120 的圆弧，命令行操作内容如下：

命令：a ARC	执行圆弧命令
指定圆弧的起点或 \[圆心(C)\]：35	捕捉对象追踪线，如图 3-403 所示
指定圆弧的第二个点或 \[圆心(C)/端点(E)\]：e	选择“端点”选项
指定圆弧的端点：50	捕捉对象追踪线，如图 3-404 所示
指定圆弧的圆心或 \[角度(A)/方向(D)/半径(R)\]：a	选择“角度”选项
指定包含角：120	指定圆弧角度

命令执行结果如图 3-405 所示。

(8)在命令行输入 MI，执行镜像命令，将绘制的圆弧进行镜像复制操作，其中镜像线为矩形水平线中点间的连线，如图 3-406 所示。

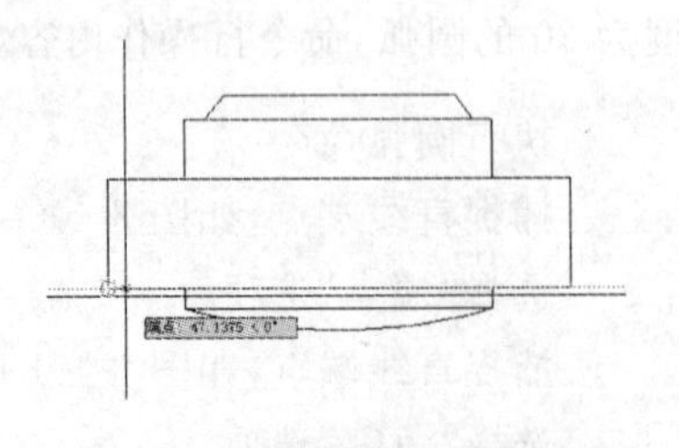

图 3-403 捕捉对象追踪线

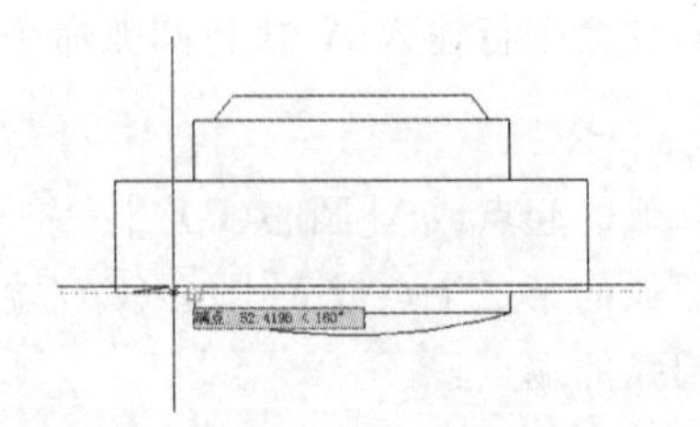

图 3-404 捕捉对象追踪线

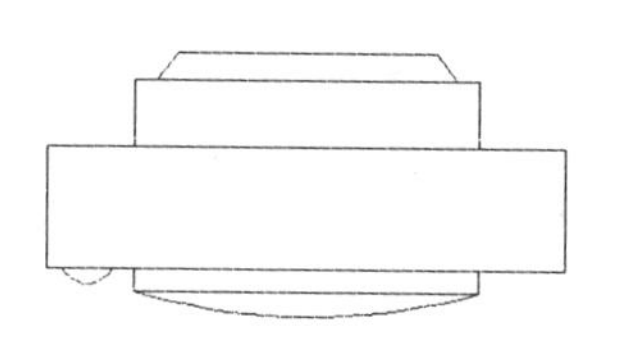

图 3-405　绘制圆弧

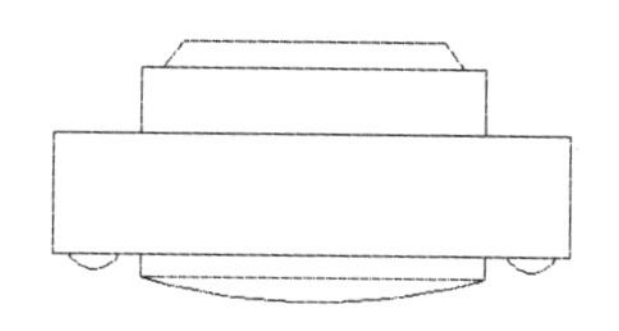

图 3-406　电视平面图

实例 35　绘制电视组合柜

案例效果

本例将绘制如图 3-407 所示的电视组合柜图形，通过本实例的绘制，可以掌握矩形、圆弧、修剪和图案填充命令的使用及绘制方法。

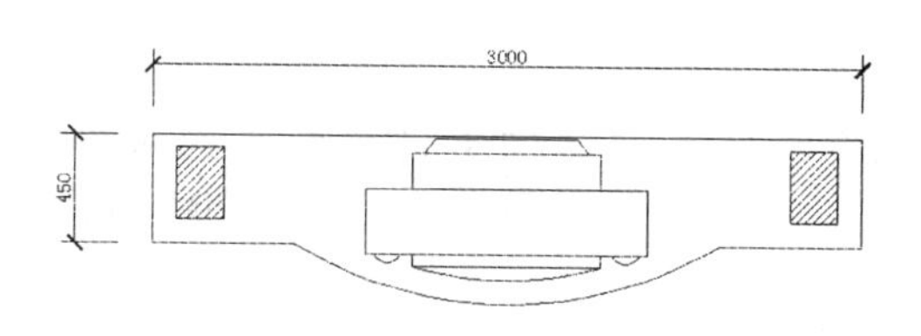

图 3-407　电视组合柜

案例步骤

(1)单击“快速访问”工具栏中的“打开”按钮，打开附赠光盘中的“电视平面图”图形文件。

(2)在命令行输入 REC，执行矩形命令，绘制长度为 3000、高度为 450 的矩形，命令行操作内容如下：

命令行	说明
命令：rec RECTANG	执行矩形命令
指定第一个角点或 \[倒角(C)/标高(E)/圆角(F)/厚度(T)/宽度(W)\]：from	选择“捕捉自”捕捉选项
基点：	捕捉直线端点，如图 3-408 所示
＜偏移＞：@－1200,10	指定矩形的第一个角点
指定另一个角点或 \[面积(A)/尺寸(D)/旋转(R)\]：@3000,－450	指定矩形另一个角点

命令执行结果如图 3-409 所示。

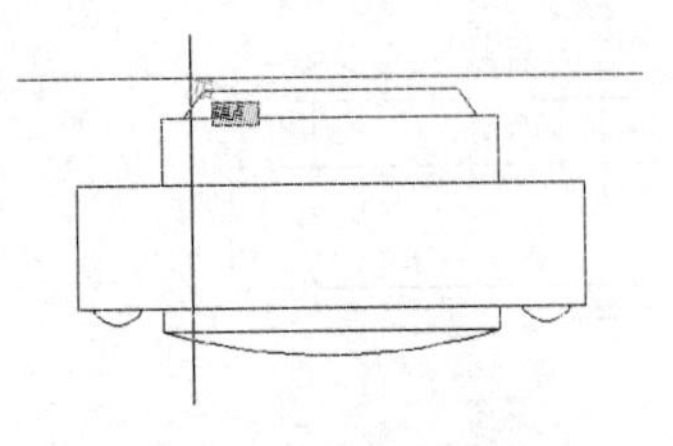

图 3-408　捕捉直线端点

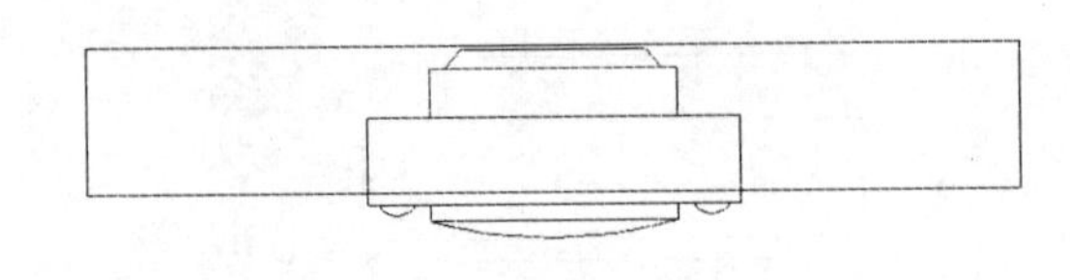

图 3-409　绘制矩形

(3)在命令行输入 A,执行圆弧命令,绘制角度为 60 的圆弧,命令行操作内容如下:

命令: a ARC	执行圆弧命令
指定圆弧的起点或 [圆心(C)]: 600	捕捉对象追踪线,如图 3-410 所示
指定圆弧的第二个点或 [圆心(C)/端点(E)]: e	选择“端点”选项
指定圆弧的端点: 600	捕捉对象追踪线,如图 3-411 所示
指定圆弧的圆心或 [角度(A)/方向(D)/半径(R)]: a	选择“角度”选项
指定包含角: 60	指定圆弧角度

命令执行结果如图 3-412 所示。

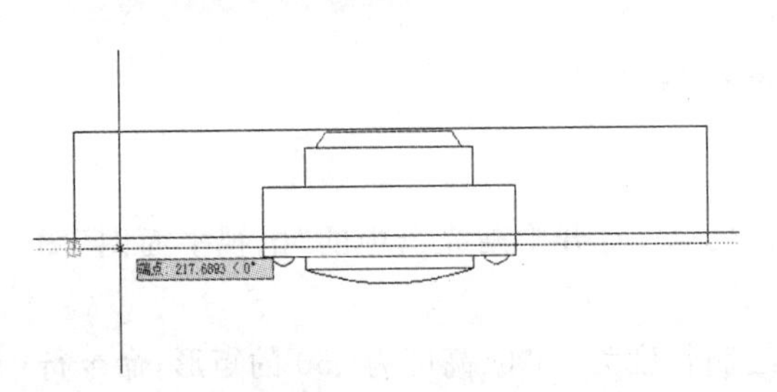

图 3-410　捕捉对象追踪线

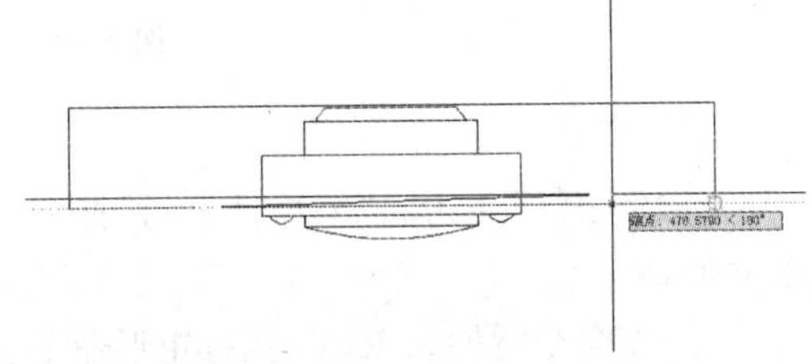

图 3-411　捕捉对象追踪线

(4)在命令行输入 TR,执行修剪命令,将矩形底端水平线中段进行修剪,其修剪边界为圆弧,如图 3-413 所示。

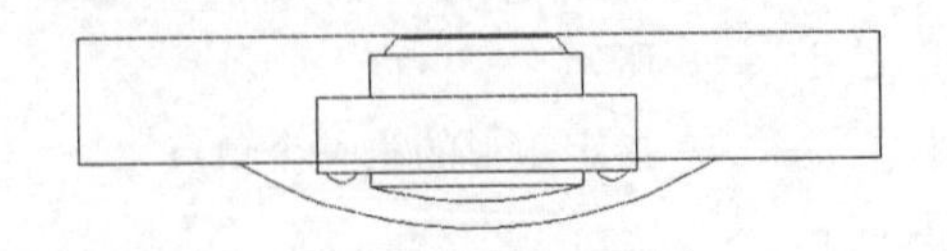

图 3-412　绘制圆弧

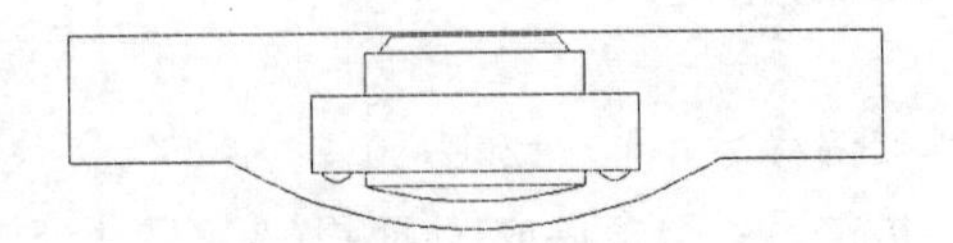

图 3-413　修剪线条

(5)在命令行输入 REC,执行矩形命令,绘制长度为 200、高度为 300 的矩形,命令行操作内容如下:

命令：rec RECTANG	执行矩形命令
指定第一个角点或 \[倒角(C)/标高(E)/圆角(F)/厚度(T)/宽度(W)\]:from	选择“捕捉自”捕捉选项
基点：	捕捉直线端点，如图 3-414 所示
<偏移>：@100,100	指定矩形的第一个角点
指定另一个角点或 \[面积(A)/尺寸(D)/旋转(R)\]：@200,300	指定矩形另一个角点

命令执行结果如图 3-415 所示。

(6)在命令行输入 MI，执行镜像命令，将绘制的长度为 200 的矩形进行镜像复制操作，其镜像线为修剪后矩形顶端直线中点和底端圆弧中点的连线，如图 3-416 所示。

(7)在命令行输入 BH，执行图案填充命令，将两个矩形进行图案填充操作，其中填充图案为 ANSI31，填充比例为 200，如图 3-417 所示。

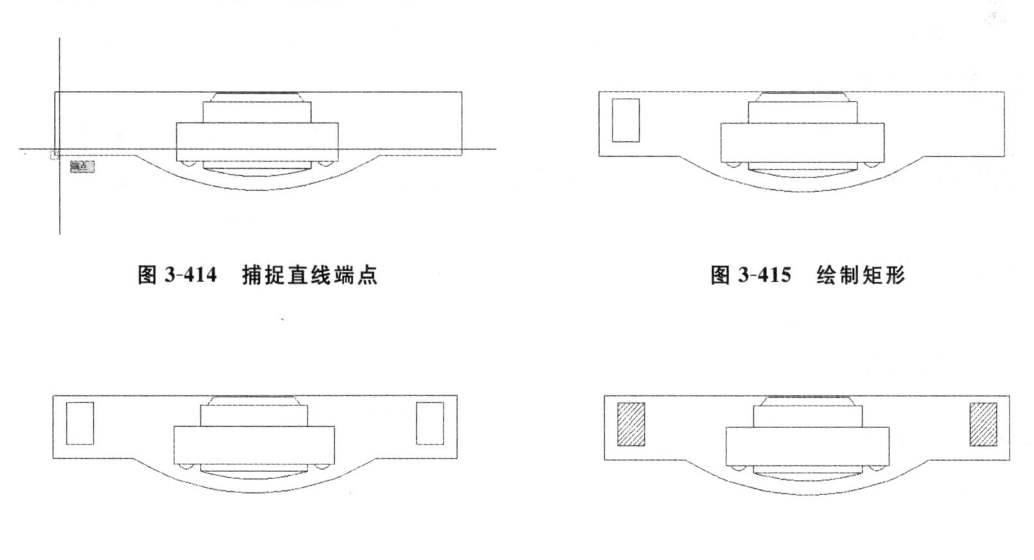

图 3-414　捕捉直线端点

图 3-415　绘制矩形

图 3-416　镜像复制矩形

图 3-417　电视组合柜

实例 36　绘制电视组合立面

案例效果

本例将绘制如图 3-418 所示的电视组合立面图形，通过本实例的绘制，可以掌握矩形、镜像、修剪、构造线以及图案填充等命令的使用及相关技巧。

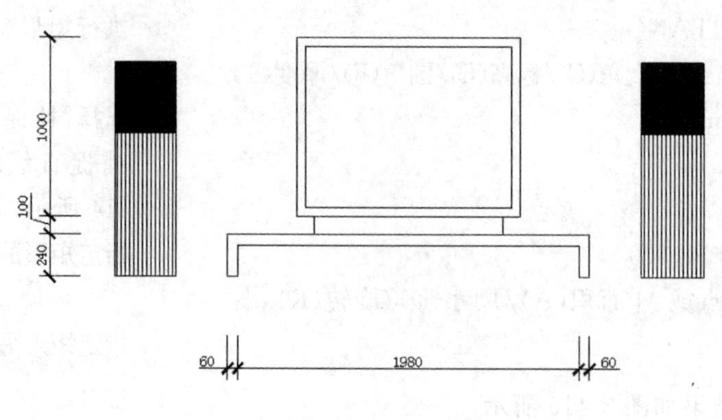

图 3-418 电视组合立面

案例步骤

(1)在命令行输入 REC,执行矩形命令,绘制长度为 2100、高度为 60 的矩形,如图 3-419 所示。

(2)在命令行输入 REC,再次执行矩形命令,绘制长度为 60、高度为－240 的矩形,命令行操作内容如下:

命令:rec RECTANG	执行矩形命令
指定第一个角点或 \[倒角(C)/标高(E)/圆角(F)/厚度(T)/宽度(W)\]:	捕捉矩形端点,如图 3-420 所示
指定另一个角点或 \[面积(A)/尺寸(D)/旋转(R)\]:@60,－240	指定矩形另一个角点

命令执行结果如图 3-421 所示。

(3)在命令行输入 MI,执行镜像命令,将绘制的长度为 60 的矩形进行镜像复制,其中镜像线为长度为 2100 矩形水平线中点的连线,如图 3-422 所示。

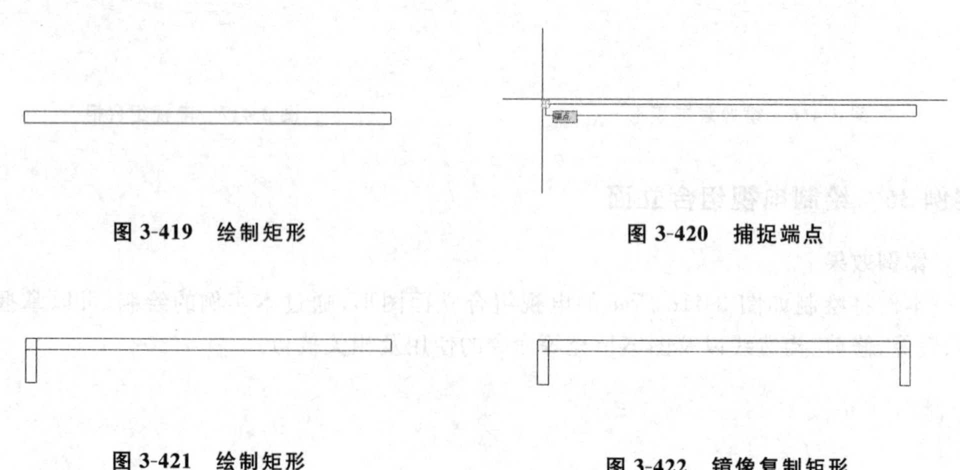

图 3-419 绘制矩形　　图 3-420 捕捉端点

图 3-421 绘制矩形　　图 3-422 镜像复制矩形

(4)在命令行输入 TR,执行修剪命令,将多余线条进行修剪处理,如图 3-423 所示。

(5)在命令行输入 XL,执行构造线命令,绘制两条垂直构造线,命令行操作内容如下:

命令行	说明
命令：xl XLINE	执行构造线命令
指定点或 \[水平(H)/垂直(V)/角度(A)/二等分(B)/偏移(O)\]：v	选择“垂直”选项
指定通过点：500	捕捉对象追踪线，如图 3-424 所示
指定通过点：500	捕捉对象追踪线，如图 3-425 所示
指定通过点：	按 Enter 键结束构造线命令

命令执行结果如图 3-426 所示。

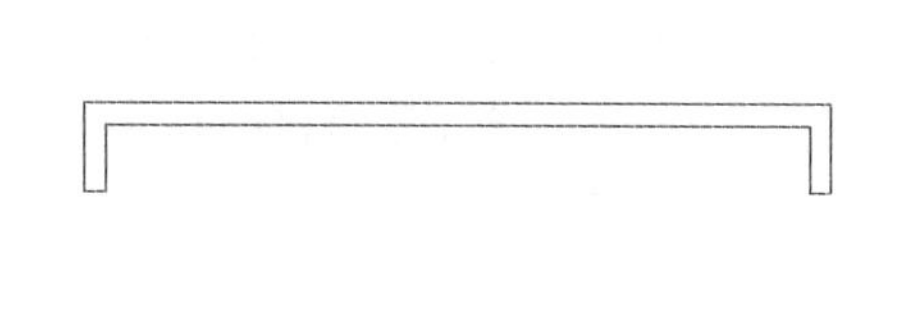

图 3-423　修剪多余线条

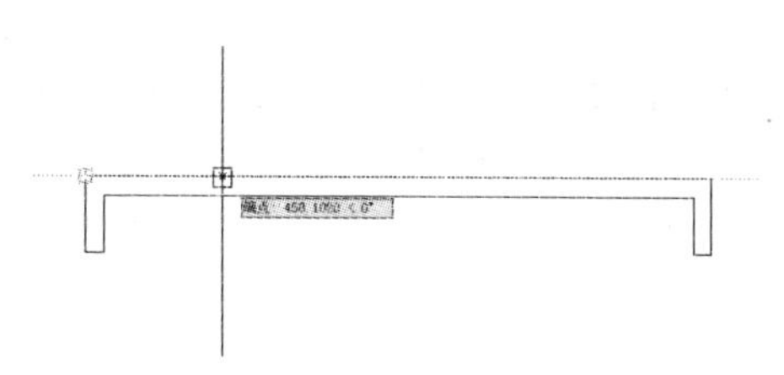

图 3-424　捕捉对象追踪线

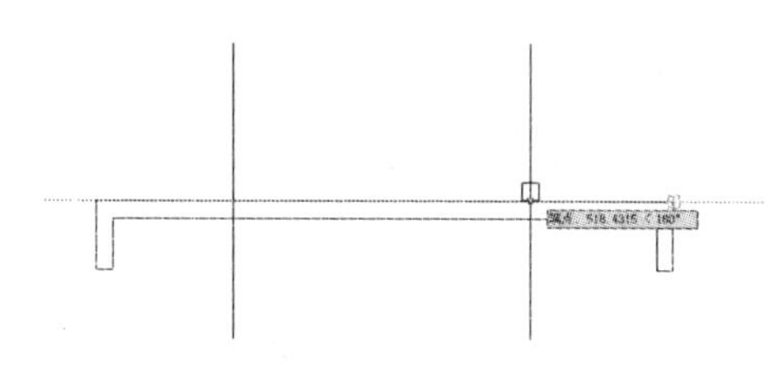

图 3-425　捕捉对象追踪线

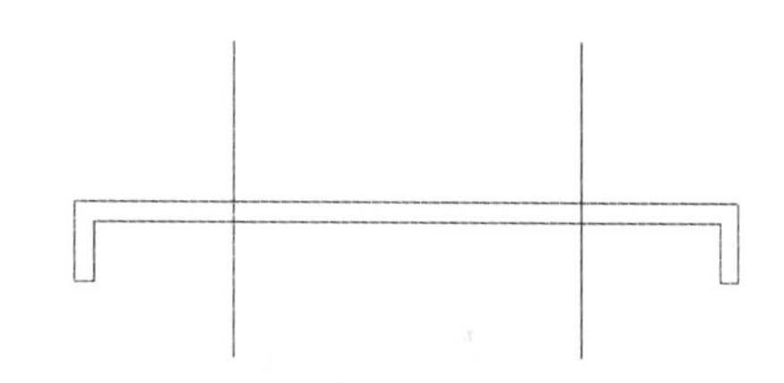

图 3-426　绘制垂直构造线

(6)在命令行输入 REC，执行矩形命令，绘制长度为 1300、高度为 1000 的矩形，命令行操作内容如下：

命令行	说明
命令：rec RECTANG	执行矩形命令
指定第一个角点或 \[倒角(C)/标高(E)/圆角(F)/厚度(T)/宽度(W)\]:from	选择“捕捉自”捕捉选项
基点：	捕捉交点，如图 3-427 所示
<偏移>：@－100,100	指定矩形第一个角点坐标
指定另一个角点或 \[面积(A)/尺寸(D)/旋转(R)\]：@1300,1000	指定另一个角点坐标

命令执行结果如图 3-428 所示。

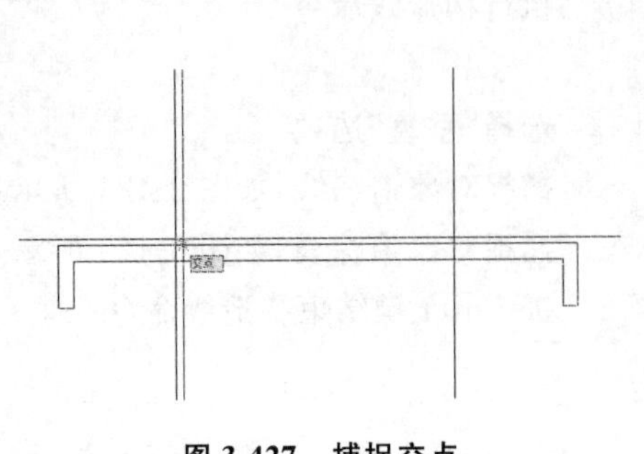

图 3-427　捕捉交点

图 3-428　绘制矩形

(7)在命令行输入 TR,执行修剪命令,将构造线进行修剪处理,如图 3-429 所示。

(8)在命令行输入 O,执行偏移命令,将矩形进行向内进行偏移,其偏移距离为 50,如图 3-430 所示。

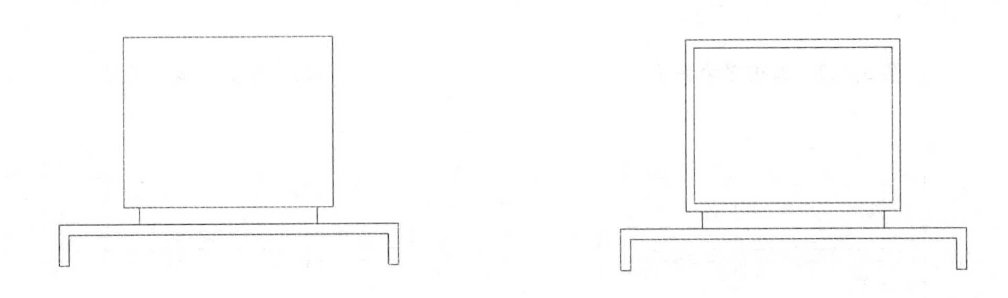

图 3-429　修剪多余线条

图 3-430　偏移矩形

(9)在命令行输入 REC,执行矩形命令,绘制长度为 360、高度为 1200 的矩形,命令行操作内容如下:

命令:rec RECTANG	执行矩形命令
指定第一个角点或 \[倒角(C)/标高(E)/圆角(F)/厚度(T)/宽度(W)\]:300	捕捉对象追踪线,如图 3-431 所示
指定另一个角点或 \[面积(A)/尺寸(D)/旋转(R)\]:@−360,1200	指定另一个角点坐标

命令执行结果如图 3-432 所示。

(10)在命令行输入 X,执行分解命令,将绘制的矩形进行分解。

(11)在命令行输入 O,执行偏移命令,将矩形分解后顶端水平线向下进行偏移,其偏移距离为 400,如图 3-433 所示。

(12)在命令行输入 BH,执行图案填充命令,打开“图案填充和渐变色”对话框。

(13)在“图案”选项后选择 ANSI31 选项,将“角度”选项设置为 45,“比例”选项设置为 200,如图 3-434 所示。

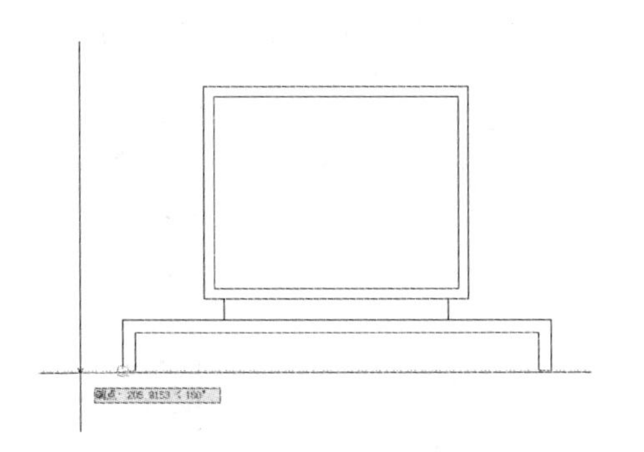

图 3-431 捕捉对象追踪线

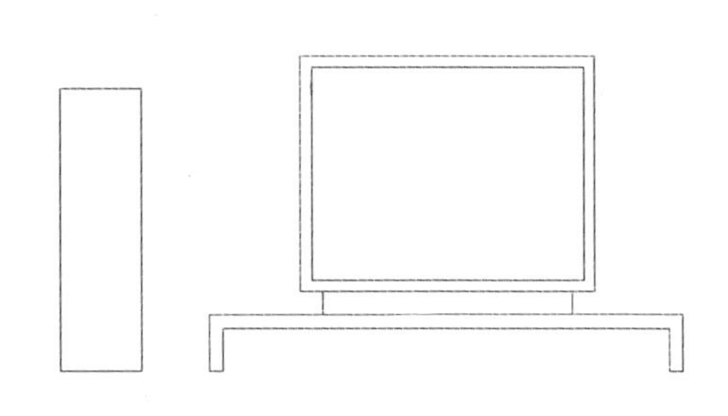

图 3-432 绘制矩形

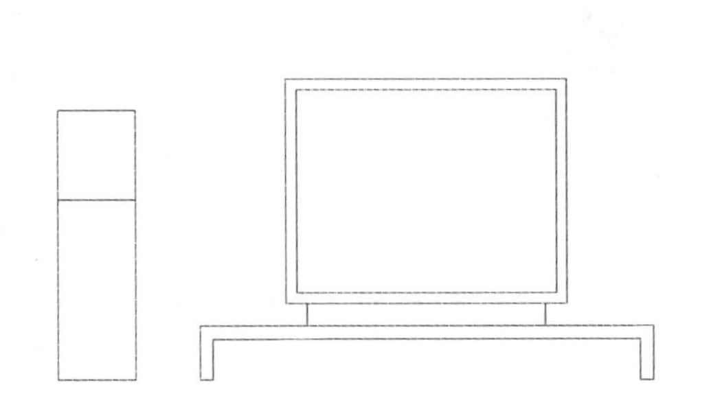

图 3-433 偏移线条

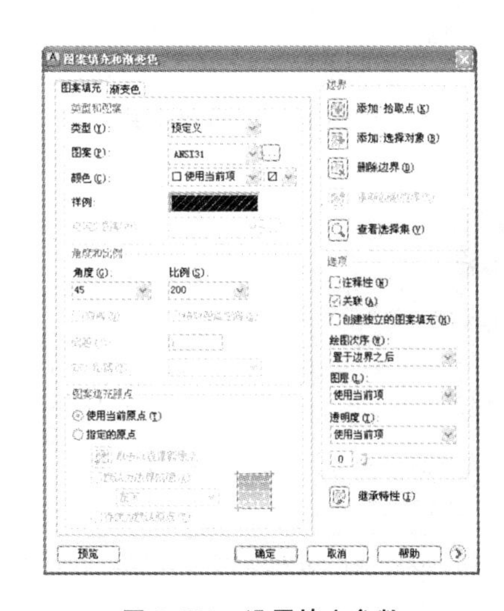

图 3-434 设置填充参数

(14)单击“添加:拾取点”按钮,进入绘图区,选择要进行图案填充的区域,按 Enter 键返回“图案填充和渐变色”对话框。

(15)单击“确定”按钮,完成图案填充操作,如图 3-435 所示。

(16)在命令行输入 BH,再次执行图案填充命令,打开“图案填充和渐变色”对话框,将“图案”选项设置为 SOLID,如图 3-436 所示。

(17)单击“添加拾取点”按钮,进入绘图区,选择要填充区域,按 Enter 键返回“图案填充和渐变色”对话框。

(18)单击“确定”按钮,完成图案填充操作,如图 3-437 所示。

(19)在命令行输入 MI,执行镜像命令,将图形进行镜像复制,其中镜像线为长度为 1300 矩形水平线中点的连线,如图 3-438 所示。

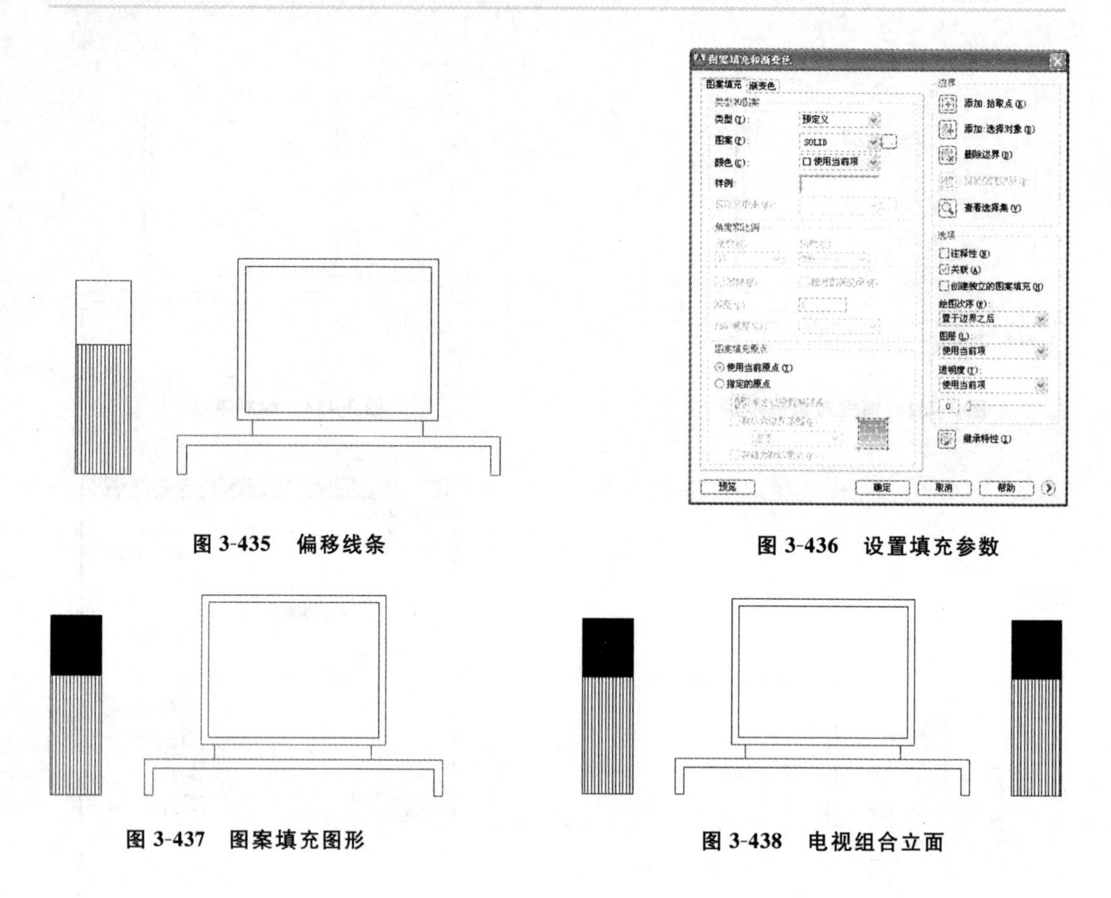

图 3-435 偏移线条

图 3-436 设置填充参数

图 3-437 图案填充图形

图 3-438 电视组合立面

实例 37 绘制台灯

案例效果

本例将绘制如图 3-439 所示的台灯图形，通过本实例的绘制，可以掌握直线、极轴追踪、对象追踪、椭圆、阵列等命令的使用及相关技巧。

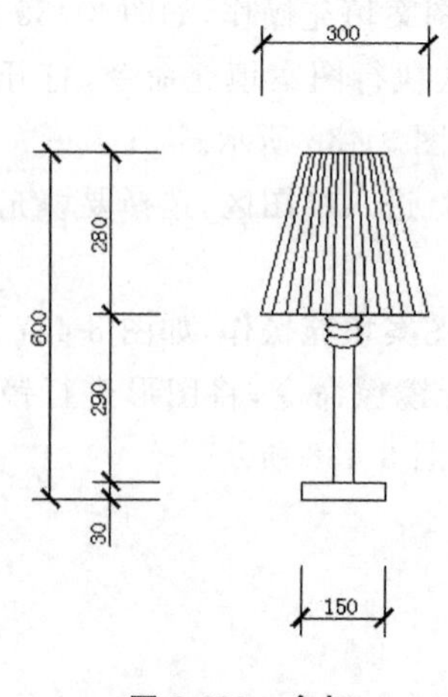

图 3-439 台灯

案例步骤

(1)在命令行输入 L,执行直线命令,绘制直线,命令行操作内容如下:

命令行操作	说明
命令:l LINE	执行直线命令
指定第一点:	在屏幕上拾取一点,指定直线起点
指定下一点或 \[放弃(U)\]:300	鼠标右移,如图 3-440 所示
指定下一点或 \[放弃(U)\]:	捕捉对象与极轴追踪线交点,如图 3-441 所示
指定下一点或 \[闭合(C)/放弃(U)\]:c	选择“闭合”选项

命令执行结果如图 3-442 所示。

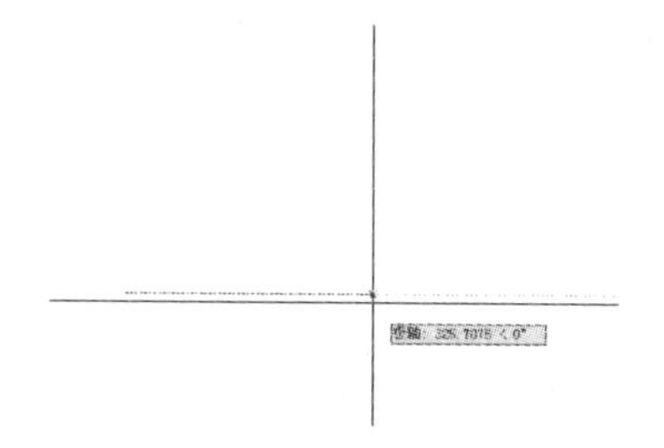

图 3-440　鼠标向右移

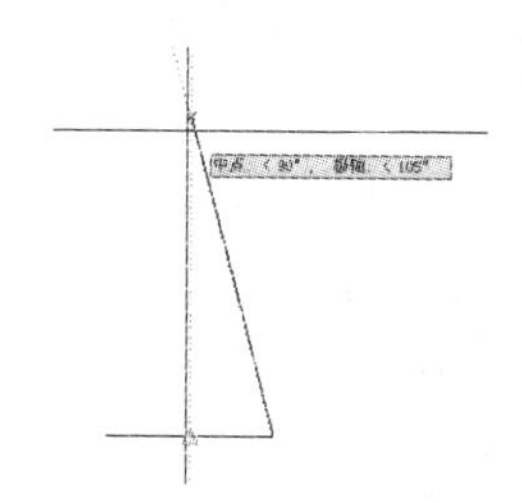

图 3-441　捕捉对象与极轴追踪线交点

(2)在命令行输入 O,执行偏移命令,将水平直线向上进行偏移,命令行操作内容如下:

命令行操作	说明
命令:o OFFSET	执行偏移命令
当前设置:删除源=否　图层=源　OFFSETGAPTYPE=0	
指定偏移距离或 \[通过(T)/删除(E)/图层(L)\] ＜通过＞:	选择“通过”选项
选择要偏移的对象,或 \[退出(E)/放弃(U)\] ＜退出＞:	选择水平直线
指定通过点或 \[退出(E)/多个(M)/放弃(U)\] ＜退出＞:	捕捉倾斜线中点,如图 3-443 所示。
选择要偏移的对象,或 \[退出(E)/放弃(U)\] ＜退出＞:	按 Enter 键结束偏移命令

命令执行结果如图 3-444 所示。

图 3-442　绘制直线

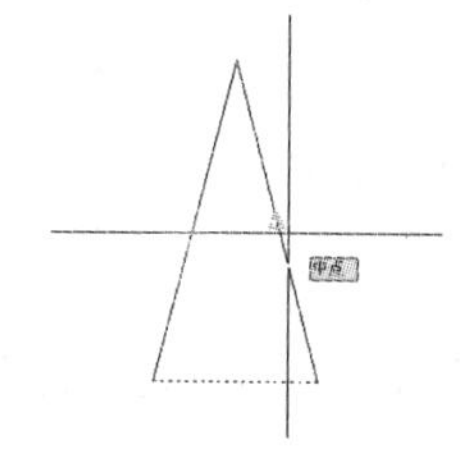

图 3-443　指定偏移通过点

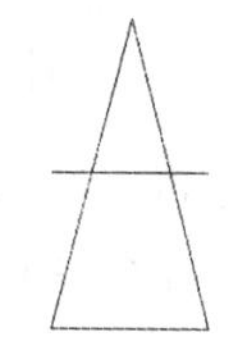

图 3-444　偏移水平线

(3)在命令行输入 ARRAYCLASSIC,执行阵列命令,打开“阵列”对话框。

(4)选择“环形阵列”选项,单击“中心点”选项后的“指定阵列中心点”按钮,进入绘图区，在命令行提示“拾取中心点：”后捕捉直线端点，如图 3-445 所示。

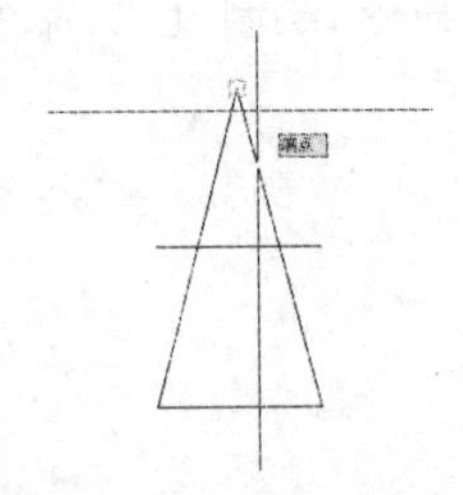

图 3-445　指定阵列中心点

(5)返回“阵列”对话框，将“项目总数”选项设置为 15，“填充角度”选项设置为 30，如图 3-446 所示。

(6)单击“选择对象”按钮，进入绘图区，选择左端倾斜线，按 Enter 键返回“阵列”对话框。

(7)单击“确定”按钮，完成对直线的阵列操作，如图 3-447 所示。

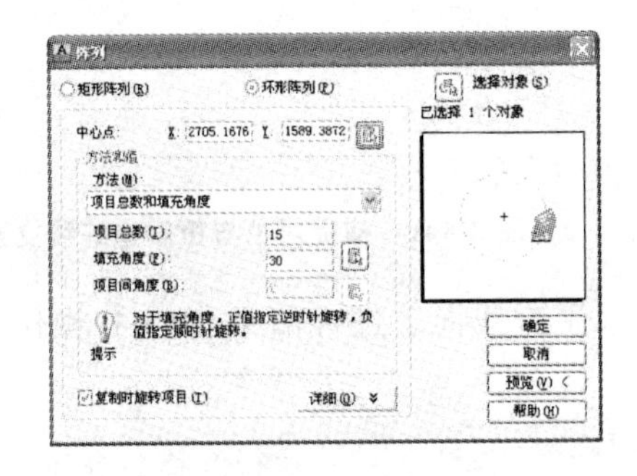

图 3-446　设置阵列参数

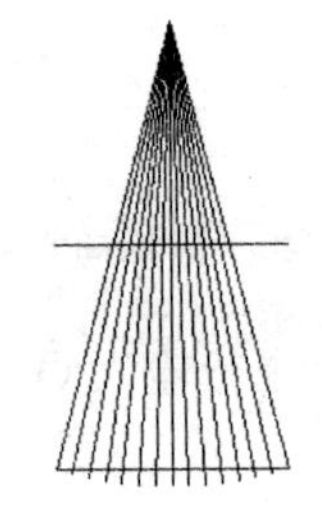

图 3-447　阵列复制直线

(8)在命令行输入 TR，执行修剪命令，将多余线条进行修剪处理，如图 3-448 所示。

(9)在命令行输入 EL，执行椭圆命令，绘制半轴长度分别为 13 和 32 的椭圆，命令行操作内容如下：

命令：el ELLIPSE	执行椭圆命令
指定椭圆的轴端点或 [圆弧(A)/中心点(C)]：c	选择“中心点”选项
指定椭圆的中心点：6	捕捉对象追踪线，如图 3-449 所示
指定轴的端点：13	指定半轴长度
指定另一条半轴长度或 [旋转(R)]：32	指定另一条半轴长度

命令执行结果如图 3-450 所示。

(10)在命令行输入 CO，执行复制命令，将绘制的椭圆向下进行复制，其相对距离为 18 和 36，如图 3-451 所示。

(11)在命令行输入 TR，执行修剪命令，将椭圆进行修剪处理。

(12)在命令行输入 O，执行偏移命令，将顶端水平直线向下进行偏移，其偏移距离为 600，如图 3-452 所示。

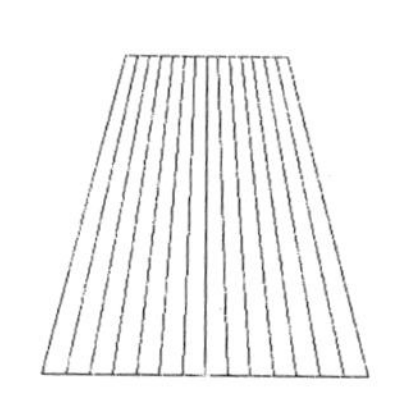

图 3-448 修剪多余线条

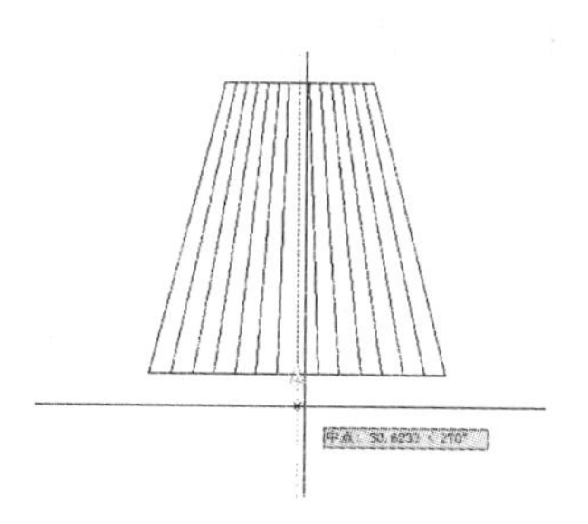

图 3-449 捕捉对象追踪线

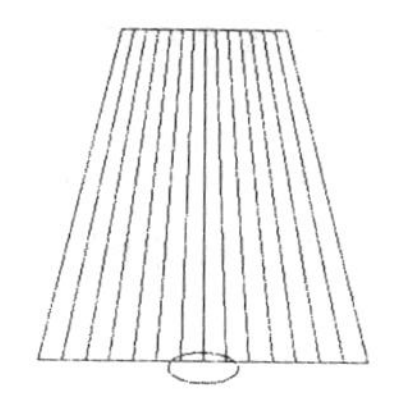

图 3-450 绘制椭圆

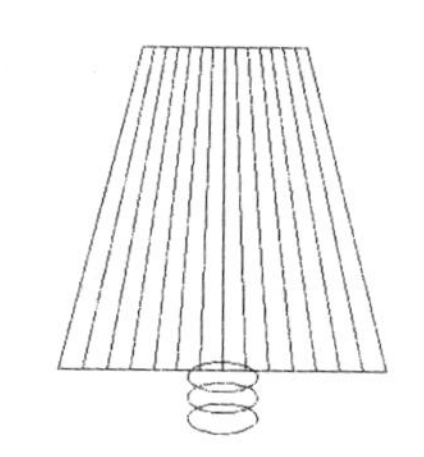

图 3-451 复制椭圆

(13)在命令行输入 O,再次执行偏移命令,将向下偏移后的水平线向上进行偏移,其偏移距离为 30,如图 3-453 所示。

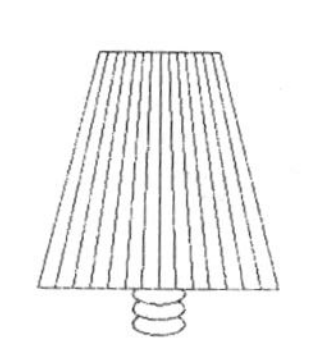

图 3-452 向下偏移水平线

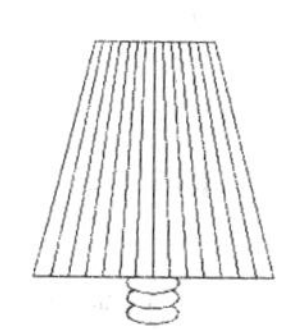

图 3-453 向上偏移水平线

(14)在命令行输入 XL,执行构造线命令,绘制两条垂直构造线,命令行操作内容如下:

命令: xl XLINE	执行构造线命令
指定点或 [水平(H)/垂直(V)/角度(A)/二等分(B)/偏移(O)]: v	选择“垂直”选项
指定通过点: 18	捕捉对象追踪线,如图 3-454 所示
指定通过点: 18	捕捉对象追踪线,如图 3-455 所示
指定通过点:	按 Enter 键结束构造线命令

命令执行结果如图 3-456 所示。

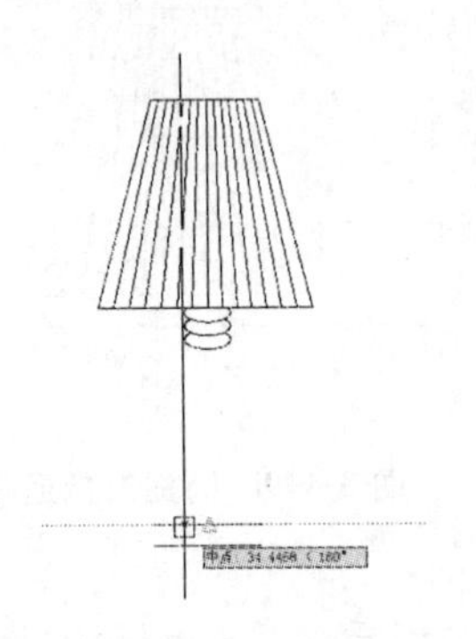

图 3-454 捕捉对象追踪线

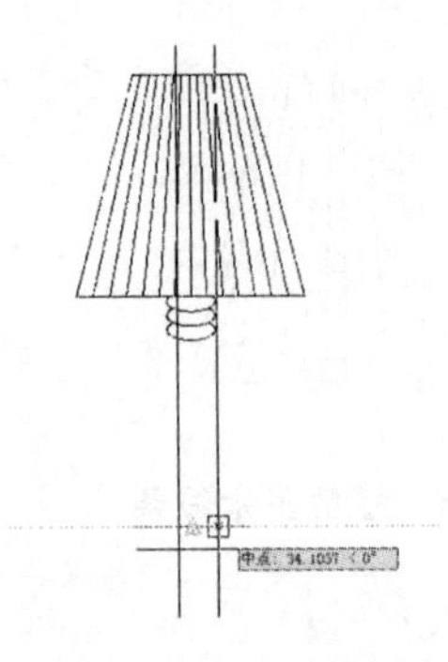

图 3-455 捕捉对象追踪线

(15)在命令行输入 L,执行直线命令,将底端两条水平直线的端点进行连接。

(16)在命令行输入 TR,执行修剪命令,将多余线条进行修剪处理,如图 3-457 所示。

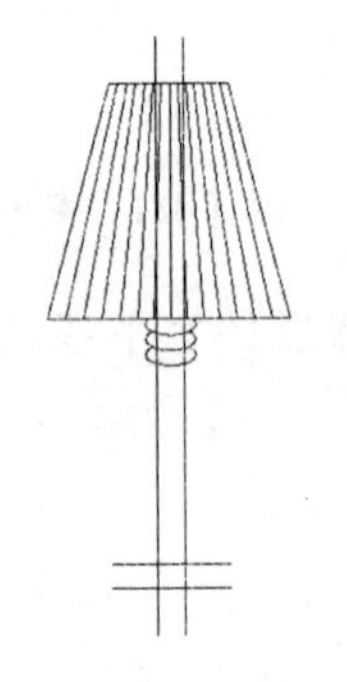

图 3-456 绘制垂直构造线

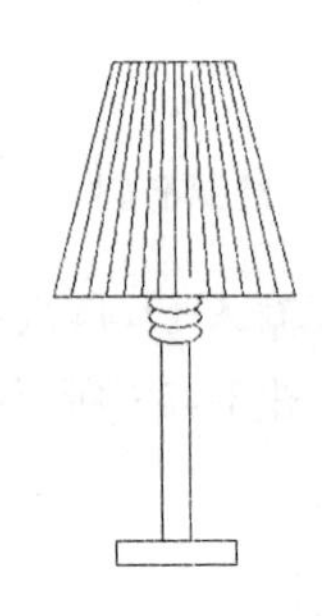

图 3-457 台灯

实例 38 绘制圆餐桌

案例效果

本例将绘制如图 3-458 所示的圆餐桌图形,通过本实例的绘制,可以掌握圆、矩形、对象追踪、构造线、拉伸等命令的使用及绘制方法,掌握圆餐桌图形的绘制方法与相关技巧。

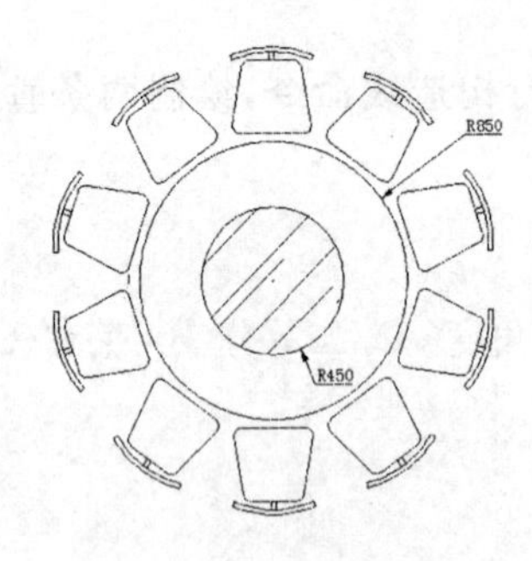

图 3-458 圆餐桌

案例步骤

(1)在命令行输入 C,执行圆命令,绘制半径为 850 的圆,如图 3-459 所示。

(2)在命令行输入 C,再次执行圆命令,以半径为 850 的圆的圆心为圆心,绘制半径为 450 的圆,如图 3-460 所示。

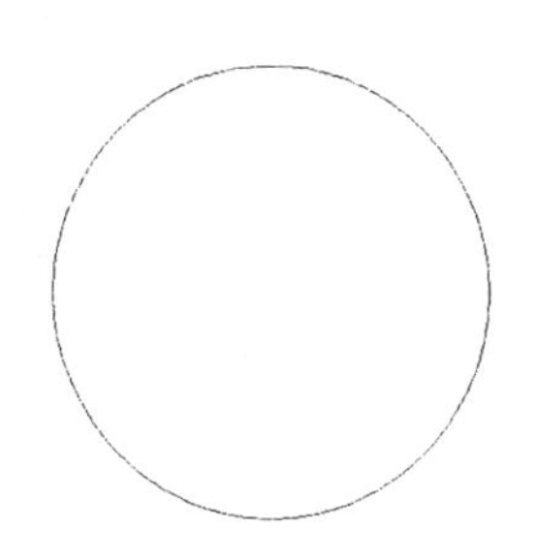

图 3-459 绘制半径为 850 的圆

图 3-460 绘制半径为 450 的圆

(3)在命令行输入 REC,执行矩形命令,绘制长度为 500、高度为－450 的矩形,命令行操作内容如下:

命令:rec RECTANG	执行矩形命令
指定第一个角点或 \[倒角(C)/标高(E)/圆角(F)/厚度(T)/宽度(W)\]:f	选择"圆角"选项
指定矩形的圆角半径 <0.0000>:50	指定圆角半径
指定第一个角点或 \[倒角(C)/标高(E)/圆角(F)/厚度(T)/宽度(W)\]:from	选择"捕捉自"捕捉选项
基点:	捕捉圆的象限点,如图 3-461 所示
<偏移>:@－250,－50	指定矩形第一个角点
指定另一个角点或 \[面积(A)/尺寸(D)/旋转(R)\]:@500,－450	指定矩形另一个角点

命令执行结果如图 3-462 所示。

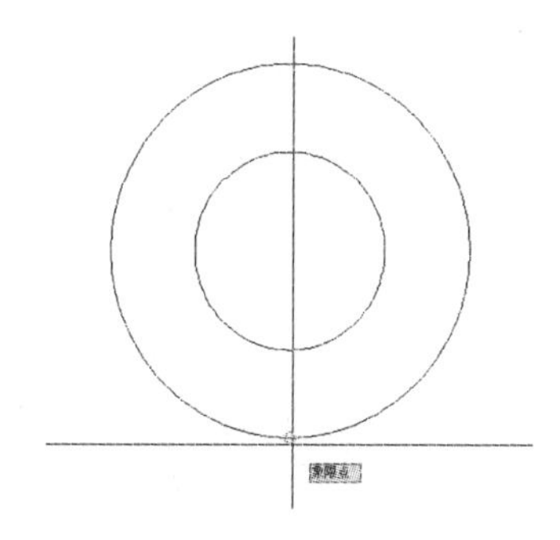

图 3-461 捕捉象限点

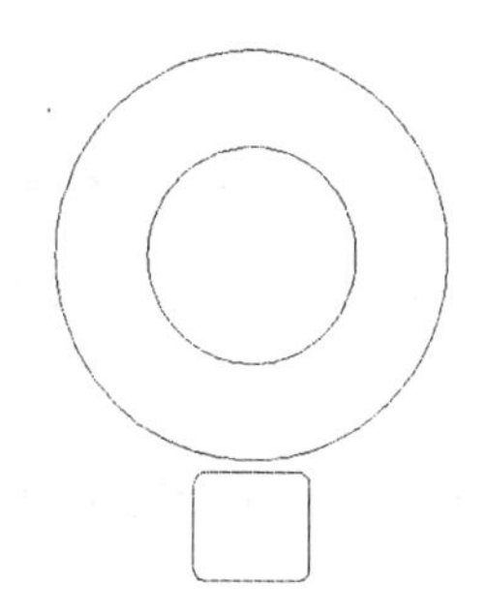

图 3-462 绘制矩形

(4)在命令行输入 S,执行拉伸命令,将绘制的圆角矩形右下角进行拉伸处理,其拉伸长度为 60,命令行操作内容如下:

命令：s STRETCH	执行拉伸命令
以交叉窗口或交叉多边形选择要拉伸的对象...	
选择对象：	交叉方式选择对象，如图 3-463 所示
选择对象：	按 Enter 键确定对象选择
指定基点或 \[位移(D)\] <位移>：	在屏幕上拾取一点，指定拉伸基点
指定第二个点或 <使用第一个点作为位移>： 60	鼠标向左移动，如图 3-464 所示

命令执行结果如图 3-465 所示。

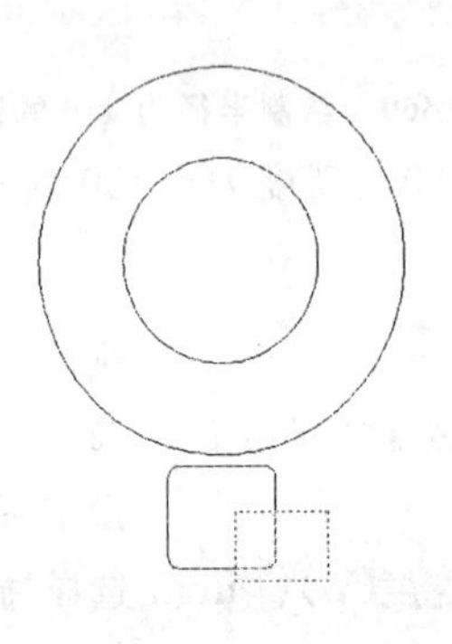

图 3-463 选择拉伸对象

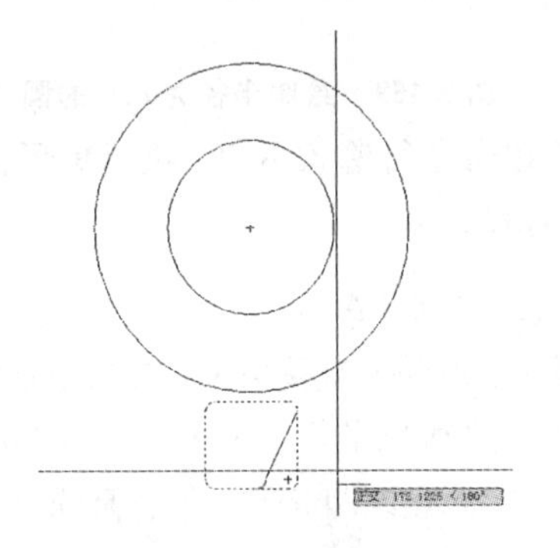

图 3-464 鼠标向左移动

(5)在命令行输入 S，再次执行拉伸命令，将矩形的左下角向右进行拉伸，其拉伸长度为 60，如图 3-466 所示。

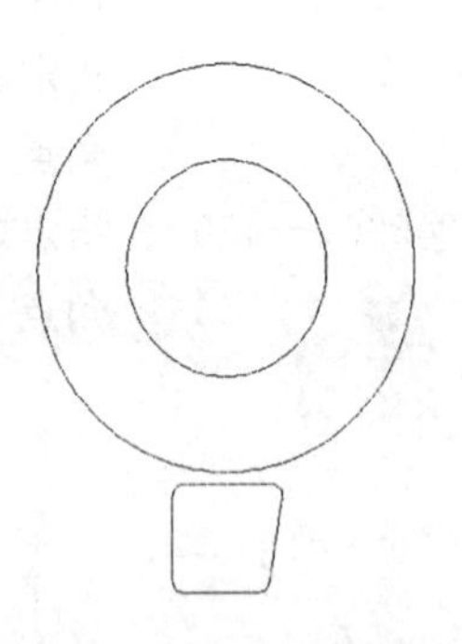

图 3-465 拉伸右下角线条

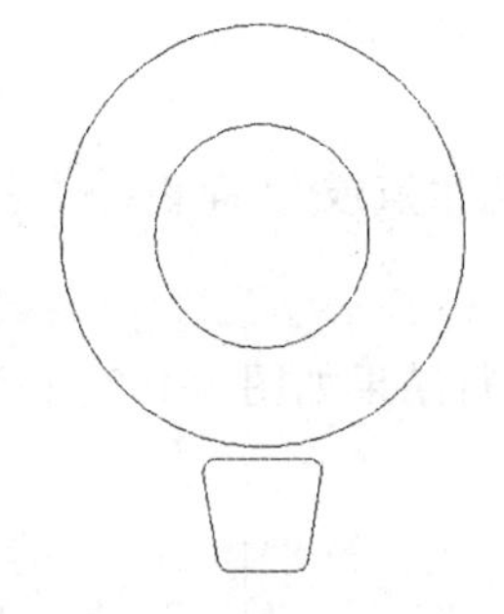

图 3-466 拉伸矩形左下角图形

(6)在命令行输入 A，执行圆弧命令，绘制圆弧，命令行操作内容如下：

命令：a ARC	执行圆弧命令
指定圆弧的起点或 \[圆心(C)\]：	捕捉对象追踪线的交点，如图 3-467 所示
指定圆弧的第二个点或 \[圆心(C)/端点(E)\]：50	捕捉对象追踪线，如图 3-468 所示
指定圆弧的端点：	捕捉对象追踪线的交点，如图 3-469 所示

命令执行结果如图 3-470 所示。

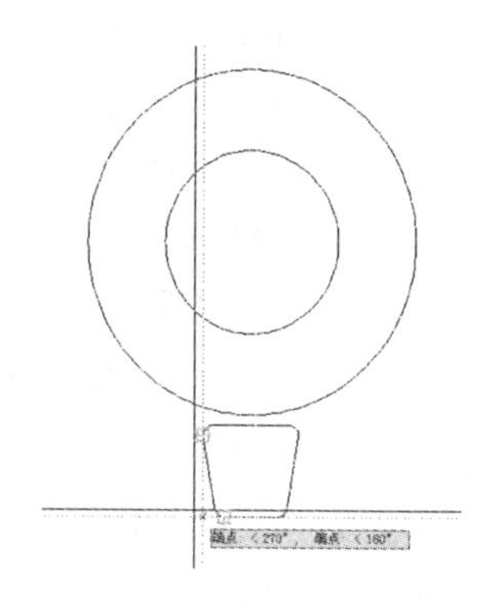

图 3-467 捕捉对象追踪线的交点

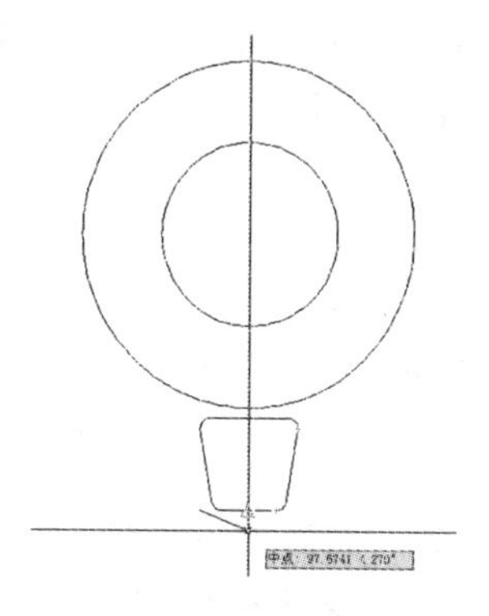

图 3-468 捕捉对象追踪线

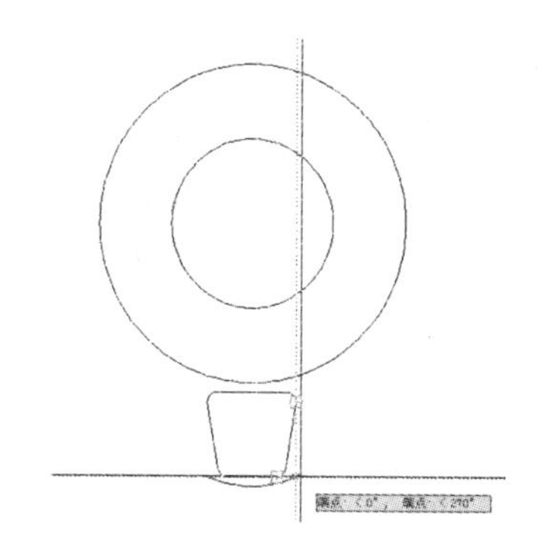

图 3-469 捕捉对象追踪线的交点

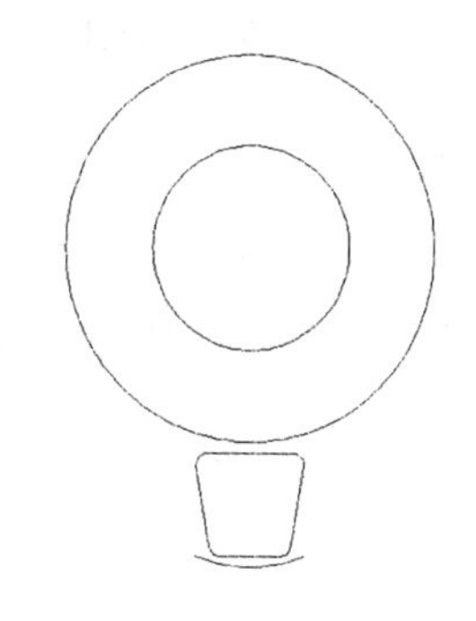

图 3-470 绘制圆弧

(7)在命令行输入 O,执行偏移命令,将绘制的圆弧向下方进行偏移,其偏移距离为 30,如图 3-471 所示。

(8)在命令行输入 L,执行直线命令,连接两条圆弧端点的连接线,如图 3-472 所示。

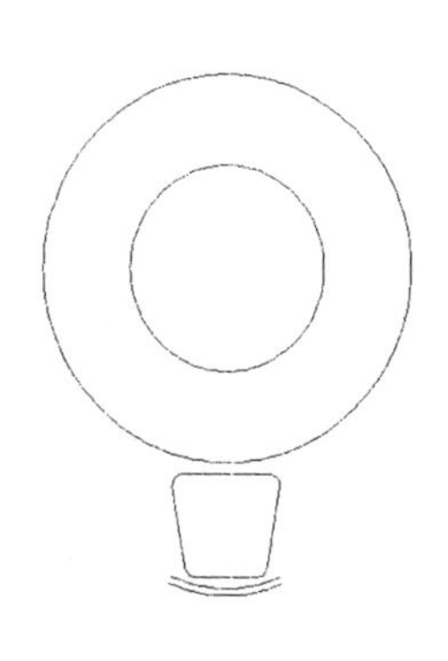

图 3-471 向下偏移圆弧

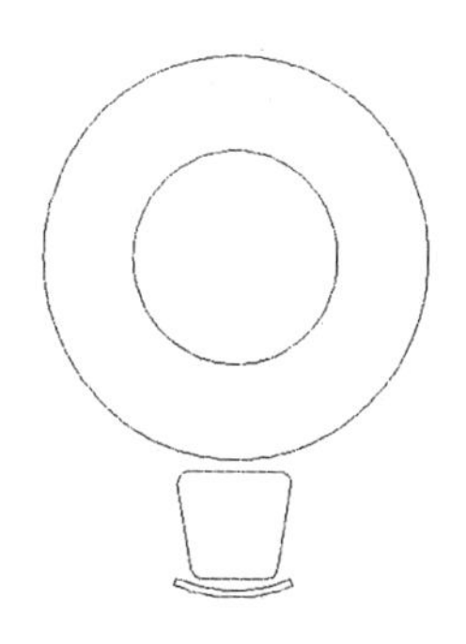

图 3-472 连接直线

(9)在命令行输入 XL,执行构造线命令,绘制两条垂直构造线,命令行操作内容如下：

命令	说明
命令：xl XLINE	执行构造线命令
指定点或 \[水平(H)/垂直(V)/角度(A)/二等分(B)/偏移(O)\]：v	选择"垂直"选项
指定通过点：15	捕捉对象追踪线，如图 3-473 所示
指定通过点：15	捕捉对象追踪线，如图 3-474 所示
指定通过点：	按 Enter 键结束构造线命令

命令执行结果如图 3-475 所示。

(10)在命令行输入 TR，执行修剪命令，将绘制的构造线进行修剪处理，如图 3-476 所示。

(11)在命令行输入 ARRAYCLASSIC，执行阵列命令，打开"阵列"对话框，并选择"环形阵列"选项，将"项目总数"选项设置为 10，"填充角度"选项设置为 360，如图 3-477 所示。

(12)单击"中心点"选项后的"拾取中心点"按钮，进入绘图区，在命令行提示"指定阵列中心点："后捕捉圆的圆心，如图 3-478 所示。

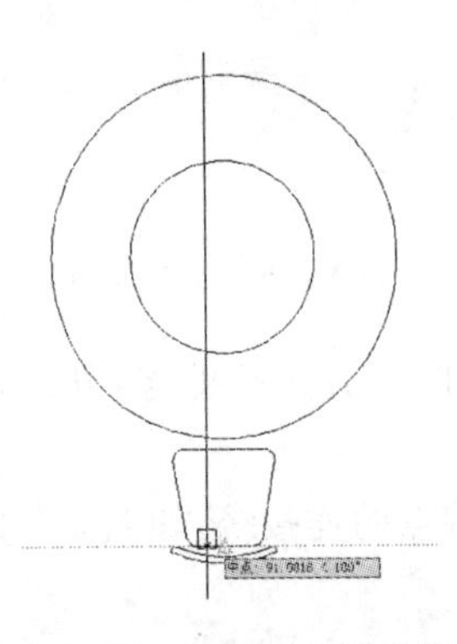

图 3-473　捕捉对象追踪线

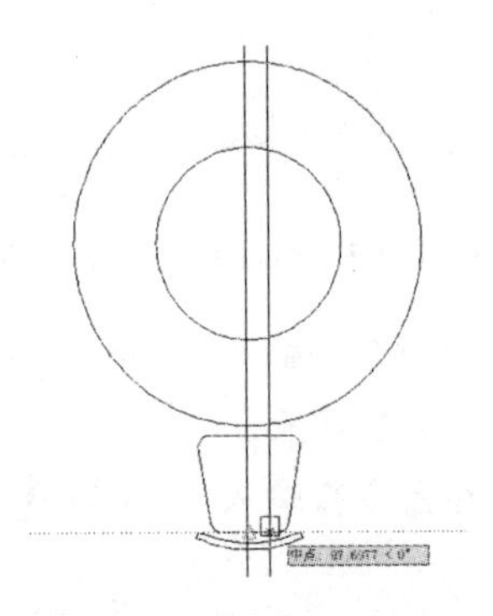

图 3-474　捕捉对象追踪线

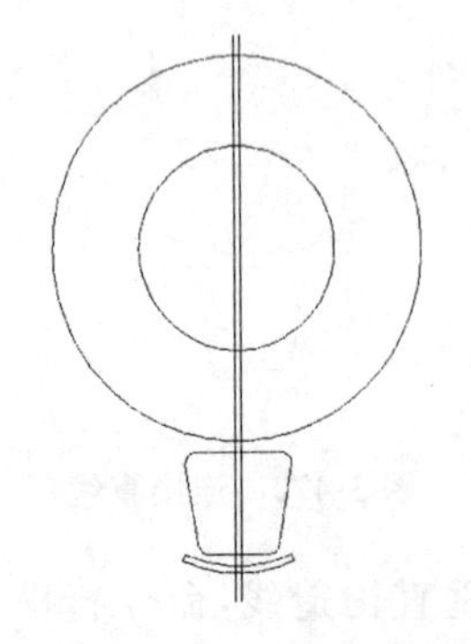

图 3-475　绘制垂直构造线

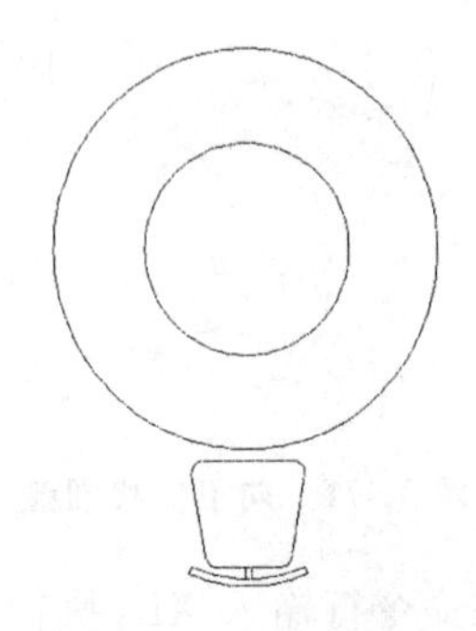

图 3-476　修剪多余线条

(13)返回"阵列"对话框，单击"选择对象"按钮，进入绘图区，选择除了两个圆外的所有图形，按 Enter 键返回"阵列"对话框。

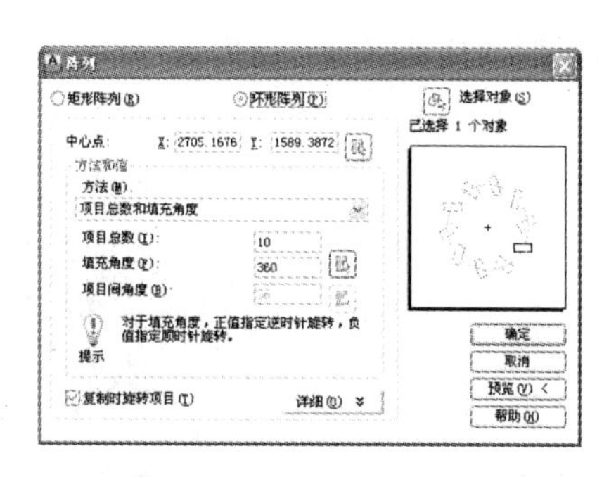

图 3-477　设置阵列参数

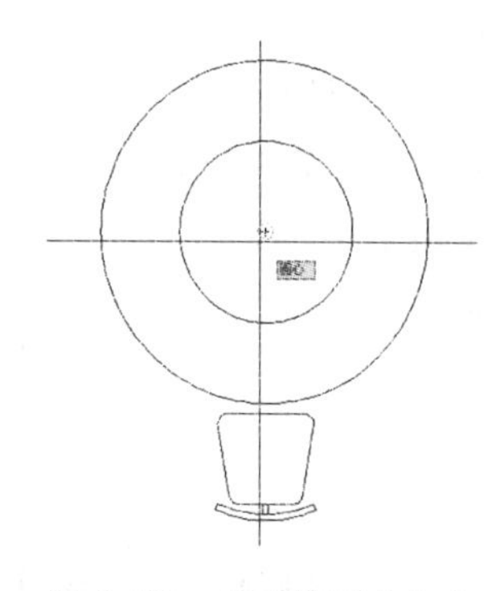

图 3-478　指定阵列中心点

(14)单击“确定”按钮,完成阵列操作,如图 3-479 所示。

(15)在命令行输入 BH,执行图案填充命令,将半径为 450 的圆进行图案填充,其中填充图案为 AR-RR00F,其中“角度”选项设置为 45,“比例”选项设置为 500,如图 3-480 所示。

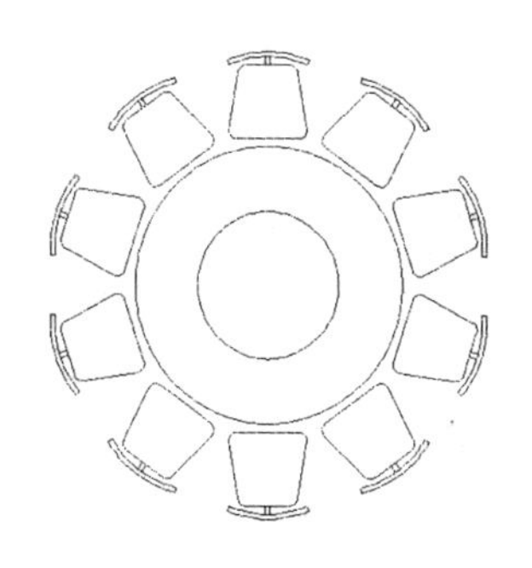

图 3-479　阵列复制图形

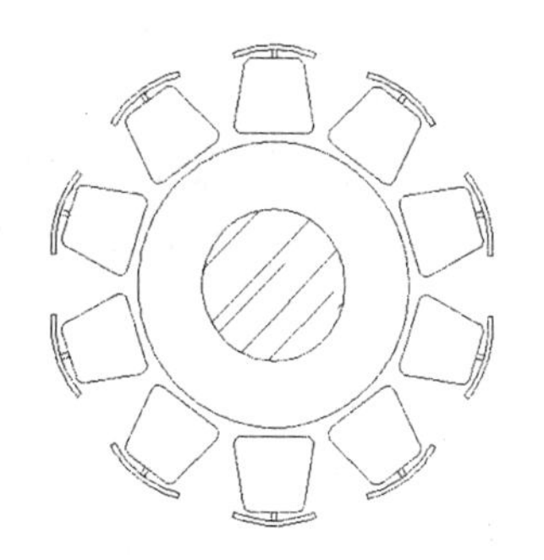

图 3-480　圆餐桌

实例 39　绘制会议桌

案例效果

本实例将绘制如图 3-481 所示的会议桌图形,通过本实例的绘制,可以掌握多段线、偏移、图块、定数等分等命令的使用及绘制方法,掌握会议桌图形的绘制方法与相关技巧。

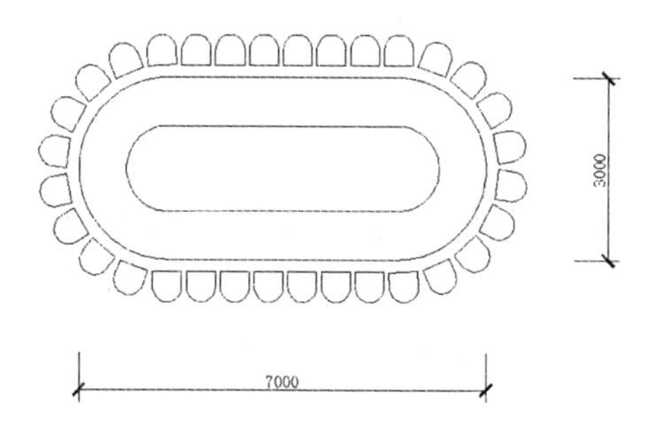

图 3-481　会议桌

案例步骤

(1)在命令行输入 PL,执行多段线命令,绘制长度为 7000、宽度为 3000 的环形多段线,命令行操作内容如下:

命令行	说明
命令:pl PLINE	执行多段线命令
指定起点:	在屏幕上拾取一点,指定多段线起点
当前线宽为 0.0000	
指定下一个点或 \[圆弧(A)/半宽(H)/长度(L)/放弃(U)/宽度(W)\]:4000	鼠标向右移动,如图 3-482 所示
指定下一点或 \[圆弧(A)/闭合(C)/半宽(H)/长度(L)/放弃(U)/宽度(W)\]:a	选择“圆弧”选项
指定圆弧的端点或\[角度(A)/圆心(CE)/闭合(CL)/方向(D)/半宽(H)/直线(L)/半径(R)/第二个点(S)/放弃(U)/宽度(W)\]:3000	鼠标向上移动,如图 3-483 所示
指定圆弧的端点或\[角度(A)/圆心(CE)/闭合(CL)/方向(D)/半宽(H)/直线(L)/半径(R)/第二个点(S)/放弃(U)/宽度(W)\]:l	选择“直线”选项
指定下一点或 \[圆弧(A)/闭合(C)/半宽(H)/长度(L)/放弃(U)/宽度(W)\]:4000	鼠标向左移动,如图 3-484 所示
指定下一点或 \[圆弧(A)/闭合(C)/半宽(H)/长度(L)/放弃(U)/宽度(W)\]:a	选择“圆弧”选项
指定圆弧的端点或\[角度(A)/圆心(CE)/闭合(CL)/方向(D)/半宽(H)/直线(L)/半径(R)/第二个点(S)/放弃(U)/宽度(W)\]:cl	选择“闭合”选项

命令执行结果如图 3-485 所示。

图 3-482　鼠标向右移动　　　**图 3-483　鼠标向上移动**

(2)在命令行输入 O,执行偏移命令,将多段线向内进行偏移,其偏移距离为 800,如图 3-486 所示。

(3)在命令行输入 O,再次执行偏移命令,将多段线向外进行偏移,其偏移距离为 200,如图 3-487 所示。

(4)在命令行输入 PL,执行多段线,绘制椅子,命令行操作内容如下:

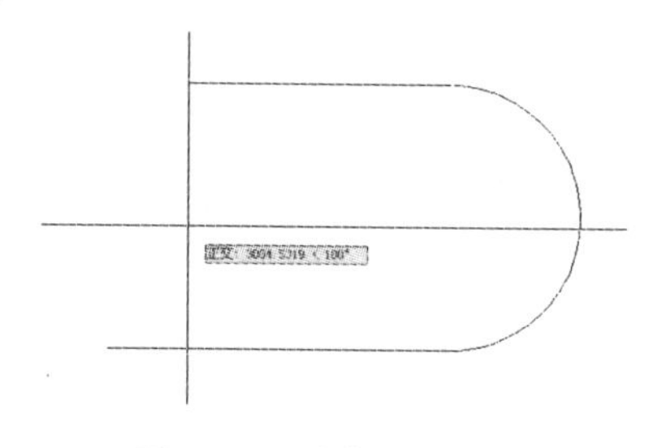

图 3-484　鼠标向左移动

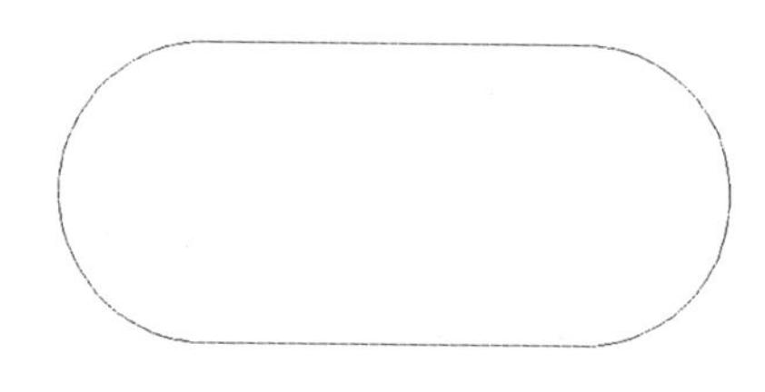

图 3-485　绘制多段线

图 3-486　向内偏移多段线

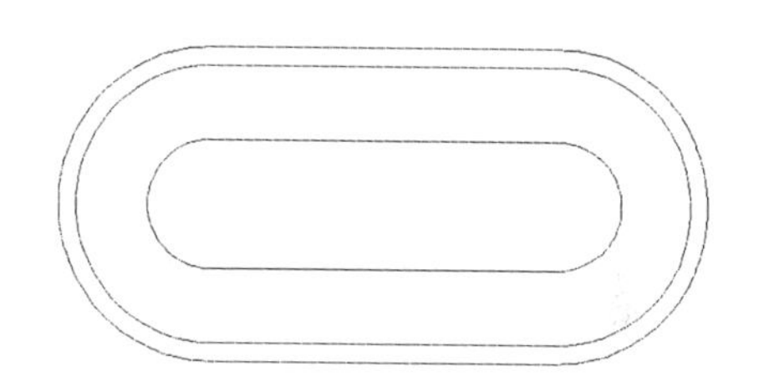

图 3-487　向外偏移多段线

命令	说明
命令：pl PLINE	执行多段线命令
指定起点：250	捕捉对象追踪线，如图 3-488 所示
当前线宽为 0.0000	
指定下一个点或 \[圆弧(A)/半宽(H)/长度(L)/放弃(U)/宽度(W)\]：250	鼠标向下移动，如图 3-489 所示
指定下一点或 \[圆弧(A)/闭合(C)/半宽(H)/长度(L)/放弃(U)/宽度(W)\]：a	选择“圆弧”选项
指定圆弧的端点或\[角度(A)/圆心(CE)/闭合(CL)/方向(D)/半宽(H)/直线(L)/半径(R)/第二个点(S)/放弃(U)/宽度(W)\]：500	鼠标向右移动，如图 3-490 所示
指定圆弧的端点或\[角度(A)/圆心(CE)/闭合(CL)/方向(D)/半宽(H)/直线(L)/半径(R)/第二个点(S)/放弃(U)/宽度(W)\]：l	选择“直线”选项
指定下一点或 \[圆弧(A)/闭合(C)/半宽(H)/长度(L)/放弃(U)/宽度(W)\]：	捕捉多段线垂足点，如图 3-491 所示
指定下一点或 \[圆弧(A)/闭合(C)/半宽(H)/长度(L)/放弃(U)/宽度(W)\]：c	选择“闭合”选项

命令执行结果如图 3-492 所示。

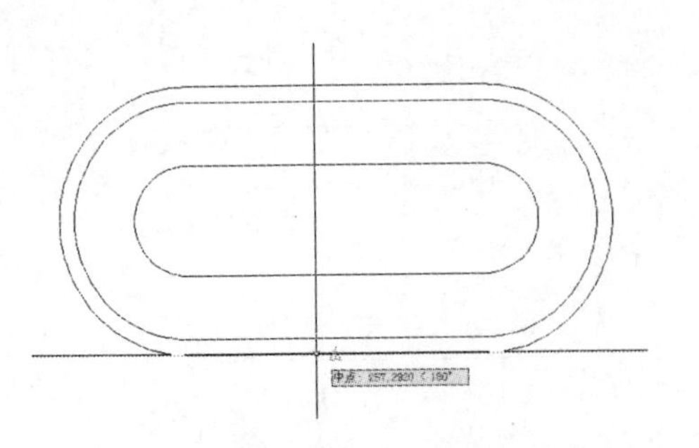

图 3-488　捕捉对象追踪线

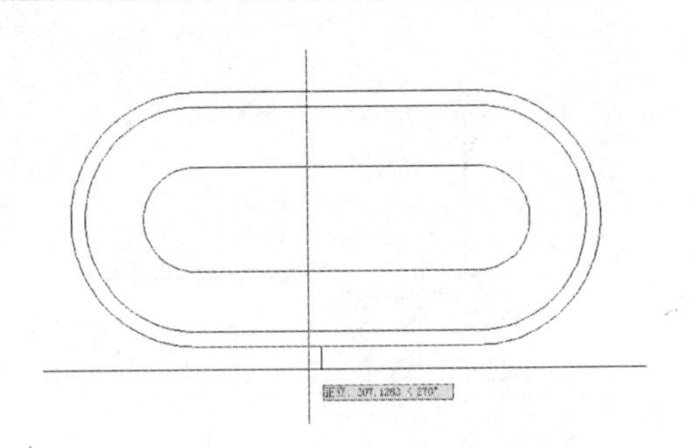

图 3-489　鼠标向下移动

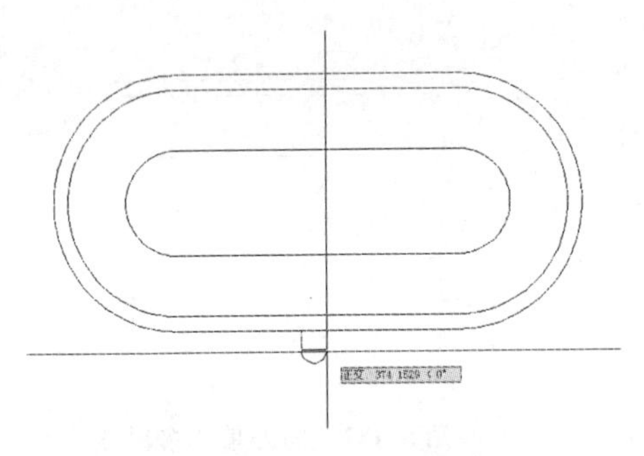

图 3-490　鼠标向右移动

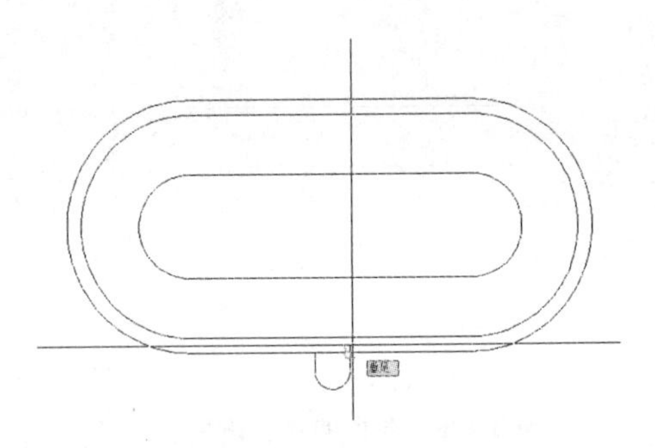

图 3-491　捕捉多段线垂足点

(5)在命令行输入 B,执行块定义命令,打开“块定义”对话框,将“名称”选项设置为 yz,如图 3-493 所示。

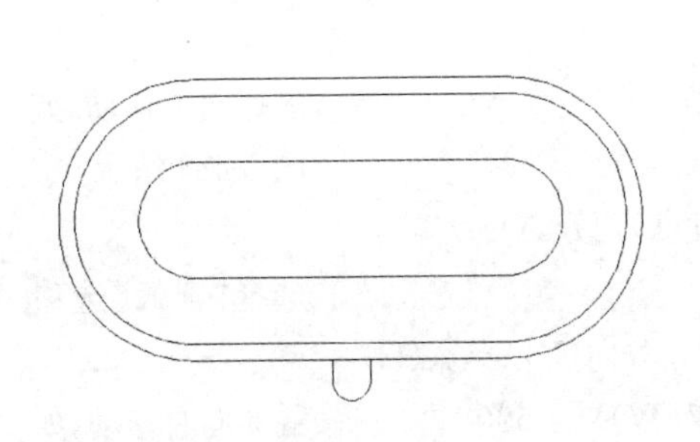

图 3-492　绘制多段线

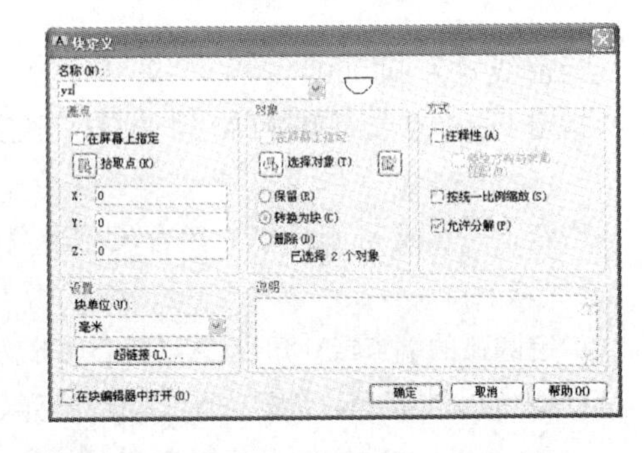

图 3-493　“块定义”对话框

(6)单击“拾取点”按钮,进入绘图区,捕捉多段线中点,指定图块插入时的插入点,并返回“块定义”对话框。

(7)在“对象”栏中选择“删除”选项,单击“选择对象”按钮,进入绘图区选择长度为 500 的多段线,按 Enter 键返回“块定义”对话框,单击“确定”按钮,完成图块定义。

(8)在命令行输入 DIV,执行定数等分命令,将图块以指定数目插入图形当中,命令行操作内容如下:

命令：_ divide	执行定数等分命令
选择要定数等分的对象：	选择向外偏移 200 的多段线
输入线段数目或 \[块(B)\]：b	选择“块”选项
输入要插入的块名：yz	指定图块名称
是否对齐块和对象？\[是(Y)/否(N)\] <Y>：	插入图块时旋转图形
输入线段数目：32	指定图块数目

命令执行结果如图 3-494 所示。

(9)在命令行输入 E，执行删除命令，将多余的多段线进行删除，如图 3-495 所示。

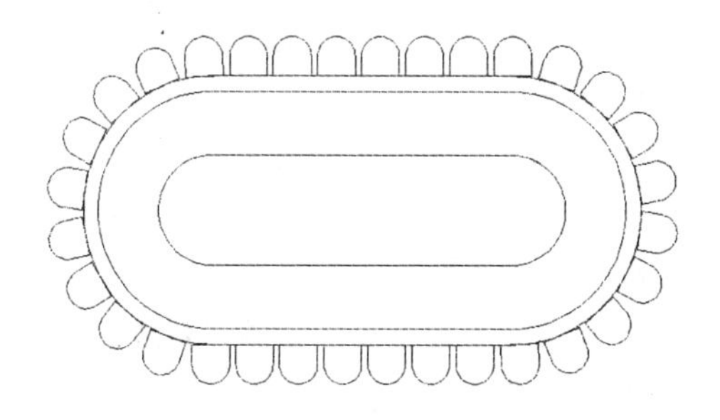

图 3-494　插入图块

图 3-495　会议桌

3.2 上机练习

上一节主要介绍了建筑与装饰图形图块的基本绘制方法与编辑技巧，本节将再通过环形跑道、洗漱台、电脑主机、装饰门、单人床等实例的绘制，进一步巩固使用基本的绘图命令完成建筑及装饰图形的绘制方法及相关技巧等。

实例 40　绘制环形跑道

案例效果

本实例将绘制如图 3-496 所示的环形跑道图形，通过本实例的绘制，可以进一步掌握多段线命令的绘制方法，巩固正交功能的使用等。

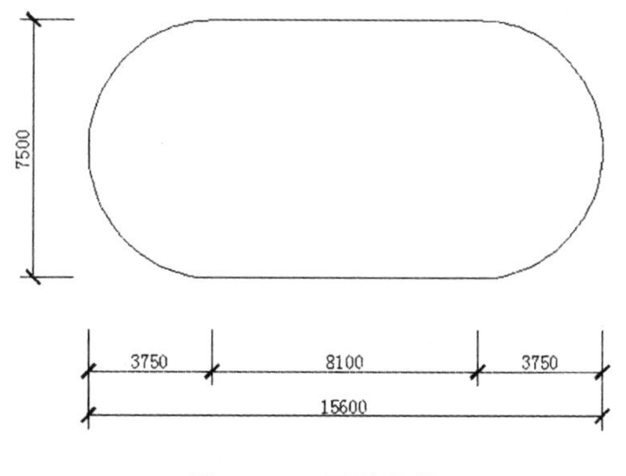

图 3-496　环形跑道

步骤提示

在命令行输入 PL，执行多段线命令，绘制环形跑道轮廓，命令行操作内容如下：

命令行	说明
命令：pl PLINE	执行多段线命令
指定起点：	在屏幕上拾取一点，指定起点
当前线宽为 0.0000	
指定下一个点或 \[圆弧(A)/半宽(H)/长度(L)/放弃(U)/宽度(W)\]：8100	鼠标向右移动，如图 3-497 所示
指定下一点或 \[圆弧(A)/闭合(C)/半宽(H)/长度(L)/放弃(U)/宽度(W)\]：a	选择“圆弧”选项
指定圆弧的端点或\[角度(A)/圆心(CE)/闭合(CL)/方向(D)/半宽(H)/直线(L)/半径(R)/第二个点(S)/放弃(U)/宽度(W)\]：7500	鼠标向上移动，如图 3-498 所示
指定圆弧的端点或\[角度(A)/圆心(CE)/闭合(CL)/方向(D)/半宽(H)/直线(L)/半径(R)/第二个点(S)/放弃(U)/宽度(W)\]：l	选择“直线”选项
指定下一点或 \[圆弧(A)/闭合(C)/半宽(H)/长度(L)/放弃(U)/宽度(W)\]：8100	鼠标向左移动，如图 3-499 所示
指定下一点或 \[圆弧(A)/闭合(C)/半宽(H)/长度(L)/放弃(U)/宽度(W)\]：a	选择“圆弧”选项
指定圆弧的端点或\[角度(A)/圆心(CE)/闭合(CL)/方向(D)/半宽(H)/直线(L)/半径(R)/第二个点(S)/放弃(U)/宽度(W)\]：cl	选择“闭合”选项

命令执行结果如图 3-500 所示。

图 3-497　鼠标向右移动　　　　图 3-498　鼠标向上移动

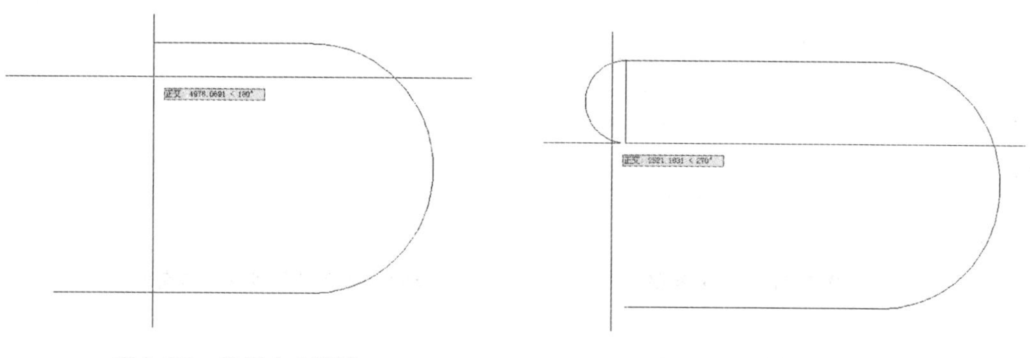

图 3-499 鼠标向左移动　　图 3-500 选择"闭合"选项

实例 41 绘制洗漱台

案例效果

本实例将绘制如图 3-501 所示的洗漱台图形，通过本实例的绘制，可以掌握矩形、圆、椭圆以及对象追踪、对象捕捉等命令的使用及相关技巧。

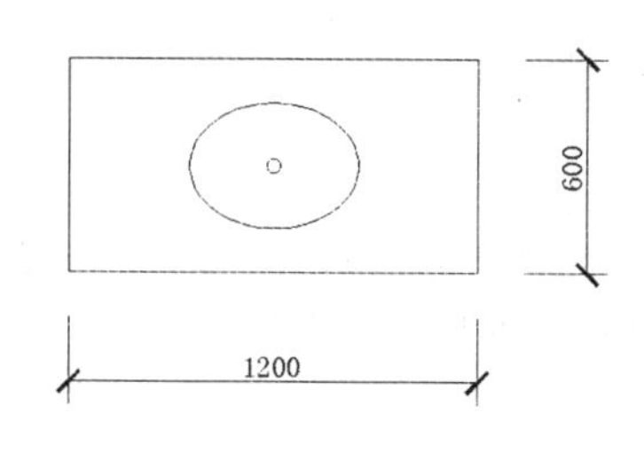

图 3-501 洗漱台

步骤提示

(1)在命令行输入 REC，执行矩形命令，绘制长度为 1200、高度为 600 的矩形，如图 3-502 所示。

(2)在命令行输入 C，执行圆命令，绘制半径为 20 的圆，命令行操作内容如下：

命令：c CIRCLE	执行圆命令
指定圆的圆心或 \[三点(3P)/两点(2P)/切点、切点、半径(T)\]：	捕捉对象追踪线的交点，如图 3-503 所示
指定圆的半径或 \[直径(D)\]：20	指定圆的半径

命令执行结果如图 3-504 所示。

(3)在命令行输入 EL，执行椭圆命令，以半径为 20 的圆的圆心为中心点，绘制两个半轴分别为 250 和 175 的椭圆，如图 3-505 所示。

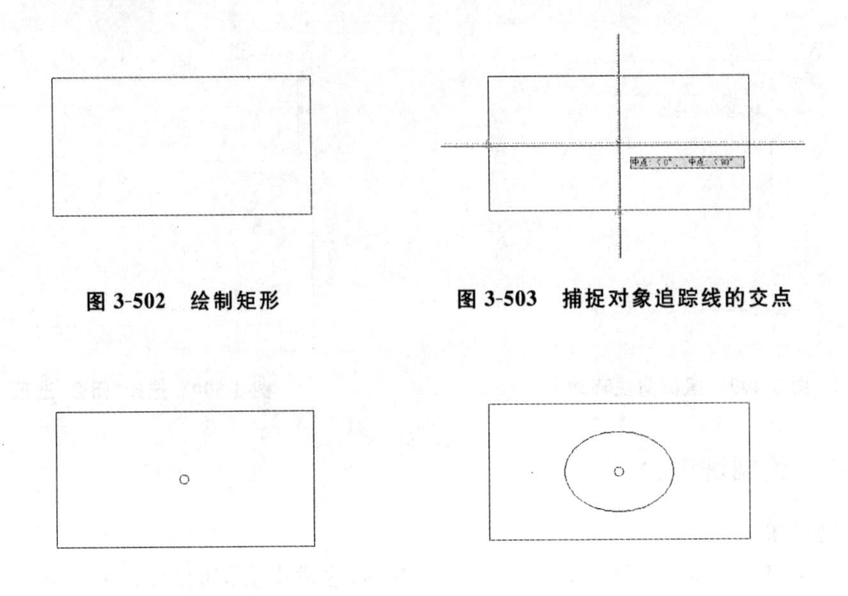

图 3-502　绘制矩形

图 3-503　捕捉对象追踪线的交点

图 3-504　绘制圆

图 3-505　洗漱台

实例 42　绘制四方桌

案例效果

本实例将绘制如图 3-506 所示的四方桌图形，通过本实例的绘制，可以掌握矩形、对象追踪、分解、偏移以及阵列等命令的使用及绘制方法。

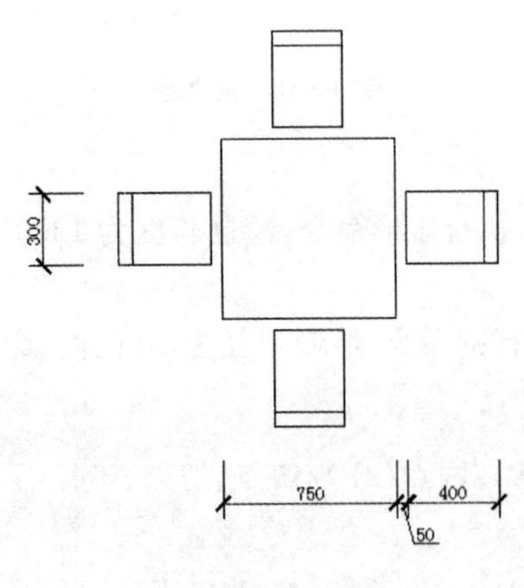

图 3-506　四方桌

步骤提示

(1)在命令行输入 REC，执行矩形命令，绘制长度为 750 的正方形，如图 3-507 所示。

(2)在命令行输入 REC，再次执行矩形命令，绘制长度为 300、高度为 400 的矩形，命令行操作内容如下：

命令：rec RECTANG	执行矩形命令
指定第一个角点或 \[倒角(C)/标高(E)/圆角(F)/厚度(T)/宽度(W)\]：from	选择“捕捉自”捕捉选项
基点：	捕捉矩形中点，如图 3-508 所示
<偏移>：@－150，－50	指定矩形第一个角点
指定另一个角点或 \[面积(A)/尺寸(D)/旋转(R)\]：@300，－400	指定另一个角点

命令执行结果如图 3-509 所示。

图 3-507　绘制矩形

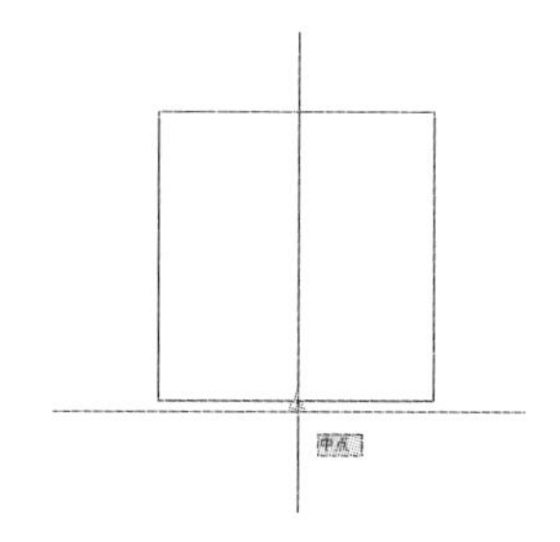

图 3-508　捕捉中点

(3)在命令行输入 X，执行分解命令，将绘制的矩形进行分解。

(4)在命令行输入 O，执行偏移命令，将底端水平线向上进行偏移，其偏移距离为 60，如图 3-510 所示。

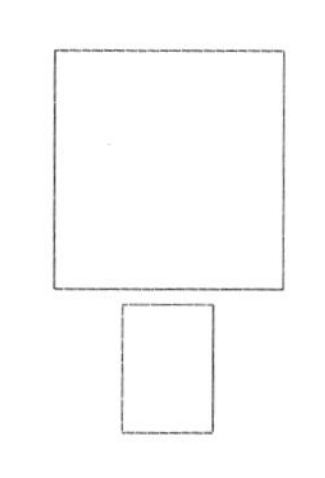

图 3-509　绘制矩形

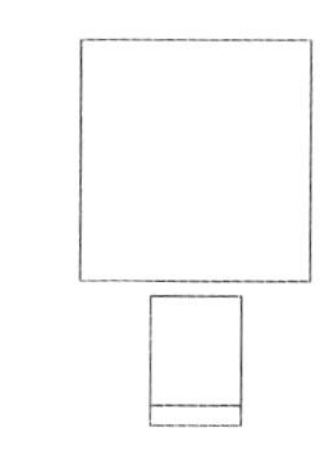

图 3-510　偏移底端水平线

(5)在命令行输入 ARRAYCLASSIC，执行阵列命令，打开“阵列”对话框，选择“环形阵列”选项，并单击“中心点”选项后的“拾取中心点”按钮，进入绘图区。

(6)在命令行提示“指定阵列中心点：”后捕捉矩形对象追踪线的交点，如图 3-511 所示。

(7)返回“阵列”对话框，将“项目总数”选项设置为 4，“填充角度”选项设置为 360，如图 3-512 所示。

(8)单击“选择对象”按钮，进入绘图区，选择分解后的矩形和偏移线条，选择阵列对象，如图 3-513 所示。

(9)按 Enter 键返回“阵列”对话框，单击“确定”按钮，完成图形的阵列操作，如图 3-514 所示。

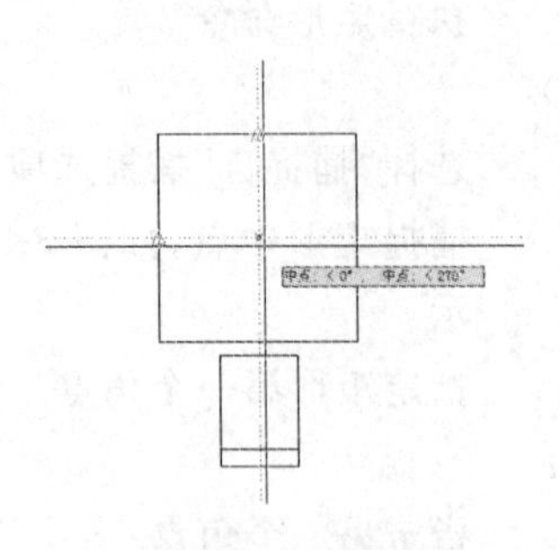

图 3-511 捕捉交点

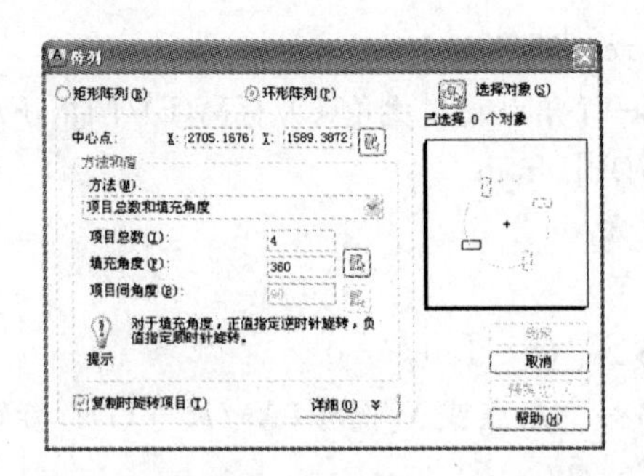

图 3-512 “阵列”对话框

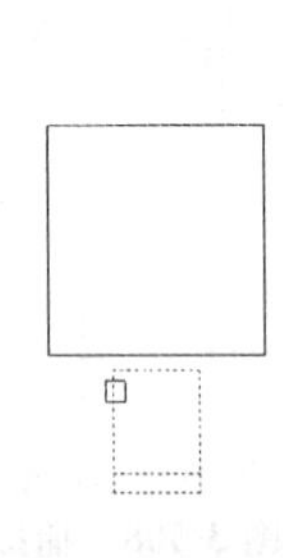

图 3-513 选择阵列对象

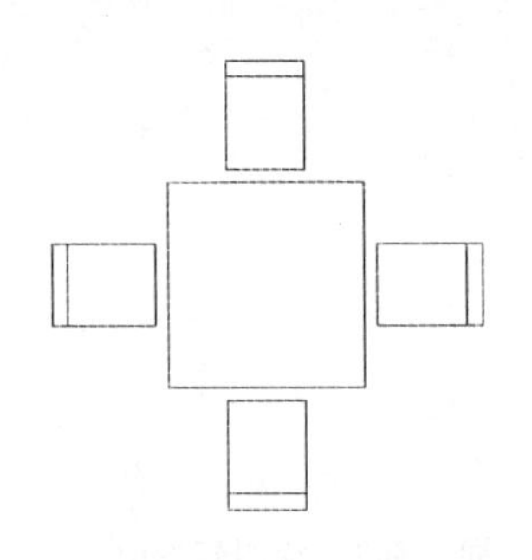

图 3-514 四方桌

实例 43 绘制电脑主机

案例效果

本实例将绘制如图 3-515 所示的电脑主机图形，通过本实例的绘制，可以掌握矩形、椭圆、图案填充等命令的使用及相关技巧。

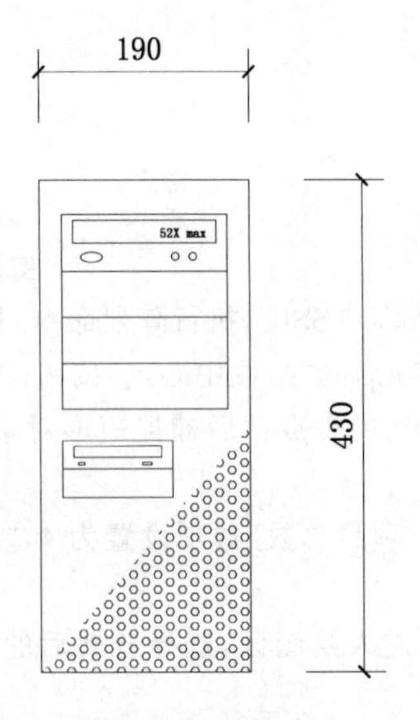

图 3-515 电脑主机

步骤提示

(1)执行矩形命令,绘制长度为190、高度为430的矩形,如图3-516所示。

(2)再次执行矩形命令,绘制长度为150、高度为170的矩形,矩形相对矩形的左上端点(20,-30),如图3-517所示。

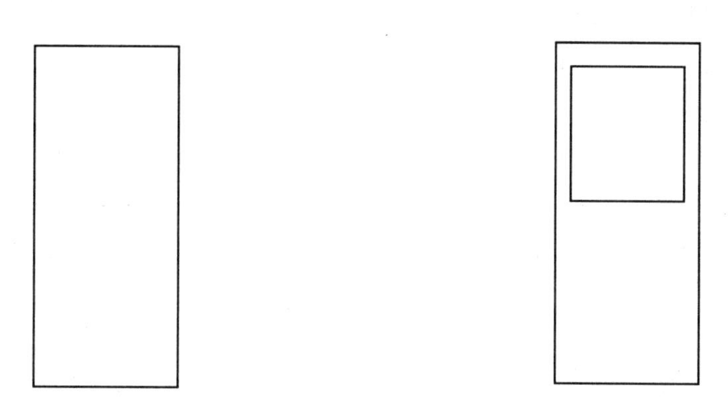

图3-516 绘制矩形　　**图3-517 绘制长度为150的矩形**

(3)执行直线命令,在长度为150、宽度为170的矩形内分别绘制三条水平直线,其中直线间的距离为40,最下面一条水平直线与底端水平线的间距同样为40,如图3-518所示。

(4)执行矩形命令,绘制长度为130、高度为20的矩形,其位置相对于左上角右移10、下移5个绘图单位,如图3-519示。

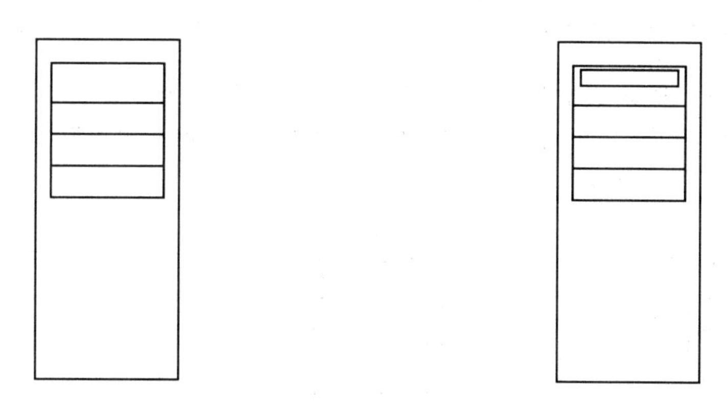

图3-518 绘制水平线　　**图3-519 绘制矩形**

(5)执行椭圆和圆命令,绘制光驱音量调节和出仓等按钮,如图3-520所示。

(6)执行多行文字命令MTEXT,将光驱进行文字标注,填写52X max文字,如图3-521所示。

(7)执行矩形命令,绘制长度为100、高度为50的矩形,然后再使用直线将其分为上下两部分,如图3-522所示。

(8)执行矩形命令,绘制长度为80、高度为10的矩形,距离左上角点为(10,-5),如图3-523所示。

(9)执行矩形命令,绘制软驱的开仓按钮和指示灯,如图3-524所示。

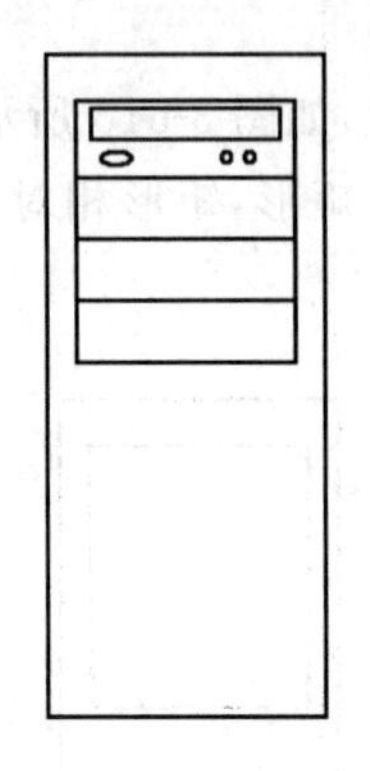

图 3-520 绘制光驱按钮

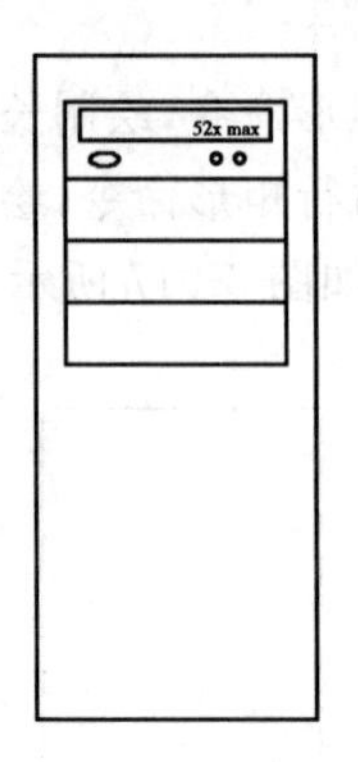

图 3-521 标注文字

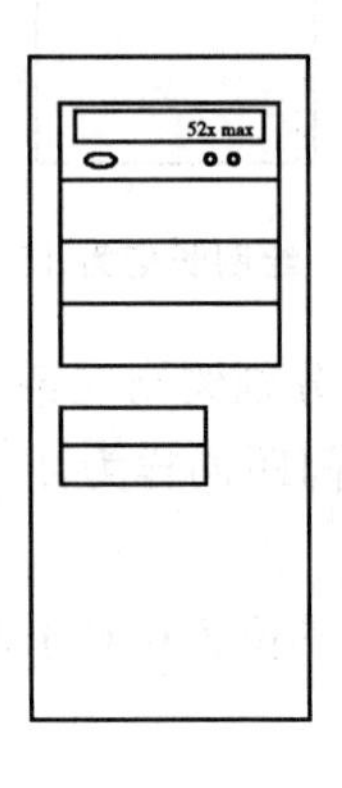

图 3-522 绘制矩形

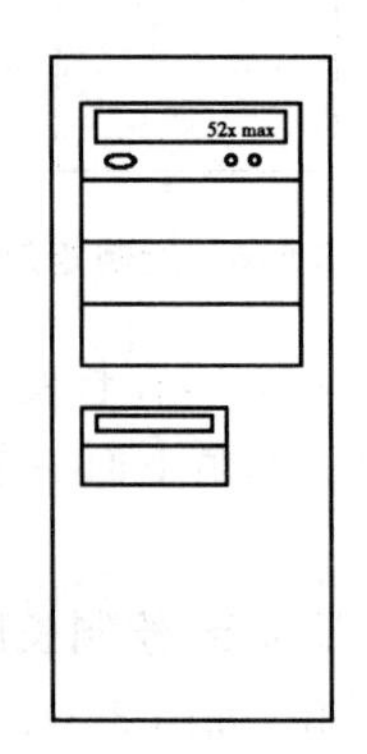

图 3-523 绘制软驱

(10)执行直线命令,绘制机箱装饰图轮廓,如图 3-525 所示。

(11)执行图案填充命令,将机箱的图案填充为“HEX”,填充比例为“30”,并删除填充图案边界的直线,如图 3-526 所示。

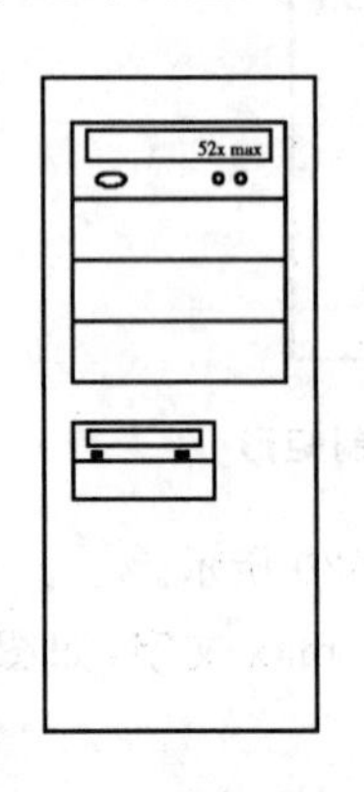

图 3-524 绘制指示灯

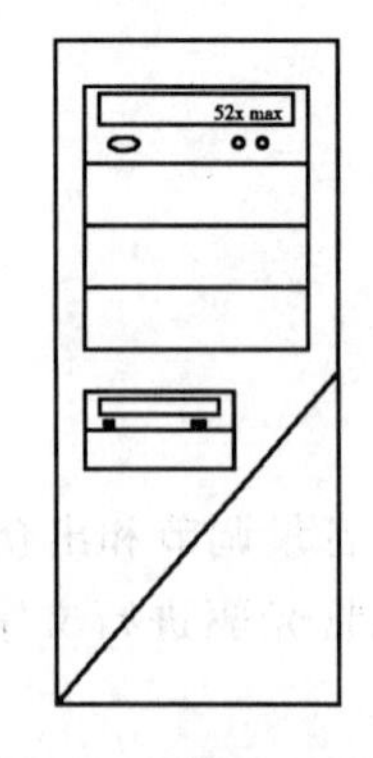

图 3-525 绘制装饰轮廓

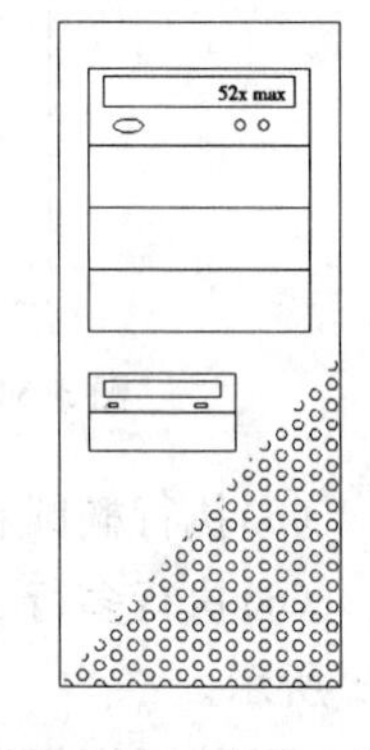

图 3-526 电脑主机

实例 44 绘制装饰门

案例效果

本实例将绘制如图 3-527 所示的装饰门图形,通过本实例的绘制,可以掌握矩形、偏移等命令的使用及相关技巧。

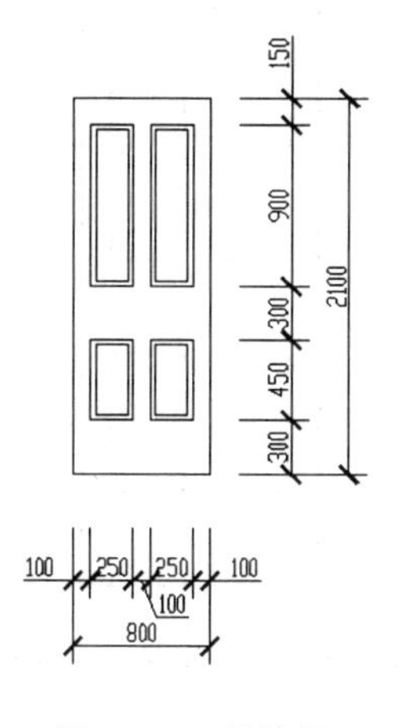

图 3-527　装饰门

步骤提示

(1)执行矩形命令,绘制一个长度为 800、高度为 2100 的矩形,如图 3-528 所示。

(2)再执行矩形命令,在距矩形左下角端点的(100,300)坐标处,绘制长度为 250、高度为 450 的矩形,如图 3-529 所示。

(3)用相同的方法绘制另外一个矩形,如图 3-530 所示。

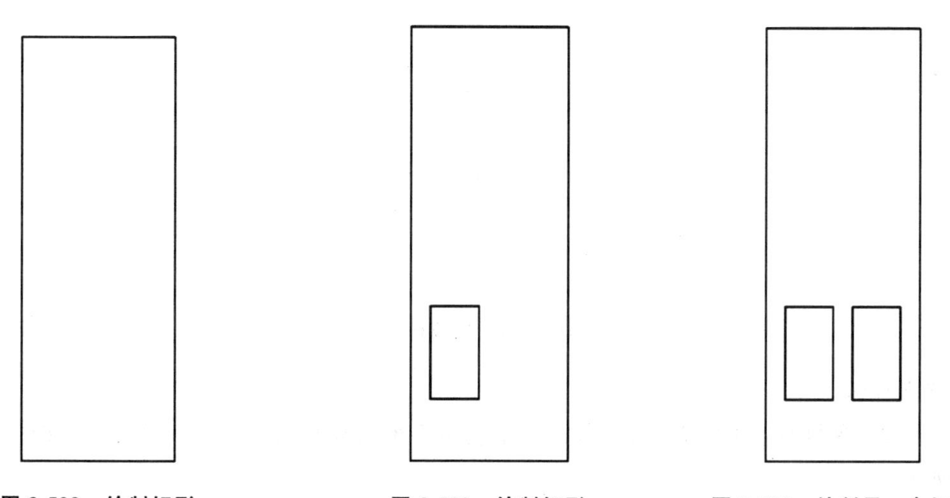

图 3-528　绘制矩形　　图 3-529　绘制矩形　　图 3-530　绘制另一个矩形

(4)再次执行矩形命令,在外边大矩形的左上角点相对位置@100,－150 处,绘制一个长度为 250、高度为 900 的矩形,如图 3-531 所示。

(5)用相同的方法绘制另外一个相同大小的矩形,如图 3-532 所示。

(6)执行偏移命令,将矩形向内进行偏移,其偏移距离为 30,如图 3-533 所示。

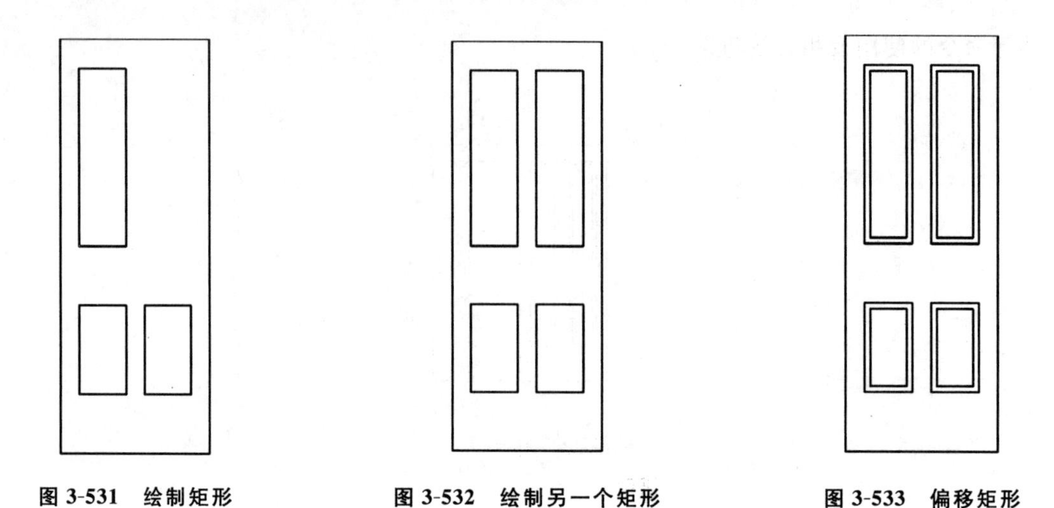

图 3-531　绘制矩形　　图 3-532　绘制另一个矩形　　图 3-533　偏移矩形

实例 45　绘制玻璃杯

案例效果

本实例将绘制如图 3-534 所示的玻璃杯图形，通过本实例的绘制，可以掌握椭圆、对象追踪、直线以及对象捕捉等命令的绘制方法与编辑技巧。

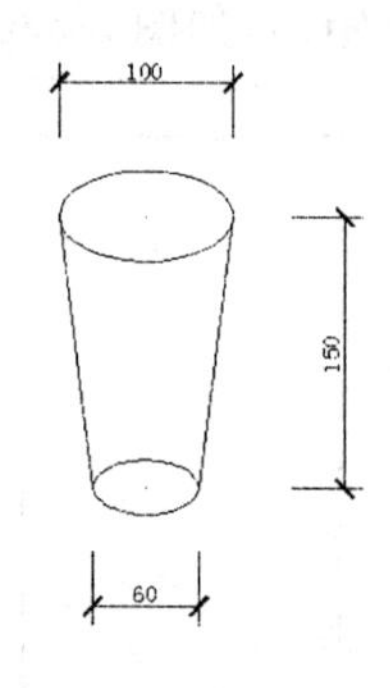

图 3-534　玻璃杯

步骤提示

(1)在命令行输入 EL，执行椭圆命令，绘制两个半轴分别为 25 和 50 的椭圆，如图 3-535 所示。

(2)在命令行输入 EL，再次执行椭圆命令，绘制半轴分别为 15 和 30 的椭圆，命令行操作内容如下：

命令：el ELLIPSE	执行椭圆命令
指定椭圆的轴端点或 \[圆弧(A)/中心点(C)\]：c	选择“中心点”选项
指定椭圆的中心点：150	捕捉对象追踪线，如图 3-536 所示
指定轴的端点：15	鼠标向上移动，如图 3-537 所示
指定另一条半轴长度或 \[旋转(R)\]：30	鼠标向右移动，如图 3-538 所示

命令执行结果如图 3-539 所示。

(3)在命令行输入 L,执行直线命令,连接两个椭圆象限点的连线,如图 3-540 所示。

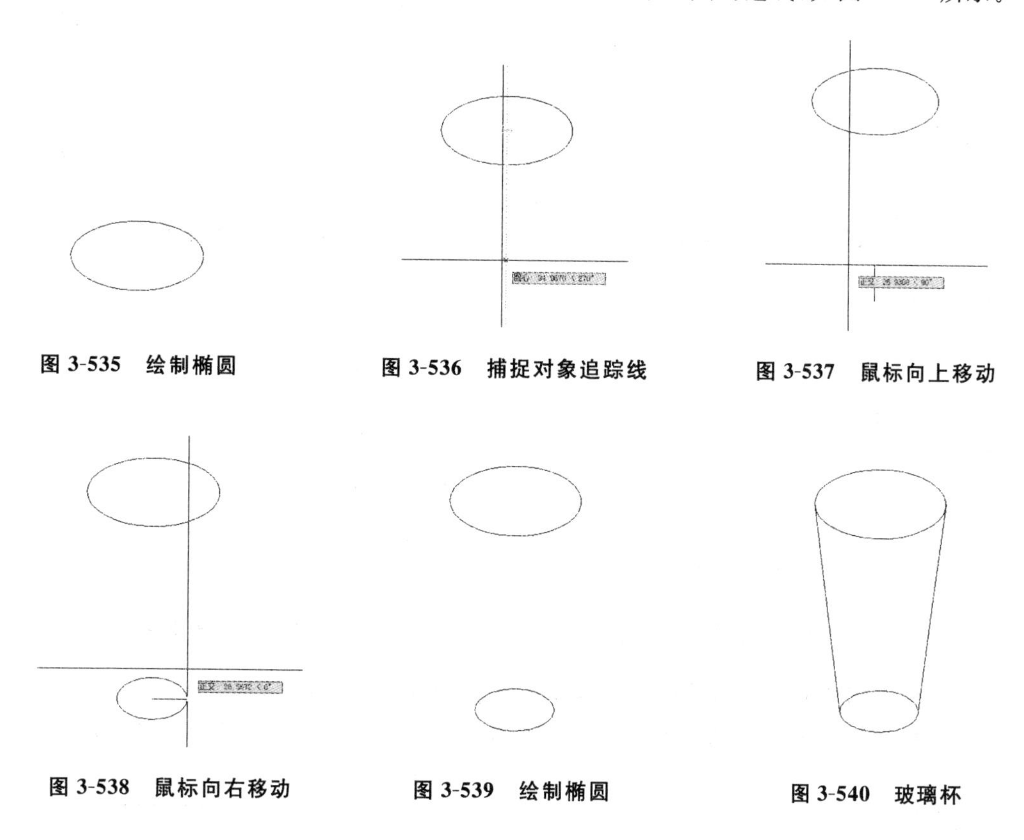

图 3-535 绘制椭圆

图 3-536 捕捉对象追踪线

图 3-537 鼠标向上移动

图 3-538 鼠标向右移动

图 3-539 绘制椭圆

图 3-540 玻璃杯

实例 46 绘制单人床

案例效果

本实例将绘制如图 3-541 所示的单人床图形,通过本实例的绘制,可以掌握矩形、圆角、圆弧、图案填充等命令的绘制方法与相关技巧。

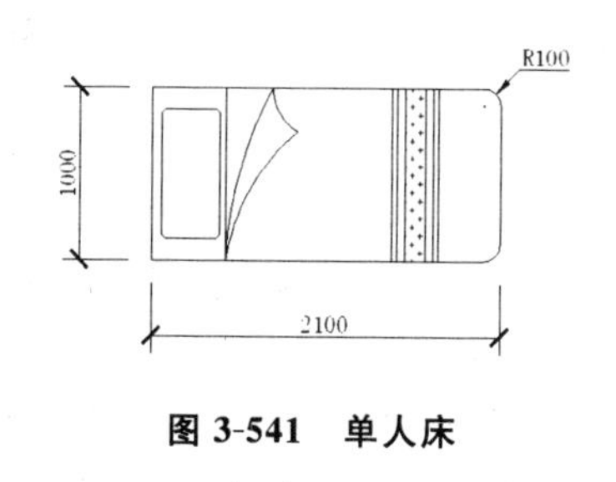

图 3-541 单人床

步骤提示

(1)执行矩形命令,绘制长宽分别为 2100 和 1000 的矩形,如图 3-542 所示。

(2)执行圆角命令,将绘制的矩形进行圆角处理,如图 3-543 所示。

(3)执行直线命令,在距离左边直线 450 的位置绘制一条垂线,如图 3-544 所示。

(4)执行矩形命令,在床头的中间绘制一个长度为 350、宽度为 750、圆角半径为 50 的

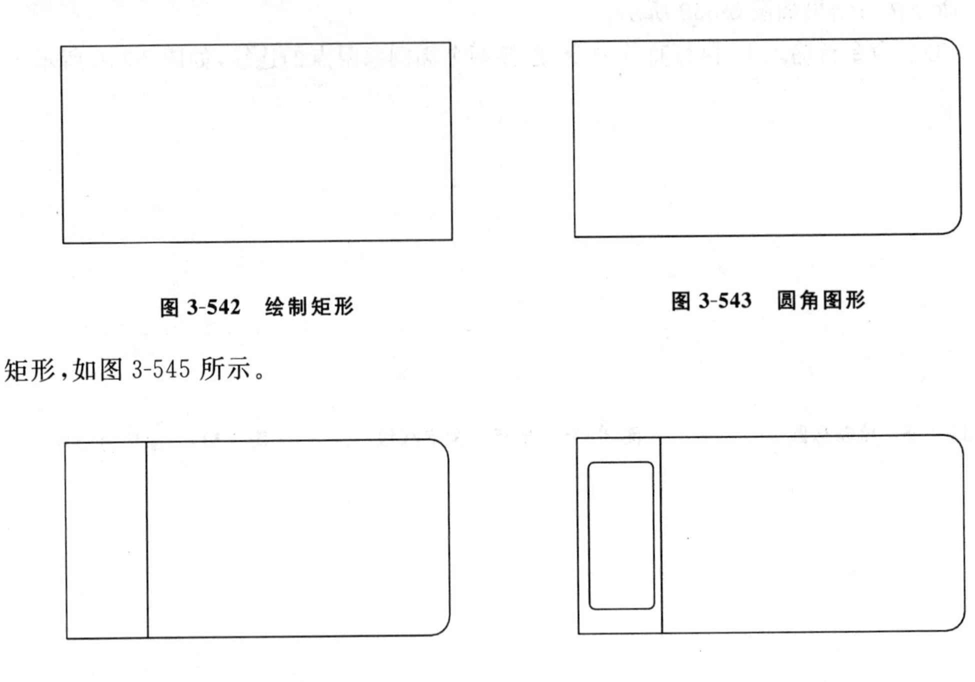

图 3-542　绘制矩形

图 3-543　圆角图形

矩形，如图 3-545 所示。

图 3-544　绘制直线

图 3-545　绘制角矩形

(5)使用圆弧命令，绘制被盖的折角，如图 3-546 所示。

(6)执行偏移命令，将绘制的直线进行偏移，偏移距离为 1000，如图 3-547 所示。

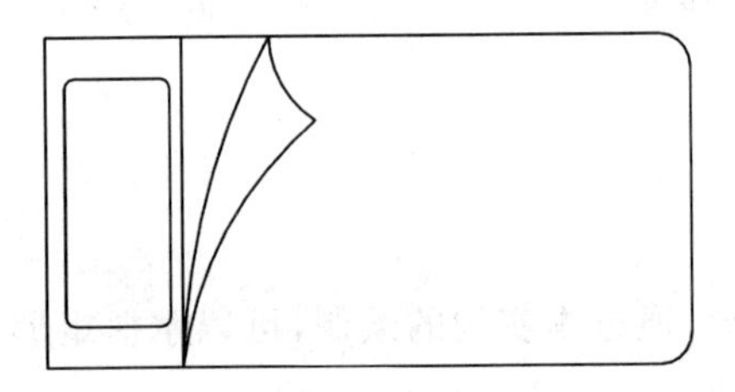

图 3-546　绘制圆弧

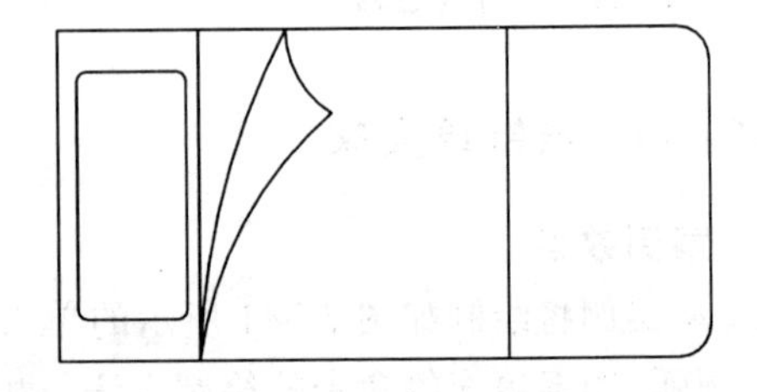

图 3-547　偏移直线

(7)在命令行输入 O，执行偏移命令，将直线分别向右进行偏移 30 和 80，如图 3-548 所示。

(8)执行镜像命令，对三条直线进行镜像复制，中间两条直线相距 120，如图 3-549 所示。

(9)执行图案填充命令，打开如图 3-550 所示的“图案填充和渐变色”对话框。

(10)在“图案填充和渐变色”对话框的“样例”后单击图案，在打开的“填充图案选项板”对话框中选择 CROSS 选项，单击“确定”按钮，如图 3-551 所示。

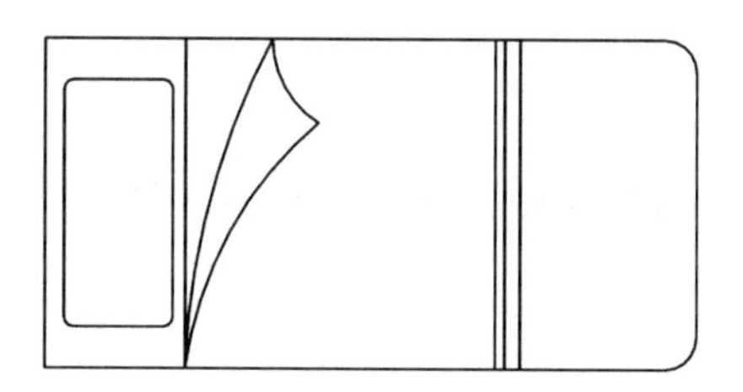

图 3-548 偏移直线

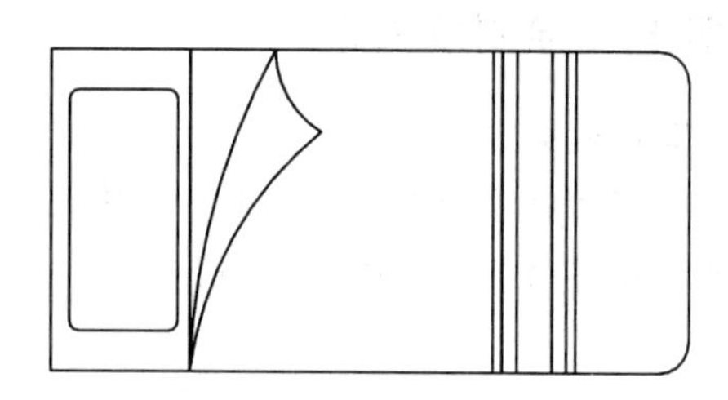

图 3-549 镜像复制直线

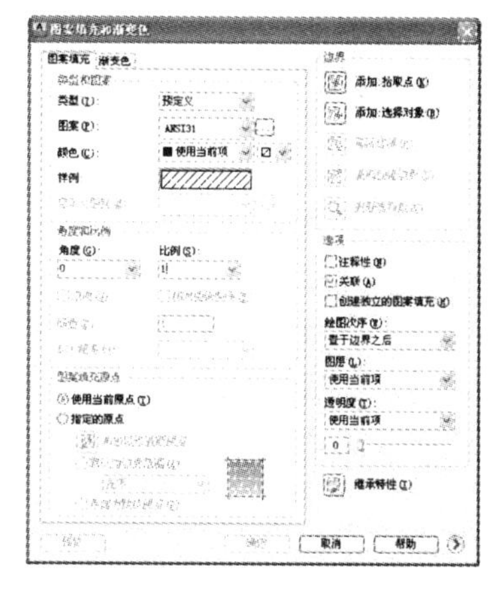

图 3-550 “图案填充和渐变色”对话框

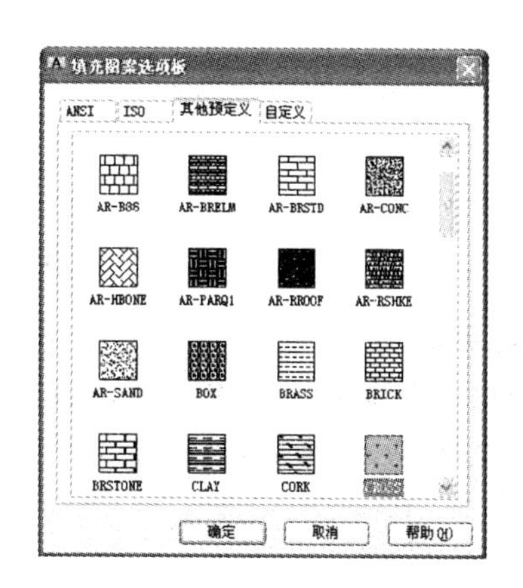

图 3-551 选择填充图案

(11)在“图案填充和渐变色”对话框中单击“添加:拾取点”按钮,如图 3-552 所示。

(12)进入绘图区,选择要填充图案的区域,按回车键,返回“图案填充和渐变色”对话框。

(13)在“图案填充和渐变色”对话框中将“比例”设置为 200,单击“确定”按钮,完成图案填充操作,如图 3-553 所示。

图 3-552 设置填充图案参数

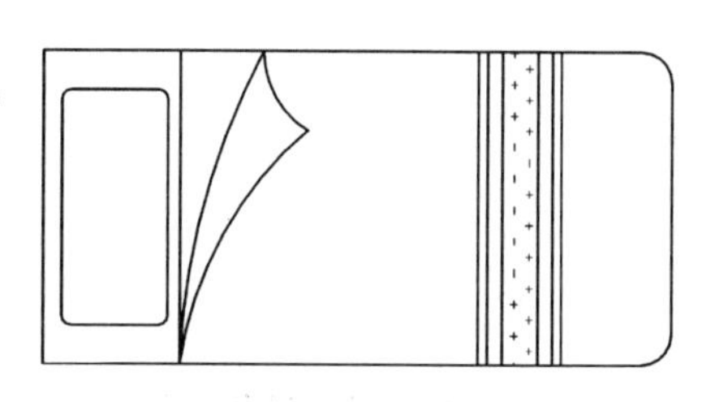

图 3-553 单人床

实例 47　绘制双人床

案例效果

本实例将绘制如图 3-554 所示的双人床图形，通过本实例的绘制，可以掌握矩形、圆、图案填充等命令的使用及绘制方法。

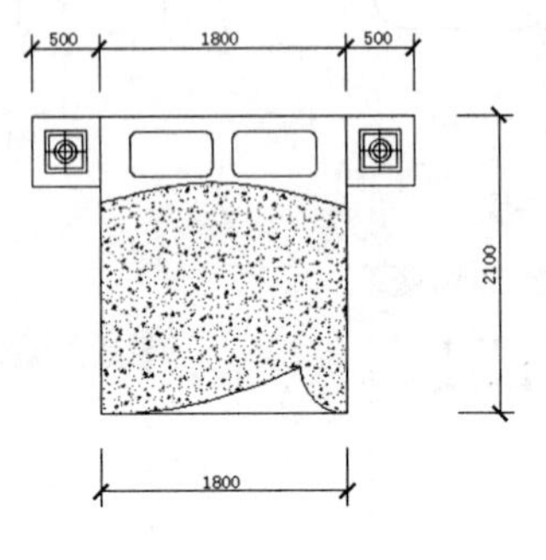

图 3-554　双人床

步骤提示

(1)执行矩形命令，绘制长度为 1800、高度为 2100 的矩形，如图 3-555 所示。

(2)执行多段线命令，绘制长度为 800、宽度为 800 的线条，如图 3-556 所示。

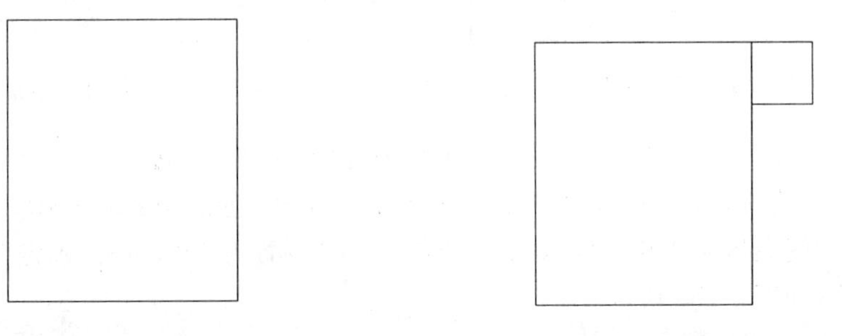

图 3-555　绘制矩形　　图 3-556　绘制床头轮廓

(3)执行矩形命令，绘制边长为 300 的矩形，如图 3-557 所示。

(4)执行偏移命令，将绘制的矩形向内进行偏移，偏移距离为 30，如图 3-558 所示。

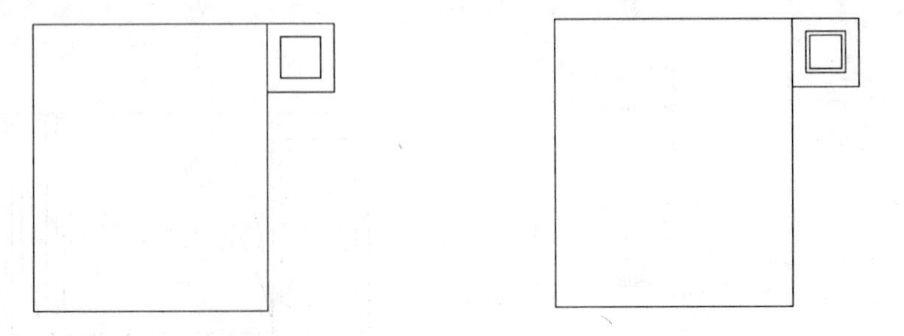

图 3-557　绘制矩形　　图 3-558　偏移矩形

(5)执行直线命令，连接矩形的中点，如图 3-559 所示。

(6)执行圆命令,以直线的交点为圆心,分别绘制半径为 50 和 80 的圆,如图 3-560 所示。

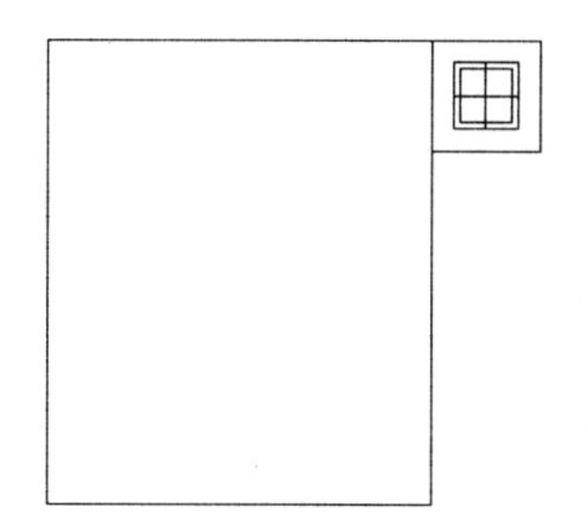

图 3-559 绘制连接直线

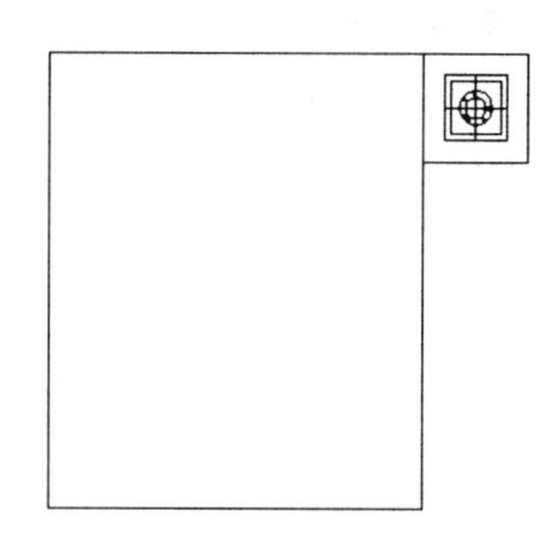

图 3-560 绘制圆

(7)执行镜像命令,对图形进行镜像复制,如图 3-561 所示。

(8)执行多段线命令,绘制被盖轮廓,如图 3-562 所示。

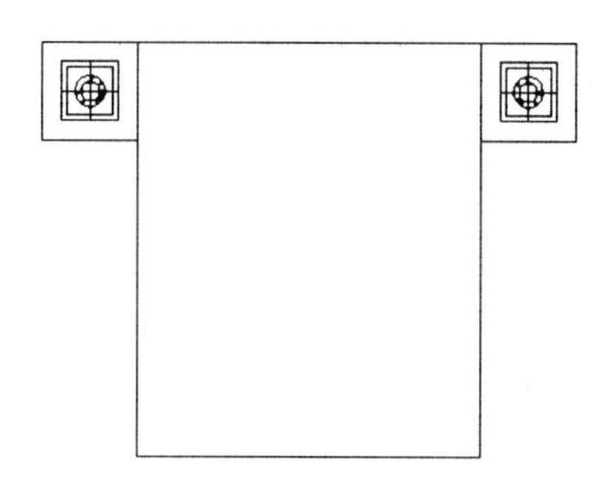

图 3-561 镜像复制图形

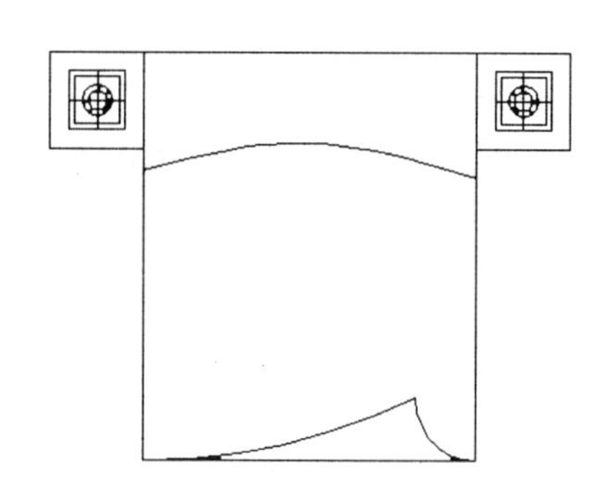

图 3-562 绘制被盖轮廓

(9)执行图案填充命令,对被盖进行图案填充,如图 3-563 所示。

(10)执行矩形命令,绘制双人床枕头,如图 3-564 所示。

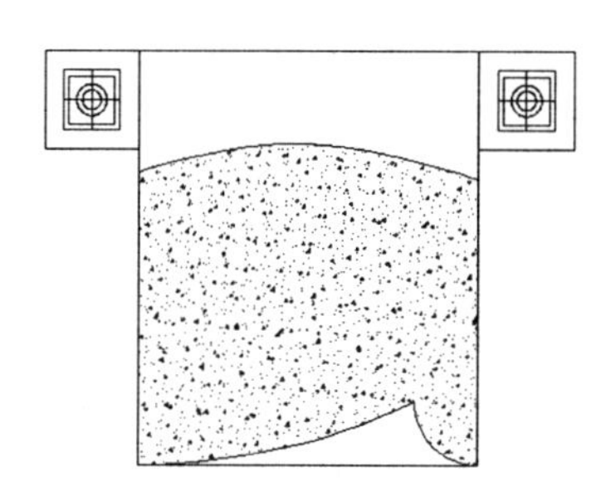

图 3-563 图案填充被盖

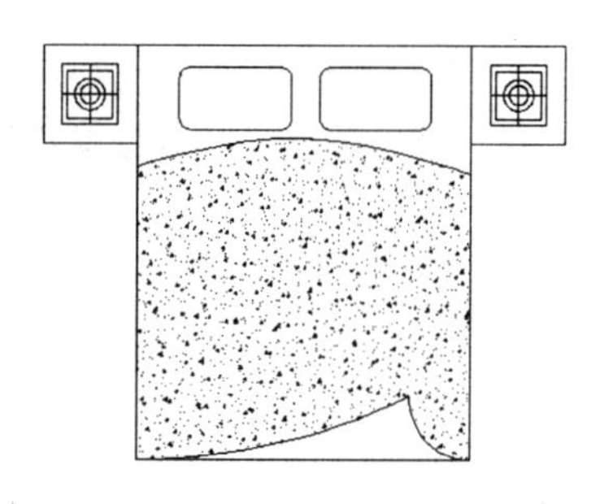

图 3-564 双人床

实例 48　绘制电视机

案例效果

本实例将绘制如图 3-565 所示的电视机图形，通过本实例的绘制，可以掌握矩形、直线、偏移、图案填充、文字标注等绘图及编辑命令的使用及相应编辑技巧。

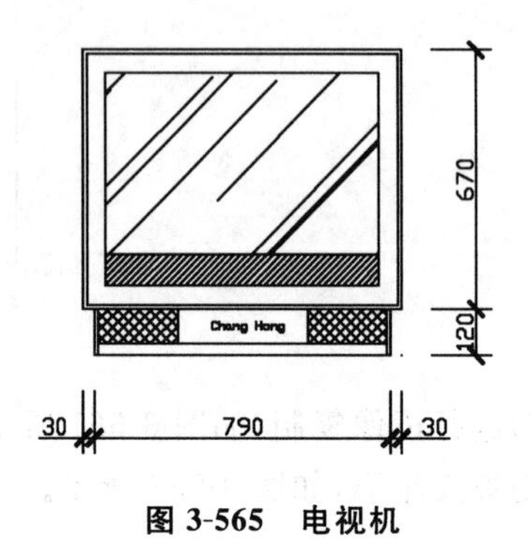

图 3-565　电视机

步骤提示

(1)执行矩形命令，绘制电视机立面屏幕轮廓，如图 3-566 所示。

(2)执行直线命令，绘制电视机底座箱体，如图 3-567 所示。

图 3-566　绘制矩形

图 3-567　绘制直线

(3)执行偏移命令，将矩形向内进行偏移，其偏移距离为 10，如图 3-568 所示。

(4)再执行偏移命令，将偏移后的矩形向内偏移，其偏移距离为 50，如图 3-569 所示。

图 3-568　偏移矩形

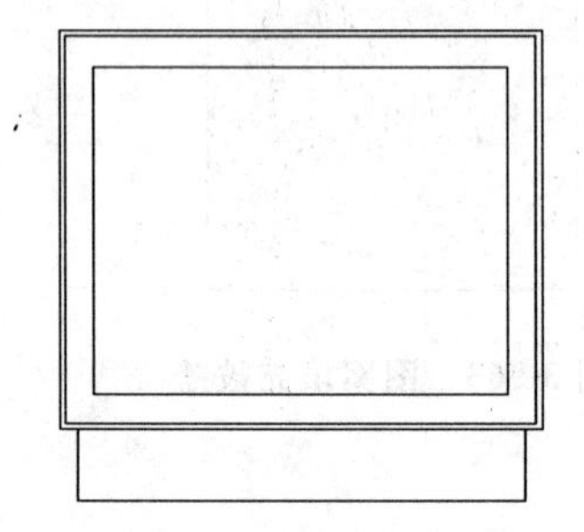

图 3-569　再次偏移矩形

(5)执行偏移命令，将左右两条直线向内进行偏移，偏移距离为 10，如图 3-570 所示。

(6)再次执行偏移命令，将偏移后的直线向内进行偏移，其偏移距离为 210，如图

3-571所示。

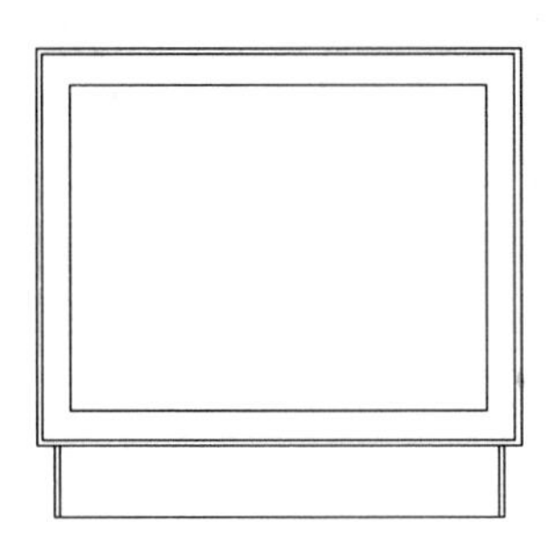

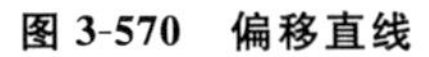

图 3-570 偏移直线

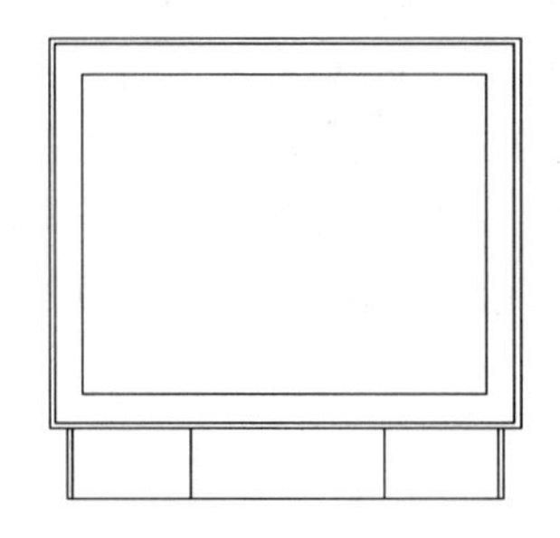

图 3-571 偏移垂直线

(7)将底端直线向上进行偏移,其偏移距离为 30,并对线条进行修剪处理,如图 3-572 所示。

(8)执行直线命令,在矩形内绘制一条直线,相对于底边 80,如图 3-573 所示。

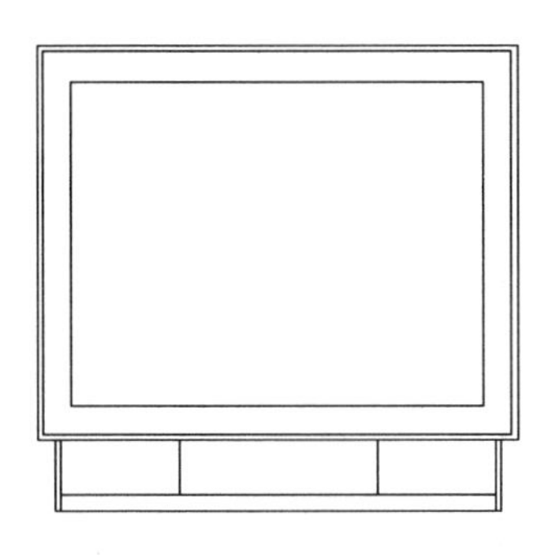

图 3-572 偏移水平线

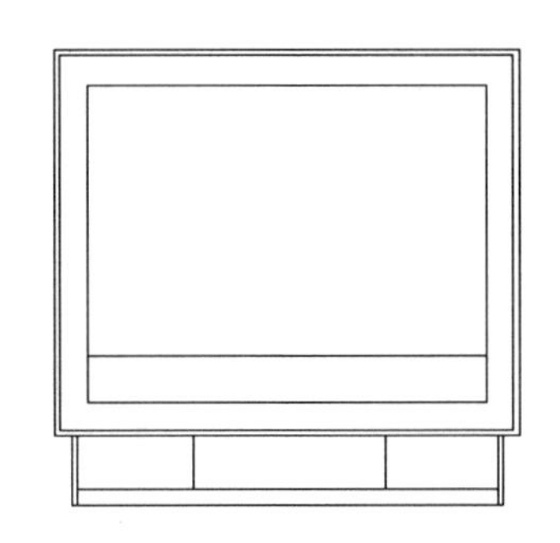

图 3-573 绘制直线

(9)执行图案填充命令,对电视机立面图形进行填充,如图 3-574 所示。

(10)执行文字标注命令,将电视机进行命名,如图 3-575 所示。

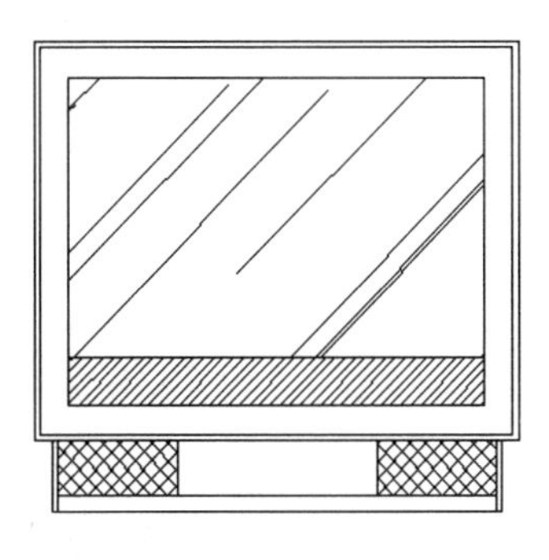

图 3-574 图案填充图形

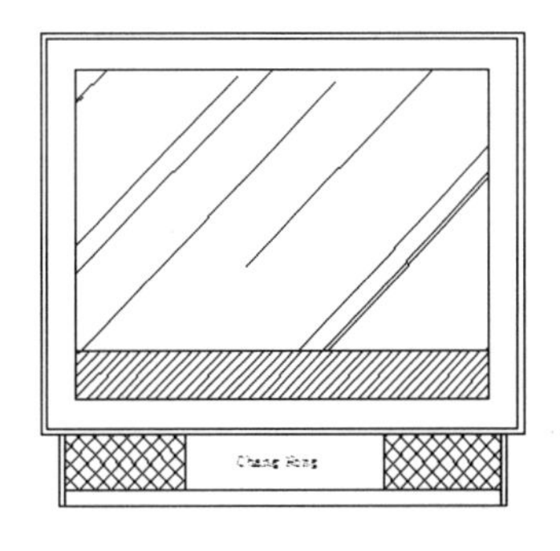

图 3-575 文字标注图形

3.3 本章小结

通过本章的学习,使读者了解常用的建筑装饰设计图块的制作方法,主要是练习使用

LINE 命令绘制直线、绘制和编辑多段线、使用 SPLINE 命令绘制样条曲线、使用 POLYGON 命令绘制正多边形、使用 RECTANG 命令绘制矩形、使用 CIRCLE 命令绘制圆、使用 ARC 命令绘制圆弧、使用 ELLIPSE 命令绘制椭圆及椭圆弧及使用 POINT 绘制点等命令，通过“AutoCAD 图形绘制与编辑技巧”的实际操作，对绘制简单二维图形的方法进行了演练。在操作过程中，读者一定要熟练掌握绘制简单二维图形的方法，并能通过“上机练习”的练习操作，更进一步地掌握本章所学内容，以便为今后的学习打下基础。

第4章 绘制建筑与装饰平面图

◈内容摘要◈

建筑平面图是整套建筑图中最为重要的图样之一，读者应熟练掌握平面图的形成、分类、绘制内容、绘制方法、绘制要求和阅读方法等。本章将通过具体实例的讲解，让读者掌握建筑平面图的具体绘制步骤以及尺寸标注等内容，使其能准确地绘制出符合国家标准的建筑平面图纸。

◈教学目标◈

- 建筑平面图的基本知识
- 建筑平面图的绘制方法
- 绘制宾馆平面结构图
- 绘制民宅平面图
- 绘制宿舍楼平面图

4.1 建筑平面图的基本知识

建筑平面图是用于表达房屋建筑的平面形状、房间布置，以及墙、柱、门窗等构配件的位置、尺寸、材料和做法等内容的图样。建筑平面图简称平面图。

建筑平面图是建筑施工图的主要图样之一，是施工过程中房屋的定位放线、砌墙、设备安装、装修及编制概预算、备料等的重要依据。

4.1.1 建筑平面图的形成

建筑平面图是建筑施工图的基本样图，它是假想用一个水平的剖切面沿门窗洞位置将房屋剖切后，对剖切面以下的部分所作的水平投影图。它反映出房屋的平面形状、大小和布置，墙、柱的位置、尺寸和材料，门窗的类型和位置等。

建筑平面图是在建筑平面设计的过程中形成的。设计建筑平面图首先要弄清楚建筑所需要的功能、建筑在城市中的位置、建筑退让线、建筑规范等一些基本要求，然后才能开始设计。在设计过程中要处理好建筑与城市的关系、建筑的功能与布局、交通联系等，同时还要与建筑装饰面以及建筑形体结合进行考虑，然后才能形成一个平面方案。建筑平面的布局过程是一个复杂、不断推敲的过程。形成建筑平面方案后，按照规范标注尺寸、文字、剖切线等的内容，从而形成一个完整的建筑平面设计图。

4.1.2 建筑平面图的分类

根据房屋层数的不同，建筑平面图分为以下四类。

(1)地下室平面图：表示建筑地下室的平面形状、各房间的布置及楼梯布置。

(2)底层平面图：表示建筑底层的布置情况。

(3)楼层平面图：表示建筑中间各层及最上一层的布置情况。

(4)屋顶平面图：屋顶平面图是在房屋的上方，向下作屋顶外形的水平投影而得到的投影图。

4.1.3 建筑平面图的绘制内容

(1)表明建筑物形状、内部结构及朝向等：包括建筑物的平面形状，各种房间的布置及相互关系，入口、走道、楼梯的位置等。由外围看可以知道建筑的外形、总长、总宽以及面积，往内看可以看到内墙布置、楼梯间、卫生间、房间名称等。

(2)从平面图上还可以了解到开间尺寸、门窗位置、室内地面标高、门窗型号尺寸以及标明所用详图的符号等。

(3)标明建筑物的结构形式、主要建筑材料，综合反映其他各工种施工的要求。

(4)底层平面图中还应标注出室外台阶、散水等尺寸，建筑剖面图的剖切位置及剖面图的编号。在平面图中如果某个部位需要另见详图，需要用详图索引符号注明要画详图的位置、详图的编号及详图所在图纸的编号。平面图中各房间的用途宜用文字标出。

4.1.4 建筑平面图的绘制方法

一般建筑平面图的绘制步骤如下：

(1)设置绘图环境；

(2)绘制定位轴线；

(3)绘制墙体；

(4)绘制门窗；

(5)绘制楼梯；

(6)绘制建筑物的其他细部；

(7)尺寸标注及文字注写。

4.1.5 建筑平面图的绘制要求

• 比例：根据建筑物的大小及图纸表达的要求，可以选用不同的比例。平面图常用1:50、1:100、1:200的比例绘制，由于比例较小，所以门窗及细部构件均按规定的图例绘制。

• 轴线：凡是承重墙、柱子、梁等主要承重构件都应画出轴线来确定其位置。一般承重墙、柱子及外墙编为主轴线，而非承重墙等编为附加轴线。横向的称为开间，纵向的定位进深。两根轴线之间的附加轴线，应该以分母表示前一轴线的编号，分子表示附加轴线的编号。横向编号应该用阿拉伯数字，从左至右顺次编写；竖向编号使用大写的拉丁字母，自下而上依次编写。但是字母I、O、Z不能作为轴线编号，以免它们与数字的1、0、2相混淆。

• 线型：平面图中的线型应粗细分明，凡被剖切到的墙、柱断面轮廓线用粗实线画出，没有剖切到的可见轮廓线，如门、窗台、楼梯、卫生设施、家具等用中实线或细实线画出。尺寸线、尺寸界线、索引符号、标高符号等用细实线画出，轴线用细点画线画出。

• 图例：一般来说，平面图所有的构件都应该根据国家《建筑制图标准规定》的图例来绘制。

• 尺寸标注：建筑平面图上所注尺寸以mm为单位，标高以m为单位。平面图上标注的尺寸有外部尺寸和内部尺寸两种。外部应该标注三道尺寸，最外面一道尺寸是标注房屋的总尺寸，中间一道是标注开间和进深的轴线尺寸，最里面一道是标注外墙门窗洞口等的尺寸。内部尺寸，应标注房屋内墙门窗洞、墙厚以及与轴线的关系、门垛等细部尺寸。

• 详图索引符号：在平面图中如果某个部位需要另见详图，需要用详图索引符号注明要画详图的位置、详图的编号及详图所在图纸的编号。

4.1.6 建筑平面图的阅读方法

建筑平面图表达的内容很多，主要说明建筑物的平面形式，房间的数量、大小、用途以及房间之间的联系，门窗类型及布置情况等诸多问题。它是施工放线和编制工程预算的依据。

建筑平面图的识读可分以下几个步骤进行：

(1)先看图名、比例，对照总平面图定出房屋朝向，并找出主要出入口及次要出入口的位置。

(2)查看平面形式，房间的数量及用途，建筑物的外形尺寸(即外墙面到外墙面的总尺寸)，以及轴线尺寸与门窗洞口间尺寸。轴线间尺寸横向称为开间，纵向称为进深。楼梯平面图中带长箭头的细线称为行走线，用来指明上、下楼梯的行走方向。

(3)查看门窗的类型与数量及设置情况。门的编号用M-1、M-2等表示，窗的编号用C-1、C-2等表示，通过不同的编号查找各种类型门窗的位置和数量，通过对照平面图中的分段尺寸(靠近外墙的一段尺寸)可查找出各类门窗洞口尺寸。门窗具体构造还要参照门窗明细表中所用的标准图集。

(4)深入查看各类房间内的固定设施及细部尺寸。

(5)在掌握了以上所有内容后，便可逐层识读。在识读各楼层平面图时应注意着重查看房间的布置、用途及门窗设置等，以及它们之间的不同之处，尤其应注意各种尺寸及楼地面标高等问题。

4.2 实例精讲

实例 49　绘制旅店单间平面结构图

案例效果

本例将绘制如图 4-1 所示的旅店单间平面图，通过本实例的绘制，可让读者了解并掌握建筑平面图中轴线、墙线以及门窗等图形的绘制方法和操作技巧等。

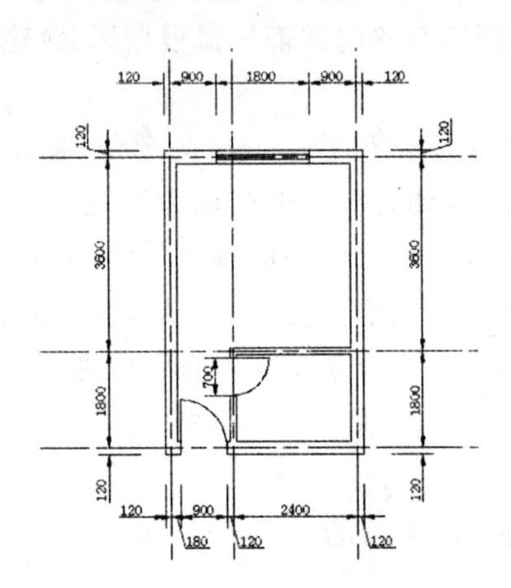

图 4-1　旅店单间平面图

案例步骤

(1)打开 AutoCAD 程序，单击“图层”工具栏的“图层特性管理器”按钮，打开如图 4-2 所示的“图层特性管理器”窗口，创建 zx、qx 和 mc 图层，并设置 ZX 图层为当前图层。

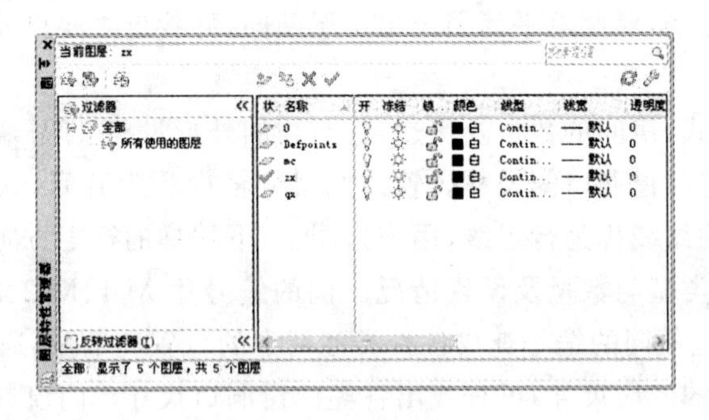

图 4-2　设置图层

(2)单击“格式”下拉菜单按钮，在打开的菜单中选择“线型”选项，打开如图 4-3 所示的“线型管理器”对话框，并在“全局比例因子”选项后的文本框中，将比例因子设置为 50。

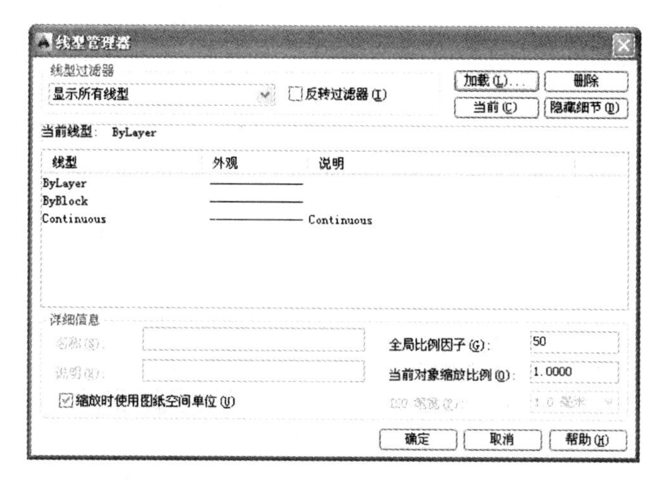

图 4-3 设置比例因子

(3)单击“确定”按钮，返回绘图区。

(4)在命令行输入 XL，执行构造线命令，并利用正交功能，绘制水平及垂直构造线，如图 4-4 所示。

(5)执行偏移命令，将绘制的水平、垂直构造线分别向上下、左右进行偏移，其偏移尺寸参见图 4-5 所示标注文字。

图 4-4 绘制水平及垂直构造线

图 4-5 绘制轴线

(6)在命令行输入 MLSTYLE，执行多线样式命令，创建“墙线”多线样式，并将起点和端点的“封口”类型设置为直线，如图 4-6 所示。

(7)将当前图层设置为“qx”图层，在命令行输入 ML，执行多线命令，在绘制的轴线的基础上绘制宽度为 240 的墙线，命令行操作内容如下：

命令：ml MLINE　　执行多线命令
当前设置：对正＝无，比例＝120.00，样式＝墙线
指定起点或[对正(J)/比例(S)/样式(ST)]：s　　选择“比例”选项
输入多线比例＜120.00＞：240　　设置比例
当前设置：对正＝无，比例＝240.00，样式＝墙线
指定起点或[对正(J)/比例(S)/样式(ST)]：180　　指定多线的起点，如图 4-7 所示
指定下一点：　　指定多线第二点，如图 4-8 所示
指定下一点或[放弃(U)]：　　指定多线第三点，如图 4-9 所示
指定下一点或[闭合(C)/放弃(U)]：　　指定多线下一点，如图 4-10 所示
指定下一点或[闭合(C)/放弃(U)]：　　指定多线下一点，如图 4-11 所示
指定下一点或[闭合(C)/放弃(U)]：120　　指定多线端点，如图 4-12 所示
指定下一点或[闭合(C)/放弃(U)]：　　按 Enter 键结束多线命令

命令执行结果如图 4-13 所示。

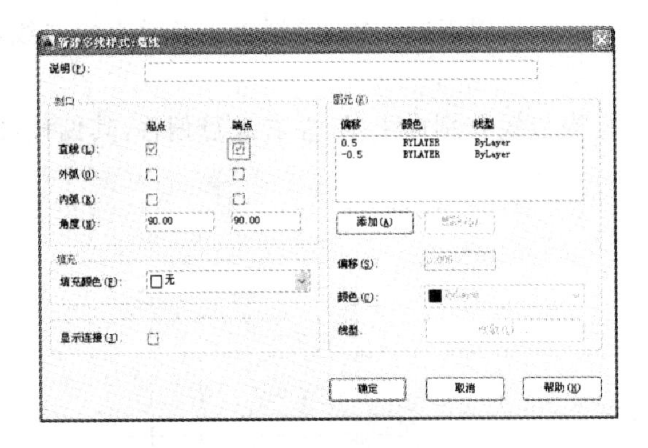

图 4-6　设置多线样式

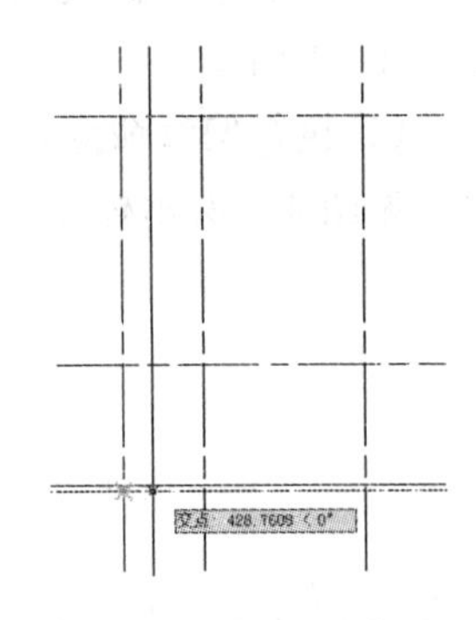

图 4-7　指定多线起点

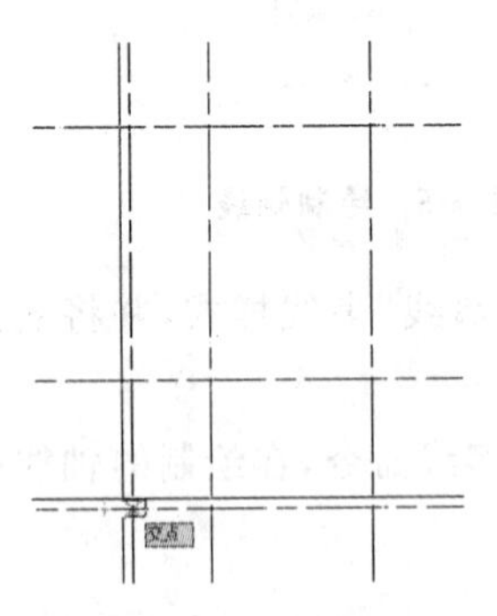

图 4-8　指定多线第二点

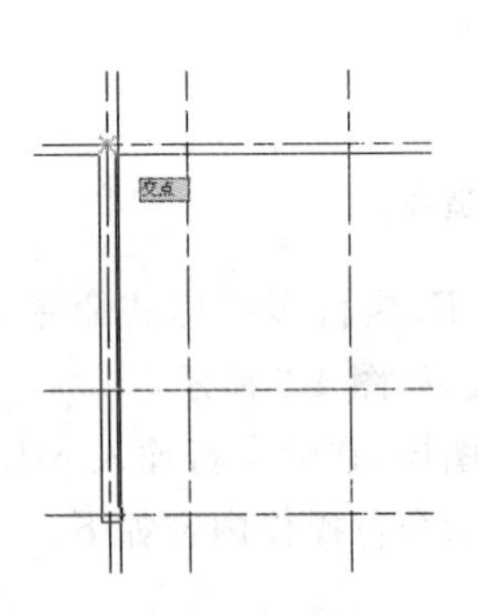

图 4-9　指定多线第三点

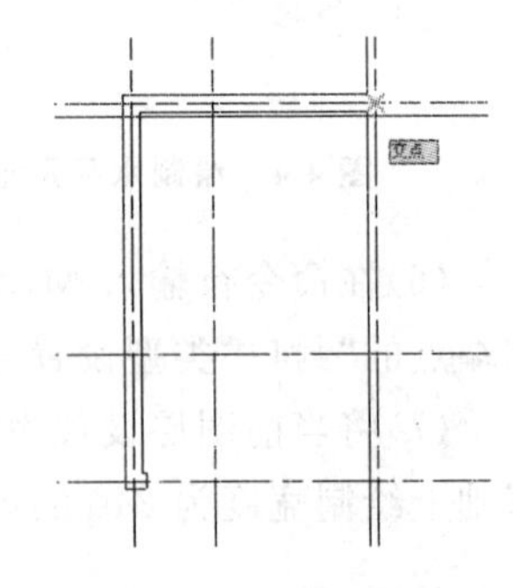

图 4-10　指定多线下一点

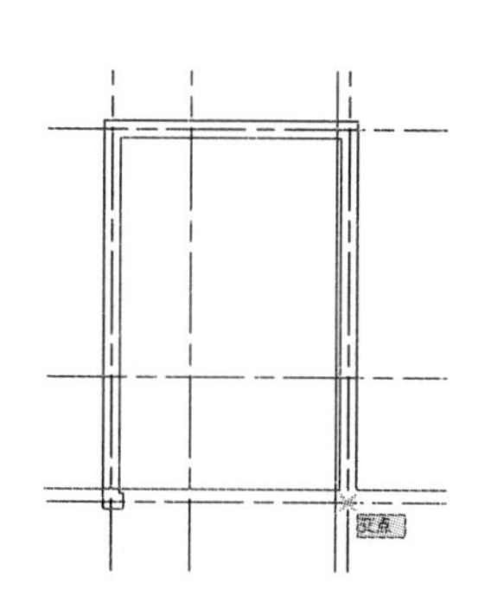

图 4-11　指定多线下一点

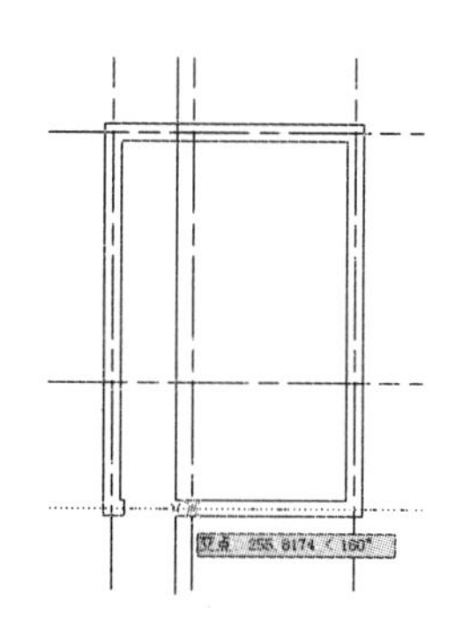

图 4-12　指定多线端点

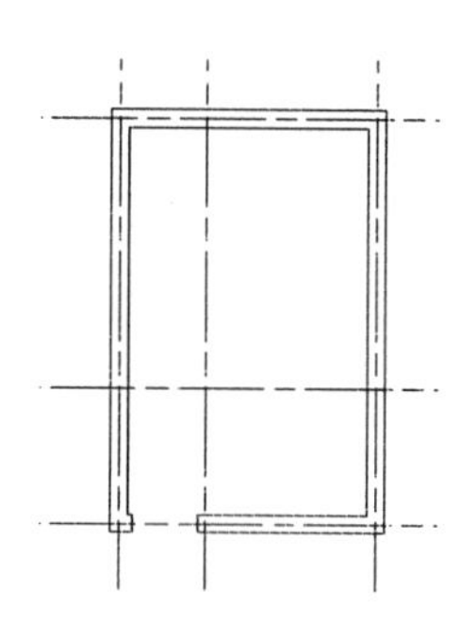

图 4-13　完成墙线绘制

(8)在命令行输入 ML，再次执行多线命令，将多线比例设置为 120，绘制如图 4-14 所示的内墙线。

(9)在命令行输入 MLEDIT，执行多线编辑命令，打开如图 4-15 所示的“多线编辑工具”对话框。

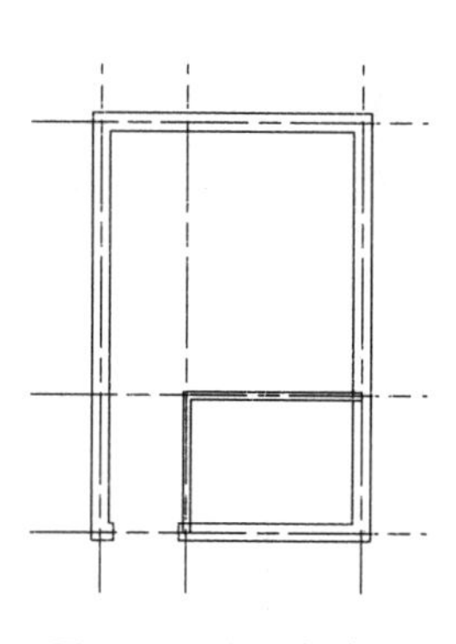

图 4-14　绘制内墙线

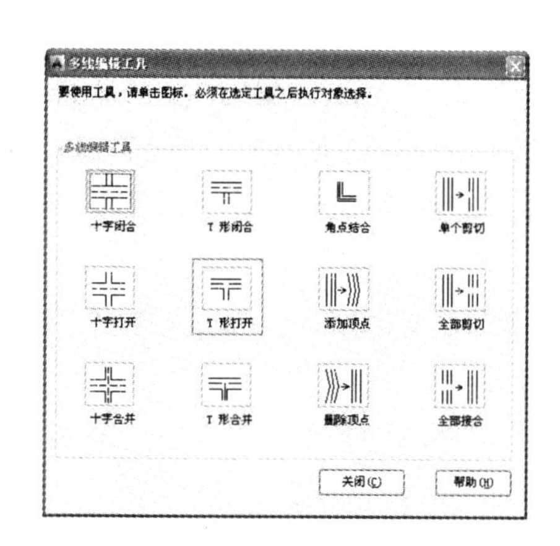

图 4-15　“多线编辑工具”对话框

(10)在“多线编辑工具”对话框中单击“T 形打开”选项，返回绘图区，在命令行提示下分别选择比例为 120 和 240 的多线，将绘制的多线进行编辑处理，如图 4-16 所示。

(11)在命令行输入 L，执行直线命令，以比例为 240 多线的中点为直线的起点，在垂直方向上绘制长度为 900 的直线，如图 4-17 所示。

(12)在命令行输入 A，执行圆弧命令，以直线的起点为圆心，以直线端点为圆弧的起点，绘制角度为－90°的圆弧，如图 4-18 所示。

(13)在命令行输入 CO，执行复制命令，将绘制的门进行复制，其命令行操作内容如下：

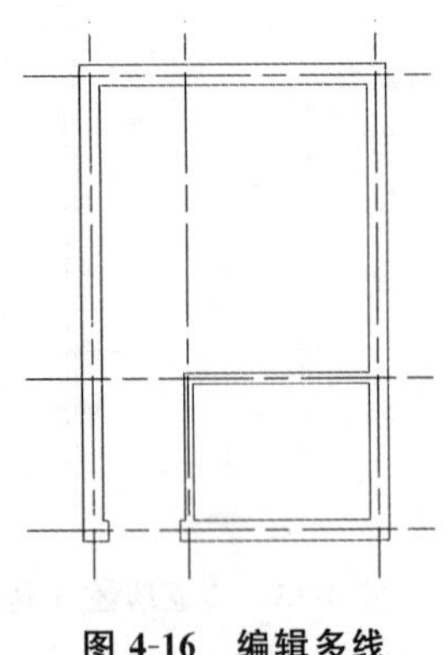

图 4-16　编辑多线

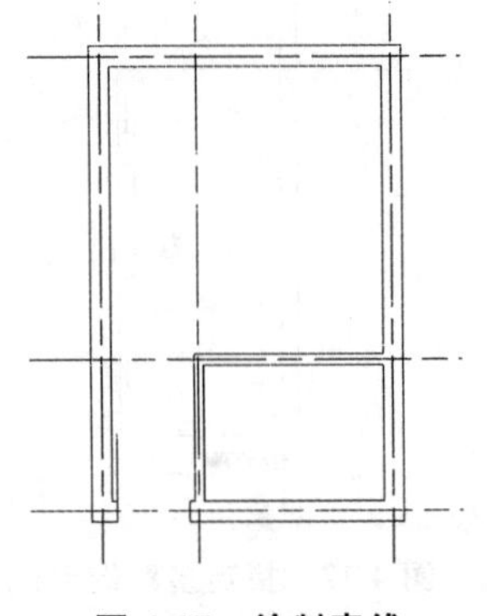

图 4-17　绘制直线

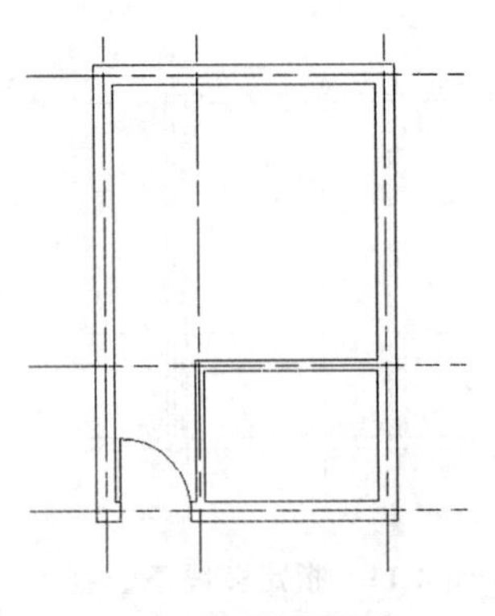

图 4-18　绘制圆弧

命令：co COPY	执行复制命令
选择对象：	选择绘制的直线和圆弧
选择对象：	确定复制对象的选择
当前设置：　复制模式 = 多个 指定基点或［位移(D)/模式(O)］＜位移＞：	指定复制基点，如图 4-19 所示
指定第二个点或 ＜使用第一个点作为位移＞：	指定第二点，如图 4-20 所示
指定第二个点或［退出(E)/放弃(U)］＜退出＞：	按 Enter 键结束复制命令

命令执行结果如图 4-21 所示。

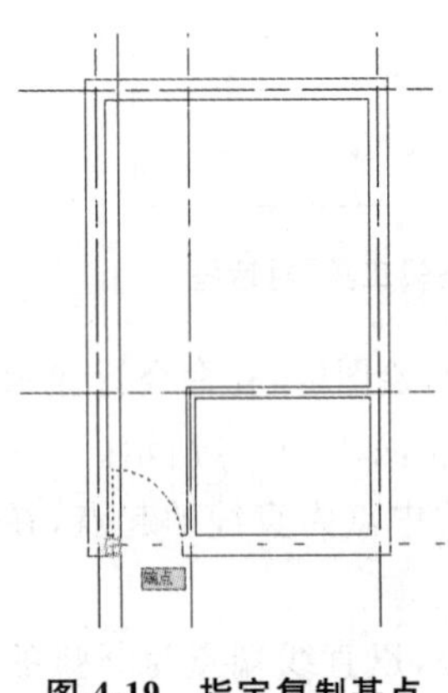

图 4-19　指定复制基点

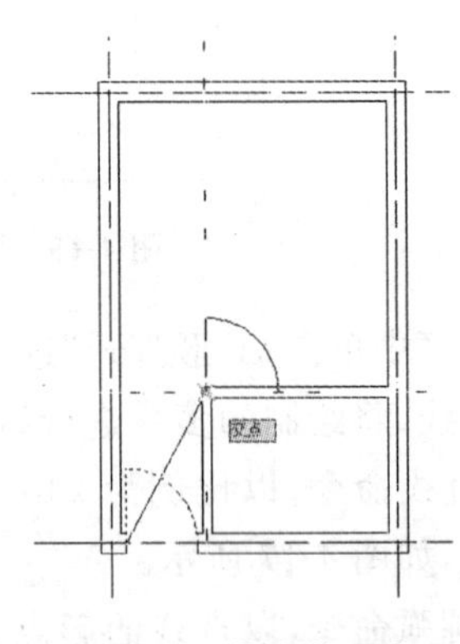

图 4-20　指定第二点

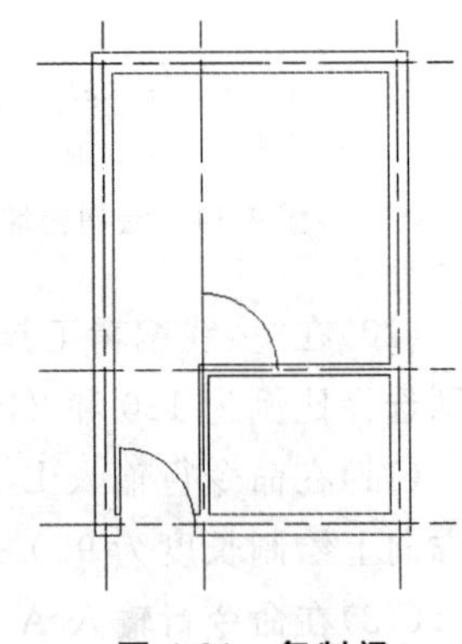

图 4-21　复制门

(14)在命令行输入 RO，执行旋转命令，将复制后的门旋转－90°，旋转基点为复制后直线的底端端点，如图 4-22 所示。

(15)在命令行输入 M，执行移动命令，将旋转后的门向下移动，其移动距离为 120，如图 4-23 所示。

(16)在命令行输入 SC，执行缩放命令，将移动后的门进行缩放处理，其缩放基点为门左端直线的端点，将门的宽度缩放到 700，如图 4-24 所示。

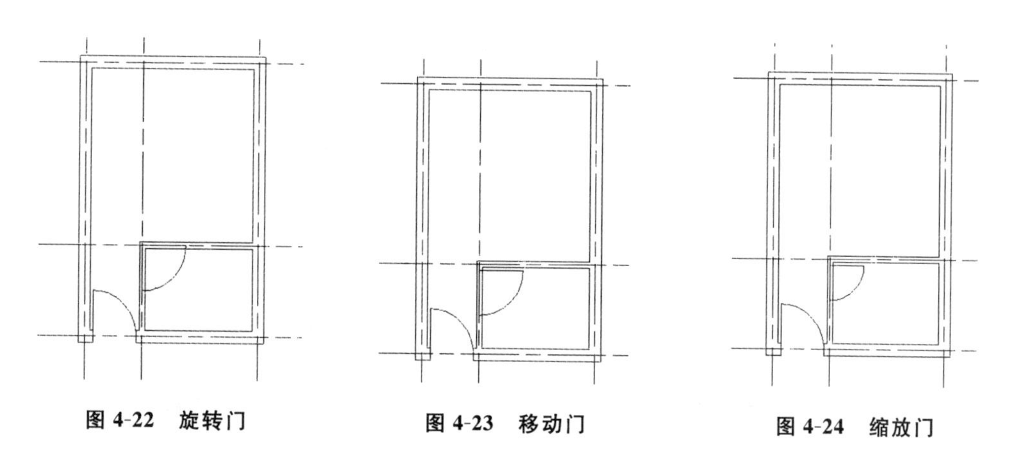

图 4-22 旋转门　　图 4-23 移动门　　图 4-24 缩放门

(17)在命令行输入 TR,执行修剪命令,将缩放后的门作为修剪边界,将内墙的多线进行修剪处理,如图 4-25 所示。

(18)单击“图层”工具栏的“图层”下拉按钮,隐藏 xz 图层,如图 4-26 所示。

(19)在命令行输入 REC,执行矩形命令,以多线左上角端点为起点,绘制长度为 1800、高度为－240 的矩形,如图 4-27 所示。

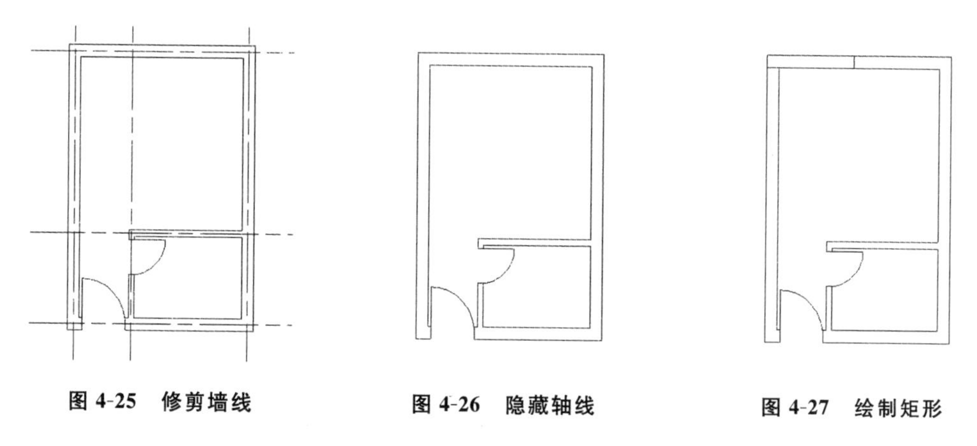

图 4-25 修剪墙线　　图 4-26 隐藏轴线　　图 4-27 绘制矩形

(20)在命令行输入 M,执行移动命令,将绘制的矩形向右移动,移动距离为 1100,如图 4-28 所示。

(21)在命令行输入 X,执行分解命令,将移动后的矩形进行分解。

(22)在命令行输入 O,执行偏移命令,将分解后矩形的水平线向内进行偏移,其偏移距离为 80,如图 4-29 所示。

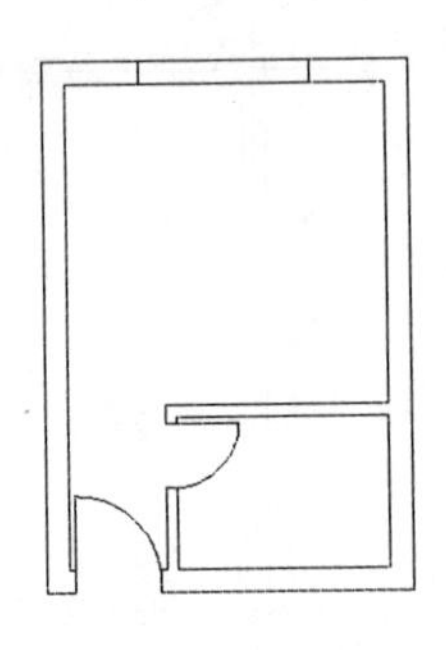

图 4-28　移动矩形

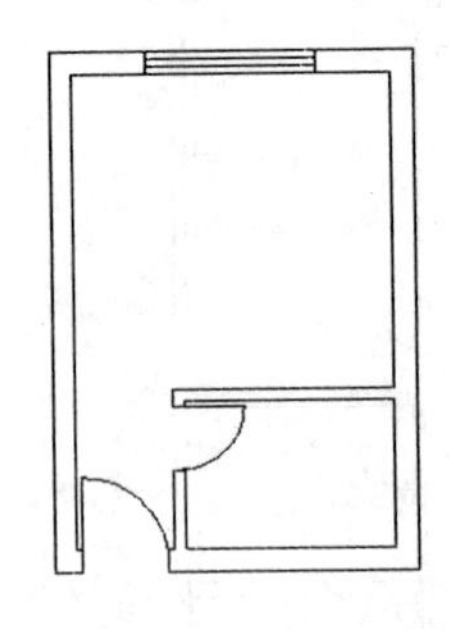

图 4-29　绘制窗户

实例 50　布置旅店单间

案例效果

本例将通过插入图块的方法，对旅店单间平面进行各种家具的布置，完成结果如图 4-30 所示。

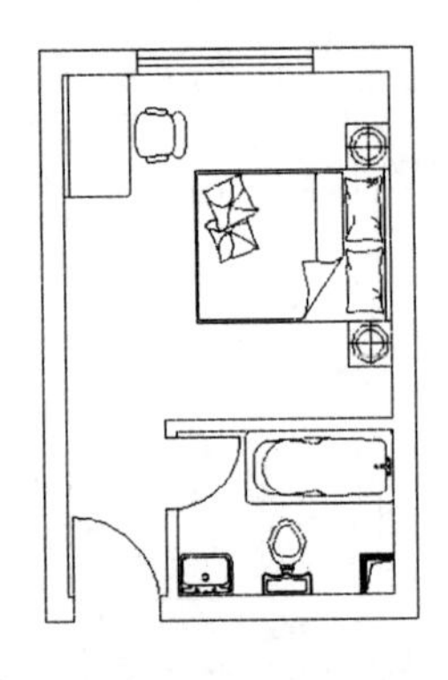

图 4-30　布置旅店单间

案例步骤

(1)单击"快速访问"工具栏中的"打开"按钮，打开附赠光盘中的"旅店单间平面"图形文件，如图 4-31 所示。

(2)在命令行输入 I，执行插入命令，打开"插入"对话框，如图 4-32 所示。

(3)在"插入"对话框中单击"浏览"按钮，打开"选择图形文件"对话框，如图 4-33 所示。

(4)在"查找范围"下拉列表中选择文件路径，并在文件列表中选择"浴缸"图形文件，单击"打开"按钮，返回"插入"对话框，如图 4-34 所示。

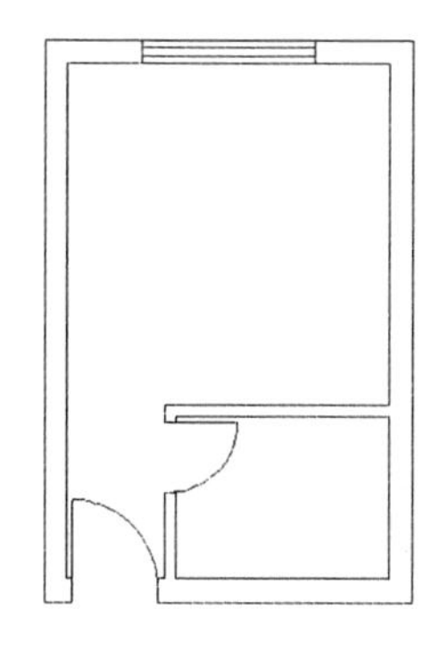

图 4-31　旅店单间平面

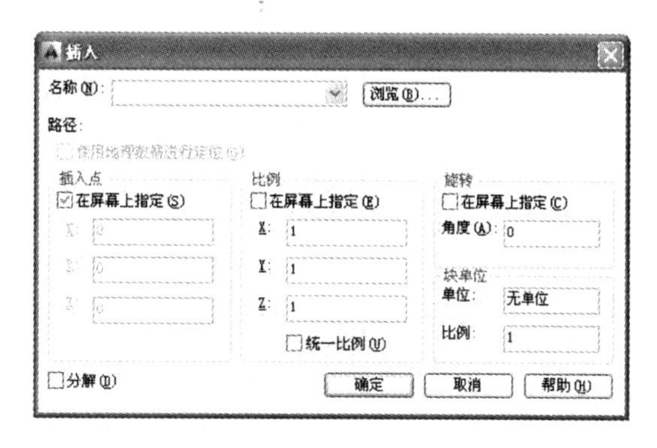

图 4-32　“插入”对话框

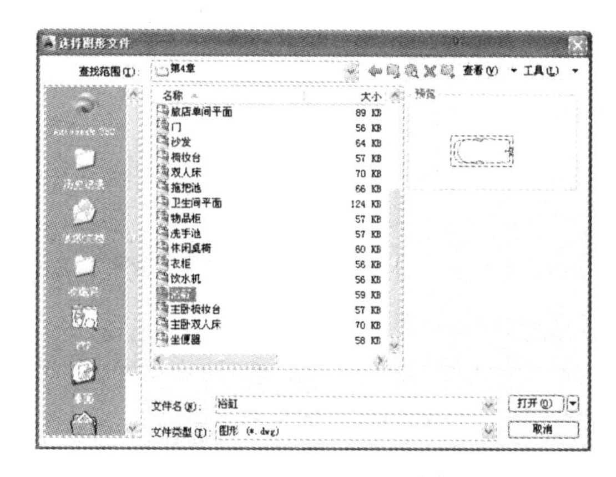

图 4-33　选择要插入的图块

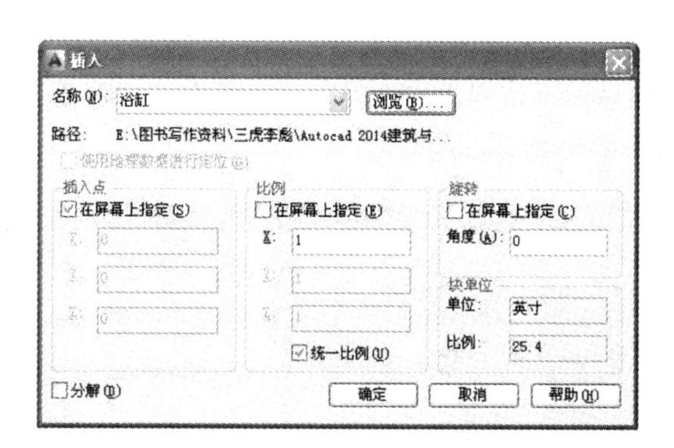

图 4-34　“插入”对话框

(5)在“插入”对话框的“名称”下拉列表中选择“浴缸”选项，单击“确定”按钮，返回绘图区。

(6)在命令行提示“指定插入点或［基点(B)/比例(S)/X/Y/Z/旋转(R)］：”后捕捉墙线的端点，指定图块的插入点，如图 4-35 所示。

(7)在命令行输入 I，再次执行插入命令，打开“插入”对话框，如图 4-36 所示。

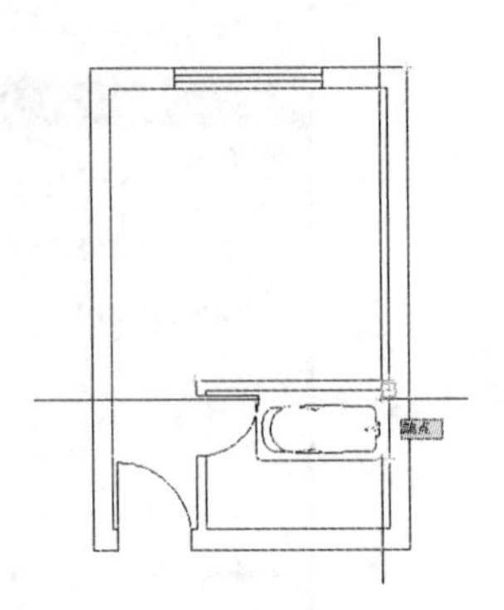

图 4-35　指定图块插入点

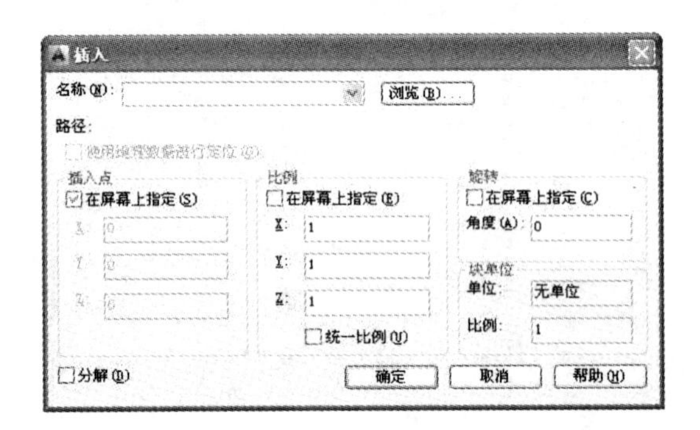

图 4-36　“插入”对话框

(8)在“插入”对话框中单击“浏览”按钮，打开如图 4-37 所示的“选择图形文件”对话框。

(9)选择“双人床”图形文件，单击“打开”按钮，返回“插入”对话框，如图 4-38 所示。

(10)在“名称”选项后的下拉列表中选择“双人床”选项，将“旋转”栏的“角度”选项设置为－90°，单击“确定”按钮，返回绘图区。

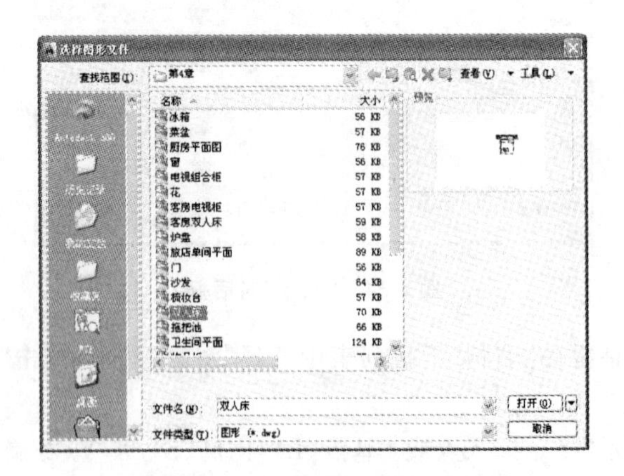

图 4-37　选择要打开的图形

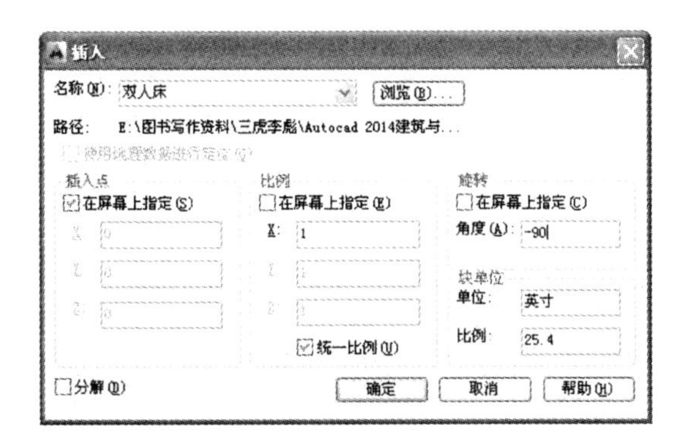

图 4-38 “插入”对话框

(11)在命令行提示“指定插入点或［基点(B)/比例(S)/X/Y/Z/旋转(R)］:”后捕捉墙线的中点,指定图块的插入点,如图 4-39 所示。

(12)在命令行输入 I,执行插入命令,将“梳妆台”图块文件插入单人间左上角的墙线端点处,如图 4-40 所示。

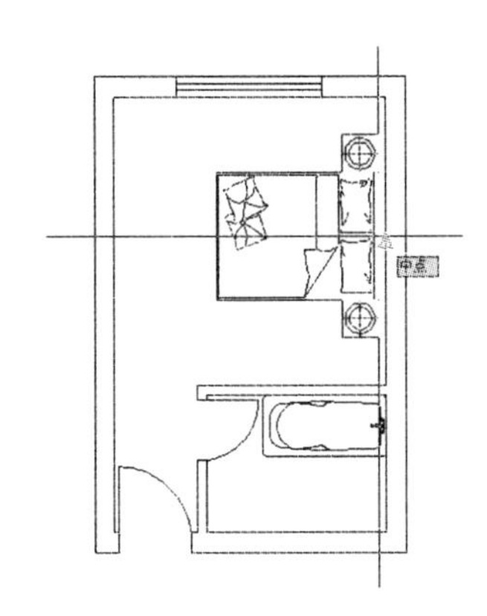

图 4-39 指定图块插入点

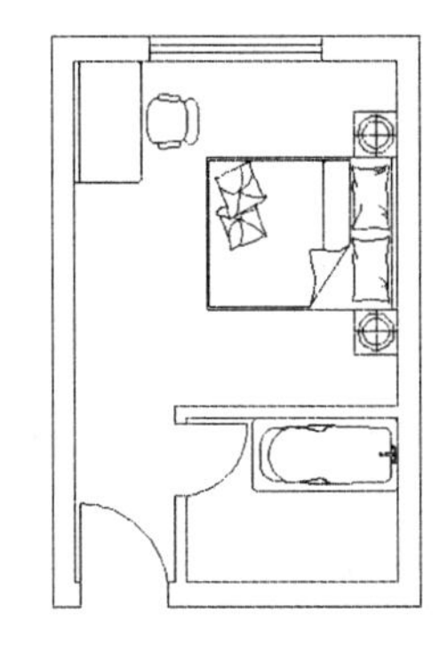

图 4-40 插入“梳妆台”图块

(13)在命令行输入 I,执行插入命令,将“洗手池”图块文件插入卫生间的左下角端点,如图 4-41 所示。

(14)在命令行输入 I,执行插入命令,将“坐便器”图块文件插入卫生间的下端的中点处,如图 4-42 所示。

(15)在命令行输入 I,执行插入命令,将“拖把池”图块文件插入卫生间的右下端点,完成旅店单间平面布置的绘制。

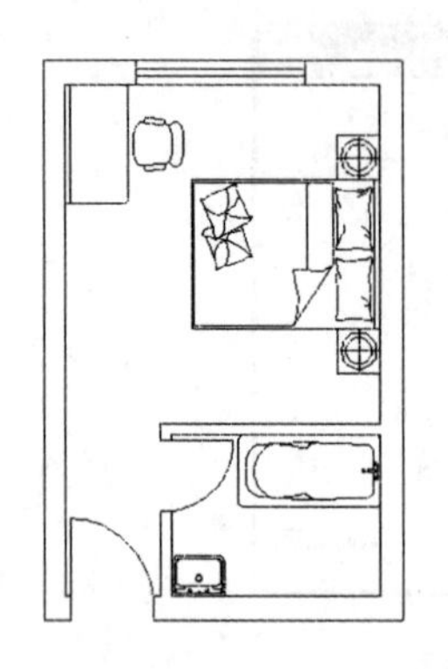

图 4-41 插入"洗手池"图块

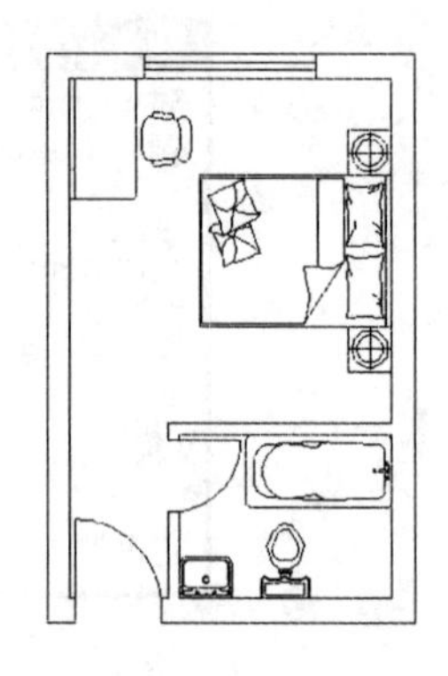

图 4-42 插入"坐便器"图块

实例 51 绘制卫生间平面

案例效果

本例将绘制如图 4-43 所示的卫生间平面图形的绘制来掌握卫生间墙线、家具布置，以及图案填充等命令的使用方法。

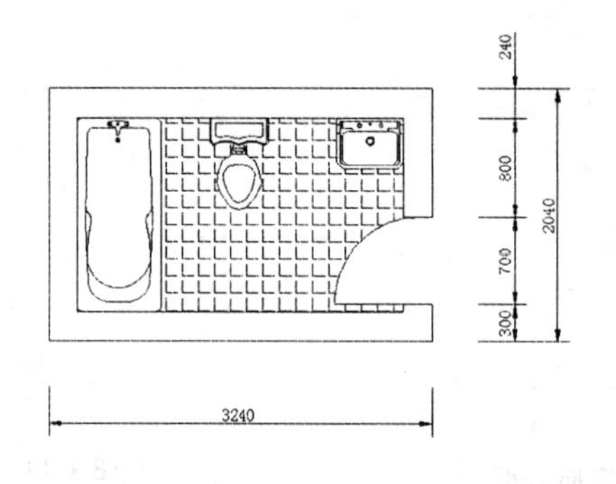

图 4-43 卫生间平面

案例步骤

(1)在命令行输入 ML,执行多线命令,绘制比例为 240、宽度为 2040、长度为 3240 的卫生间墙线,如图 4-44 所示。

(2)在命令行输入 L,执行直线命令,以多线右下端点向上偏移 60 为直线起点,向左绘制长度为 700 的直线,如图 4-45 所示。

(3)在命令行输入 A,执行圆弧命令,以直线右端端点为圆心,左端端点为起点,绘制角度为－90°的圆弧,如图 4-46 所示。

(4)在命令行输入 M,执行移动命令,将绘制的直线和圆弧向右移动,其移动距离为 120,如图 4-47 所示。

(5)在命令行输入 TR,执行修剪命令,以门的直线和圆弧为修剪边界,将多线进行修剪,如图 4-48 所示。

(6)在命令行输入 I,执行插入命令,打开"插入"对话框。

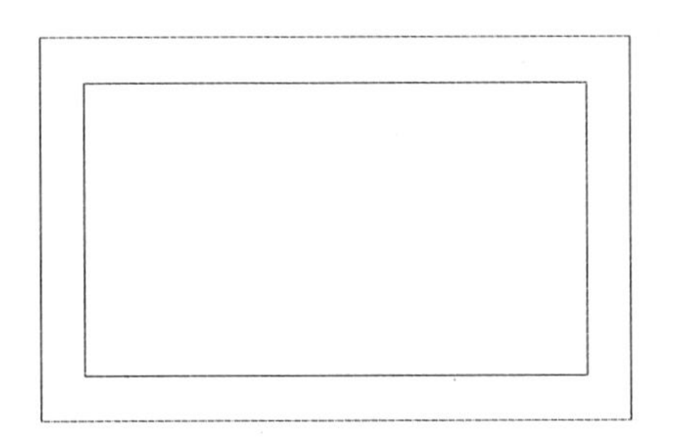

图 4-44 绘制卫生间墙线

图 4-45 绘制直线

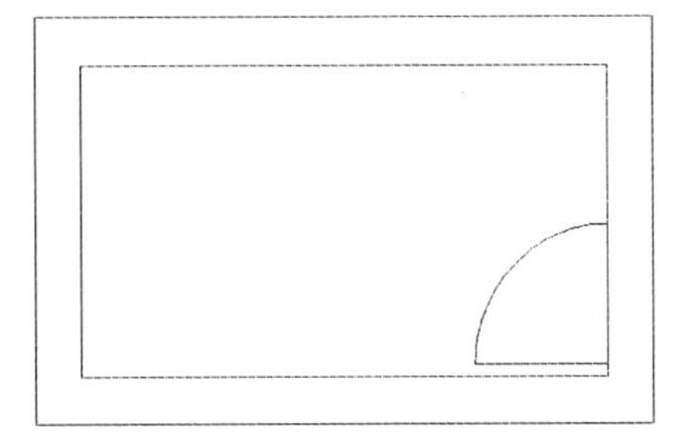

图 4-46 绘制圆弧

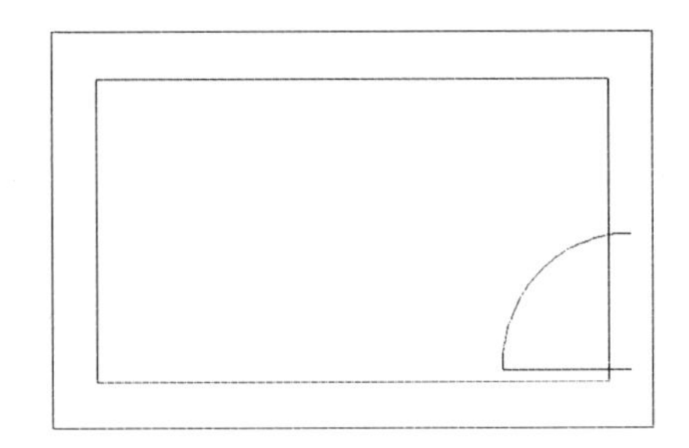

图 4-47 移动门

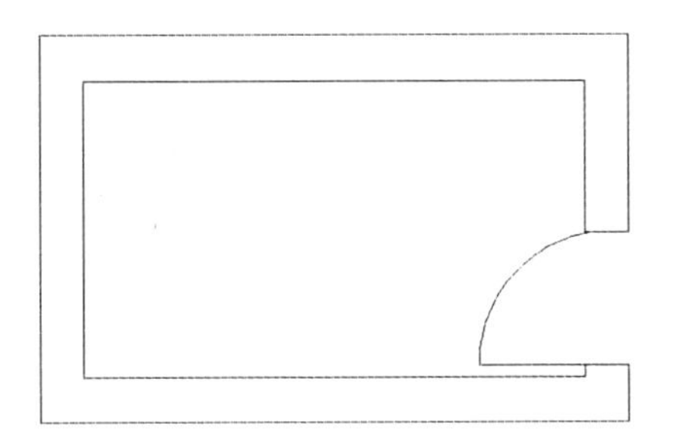

图 4-48 修剪门

(7)在“插入”对话框中单击“浏览”按钮，打开“选择图形文件”对话框，如图 4-49 所示。

(8)在“选择图形文件”对话框中选择“坐便器”图形文件，单击“打开”按钮，返回“插入”对话框，如图 4-50 所示。

(9)在“插入”对话框中将“角度”选项设置为 180，单击“确定”按钮，返回绘图区，并在命令行提示“指定插入点或［基点(B)/比例(S)/旋转(R)］:”后捕捉墙线顶端水平线的中点，指定图块的插入点，如图 4-51 所示。

(10)在命令行输入 I，再次执行图块插入命令，分别在卫生间平面图形中插入“洗手池”和“浴缸”图块，并将“浴缸”图块移动到左端墙线的中点处，如图 4-52 所示。

(11)在命令行输入 BH，执行图案填充命令，打开“图案填充和渐变色”对话框。

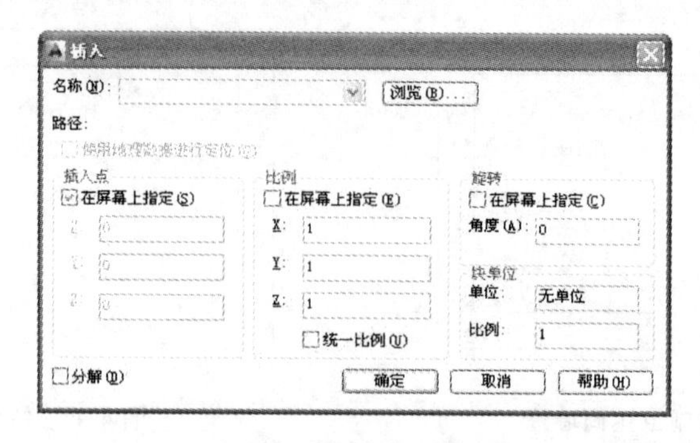

图 4-49 选择图形文件

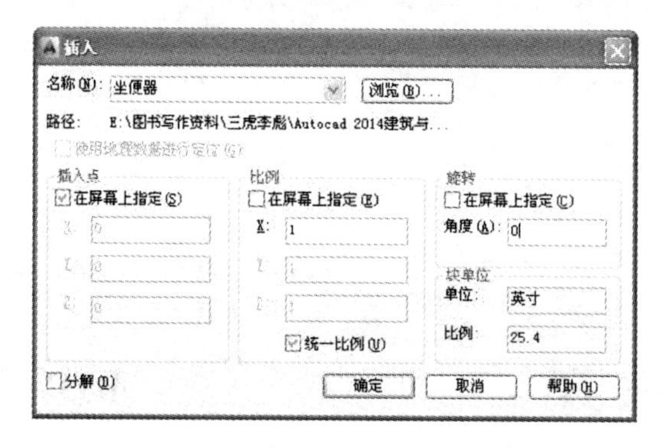

图 4-50 “插入”对话框

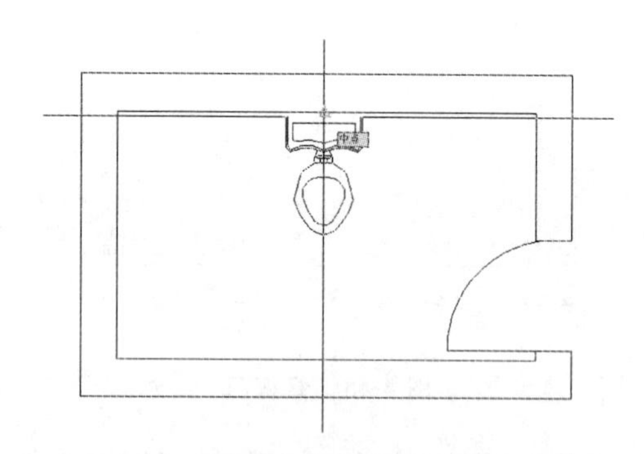

图 4-51 指定图块插入点

(12)单击“添加:拾取点”按钮,进入绘图区,并在命令行提示“拾取内部点或[选择对象(S)/删除边界(B)]:”后单击要进行图案填充的区域,如图 4-53 所示。

(13)单击鼠标右键,在打开的快捷菜单中选择“确定”选项,返回“图案填充和渐变色”对话框,如图 4-54 所示。

(14)在“图案填充和渐变色”对话框中,将“图案”选项设置为 ANGLE,将“比例”选项设置为 260,单击“确定”按钮,完成卫生间图案的填充,如图 4-55 所示。

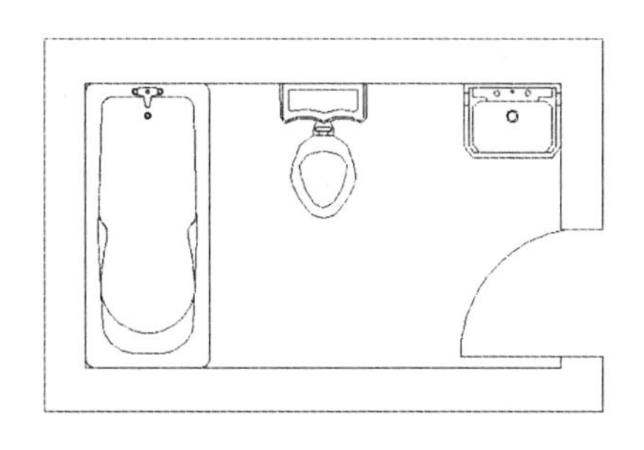

图 4-52 “洗手池”和“浴缸”

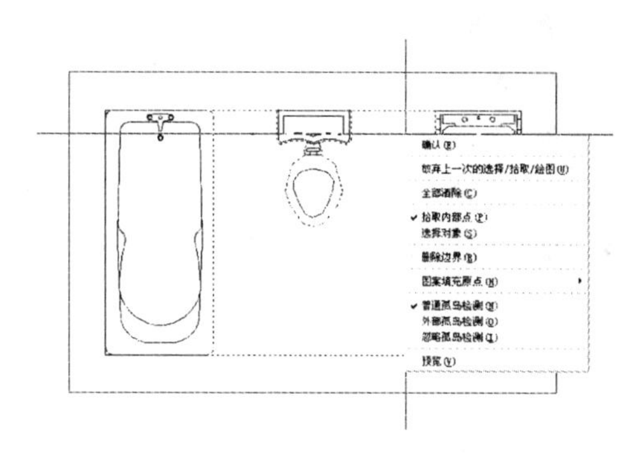

图 4-53 选择图案填充区域

图 4-54 设置图案填充参数

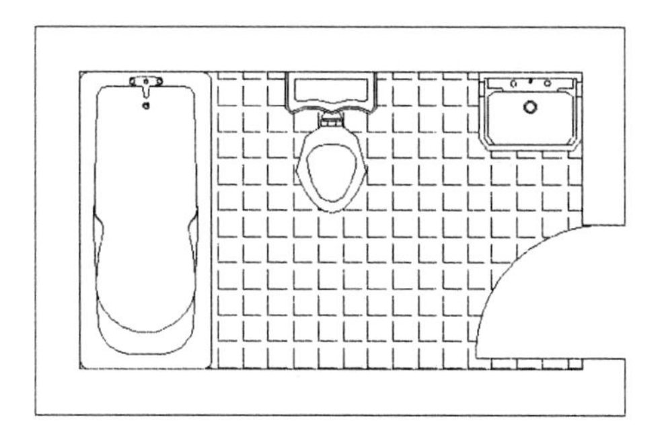

图 4-55 对卫生间进行图案填充

实例 52 绘制卫生间顶面

案例效果

本例将绘制如图 4-56 所示的卫生间顶面图形，通过本实例的练习，可以了解并掌握在平面图形的基础上完成顶面图形的绘制过程。

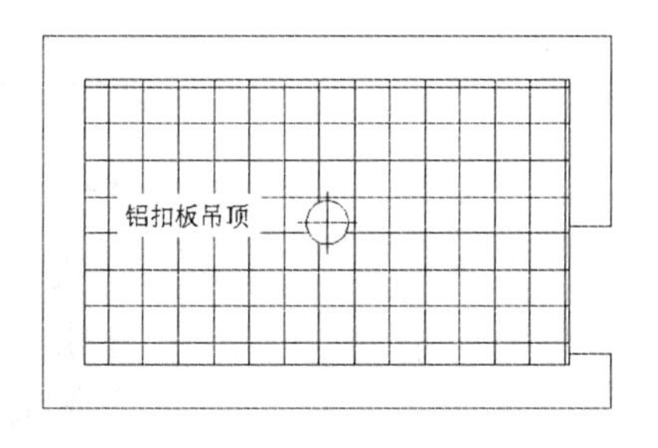

图 4-56 卫生间顶面

案例步骤

(1)单击“快速访问”工具栏中的“打开”按钮，打开附赠光盘中的“卫生间平面”图形文件，如图 4-57 所示。

(2)在命令行输入 E，执行删除命令，删除除墙线图形外的浴缸、坐便器、洗手池、门以及地板填充图案，如图 4-58 所示。

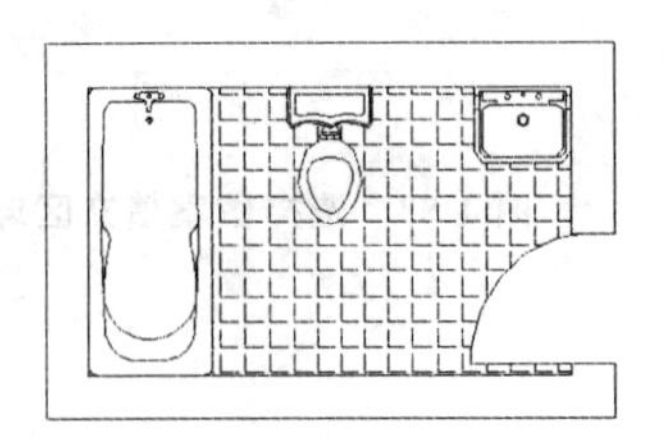

图 4-57 打开平面图形

图 4-58 删除多余图案

(3)在命令行输入 L，执行直线命令，连接墙线门洞左端两端点，如图 4-59 所示。

(4)在命令行输入 C，执行圆命令，绘制圆，其命令行操作内容如下：

命令：c CIRCLE	执行圆命令
指定圆的圆心或[三点(3P)/两点(2P)/切点、切点、半径(T)]：	捕捉墙线中点对象追踪线的交点，指定圆的圆心，如图 4-60 所示
指定圆的半径或[直径(D)]：120	指定圆的半径

命令执行结果如图 4-61 所示。

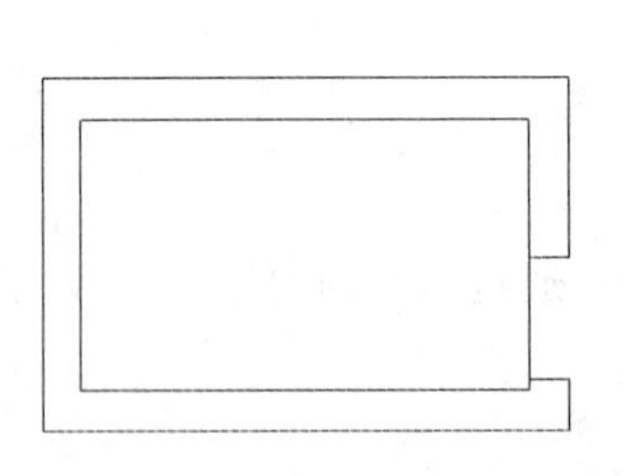

图 4-59 绘制直线

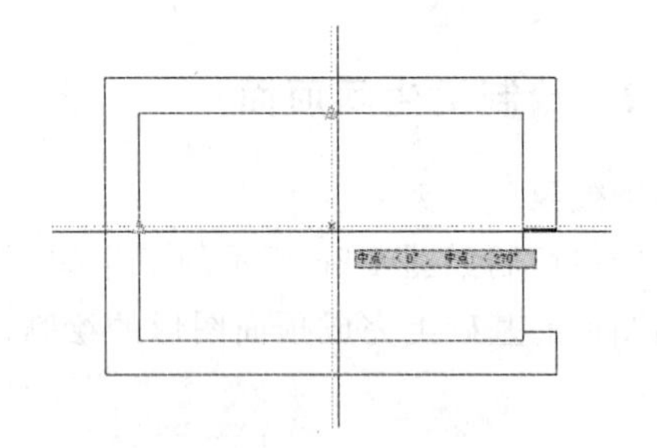

图 4-60 指定圆的圆心

(5)在命令行输入 POL，执行正多边形命令，绘制正四边形，其命令行操作内容如下：

命令：pol POLYGON	执行正多边形命令
输入边的数目 <4>：	指定正多边形的边数
指定正多边形的中心点或[边(E)]：	指定圆心，如图 4-62 所示
输入选项[内接于圆(I)/外切于圆(C)]<I>：c	选择“内切于圆”选项
指定圆的半径：	捕捉 45°极轴追踪线与圆的交点，如图 4-63 所示

命令执行结果如图 4-64 所示。

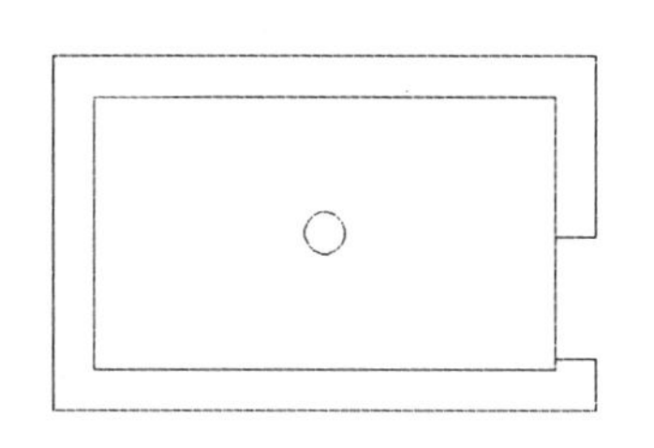
图 4-61 绘制圆

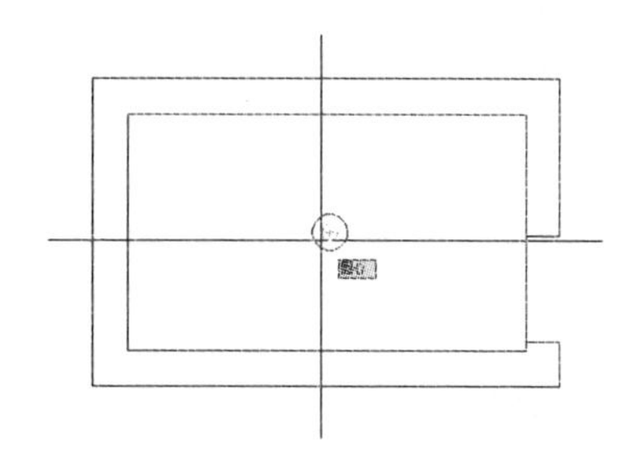
图 4-62 指定正多边形内切圆的圆心

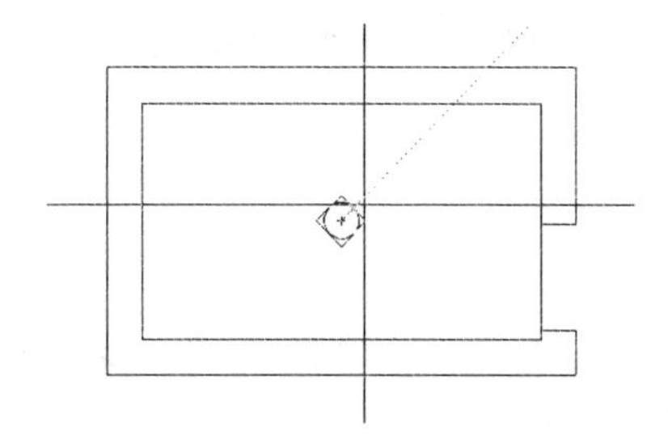
图 4-63 指定正多边形内切圆的圆半径

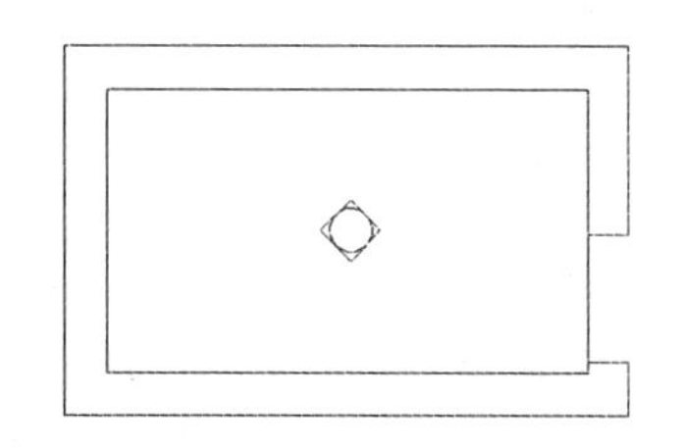
图 4-64 绘制正多边形

(6)在命令行输入 L,执行直线命令,连接正四边形两对角点,如图 4-65 所示。

(7)在命令行输入 E,执行删除命令,将正四边形删除,如图 4-66 所示。

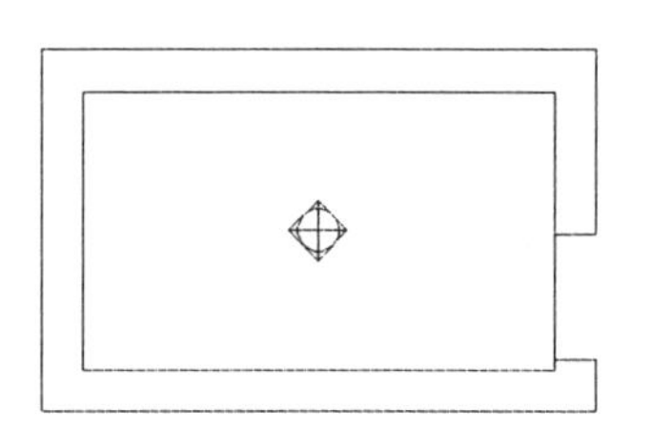
图 4-65 连接直线

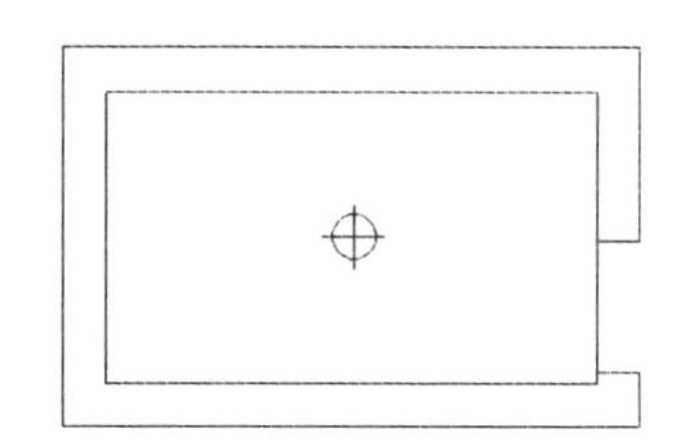
图 4-66 删除正四边形

(8)在命令行输入 BH,执行图案填充命令,打开“图案填充和渐变色”对话框,如图 4-67 所示,单击“添加:拾取点”按钮,进入绘图区。

(9)在要进行图案填充的区域内拾取一点,指定图案填充区域,按 Enter 键返回“图案填充和渐变色”对话框。

(10)在“图案填充和渐变色”对话框的“类型”下拉列表中选择“用户定义”选项,并选择“双向”复选项,将“间距”设置为 200,单击“确定”按钮,完成图案填充操作,返回绘图区,如图 4-68 所示。

(11)在命令行输入 T,执行多行文字命令,对卫生间顶面吊顶图案进行文字说明,完成卫生间顶面图形的绘制。

图 4-67　设置图案填充参数

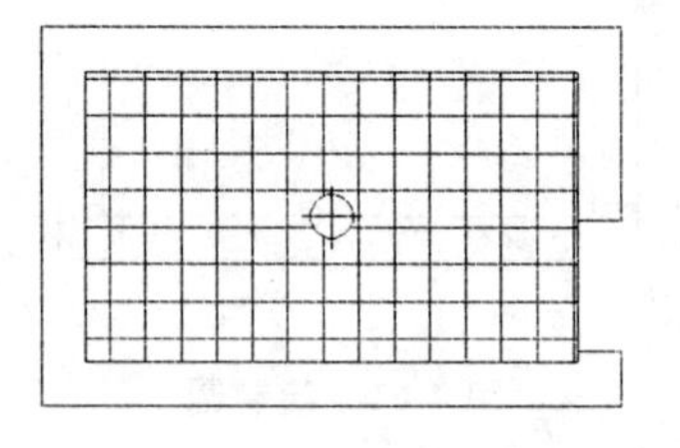
图 4-68　填充卫生间顶面

实例 53　绘制厨房平面

案例效果

本例将绘制如图 4-69 所示的厨房平面图，通过本实例的绘制，可进一步学习建筑平面图形的绘制，掌握厨房平面图形中炉盘等物品的放置等。

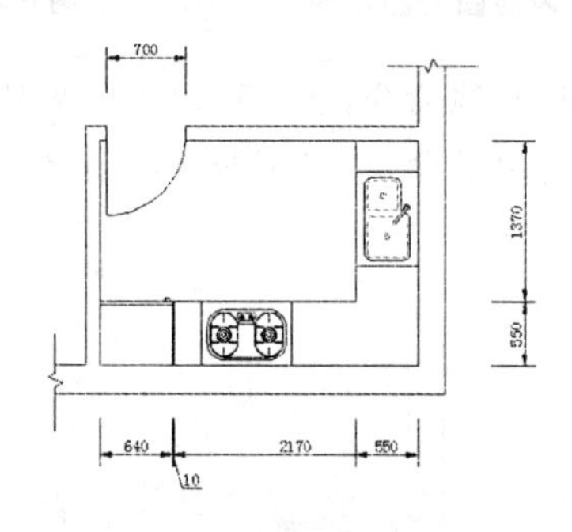

图 4-69　厨房平面图

案例步骤

(1)单击"快速访问"工具栏中的"打开"按钮，打开附赠光盘中的"厨房平面图"图形文件，如图 4-70 所示。

(2)在命令行输入 I，执行插入命令，打开如图 4-71 所示的"插入"对话框。

(3)单击"浏览"按钮，打开"选择图形文件"对话框，如图 4-72 所示。

(4)在文件列表中选择"门"图形文件，单击"打开"按钮，返回"插入"对话框，如图 4-73 所示。

(5)选中"分解"复选框，并在 X 选项后的文本框中输入 0.7，指定图块插入时的比例，单击"确定"按钮，返回绘图区。

(6)在命令行提示"指定插入点或［基点(B)/比例(S)/旋转(R)］："后输入 FROM，选择"捕捉自"捕捉选项，并在命令行提示"基点："后捕捉墙线的端点，如图 4-74 所示。

(7)在命令行提示"<偏移>："后输入@60，60，指定图块的插入点，如图 4-75 所示。

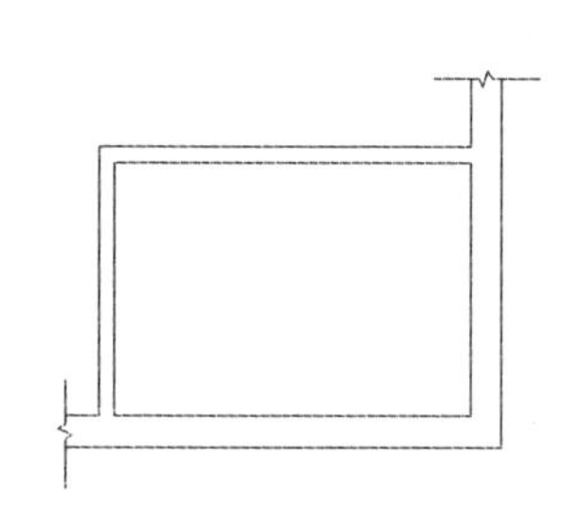

图 4-70 打开“厨房平面图”

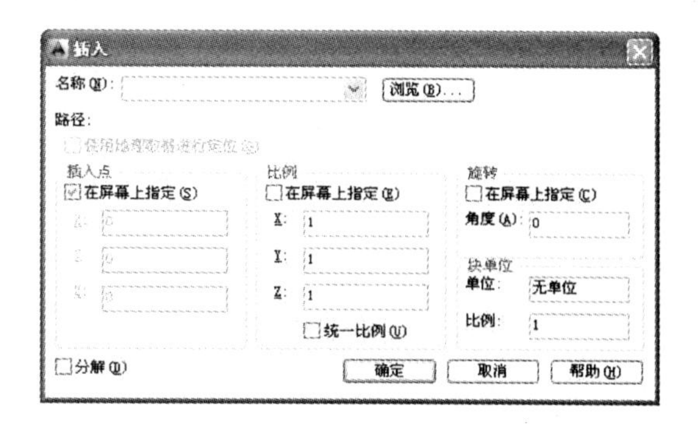

图 4-71 “插入”对话框

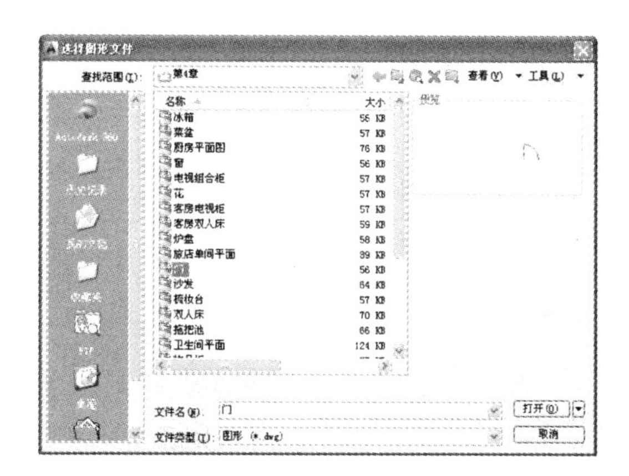

图 4-72 选择要插入的图块

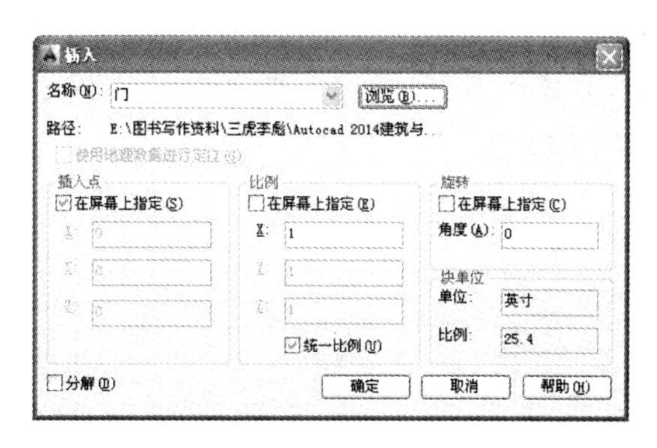

图 4-73 “插入”对话框

(8)在命令行输入 MI，执行镜像命令，将插入的门进行镜像操作，其镜像线的第一点和第二点分别为门图形直线和圆弧底端端点，如图 4-76 所示。

(9)在命令行输入 TR，执行修剪命令，将墙线进行修剪处理，其修剪边界为门图形的直线和圆弧，如图 4-77 所示。

(10)在命令行输入 L，执行直线命令，绘制菜盆及炉盘放置区域，其命令行操作内容如下：

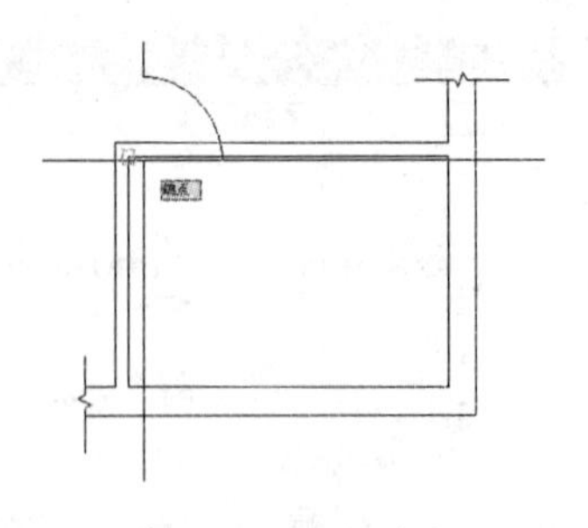

图 4-74　指定基点

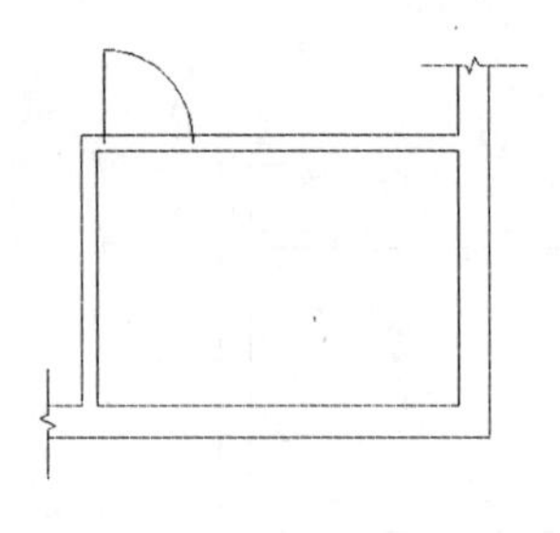

图 4-75　指定图块插入位置

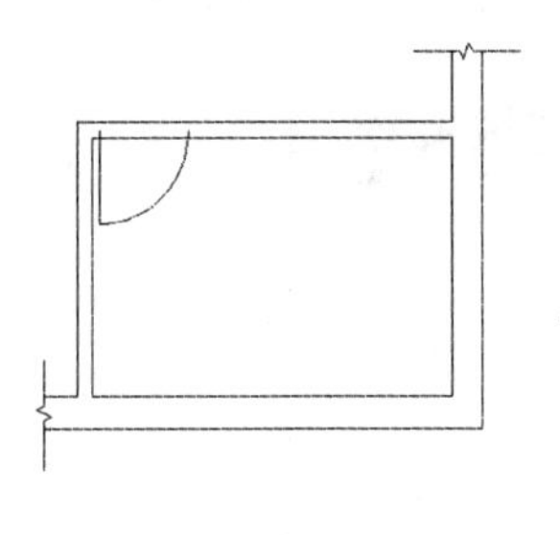

图 4-76　镜像门

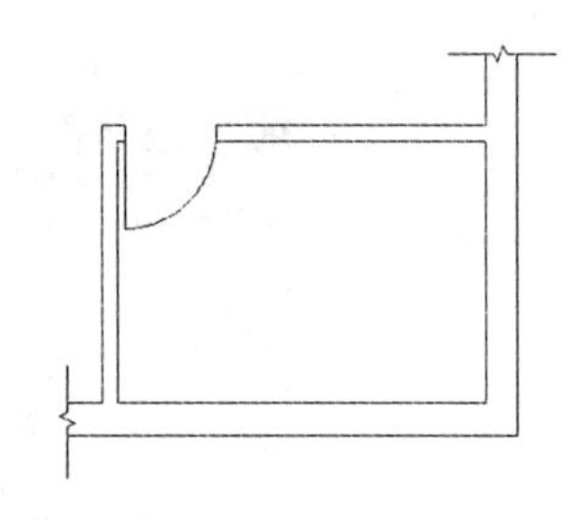

图 4-77　修剪墙线

命令：l LINE	执行直线命令
指定第一点：650	捕捉对象追踪线，如图 4-78 所示
指定下一点或 [放弃(U)]：550	鼠标向上移动，如图 4-79 所示
指定下一点或 [放弃(U)]：1620	鼠标向右移动，如图 4-80 所示
指定下一点或 [闭合(C)/放弃(U)]：	捕捉墙线垂足点，如图 4-81 所示
指定下一点或 [闭合(C)/放弃(U)]：	按 Enter 键结束直线命令

命令执行结果如图 4-82 所示。

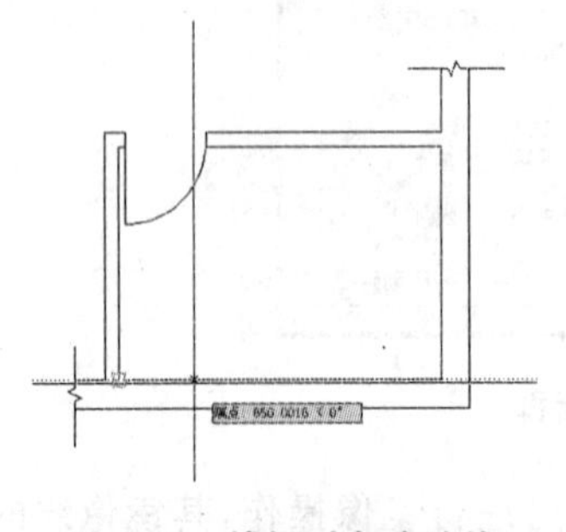

图 4-78　捕捉对象追踪线

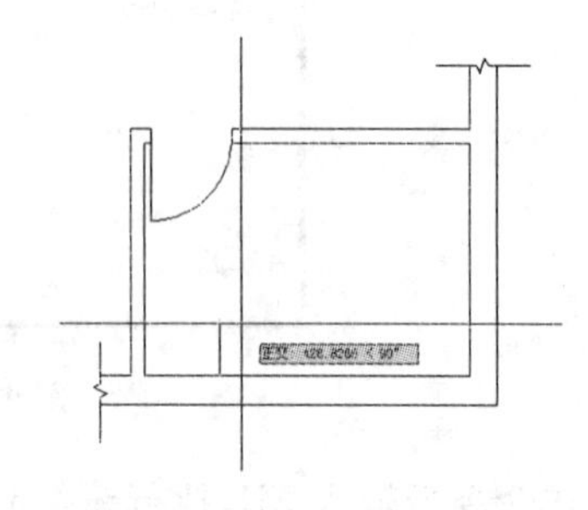

图 4-79　鼠标向上移动

(11)在命令行输入 I，执行插入命令，插入"菜盆"图块文件，图块插入点为右上角墙线的交点，如图 4-83 所示。

(12)在命令行输入 I，执行插入命令，插入"炉盘"图块文件，图块插入点为左下角墙线与绘制直线的交点，如图 4-84 所示。

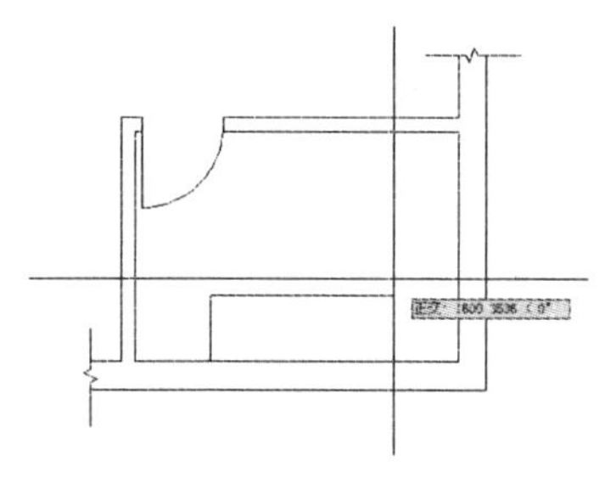

图 4-80　鼠标向右移动

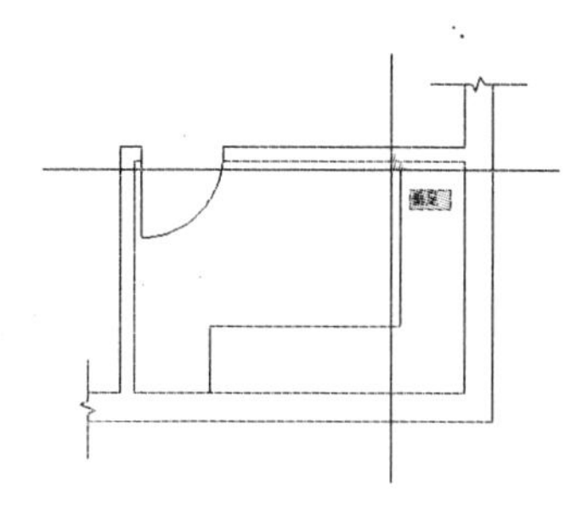

图 4-81　捕捉墙线垂足点

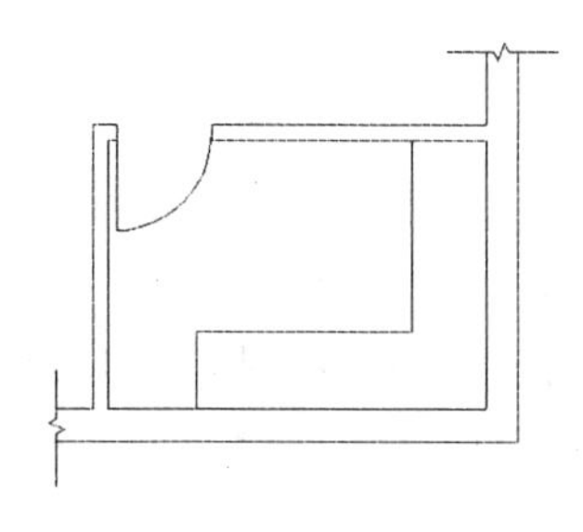

图 4-82　绘制炉盘放置区

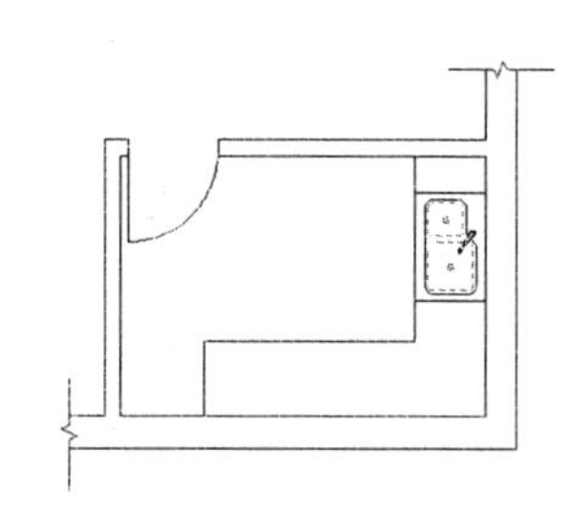

图 4-83　插入“菜盆”图块

(13)在命令行输入 I,执行插入命令,插入“冰箱”图块文件,图块插入点为左下角墙线的交点,如图 4-85 所示。

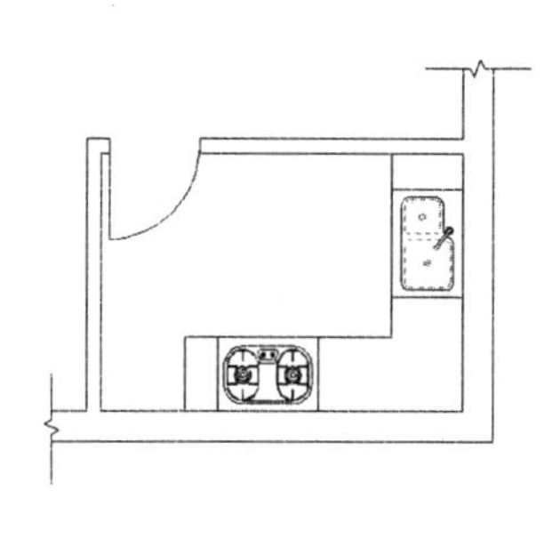

图 4-84　插入“炉盘”图块

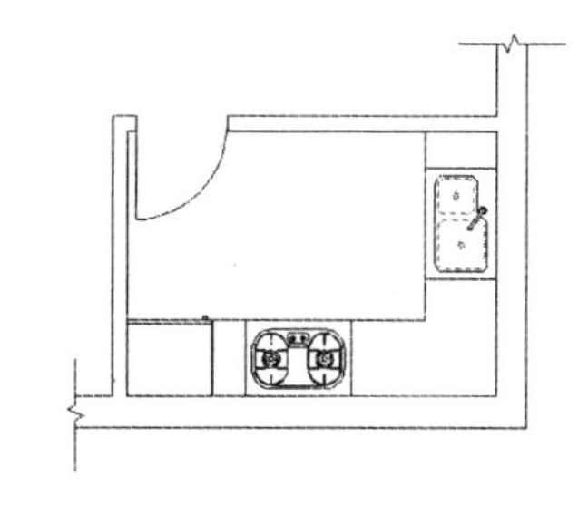

图 4-85　插入“冰箱”图块

4.3 上机练习

上一节主要介绍了建筑与装饰图形中的平面图形的绘制方法,为进一步学习平面图形的绘制,本节将练习绘制下面几个平面图形。

实例 54　绘制客厅平面图

案例效果

本例将绘制如图 4-86 所示的客厅平面图形,通过本实例的绘制,可进一步学习平面图形的绘制,掌握绘制客厅平面图的方法。

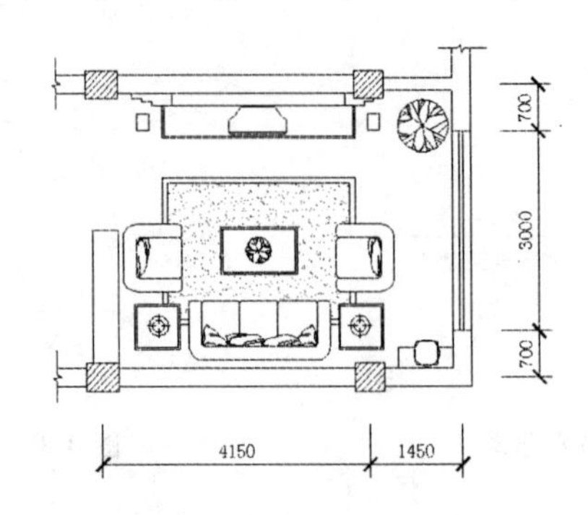

图 4-86　客厅平面图

步骤提示

(1)绘制如图 4-87 所示的客厅墙线及柱头,外墙宽度为 240,内墙宽度为 120。

(2)绘制如图 4-88 所示的鱼缸及鞋柜区域,其长度为 2000,宽度为 400。

(3)在客厅右下角处绘制长度为 860、宽度为 300 的茶水柜,如图 4-89 所示。

(4)在命令行输入 I,执行插入命令,插入"饮水机"图块文件,如图 4-90 所示。

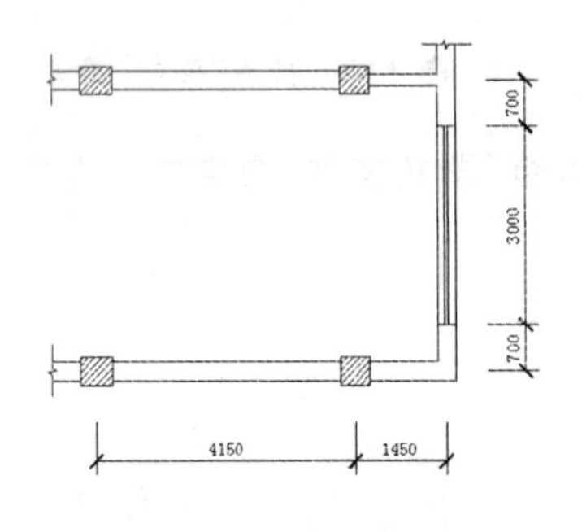

图 4-87　绘制客厅墙线

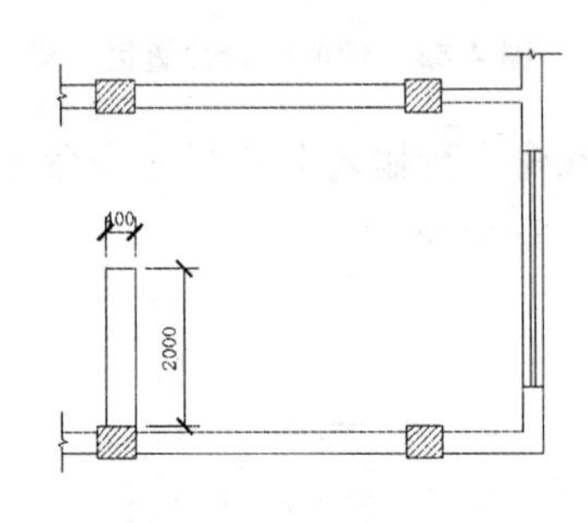

图 4-88　绘制鱼缸及鞋柜

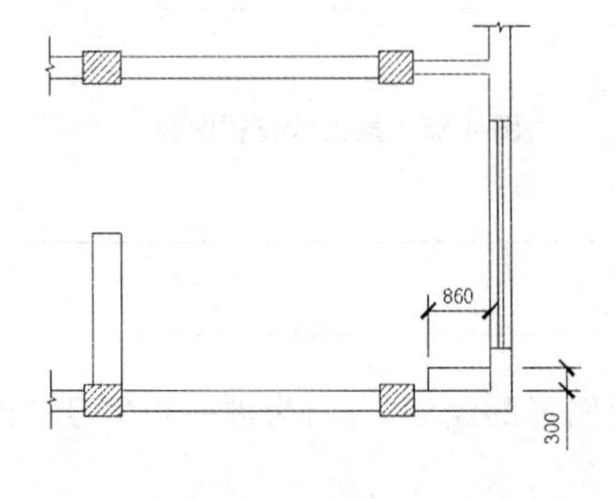

图 4-89　绘制茶水柜

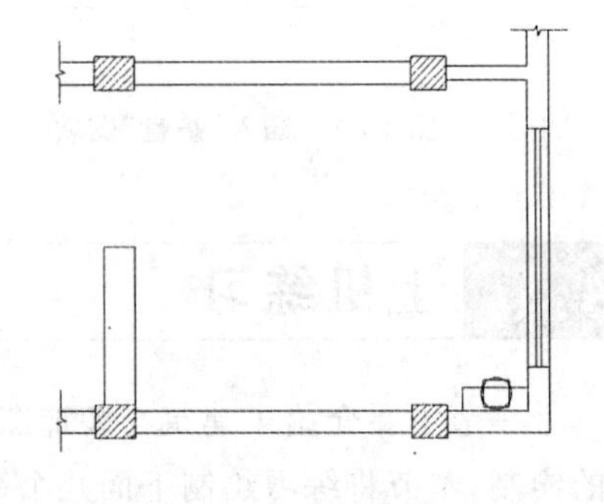

图 4-90　插入"饮水机"图块

(5)在命令行输入 TR,执行修剪命令,以插入"饮水机"图块的线条作为修剪边界,将茶水柜直线进行修剪,如图 4-91 所示。

(6)在命令行输入 I,执行插入命令,插入"沙发"图块文件,其图块插入基点为底端墙线的中点,如图 4-92 所示。

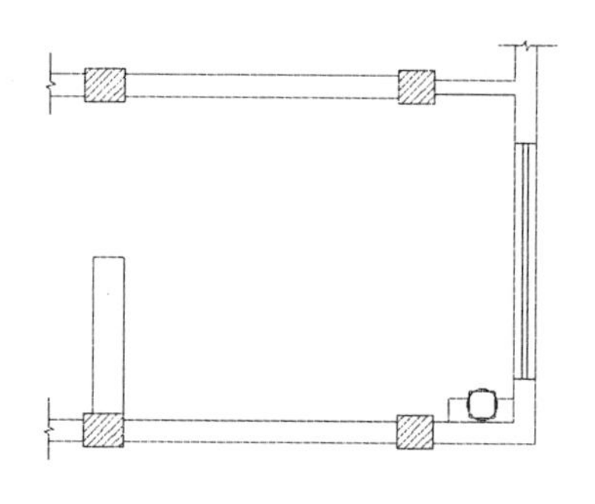

图 4-91 修剪茶水柜

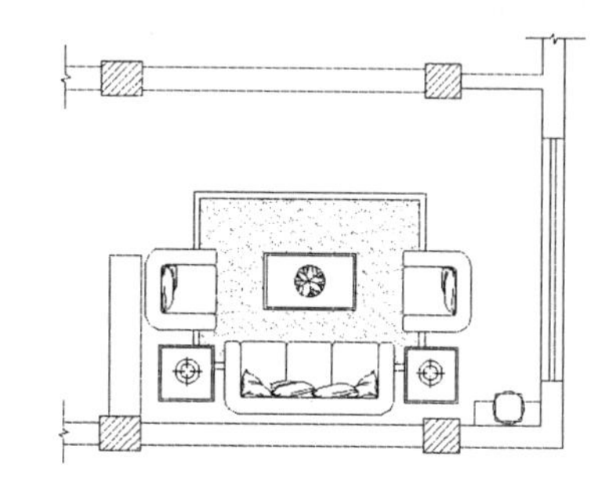

图 4-92 插入“沙发”图块

(7)在命令行输入 I,执行插入命令,插入“花”图块文件,其图块插入基点为右上角墙线的交点,如图 4-93 所示。

(8)在命令行输入 I,执行插入命令,插入“电视组合柜”图块文件,其图块插入基点为顶端墙线的中点,如图 4-94 所示。

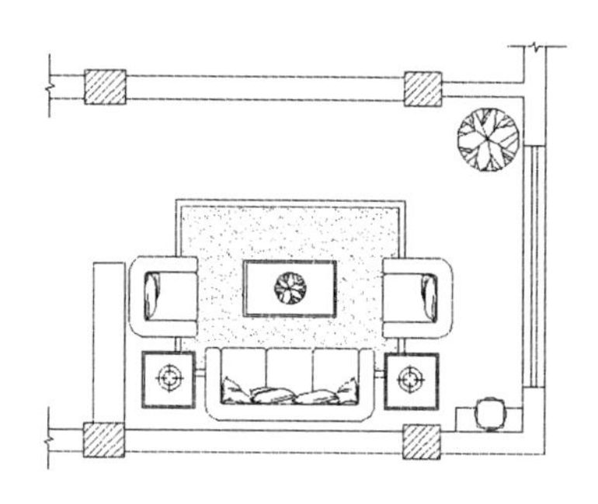

图 4-93 插入“花图”块

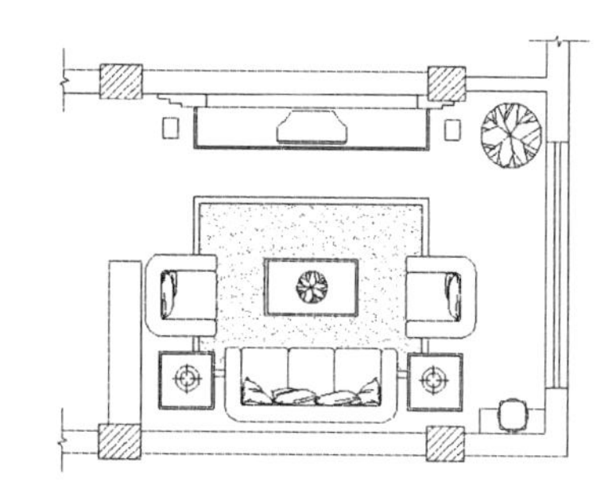

图 4-94 插入“电视组合柜”图块

实例 55 绘制主卧平面图

案例效果

本例将绘制如图 4-95 所示的主卧平面图,通过本实例的绘制,可进一步掌握装饰平面图的绘制方法。

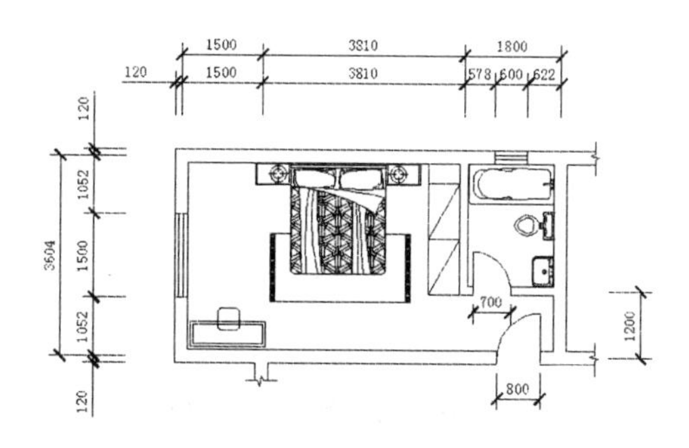

图 4-95 主卧平面图

步骤提示

(1)绘制如图 4-96 所示的主卧平面图的外墙线及内墙线,其中外墙的宽度为 240,内墙的宽度为 120。

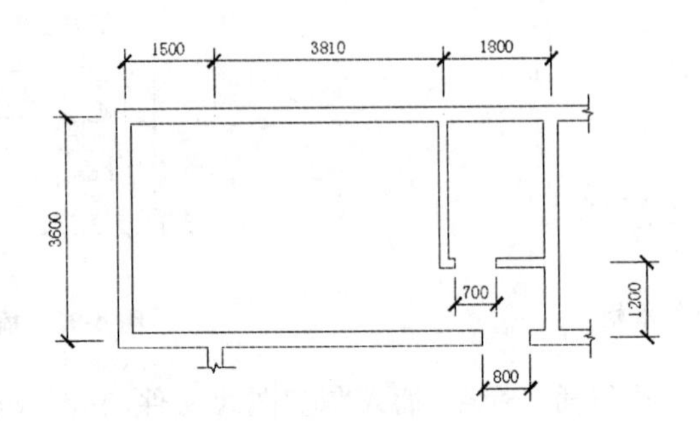

图 4-96 绘制主卧墙线

(2)在命令行输入 I,执行插入命令,插入“窗”图块文件,将“比例”栏中的 X 选项设置为 0.6,Y 和 Z 选项不变,图块插入点为墙线的中点,如图 4-97 所示。

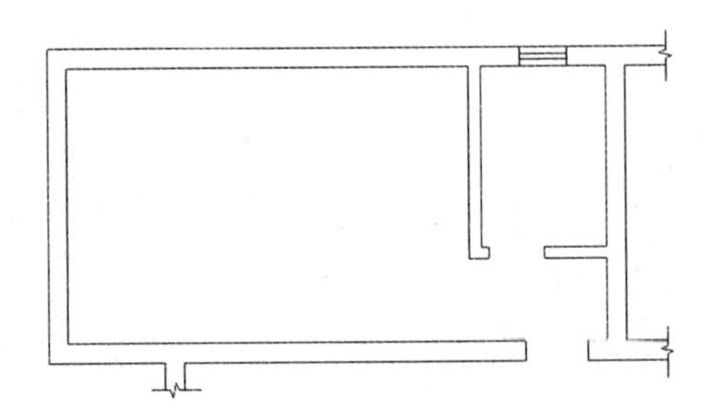

图 4-97 插入宽度为 600 的窗户

(3)在命令行输入 I,执行插入命令,再次插入“窗”图块文件,将“比例”栏中的 X 选项设置为 1.5,Y 和 Z 选项不变,并将“旋转”选项设置为 90°,图块插入点为左端墙线的中点,如图 4-98 所示。

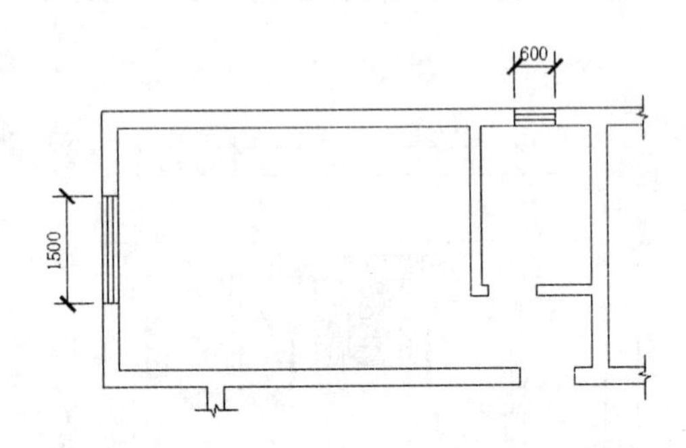

图 4-98 再次插入“窗”图块

(4)在命令行输入 I,执行插入命令,插入“门”图块文件,其比例分别为 0.7 和 0.8,插入点分别为墙线门框线的中点，在插入比例为 0.8 的“门.dwg”图块后，还应使用镜像命令对其进行镜像操作，如图 4-99 所示。

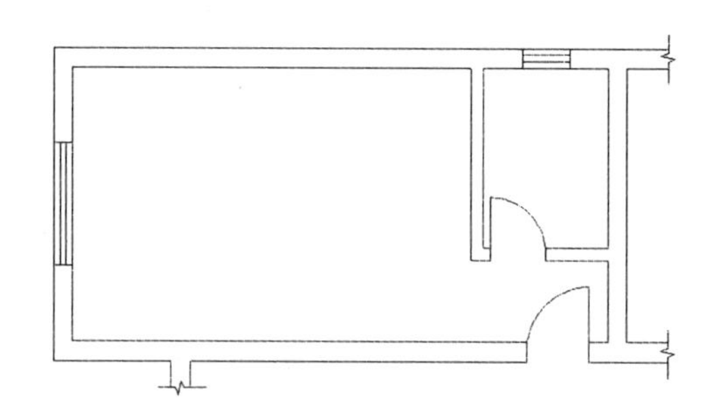

图 4-99　插入“门”图块

(5)在命令行输入 I，执行插入命令，插入“浴缸”图块文件，将“比例”栏中的 X 选项设置为 1.05，Y 和 Z 选项不变，图块的插入点为墙线右上角的交点，如图 4-100 所示。

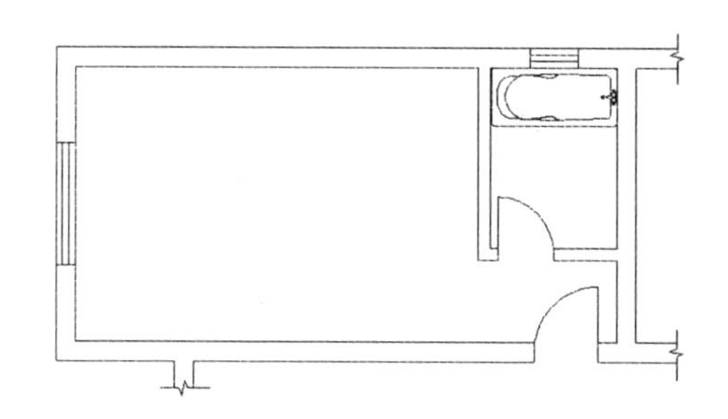

图 4-100　插入“浴缸”图块

(6)在命令行输入 I，执行插入命令，插入“坐便器”图块文件，并将“旋转”选项设置为 90°，图块的插入点为墙线的中点，如图 4-101 所示。

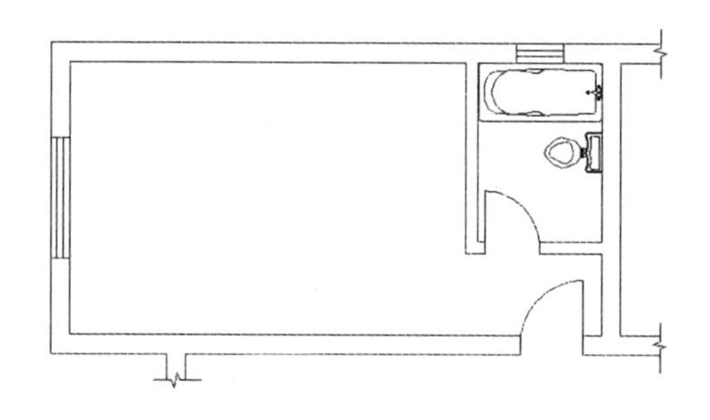

图 4-101　插入“坐便器”图块

(7)在命令行输入 I，执行插入命令，插入“洗手池”图块文件，并将“旋转”选项设置为 90°，图块的插入点为墙线右下角的交点，如图 4-102 所示。

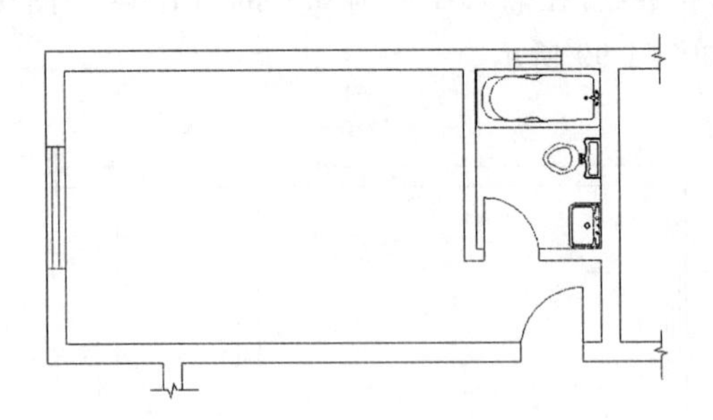

图 4-102 插入“洗手池”图块

(8)在命令行输入 I,执行插入命令,插入“衣柜”图块文件,图块的插入点为墙线的交点,如图 4-103 所示。

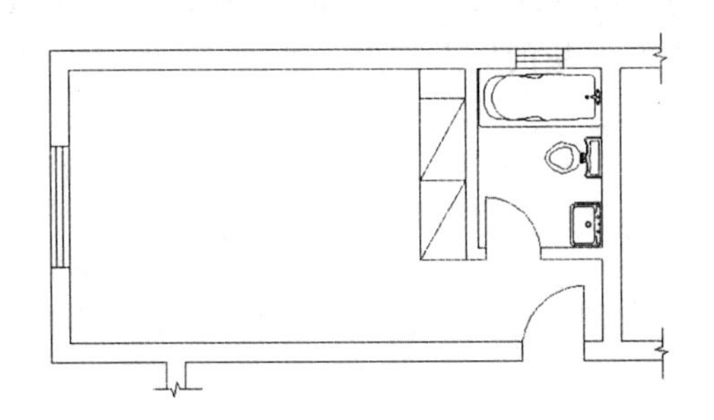

图 4-103 插入“衣柜”图块

(9)在命令行输入 I,执行插入命令,插入“主卧双人床”图块文件,图块的插入点为墙线右上角的交点,如图 4-104 所示。

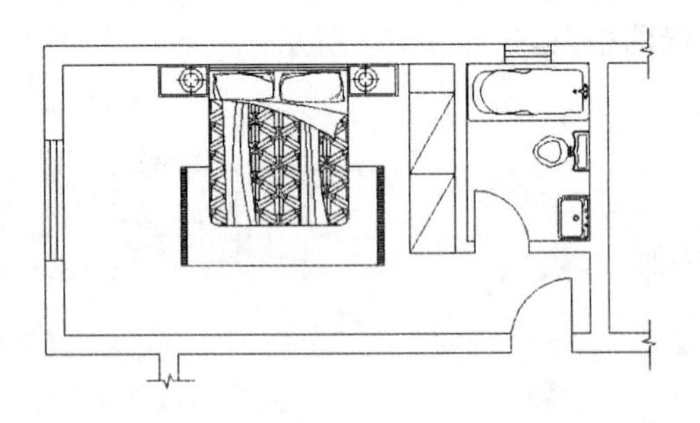

图 4-104 插入“主卧双人床”图块

(10)在命令行输入 I,执行插入命令,插入“主卧梳妆台”图块文件,图块的插入点为墙线左下角的交点,如图 4-105 所示。

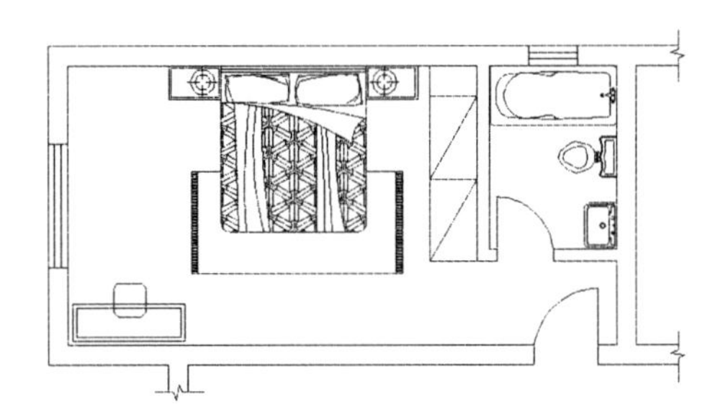

图 4-105 插入“主卧梳妆台”图块

实例 56 绘制客房平面图

案例效果

本例将绘制如图 4-106 所示的客房平面图，通过本实例的绘制，可进一步学习建筑平面图形的绘制，掌握利用图块插入的方法快速绘制图形。

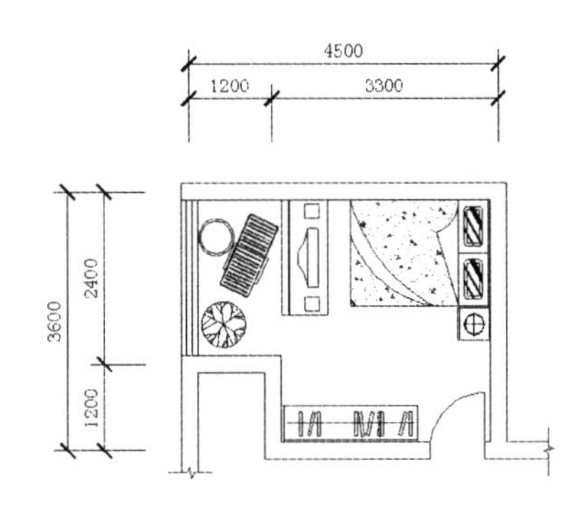

图 4-106 客房平面图

步骤提示

(1)绘制如图 4-107 所示的客房平面图的墙线。

(2)在命令行输入 I，执行插入命令，在墙线的中点处插入“门”图块文件，其插入图块的比例为 0.8，如图 4-108 所示。

(3)在命令行输入 MI，执行镜像命令，将插入的“门”图块进行镜像操作，其镜像线的第一点和第二点分别为门直线的两个端点，如图 4-109 所示。

(4)在命令行输入 L，执行直线命令，连接左上角墙线端点，如图 4-110 所示。

(5)在命令行输入 O，执行偏移命令，将绘制的直线向右进行偏移，其偏移距离为 80，如图 4-111 所示。

(6)在命令行输入 I，执行插入命令，在偏移线条的底端端点处插入“花”图块文件，其插入图块的比例为 0.8，如图 4-112 所示。

(7)在命令行输入 I，执行插入命令，在左上角墙线与连接直线的交点处插入“休闲桌椅”图块文件，如图 4-113 所示。

(8)在命令行输入 I，执行插入命令，在左上角墙线与连接直线的交点处插入“客房电

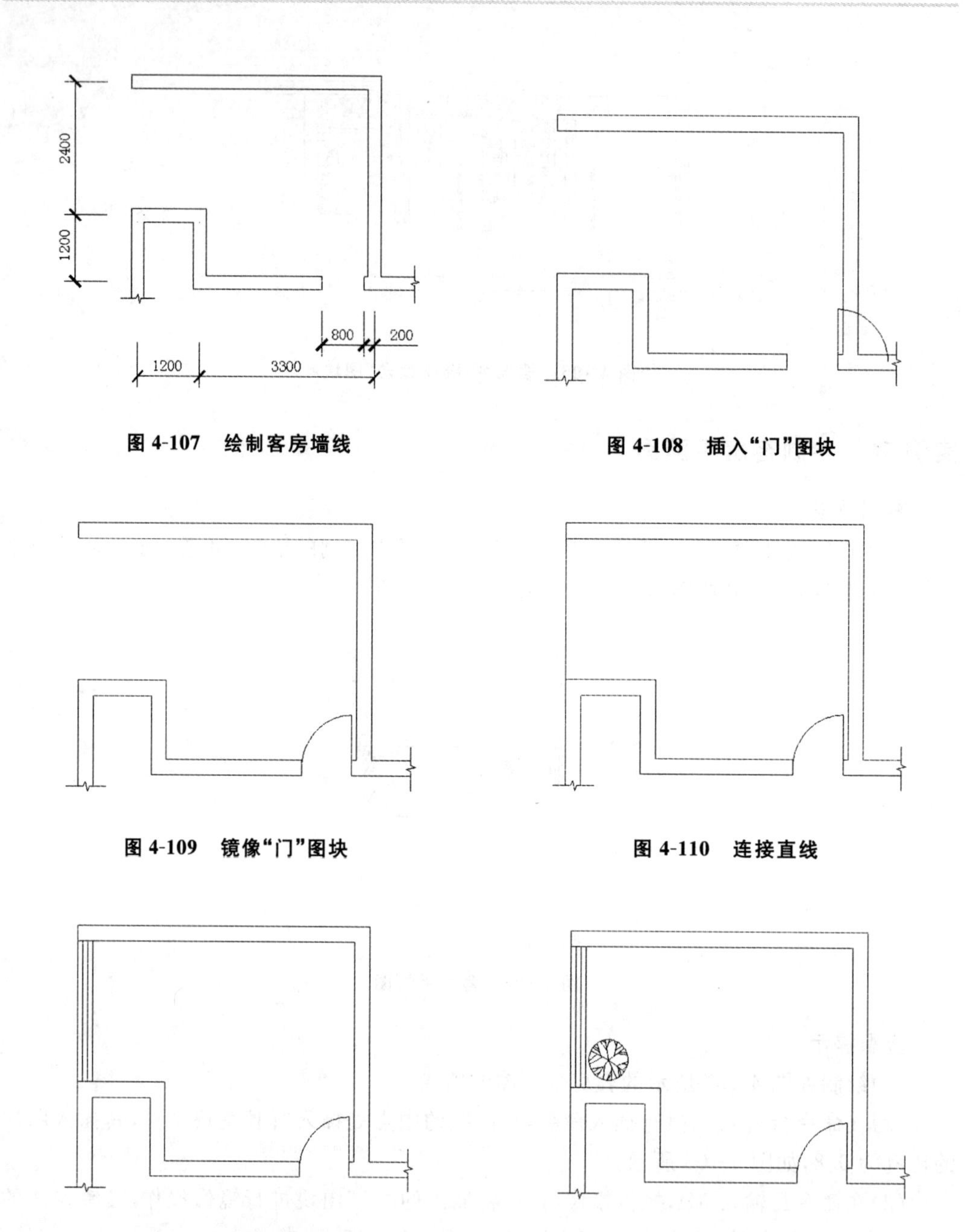

图 4-107　绘制客房墙线

图 4-108　插入“门”图块

图 4-109　镜像“门”图块

图 4-110　连接直线

图 4-111　偏移直线

图 4-112　插入“花”图块

视柜”图块文件，如图 4-114 所示。

(9)在命令行输入 I，执行插入命令，在右上角墙线的交点处插入“客房双人床”图块文件，如图 4-115 所示。

(10)在命令行输入 I，执行插入命令，在底端墙线的端点处插入“物品柜”图块文件。

(11)在命令行输入 M，执行移动命令，将物品柜向左移动，其移动的基点为物品柜左下角端点，移动的第二点为墙线的交点，如图 4-116 所示。

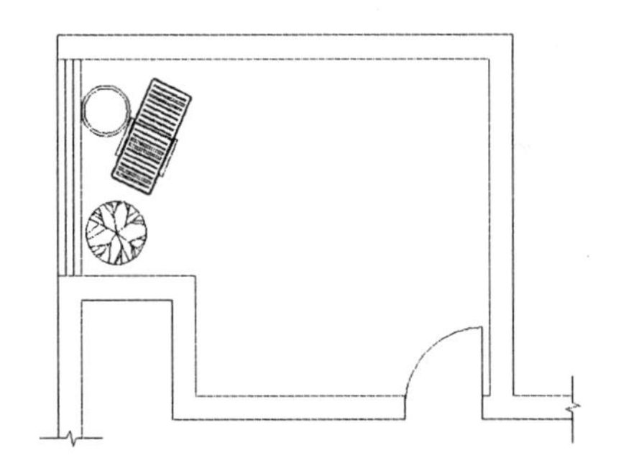

图 4-113 插入“休闲桌椅”图块

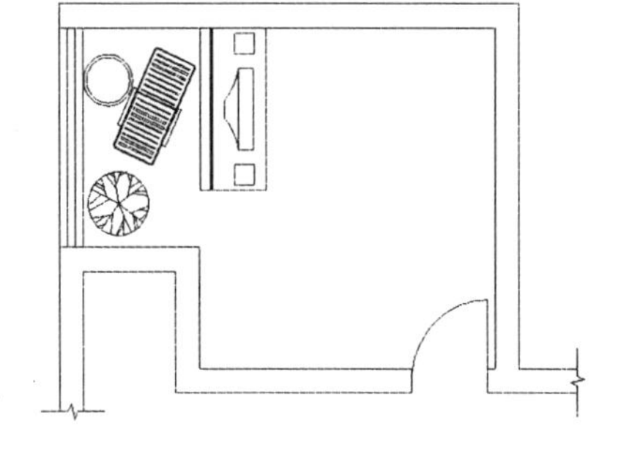

图 4-114 插入“客房电视柜”图块

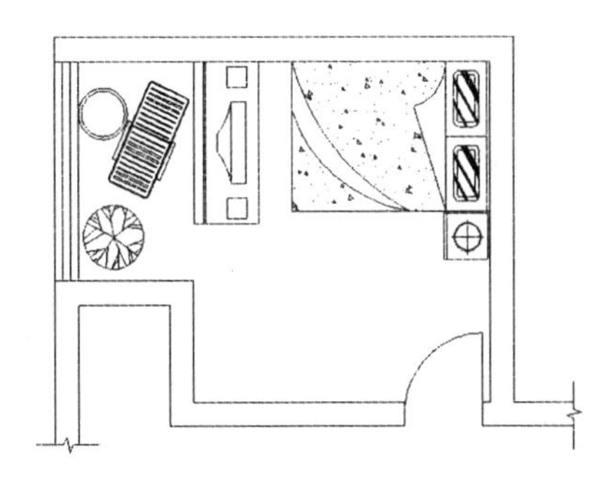

图 4-115 插入“客房双人床”图块

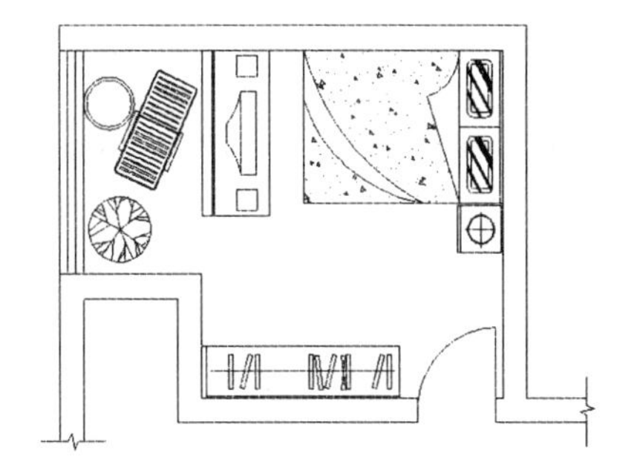

图 4-116 插入并移动“物品柜”图块

实例 57 绘制宿舍楼平面图

案例效果

本实例将绘制如图 4-117 所示的宿舍楼平面图，通过本实例的练习，可以掌握根据轴网绘制出墙体的方法，然后在墙体中添加门、窗图块，接着绘制楼梯、坡道等设施，最后标注各房间名称及尺寸标注。

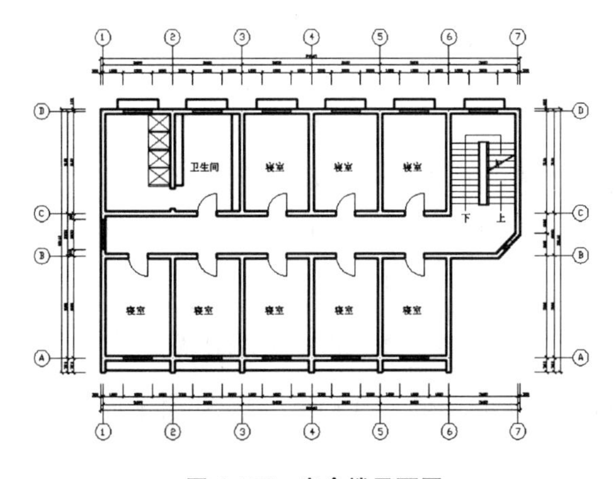

图 4-117 宿舍楼平面图

步骤提示

(1)执行构造线命令,绘制平面图轴线,如图 4-118 所示。

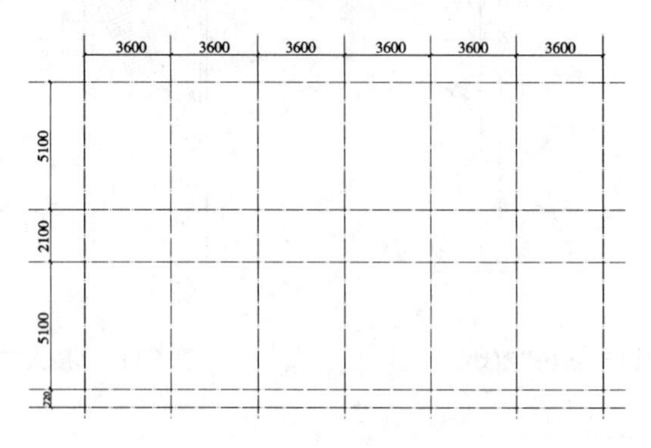

图 4-118　绘制轴线

(2)执行多线、多线编辑命令,在轴线的基础上完成墙线的绘制,如图 4-119 所示。

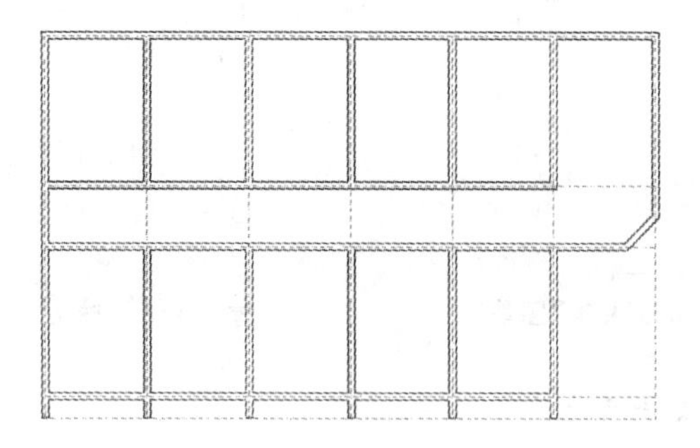

图 4-119　绘制墙线

(3)执行矩形、直线命令绘制窗户平面示意图,并将其定义为图块,最后使用图块插入命令插入“窗户”图块,如图 4-120 所示。

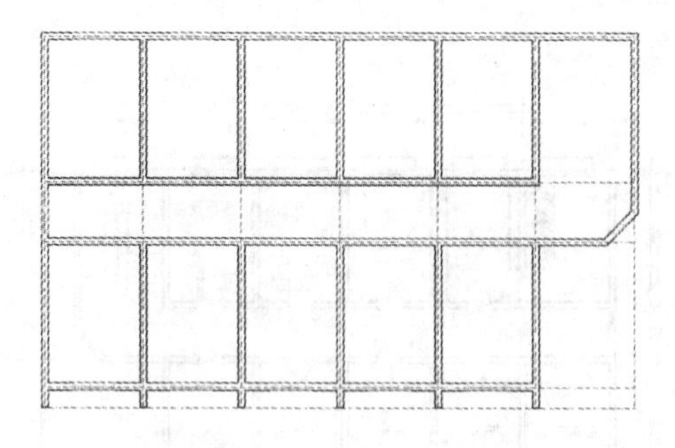

图 4-120　插入“窗户”图块

(4)执行直线、圆弧、修剪等命令,完成门的绘制,如图 4-121 所示。

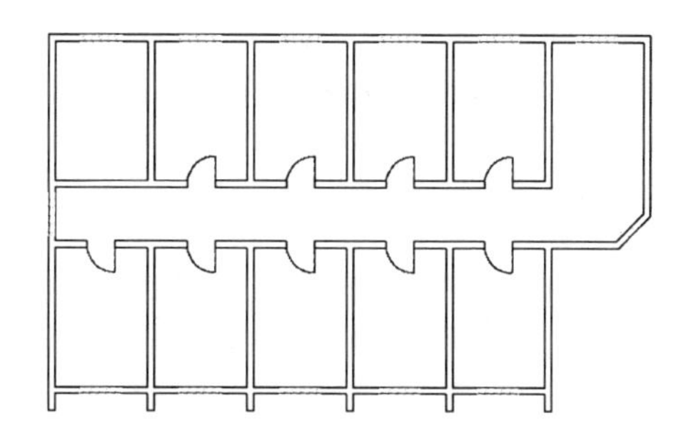

图 4-121 绘制门

(5)执行矩形、多线、直线、阵列、多段线等命令,完成卫生间、楼梯等图形的绘制,如图 4-122 所示。

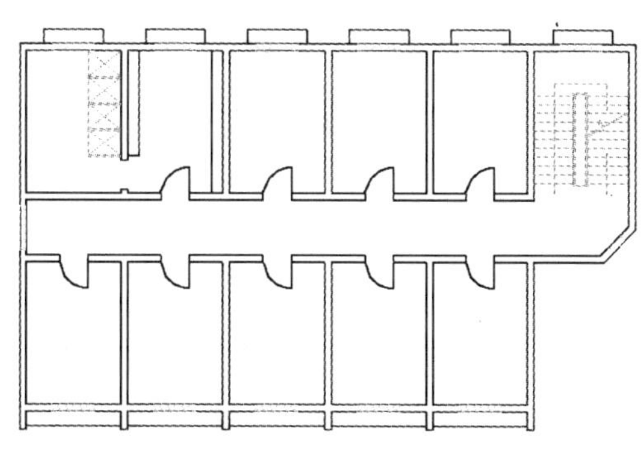

图 4-122 绘制楼梯

(6)执行文字标注和尺寸标注命令,对平面图进行文字标注和尺寸标注操作。

实例 58 绘制住宅楼平面图

案例效果

本实例将绘制如图 4-123 所示的住宅楼平面图,通过本实例的练习,可以掌握使用轴网绘制出墙体的方法,在绘制的墙体中添加门、窗图块的方法,以及绘制楼梯、坡道等设施的方法。

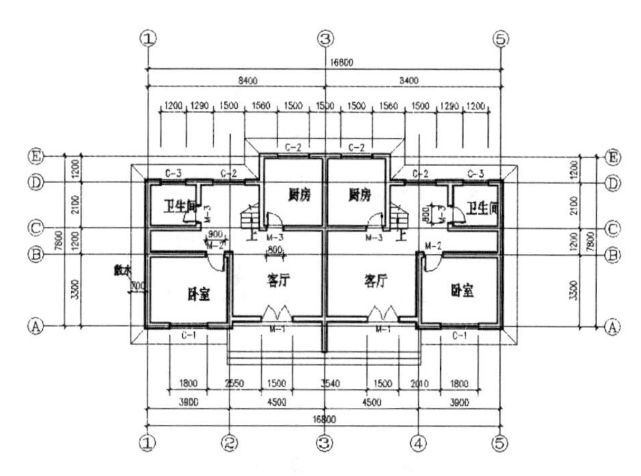

图 4-123 住宅楼平面图

步骤提示

(1)执行直线命令,根据尺寸绘制平面图轴线,如图 4-124 所示。

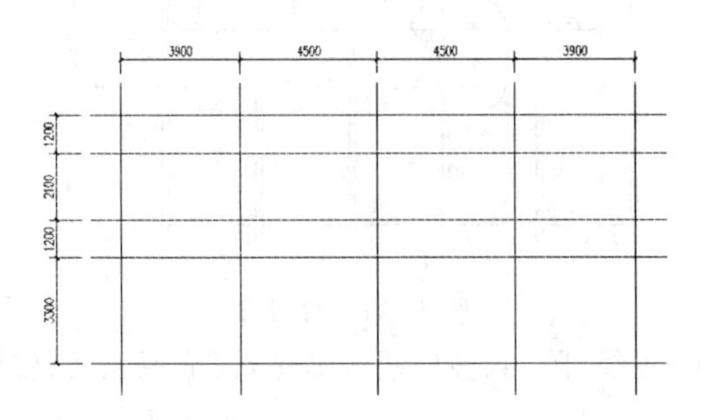

图 4-124　绘制轴线

(2)将绘制的轴线进行尺寸标注,并且将轴线编号,如图 4-125 所示。

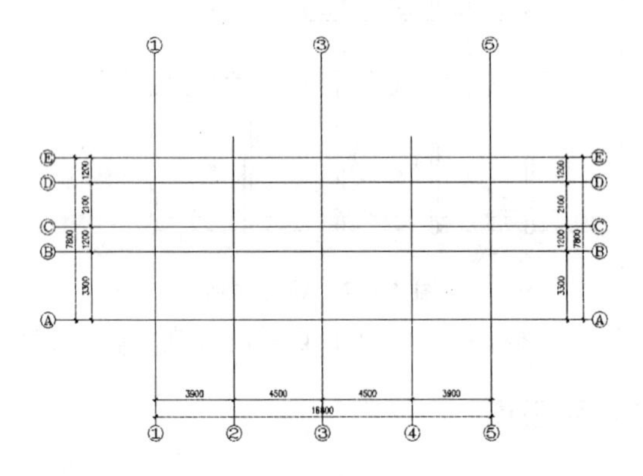

图 4-125　对轴线进行尺寸标注并编号

(3)新建图层,使用直线、多线、倒角、修剪等命令,绘制墙体结构线,并留出门洞、窗洞,绘制出楼梯的简图,如图 4-126 所示。

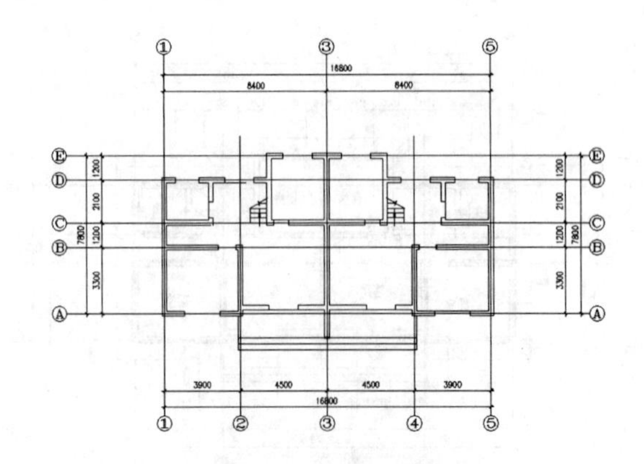

图 4-126　绘制墙线

(4)插入门、窗图块,将门、窗图块放置在合适位置,并对门、窗进行编号,如图 4-127

所示。

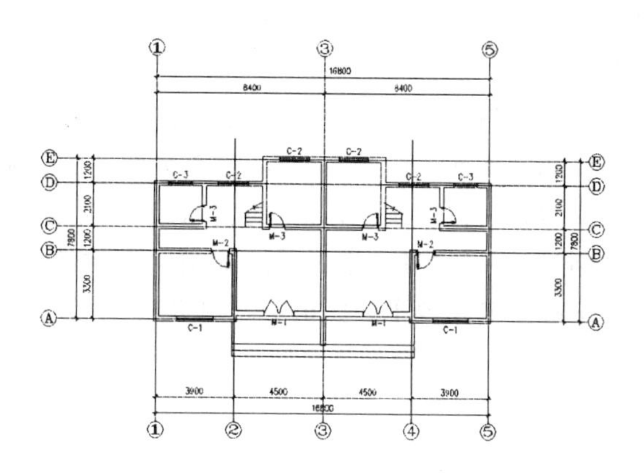

图 4-127　绘制门窗

(5)使用直线命令,绘制散水区。对各个功能分区进行文本标注,如图 4-128 所示。

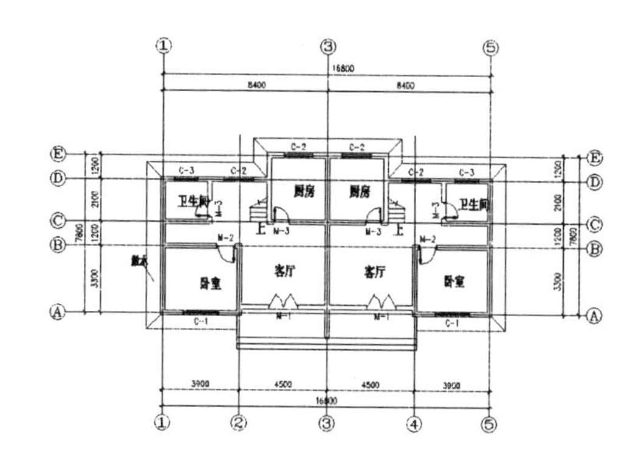

图 4-128　添加文本标注

(6)为了使建筑轮廓更加明显,使用具有一定厚度的多段线,对建筑结构线进行描图,如图 4-129 所示。

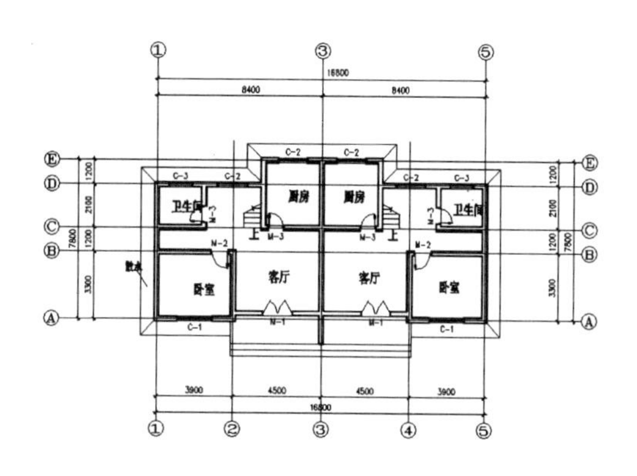

图 4-129　描绘墙线

(7)对门、窗等结构进行更细致的尺寸标注,最终结果如图 4-123 所示。

4.4 本章小结

通过本章的学习，使读者了解绘制建筑平面图的方法和思路，其中包括建筑平面图的形成、建筑平面图的分类、建筑平面图的基本内容、建筑平面图的绘制要求、建筑平面图的识图基础及绘制步骤等内容，并通过“实例精讲”的实际操作，对建筑平面图的绘制步骤进行了相应的演练。在绘制过程中，读者一定要了解如何绘制建筑平面图，并通过“上机练习”的练习操作，进一步掌握绘制建筑平面图的方法和步骤，为以后参与建筑平面图的绘制打下基础。

第5章 绘制建筑与装饰立面图

◈内容摘要◈

建筑立面图是在与房屋立面相平行的投影面上所作的正投影。它主要用来表示房屋的体型和外貌、外墙装修、门窗的位置与形式,以及遮阳板、窗台、窗套、屋顶水箱、檐口、阳台、雨篷、雨水管、水斗、引条线、勒脚、平台、台阶、花坛等构造和配件各部位的标高和必要的尺寸。

◈教学目标◈

- 建筑立面图的分类
- 建筑立面图的绘制方法
- 绘制卧室立面图
- 绘制医院立面图
- 绘制住宅立面图

5.1 建筑立面图的基本知识

5.1.1 建筑立面图的形成

按正投影法在与房屋立面平行的投影面上所作的投影图,称为立面图,即房屋某个方向外形的正投影图(视图)。

立面图主要用来表达建筑物的外形艺术效果,在施工图中,它主要反映房屋的外貌和立面装修的做法。

建筑立面图应包括投影方向可见的建筑外轮廓线和墙面线脚、构配件、外墙面做法及必要的尺寸与标高等。

5.1.2 建筑立面图的分类

(1)按建筑的朝向来命名:南立面图、北立面图、东立面图、西立面图。

(2)按立面图中首尾轴线编号来命名,如:①～⑩立面图、A～F立面图。

(3)按建筑立面的主次(建筑主要出入口所在的墙面为正面)来命名:正立面图、北立面图、左侧立面图、右侧立面图。

5.1.3 建筑立面图的绘制内容

(1)建筑物两端轴线编号。

(2)女儿墙顶、檐口、柱、变形缝、室外楼梯和消防梯、阳台、栏杆、台阶、坡道、花台、雨篷、线条、烟囱、勒脚、门窗、洞口、门斗及雨水管,其他装饰构件和粉刷分格线示意等。外墙的留洞应标注尺寸与标高(宽×高×深及关系尺寸)。

(3)在平面图上表示不出的窗编号,应在立面图上标注。平、剖面图未能表示出来的屋顶、檐口、女儿墙、窗台等标高或高度,应在立面图上分别注明。

(4)各部分构造、装饰节点详图索引、用料名称或符号。

5.1.4 建筑立面图的绘制要求

比例:立面图的绘制是建立在建筑平面图的基础上的,它的尺寸在宽度方向受建筑平面的约束,其比例应该和建筑平面图的比例相一致。可以选择 1:50、1:100、1:200 的比例绘制。

线型:为了使立面图外形清晰、层次感强,立面图应用多种线型画出。一般立面图的外轮廓用粗实线表示;门窗洞、檐口、阳台、雨篷、台阶、花池等凸出部分的轮廓用中实线表示;门窗扇及其分格线、花格、雨水管、有关文字说明的引出线及标高等均用细实线表示;室外地坪线用加粗实线表示。

尺寸标注:建筑立面图上所注尺寸以 mm 为单位,标高以 m 为单位。依据建筑制图规范上的要求、建筑立面图上标注的尺寸也应该有三道,最外面一道尺寸是标注房屋的总高度,中间一道尺寸是标注建筑各层的层高尺寸,最里面一道尺寸标注立面的门窗高度以及窗台高度等。

详图索引符号:在建筑立面图中,如果某个部位需要另见详图,需要用详图索引符号注明要画详图的位置、详图的编号及详图所在图纸的编号。

其他:平面形状曲折的建筑物,可绘制展开立面图、展开室内立面图。圆形或多边形平面的建筑物,可分段展开绘制立面图、室内立面图,但均应在图名后加注“展开”二字。较简单的对称式建筑物或对称的构配件等,在不影响构造处理和施工的情况下,立面图可绘制一半,并在对称轴线处画对称符号。在建筑物立面图上,相同的门窗、阳台、外檐装修、构造做法等可在局部重点表示,绘出其完整图形,其余部分只画轮廓线。在建筑物立面图上,外墙表面分格线应表示清楚。应用文字说明各部位所用面材及色彩。

5.1.5 建筑立面图的绘制方法

一般建筑立面图的绘制步骤如下:

(1)设置绘图环境;

(2)绘制定位轴线;

(3)绘制墙体立面;

(4)绘制门窗立面；

(5)绘制建筑物的其他部件立面；

(6)尺寸标注及文字标注。

在对建筑立面图的基本绘制过程和方法有了一定的认识后，下面通过实例操作来掌握其具体绘制技巧和方法。

5.1.6 建筑立面图的阅读方法

立面图是房屋的外形图，主要用来说明建筑物立面处理方式，各类门窗的位置、形式及外墙面的各种粉刷的做法等问题。

建筑立面图的识读可分以下几个步骤进行。

第一步：看图名、比例，并对照平面图弄清立面图是房屋的哪一个方向的立面。

第二步：看立面的分割方式。

第三步：查看门窗设置及形式。

第四步：查看粉刷类型及做法。如立面中粉刷做法可从文字注解中看出，凡凸出的套房、屋间腰线均用白色瓷片贴面，窗间墙则采用浅绿色水刷石粉面等。

第五步：查看立面尺寸。立面中尺寸主要用来说明粉刷面积和少量其他尺寸，而屋顶、檐口、雨篷及窗台等重要表面则用标高表示。识读立面图时要对照平面图、剖面图及详图。

5.2 实例精讲

实例59 绘制主卧立面图

案例效果

本例将绘制如图5-1所示的主卧立面图，通过本实例的绘制，可掌握室内立面图形的绘制方法以及绘制主卧立面图的步骤。

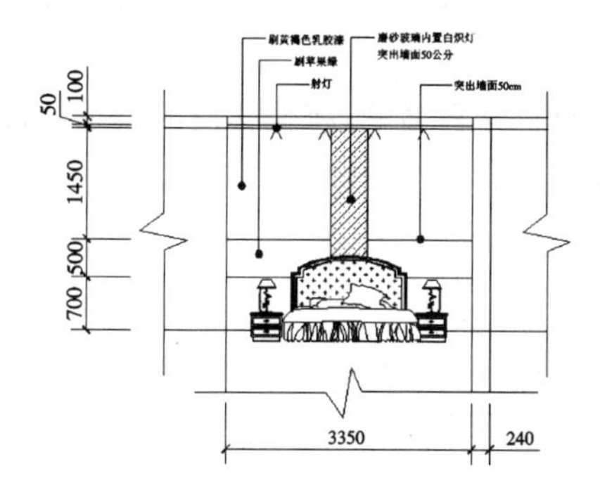

图5-1 主卧立面图

案例步骤

(1)在命令行输入 XL,执行构造线命令,并结合“正交”功能,绘制水平及垂直构造线,如图 5-2 所示。

(2)在命令行输入 O,执行偏移命令,将绘制的水平及垂直构造线进行偏移,其偏移距离参见如图 5-3 所示的尺寸标注数据。

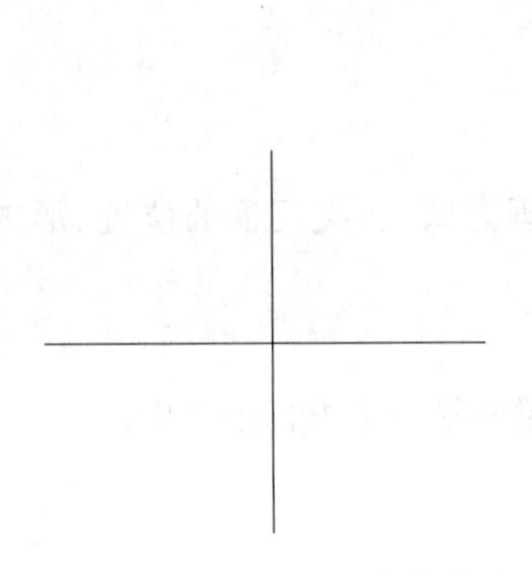

图 5-2 绘制水平及垂直构造线

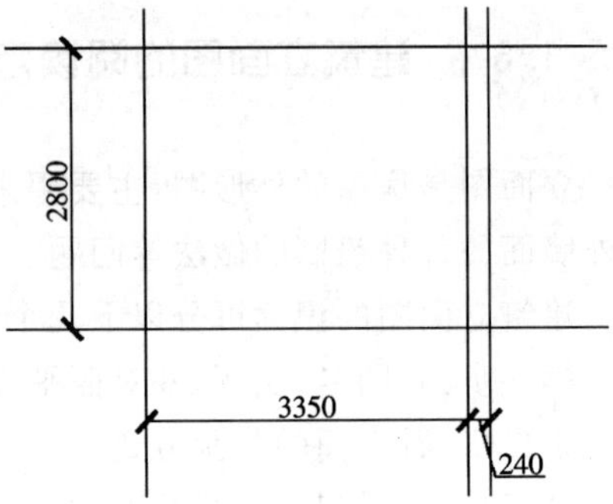

图 5-3 偏移构造线

(3)在命令行输入 L,执行直线命令,绘制剖断线,如图 5-4 所示。

(4)在命令行输入 TR,执行修剪命令,将构造线进行修剪处理,如图 5-5 所示。

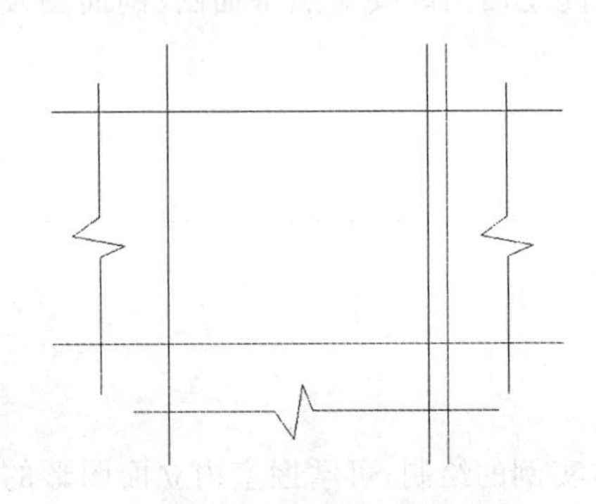

图 5-4 绘制剖断线

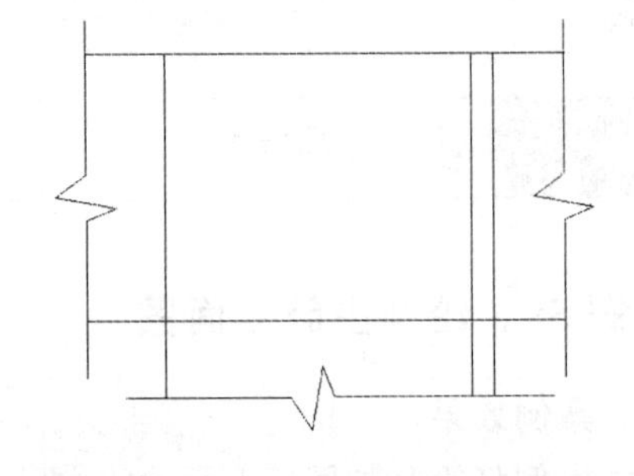

图 5-5 修剪多余线条

(5)在命令行输入 O,执行偏移命令,将修剪后的水平线进行偏移,其偏移距离如图 5-6 所示。

(6)在命令行输入 TR,执行修剪命令,将偏移后的线条进行修剪,如图 5-7 所示。

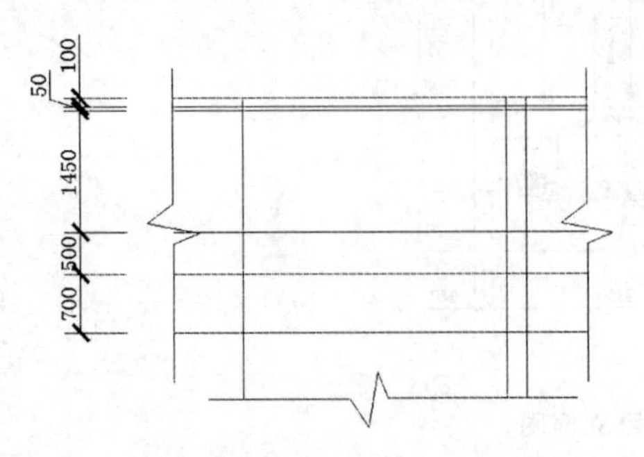

图 5-6 偏移水平线

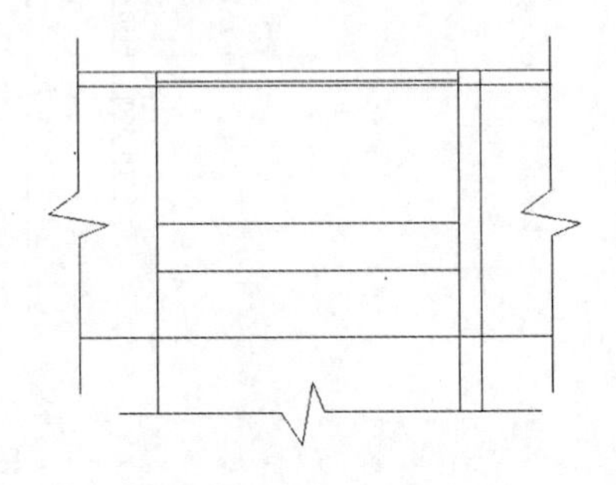

图 5-7 修剪多余线条

(7)在命令行输入 O,执行偏移命令,将垂直线向内进行偏移,其偏移距离为 1425,如图 5-8 所示。

(8)在命令行输入 TR,执行修剪命令,将偏移后的线条进行修剪处理,如图 5-9 所示。

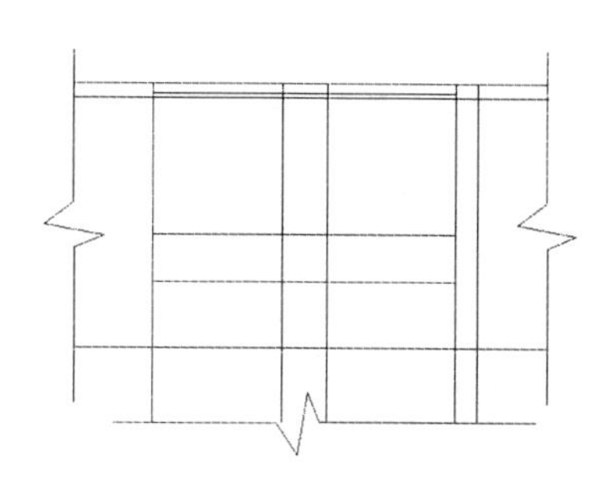

图 5-8 偏移垂直线

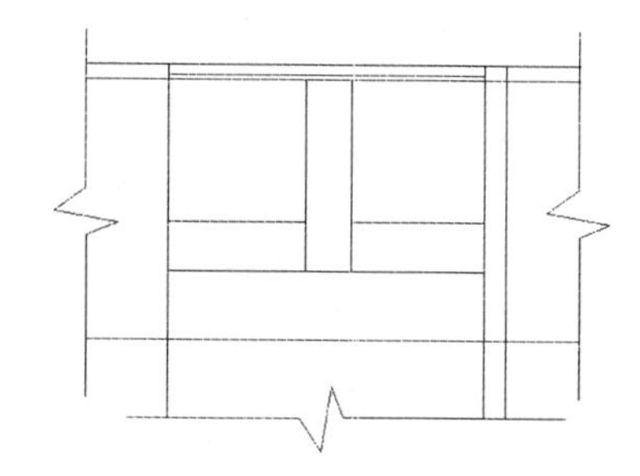

图 5-9 修剪偏移线条

(9)在命令行输入 I,执行插入命令,插入"双人床立面"图块文件,其中插入点为底端第二条水平线中点向上 300 的位置,如图 5-10 所示。

(10)在命令行输入 TR,执行修剪命令,以插入图块边框的线条作为修剪边界,将多余线条进行修剪,如图 5-11 所示。

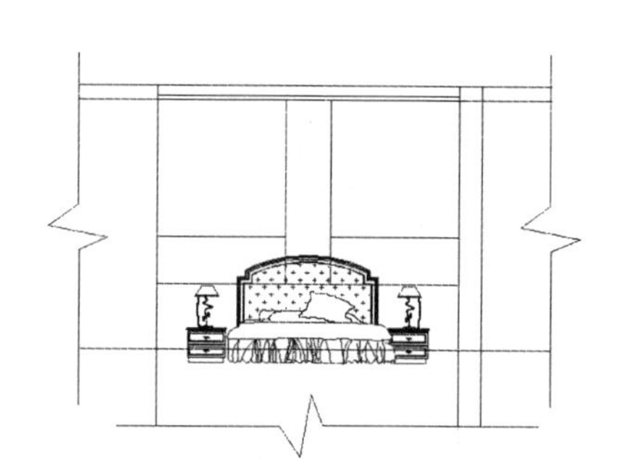

图 5-10 插入"双人床立面"图块

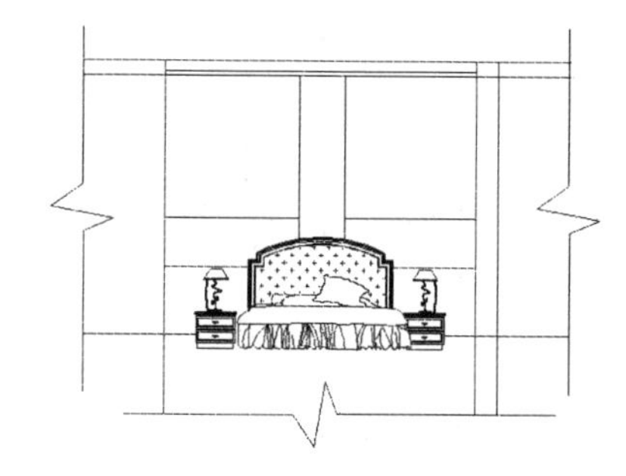

图 5-11 修剪多余线条

(11)在命令行输入 BH,执行图案填充命令,打开"图案填充和渐变色"对话框并单击"添加:拾取点"按钮,进入绘图区,在命令行提示"拾取内部点或[选择对象(S)/删除边界(B)]:"后单击要进行图案填充的区域。

(12)单击鼠标右键,在打开的快捷菜单中选择"确定"选项,返回"图案填充和渐变色"对话框,在"图案填充和渐变色"对话框中,将"图案"选项设置为 SACNCR,将"比例"选项设置为 1000,如图 5-12 所示。

(13)单击"确定"按钮,完成图案的填充,如图 5-13 所示。

(14)在命令行输入 L,执行直线命令,绘制射灯,其命令行操作内容如下:

命令:l LINE	执行直线命令
指定第一点:670	捕捉对象追踪线,如图 5-14 所示
指定下一点或[放弃(U)]:150	捕捉极轴追踪线,如图 5-15 所示
指定下一点或[放弃(U)]:	按 Enter 键结束直线命令

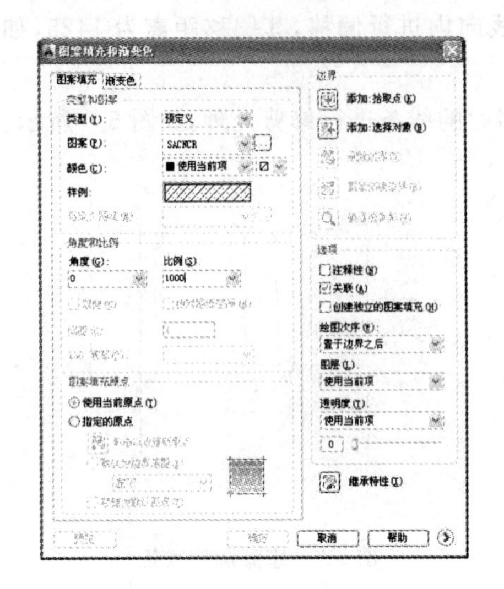

图 5-12　设置图案填充参数

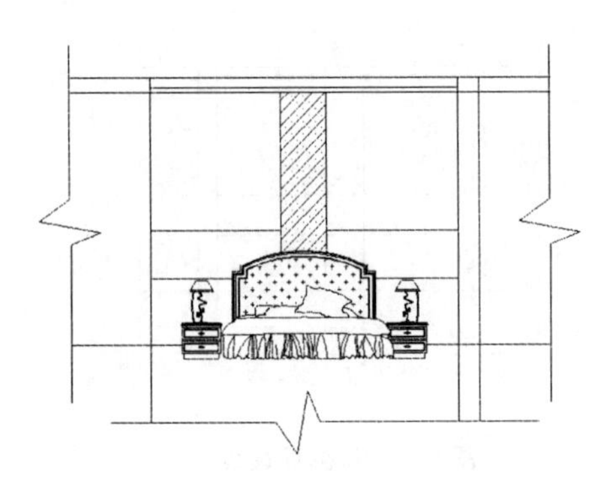

图 5-13　图案填充

命令执行结果如图 5-16 所示。

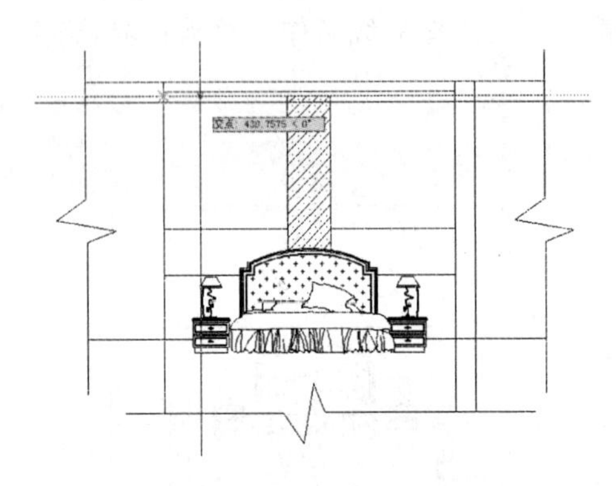

图 5-14　捕捉对象追踪线

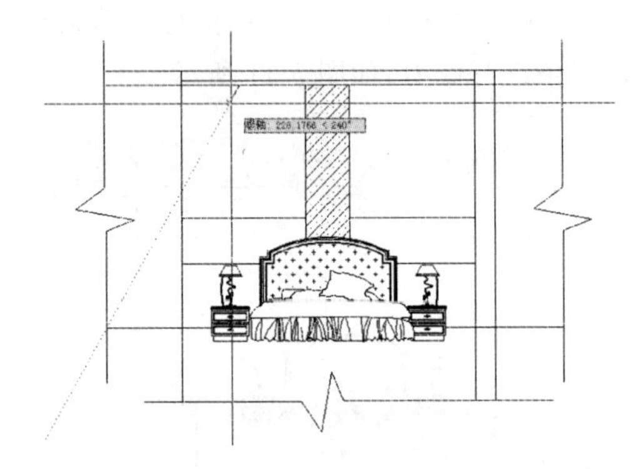

图 5-15　捕捉极轴追踪线

(15)在命令行输入 MI,执行镜像命令,将绘制的斜线进行镜像复制,如图 5-17 所示。

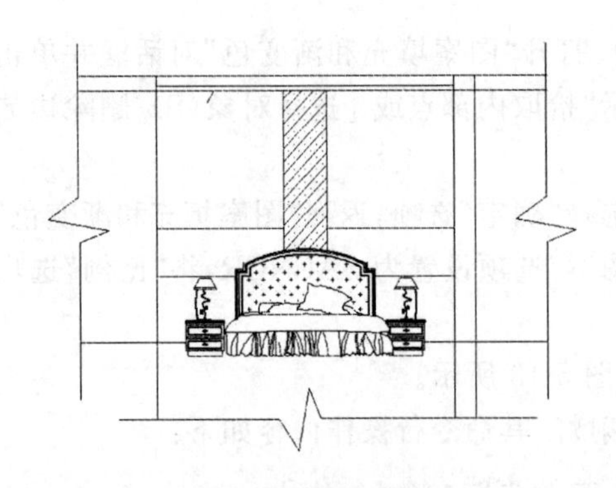

图 5-16　绘制斜线

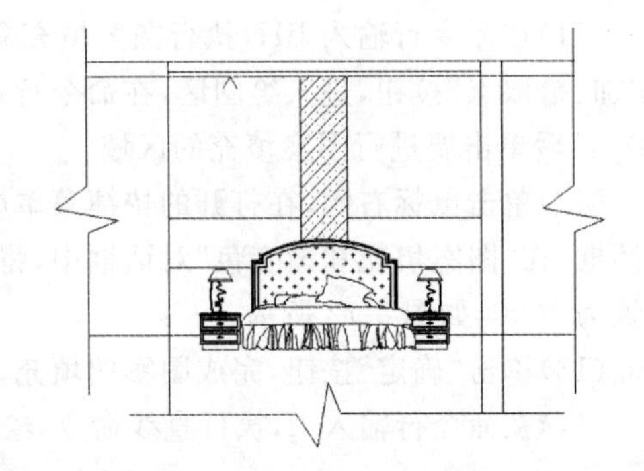

图 5-17　镜像复制斜线

(16)在命令行输入 ARRAYCLASSIC,执行阵列命令,根据命令行提示,在绘图区中选择绘制的斜线及镜像复制的斜线,按 Enter 键确认后,设置陈列类型为矩形阵列,将“列数”设置为 4，将“列偏移”选项设置为 670，“行数”为 1，如图 5-18 所示。

(17)单击“确定”按钮，完成射灯图形的阵列复制，如图 5-19 所示。

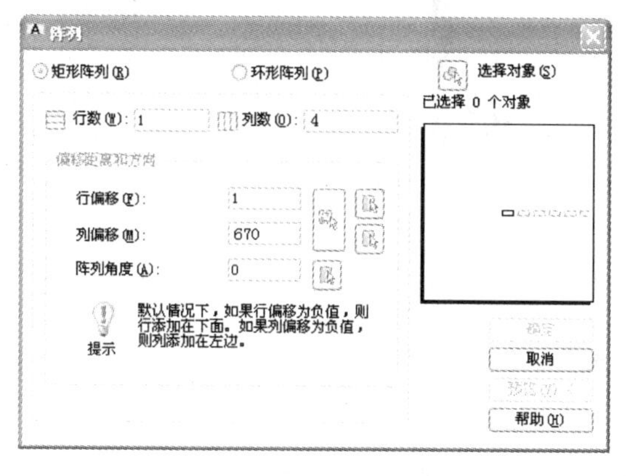

图 5-18 设置阵列参数

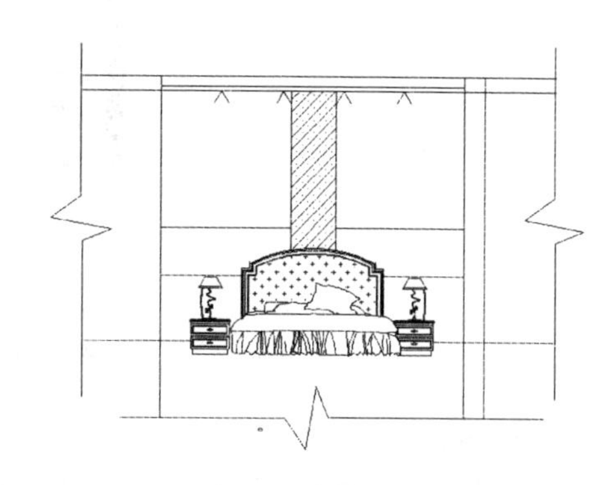

图 5-19 阵列复制射灯

(18)执行快速引线命令，将绘制的立面图进行文字说明，如图 5-20 所示。

(19)执行尺寸标注命令，将立面图的尺寸进行标注，如图 5-21 所示。

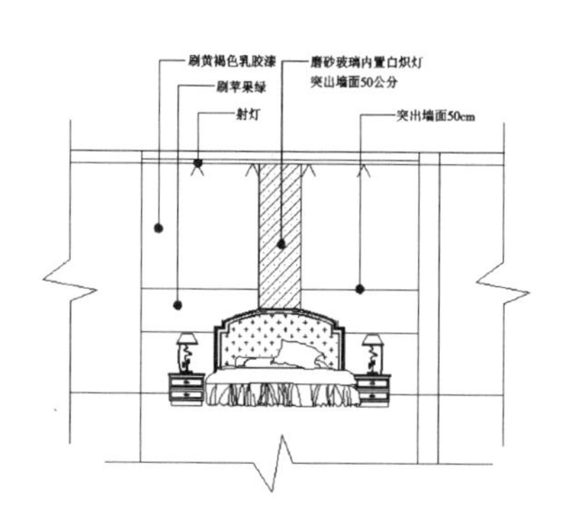

图 5-20 文字说明立面图

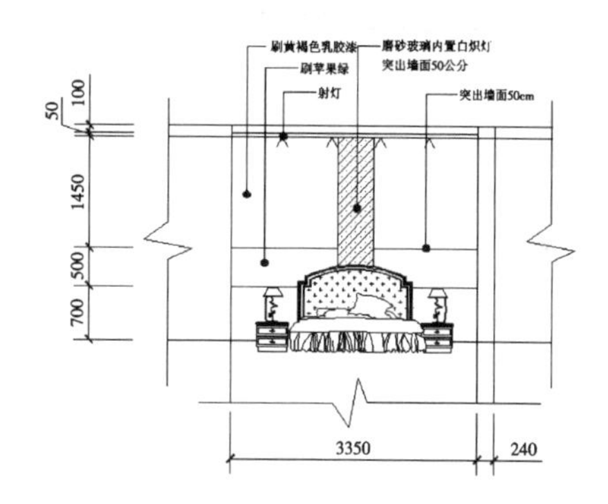

图 5-21 尺寸标注立面图

实例 60 绘制电视背景墙

案例效果

本例将绘制如图 5-22 所示的电视背景墙立面图，通过本实例的练习，可以了解并掌握电视背景墙的绘制过程，掌握图块插入、图案填充等绘图及编辑命令的使用。

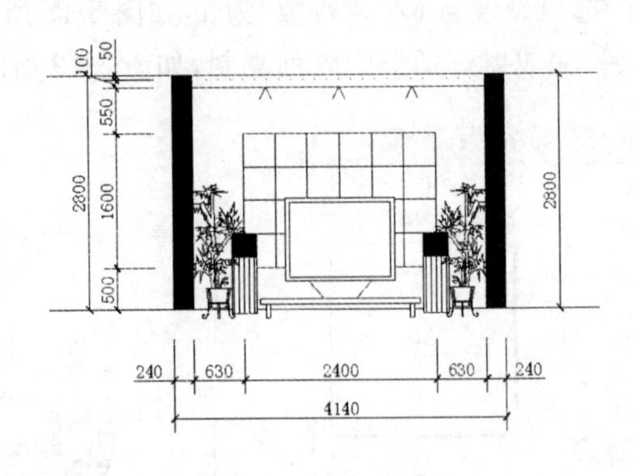

图 5-22　电视背景墙

案例步骤

(1)在命令行输入 XL,执行构造线命令,绘制水平及垂直构造线。

(2)在命令行输入 O,执行偏移命令,将水平及垂直构造线进行偏移,其偏移距离参见如图 5-23 所示的尺寸标注数据。

(3)在命令行输入 O,执行偏移命令,将顶端水平线向下进行偏移,其偏移距离分别为 50 和 150,如图 5-24 所示。

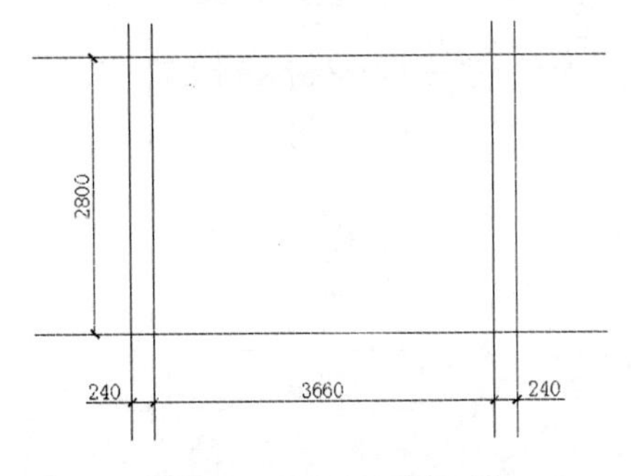

图 5-23　绘制作图辅助线

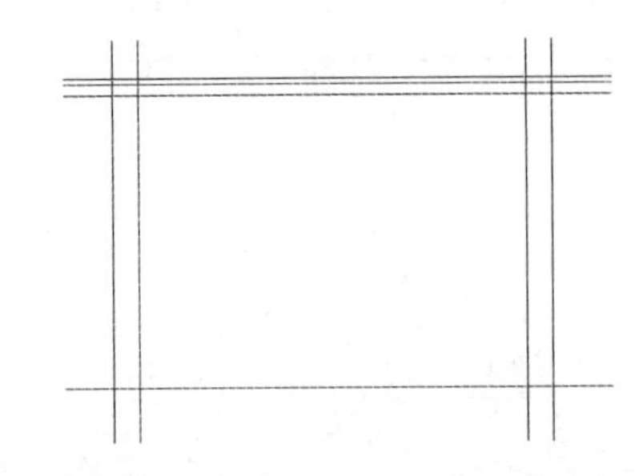

图 5-24　偏移顶端水平构造线

(4)在命令行输入 TR,执行修剪命令,将偏移的线条进行修剪,并将顶端一条修剪后线条的线型更改为 ACAD _ IS007W100,如图 5-25 所示。

(5)在命令行输入 O,执行偏移命令,将顶端偏移及修剪后的线条向下进行偏移,其偏移距离如图 5-26 所示。

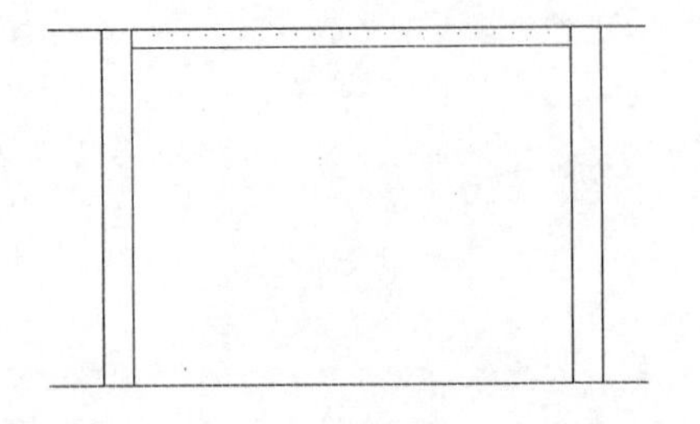

图 5-25　修剪线条

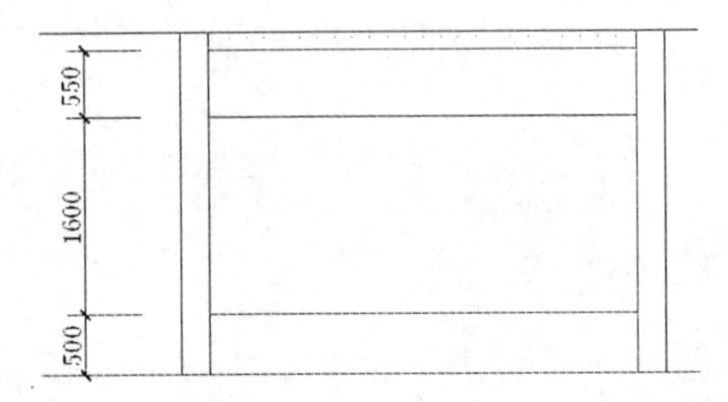

图 5-26　偏移水平线

(6)在命令行输入 O,执行偏移命令,将垂直线进行偏移,如图 5-27 所示。

(7)在命令行输入 TR,执行修剪命令,将偏移后的线条进行修剪处理,如图 5-28 所示。

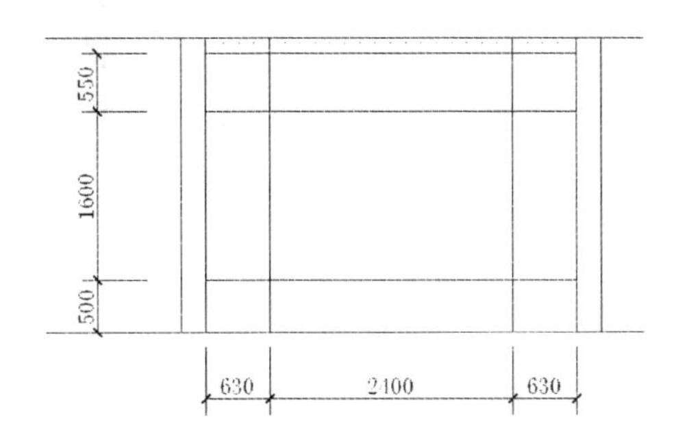

图 5-27 偏移垂直线

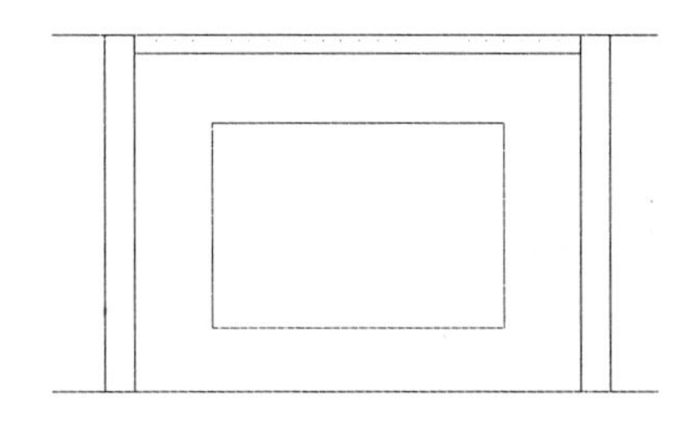

图 5-28 修剪线条

(8)在命令行输入 AR,执行阵列命令,将修剪后的底端水平线进行阵列复制,其阵列的“行数”选项设置为 4,“行偏移”选项设置为 400,如图 5-29 所示。

(9)在命令行输入 AR,再次执行阵列命令,将修剪后的左端垂直线进行阵列复制,其阵列的“列数”选项设置为 6,“列偏移”选项设置为 400,如图 5-30 所示。

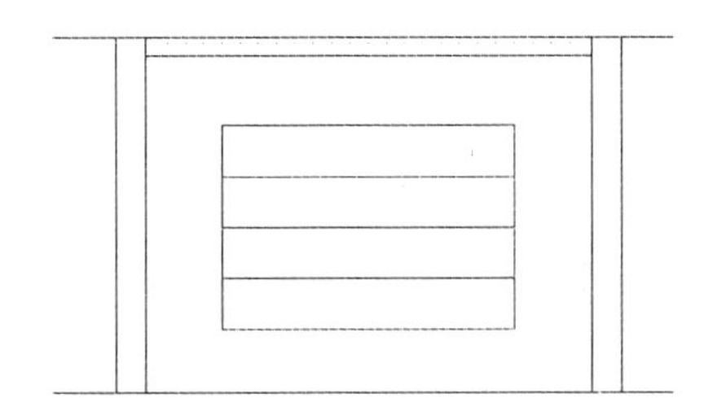

图 5-29 阵列复制水平线

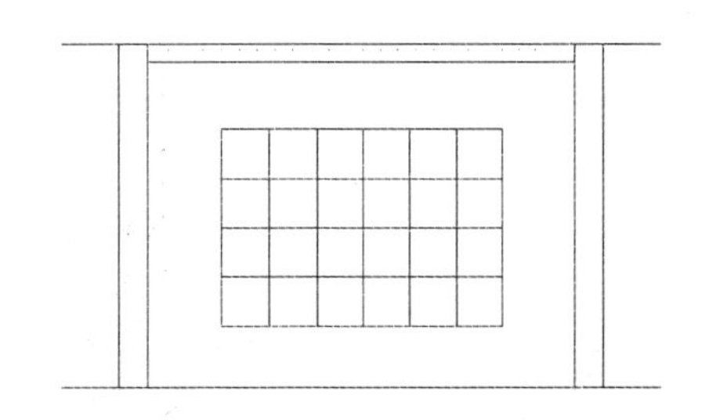

图 5-30 阵列复制垂直线

(10)在命令行输入 I,执行插入命令,插入“射灯”图块文件,其插入点在“天花板”底部轮廓线上,且距离左边第 2 条垂直线 915。

(11)在命令行输入 AR,执行阵列命令,将插入的图块进行阵列复制,其中阵列的“列数”选项设置为 3,“列偏移”选项设置为 915,如图 5-31 所示。

(12)在命令行输入 BH,执行图案填充命令,将图形进行图案填充,其中填充图案为 SOLID,如图 5-32 所示。

(13)在命令行输入 I,执行插入命令,插入“花立面”图块文件,其插入点为左下角垂直线的端点,如图 5-33 所示。

(14)在命令行输入 MI,执行镜像命令,将插入的图块进行镜像复制,其中镜像线为背景墙水平线中点间的连线,如图 5-34 所示。

(15)在命令行输入 I,执行插入命令,插入“电视立面”图块文件,如图 5-35 所示。

(16)在命令行输入 TR,执行修剪命令,以插入的“电视立面.dwg”图块的外框为边

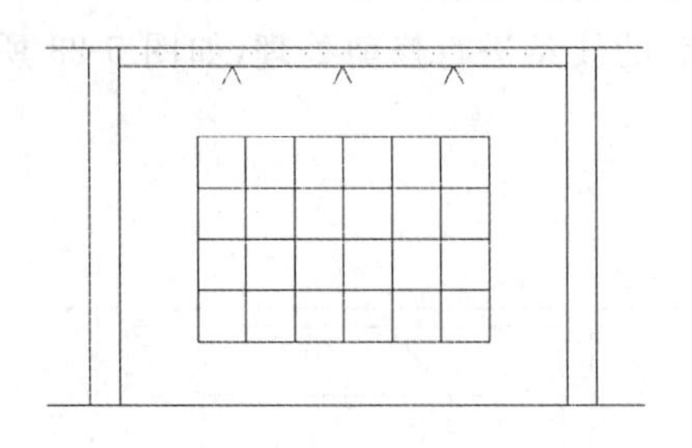

图 5-31 插入并陈列"射灯"图块

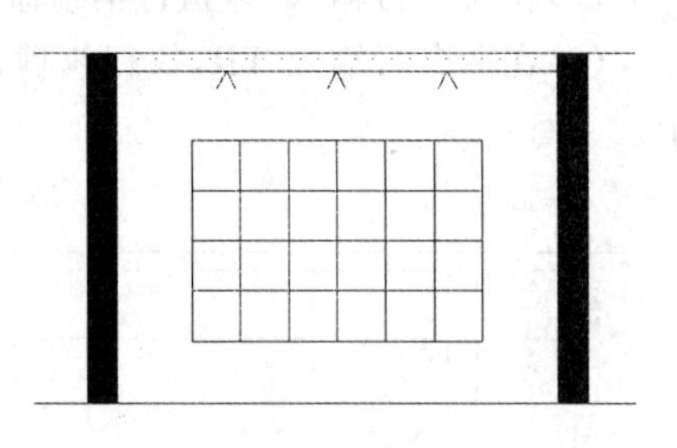

图 5-32 图案填充图形

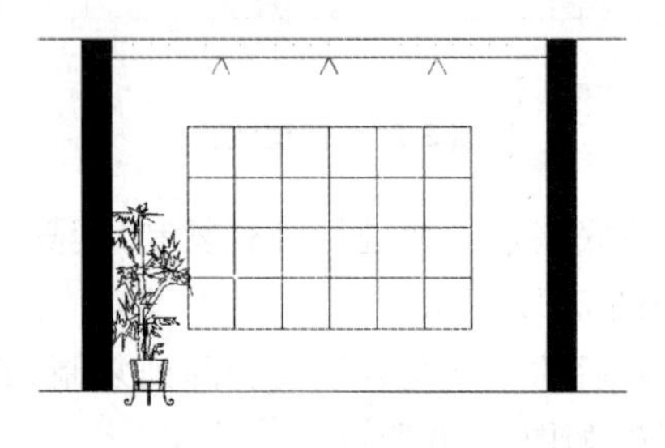

图 5-33 插入"花立面"图块

图 5-34 镜像复制"花立面"图块

界,修剪背景墙被遮挡的线条,如图 5-36 所示。

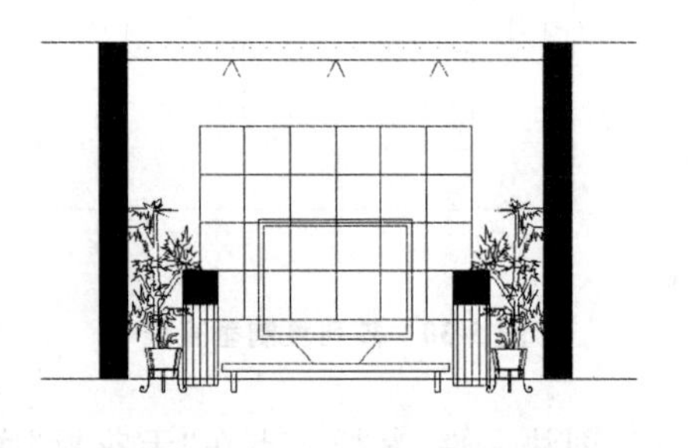

图 5-35 插入"电视立面"图块

图 5-36 修剪多余线条

实例 61 绘制沙发背景墙

案例效果

本例将绘制如图 5-37 所示的沙发背景墙,通过本实例的绘制,可进一步学习建筑立面图形的绘制方法,掌握绘制沙发背景墙图形的方法及相关技巧。

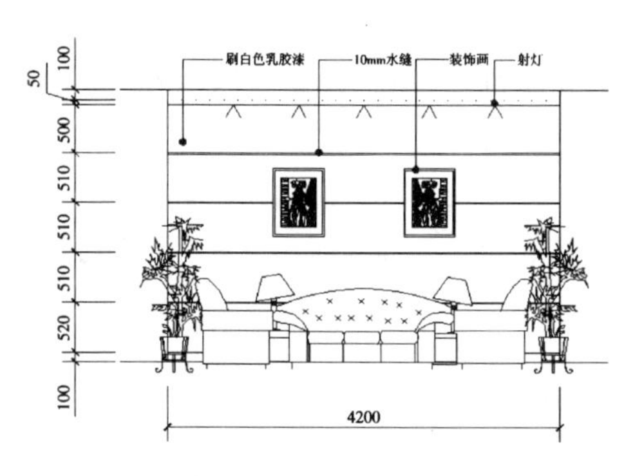

图 5-37 沙发背景墙

案例步骤

(1)在命令行输入 XL,执行构造线命令,绘制水平及垂直构造线。

(2)在命令行输入 O,执行偏移命令,将水平及垂直构造线进行偏移,其偏移距离参见如图 5-38 所示的尺寸标注数据。

(3)在命令行输入 TR,执行修剪命令,将偏移后的线条进行修剪处理。

(4)在命令行输入 O,执行偏移命令,将顶端水平线向下进行偏移,其偏移距离分别为 100 和 150,将底端水平线向上进行偏移,其偏移距离为 100,如图 5-39 所示。

图 5-38 绘制作图辅助线

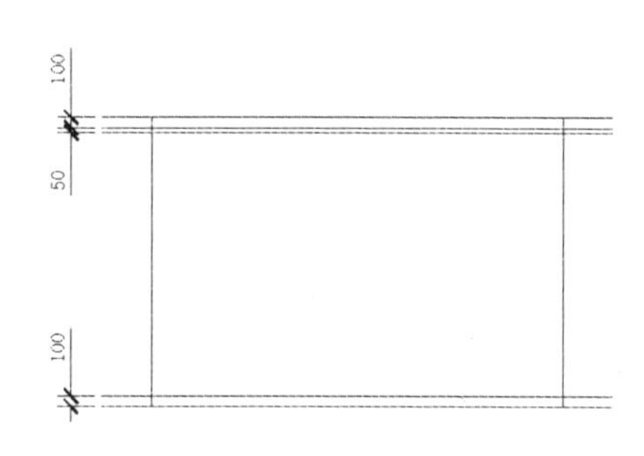

图 5-39 偏移水平线

(5)在命令行输入 TR,执行修剪命令,将偏移后的水平线进行修剪处理,并将顶端修剪后的水平线的线型更改为 ACAD _ IS007W100,如图 5-40 所示。

(6)在命令行输入 O,执行偏移命令,将顶端第二条修剪后的水平线向下进行偏移,其偏移距离分别为 500 和 510,如图 5-41 所示。

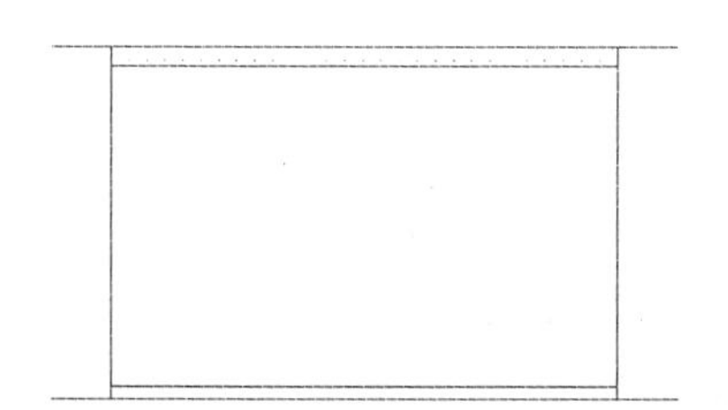

图 5-40 修剪并更改线型

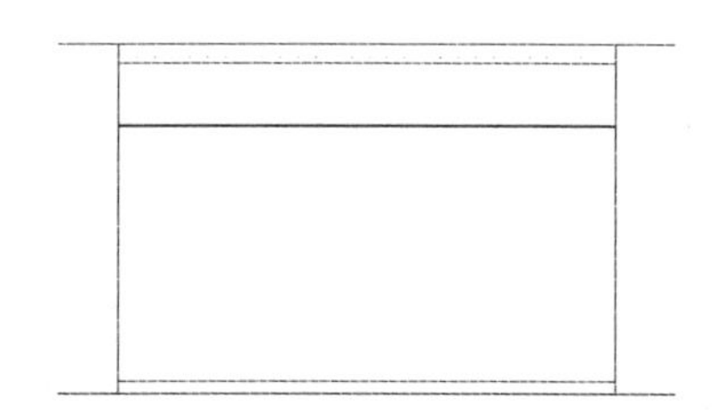

图 5-41 偏移水平线

(7)在命令行输入 ARRAYCLASSIC,执行阵列命令,根据命令行提示,选择偏移所得的直线,设置阵列类型为矩形阵列,然后设置“列数”为 1,“行数”为 4,将“行偏移”选项设置为－510,如图 5-42 所示。

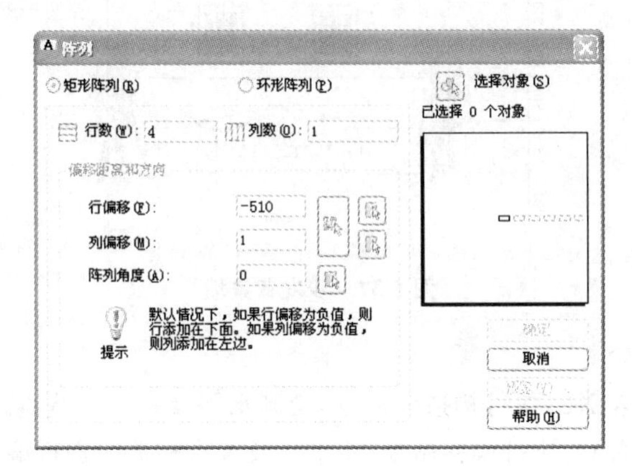

图 5-42　设置阵列参数

(8)按 Enter 键确认,阵列复制水平线,如图 5-43 所示。

图 5-43　阵列复制水平线

(9)在命令行输入 I,执行插入命令,打开如图 5-44 所示的“插入”对话框。

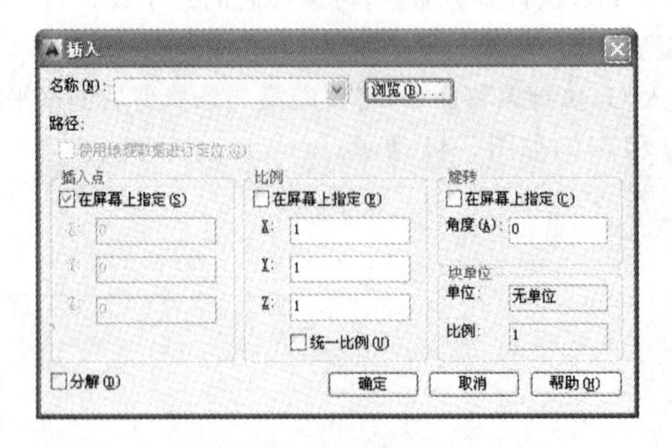

图 5-44　“插入”对话框

(10)单击“浏览”按钮,打开如图 5-45 所示的“选择图形文件”对话框,在文件列表中选择“射灯.dwg”图块文件，单击“打开”按钮，返回“插入”对话框。

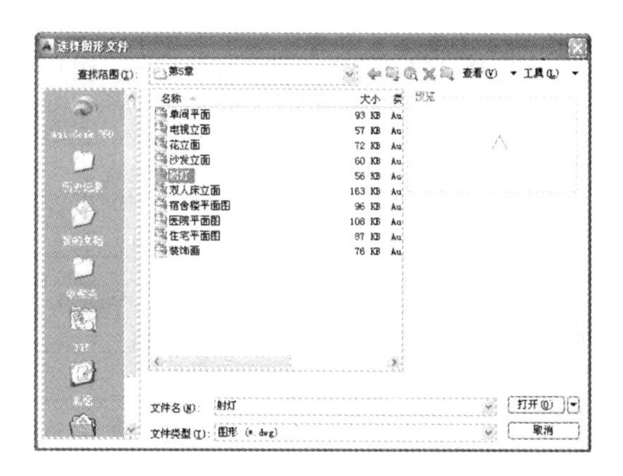

图 5-45　选择图块文件

(11)单击“确定”按钮，并在命令行提示后捕捉水平线的中点，指定图块的插入点。

(12)在命令行输入 ARRAYCLASSIC，执行阵列命令，根据命令行提示，选择图块，然后将阵列类型设置为“矩形”阵列，阵列的“列数”选项设置为 3，“列偏移”选项设置为－700，“行数”选项设置为 1，如图 5-46 所示。

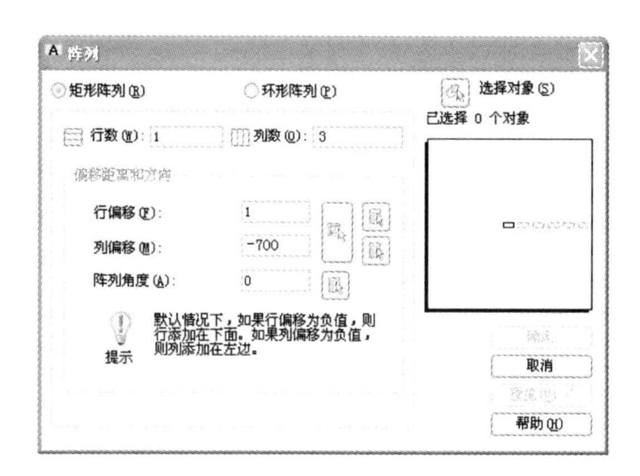

图 5-46　设置阵列参数

(13)按 Enter 键确认，对射灯图形进行阵列复制，如图 5-47 所示。

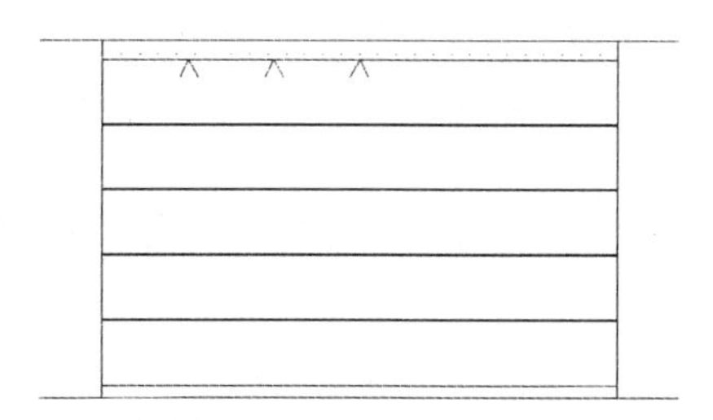

图 5-47　阵列复制射灯

(14)在命令行输入 MI,执行镜像命令,将阵列复制的两个射灯图形进行镜像复制,如图 5-48 所示。

(15)在命令行输入 I,执行插入命令,插入"装饰画. dwg"图块文件,其插入点为第二个装饰图块直线端点对象追踪线与水平线的交点,如图 5-49 所示。

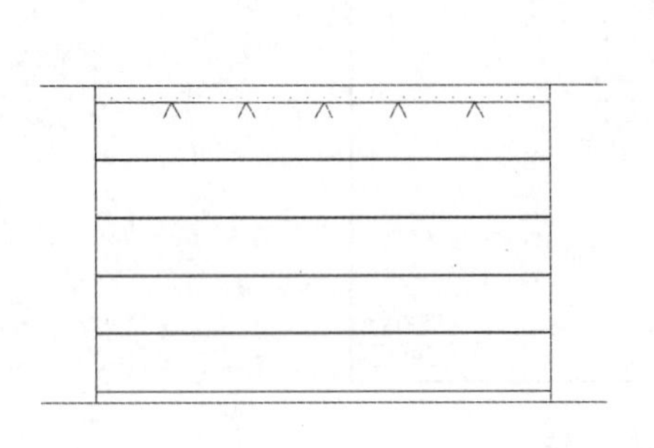

图 5-48 镜像复制图形

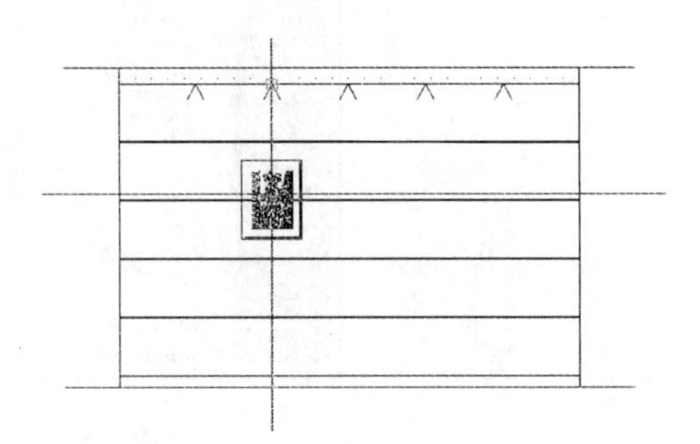

图 5-49 指定图块插入点

(16)在命令行输入 MI,执行镜像命令,将插入的"装饰画"图块进行镜像复制,其镜像线为中间修剪后水平线中点的连线,如图 5-50 所示。

(17)在命令行输入 TR,执行修剪命令,以装饰画边框线为边界,将多余线条进行修剪处理,如图 5-51 所示。

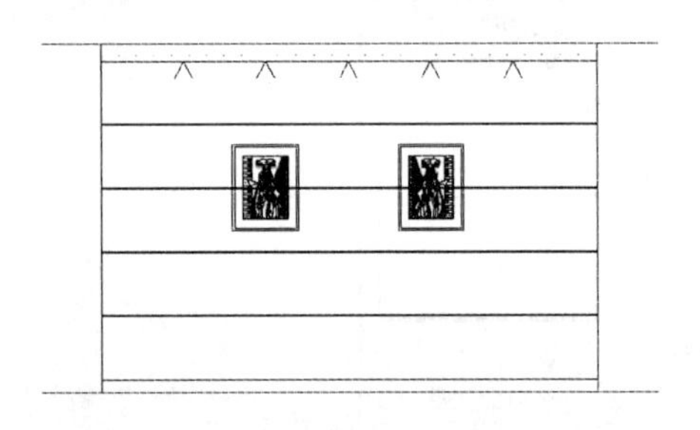

图 5-50 镜像复制"装饰画"图块

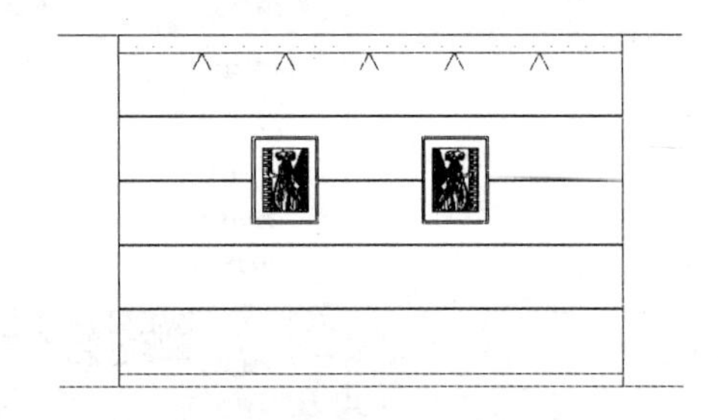

图 5-51 修剪多余线条

(18)在命令行输入 I,执行插入命令,插入"沙发立面"图块文件,图块插入点为底端水平线的中点,如图 5-52 所示。

(19)在命令行输入 TR,执行修剪命令,以插入的"沙发立面"图块的边框为修剪边界,对背景墙不可见线条进行修剪处理,如图 5-53 所示。

(20)在命令行输入 I,执行插入命令,插入"花立面"图块文件,图块插入点为右下角墙线的端点,如图 5-54 所示。

(21)在命令行输入 MI,执行镜像命令,将插入的"花立面"图块进行镜像复制,如图 5-55 所示。

(22)执行快速引线命令,对沙发背景墙进行文字说明,如图 5-56 所示。

(23)执行尺寸标注命令,对沙发背景墙立面图形进行尺寸标注,如图 5-57 所示。

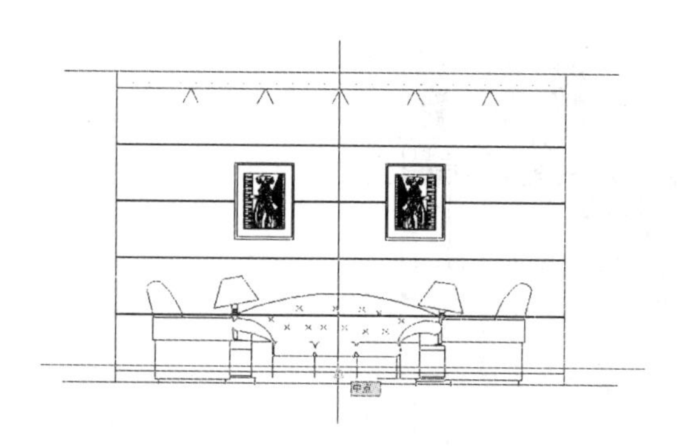

图 5-52　插入“沙发立面”图块

图 5-53　修剪不可见线条

图 5-54　插入“花立面”图块

图 5-55　镜像复制“花立面”图块

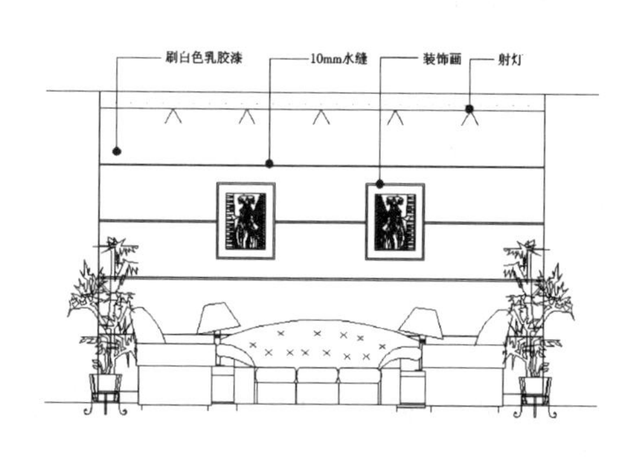

图 5-56　文字说明图形

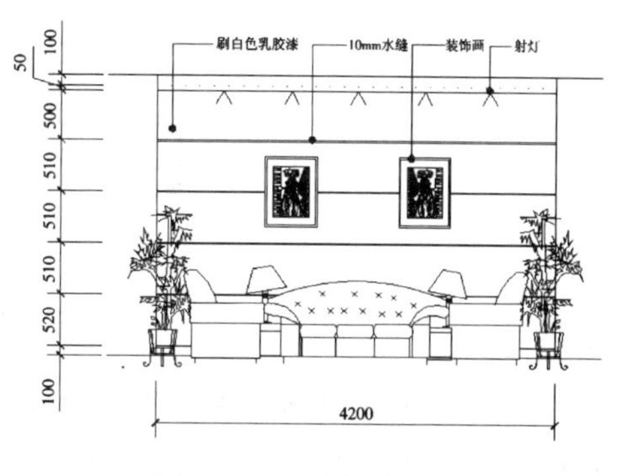

图 5-57　尺寸标注图形

实例 62　绘制医院立面图

案例效果

本实例将绘制如图 5-58 所示的某医院建筑立面图，通过本实例的练习，可让读者巩固立面图的绘制方法与绘制技巧。

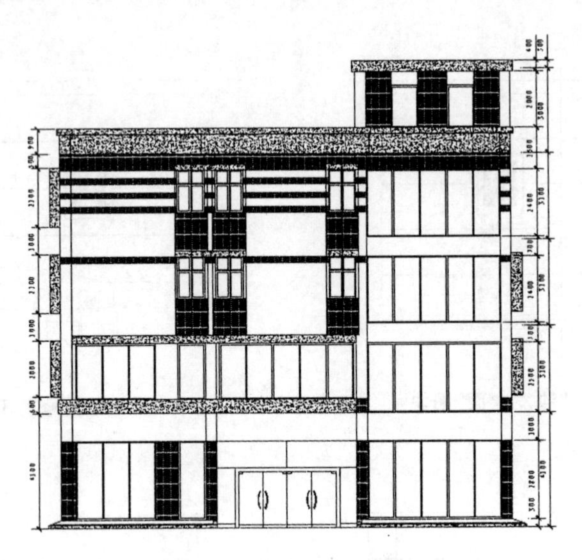

图 5-58　医院建筑立面图

步骤提示

(1)打开“医院平面图.dwg”图形文件,如图 5-59 所示。

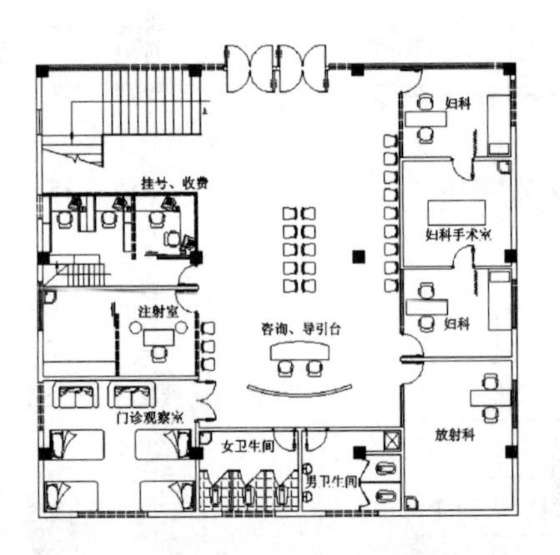

图 5-59　医院平面图

(2)执行旋转命令将医院平面图进行旋转,再使用构造线命令绘制水平构造线,以及使用修剪和删除命令将多余线条进行修剪及删除处理,如图 5-60 所示。

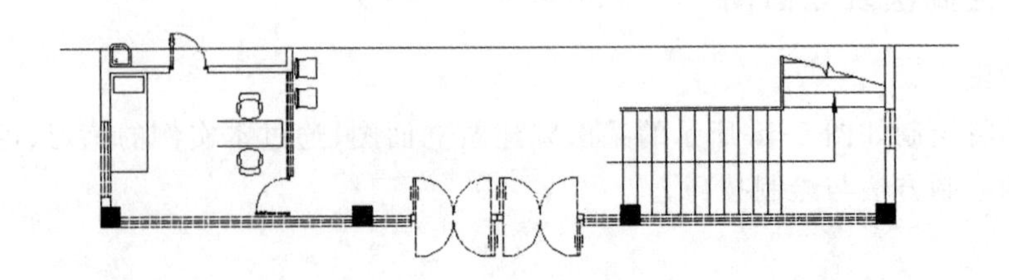

图 5-60　修剪多余线条

(3)在命令行输入 XL,执行构造线命令,绘制水平及垂直构造线,再以平面图端点为通过点,绘制垂直构造线,如图 5-61 所示。

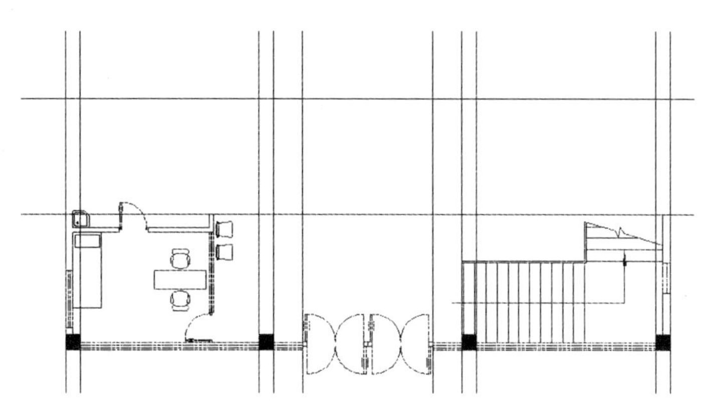

图 5-61 绘制辅助线

(4)使用偏移、矩形、修剪等命令绘制立面图底层图形,如图 5-62 所示。

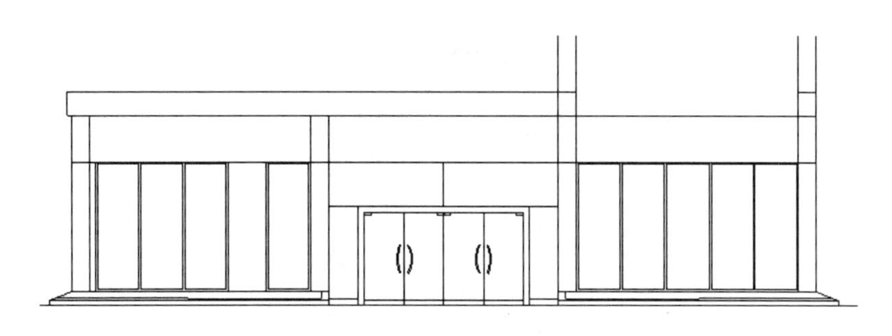

图 5-62 绘制立面图底层

(5)使用绘图命令绘制第二层图形,如图 5-63 所示。

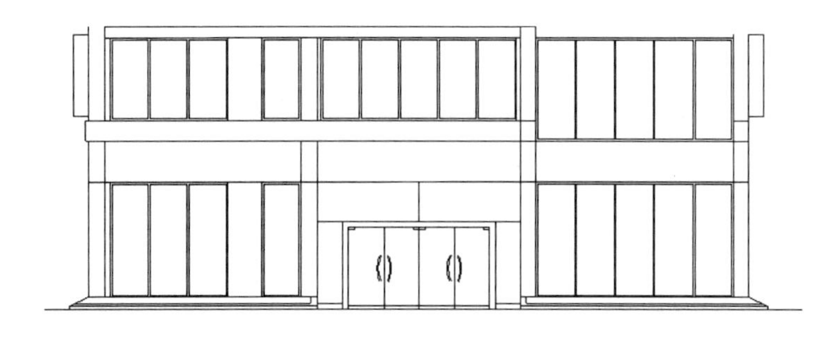

图 5-63 绘制第二层图形

(6)使用复制或阵列命令对第二层的图形进行复制,并对其进行修改,如图 5-64 所示。

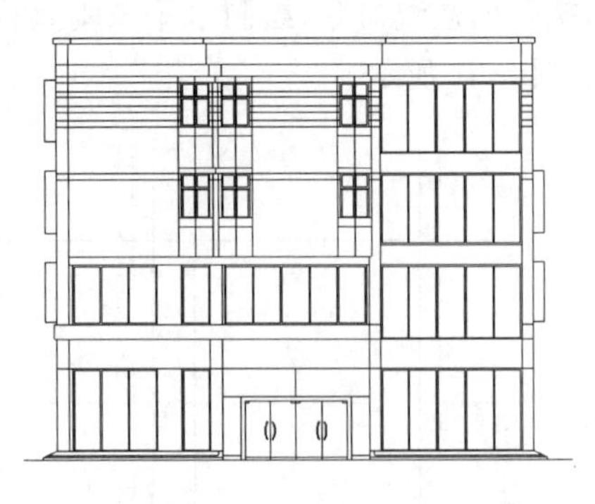

图 5-64　修改图形

(7)使用直线、矩形等命令完成图形的绘制，并使用图案填充命令对图形进行填充处理，如图 5-65 所示。

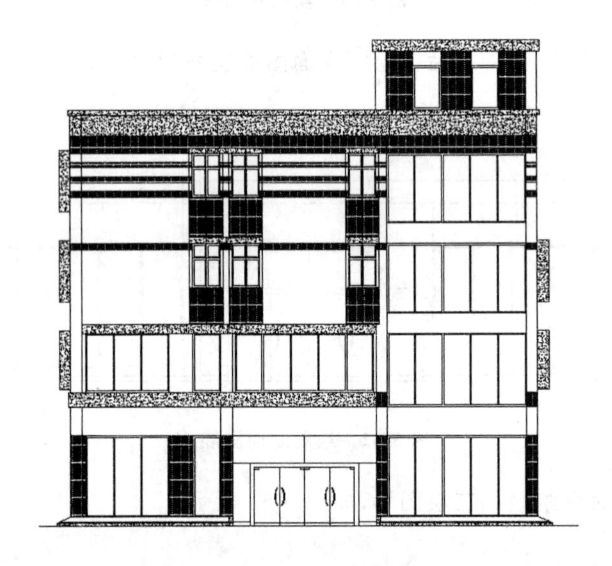

图 5-65　图案填充

(8)使用尺寸标注命令对图形进行标注，完成医院立面图形的绘制。

5.3 上机练习

实例 63　绘制衣柜立面图

案例效果

本例将绘制如图 5-66 所示的衣柜立面图，通过本实例的绘制，可了解并掌握建筑图形中，立面图形的绘制方法。

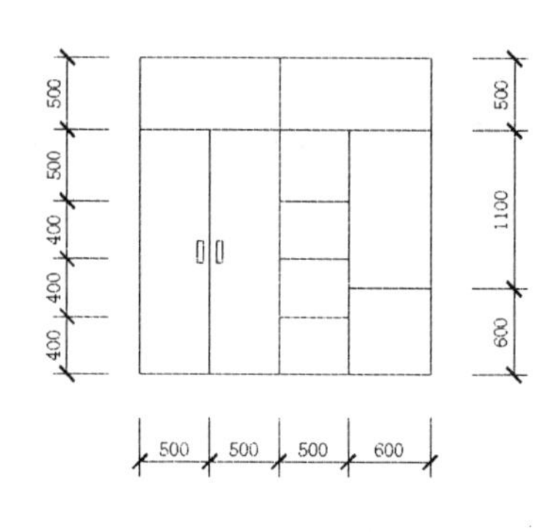

图 5-66 衣柜立面图

案例步骤

(1)在命令行输入 REC,执行矩形命令,绘制长度为 2100、高度为 2200 的矩形,如图 5-67 所示。

(2)在命令行输入 X,执行分解命令,将绘制的矩形进行分解。

(3)在命令行输入 O,执行偏移命令,将分解后矩形的边进行偏移,其中顶端水平线向下进行两次偏移,左端垂直线向右进行三次偏移,如图 5-68 所示。

图 5-67 绘制矩形

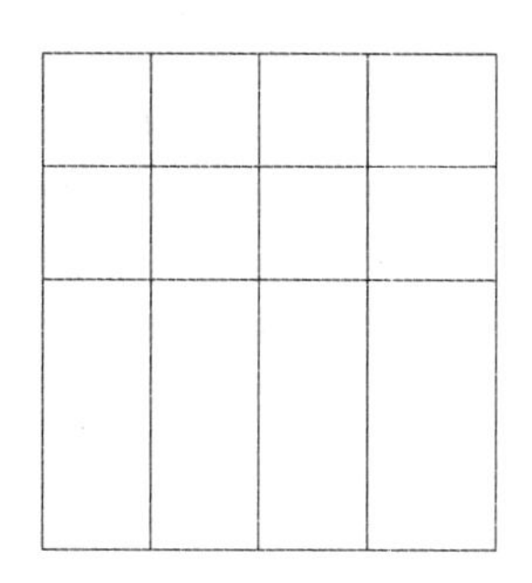

图 5-68 偏移线条

(4)在命令行输入 TR,执行修剪命令,将偏移后的线条进行修剪处理,如图 5-69 所示。

(5)在命令行输入 O,执行偏移命令,将修剪后的水平线向下进行两次偏移,其偏移距离为 400,如图 5-70 所示。

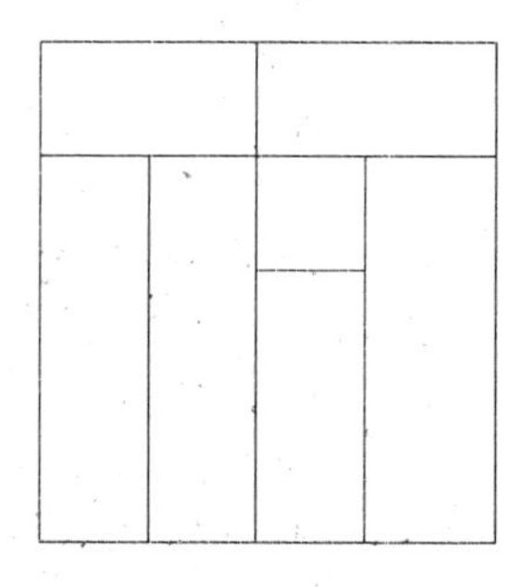

图 5-69 修剪偏移线条

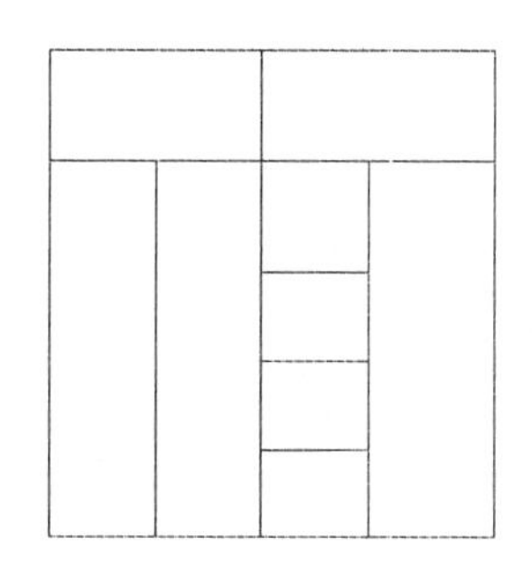

图 5-70 偏移修剪后的水平线

(6)在命令行输入 O,执行偏移命令,将底端分解后的水平线向上进行偏移,其偏移距离为 600,如图 5-71 所示。

(7)在命令行输入 TR,执行修剪命令,将向上偏移后的水平线进行修剪处理,如图 5-72 所示。

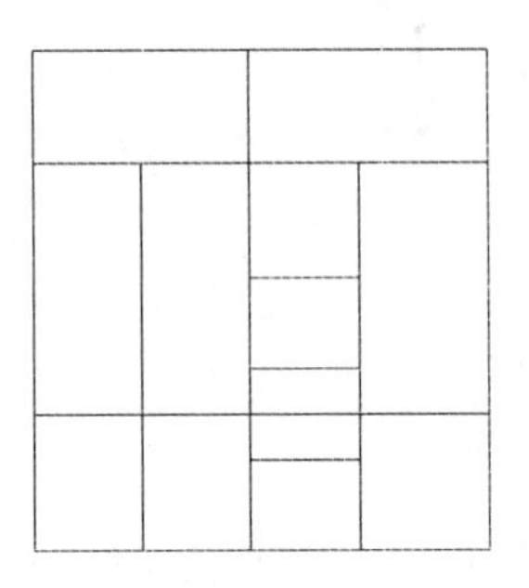

图 5-71　偏移底端水平线

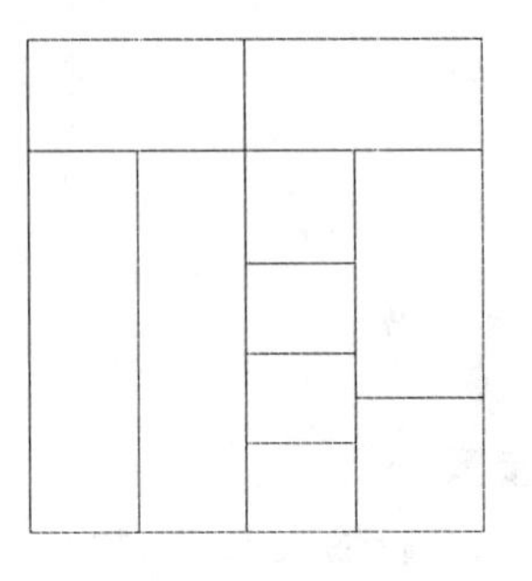

图 5-72　修剪偏移线条

(8)在命令行输入 REC,执行矩形命令,绘制矩形,其命令行操作内容如下:

命令:rec RECTANG	执行矩形命令
指定第一个角点或[倒角(C)/标高(E)/圆角(F)/厚度(T)/宽度(W)]:from	选择“捕捉自”捕捉选项
基点:	捕捉直线的中点,如图 5-73 所示
<偏移>:@50,-75	指定矩形的起点,如图 5-74 所示
指定另一个角点或[面积(A)/尺寸(D)/旋转(R)]:@40,150	指定矩形的对角点

命令执行结果如图 5-75 所示。

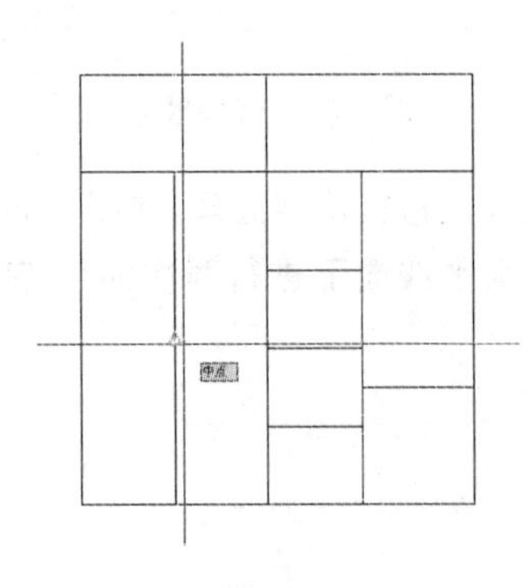

图 5-73　捕捉直线的中点

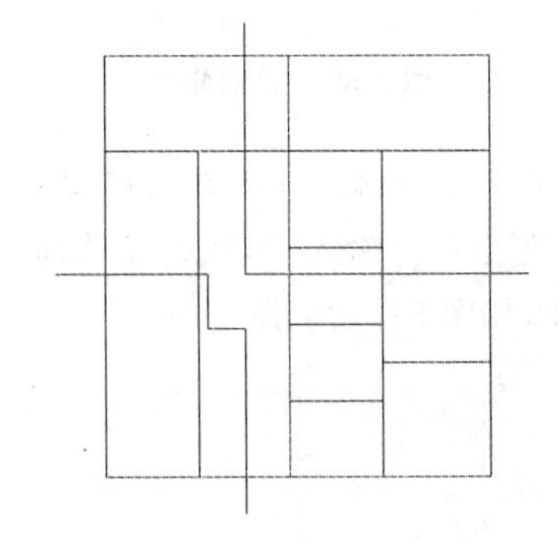

图 5-74　指定矩形的起点

(9)在命令行中输入 MI,执行镜像命令,将绘制的矩形进行镜像复制,其中镜像线为左端第二条直线,如图 5-76 所示。

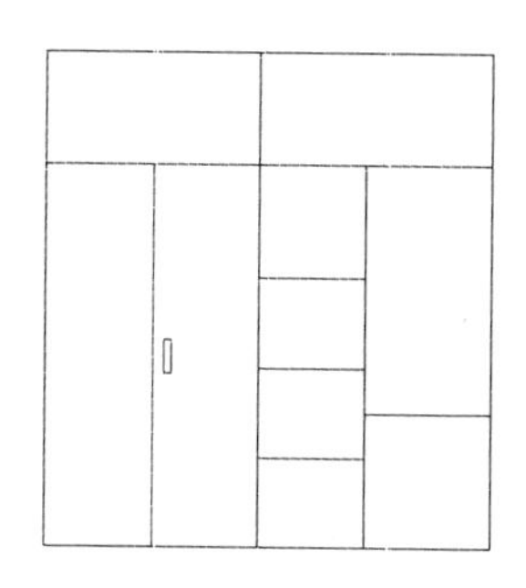

图 5-75　绘制矩形

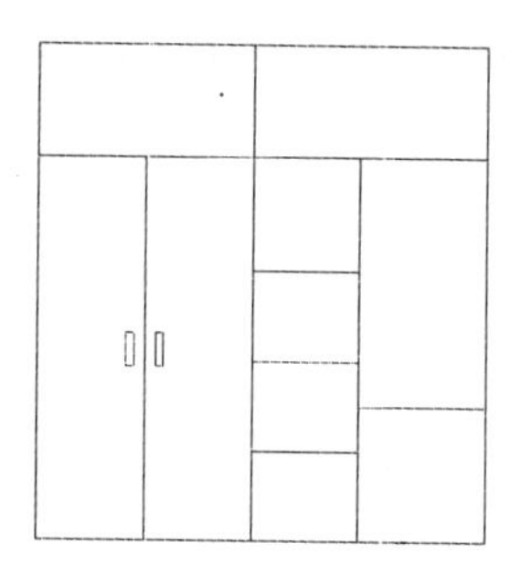

图 5-76　镜像复制矩形

实例 64　绘制住宅立面图

案例效果

本实例将绘制一幢住宅的立面图形，如图 5-77 所示，通过本实例的练习，可让读者对立面图的绘制有更加深刻的了解，进一步掌握立面图的绘制方法。

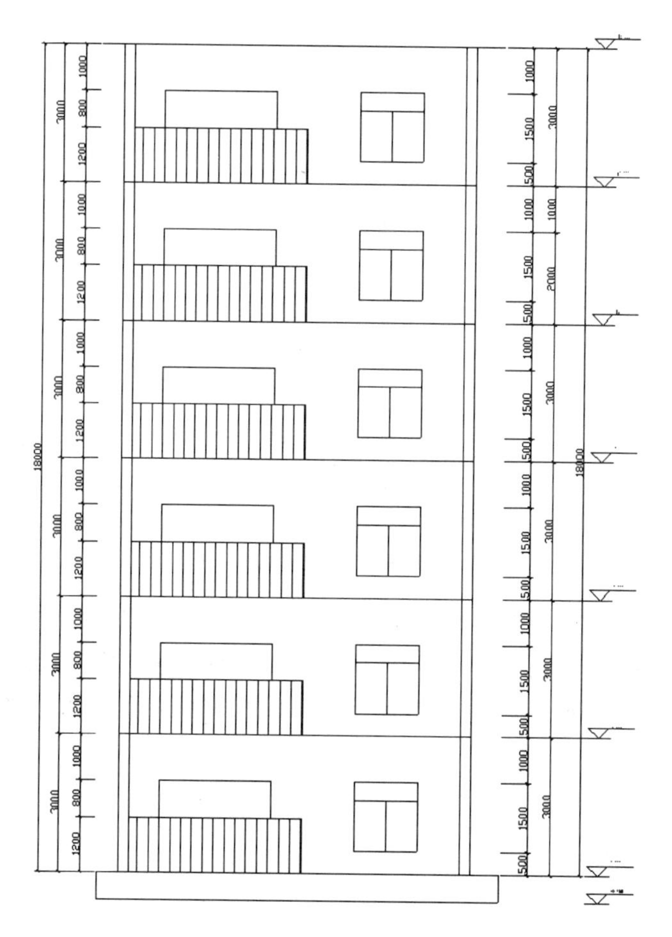

图 5-77　住宅立面图

步骤提示

(1)打开“住宅平面图.dwg”图形文件,如图 5-78 所示。

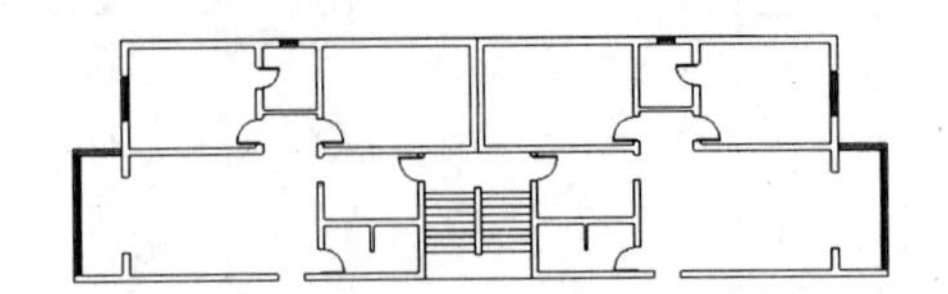

图 5-78 打开“住宅平面图”

(2)使用旋转命令对图形进行旋转处理,并使用构造线确定立面图的轮廓,如图 5-79 所示。

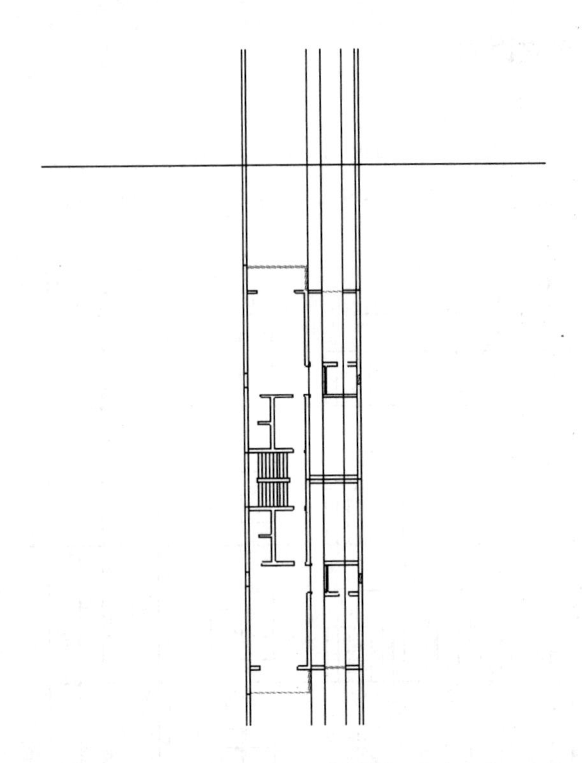

图 5-79 旋转图形

(3)使用偏移、修剪以及阵列等命令完成立面图底层的绘制,如图 5-80 所示。

(4)使用阵列命令对立面图形进行阵列复制,并对线条进行修改,如图 5-81 所示。

(5)使用尺寸标注命令对立面图形进行尺寸标注,完成立面图形的绘制。

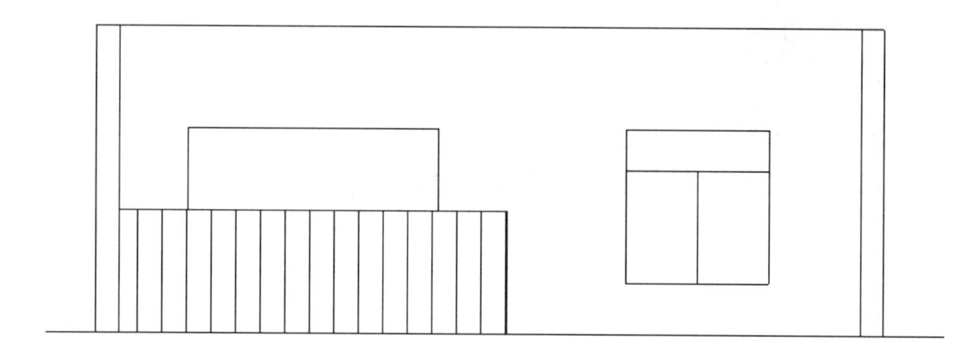

图 5-80 底层轮廓

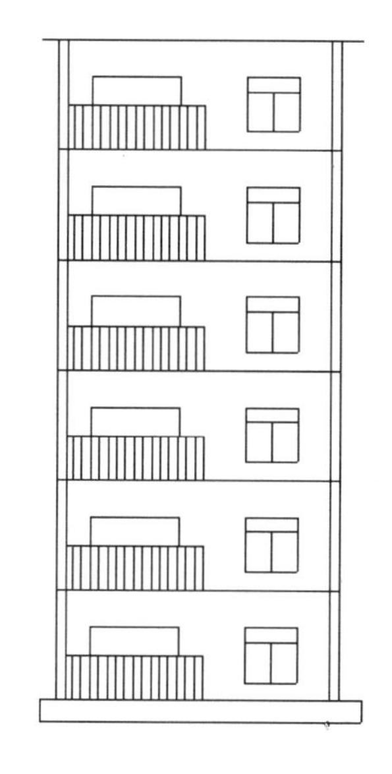

图 5-81 阵列复制图形

5.4 本章小结

通过本章的学习，使读者了解绘制建筑与装饰立面图的方法和思路，其中包括建筑立面图的形成及用途、建筑立面图的分类、建筑立面图的绘制内容、建筑立面图的绘制要求、建筑立面图的识图基础及绘制步骤等内容，并通过“实例精讲”的实际操作，对建筑立面图的绘制步骤进行了相应的演练。在绘制过程中，读者一定要了解如何绘制建筑立面图，并通过“上机练习”的练习操作，进一步掌握绘制建筑立面图的方法和步骤，为以后参与建筑立面图的绘制打下基础。

第6章 绘制建筑与装饰设计剖面图

◈内容摘要◈

建筑剖面图主要是体现立面图中无法表现的结构。本章主要学习建筑剖面图的特点与绘制方法，了解建筑剖面图的一些基本知识，然后按步骤进行绘制。

◈教学目标◈

- 了解建筑剖面图
- 绘制装饰墙剖面图
- 绘制住宅剖面图
- 绘制电梯井剖面图

6.1 建筑剖面图的基本知识

假想用一个或多个垂直于外墙轴线的铅垂剖切面将房屋剖开，所得的投影图称为建筑剖面图，简称剖面图。剖面图用以表示房屋内部的结构或构造形式、分层情况和各部位的联系、材料及其高度等，是与平、立面图相互配合的不可缺少的重要图样之一。

6.1.1 建筑剖面图的形成

这里所说的剖面图是指房屋建筑的垂直剖面图。就是用假想的竖直平面剖切房屋，移去靠近观察者的部分，对剩余部分按正投影原理绘制的正投影图。剖面图既包括被垂直剖切面剖到的部分，也包括虽然未剖到，但能看到的部分，如门、窗、家具、设备与陈设等，如图 6-1 所示的房屋剖面图。

6.1.2 建筑剖面图的绘制内容

(1)轴线、轴线编号、轴线间尺寸和总尺寸；

(2)被剖墙体及其上的门、窗、洞口，顶界面和底界面的内轮廓，主要标高，空间净高及其他必要的尺寸；

(3)被剖固定家具、固定设备、隔断、台阶、栏杆及花槽、水池等，它们的定位尺寸及其他必要的尺寸；

(4)按剖切位置和剖视方向可以看到的墙、柱、门、窗、家具、陈设(绘画、雕塑、盆景、鱼

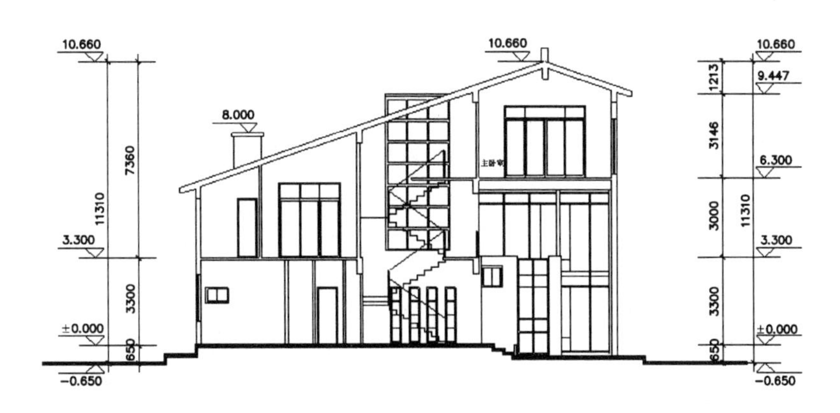

图6-1 房屋剖面图

缸等)及电视机、冰箱等,它们的定位尺寸及其他必要的尺寸;

(5)垂直界面(墙、柱等)的材料与做法;

(6)索引符号及编号;

(7)图名与比例。

6.1.3 建筑剖面图的绘制方法

绘制建筑剖面图时可将平面图、立面图作为绘制剖面图的辅助图形。将平面图旋转90°,并布置在适当的地方,从平面图、立面图绘制竖直及水平投影线以形成剖面图的主要特征,然后绘制剖面图各部分细节。建筑剖面图的绘制方法和步骤如下:

(1)画地坪线、定位轴线、各层的楼面线,如图6-2所示。

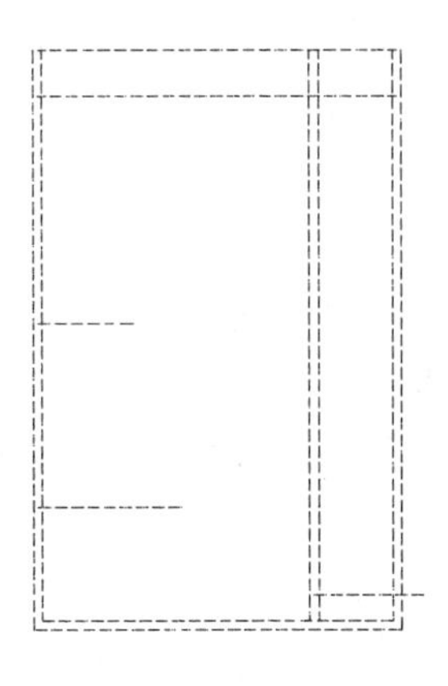

图6-2 绘制地坪线及轴线

(2)画剖面图门窗洞口位置、楼梯平台、女儿墙、檐口及其他可见轮廓线,如图6-3所示。

(3)画各种梁的轮廓线以及断面。

(4)画楼梯、台阶及其他可见的细节构件,并且绘出楼梯的材质。

(5)画尺寸界线、标高数字和相关注释文字。

(6)画索引符号及尺寸标注,如图 6-4 所示。

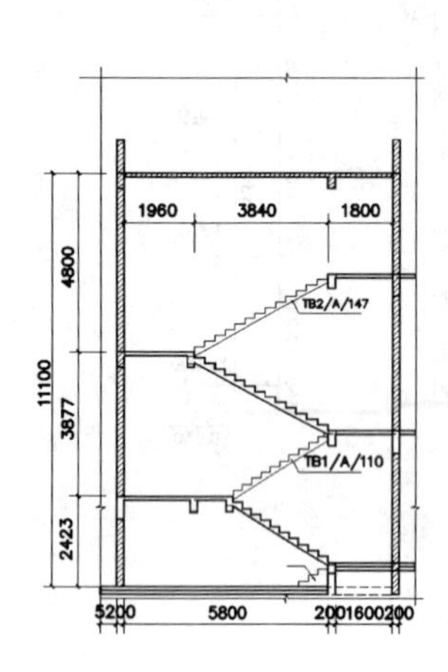

图 6-3　绘制细节

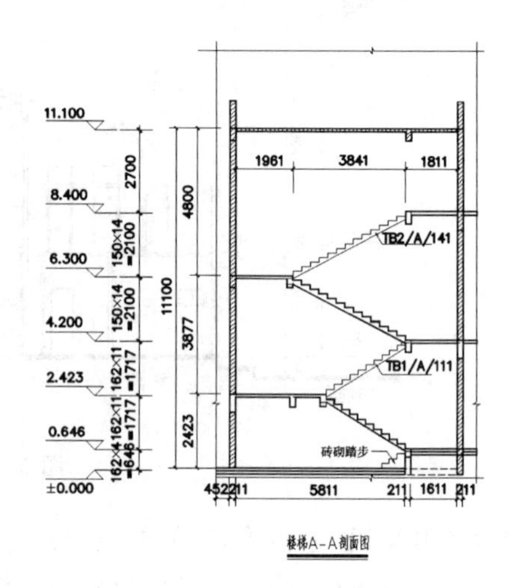

图 6-4　绘制索引符号及尺寸标注

6.1.4　建筑剖面图的绘制要求

剖切面一般为横向,即平行于侧面,必要时也可纵向,即平行于正面。其位置应选择能反映房屋内部构造比较复杂与典型的部位。剖面图的名称应与平面图上所标注的一致。建筑剖面图常用的比例为 1:50 、1:100 、1:200。剖面图中的室内外地坪用特粗实线表示;剖切到的部位如墙、楼板、楼梯等用粗实线画出;没有剖切到的可见部分用中实线表示;其他如引出线用细实线表示。习惯上,基础部分用折断线省略,另画结构图表达。

剖面图的数量与削切位置,依房屋和室内设计的具体情况而定。总的说来,应以充分表示结构、构造、家具、设备和陈设,即充分表达设计意图为原则。从道理上讲,有一个垂直界面,就应相应地画一个剖面图。如平面为矩形的房屋,有 4 个垂直界面,应画 4 个剖面图。但在设计实践中,可能有一些界面非常简单,没有单独画图的必要。在这种情况下,即便是有 4 个垂直界面的房屋,也可能只画 3 个、2 个或 1 个剖面图。

剖切位置应选在最为有效的部位,即能充分反映室内的空间、构件以及装饰、装修的部位,能把室内设计中最复杂、最精彩、最有代表性的部分表示出来。

在具体绘制剖面图时,还应注意以下问题:

(1)要正确标注剖切符号。

剖切符号由剖切位置线和剖视方向线组成。剖切线与剖视方向线都是短粗线,它们垂直相交,呈曲尺形而不呈十字形,剖切线不应与建筑轮廓相接触。

(2)剖切面最好贯通平面图的全宽或全长。

剖切面要贯通平面图的全长,如果有困难,或者没必要,也要贯通某个空间的全宽或全长,即保证剖面图的两侧均有被剖的墙体。要避免剖切面从空间的中间起止。因为这种情况下产生的剖面图两侧无墙,范围不明确,容易给人以误解。

(3)剖切面不要穿过柱子和墙体。

剖切面不要从柱子和墙体的中间穿过。因为按这种剖切位置画出来的剖面图，不能反映柱、墙的装修做法，也不能反映柱面与墙面的装饰与陈设。

(4)剖切面转折。

剖切面转折时，按制图标准的规定，应在转折处画转折线，并最多转折一次。按此剖切位置画出来的剖面图，不要在剖切面转折处出现分界线。因为剖切面是假想的，而不是实际存在的。

(5)垂直界面为转折面或曲面。

当垂直界面中的某一部分不与剖切面平行时，即垂直界面为转折面或曲面时，如果仍按正投影原理画图，不与剖切面平行的部分，必然不能真实地反映界面的大小。在这种情况下，可将不与剖切面平行的部分，旋转到与剖切面平行的位置，再按正投影原理绘制剖面图，但必须在图名后面加注“展开”二字。

6.1.5 建筑剖面图的阅读方法

阅读建筑剖面图时，需与其他相关图形相对应，下面结合图 6-4 来讲解剖面图的阅读方法。

(1)结合底层平面图阅读，并对应剖面图与平面图的相互关系，建立起建筑内部的空间概念。

(2)结合建筑设计说明或材料做法表，查阅地面、墙面、楼面、顶棚等的装修做法。

(3)根据剖面图尺寸及标高，了解建筑层高、总高、层数及房屋室内外地面高差。如图 6-4 所示，本建筑地下室层高 2.4 m，总高 11 m，2 层，房屋室内外地面高差 0.6 m。

(4)了解建筑构配件之间的搭接关系。

(5)了解墙体、梁等承重构件的竖向定位关系，如轴线是否偏心。图 6-4 所示建筑外墙厚 200 mm，无偏心。

6.2 实例精讲

在实际操作中，剖面图与施工详图已经非常接近，与之不同的是，剖面图更多表现的是建筑的剖面结构，而不是其使用材料或者其他尺寸参数，本节主要绘制一些典型的室内外结构剖面图。

实例 65 绘制装饰墙剖面图

案例效果

装饰墙是室内设计中常用的结构，装饰墙经常是使用板材在毛坯房中进行现场制作，装饰墙剖面图参够让木工师傅清晰地了解到设计师的设计意图，并通过详图制作出来。本实例简要介绍装饰墙的立面图和剖面图的绘制方法，最终效果如图 6-5 所示。

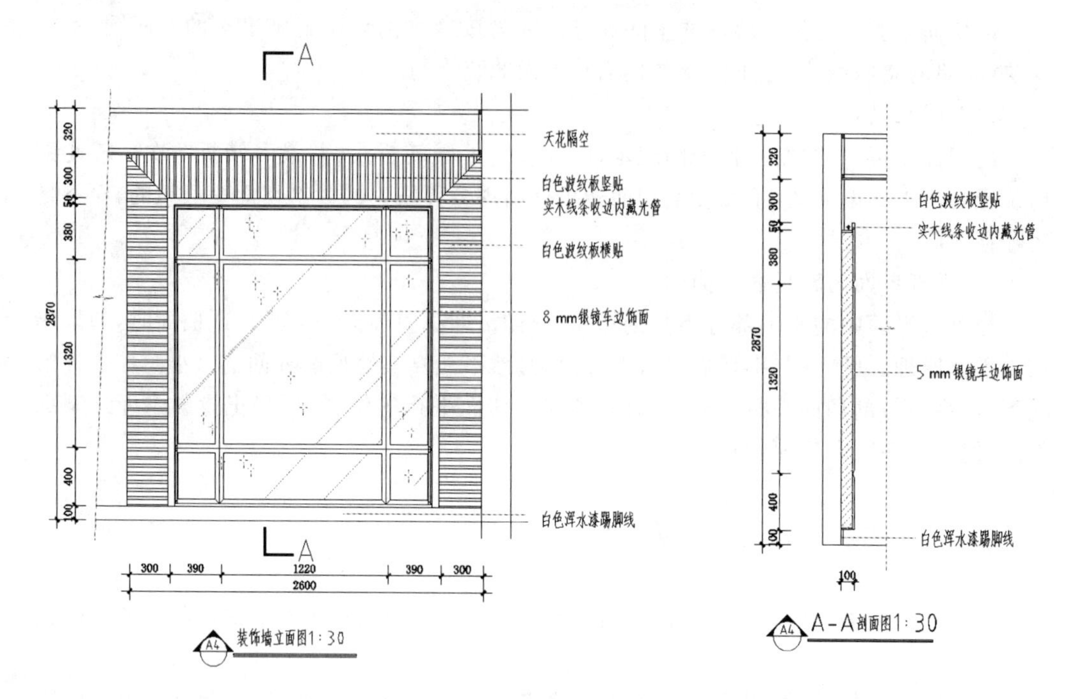

图 6-5　装饰墙剖面图

案例步骤

(1)启动 AutoCAD 2014,新建空白文件,使用直线命令,按照给出的尺寸,绘制框架结构,如图 6-6 所示。

(2)结合给出的尺寸,绘制一条斜线,并将此斜线更改为折断线,如图 6-7 所示。

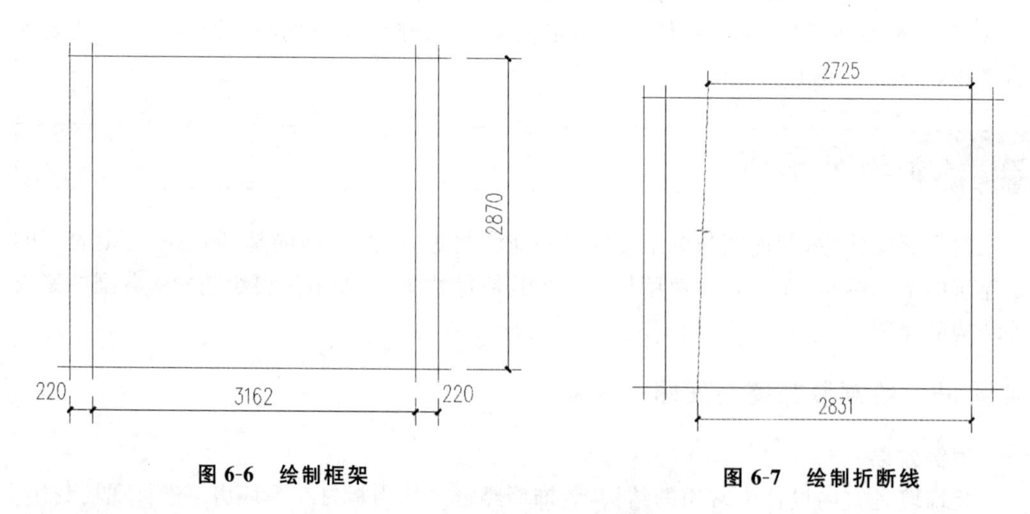

图 6-6　绘制框架

图 6-7　绘制折断线

(3)使用修剪命令,将折断线左侧的线条删除,如图 6-8 所示。

(4)执行偏移命令,按照给出的尺寸,对直线进行偏移,如图 6-9 所示。

(5)使用修剪命令,对图进行修剪,如图 6-10 所示。

(6)执行偏移命令,按照给出的尺寸,对直线进行偏移,如图 6-11 所示。

(7)将最内侧的轮廓线再次向内侧偏移,偏移距离如图 6-12 所示。

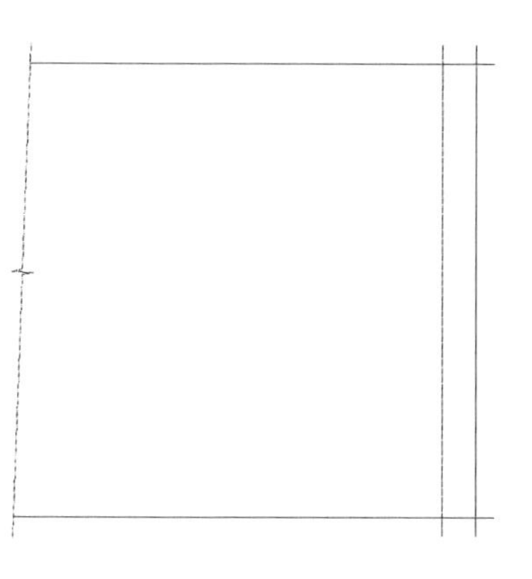

图 6-8 删除线条

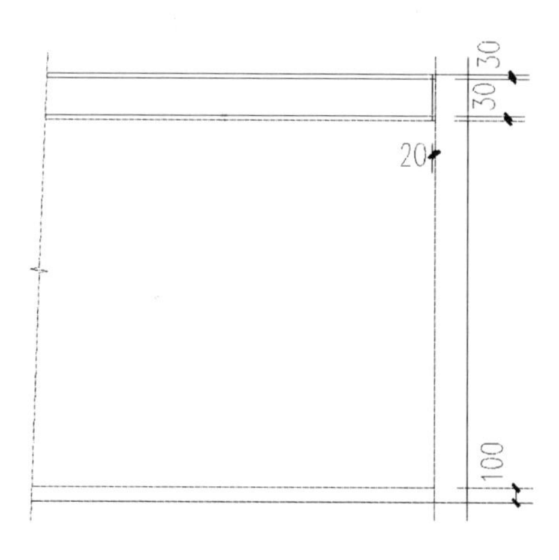

图 6-9 偏移直线

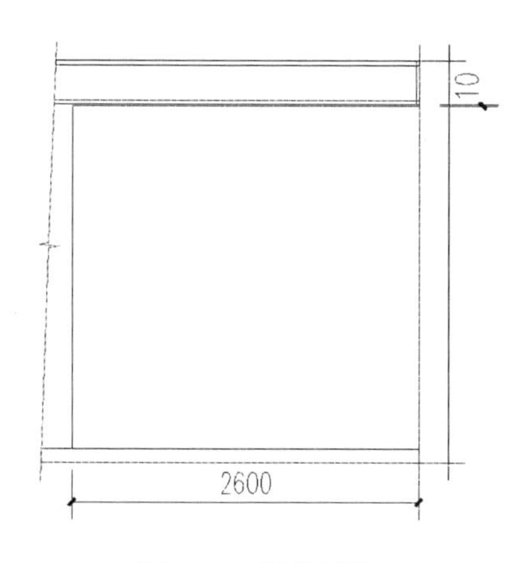

图 6-10 修剪图形

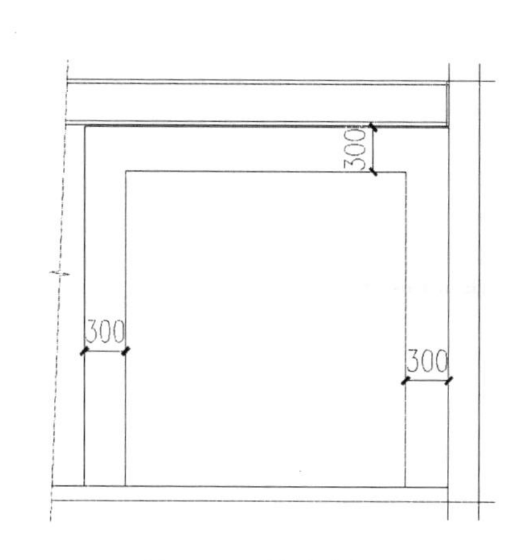

图 6-11 偏移直线

(8)使用直线命令,将内外框的角点连接起来,如图 6-13 所示。

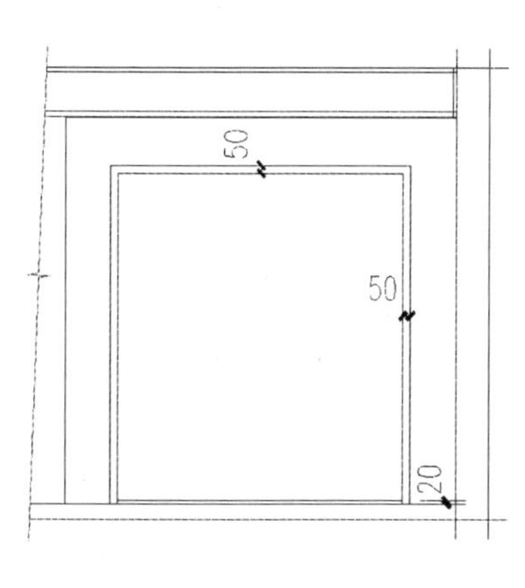

图 6-12 偏移图形

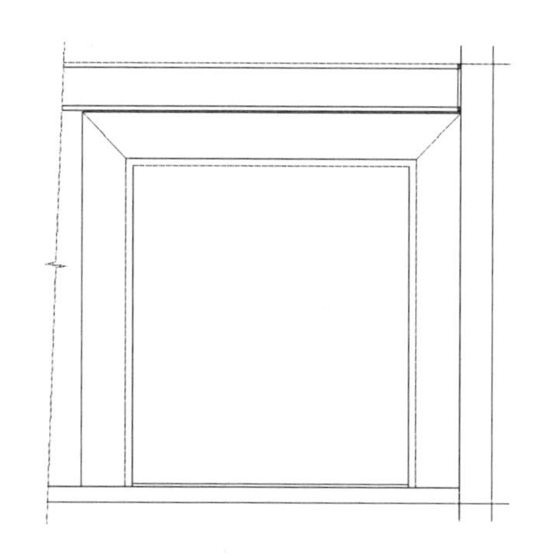

图 6-13 创建连线

(9)执行“偏移”命令,对内侧线框进行偏移,偏移距离如图 6-14 所示。

(10)在距内侧壁 10 mm 的位置,放置宽度为 15 的板材,如图 6-15 所示。

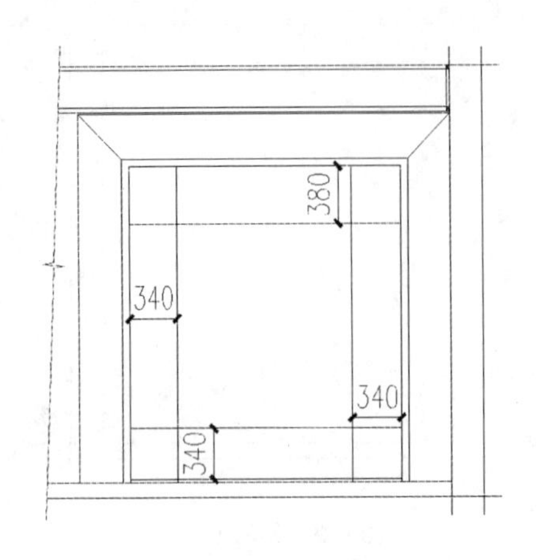

图 6-14 偏移直线

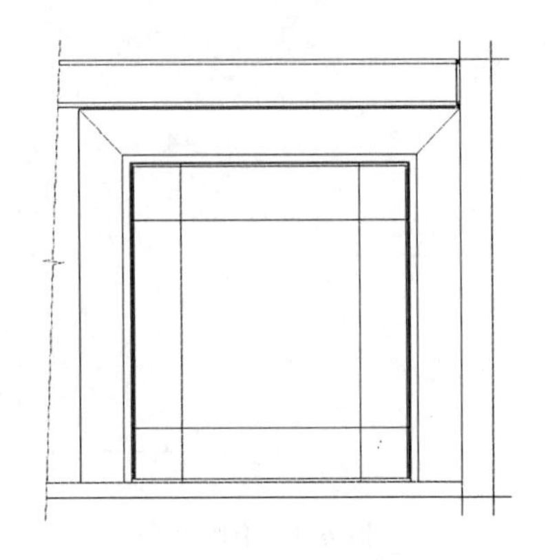

图 6-15 绘制板材

(11)从下至上绘制矩形,矩形距井字形框架线的距离为 30,如图 6-16 所示。
(12)在图 6-17 所示的位置,使用直线连接对角点。

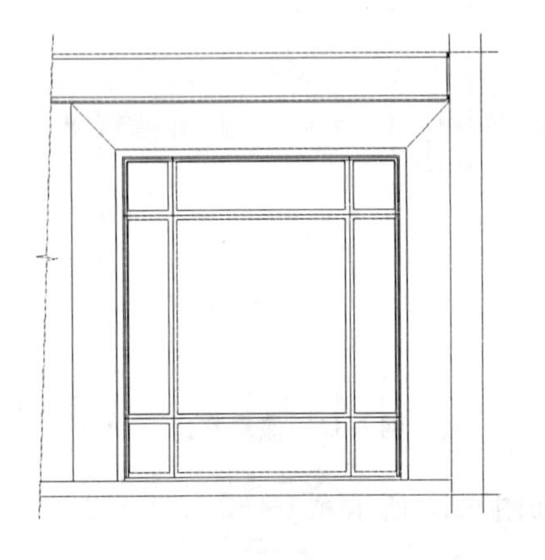

图 6-16 绘制矩形

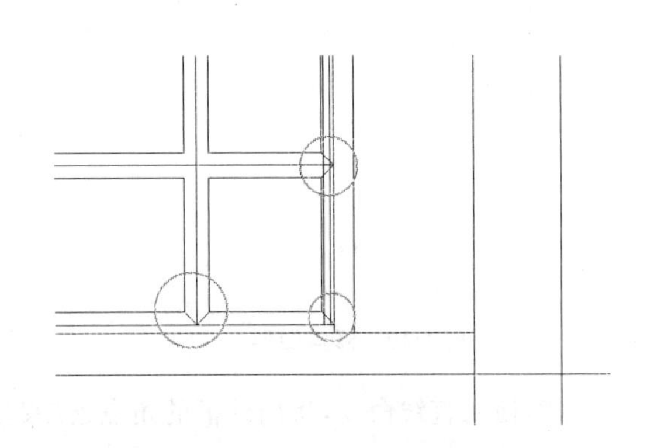

图 6-17 连接对角点

(13)执行图案填充命令,设置图案填充,如图 6-18 所示。
(14)对相应的区域进行图案填充,如图 6-19 所示。
(15)对其他的区域进行图案填充,如图 6-20 所示。
(16)在玻璃位置绘制玻璃符号,随意点缀在玻璃上,如图 6-21 所示。
(17)使用图案填充命令,对玻璃处填充玻璃符号,如图 6-22 所示。
(18)使用多段线命令,设置多段线宽度为 15,绘制剖面剖切符号,如图 6-23 所示。

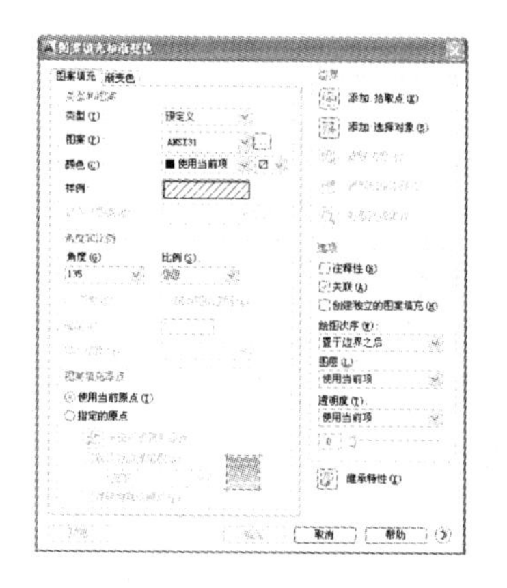

图 6-18 “图案填充与渐变色”对话框

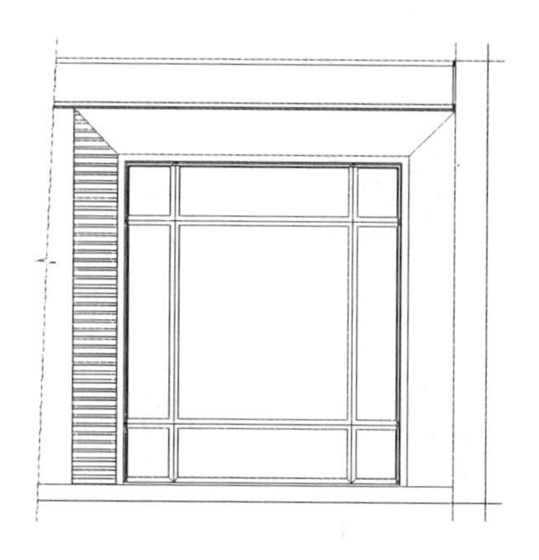

图 6-19 图案填充结果

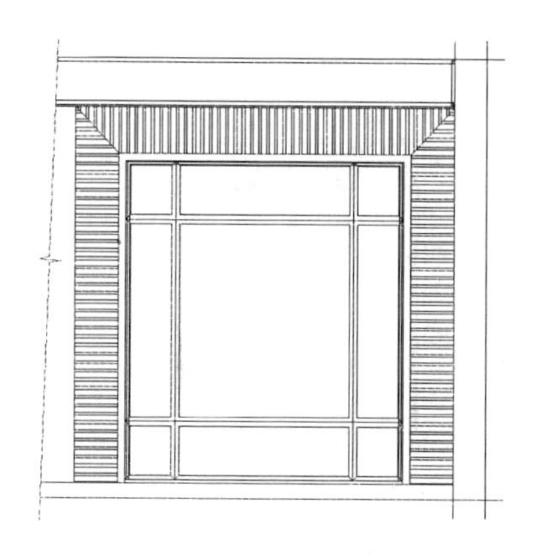

图 6-20 图案填充

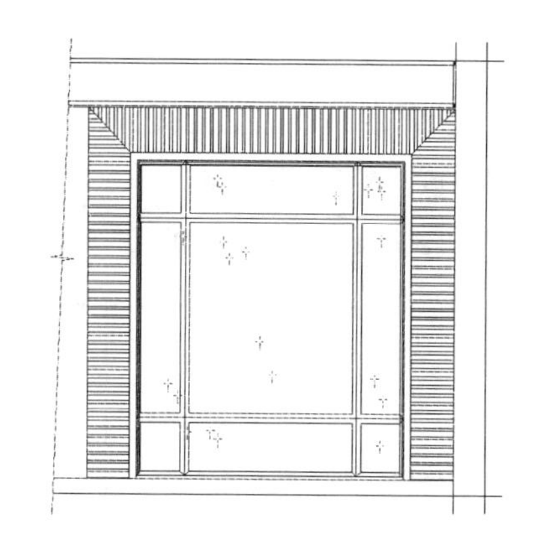

图 6-21 点缀图案

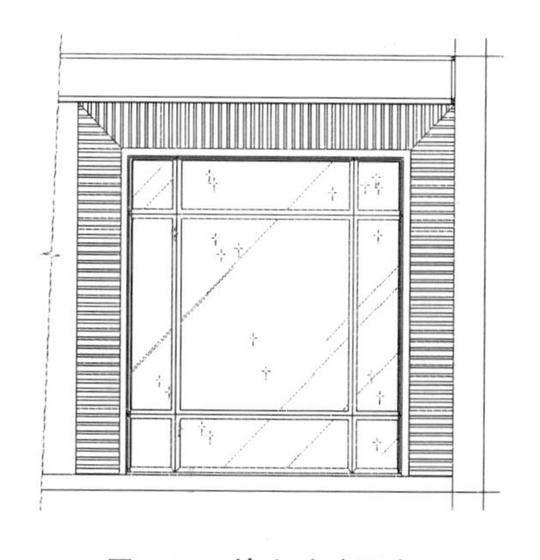

图 6-22 填充玻璃图案

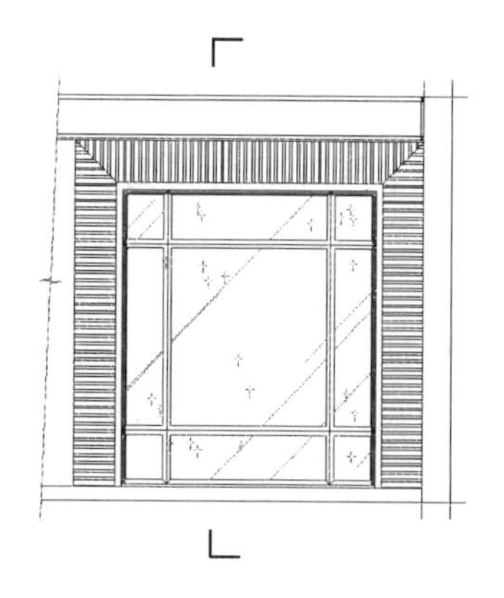

图 6-23 绘制剖面剖切符号

(19)使用文本命令,在剖面剖切符号处,输入 A,如图 6-24 所示。

(20)使用尺寸标注命令,对装饰墙立面图进行详细的尺寸标注,如图 6-25 所示。

(21)对装饰墙的材料使用进行标注,如图 6-26 所示。

(22)添加图名标注,到此装饰墙立面图完成,如图 6-27 所示。

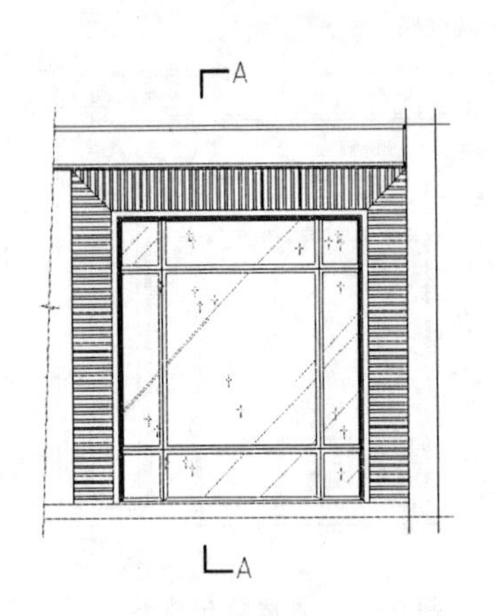

图 6-24 输入剖面符号

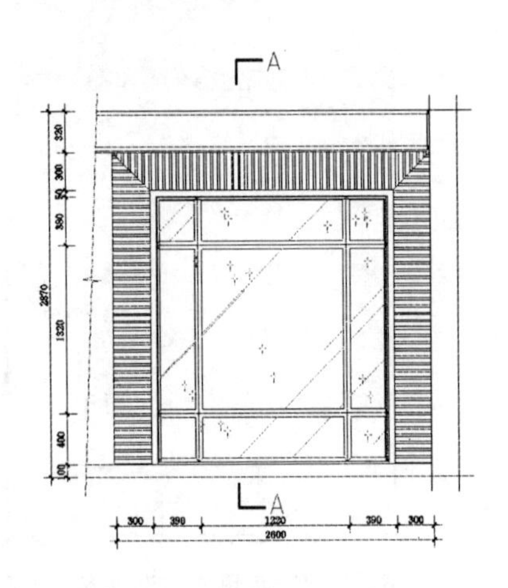

图 6-25 添加尺寸标注

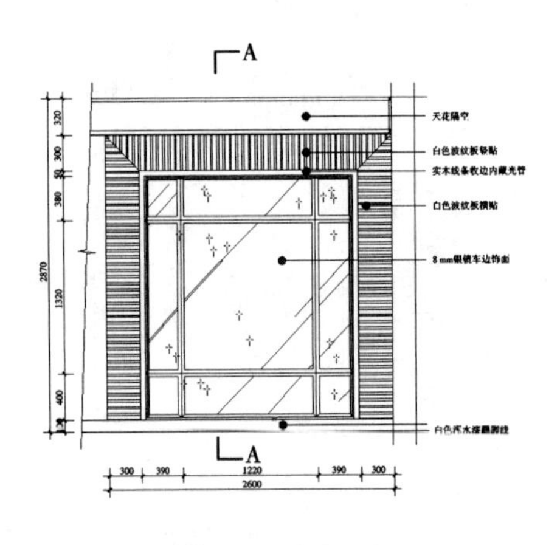

图 6-26 添加文字标注

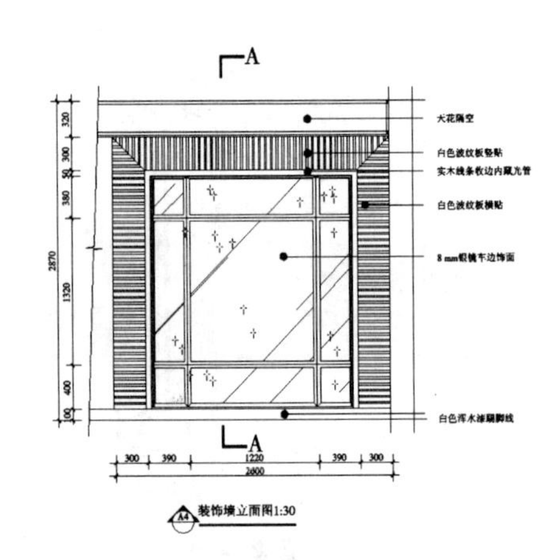

图 6-27 添加图名标注

(23)接下来绘制装饰墙的剖面图,使用矩形命令,按照给出的尺寸,绘制一个矩形,如图 6-28 所示。

(24)将矩形打散,删除右侧边,绘制一条折断线,如图 6-29 所示。

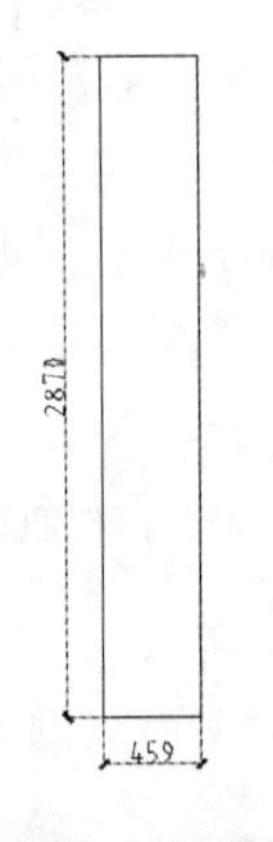

图 6-28 绘制矩形

图 6-29 绘制折断线

(25)执行偏移命令，将矩形的左侧边向右偏移，偏移距离如图 6-30 所示。

(26)使用直线、偏移等命令对天花的隔空处进行绘制，尺寸如图 6-31 所示。

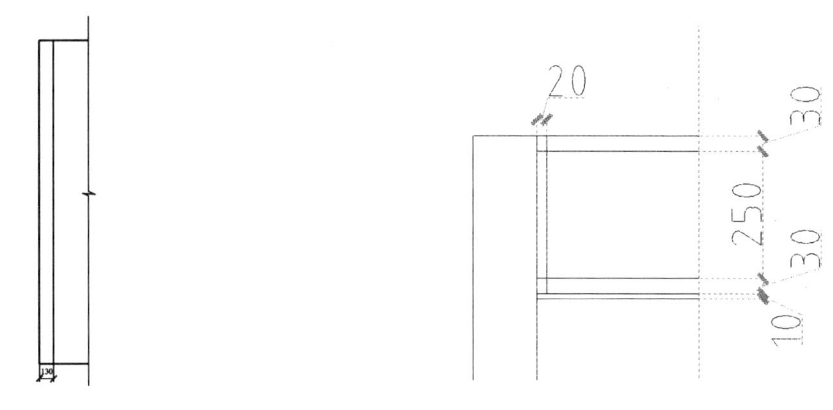

图 6-30 偏移直线　　图 6-31 绘制细节

(27)绘制好的墙顶柜如图 6-32 所示。

(28)使用矩形命令，绘制一个宽度为 85 的矩形，其位置如图 6-33 所示。

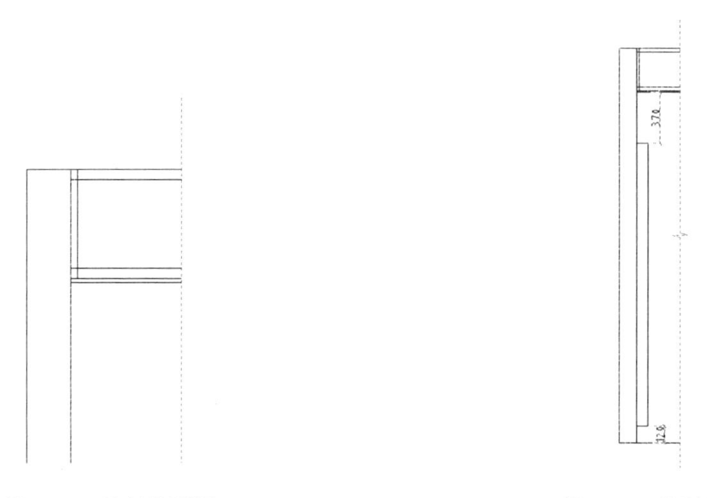

图 6-32 绘制墙顶柜　　图 6-33 绘制矩形

(29)打散矩形，将矩形相应的边向外偏移 15，同时将矩形上侧的垂直线条向右偏移 25，踢脚线处向外偏移 15，如图 6-34 所示。

(30)对装饰墙顶处进行细化，细化尺寸如图 6-35 所示。

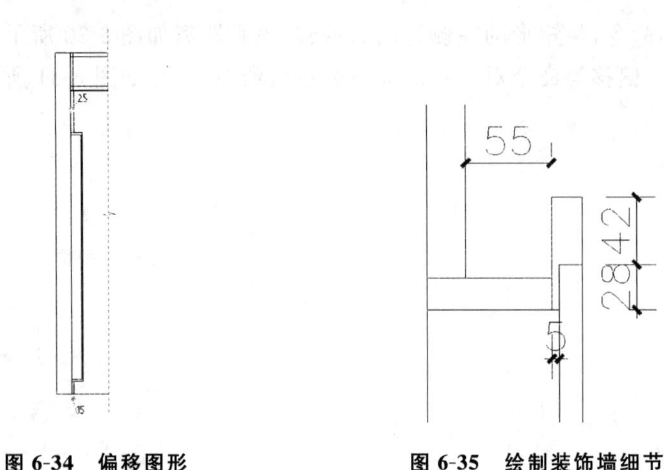

图 6-34 偏移图形　　图 6-35 绘制装饰墙细节

(31)用同样的方法对装饰墙底部进行细化,如图 6-36 所示。

(32)对装饰墙顶部与底部细化后的效果如图 6-37 所示。

(33)执行偏移命令,对矩形的上下两边进行偏移,偏移距离如图 6-38 所示。

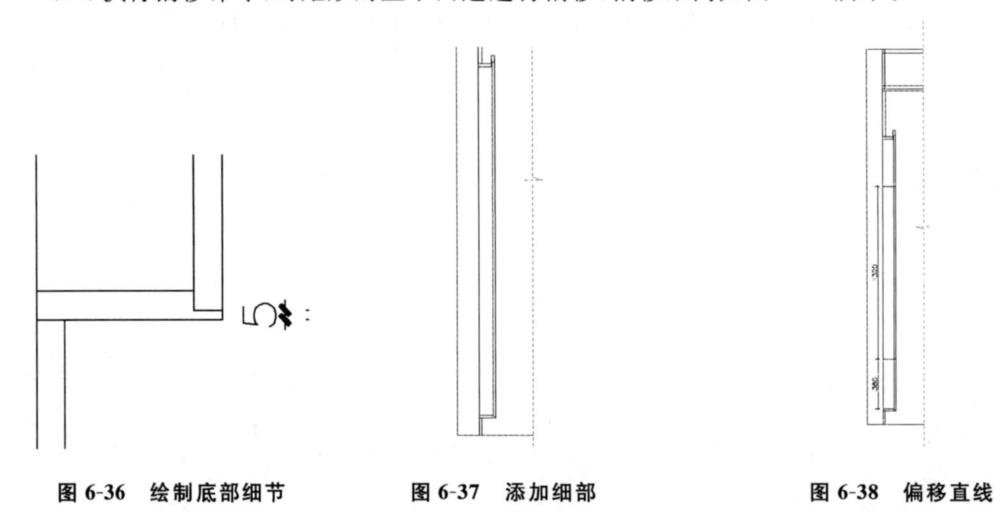

图 6-36 绘制底部细节　　图 6-37 添加细部结构后的效果　　图 6-38 偏移直线

(34)在偏移所得的两条直线上,继续进行直线偏移,距离如图 6-39 所示。

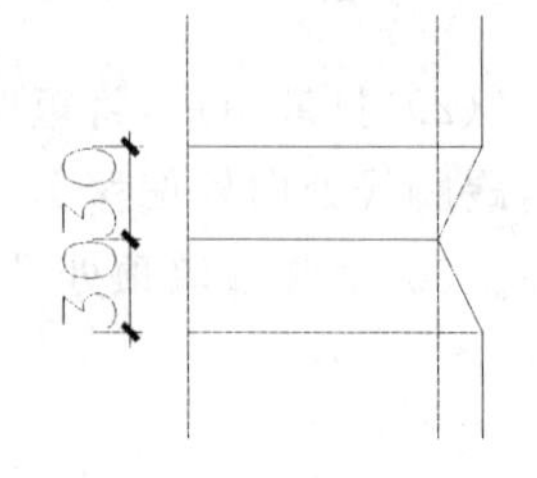

图 6-39 偏移直线

(35)执行直线命令,将偏移所得的直线对角进行连接,如图 6-40 所示。

(36)删除多余线条,效果如图 6-41 所示。

(37)整体效果如图 6-42 所示。

(38)使用圆和直线命令,绘制一个灯图形,放置在形像墙与背景墙之间,效果如图 6-43 所示。

(39)使用斜线图案对矩形进行图案填充,如图 6-44 所示。

(40)使用线性标注和连续标注命令,对装饰墙剖面进行详细的尺寸标注,如图 6-45 所示。

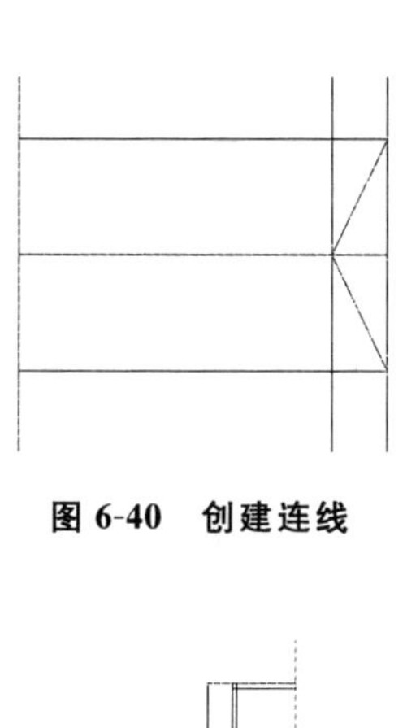

图 6-40　创建连线

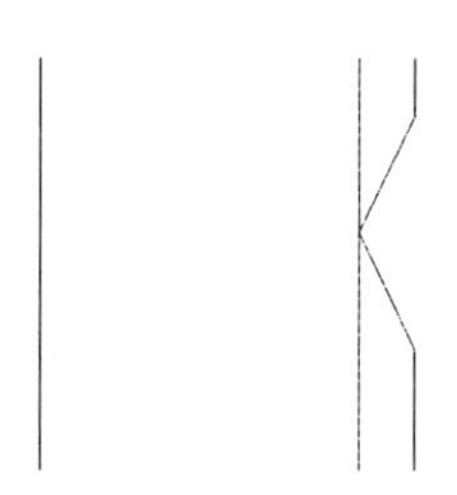

图 6-41　删除线条

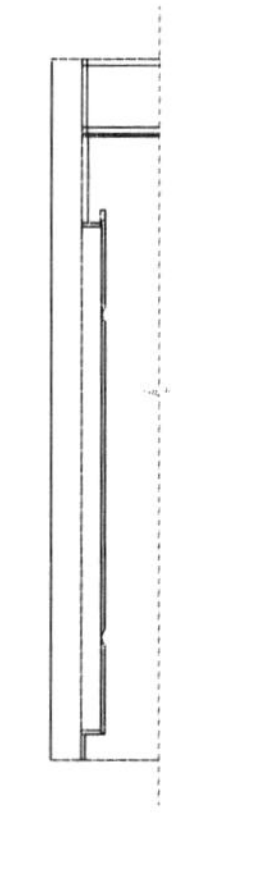

图 6-42　整体效果

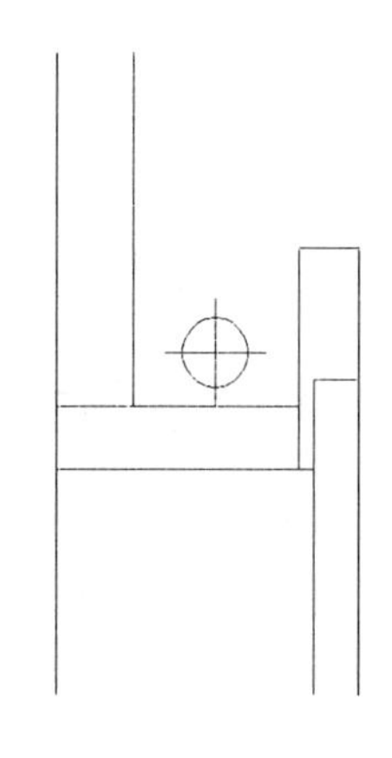

图 6-43　绘制灯泡

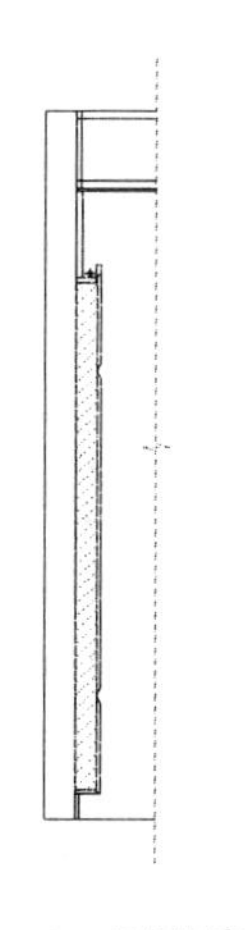

图 6-44　图案填充

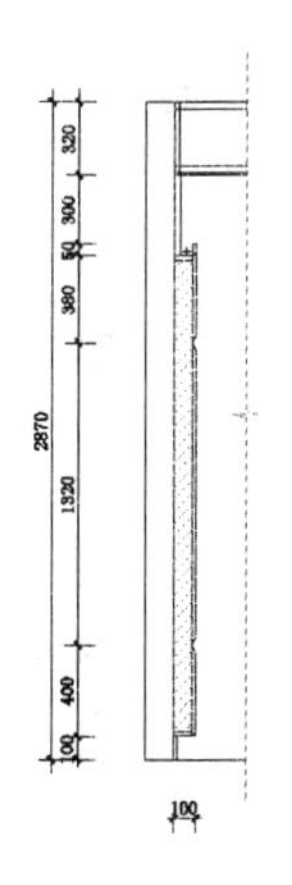

图 6-45　尺寸标注

(41)执行 LE(引线标注)命令,对使用的材料在剖面图上进行标注,如图 6-46 所示。

(42)加入图名标注,图名符号可以使用附赠光盘素材图形,最终结果如图 6-47 所示。

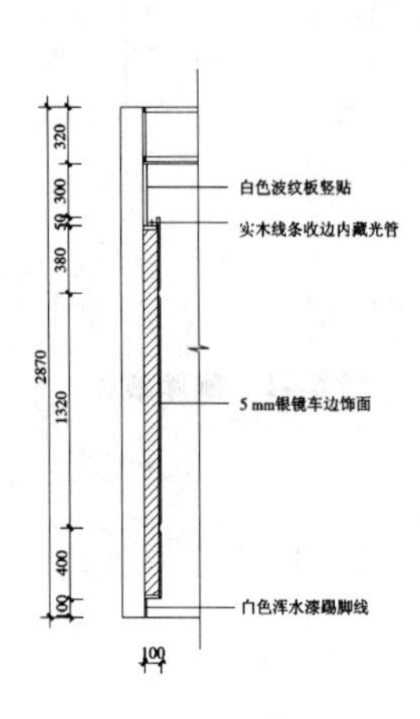

图 6-46　引线标注

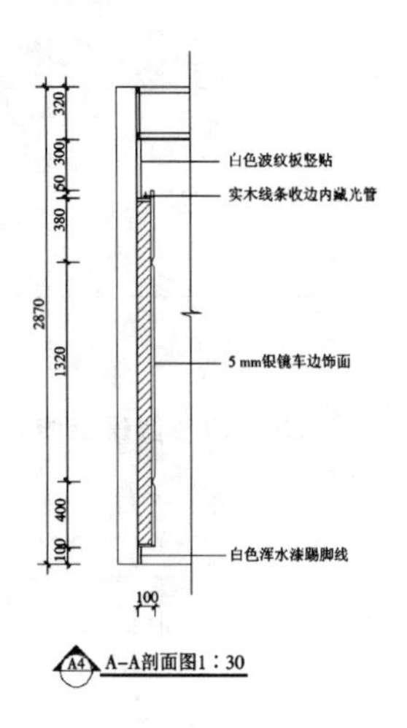

图 6-47　加入图名标注

实例 66　绘制住宅剖面图

剖面图的剖切位置和数量应根据建筑物自身的复杂情况而定，一般剖切位置选择在建筑物的主要部位或是构造较为典型的部位，如楼梯间等。习惯上，剖面图不画基础，断开面上的材料图例与图线的表示均与平面图的表示相同，即被剖到的墙、梁、板等用粗实线表示，没有剖到的但是可见的部分用中粗实线表示，被剖切断开的钢筋混凝土梁、板涂黑表示。

案例效果

本实例绘制效果如图 6-48 所示。

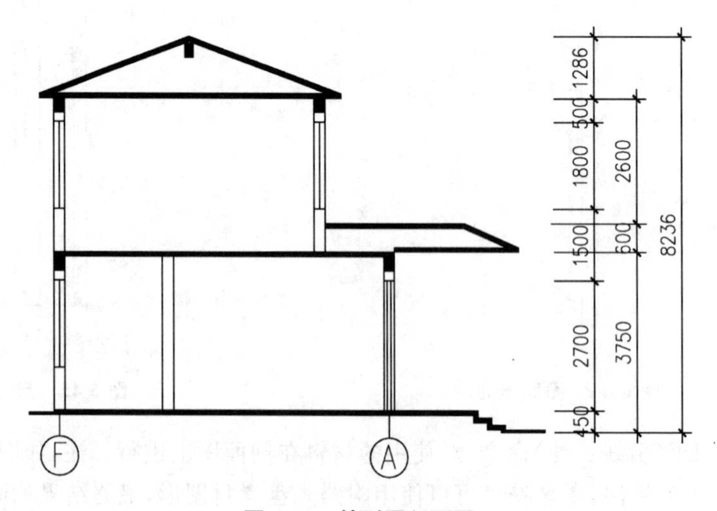

图 6-48　某别墅剖面图

案例步骤

一、确定剖面图的剖视方向

(1)复制原有图形。打开附赠光盘中的“别墅平面图.dwg”文件，输入“CO”命令，复制别墅首层平面图及已有的二层平面图。

(2)绘制剖视符号。将“标注”层置为当前图层，输入“PL”命令，绘制如图 6-50 所示的宽度为 50 的多段线。

(3)标注剖视文字。将文字“样式 2”置为当前文字标注样式，输入“DT”命令，输入“A”，并将其移动至多段线左侧，结果如图 6-51 所示。

图 6-50 绘制多段线

图 6-51 编辑图形

(4)移动图形。输入“M”命令，将绘制的图形移动至首层平面图要剖切的位置，并使用“MI”命令将其镜像复制到另一侧，结果如图 6-52 所示。

(5)复制剖切符号。输入“CO”命令，以一层平面图左上角轴线交点为基点，二层平面图左上角轴线交点为第二点，将剖切符号复制到二层平面图相对应的位置，结果如图 6-53 所示。

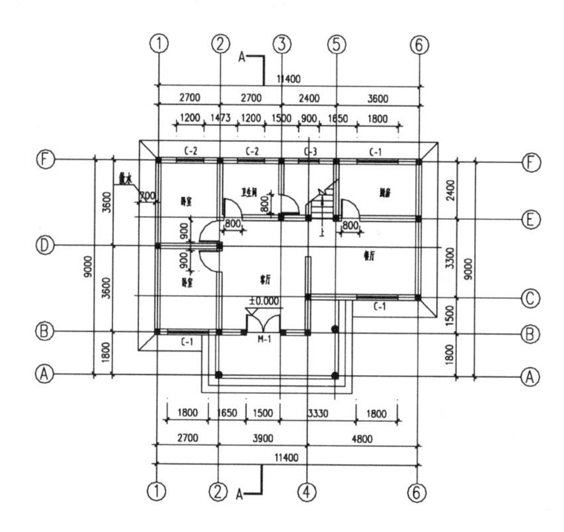

图 6-52 移动图形

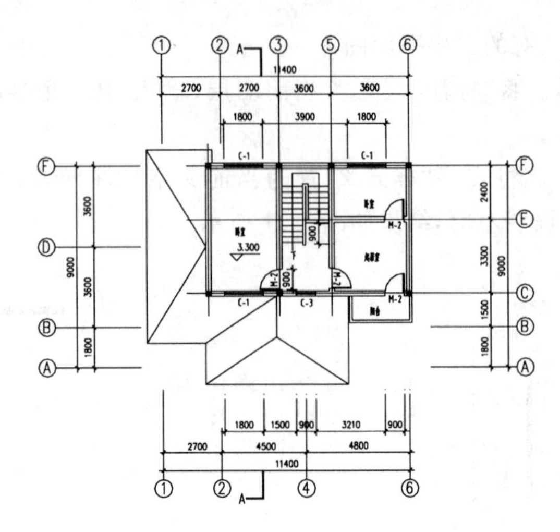

图 6-53　复制剖切符号

二、绘制外部轮廓

1. 绘制一层外部轮廓

(1)输入“CO”命令,复制别墅平面图,并对其进行删除和修剪等操作,整理出一层户型图,将其旋转 90°,结果如图 6-54 所示。

(2)绘制一层轮廓线。将“墙体”层置为当前图层,输入“XL”命令,过一层剖面位置的墙体、门窗两侧及台阶边缘绘制如图 6-55 所示的 7 条构造线,进行墙体、门窗和台阶等的定位。

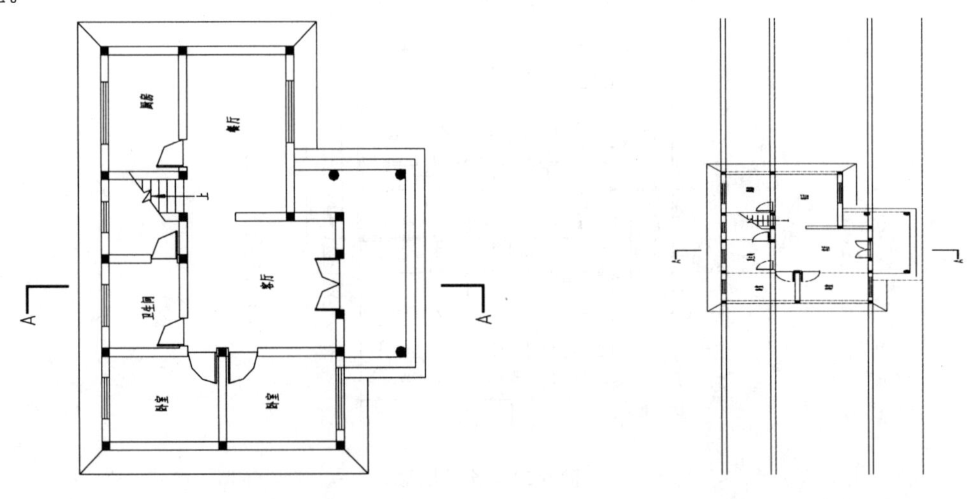

图 6-54　整理图形　　　　图 6-55　绘制构造线

(3)绘制地面线。输入“L”命令,绘制一条垂直于构造线的水平直线,并将其向上偏移 3750,修剪多余的线条,完成轮廓线的绘制,结果如图 6-56 所示。

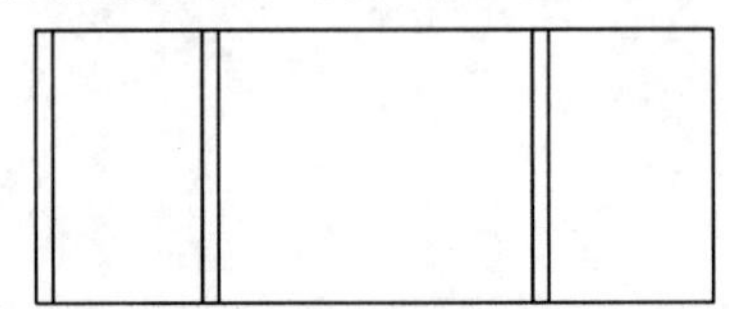

图 6-56　绘制轮廓线

2. 绘制二层外部轮廓

(1)输入“CO”命令，复制别墅二层平面图，并对其进行删除和修剪等操作，整理出二层户型图，将其旋转90°，结果如图6-57所示。

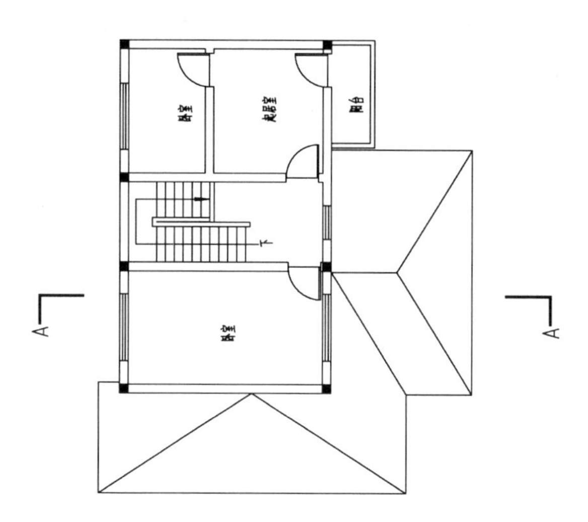

图6-57 整理图形

(2)移动图形。输入“M”命令，将整理的二层平面图移动到一层轮廓线上方，保证二层平面图左墙轴线与一层轮廓线左侧直线在一条垂直线上，如图6-58所示。

(3)绘制二层轮廓线。输入“XL”命令，过二层剖面位置的窗体两侧及屋面边缘线绘制如图6-59所示的6条构造线，进行窗体和屋顶等的定位。

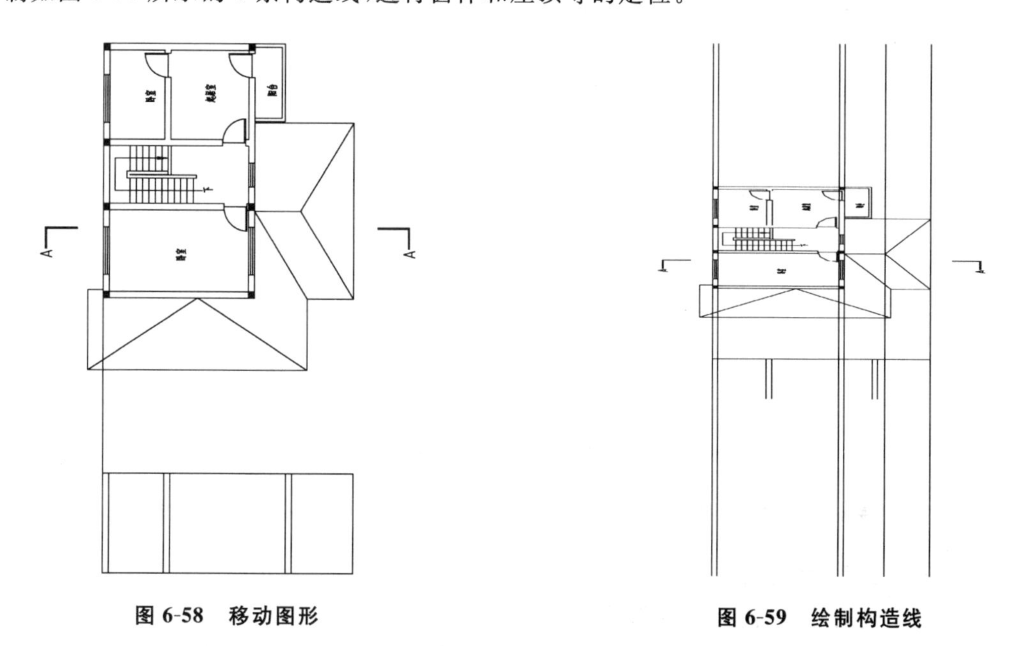

图6-58 移动图形　　图6-59 绘制构造线

(4)确定二层及屋顶高度。输入“O”命令，将一层轮廓线的上方水平线向上连续偏移两次，偏移量分别为3300和1800，并修剪多余的线条，结果如图6-60所示。

三、绘制楼板结构

1. 绘制一层楼板结构

（1）新建“楼板”图层，图层颜色设为青色，并将其置为当前图层。

（2）绘制一层楼板结构。输入“PL”命令，捕捉轮廓线左下角端点为起点，沿 Y 轴垂直方向输入 450，再沿 X 轴水平向左绘制一条多段线，并将其向下偏移 100，结果如图 6-61 所示。

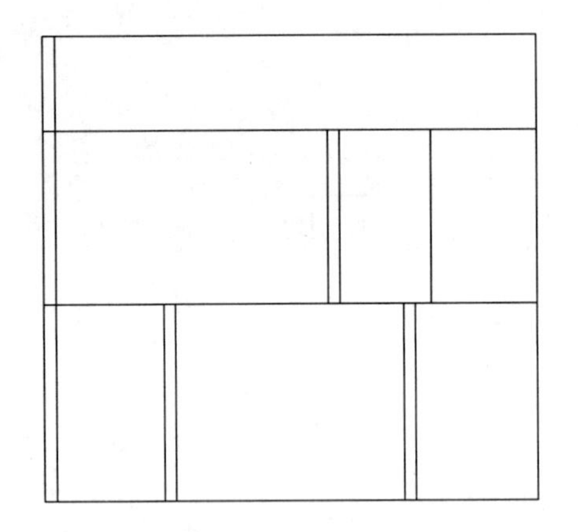

图 6-60　绘制轮廓线

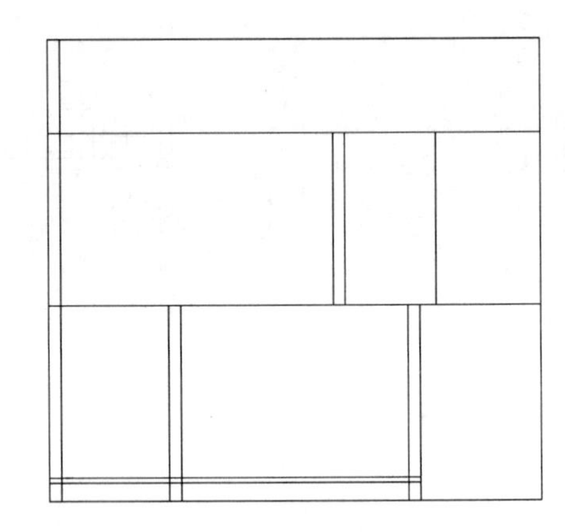

图 6-61　绘制多段线

（3）完善楼板。输入“L”命令，将上面绘制的一层楼板的线段封闭，并修剪多余的线条，结果如图 6-62 所示。

（4）填充楼板。将“填充”层置为当前图层，输入“H”命令，选择“SOLID”图案对楼板进行填充，结果如图 6-63 所示。

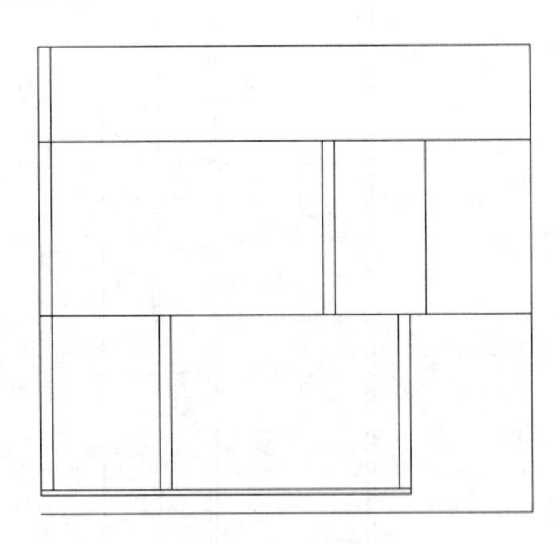

图 6-62　完善楼板

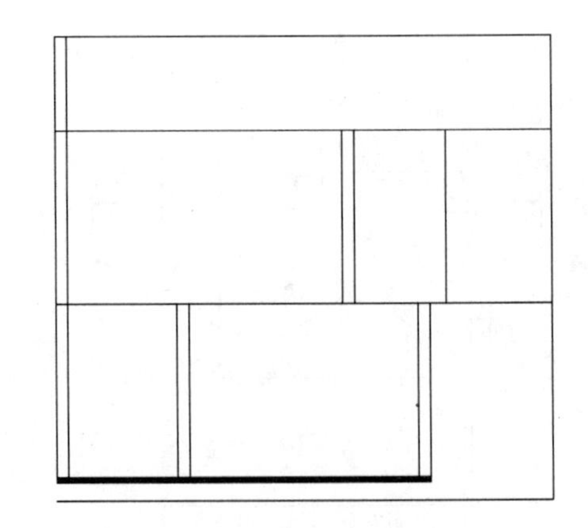

图 6-63　填充楼板

2. 绘制二层楼板结构

（1）将“楼板”图层置为当前图层。

（2）绘制二层楼板结构。输入“PL”命令，在二层楼板相应位置绘制一条多段线，并将其向下偏移 100，如图 6-64 所示。

（3）完善楼板。输入“L”命令，将上面绘制的二层楼板的线段封闭，并修剪多余的线条，结果如图 6-65 所示。

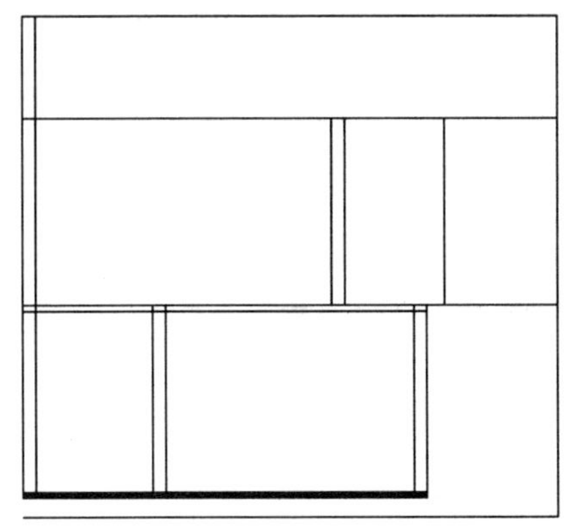

图 6-64　绘制并偏移多段线

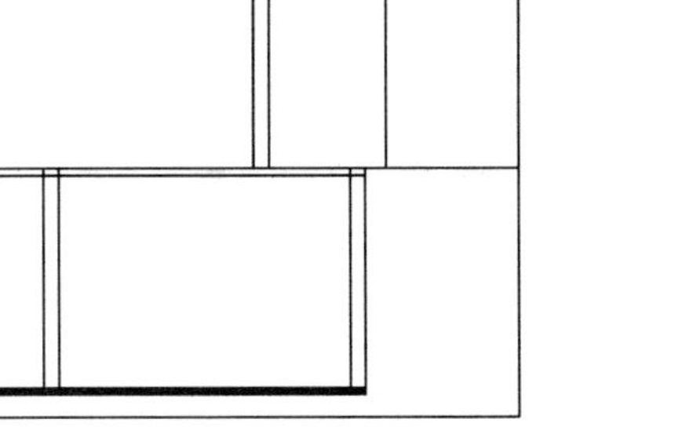

图 6-65　完善图形

(4)填充楼板。将“填充”图层置为当前图层，输入“H”命令，选择“SOLID”图案对楼板进行填充，结果如图 6-66 所示。

3. 绘制入户处楼板结构

(1)绘制入户处楼板结构。将“楼板”图层置为当前图层。输入“PL”命令，在入口位置绘制一条多段线，并将其向下偏移 100，如图 6-67 所示。

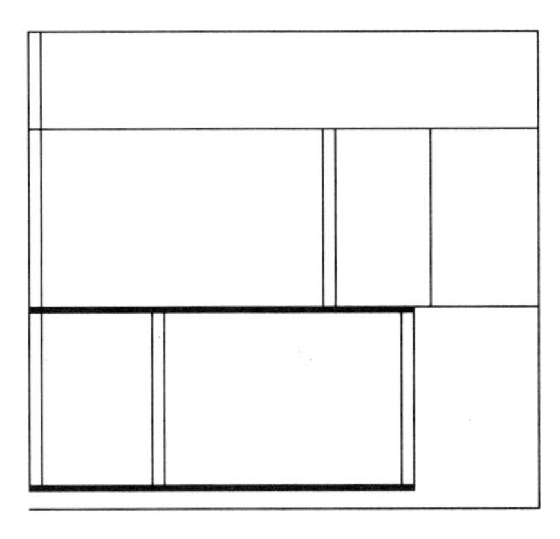

图 6-66　填充楼板

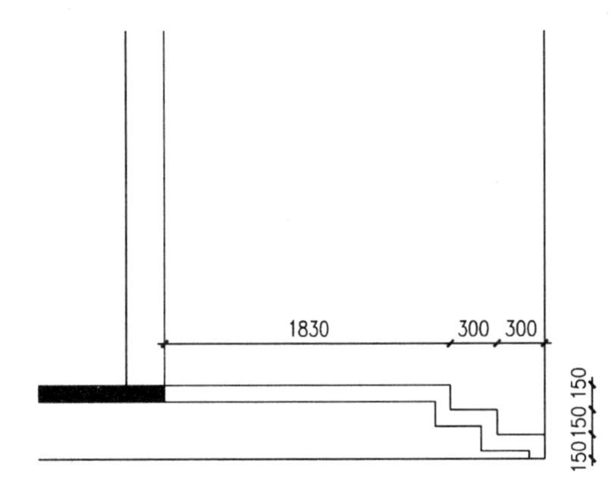

图 6-67　绘制并偏移多段线

(2)完善楼板。输入“L”命令，将上面绘制的入户楼板的线段封闭，并修剪多余的线条，结果如图 6-68 所示。

(3)填充楼板。将“填充”图层置为当前图层，输入“H”命令，选择“SOLID”图案对楼板进行填充，结果如图 6-69 所示。

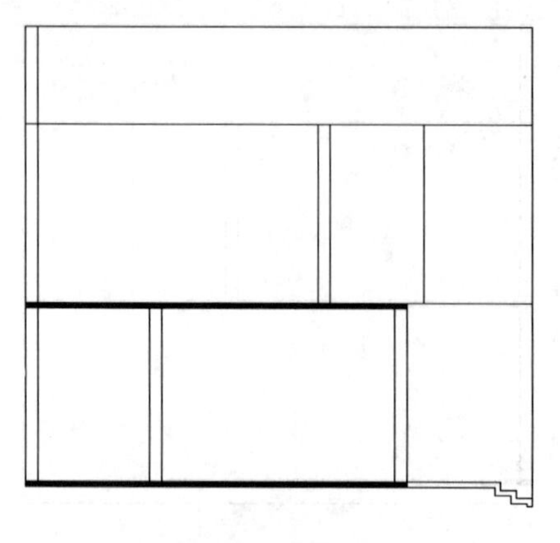

图 6-68　完善楼板

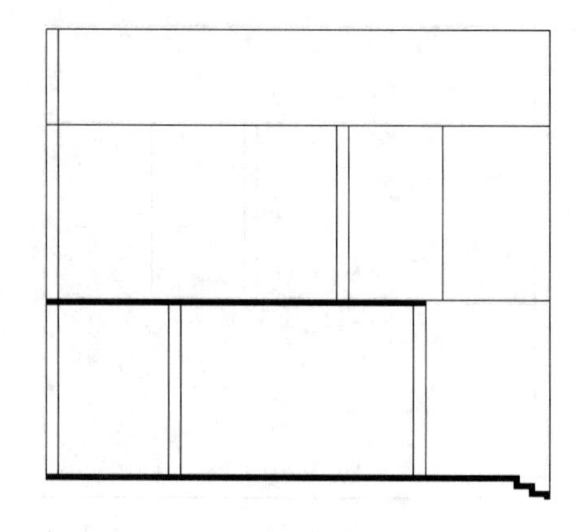

图 6-69　填充楼板

四、绘制门窗结构

1. 绘制入户门

(1)绘制边框。将"门"图层置为当前图层,输入"REC"命令,绘制一个尺寸为 240×2700 的矩形,如图 6-70 所示。

(2)绘制内部。输入"X"命令,分解矩形,再输入"O"命令,将左侧的垂直线条向右连续偏移两次,偏移量为 80,结果如图 6-71 所示。

图 6-70　绘制边框　　　　图 6-71　偏移线条

(3)移动图形。输入"M"命令,指定门的右下角端点为基点,一层楼板右上角端点为第二点进行移动,结果如图 6-72 所示。

2. 绘制窗体

(1)绘制窗体。将"窗体"图层置为当前图层,输入"REC"命令,绘制一个尺寸为 240×1800 的矩形,并过矩形两水平边中点绘制一条直线,结果如图 6-73 所示。

(2)移动窗体。输入"M"命令,指定窗体左下角端点为基点,捕捉一层楼板左上端点,沿 Y 轴垂直向上输入 900,移动结果如图 6-74 所示。

(3)完善图形。输入"CO"命令,复制一窗体至二楼相应处,并用上述同样的方法进行移动,结果如图 6-75 所示。

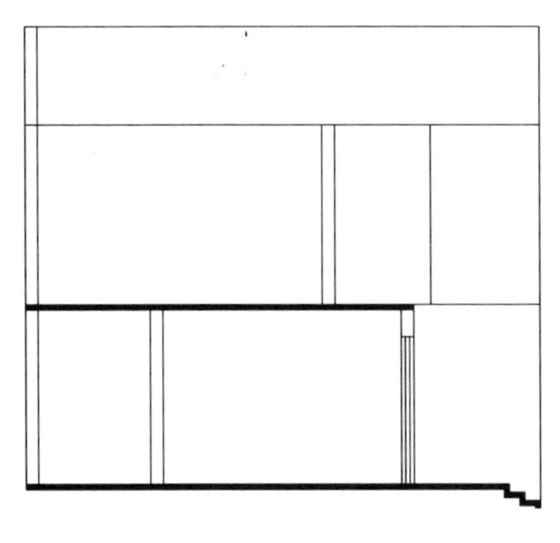

图 6-72 移动图形

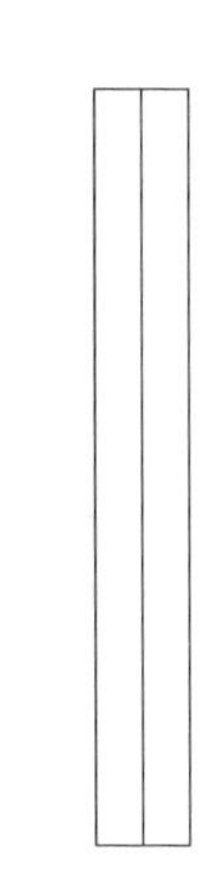

图 6-73 绘制窗体

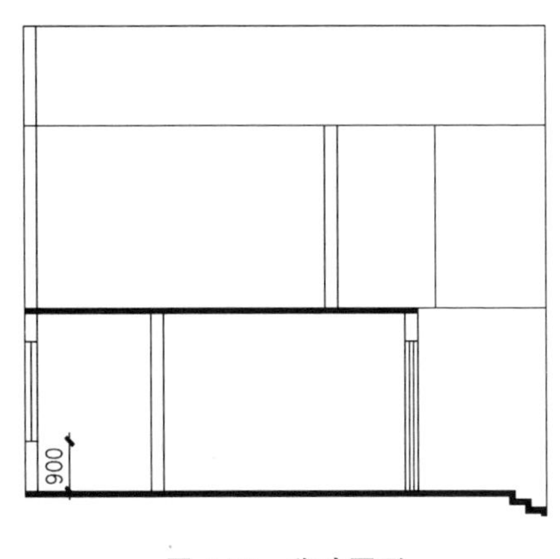

图 6-74 移动图形

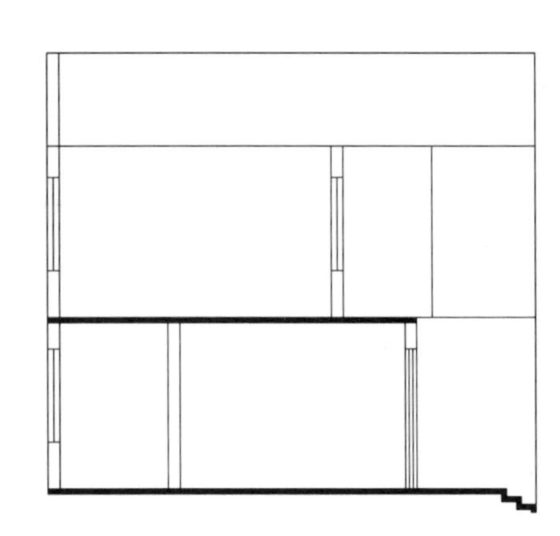

图 6-75 完善图形

五、绘制挡雨篷结构

(1)将“屋面”图层置为当前图层。

(2)绘制底板结构。输入“REC”命令,绘制一个尺寸为 2730×100 的矩形,并对其进行“SOLID”图案填充,结果如图 6-76 所示。

(3)绘制屋面结构。输入“PL”命令,指定矩形右上角端点为起点,输入下一点的相对极坐标(@1288<157),再沿 X 轴水平向左输入 3042,结果如图 6-77 所示。

图 6-76 绘制并填充矩形　　　图 6-77 绘制多段线

(4)完善图形。输入“O”命令,将绘制的多段线向下偏移 100,并将两线开口封闭,结果如图 6-78 所示。

(5)填充图形。将“填充”图层置为当前图层,输入“H”命令,选择“SOLID”图案对楼板进行填充,结果如图 6-79 所示。

图 6-78 完善图形　　图 6-79 填充图形

(6)移动图形。输入“M”命令,指定图形下方矩形左下角端点为基点,二层楼板右上角端点为第二点进行移动,并修剪多余的线条,结果如图 6-80 所示。

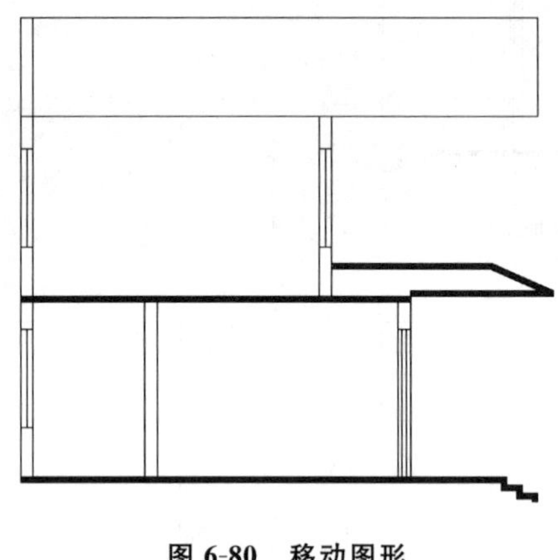

图 6-80 移动图形

六、绘制屋顶结构

(1)将“屋面”图层置为当前图层。

(2)绘制屋顶隔层。输入“REC”命令,绘制一个尺寸为 6588×100 的矩形,并对其进行“SOLID”图案填充,结果如图 6-81 所示。

(3)绘制屋面线。输入“PL”命令,绘制如图 6-82 所示的屋面线。

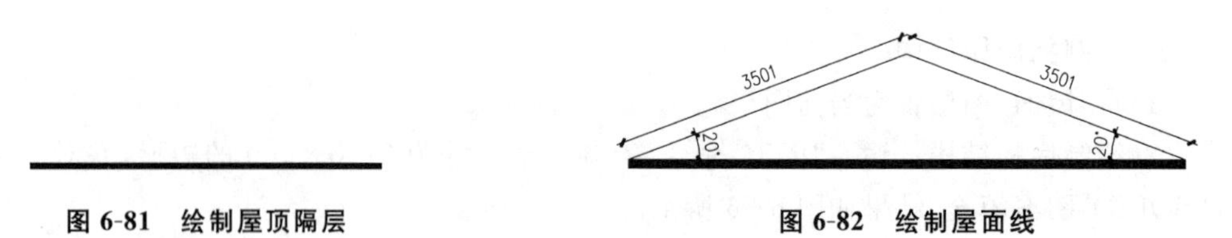

图 6-81 绘制屋顶隔层　　图 6-82 绘制屋面线

(4)绘制屋面结构。输入“O”命令,将绘制的多段线向下偏移 100,并进行“SOLID”图案填充,结果如图 6-83 所示。

(5)绘制屋面梁。输入“REC”命令,绘制一个尺寸为 200×300 的矩形,并对其进行“SOLID”图案填充,结果如图 6-84 所示。

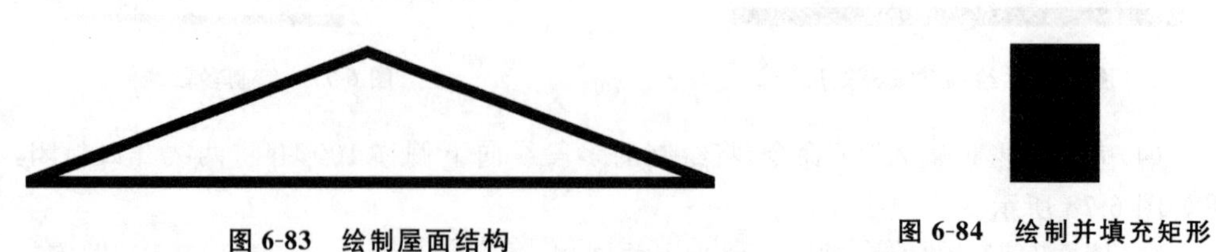

图 6-83 绘制屋面结构　　图 6-84 绘制并填充矩形

(6)移动梁。输入“M”命令,将绘制的图形进行移动,结果如图 6-85 所示。

(7)移动屋顶。输入“M”命令,将绘制的屋顶结构移动至如图6-86所示的位置,并删除多余的线条。

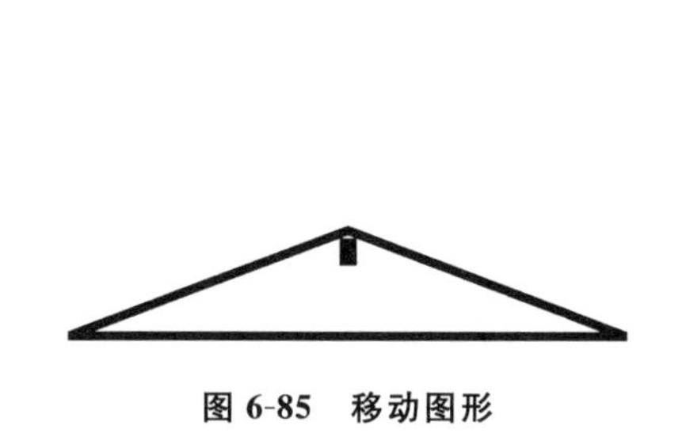

图6-85 移动图形

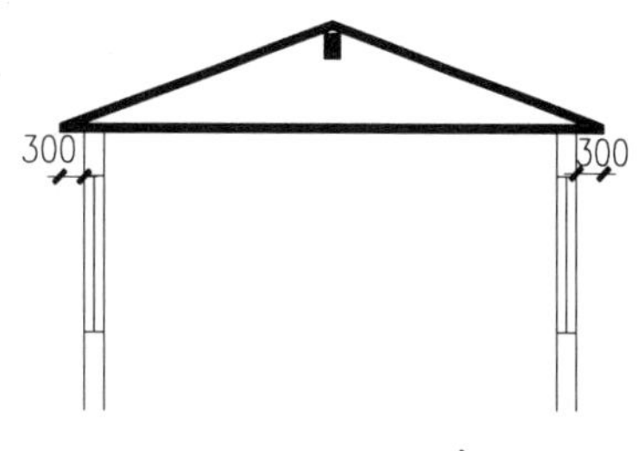

图6-86 移动图形

七、绘制其他结构

(1)绘制墙体结构。将“墙体”图层置为当前图层,输入“REC”命令,绘制一个尺寸为240×300的矩形,对其进行“SOLID”图案填充,并将其移动复制至外墙体相应位置,结果如图6-87所示。

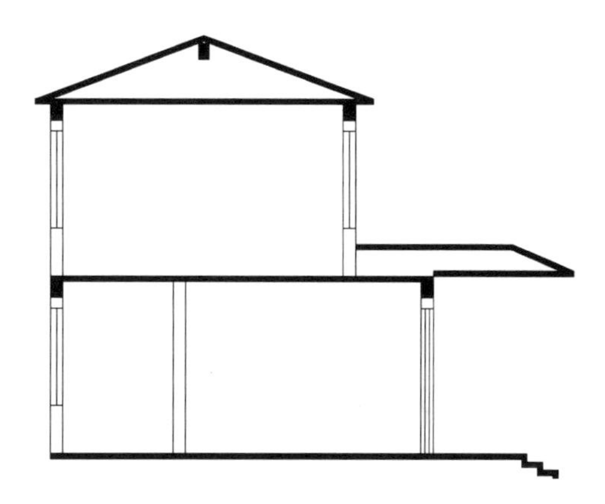

图6-87 绘制墙体结构

(2)修改地面线。输入“PL”命令,在台阶及一层楼板处向外绘制一截水平直线,并向上偏移50,封闭开口,对其进行“SOLID”图案填充,结果如图6-88所示。

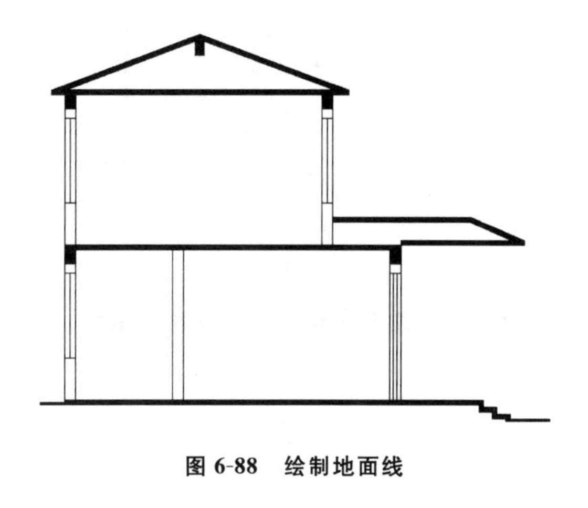

图6-88 绘制地面线

八、图形标注

(1)将“标注”图层置为当前图层,用标注建筑立面图的方法对剖面图进行文字、尺寸、轴号等的标注,结果如图 6-89 所示。

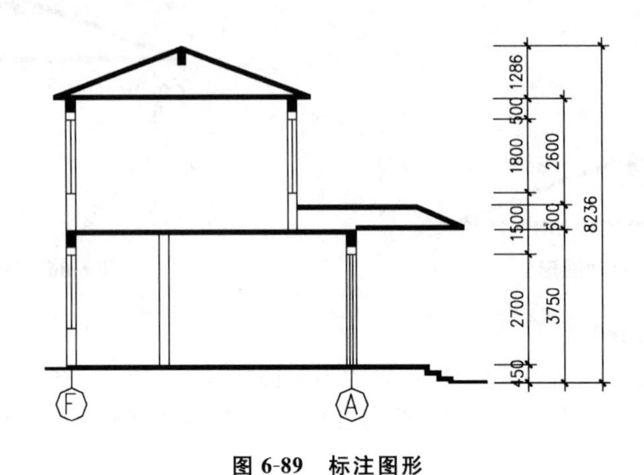

图 6-89 标注图形

(2)至此,别墅剖面图绘制完成。

6.3 上机练习

实例 67 绘制楼梯剖面图

楼梯结构剖面图是垂直剖切在楼梯段上所得到的剖视图,一般采用 1:50 的比例绘制。楼梯结构剖面图一般绘出楼梯口的地面线,板的断面以及楼梯下面的楼梯基础。

案例效果

本实例绘制效果如图 6-90 所示。

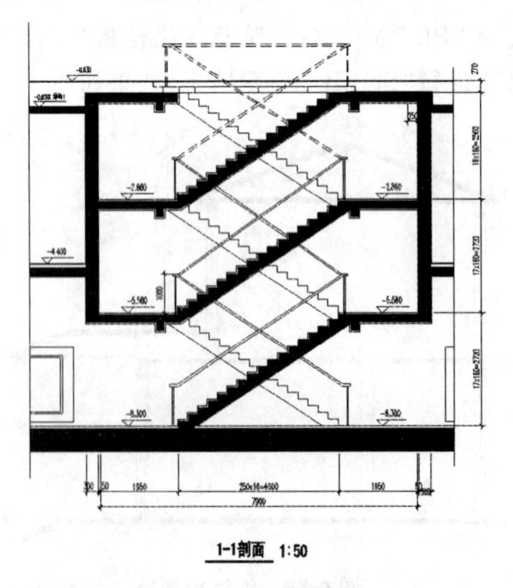

图 6-90 楼梯剖面图

步骤提示

(1)启动 AutoCAD 2014,新建空白文件,执行直线命令,在绘图区绘制垂直直线,长度适当,然后使用偏移命令,将绘制的直线水平偏移 10625 宽度,结果如图 6-91 所示。

(2)在合适位置绘制一条水平直线,然后使用偏移命令,根据提供的尺寸,将绘制的水平直线向垂直方向偏移,如图 6-92 所示。

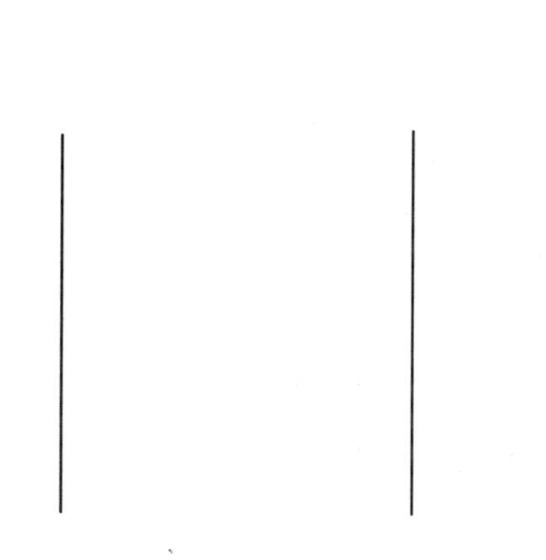

图 6-91 绘制直线

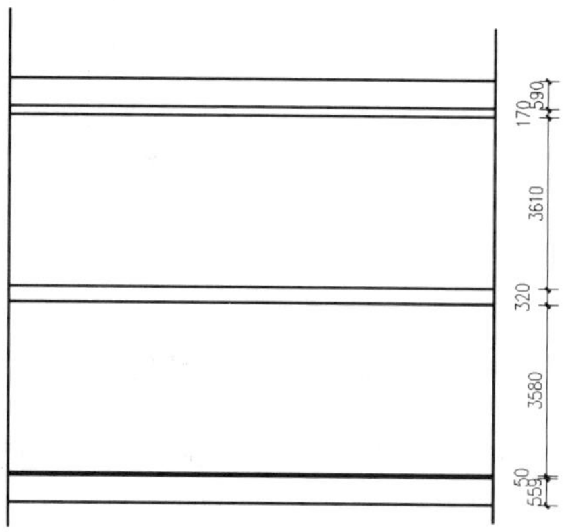

图 6-92 创建水平直线并偏移

(3)综合使用直线、偏移等命令,根据所给尺寸,绘制楼梯房结构线,结果如图 6-93 所示。

(4)再次使用直线、偏移、倒角、修剪等命令,对楼梯房的隔板进行绘制,如图 6-94 所示。

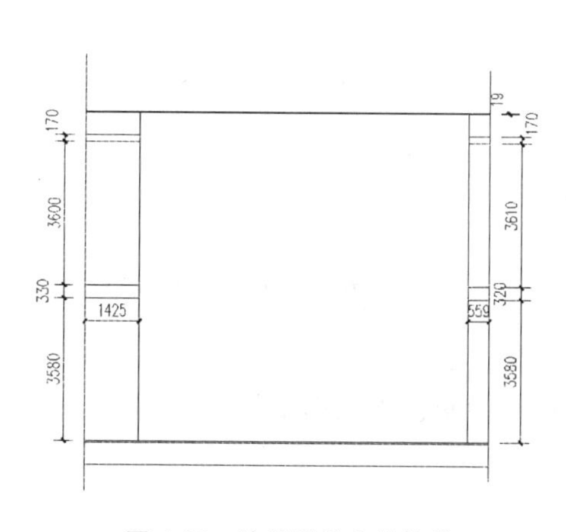

图 6-93 绘制楼梯房结构线

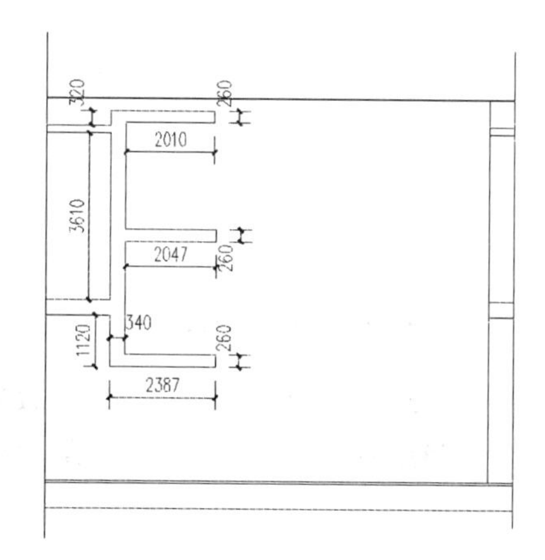

图 6-94 绘制楼梯房隔板

(5)继续绘制右侧的结构线,结果如图 6-95 所示。

(6)在结构板上,绘制出用于架设楼梯板的凸出结构,如图 6-96 所示。

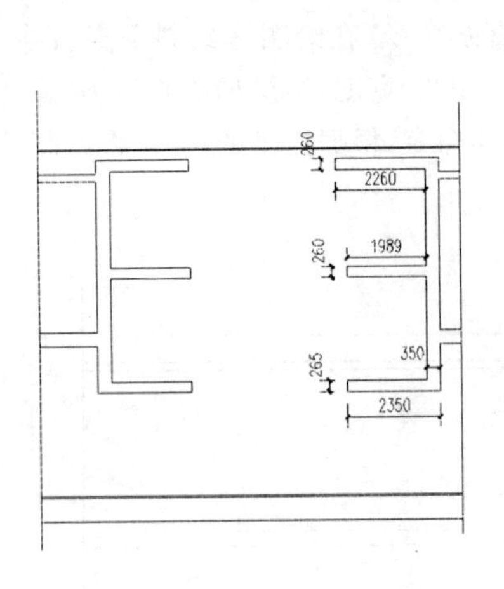

图 6-95　绘制右侧的结构线

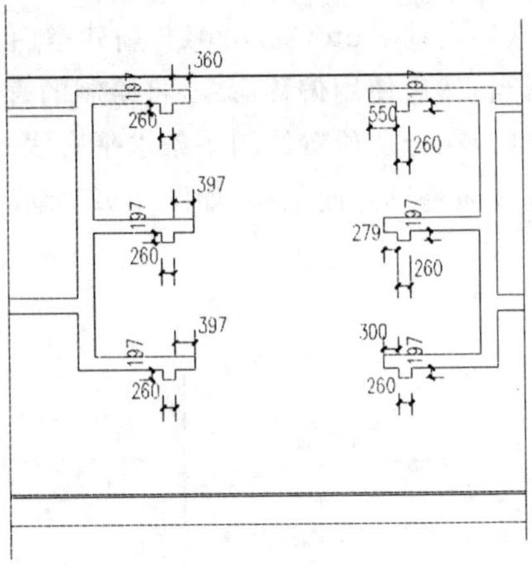

图 6-96　绘制凸出结构

(7)将结构线统一向内侧偏移 30,并将偏移所得的线条设置为黄色,结果如图 6-97 所示。

(8)使用直线、偏移命令,绘制其他结构线,如图 6-98 所示。

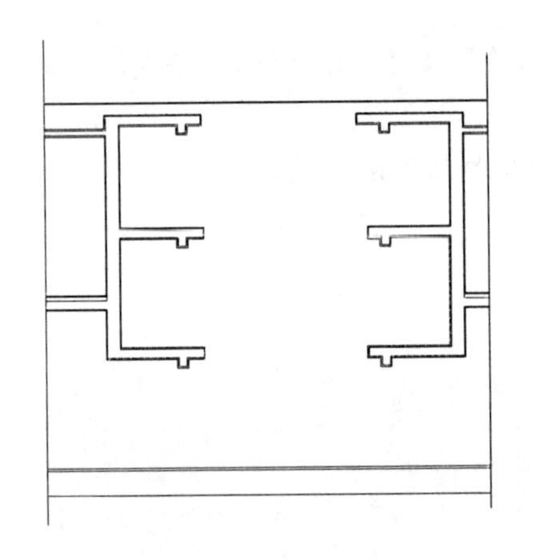

图 6-97　偏移出内线

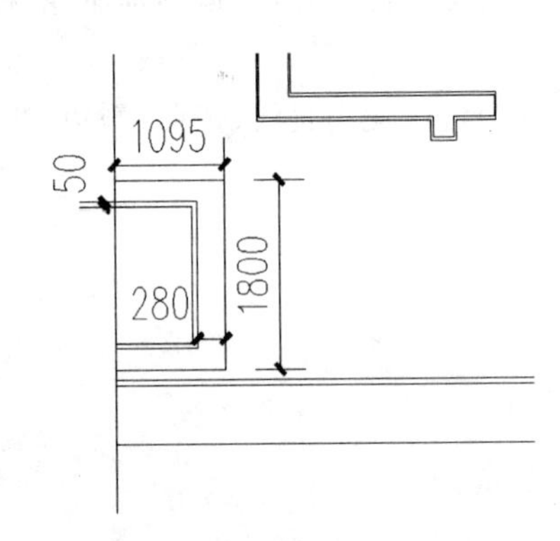

图 6-98　绘制其他细部结构

(9)在楼梯间的右侧绘制矩形,参数如图 6-99 所示。

(10)使用直线、偏移、矩形、倒角、修剪等命令,绘制楼顶细部结构线,如图 6-100 所示。

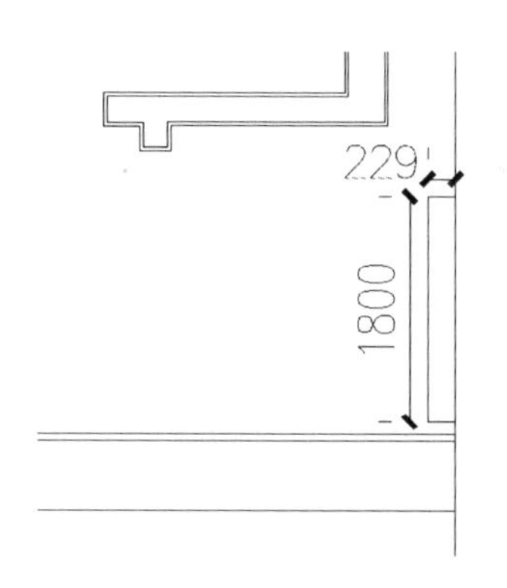

图 6-99　绘制矩形

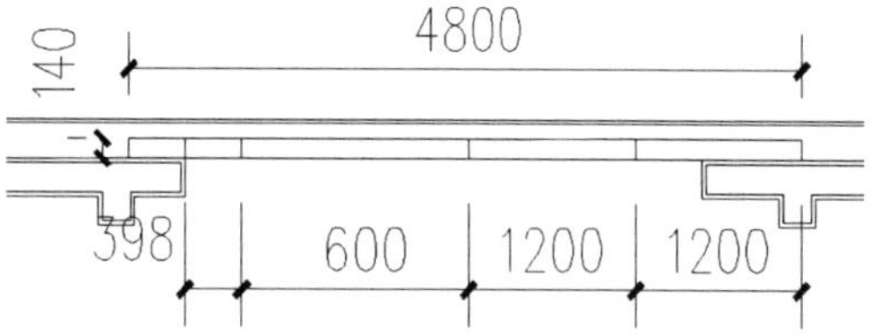

图 6-100　绘制顶部结构

(11)绘制完所有细节后的结构如图 6-101 所示。

(12)下面准备绘制楼梯。使用偏移命令,按照给出的尺寸偏移出辅助线,如图 6-102 所示。

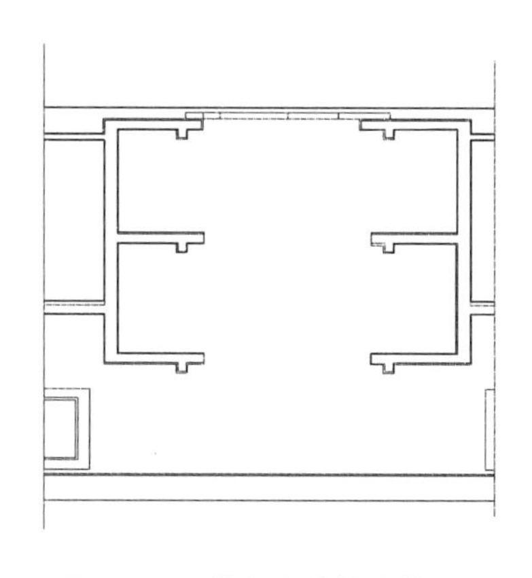

图 6-101　绘制完成的结构图

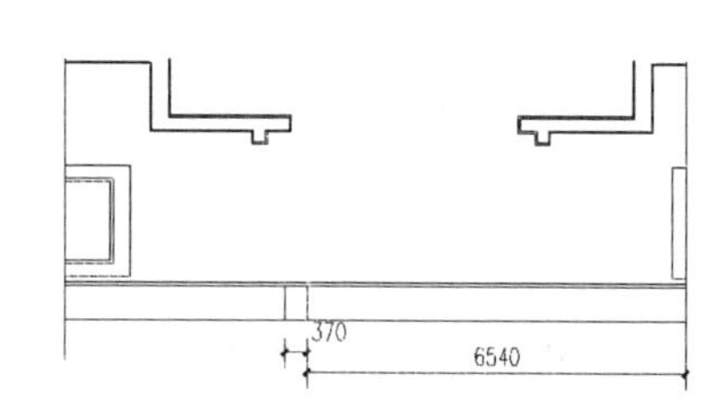

图 6-102　绘制辅助线

(13)在绘制的辅助线与楼板结构处,连接直线作为楼梯的底面线,如图 6-103 所示。

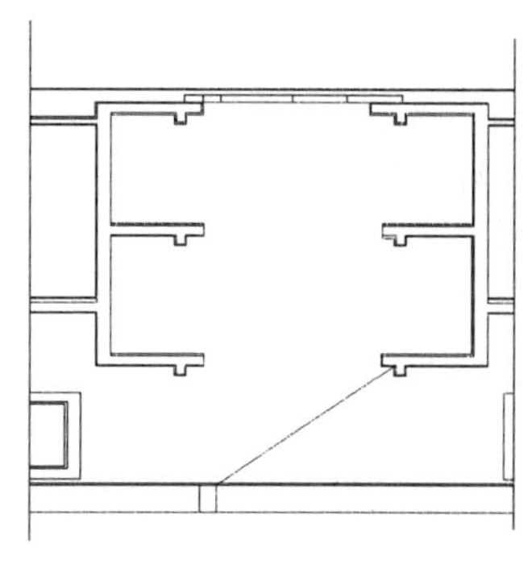

图 6-103　创建连线

(14)使用直线命令,绘制扶手的立柱,有了扶手立柱,能更好地确定扶手的位置,如图 6-104 所示。

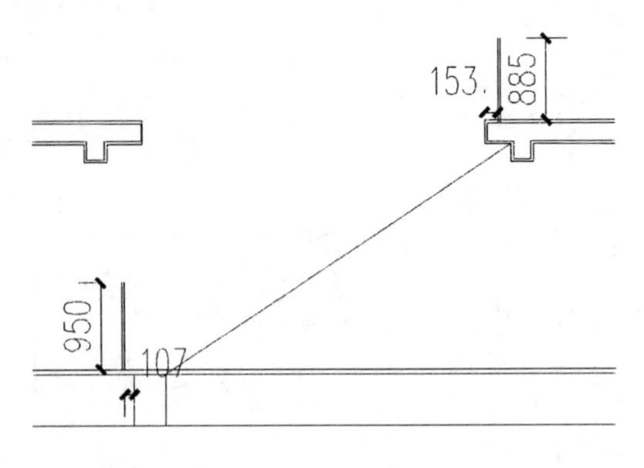

图 6-104 确定扶手位置

(15)按照给出的尺寸，绘制扶手的细节，如图 6-105 所示。

(16)上侧的扶手细节如图 6-106 所示。

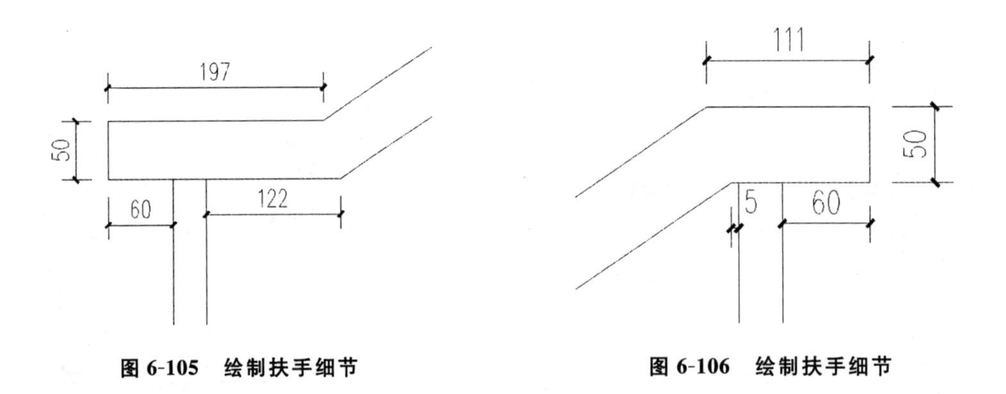

图 6-105 绘制扶手细节

图 6-106 绘制扶手细节

(17)在绘制好的扶梯上创建连线，如图 6-107 所示。

(18)绘制第一层阶梯，如图 6-108 所示。

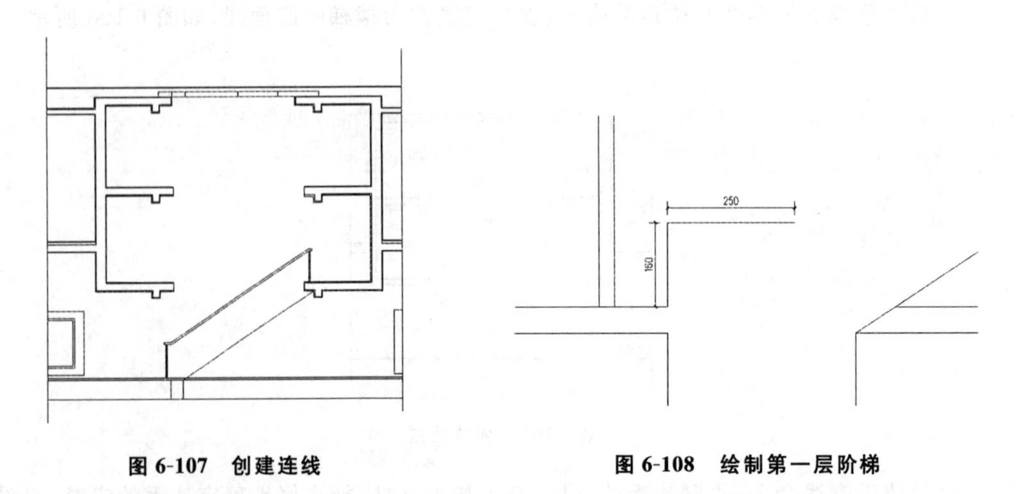

图 6-107 创建连线

图 6-108 绘制第一层阶梯

(19)使用复制命令，将绘制的第一层阶梯逐层基点复制，如图 6-109 所示。

(20)然后使用偏移工具,将阶梯线向内侧偏移,如图 6-110 所示。

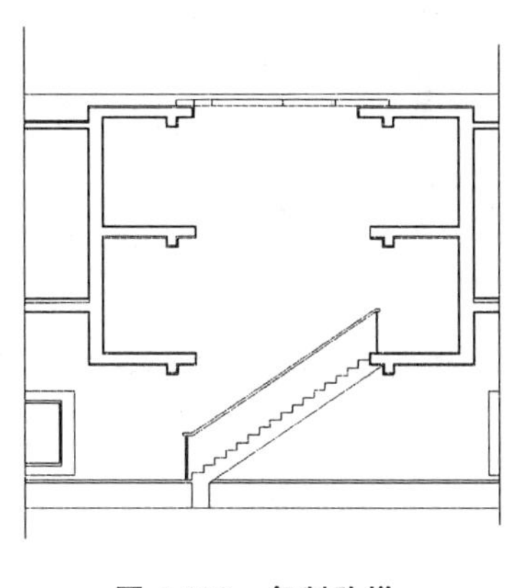

图 6-109　复制阶梯

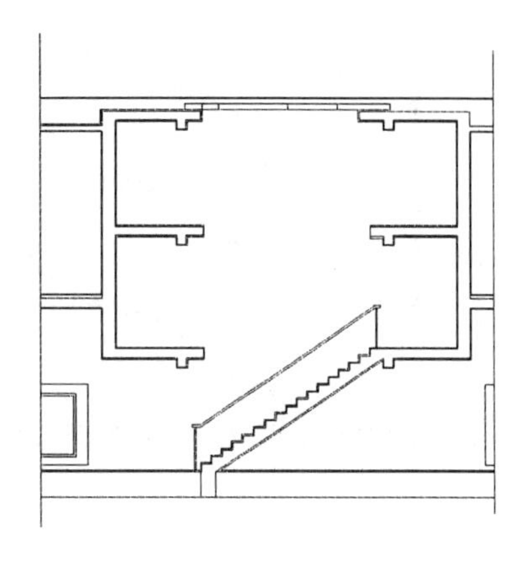

图 6-110　偏移阶梯线

(21)使用同样的方法,绘制反方向的阶梯,然后将阶梯与阶梯相交处修剪掉,如图 6-111 所示。

(22)重复以上步骤,绘制多级阶梯,如图 6-112 所示。

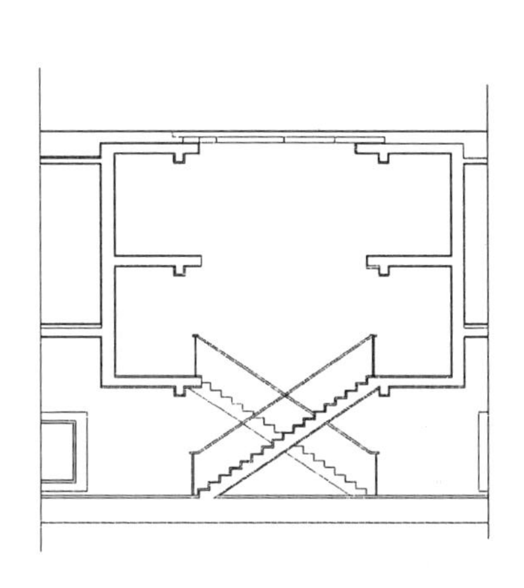

图 6-111　绘制并修剪阶梯

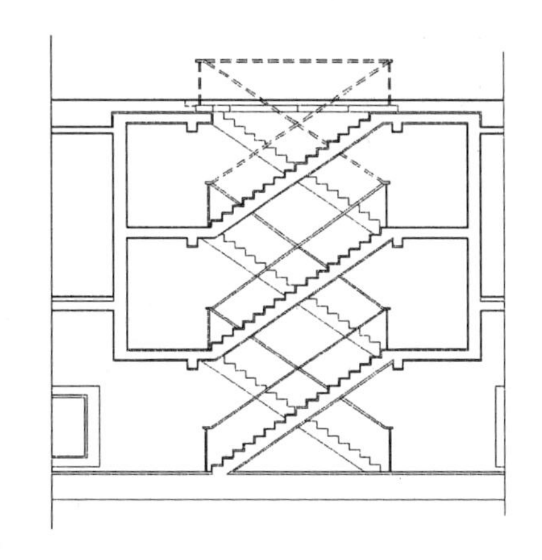

图 6-112　绘制多级阶梯

(23)使用图案填充命令,将楼梯间的结构层填充为黑色,如图 6-113 所示。

(24)对层高及主要尺寸进行标注,最终结果如图 6-114 所示。

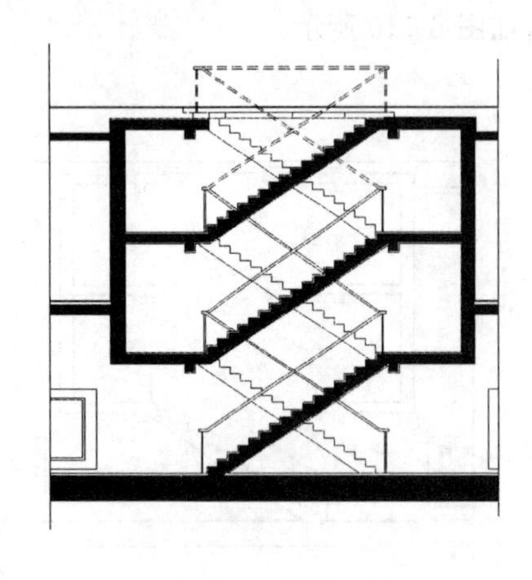

图 6-113　填充图案

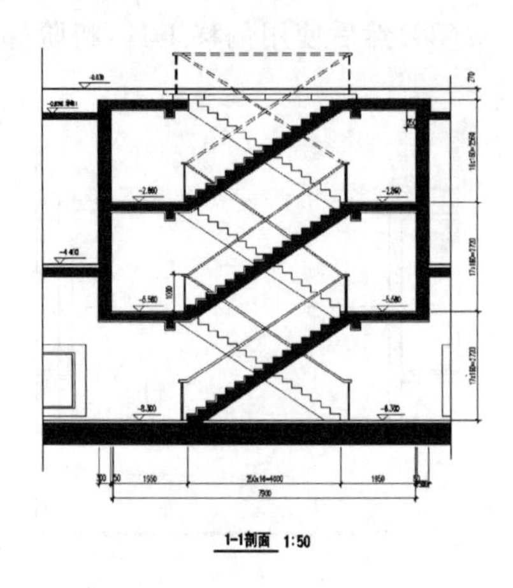

图 6-114　添加标注

实例 68　绘制电梯井剖面图

大厦的电梯通常分为手扶电梯、垂直升降电梯和步行安全通道楼梯，本实例效果中的左图是手扶式电梯，它的绘制方法与普通的阶梯类似，本实例主要讲述垂直升降电梯的电梯井剖面图的绘制方法。

案例效果

本实例绘制效果如图 6-115 所示。

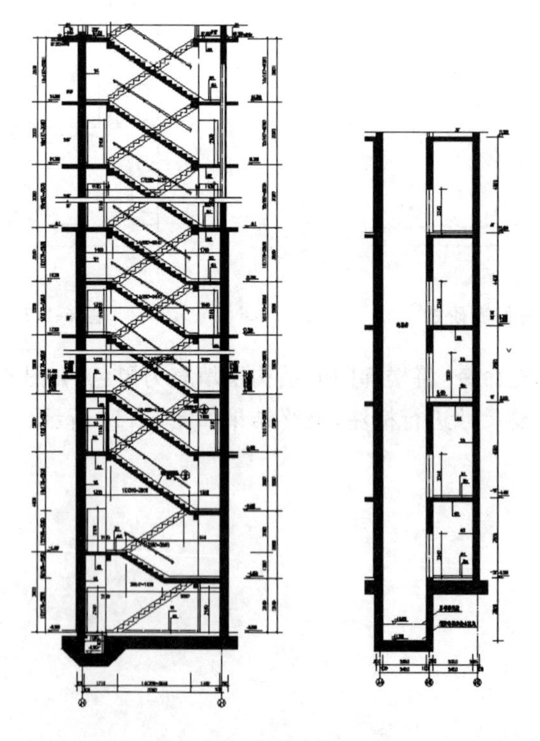

图 6-115　电梯井剖面图

步骤提示

(1)启动 AutoCAD 2014,新建空白文件,使用直线命令,按照给出的尺寸绘制轴线,并对轴线编号,如图 6-116 所示。

(2)偏移辅助线,左起第一面墙体厚度为 420,其他两面墙体厚度为 320,偏移辅助线后,将辅助线放置在墙体层,如图 6-117 所示。

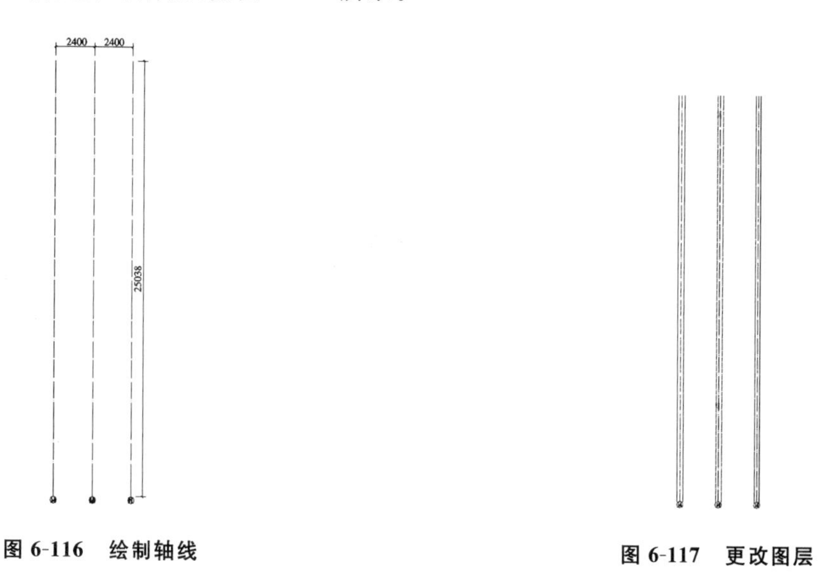

图 6-116 绘制轴线

图 6-117 更改图层

(3)按照给出的尺寸线,偏移出坑底基线,如图 6-118 所示。

(4)使用偏移命令,按照给出的尺寸,偏移出绘制坑底线,如图 6-119 所示。

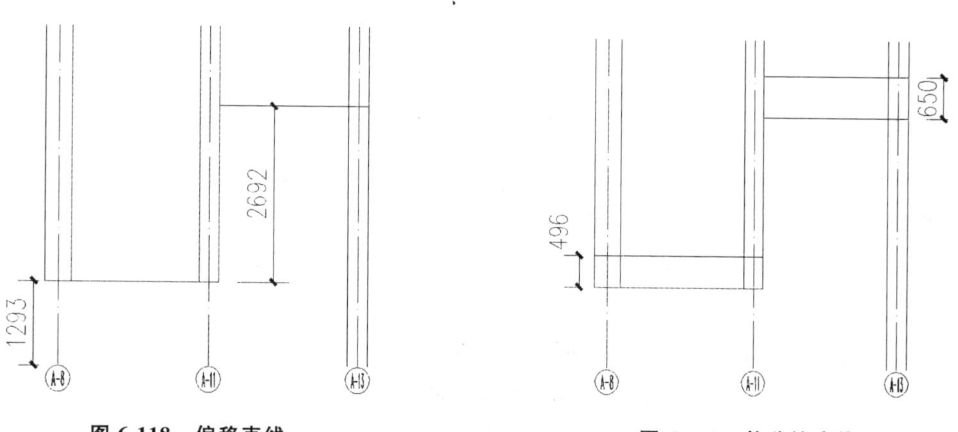

图 6-118 偏移直线

图 6-119 偏移坑底线

(5)继续偏移出客梯机坑底线,距离为 796,如图 6-120 所示。

(6)使用偏移命令,按照给出的尺寸,偏移出楼层的分隔线,楼梯间的楼板基础均为 120 厚度,如图 6-121 所示。

(7)使用复制命令,将楼板线向左侧基点复制,如图 6-122 所示。

(8)使用偏移命令,偏移一条距离为 455 的垂直线用于裁剪,如图 6-123 所示。

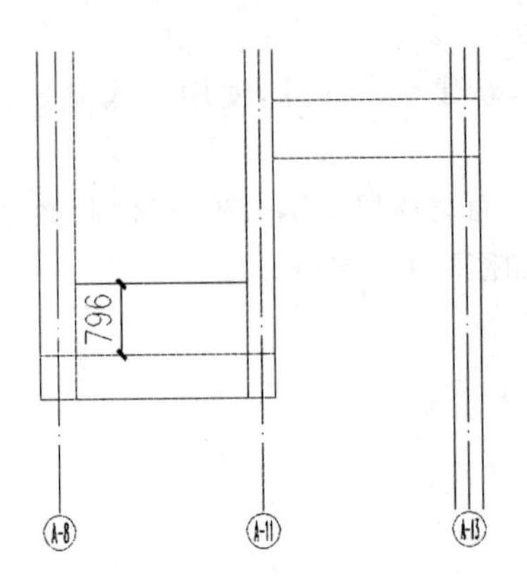

图 6-120 偏移坑底线

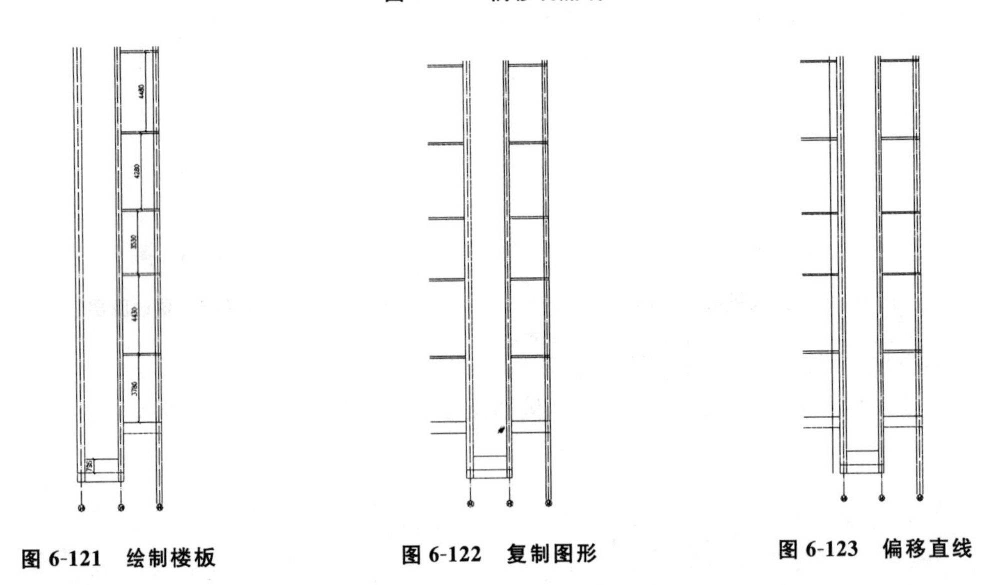

图 6-121 绘制楼板　　图 6-122 复制图形　　图 6-123 偏移直线

(9)使用修剪命令,修剪多余的线条,由于接下来的步骤会将墙线填充为黑色,因此部分墙线可以不必修剪,如图 6-124 所示。

(10)使用偏移命令,按照给出的尺寸,对电梯入口门洞进行偏移,然后使用修剪命令,剪出门洞,如图 6-125 所示。

(11)将电梯底侧的基础向右偏移出 439,如图 6-126 所示。

(12)关闭轴线层,对结构墙进行图案填充,如图 6-127 所示。

(13)使用线性标注和连续标注命令,对电梯间进行尺寸标注,标注尽量详细,如图 6-128 所示。

(14)使用 LE(引线标注)命令,对电梯间进行文字说明,最终结果如图 6-129 所示。

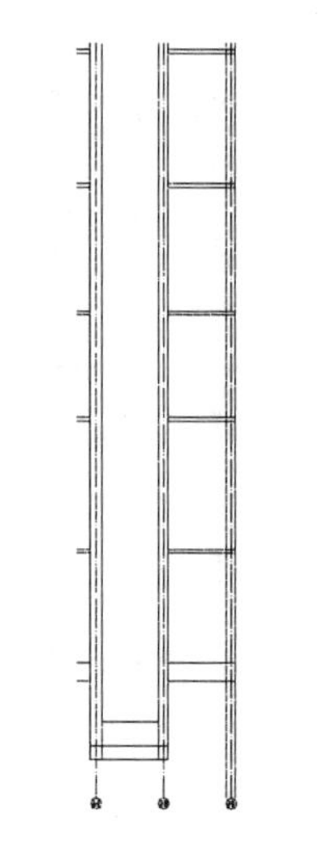

图 6-124　修剪多余线条

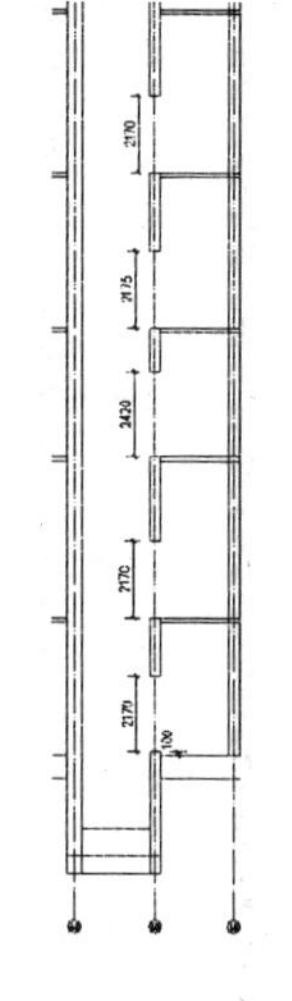

图 6-125　修剪门洞

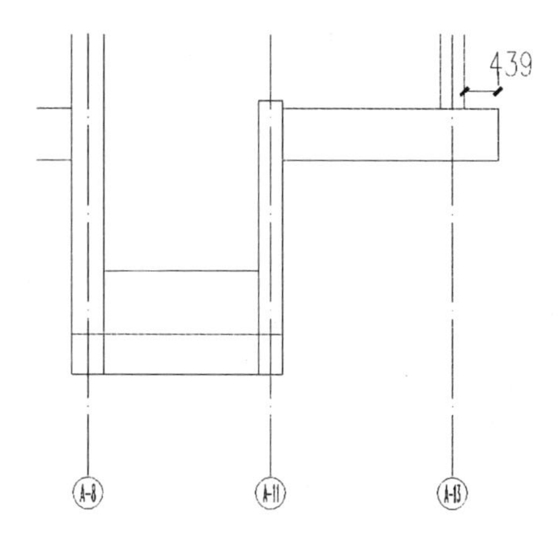

图 6-126　偏移基础线

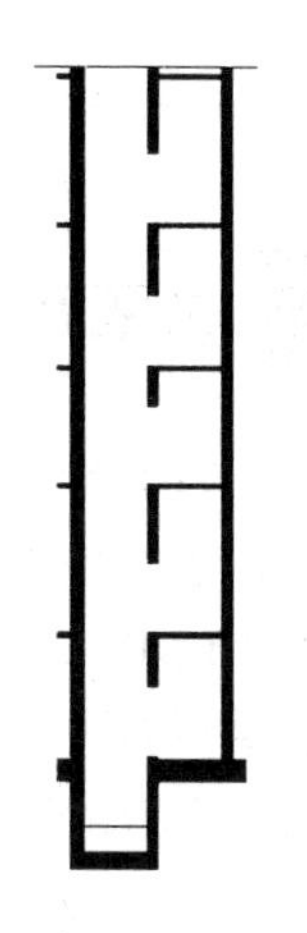

图 6-127　填充结构墙

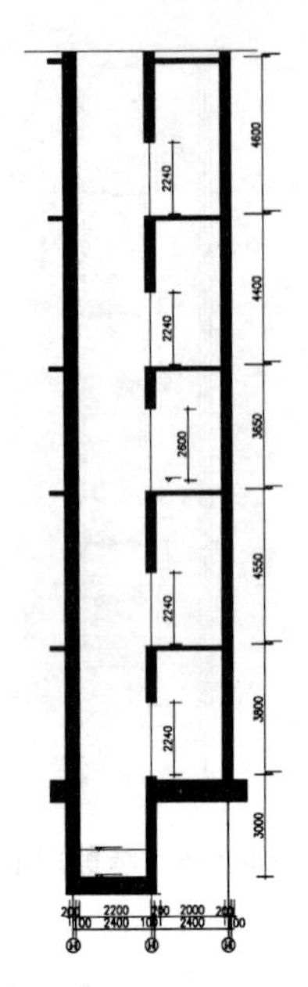

图 6-128　添加尺寸标注

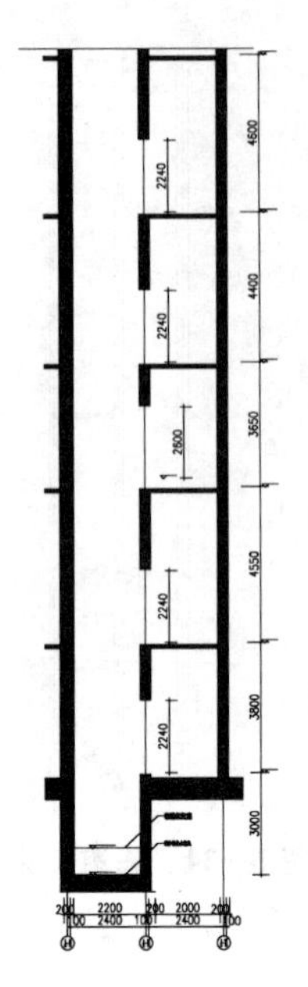

图 6-129　添加文字说明

6.4 本章小结

通过本章的学习,使读者了解绘制建筑剖面图的方法和思路,其中包括建筑剖面图的形成及用途、建筑剖面图的基本内容、建筑剖面图的绘制要求、识图基础及绘制步骤等内容,并通过"实例精讲"的实际操作,对建筑剖面图的绘制步骤进行了相应的演练。在绘制过程中,读者一定要了解如何绘制建筑剖面图,并通过"上机练习"的练习操作,进一步掌握绘制建筑剖面图的方法和步骤,为以后参与建筑剖面图的绘制打下基础。

第7章 绘制建筑与装饰施工详图

◈内容摘要◈

建筑施工详图是建筑细部的施工图，是建筑平面图、立面图、剖面图的补充。本章通过对建筑施工详图概述、楼梯结构详图概述、阅读方法以及绘制方法和步骤的讲解，让读者了解和掌握建筑施工详图的绘制方法和技巧。

◈教学目标◈

- 建筑施工详图的基本知识
- 楼梯建筑详图
- 喷水池施工详图
- 茶楼形象墙施工详图

7.1 建筑施工详图的基本知识

建筑施工详图种类繁多，有表示局部构造的详图，有表示房屋设备的详图及表示房屋特殊装修部位的详图等，本节精选了详图中比较有代表性的楼梯结构详图，通过对其结构平面详图、结构剖面图的讲解，达到熟悉施工详图基本知识的目的。

7.1.1 建筑施工详图概述

建筑施工详图是建筑细部的施工图，是建筑平面图、立面图、剖面图的补充。因为立面图、平面图、剖面图的比例尺较小，建筑物上许多细部构造无法表示清楚，根据施工需要，必须另外绘制比例尺较大的图样才能表达清楚。

建筑施工详图包括：

(1)表示局部构造的详图，如外墙身详图、楼梯详图、阳台详图等；

(2)表示房屋设备的详图，如卫生间、厨房、实验室内设备的位置及构造等；

(3)表示房屋特殊装修部位的详图，如吊顶、花饰等。

7.1.2 楼梯结构详图的绘制内容

楼梯结构详图是表达楼梯结构部分的布置、形状、大小、材料、构造及其相互关系的图样。一般楼梯的建筑详图和结构详图是分开绘制的，但比较简单的楼梯有时可合并绘制，列在建筑施工图或结构施工图中。

结构形式：通常采用现浇、预制、部分现浇部分预制相结合的楼梯。楼梯结构详图通常包括以下类型的图纸：

(1)楼梯结构平面图；

(2)楼梯剖视图；

(3)配筋图。

7.1.3 楼梯结构剖面图

楼梯结构剖面图是垂直剖切在楼梯段上所得到的剖视图，如图 7-1 所示。

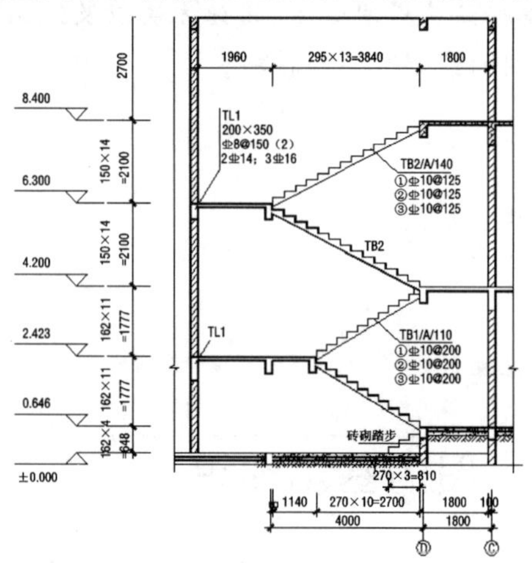

图 7-1 楼梯结构剖面图

楼梯结构剖面图中的基本知识点如下。

(1)比例：采用 1:50 的比例绘制。

(2)表示：表示楼梯的承重构件的竖向布置、构造和连接情况，楼梯段、楼梯梁的形状和配筋（当平台板和接板为现浇板时的配筋）大小尺寸及各构件标高的图样，剖切到楼梯板、楼梯梁和未剖切到可见的楼梯板的形状和实际情况，也表示剖切到楼梯平台的现浇板、预制板、过梁，以及未剖切到可见的楼梯梁。

(3)绘制：绘制出楼梯口的地面线、板（多孔板）的断面以及楼梯下方的楼梯基础。

(4)标注：标注出楼层高度和楼梯平台的高度。这些高度均不包括面层厚度，可用楼梯梁顶面的结构标高标注。

提示

在楼梯结构剖视图中，不能详细表示楼梯板和楼梯梁的配筋时，应另外用较大的比例画出配筋图，配筋图中不能表示清楚钢筋布置，应在配筋图外面增加钢筋大样图，钢筋混凝土构件详图要弄清各型号、规格钢筋的布置位置，不能放过疑点。

楼梯结构剖面图的绘制内容包括：

(1)画轴线，定室内外地面与楼面线、平台位置及墙身，量取楼梯段的水平长度、竖直高度及起步点的位置。

(2)用等分两平行线间距离的方法划分踏步的宽度、步数和高度、级数。

(3)画出楼板和平台板厚,再画楼梯段、门窗、平台梁及栏杆、扶手等细部。

(4)检查无误后加深图线,在剖切到的轮廓范围内画上材料图例,注写标高和尺寸,最后在图下方写上图名及比例等。

7.2 实例精讲

本节通过绘制楼梯建筑详图以及喷水池详图来介绍建筑施工详图的绘制方法与步骤。

实例69 绘制楼梯建筑详图

案例效果

通过本实例,可以更加清楚地了解建筑详图的绘制方法,进一步掌握多段线、图案填充、尺寸标注等命令的使用方法,如图7-2所示。

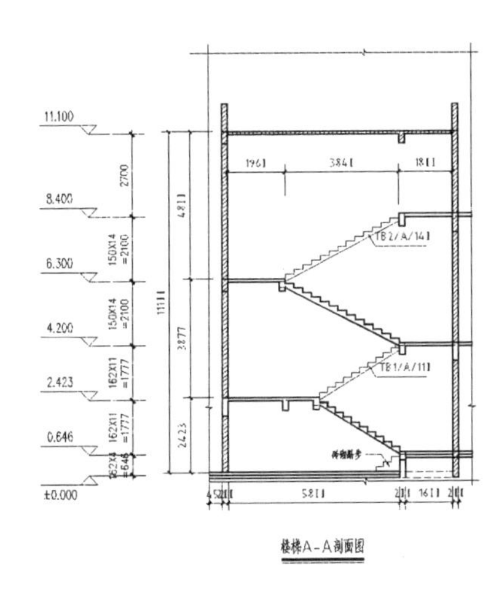

图7-2 楼梯建筑详图

案例步骤

(1)新建“轴线”图层,绘制如图7-3所示的轴线。

(2)执行偏移命令,设置偏移距离为100,偏移轴线,如图7-4所示。

(3)根据给出的尺寸,绘制如图7-5所示的轴线。

(4)使用倒角命令,对图形进行倒角操作,删除步骤(1)绘制的部分中轴线,效果如图7-6所示。

(5)继续根据给出的尺寸,绘制如图7-7所示的辅助线,并使用直线工具对部分细节进行连接。

(6)使用倒角命令,对图形进行倒角操作,删除步骤(1)绘制的部分中轴线,效果如图7-8所示。

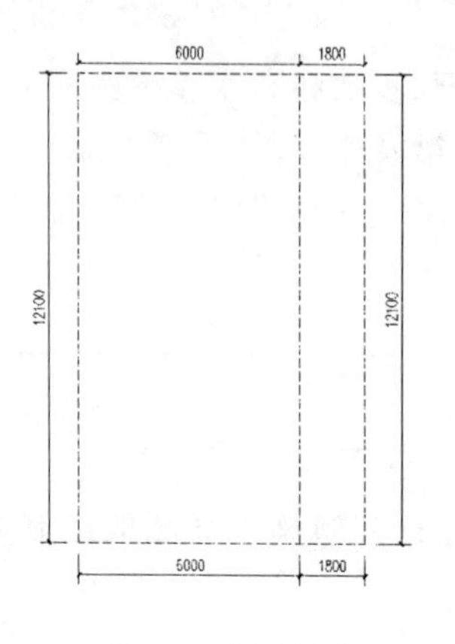

图 7-3　绘制轴线

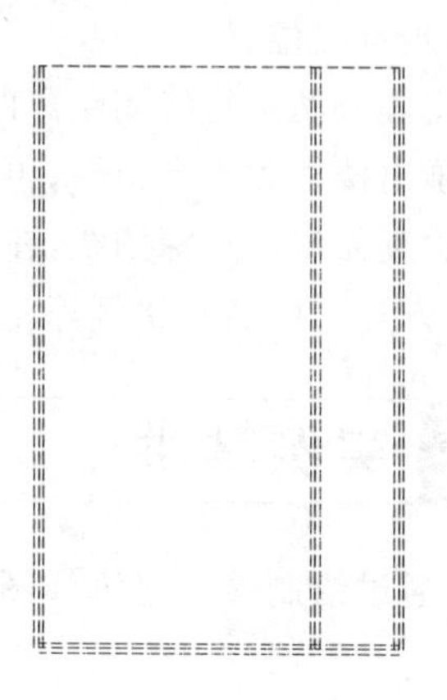
图 7-4　偏移轴线

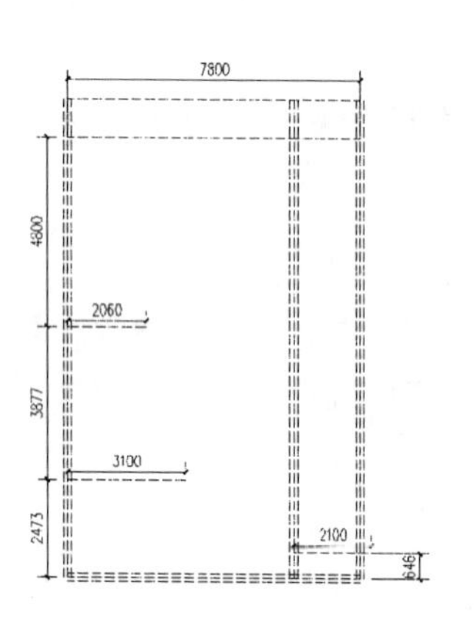

图 7-5　绘制轴线

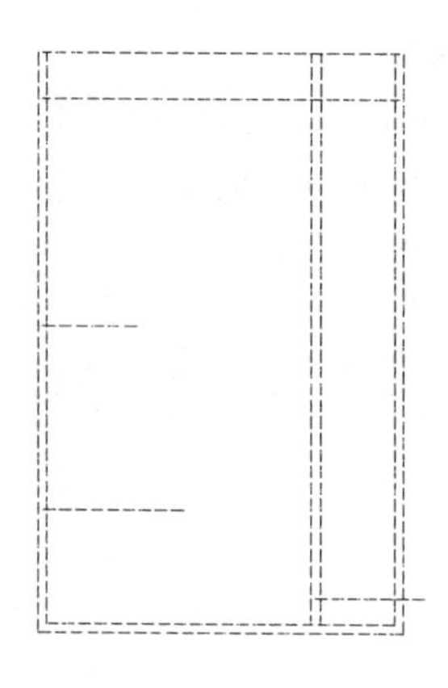
图 7-6　绘制中轴线

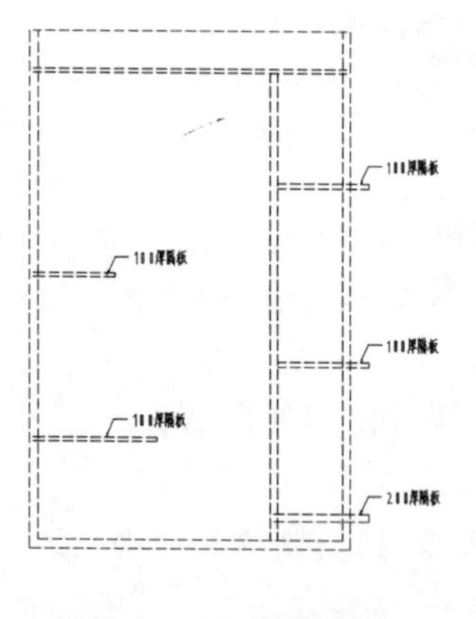

图 7-7　绘制辅助线

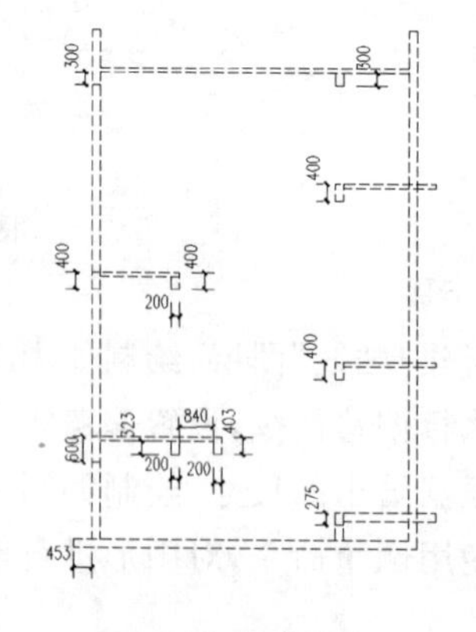

图 7-8　倒角操作

(7)新建“墙体”图层，使用多段线命令，为了使墙体线更加明显，设置线宽度为 25，根据辅助线，进行描图，如图 7-9 所示。

(8)偏移出阶梯的辅助线，如图 7-10 所示。

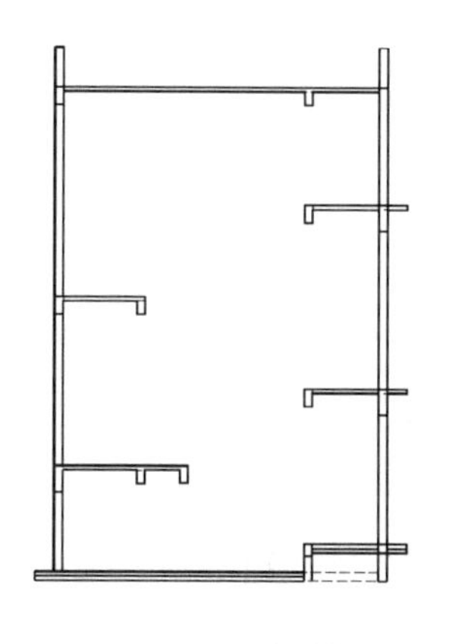

图 7-9　多段线描图

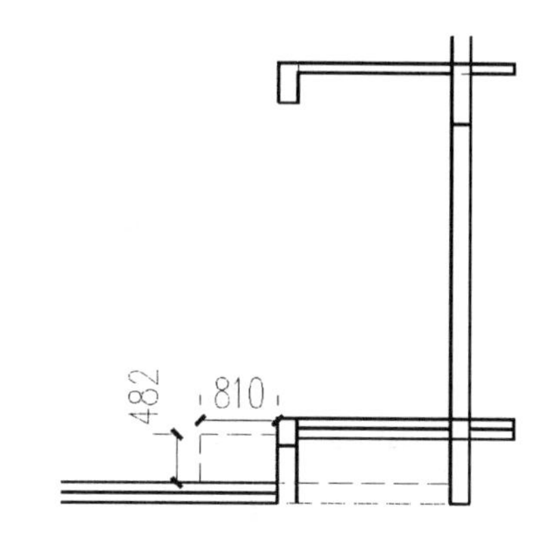

图 7-10　绘制阶梯辅助线

(9)新建“阶梯”图层，设置图层颜色为绿色，参照给出的尺寸，绘制楼梯，如图 7-11 所示。

(10)删除楼梯辅助线，效果如图 7-12 所示。

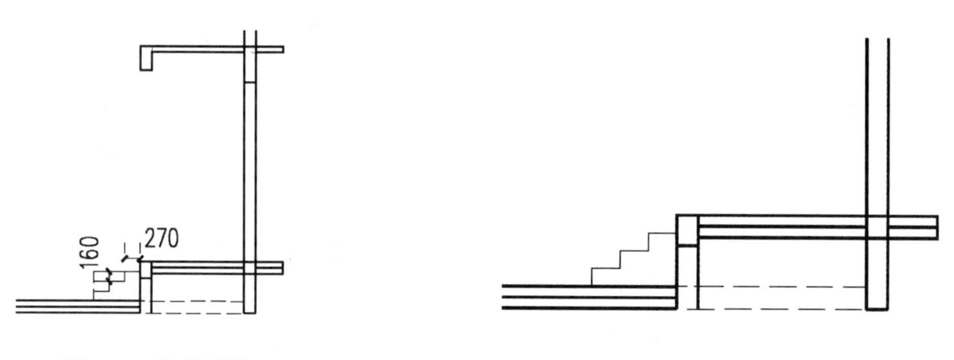

图 7-11　绘制楼梯

图 7-12　删除楼梯辅助线

(11)切换到辅助线层，按照给出的尺寸，绘制第二阶楼梯的辅助线，如图 7-13 所示。

(12)根据辅助线，创建连线，效果如图 7-14 所示。

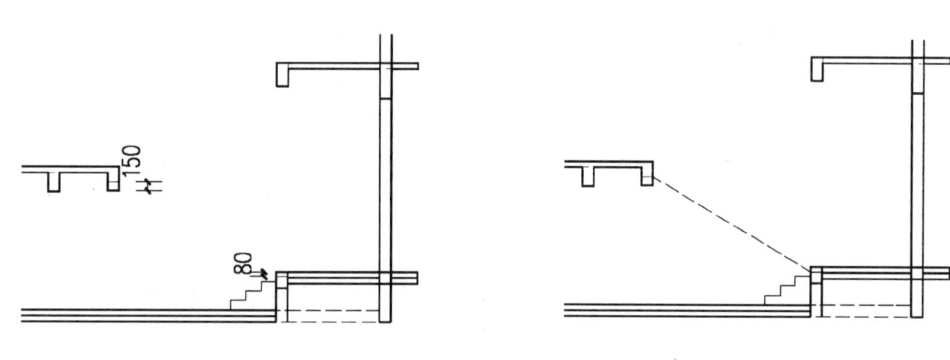

图 7-13　绘制第二阶楼梯辅助线

图 7-14　创建连线

(13)参照上述方法，结合辅助线，绘制二级阶梯，如图 7-15 所示。

(14)将绘制的宽度为 270、高度为 161 的阶梯按基点复制，效果如图 7-16 所示。

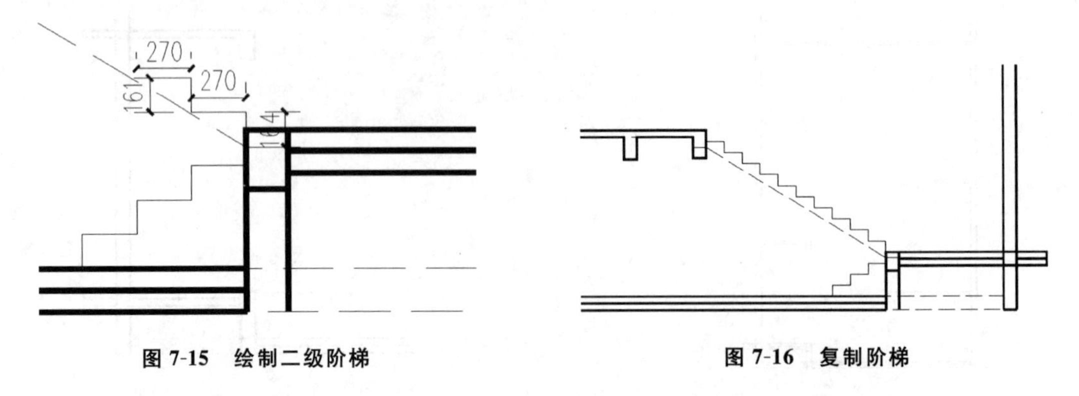

图 7-15　绘制二级阶梯　　　　图 7-16　复制阶梯

(15)为了使第二级阶梯与第一级阶梯有所区别，使用多段线进行描图加粗，效果如图 7-17 所示。

(16)对楼梯与楼板的衔接处进行修剪处理，如图 7-18 所示。

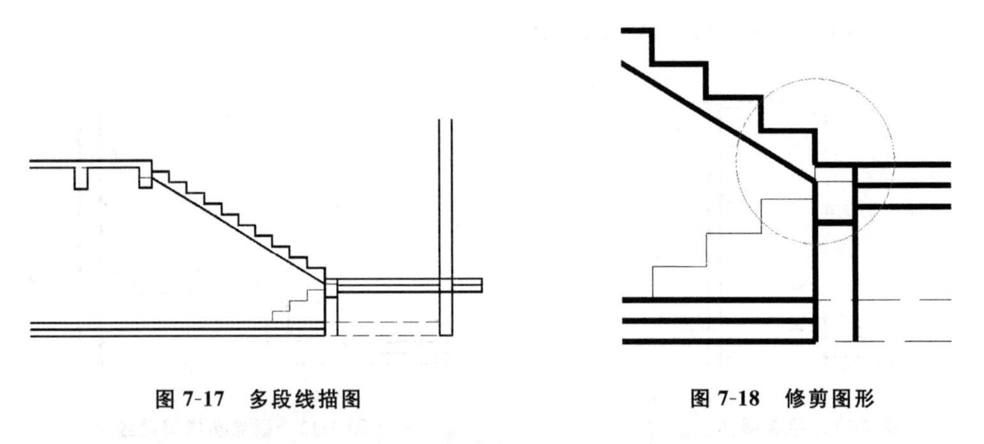

图 7-17　多段线描图　　　　图 7-18　修剪图形

(17)参照两阶楼梯的制作方法，制作其他阶梯，效果如图 7-19 所示。

(18)执行 LE(引线标注)命令，对需要进行文字说明的位置进行标注，如图 7-20 所示。

(19)执行图案填充命令，对部分墙体填充斜线图案，效果如图 7-21 所示。

(20)使用多段线命令，绘制折断线符号，长度可自定，如图 7-22 所示。

(21)在墙体需要加折断线的位置插入折断线，效果如图 7-23 所示。

(22)新建“标注”图层，图层颜色设置为绿色，对图形进行尺寸标注，如图 7-24 所示。

(23)若有需要，可以将楼层的位置线标出，并标出每层的层高，此操作需要根据建筑结构图绘制，在此仅表示一下，如图 7-25 所示。

(24)绘制粗细不同的两根水平直线，然后输入图名，最终效果如图 7-26 所示。

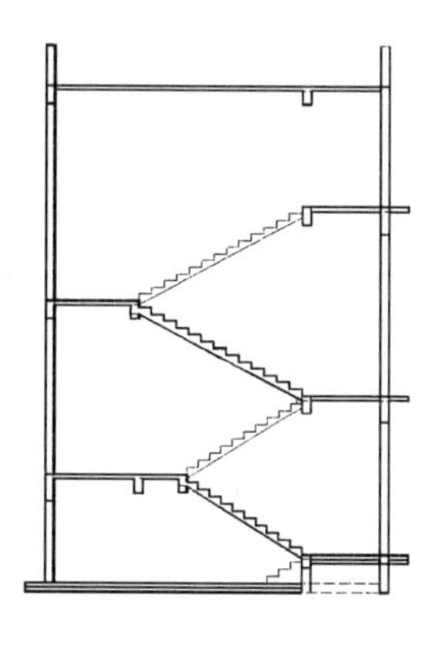

图 7-19 制作阶梯

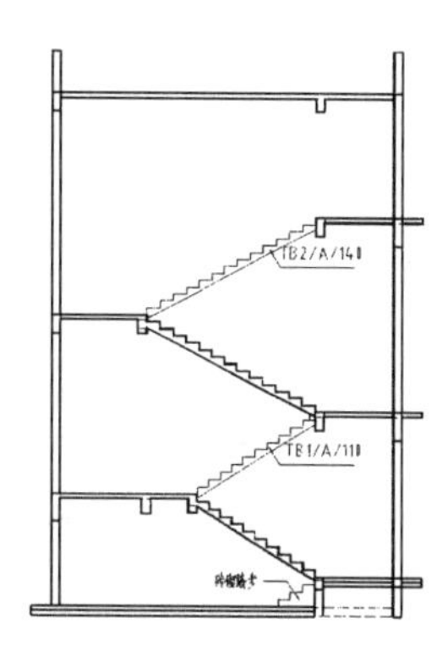

图 7-20 创建文字标注

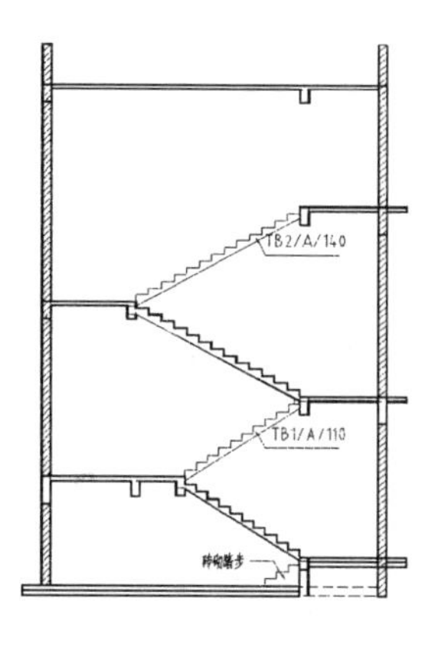

图 7-21 填充图案

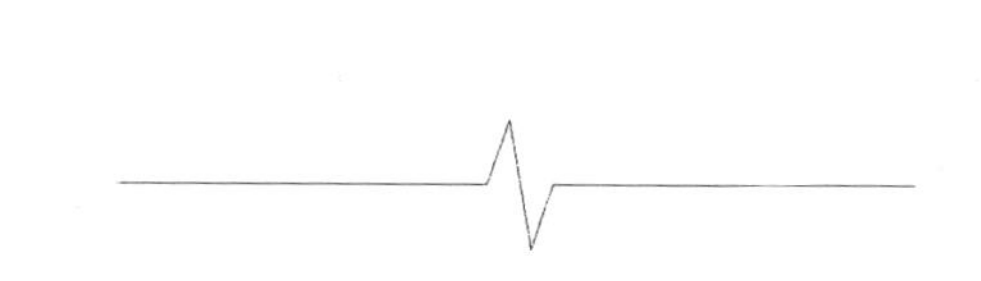

图 7-22 绘制折断线

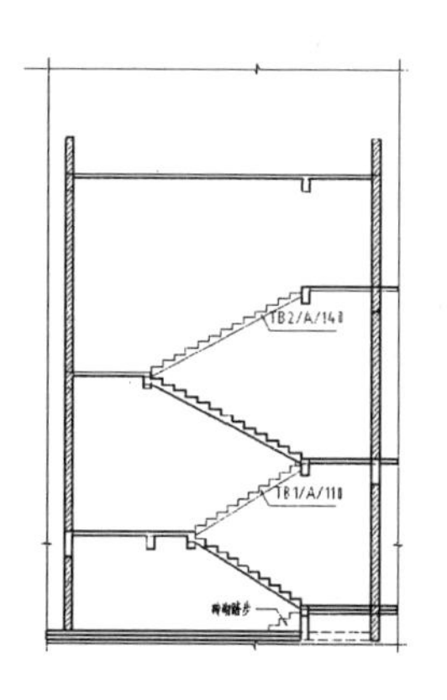

图 7-23 插入折断线

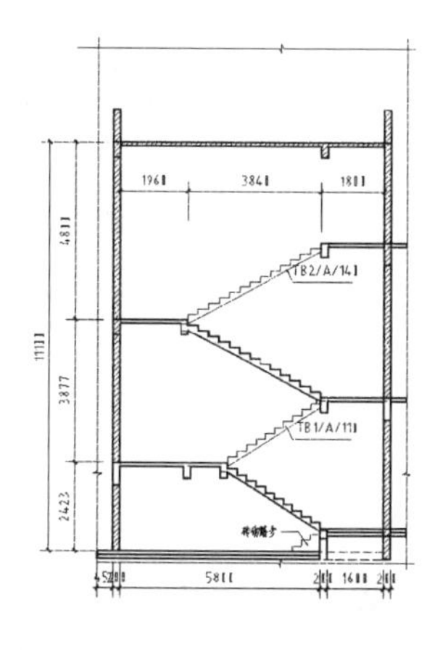

图 7-24 尺寸标注

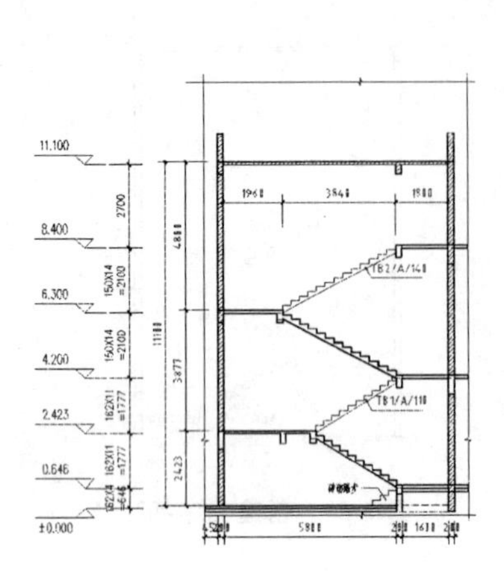

图 7-25 插入标高

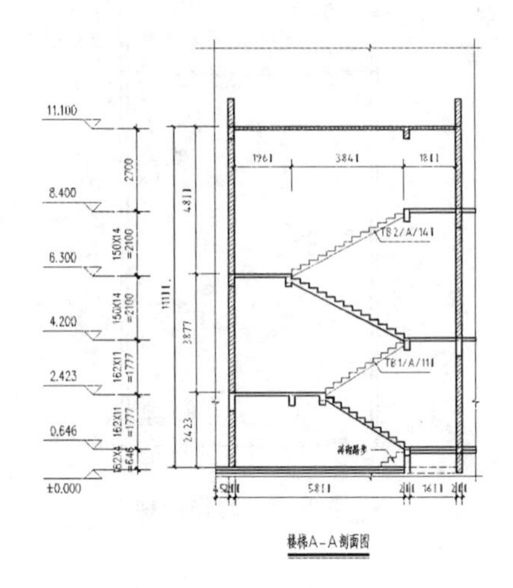

图 7-26 输入图名

实例 70 绘制喷水池详图

案例效果

通过本实例，可以更加清楚地了解到建筑景观小品中的详图绘制方法，详图与普通的三视图的区别是，详图是用于施工的图纸，所以图纸中的尺寸、材料的使用都应做到非常详细，如图 7-27 所示。

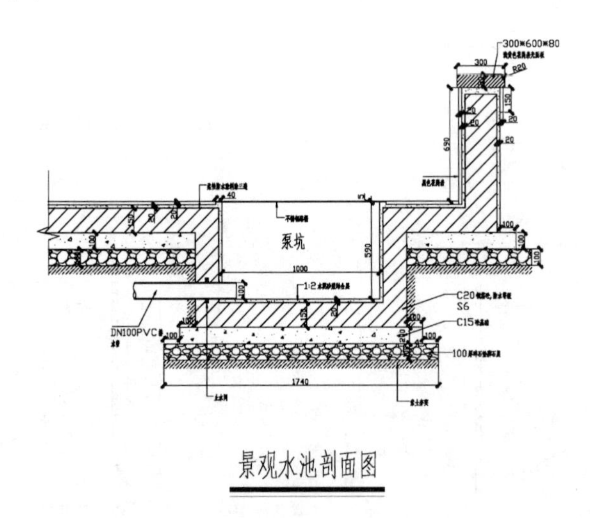

图 7-27 喷水池详图

案例步骤

(1)启动 AutoCAD 2014，新建一个“轮廓”图层，用于绘制详图的轮廓线，线型默认，颜色使用青色，将其置为当前，如图 7-28 所示。

(2)执行直线命令，在绘图区任意位置，绘制长度为 595 的垂直直线，然后将其向右侧偏移 1000，如图 7-29 所示。

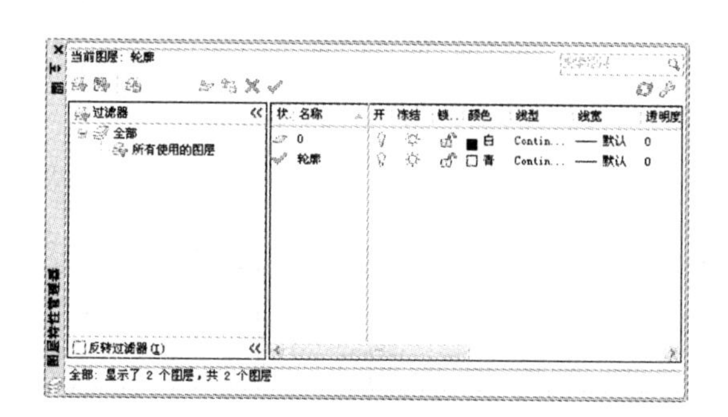

图 7-28　设置图层

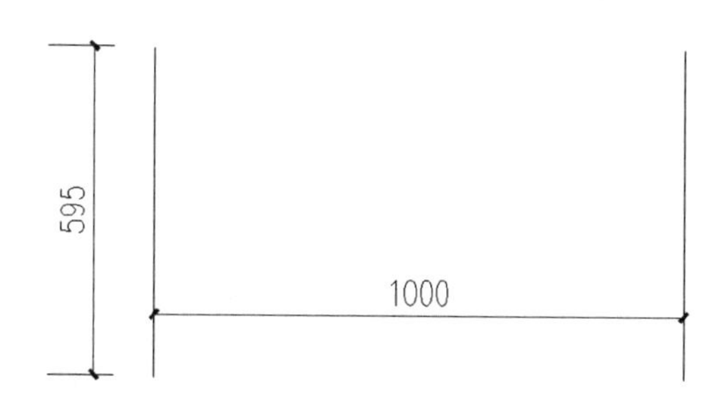

图 7-29　绘制直线

(3)将两根直线的底部使用直线连接起来，形成坑体，如图 7-30 所示。

(4)执行偏移命令，设置偏移距离为 20，偏移直线，并使用倒角命令，将偏移所得的直线连接起来，如图 7-31 所示。

图 7-30　连接直线　　图 7-31　偏移直线

(5)执行偏移命令，设置偏移距离为 500，偏移右侧壁第一条直线，如图 7-32 所示。

(6)根据偏移的辅助直线，结合给出的尺寸，绘制水平和垂直直线，再将辅助直线删除，如图 7-33 所示。

(7)将坑体上方的水平直线进行夹点编辑，将左侧夹点向左侧移动一段距离，此距离可以大致相似即可，如图 7-34 所示。

(8)执行偏移命令，设置偏移距离为 20，偏移直线，如图 7-35 所示。

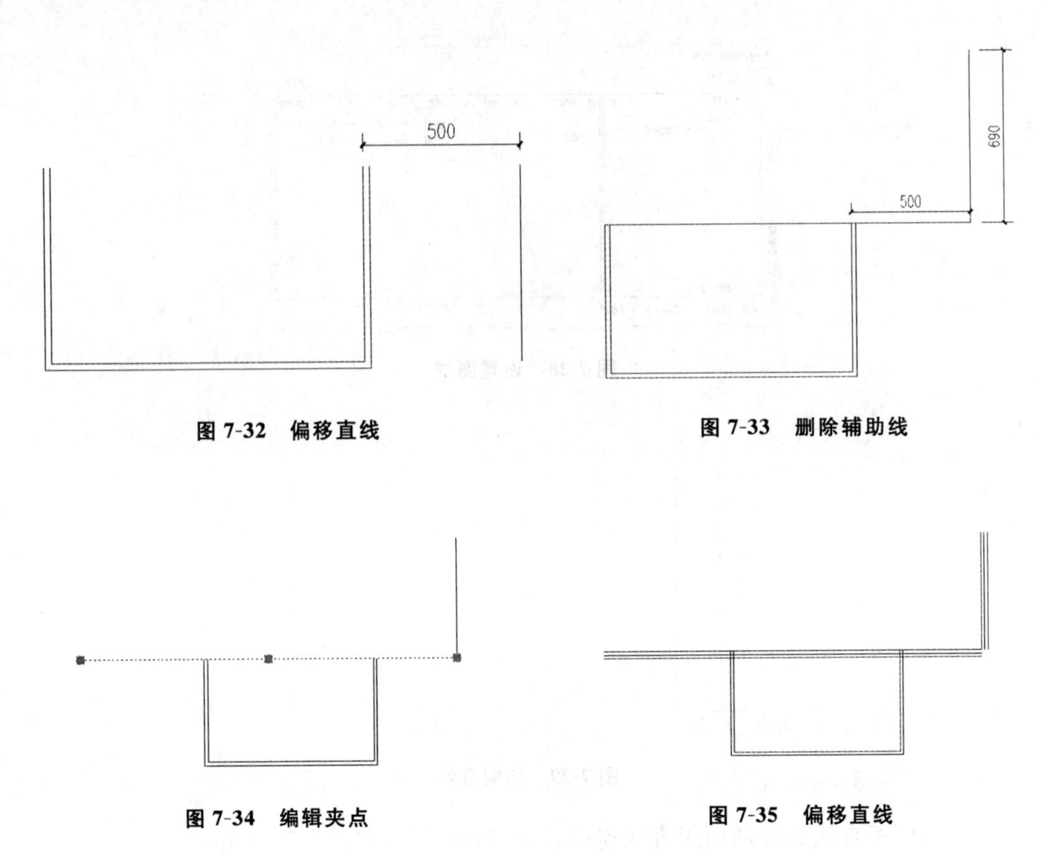

图 7-32 偏移直线

图 7-33 删除辅助线

图 7-34 编辑夹点

图 7-35 偏移直线

(9)综合使用修剪、倒角、延伸等命令，对图形进行修整，如图 7-36 所示。

(10)继续使用上述命令，对细节处进行绘制，如图 7-37 所示。

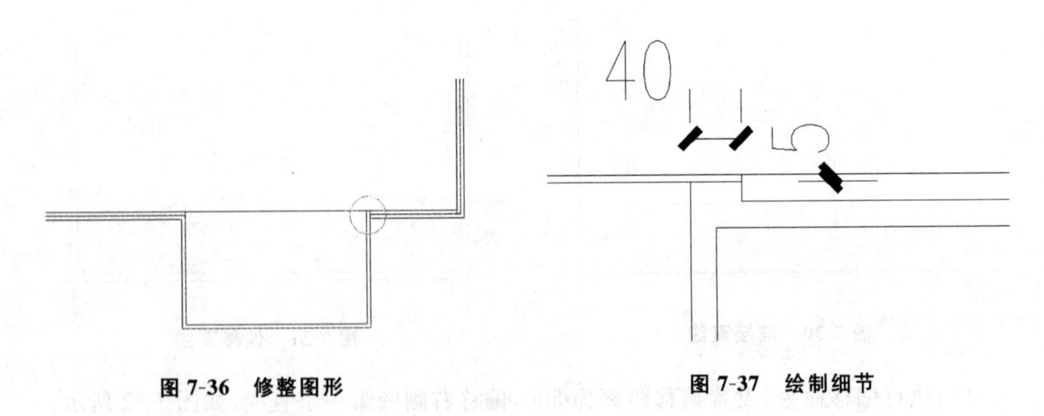

图 7-36 修整图形

图 7-37 绘制细节

(11)执行偏移命令，偏移垂直直线，如图 7-38 所示。

(12)继续使用上述命令，对细节处进行绘制，如图 7-39 所示。

(13)执行倒角命令，设置倒圆角半径为 20，对压顶材料进行倒圆角操作，如图 7-40 所示。

(14)此时整个图形的效果如图 7-41 所示。

(15)执行偏移命令，设置偏移距离为 40，偏移直线，如图 7-42 所示。

(16)修剪图形，效果如图 7-43 所示。

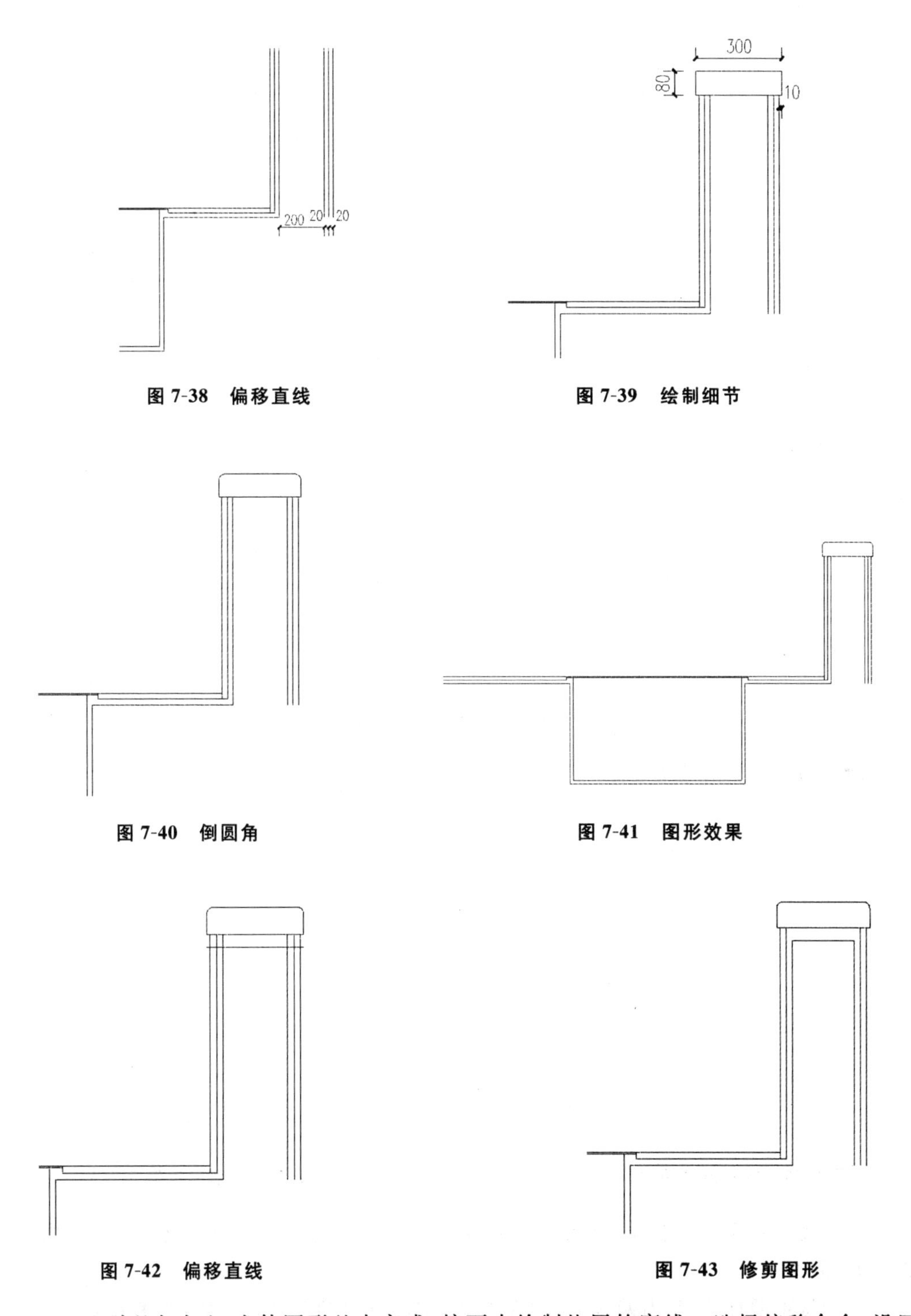

图 7-38　偏移直线

图 7-39　绘制细节

图 7-40　倒圆角

图 7-41　图形效果

图 7-42　偏移直线

图 7-43　修剪图形

(17)到现在为止,主体图形基本完成,接下来绘制垫层轮廓线。选择偏移命令,设置偏移距离为 150,偏移直线,并对部分直线进行倒直角操作,如图 7-44 所示。

(18)根据给出的尺寸,偏移出垫层及其凸出部分,效果如图 7-45 所示。

(19)选择偏移命令,设置偏移距离为 150,偏移出机切面,如图 7-46 所示。

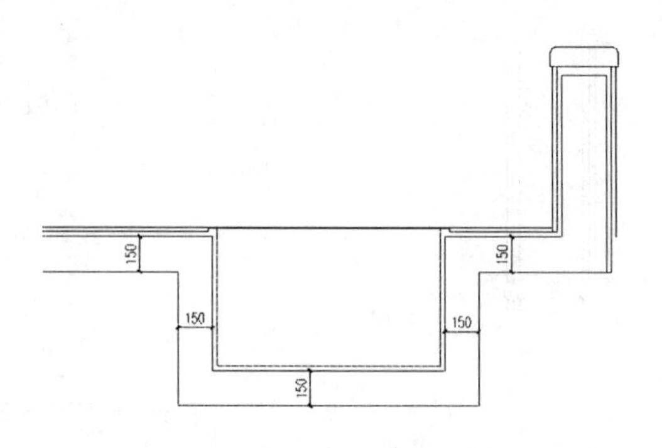

图 7-44　绘制垫层轮廓线

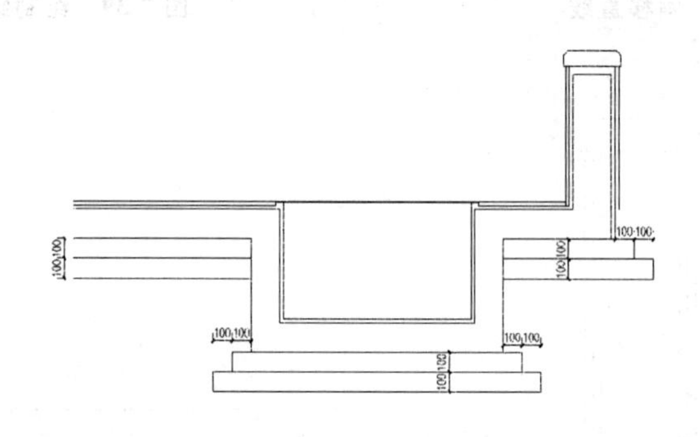

图 7-45　绘制垫层的凸出部分

(20)现在的图形效果如图 7-47 所示。

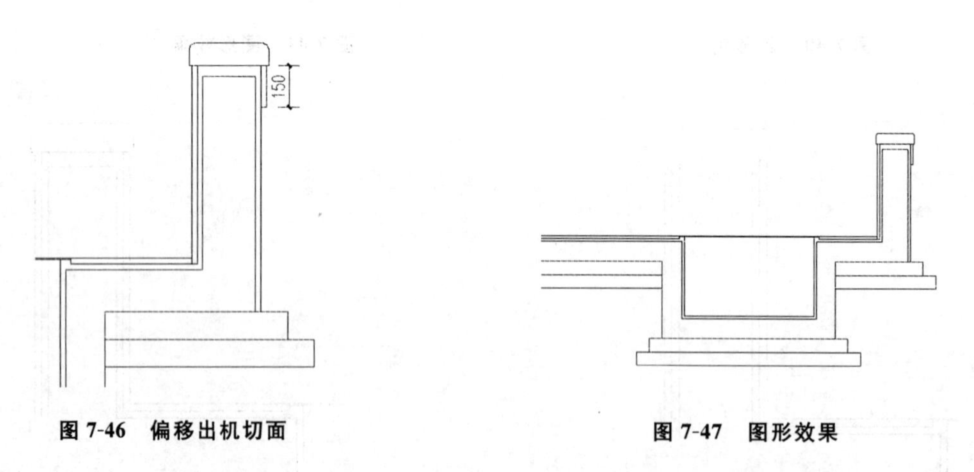

图 7-46　偏移出机切面　　图 7-47　图形效果

(21)接下来绘制排水管。绘制一个长度为 650、高度为 100 的矩形放置在坑体内,如图 7-48 所示。

(22)将矩形打散,向内偏移出 5 个宽度的线体,并对图形进行修剪,效果如图 7-49 所示。

(23)使用宽度为 25 的多段线,绘制止水阀,并用样条线命令,绘制水管截面,如图 7-50 所示。

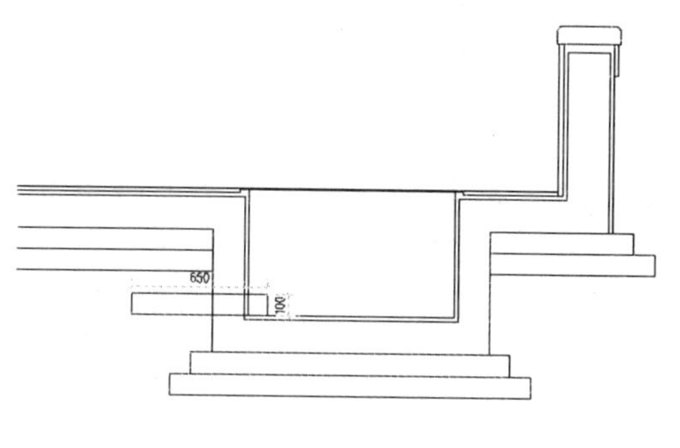

图 7-48 绘制排水管

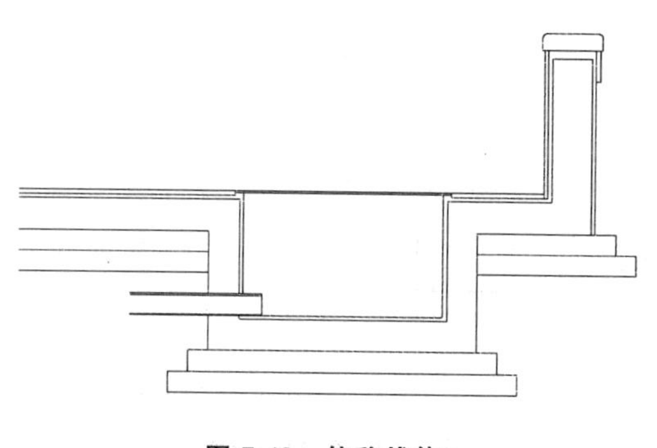

图 7-49 偏移线体

(24)使用零厚度的多段线,绘制折断线,效果如图 7-51 所示。

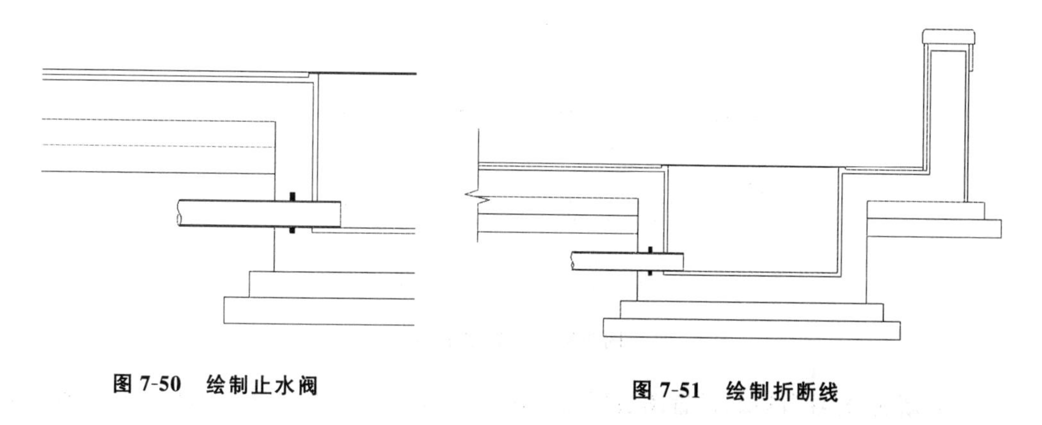

图 7-50 绘制止水阀

图 7-51 绘制折断线

(25)新建“填充”图层,将颜色设置为灰色 251,并将其置为当前层,执行图案填充命令,对混凝土垫层进行图案填充,效果如图 7-52 所示。

(26)用同样的方法,对其他的垫层进行图案填充,效果如图 7-53 所示。

(27)用多段线沿防水层进行描边,设置其为蓝色,线型为 Center,效果如图 7-54 所示。

(28)将最底层的直线再次向外偏移 50,填充图案作为素土层,并将偏移所得的轮廓线删除,效果如图 7-55 所示。

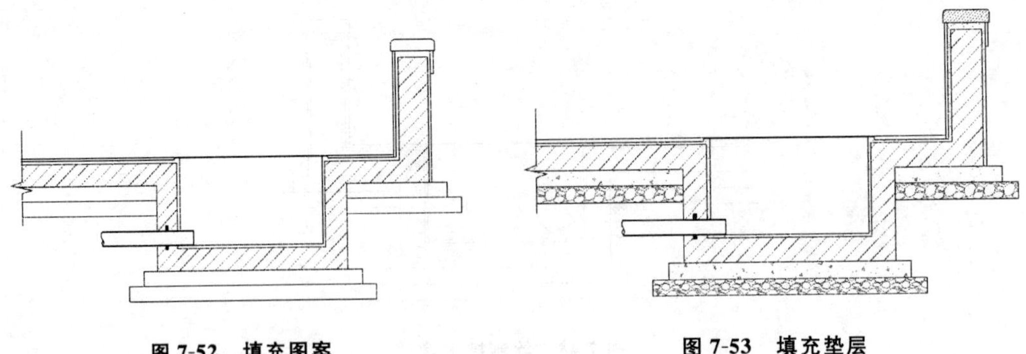

图 7-52 填充图案　　图 7-53 填充垫层

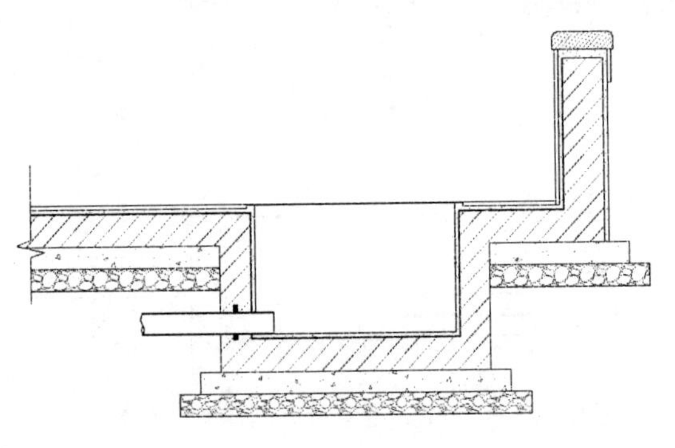

图 7-54 绘制防水线

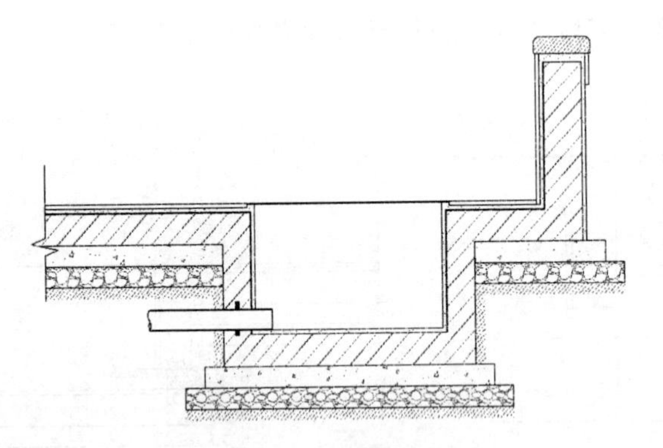

图 7-55 填充素土层

(29)新建“标注”图层，设置图层颜色为绿色，对需要进行尺寸标注的位置进行标注，尽量做到详尽，效果如图 7-56 所示。

(30)使用 LE 命令，对材料的使用以及厚度进行说明，效果如图 7-57 所示。

(31)加入图名，最终效果如图 7-58 所示。

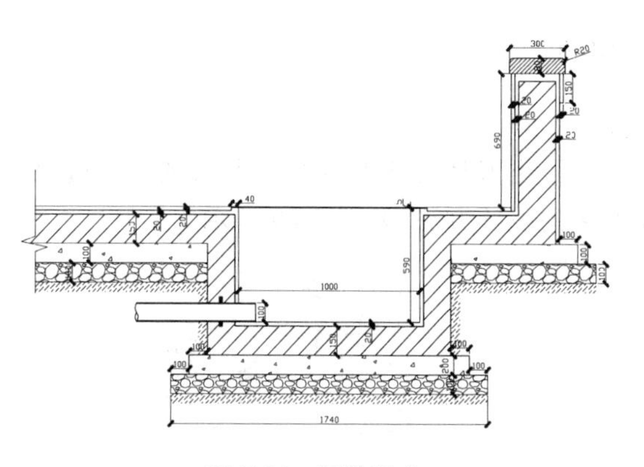

图 7-56　标注尺寸

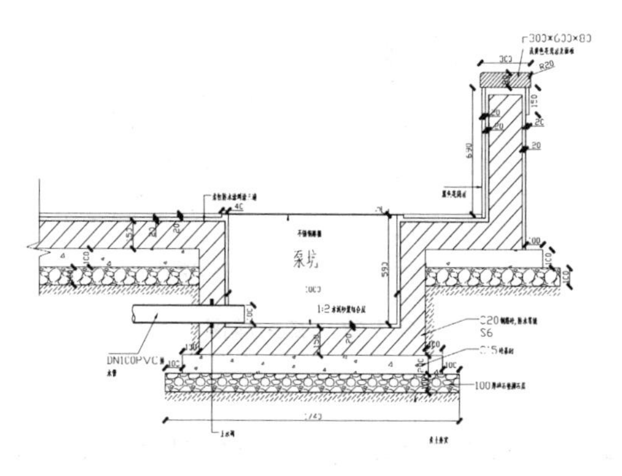

图 7-57　标注材料

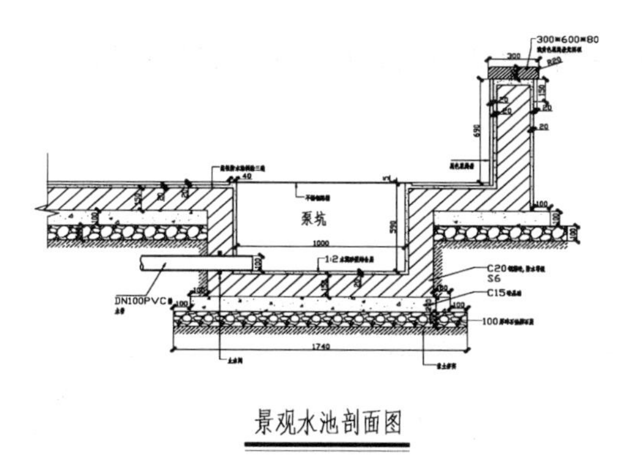

图 7-58　添加图名

7.3 上机练习

上节通过喷水池施工图的绘制，加深了对施工图的认识，本节通过对几个室内的施工图设计，来强化施工图的绘制学习。

实例 71　绘制玄关详图

案例效果

玄关,泛指厅堂的外门,也就是居室入口的一个区域。通过对玄关详图的绘制,可以了解室内设计中典型的玄关设计方法,如图 7-59 所示。

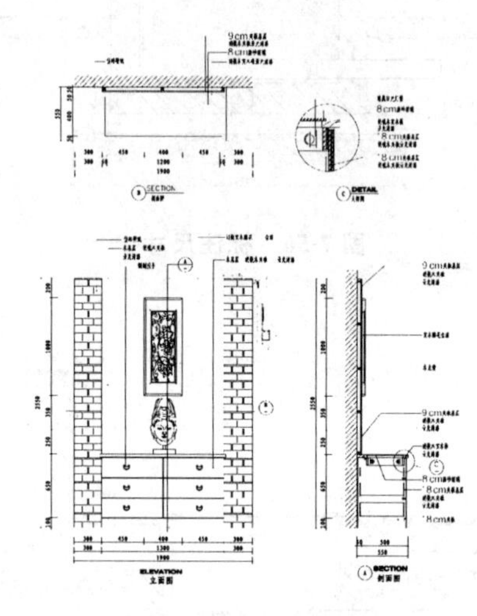

图 7-59　玄关详图

步骤提示

本例绘制玄关的施工详图,详图通常包括平、立、剖面的详图以及一些细部的大样图。

(1)先绘制从平面图。使用直线、倒角、偏移等命令,按照预定尺寸,绘制平面图的框架,如图 7-60 所示。

(2)在靠墙的位置,使用 9 个厚度的板材垫底,然后使用 28×28 的木方作为龙骨,如图 7-61 所示。

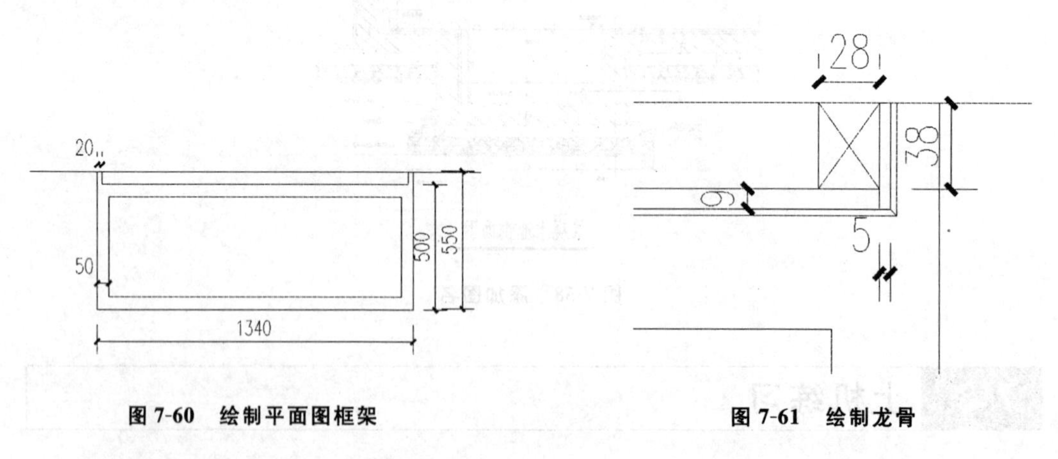

图 7-60　绘制平面图框架　　图 7-61　绘制龙骨

(3)绘制龙骨和垫板后的效果,如图 7-62 所示。

(4)使用图案填充命令,绘制靠墙斜线,然后将轮廓线删除,效果如图 7-63 所示。

(5)使用直线标注和连续标注命令,对平面图的尺寸进行详细的标注,然后使用引线

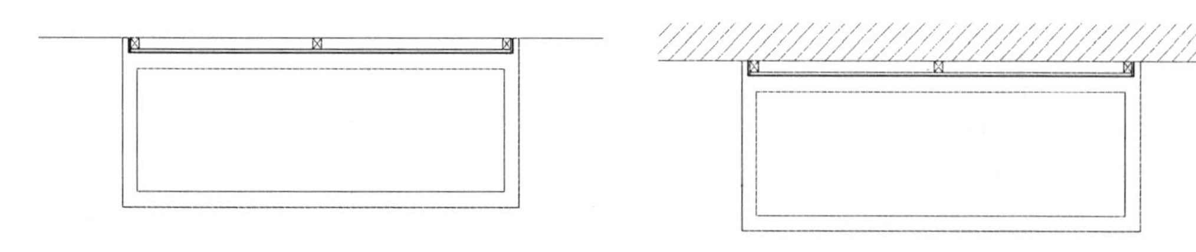

图 7-62　绘制龙骨和垫效果　　　　图 7-63　填充墙体

标注命令，对平面图的材料进行标注，如图 7-64 所示。

(6)添加图名标注，平面图绘制完成，如图 7-65 所示。

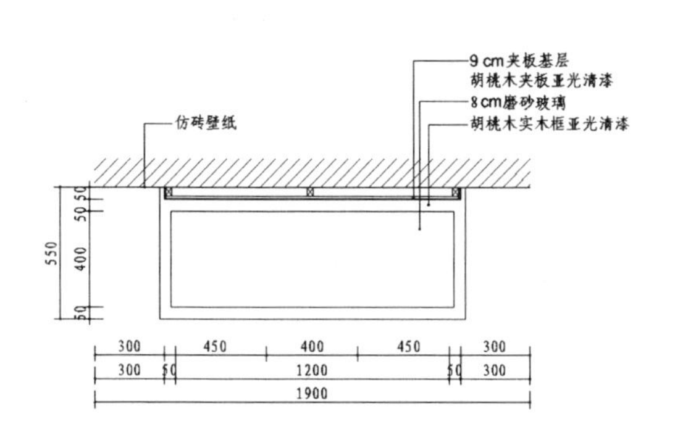

图 7-64　创建文本标注和尺寸标注

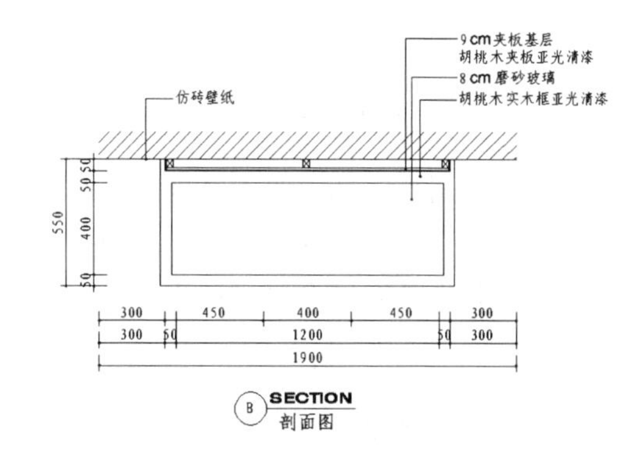

图 7-65　添加图名

(7)接下来绘制玄关主立面图。使用直线、倒角、矩形等工具，参照给出的尺寸，绘制主框架图，如图 7-66 所示。

(8)对玄关处的柜体进行细化，尺寸如图 7-67 所示。

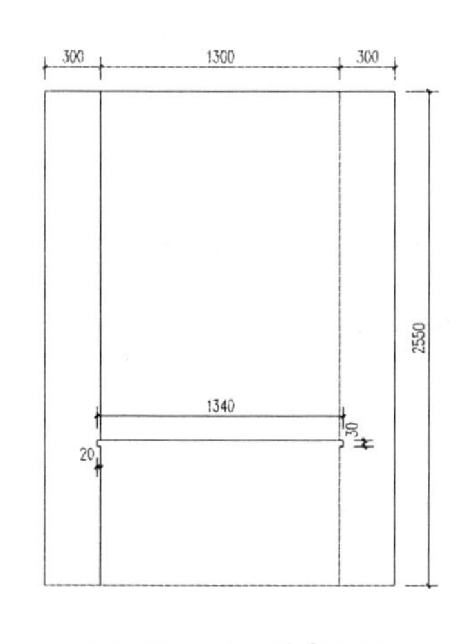

图 7-66　绘制主框架图

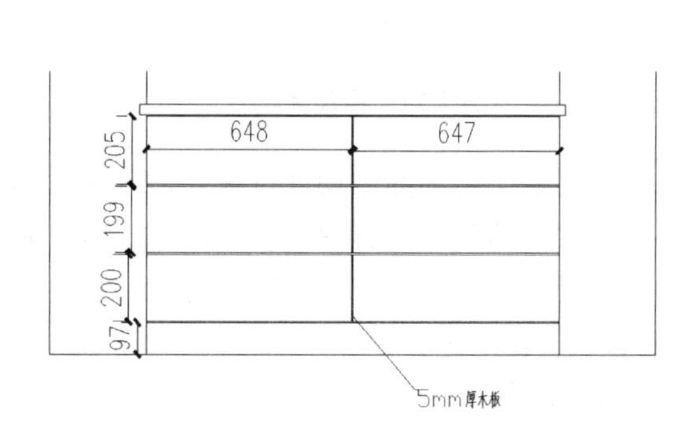

图 7-67　细化柜体

(9)插入附赠光盘“玄关”素材文件，将其放置在合适位置，用于装饰玄关，如图 7-68 所示。

(10)对两侧的墙体进行图案填充，如图 7-69 所示。

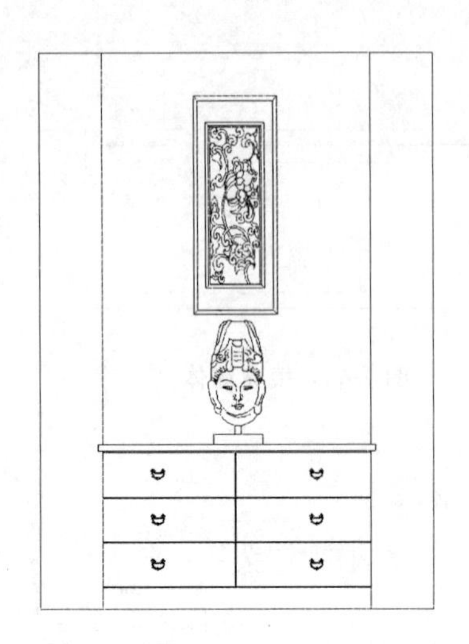

图 7-68　插入光盘素材

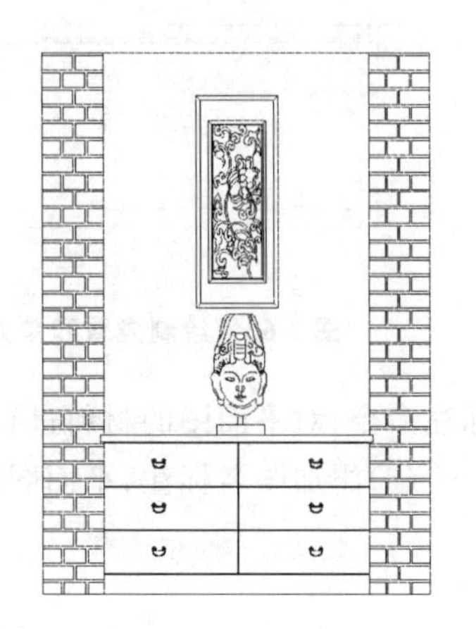

图 7-69　填充墙体

(11)使用尺寸标注和文字标注工具,对玄关进行详细的尺寸标注和材料说明,加上图名标注,玄关正立面图绘制完成,如图 7-70 所示。

(12)接下来绘制玄关剖面图。首先使用线型将剖面结构勾出,如图 7-71 所示。

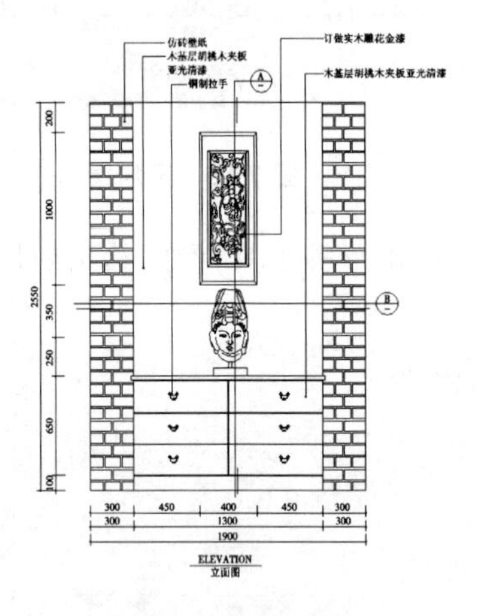

图 7-70　添加标注

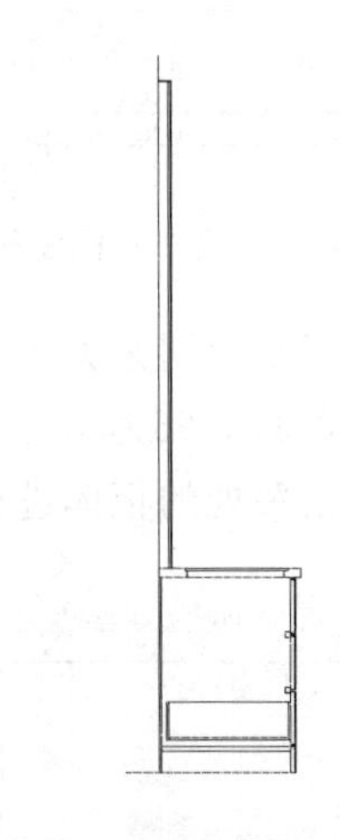

图 7-71　绘制出剖面结构图

(13)对玄关的细部结构进行细化,要保证立面结构与设计构想一致,如图 7-72 所示。

(14)对靠墙位置进行图案填充,如图 7-73 所示。

(15)使用尺寸标注工具,对玄关剖面图进行详细的尺寸标注;使用 LE(引线标注)命令,对材料的使用进行标注;对需要放大说明的位置用圆勾画出来,并引出索引符号。结果如图 7-74 所示。

(16)复制出索引位置的图形,如图 7-75 所示。

(17)使用修剪命令,将圆外围的图形删除,如图 7-76 所示。

(18)对细部进行材料或者尺寸等更细一步的标注,添加图名,到此,玄关所有的施工图绘制完成,如图 7-77 所示。

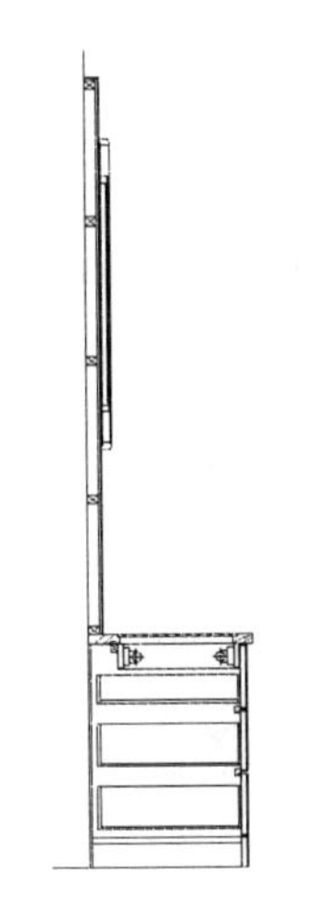

图 7-72　细化立面结构图

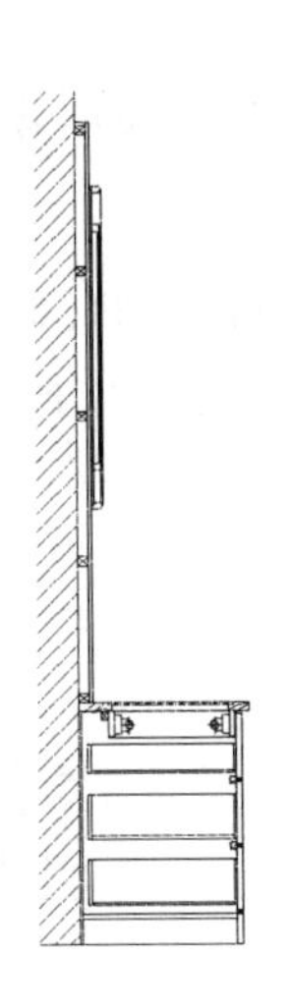

图 7-73　添加墙体填充图案

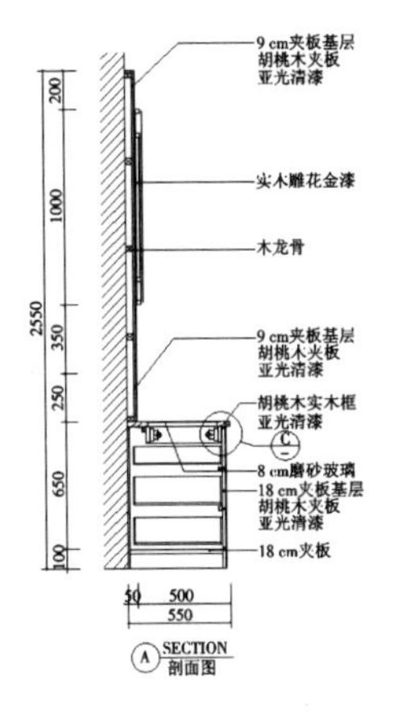

图 7-74　添加文字标注和尺寸标注

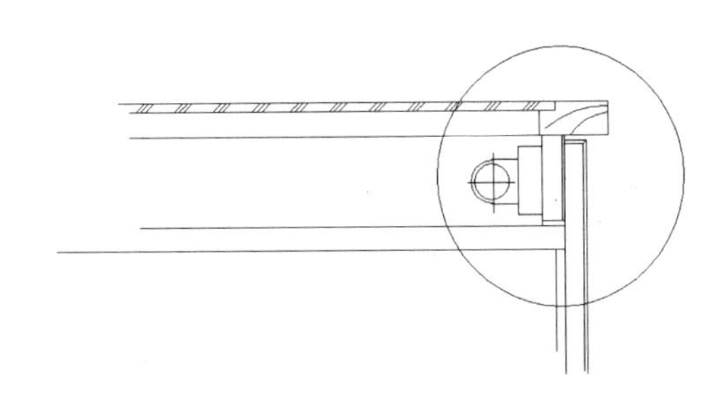

图 7-75　复制图案

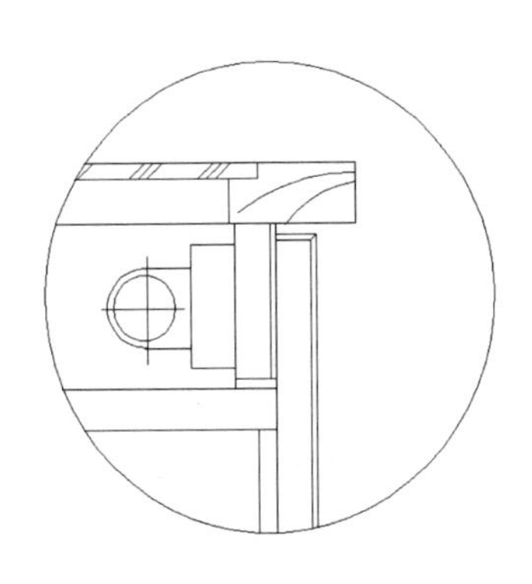

图 7-76　修剪图形

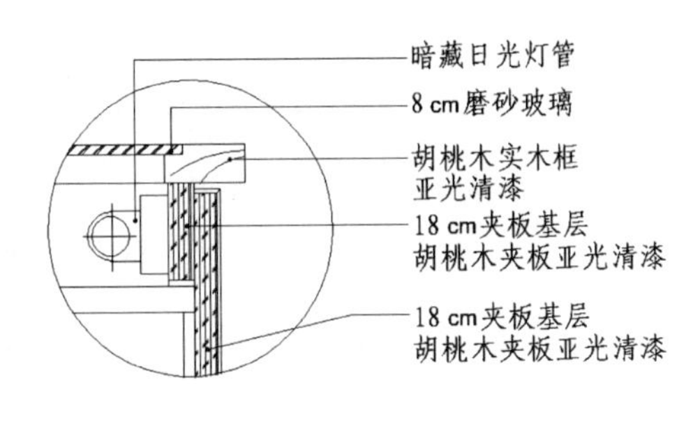

图 7-77　添加材料或者尺寸标注

实例 72　绘制茶楼形象墙施工详图

案例效果

通过本实例的绘制，可以使读者了解普通茶楼及公共休闲场所的施工图设计。本实例将制作效果如图 7-78 所示的茶楼形象墙施工详图。

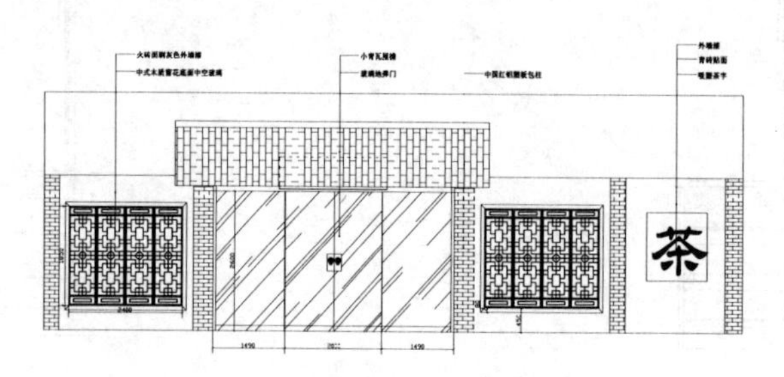

图 7-78　茶楼形象墙施工详图

步骤提示

(1)使用矩形命令，按照给出的尺寸，绘制一个矩形，如图 7-79 所示。

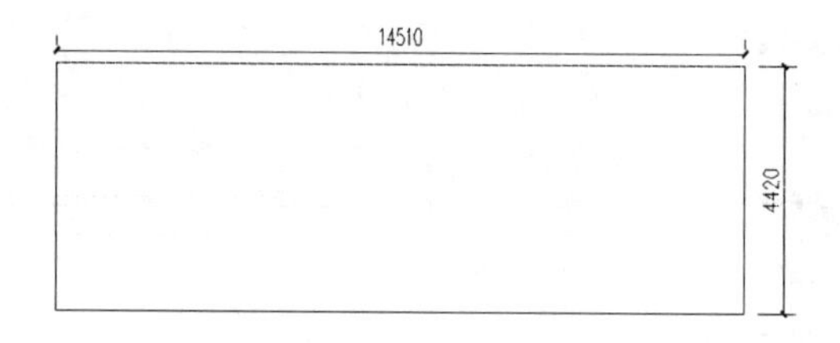

图 7-79　绘制矩形

(2)将矩形打散，按照设计意图，对茶楼细部进行细化，如图 7-80 所示。

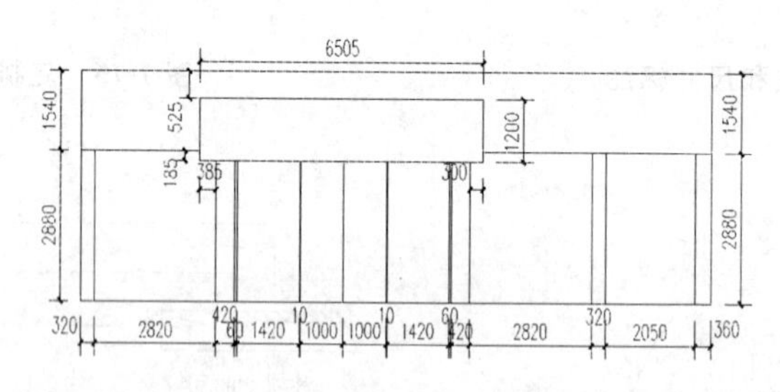

图 7-80　细化茶楼

(3)由于是对称结构，绘制完一侧的窗户后，可以镜像复制到另一侧，如图 7-81 所示。

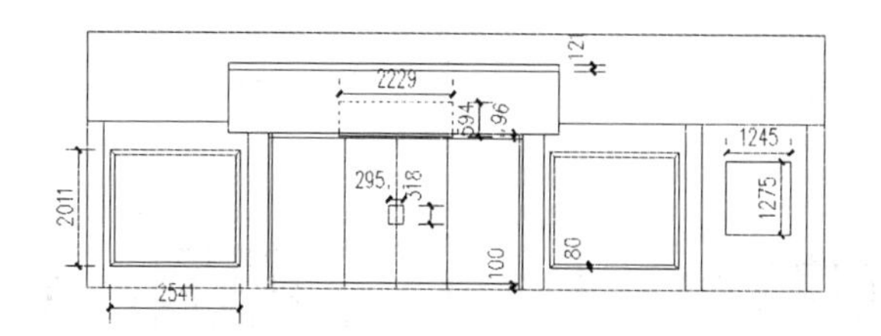

图 7-81 绘制并复制窗户

(4)对屋顶、装饰墙面进行图案填充,如图 7-82 所示。

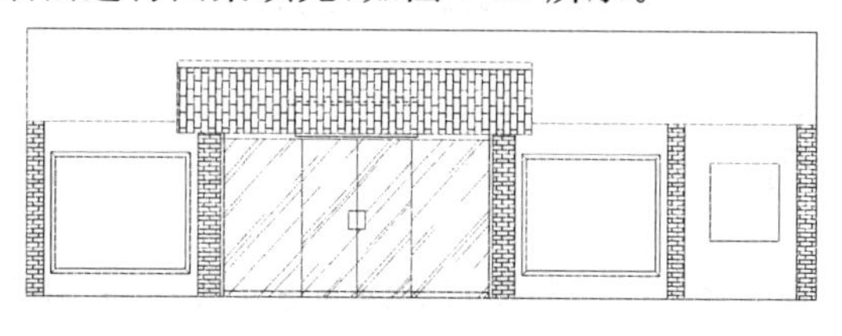

图 7-82 填充图案

(5)使用隶书输入“茶”文本,作为茶馆的 LOGO,如图 7-83 所示。

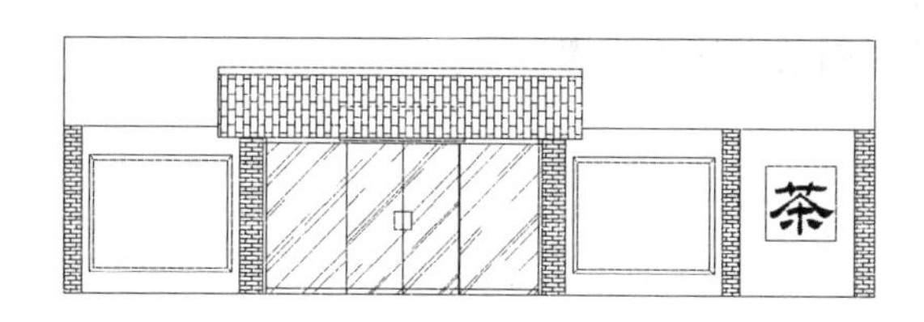

图 7-83 输入文本

(6)在窗户位置插入中式窗格,如图 7-84 所示。

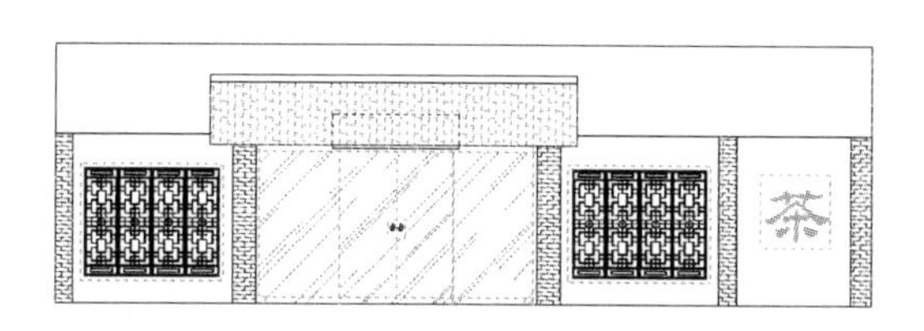

图 7-84 插入中式窗格

(7)对茶馆进行详细的尺寸标注以及材料使用说明,最终效果如图 7-85 所示。

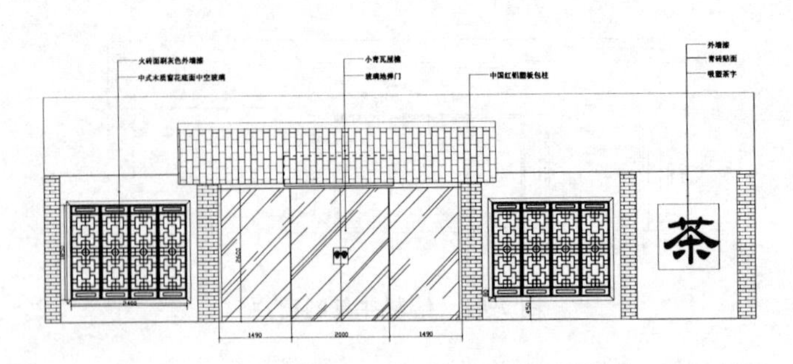

图 7-85　添加尺寸及材料标注

7.4 本章小结

通过本章的学习，使读者了解绘制建筑详图的方法和思路，其中包括建筑施工详图概述、楼梯结构详图概述、楼梯结构平面图的绘制内容、楼梯结构剖面图的绘制内容、楼梯详图的阅读方法等，并通过“实例精讲”的实际操作，对建筑详图的绘制步骤进行相应的演练。在绘制过程中，读者一定要了解如何绘制建筑详图，并通过“上机练习”的练习操作，进一步掌握绘制建筑详图的方法和步骤。

第8章 绘制建筑三维模型

◈内容摘要◈

本章讲解 AutoCAD 2014 在三维制作方面的应用，AutoCAD 2014 提供了很多三维制作命令，可以很方便快捷地制作三维模型。在制作三维模型时，用户需要将 Auto CAD 2014 切换到三维模型界面下。

◈教学目标◈

- 制作室内常用家具模型
- 制作建筑构建件模型
- 制作户外常用构件模型

8.1 三维绘图基础

三维几何模型(即立体图)主要分为线框模型、表面模型和实体模型三种类型。线框模型是用棱线、转向轮廓线等方式来表达立体的形状，该种模型虽然作图方法简单，但由于其中只有棱线的信息，没有面和体的信息，因而在 AutoCAD 中只能人选为其他模型的基础；表面模型具有线和面的信息，可以解决与三维造型有关的大多数工程问题，但是，由于表面模型不能做布尔运算，因而仅用来表达实体模型，难以表达不规则表面；实体模型是三种模型中最实用的一种，含有线、面和体的全部信息，实体模型可以通过布尔运算，使用简单的基本实体造出复杂立体，因而使用最多。本章主要介绍实体模型的创建方法及编辑方法。

8.1.1 “三维建模”空间

要想绘制三维模型，首先要将工作空间切换到“三维建模”空间。在菜单栏中选择“工具→工作空间→三维建模”菜单命令，将工作空间切换到如图 8-1 所示的“三维建模”空间中。

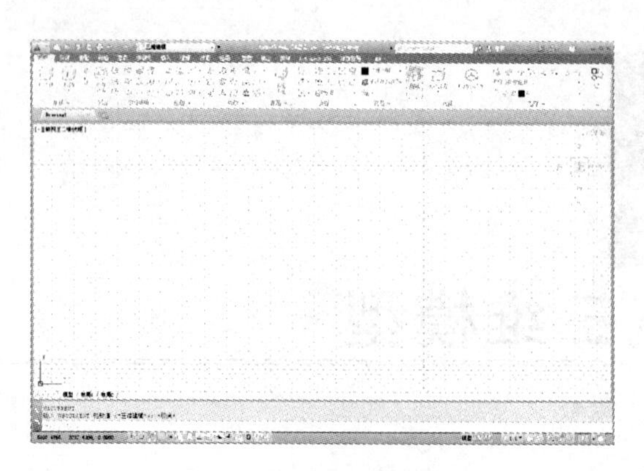

图 8-1 “三维建模”空间

8.1.2 认识三维坐标系

在学习创建三维实体模型之前,我们首先要认识“三维建模”空间中的三维坐标系。在三维建模空间环境中,AutoCAD 提供了三维直角坐标输入法、圆柱坐标输入法、球坐标输入法三种方法来确定几何对象在三维空间中的位置。

1. 三维直角坐标系

三维直角坐标系又称为三维笛卡尔坐标系,它是在二维直角坐标系的基础上根据右手定则增加第三维坐标(即 Z 轴)而形成的坐标系。使用三维直角坐标系,用户可以输入 X、Y 和 Z 三个坐标值在空间中指定精确的位置,如图 8-2 所示。

在直角坐标系统中相对直角坐标值仍是在坐标值前加“@”来表示,如(@50,50,50)。

2. 三维圆柱坐标系

三维圆柱坐标系是根据二维极坐标系推广到三维空间的一种坐标系。三维圆柱坐标就是通过其在 XY 平面上相对于 UCS 原点的距离、相对于 XY 平面上的 X 轴角度以及它的 Z 值来定义点。使用绝对圆柱坐标指定一个点,输入格式为:(X 轴坐标<与 X 轴的角度,Z 轴坐标)。输入坐标在空间中的位置如图 8-3 所示。

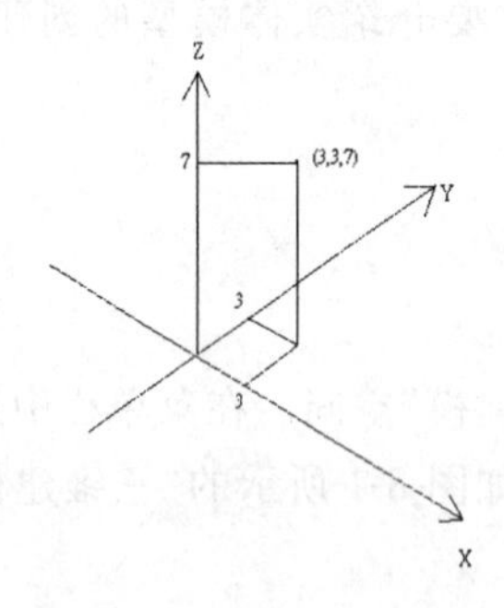

图 8-2 三维直角坐标

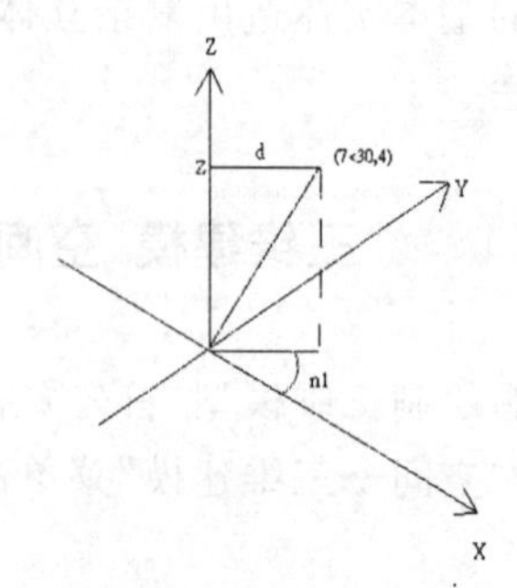

图 8-3 三维圆柱坐标

在圆柱坐标系统中相对坐标也是在坐标值前加“@”来表示,例如(@10<45,8)表示指定一个在 XY 平面距最后一个输入点 10 个单位、与 X 正向成 45°角并在 Z 方向上延伸

8个单位的点。

3. 三维球坐标系

三维球坐标系也是根据二维极坐标系推广到三维空间的一种坐标系，不过，使用的是另外一种表示方法：指定点到目前UCS原点的距离、与XY平面上X轴之间的角度，以及点与XY平面的角度，每个角度前都有一个左角括号（＜），输入格式为（X轴坐标＜与X轴的角度＜与XY平面的角度）。输入坐标在空间中的位置如图8-4所示。在球坐标系统中相对坐标同样是在坐标值前加“@”来表示。

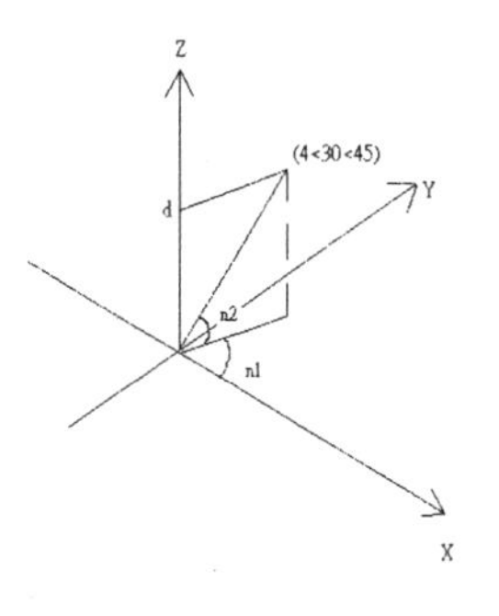

图8-4 三维球坐标

8.1.3 用户坐标系UCS

在AutoCAD中有两种坐标形式，世界坐标系WCS和用户坐标系UCS。在前面的章节中，我们接触的是世界坐标系WCS。在二维绘图模式下，WCS以水平向右为X轴正方向，以垂直向上为Y轴正方向，以垂直屏幕向外为Z轴正方向，而且其坐标原点和方向都是固定不变的。

在绘制三维实体模型的时候，如果仅使用一个固定的世界坐标系WCS会很不方便，所以为了使我们更方便地在三维空间中作图，AutoCAD提供了可以由用户自行定义的用户坐标系UCS，UCS对于输入坐标、定义绘图平面及视图设定都十分方便。在默认情况下，用户坐标系UCS和世界坐标系WCS是重合的。在本小节中，将向大家介绍如何新建和管理UCS。

1. 新建UCS

所谓新建用户坐标系UCS就是重新定位用户坐标系原点（0，0，0）的位置以及XY平面和Z轴的方向。新建用户坐标系命令主要有如下几种调用方法：

- 在菜单栏中选择“工具→新建UCS”子菜单中的各项菜单命令。
- 单击“UCS”工具栏中的各个功能按钮。
- 在命令行中执行“用户坐标系”命令UCS。

执行前两种操作可以直接选择一种UCS创建方式，如果在命令行中执行“用户坐标系”命令UCS，命令行将提示用户选择创建方式：

```
命令：ucs ＜Enter＞
当前UCS名称：*世界*
指定UCS的原点或[面(F)/命名(NA)/对象(OB)/上一个(P)/视图(V)/世界(W)/X/Y/Z/Z轴(ZA)]＜世界＞：
```

从命令行、下拉菜单以及工具栏中可以看出，系统提供了多种UCS的创建方法，下面介绍几种常用的UCS创建方法：

（1）为UCS重新指定原点。使用这种方法新建的UCS的X、Y、Z三轴的方向不变，只是UCS原点在WCS中的坐标发生改变。在菜单栏中选择“工具→新建UCS→原点”菜单命令或者单击“UCS”工具栏中的“原点”按钮都可以为UCS指定新的原点，过程如图 8-5 和图 8-6 所示。

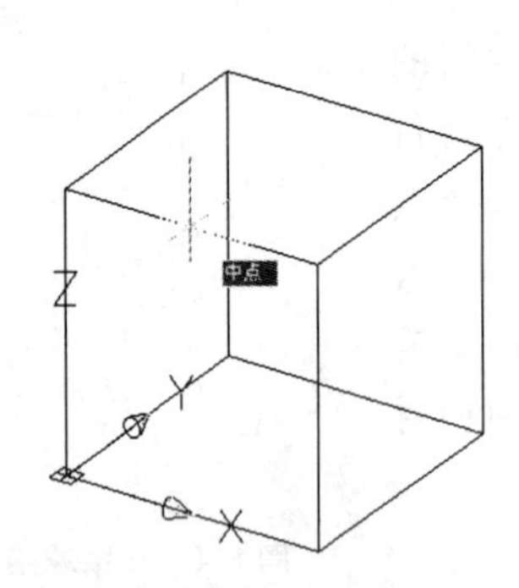

图 8-5　指定新的原点

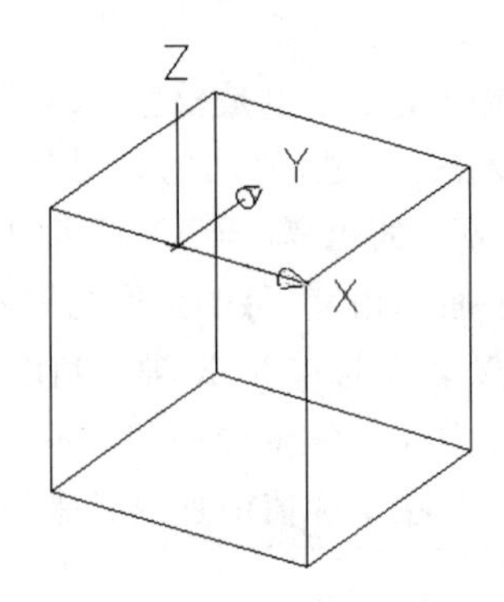

图 8-6　完成新的 UCS 的建立

如果在命令行中执行“用户坐标系”命令 UCS，则不选择任何选项，直接指定新的 UCS 原点并按 Enter 键确定即可。

(2)为 UCS 重新指定原点和 Z 轴矢量。

使用这种方法，用户可以通过指定新的 UCS 原点和 Z 轴矢量上的点来创建新的 UCS。在菜单栏中选择“工具→新建 UCS→原点”菜单命令，单击“UCS”工具栏中的“原点”按钮或者在命令行中选择“Z 轴”选项，都可以为 UCS 指定新的原点和 Z 轴矢量，过程如图 8-7、图 8-8 和图 8-9 所示。

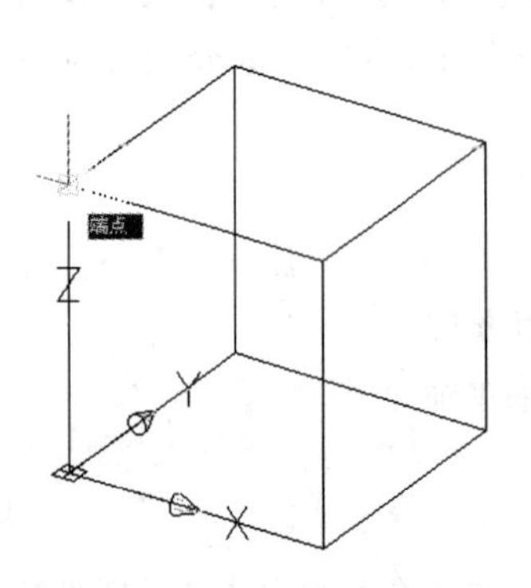

图 8-7　指定新的原点

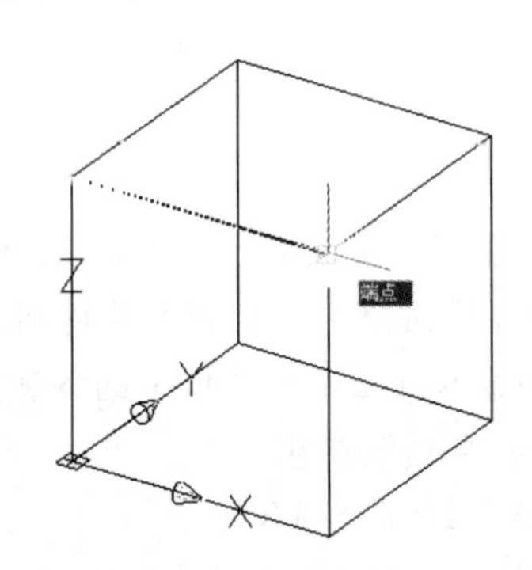

图 8-8　指定 Z 轴矢量上的点

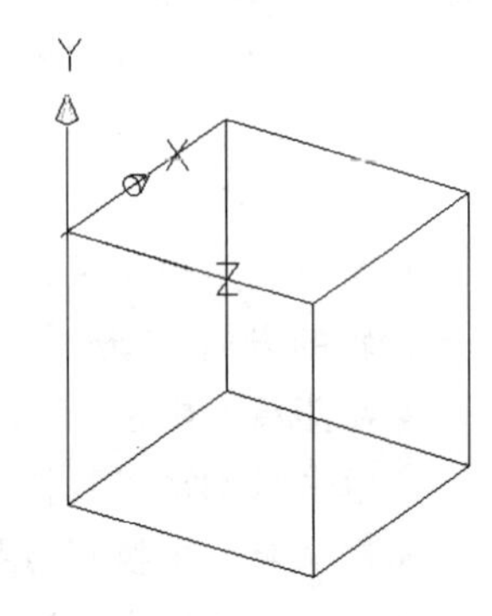

图 8-9　完成新的 UCS 的创建

(3)通过三点创建 UCS。使用这种方法，用户可以通过指定新的 UCS 原点和 X、Y 轴正方向上的点来创建新的 UCS。在菜单栏中选择“工具→新建 UCS→三点”菜单命令或者单击“UCS”工具栏中的“三点”按钮，都可以为 UCS 指定新的原点和新的 X、Y 轴的正方向，过程如图 8-10、图 8-11、图 8-12 和图 8-13 所示。

在命令行中不用选择任何选项，用户按照命令行提示依次操作即可。

以上三种方法是新建 UCS 最常用的三种方法，其他的方法用得较少，这里只做一个简单的介绍：

(1)面：选择此选项，可以将用户坐标系 UCS 与实体对象的选取面对齐。如果要选取面，请用鼠标左键单击面边界内或面的边缘，被选取的面的边缘将以虚线显示，并且新定义的 UCS 的 X 轴将与找到的第一个面上最近的边缘对齐，用户可以选择命令行中的选

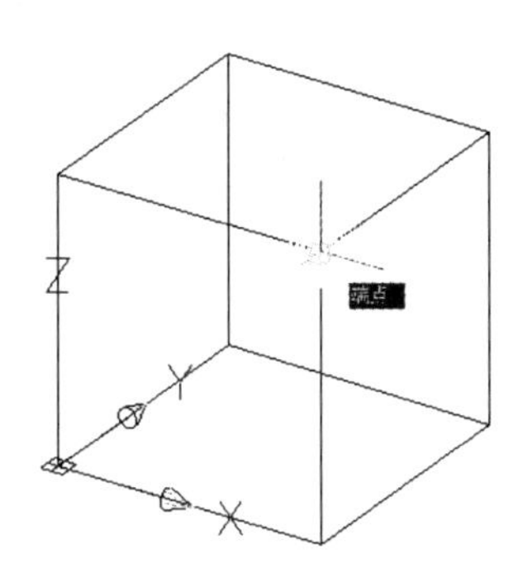

图 8-10　指定新的原点

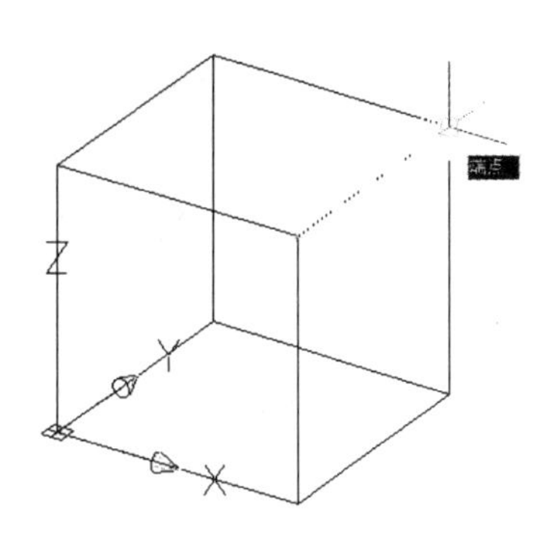

图 8-11　指定 X 轴正方向上的点

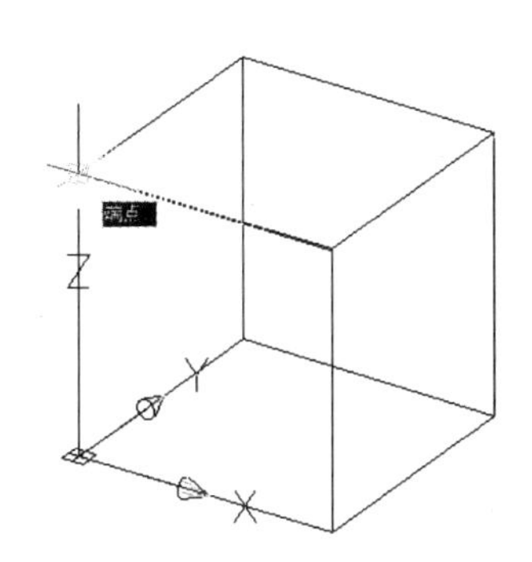

图 8-12　指定 Y 轴正方向上的点

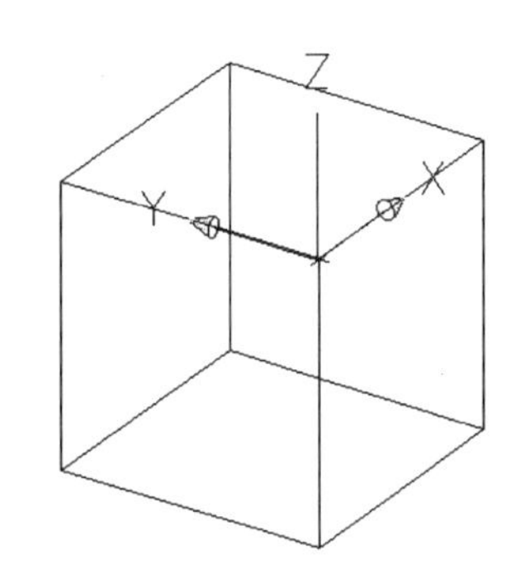

图 8-13　完成新的 UCS 的创建

项来定义新用户坐标系的 XY 平面和反向 X、Y 轴。

(2)视图：选择此选项，可以绘制一个 XY 平面平行于屏幕的用户坐标系，但其原点不变。

(3)X、Y、Z：选择此选项，可以绕指定轴来旋转目前的用户坐标系。

(4)世界：选择此选项，可以将目前的用户坐标系重新定义为与世界坐标系重合。

(5)命名：选择此选项，可以对当前没有命名的用户坐标系进行命名，对已经命名的用户坐标系可以进行恢复、保存、删除操作。

2. 保存 UCS

AutoCAD 允许用户创建多个 UCS，并且为每个 UCS 命名并将其保存，以便以后调用。保存用户坐标系 UCS 的命令执行方法有如下三种：

- 在菜单栏中选择“工具→命名 UCS”子菜单命令。
- 单击“UCSⅡ”工具栏中的“命名 UCS”按钮。
- 在命令行中执行“命名 UCS”命令 UCSMAN。

新建 UCS 后，执行上述任意操作，系统将打开如图 8-14 所示“UCS”对话框。利用“UCS”对话框可以显示和命名已定义和未命名的 UCS。

单击“未命名”文字使其进入可编辑状态，然后输入 UCS 的名称，比如“自定义 UCS01”，然后按 Enter 键确定，即可完成 UCS 的命名，如图 8-15 所示。

单击“确定”按钮即可完成新建 UCS 的保存，用户保存的 UCS 将会出现在“UCSII”工具栏中的“UCS”下拉列表中，如图 8-16 所示。

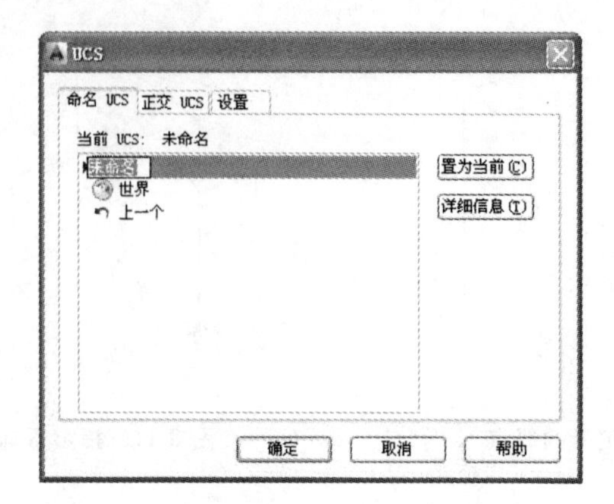

图 8-14 "UCS"对话框

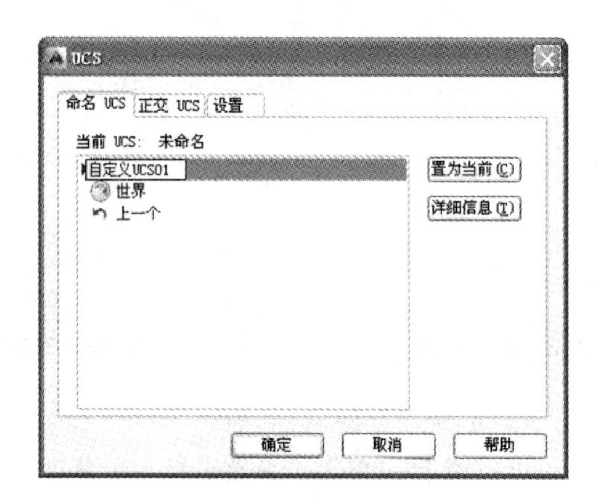

图 8-15 命名 UCS

在以后的绘图过程中，用户就可以在"UCS"下拉列表中选择保存的 UCS，而不需要重新创建 UCS。

在"UCS"对话框中的"命名 UCS"选项卡上，单击"详细信息"按钮可以查看已列出的 UCS 的原点和 X、Y、Z 轴的方向，如图 8-17 所示。

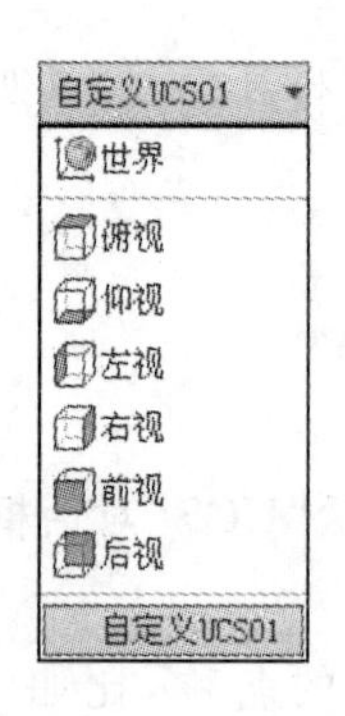

图 8-16 "UCS"下拉列表

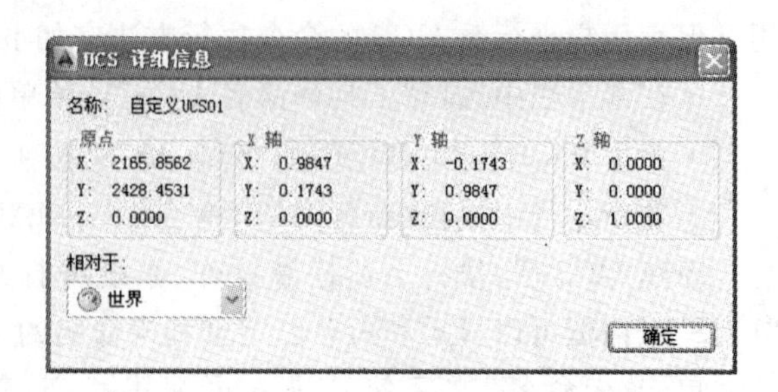

图 8-17 "UCS 详细信息"对话框

"UCS"对话框中的"正交 UCS"选项卡用于将 UCS 改为一种正交的 UCS 模式，如图 8-18 所示。

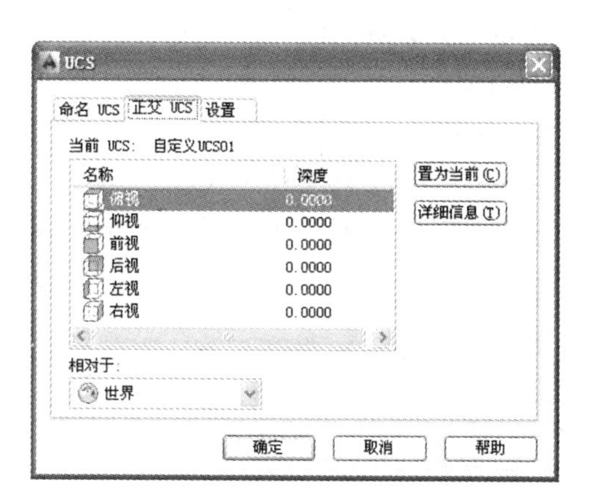

图 8-18 "正交 UCS"选项卡

"UCS"对话框中的"设置"选项卡用于显示和修改与视口一起储存的 UCS 图标设置与 UCS 设置，如图 8-19 所示。

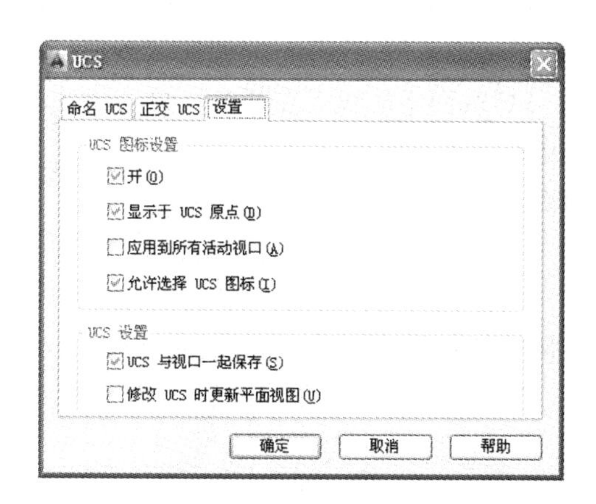

图 8-19 "设置"选项卡

此选项卡中各选项的含义如下：

- "开"复选框：此复选框用于设置是否显示目前视口内的 UCS 图标。
- "显示于 UCS 原点"复选框：此复选框用于设置是否在目前视口的目前坐标系统中显示 UCS 图标于原点。若不选此项，将清除坐标原点，并将 UCS 图标显示于视口左下角。
- "应用到所有活动视口"复选框：是否将 UCS 图示设定值应用到目前视口中的所有作用图面上。
- "UCS 与视口一起保存"复选框：此复选框用于设置是否将 UCS 设定与视口一起保存。
- "修改 UCS 时更新平面视图"复选框：当目前视口中的坐标系数被修改时，是否要取回平面视景。

3. 控制 UCS 图标显示和位置

UCS 图标用于表示 UCS 的 X、Y、Z 轴方位与目前 UCS 原点相对于视图方向的位置。在绘图过程中用户可以根据需要将 UCS 图标隐藏或移动。控制 UCS 图标显示和位置的命令的执行方法有如下两种：

- 在菜单栏中选择"视图→显示→UCS 图标"菜单中的各项菜单命令。
- 在命令行中执行"UCS 图标"命令 UCSICON。

在命令行中执行"UCS 图标"命令 UCSICON 后，命令行提示如下：

```
命令：ucsicon <Enter>
输入选项 [开(ON)/关(OFF)/全部(A)/非原点(N)/原点(OR)/特性(P)] <开>:
```

命令行中各选项含义如下：

- "开"选项：选择此选项可以显示 UCS 图标。
- "关"选项：选择此选项可以关闭 UCS 图标的显示。
- "全部"选项：选择此选项可以将对图标的修改应用到所有活动视口。否则，UCSICON 命令只影响当前视口。
- "非原点"选项：选择此选项后，不管 UCS 原点在何处，在视口的左下角显示图标。
- "原点"选项：在当前坐标系的原点(0,0,0)处显示该图标。如果原点不在屏幕上，或者图标因未在视口边界处剪裁而不能放置在原点处时，图标将显示在视口的左下角。
- "特性"选项：选择此选项将开启"UCS 图标"对话框，从中可以控制 UCS 图标的样式、可见性和位置，如图 8-20 所示。

如果在"UCS 图标样式"栏中选择"二维"选项，UCS 图标将变成如图 8-21 所示状态。

在"UCS 图标样式"栏中选择"三维"、"线宽 3"选项，然后在"UCS 图标大小"栏中设置 UCS 图标大小为 25，单击"确定"按钮，UCS 图标将变成如图 8-22 所示状态。

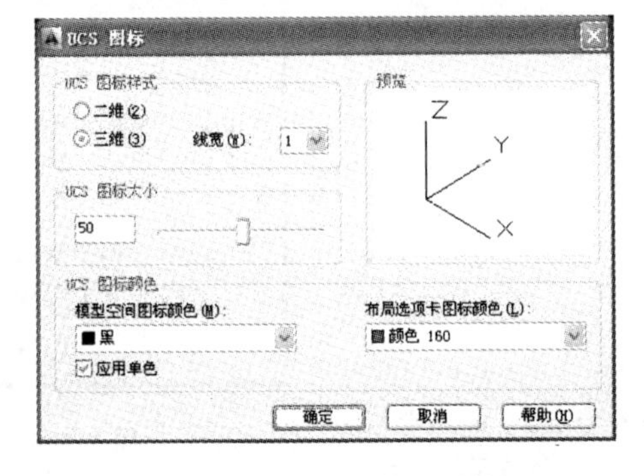

图 8-20　"UCS 图标"对话框

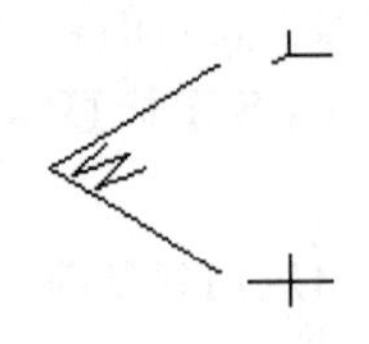

图 8-21　二维模式下的 UCS 图标

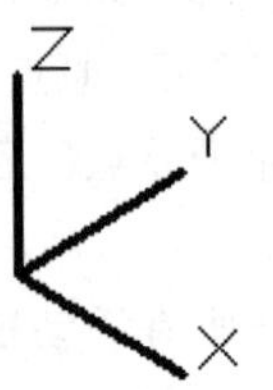

图 8-22　三维模式下的 UCS 图标

8.2 实例精讲

下面通过具体的实例讲解三维实体的具体制作方法，在 AutoCAD 2014 中，任何复杂的模型都是通过简单的几何体编辑修改而成，由此可见，基本几何体是制作三维模型的基础，本节通过对简单几何体的制作，来理解三维建模的方法。

实例 73 绘制茶几

案例效果

本例将绘制如图 8-23 所示的茶几模型，通过本实例的绘制，可以掌握长方体、圆柱体、三维阵列等三维绘图及三维编辑命令的使用。

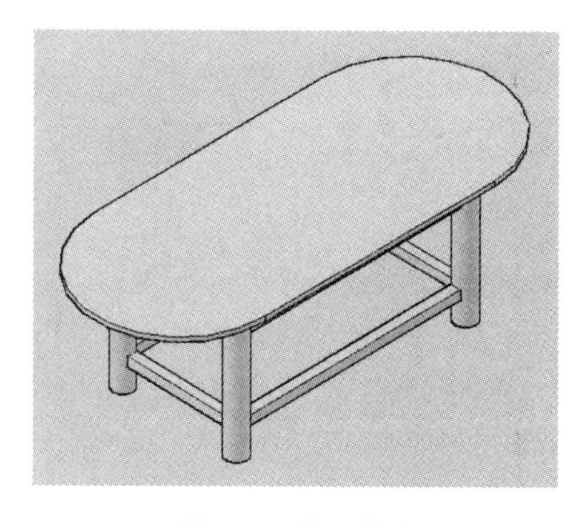

图 8-23 茶几模型

案例步骤

(1)执行圆柱命令，绘制底面直径为 70、高度为 440 的圆柱，命令行操作内容如下：

命令：_ cylinder	执行圆柱命令
当前线框密度： ISOLINES=8	
指定圆柱体底面的中心点或 [椭圆(E)] <0,0,0>：	指定圆柱底面中心点
指定圆柱体底面的半径或 [直径(D)]：d	选择“直径”选项
指定圆柱体底面的直径：70	指定底面直径
指定圆柱体高度或 [另一个圆心(C)]：440	指定圆柱的高度

命令执行结果如图 8-24 所示。

(2)在命令行输入 3DARRAY，执行三维阵列命令，将绘制的圆柱体进行阵列复制，命令行操作内容如下：

命令：3DARRAY	执行三维阵列命令
选择对象：	选择圆柱
选择对象：	确定对象的选择
输入阵列类型［矩形(R)/环形(P)］＜矩形＞：r	选择“矩形”选项
输入行数（－－－）＜1＞：2	指定阵列行数
输入列数（|||）＜1＞：2	指定阵列列数
输入层数（...）＜1＞：	指定阵列层数
指定行间距（－－－）：400	指定行间距
指定列间距（|||）：800	指定列间距

命令执行结果如图 8-25 所示。

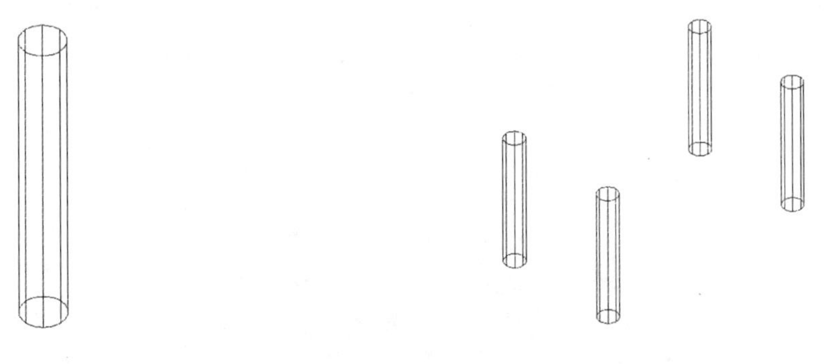

图 8-24　圆柱体　　　　**图 8-25　阵列复制圆柱体**

(3)在命令行输入 BOX,执行长方体命令,绘制长度为 800、宽度和高度都为 30 的长方体,命令行操作内容如下：

命令：box	执行长方体命令
指定第一个角点或［中心(C)］：from	选择“捕捉自”捕捉选项
基点：	捕捉圆柱体的圆心,如图 8-26 所示
＜偏移＞：@0,－15,80	指定长方体的第一个角点
指定其他角点或［立方体(C)/长度(L)］：l	选择“长度”选项
指定长度：＜正交 开＞ 800	打开“正交”功能,并输入长度
指定宽度：30	指定长方体的宽度
指定高度或［两点(2P)］＜440.0000＞：30	指定长方体的高度

命令执行结果如图 8-27 所示。

(4)在命令行输入 BOX,再次执行长方体命令,绘制长度为 30、宽度为 400、高度为 30 的长方体,命令行操作内容如下：

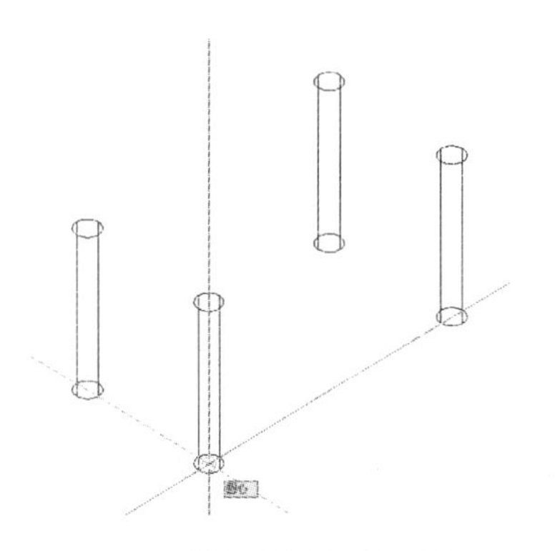

图 8-26　捕捉圆柱体底面圆心

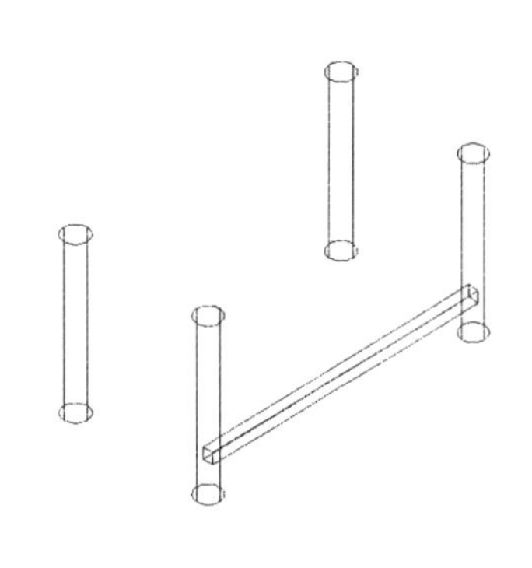

图 8-27　绘制长方体

命令：box	执行长方体命令
指定第一个角点或［中心(C)］：15	捕捉中点的极轴追踪线，如图 8-28 所示
指定其他角点或［立方体(C)/长度(L)］：l	选择"长度"选项
指定长度 ＜30.0000＞：＜正交 开＞30	打开"正交"功能，并输入长度
指定宽度 ＜400.0000＞：	指定长方体的宽度
指定高度或［两点(2P)］＜30.0000＞：	指定长方体的高度

命令执行结果如图 8-29 所示。

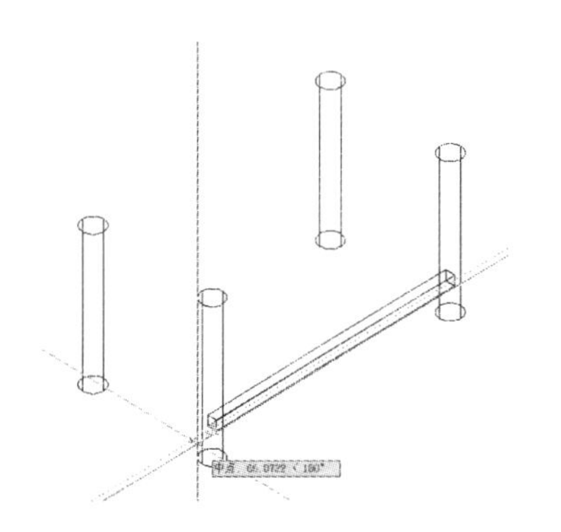

图 8-28　捕捉长方体中点的极轴追踪线

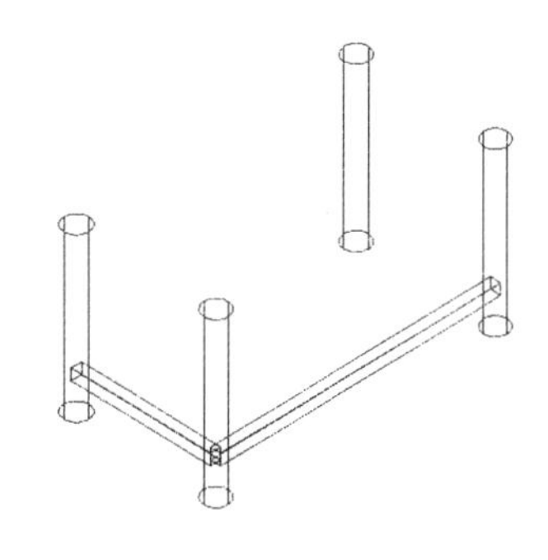

图 8-29　绘制长方体

(5)在命令行输入 CO，执行复制命令，将绘制的长度为 800 的长方体向左上方进行复制，命令行操作内容如下：

命令：co COPY	执行复制命令
选择对象：	选择长度为 800 的长方体
选择对象：	确定复制对象的选择
当前设置：　复制模式 = 多个	
指定基点或［位移(D)/模式(O)］＜位移＞：	捕捉圆柱体底面圆心，如图 8-30 所示
指定第二个点或＜使用第一个点作为位移＞：	捕捉另一圆柱体底面圆心，如图 8-31 所示
指定第二个点或［退出(E)/放弃(U)］＜退出＞：	按 Enter 键结束复制命令

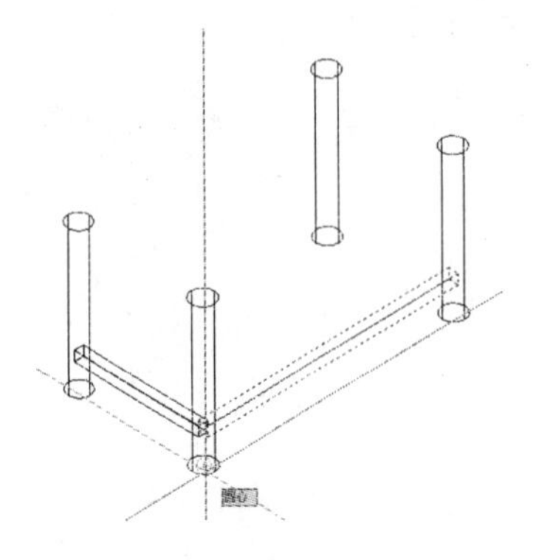

图 8-30 捕捉圆柱体底面圆心

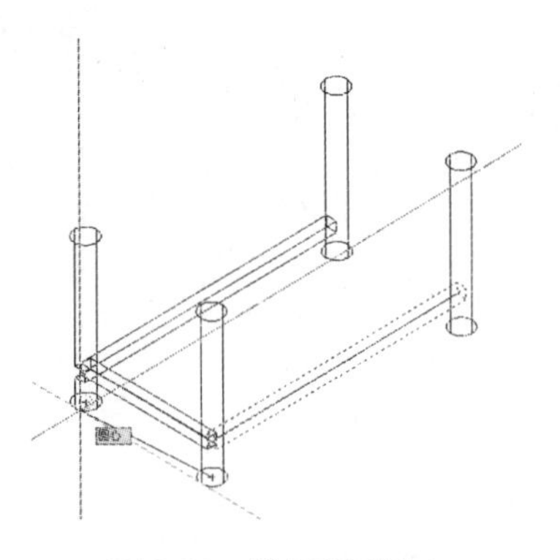

图 8-31 捕捉底面圆心

复制结果如图 8-32 所示。

(6)在命令行输入 CO,执行复制命令,将宽度为 400 的长方体向右上方进行复制,其相对距离为 800,如图 8-33 所示。

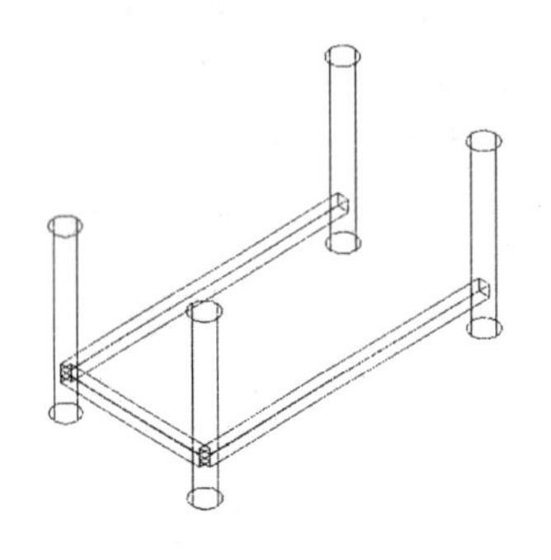

图 8-32 复制长方体

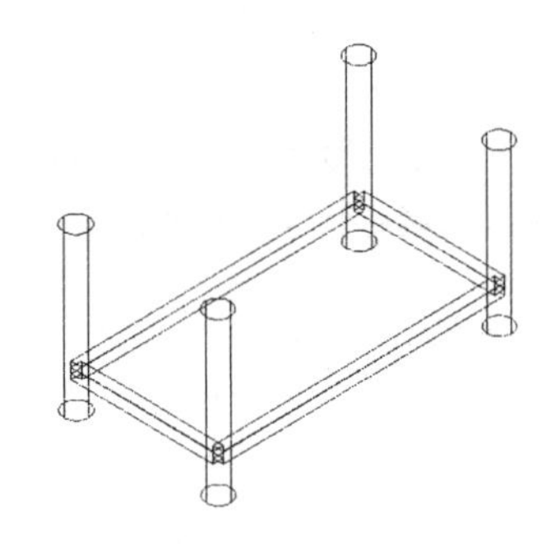

图 8-33 复制另一长方体

(7)在命令行输入 CO,再次执行复制命令,将底端的四个长方体向上进行复制,其相对距离为 270,如图 8-34 所示。

(8)在命令行输入 UNION,执行并集命令,将长方体和圆柱体进行并集运算。

(9)在命令行输入 BOX,执行长方体命令,绘制长方体,命令行操作内容如下:

命令:_ box	执行长方体命令
指定第一个角点或[中心(C)]: from	选择"捕捉自"捕捉选项
基点:	捕捉圆柱体顶面圆心,如图 8-35 所示
<偏移>: @−300,−100,0	指定长方体的第一个角点
指定其他角点或[立方体(C)/长度(L)]: @1400,600,15	指定对角点

命令执行结果如图 8-36 所示。

(10)在命令行输入 F,执行圆角命令,将长方体进行圆角处理,如图 8-37 所示。

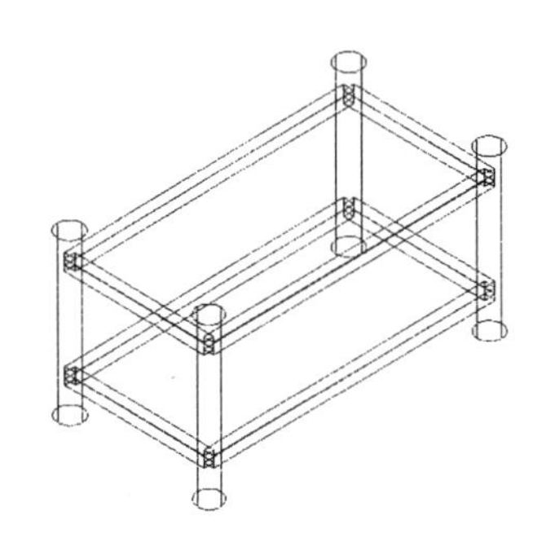

图 8-34 复制长方体

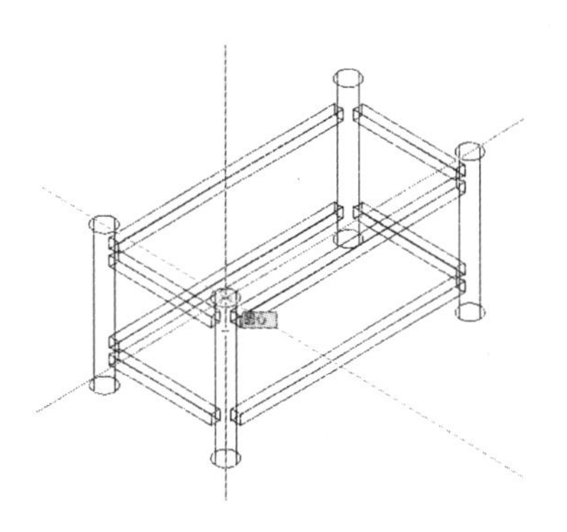

图 8-35 捕捉圆柱体顶面圆心

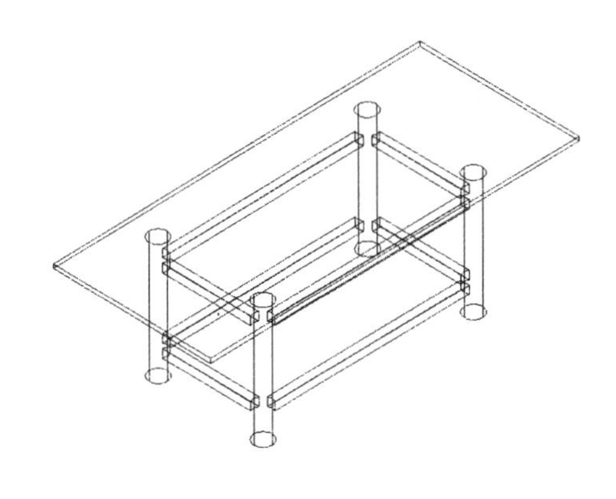

图 8-36 绘制长方体

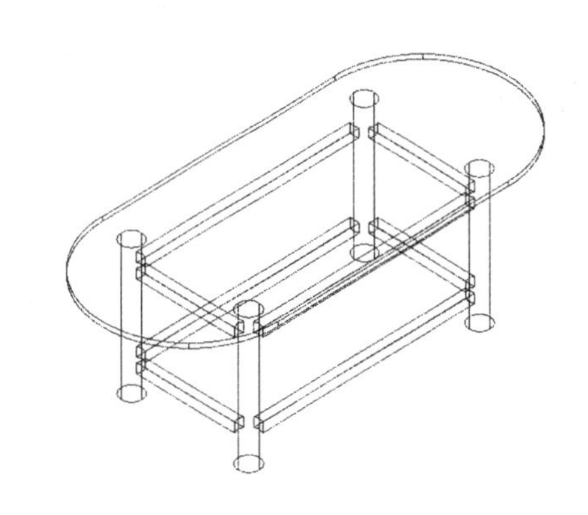

图 8-37 进行圆角处理

实例 74 绘制四方桌

案例效果

本例将绘制如图 8-38 所示的四方桌实体模型，通过本实例的绘制，可以进一步了解并掌握长方体、放样等三维绘图命令的使用及绘制技巧。

图 8-38 四方桌实体

案例步骤

(1)在命令行输入 C,执行圆命令,绘制半径为 15 的圆,命令行操作内容如下:

命令:c CIRCLE	执行圆命令
指定圆的圆心或[三点(3P)/两点(2P)/切点、切点、半径(T)]:	在屏幕上拾取一点,指定圆心
指定圆的半径或[直径(D)]:15	指定圆的半径

命令执行结果如图 8-39 所示。

(2)在命令行输入 POL,执行正多边形命令,以半径为 15 的圆的圆心为中心点,绘制正四边形,命令行操作内容如下:

命令:pol POLYGON	执行正多边形命令
输入边的数目 <4>:	指定正多边形的边数
指定正多边形的中心点或[边(E)]:	捕捉圆的圆心,如图 8-40 所示
输入选项[内接于圆(I)/外切于圆(C)]<I>:c	选择"外切于圆"选项
指定圆的半径:25	捕捉对象追踪线,如图 8-41 所示

命令执行结果如图 8-42 所示。

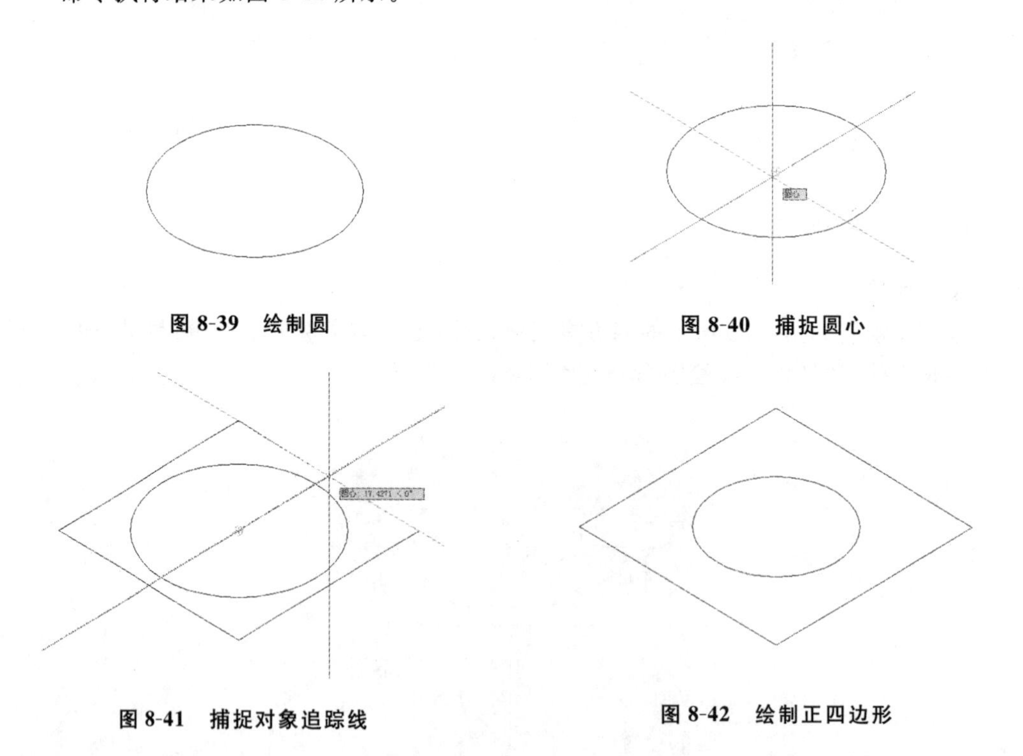

图 8-39 绘制圆

图 8-40 捕捉圆心

图 8-41 捕捉对象追踪线

图 8-42 绘制正四边形

(3)在命令行输入 M,执行移动命令,将绘制的正四边形向 Z 轴的正方向移动 600,如图 8-43 所示。

(4)在命令行输入 CO,执行复制命令,将向上移动后的正四边形向 Z 轴的正方向上进行复制,其相对距离为 150,如图 8-44 所示。

图 8-43　移动正四边形　　**图 8-44　复制正四边形**

(5)单击"建模"工具栏的"放样"按钮,执行放样命令,将绘制的圆及两个正四边形进行放样操作,命令行操作内容如下:

命令:_ loft	执行放样命令
按放样次序选择横截面:	选择圆及正四边形
按放样次序选择横截面:	确定对象的选择
输入选项[导向(G)/路径(P)/仅横截面(C)]<仅横截面>:	按 Enter 键选择"设置"选项,打开如图 8-45 所示的"放样设置"对话框

(6)在"放样设置"对话框中单击"确定"按钮,完成对图形的放样操作,如图 8-46 所示。

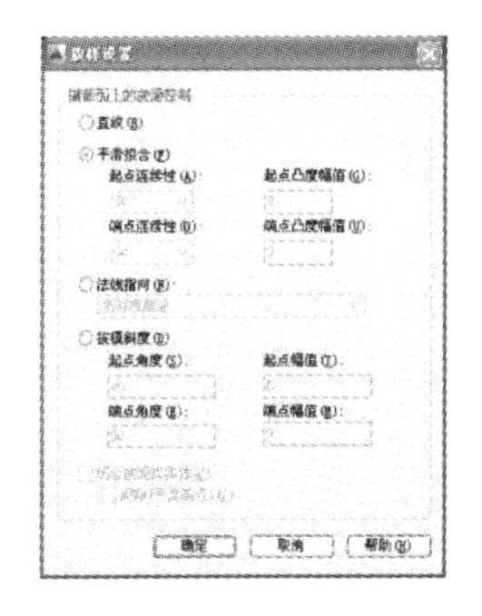

图 8-45　"放样设置"对话框

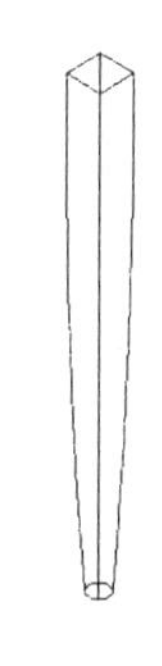

图 8-46　放样图形

(7)在命令行输入 3DARRAY,执行三维阵列命令,将经过放样操作的实体进行三维阵列操作,命令行操作内容如下:

命令:3darray	执行三维阵列命令
选择对象:	选择放样后的实体
选择对象:	确定对象的选择
输入阵列类型[矩形(R)/环形(P)]<矩形>:	选择"矩形"选项
输入行数(---)<1>:2	设置阵列行数
输入列数(|||)<1>:2	设置阵列列数
输入层数(...)<1>:	设置阵列层数
指定行间距(---):800	设置行间距
指定列间距(|||):800	设置列间距

命令执行结果如图 8-47 所示。

(8)在命令行输入 BOX,执行长方体命令,绘制长度和宽度为 1000 的桌面,命令行操作内容如下:

命令:BOX	执行长方体命令
指定第一个角点或[中心(C)]:from	选择"捕捉自"捕捉选项
基点:	捕捉放样实体的端点,如图 8-48 所示
<偏移>:@-50,-50,0	指定长方体的第一个角点
指定其他角点或[立方体(C)/长度(L)]:@1000,1000	指定另一个角点,如图 8-49 所示
指定高度或[两点(2P)]<0.0000>:30	指定长方体的高度

命令执行结果如图 8-50 所示。

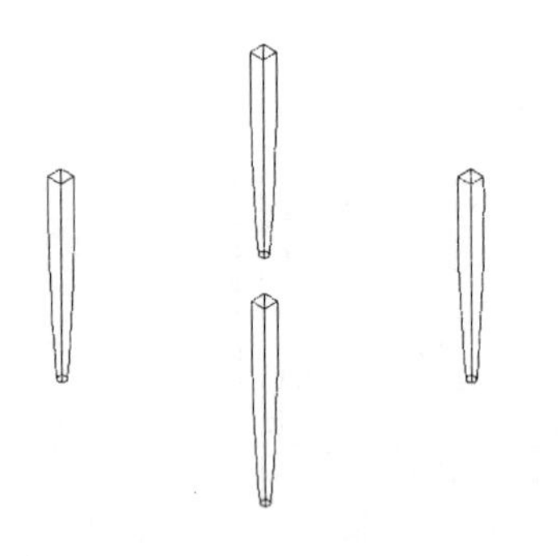

图 8-47　三维阵列复制放样实体

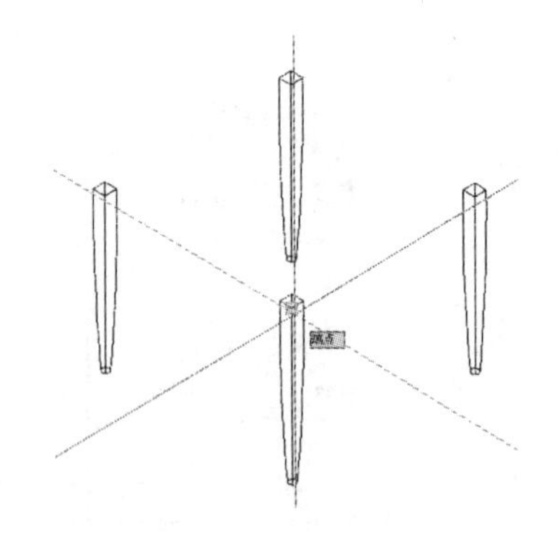

图 8-48　捕捉放样实体端点

实例 75　绘制门

案例效果

本例将绘制如图 8-51 所示的门实体模型,通过本实例的绘制,可进一步掌握长方体、布尔运算命令,了解并掌握圆柱体、球体等命令的使用及绘制方法等。

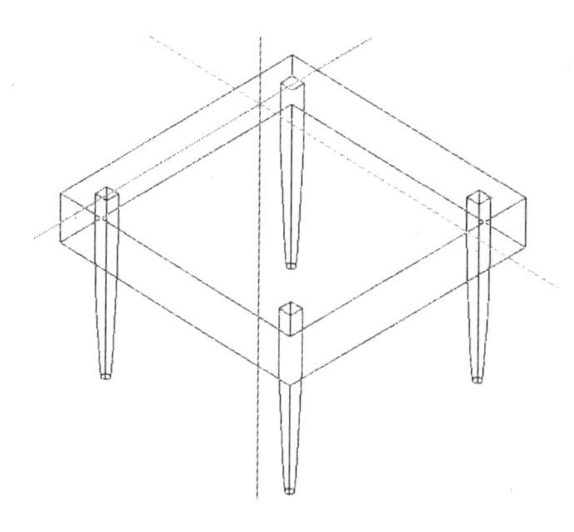

图 8-49　指定长方体另一个角点

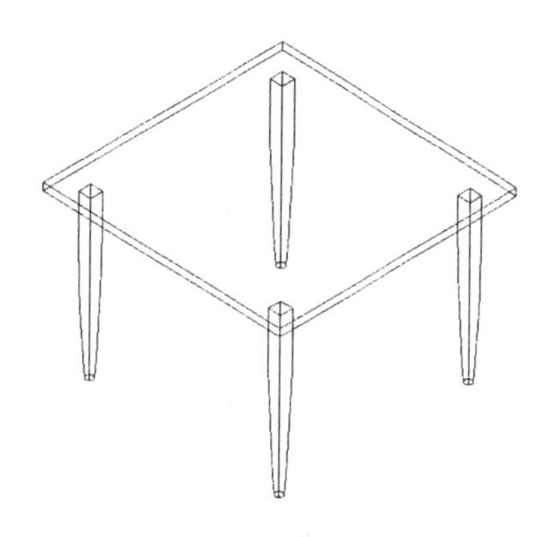

图 8-50　四方桌实体

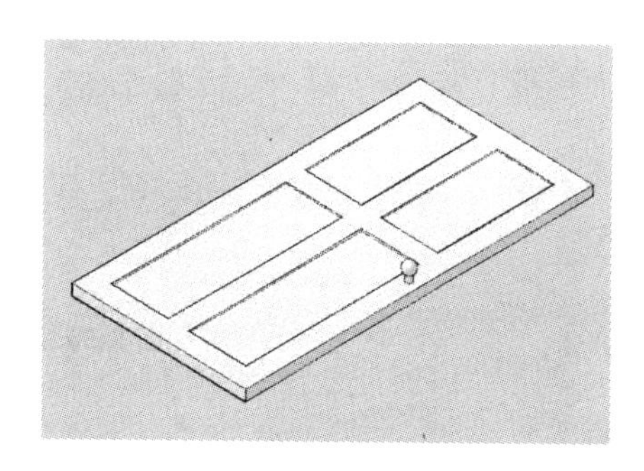

图 8-51　门实体

案例步骤

(1)在命令行输入 BOX,执行长方体命令,绘制长度为 1800、宽度为 900、高度为 50 的长方体,命令行操作内容如下:

命令:box	执行长方体命令
指定第一个角点或[中心(C)]:	在屏幕上拾取一点,指定第一个角点
指定其他角点或[立方体(C)/长度(L)]:@1800,900,50	指定长方体的另一个角点

命令执行结果如图 8-52 所示。

(2)在命令行输入 BOX,执行长方体命令,绘制长度为 600、宽度为 300、高度为−10 的长方体,命令行操作内容如下:

命令:box	执行长方体命令
指定第一个角点或[中心(C)]: from	选择"捕捉自"捕捉选项
基点:	捕捉长方体的端点,如图 8-53 所示
＜偏移＞: @−100,100,0	指定长方体第一个角点,如图 8-54 所示
指定其他角点或[立方体(C)/长度(L)]: @−600,300,−10	指定另一个角点

命令执行结果如图 8-55 所示。

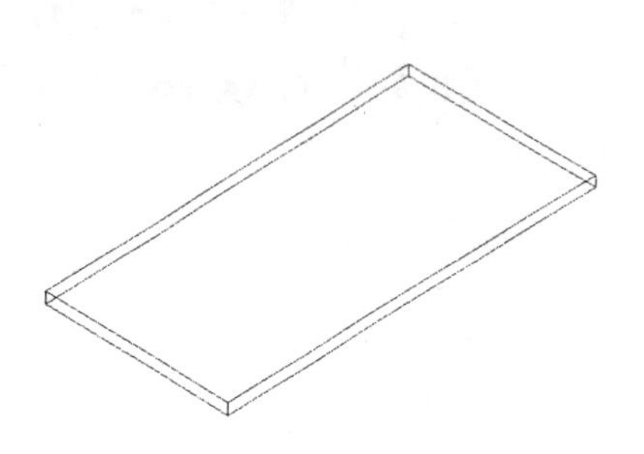

图 8-52　绘制长方体

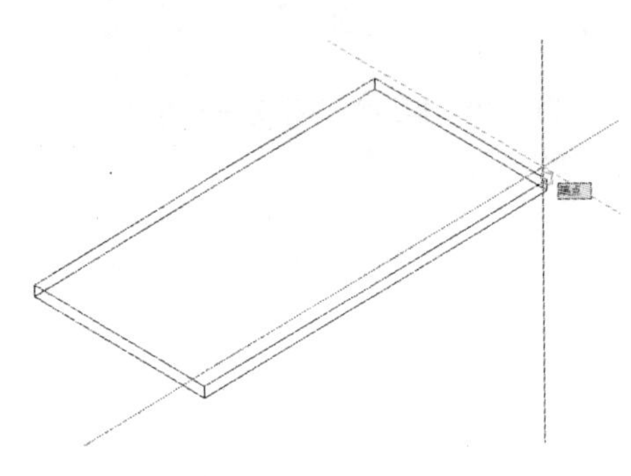

图 8-53　捕捉长方体的端点

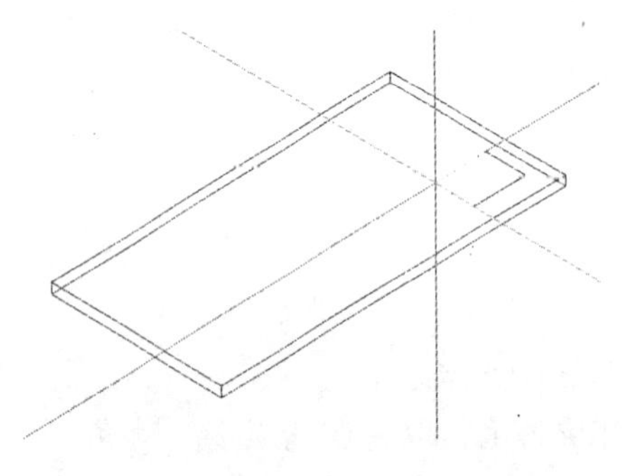

图 8-54　指定长方体第一个角点

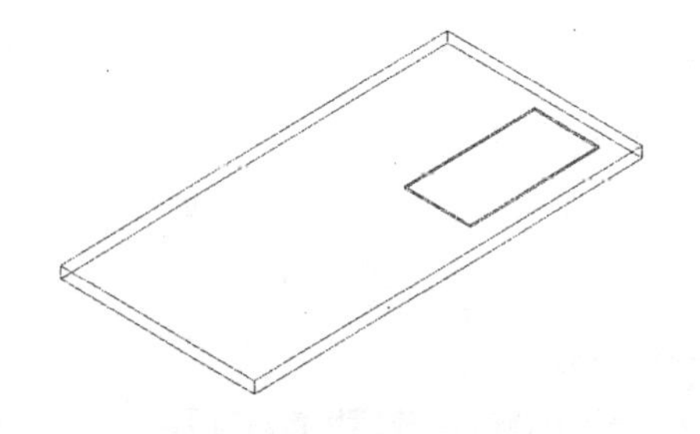

图 8-55　绘制长方体

(3)在命令行输入 BOX,再次执行长方体命令,绘制长度为 900、宽度为 300,高度为−10 的长方体,命令行操作内容如下:

命令:box	执行长方体命令
指定第一个角点或[中心(C)]:from	选择"捕捉自"捕捉选项
基点:	捕捉长方体的端点,如图 8-56 所示
＜偏移＞:@100,100	指定长方体的第一个角点
指定其他角点或[立方体(C)/长度(L)]:@900,300,−10	指定另一角点

命令执行结果如图 8-57 所示。

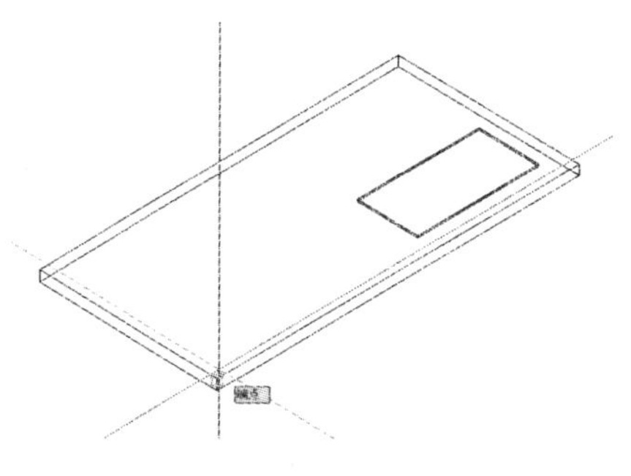

图 8-56　捕捉长方体端点

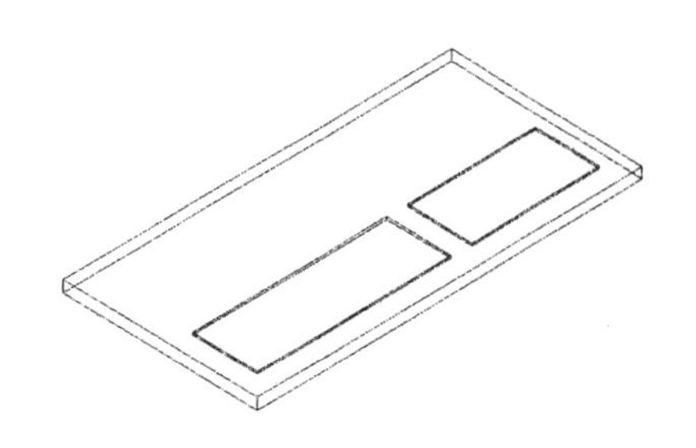

图 8-57　绘制长方体

(4)在命令行输入 CO,执行复制命令,将两个宽度为 300 的长方体进行复制,其相对距离为 400,命令行操作内容如下:

命令:co COPY	执行复制命令
选择对象:	选择两个长方体
选择对象:	确定复制对象的选择
当前设置:　复制模式＝多个	
指定基点或[位移(D)/模式(O)]＜位移＞:	捕捉长方体端点,如图 8-58 所示
指定第二个点或 ＜使用第一个点作为位移＞: 400	左上方移动鼠标,如图 8-59 所示

命令执行结果如图 8-60 所示。

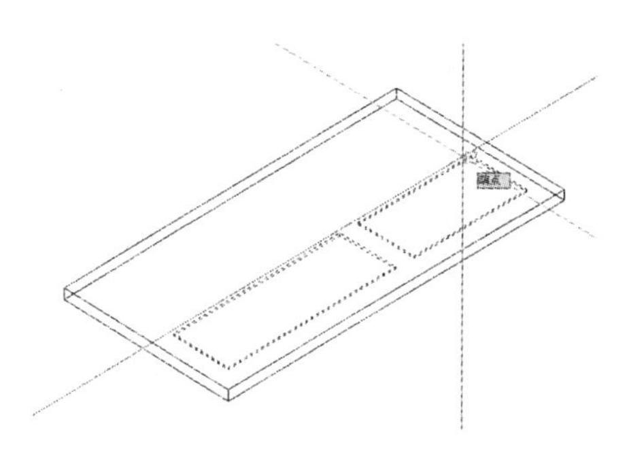

图 8-58　捕捉长方体端点

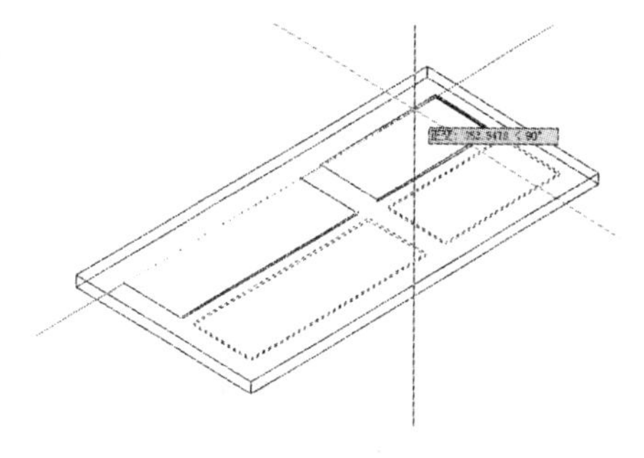

图 8-59　移动鼠标

(5)在命令行输入 CO,执行复制命令,将宽度为 300 的长方体向 Z 轴的反方向进行复制,其相对距离为 40,如图 8-61 所示。

(6)单击"建模"工具栏的"差集"按钮,执行差集命令,将宽度为 300 的长方体从宽度为 900 的长方体中减去。

(7)单击"建模"工具栏的"圆柱体"按钮,执行圆柱体命令,绘制底面半径为 15、高度为 60 的圆柱体,命令行操作内容如下:

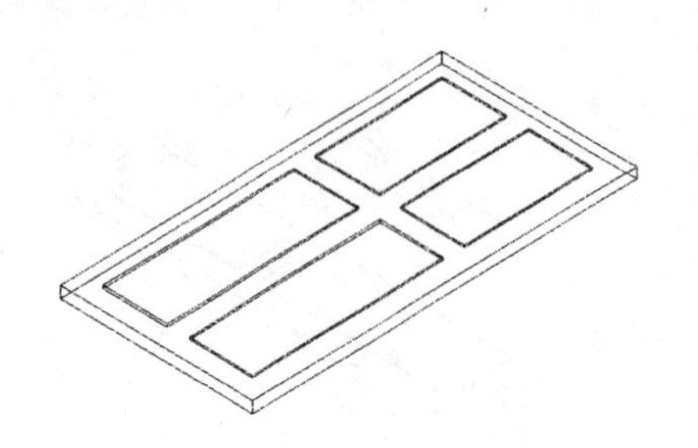
图 8-60　复制长方体

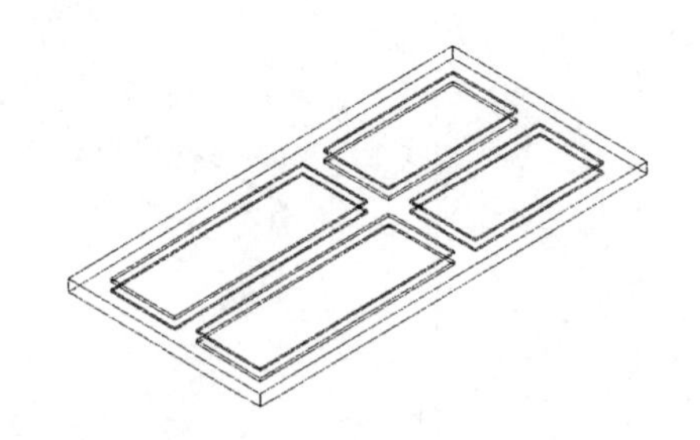
图 8-61　复制顶端长方体

命令行	说明
命令：_ cylinder	执行圆柱体命令
指定底面的中心点或［三点(3P)/两点(2P)/切点、切点、半径(T)/椭圆(E)］：from	选择“捕捉自”捕捉选项
基点：	捕捉长方体中点，如图 8-62 所示
＜偏移＞：@0,50,0	指定圆柱体底面中心点
指定底面半径或［直径(D)］＜30.0000＞：15	指定底面半径
指定高度或［两点(2P)/轴端点(A)］＜60.0000＞：	指定圆柱体的高度

命令执行结果如图 8-63 所示。

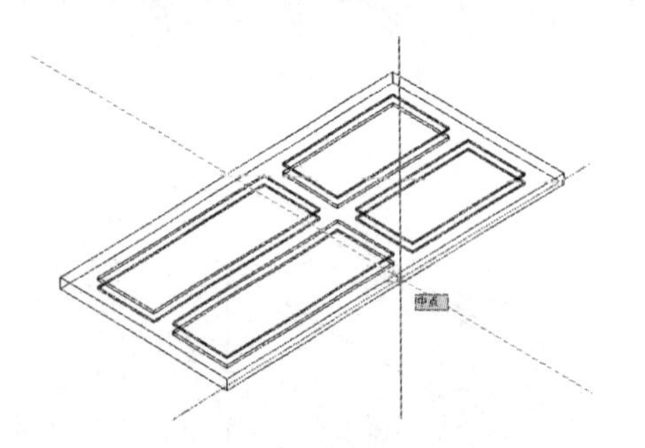

图 8-62　捕捉长方体中点

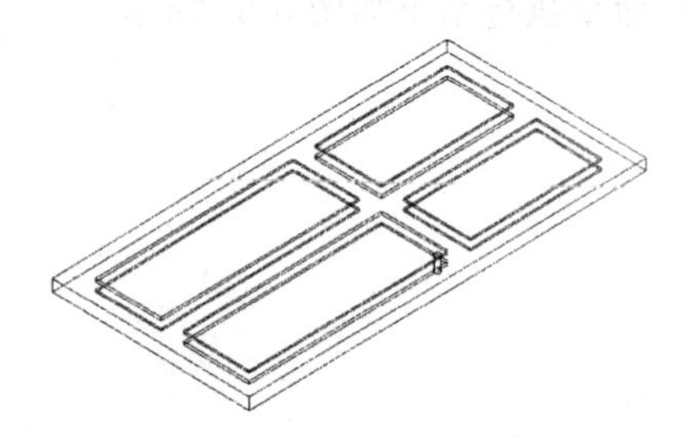
图 8-63　绘制圆柱体

(8)单击“建模”工具栏的“球体”按钮，执行球体命令，绘制半径为 30 的球体，命令行操作内容如下：

命令行	说明
命令：_ sphere	执行球体命令
指定中心点或［三点(3P)/两点(2P)/切点、切点、半径(T)］：	捕捉圆柱体的圆心，如图 8-64 所示
指定半径或［直径(D)］＜15.0000＞：30	指定球体半径

命令执行结果如图 8-65 所示。

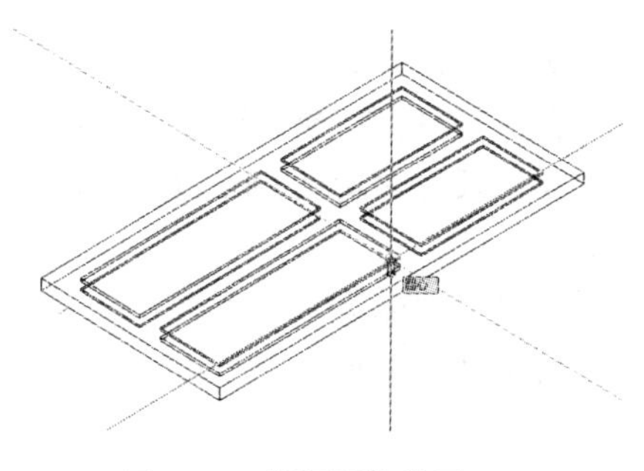

图 8-64　捕捉圆柱体圆心

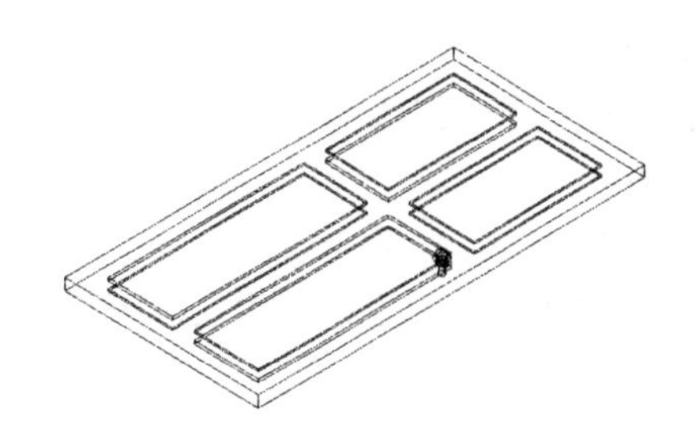

图 8-65　门实体

实例 76　绘制餐椅

案例效果

本例将绘制如图 8-66 所示餐椅，通过本实例的绘制，可以进一步掌握长方体等实体绘图命令的使用。

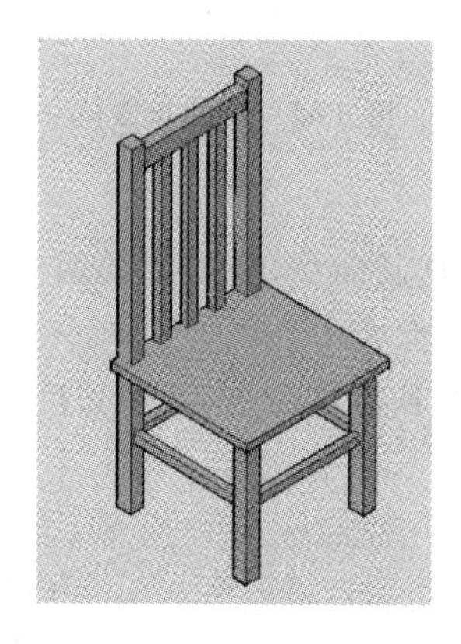

图 8-66　餐椅

案例步骤

(1)在命令行输入 BOX，执行长方体命令，绘制长度为 40、宽度为 40、高度为 360 的长方体，命令行操作内容如下：

命令：box	执行长方体命令
指定第一个角点或［中心(C)］：	在屏幕上拾取一点，指定长方体第一角点
指定其他角点或［立方体(C)/长度(L)］：@40,40,360	指定其余角点

命令执行结果如图 8-67 所示。

(2)在命令行输入 BOX，再次执行长方体命令，绘制长度和宽度都为 40、高度为 930 的长方体，命令行操作内容如下：

命令：box	执行长方体命令
指定第一个角点或［中心(C)］：from	选择“捕捉自”捕捉选项
基点：	捕捉长方体端点，如图 8-68 所示
<偏移>：@0,360,0	
指定其他角点或［立方体(C)/长度(L)］：@40，40,930	指定长方体第一个角点 指定其他角点

命令执行结果如图 8-69 所示。

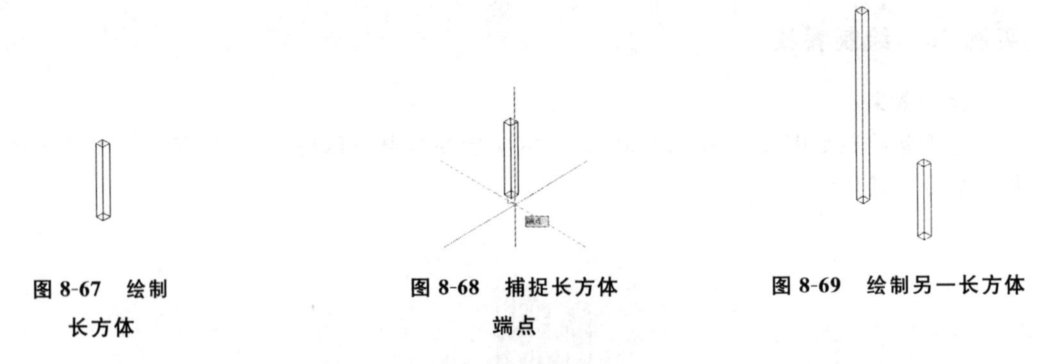

图 8-67　绘制长方体　　图 8-68　捕捉长方体端点　　图 8-69　绘制另一长方体

(3)在命令行输入 CO，执行复制命令，将绘制的两个长方体沿 X 轴的正方向进行复制，其相对距离为 360，如图 8-70 所示。

(4)在命令行输入 BOX，执行长方体命令，绘制长度为 320、宽度和高度都为 20 的长方体，命令行操作内容如下：

命令：box	执行长方体命令
指定第一个角点或［中心(C)］：from	选择“捕捉自”捕捉选项
基点：	捕捉长方体端点，如图 8-71 所示
<偏移>：@0,10,180	指定长方体第一个角点
指定其他角点或［立方体(C)/长度(L)］：@320，20,20	指定其他角点

命令执行结果如图 8-72 所示。

(5)在命令行输入 MI，执行镜像命令，将绘制的长度为 320 的长方体进行镜像复制，命令行操作内容如下：

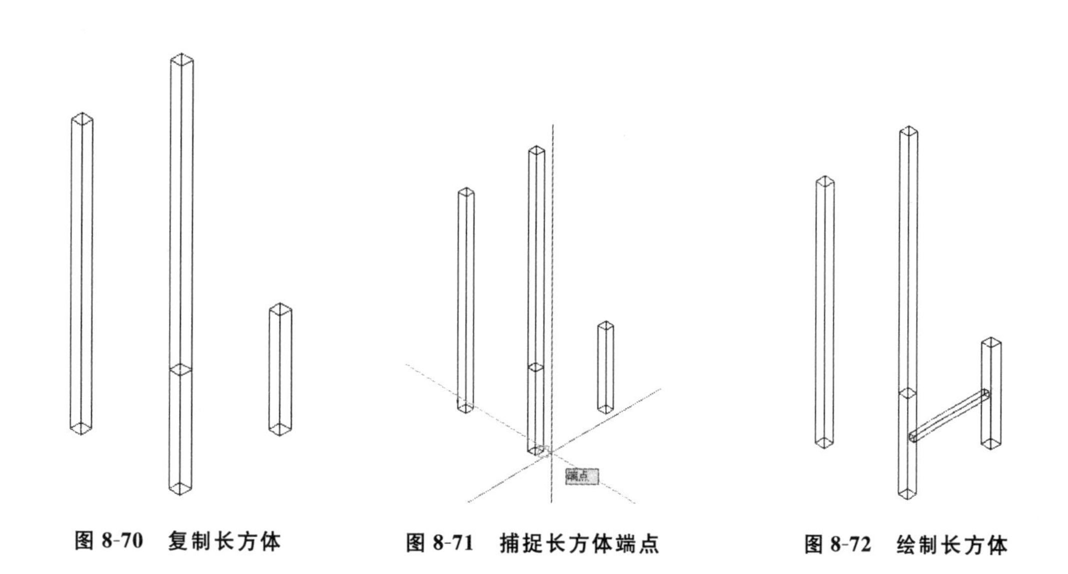

图 8-70 复制长方体　　图 8-71 捕捉长方体端点　　图 8-72 绘制长方体

命令：mi MIRROR	执行长方体命令
选择对象：	选择长度为 320 的长方体
选择对象：	确定镜像对象的选择
指定镜像线的第一点：	捕捉长方体端点，如图 8-73 所示
指定镜像线的第二点：	捕捉长方体端点，如图 8-74 所示
要删除源对象吗？[是(Y)/否(N)]<N>：	不删除源对象

命令执行结果如图 8-75 所示。

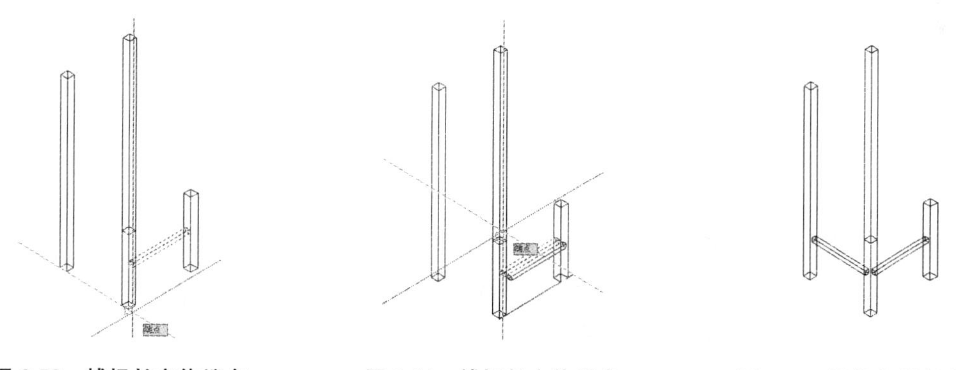

图 8-73 捕捉长方体端点　　图 8-74 捕捉长方体端点　　图 8-75 镜像复制长方体

(6)在命令行输入 MI，执行镜像命令，将两个长度为 320 的长方体再次进行镜像复制，如图 8-76 所示。

(7)在命令行输入 CO，执行复制命令，将长度为 320 的四个长方体向 Z 轴方向进行复制，其相对距离为 160，如图 8-77 所示。

(8)在命令行输入 BOX，执行长方体命令，绘制长度为－440、宽度为 420、高度为 30 的长方体，命令行操作内容如下：

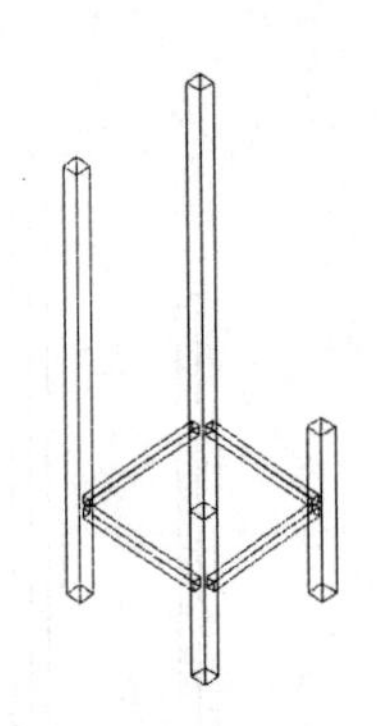

图 8-76 镜像复制长方体

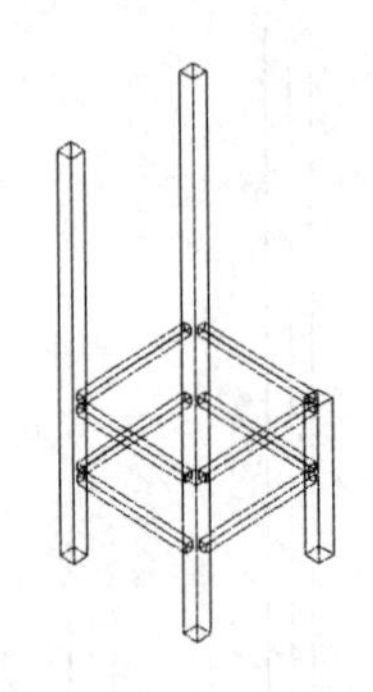

图 8-77 复制长方体

命令:box	执行长方体命令
指定第一个角点或[中心(C)]: from	选择“捕捉自”捕捉选项
基点:	捕捉长方体的端点,如图 8-78 所示
＜偏移＞: @20,-20,0	指定第一个角点
指定其他角点或[立方体(C)/长度(L)]: @-440,420,20	指定长方体其他角点

命令执行结果如图 8-79 所示。

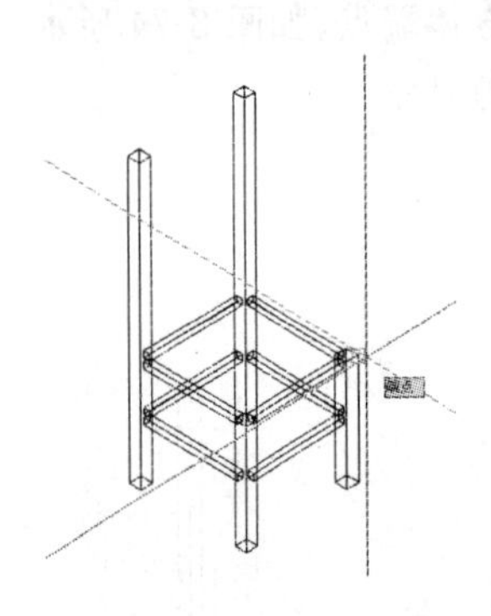

图 8-78 捕捉长方体端点

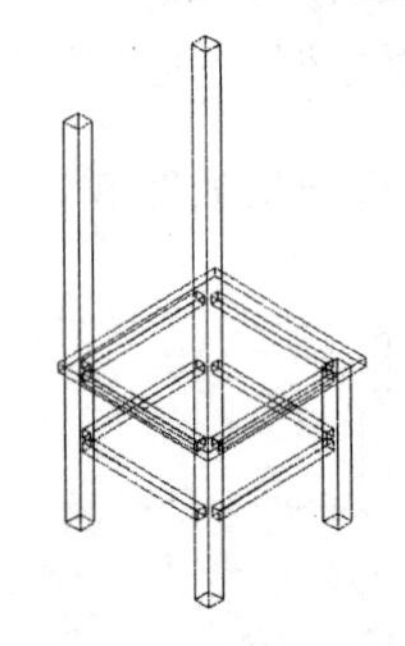

图 8-79 绘制长方体

(9)在命令行输入 BOX,再次执行长方体命令,绘制长度为 320、宽度为 30、高度为 -50 的长方体,命令行操作内容如下:

命令:box	执行长方体命令
指定第一个角点或[中心(C)]: from	选择“捕捉自”捕捉选项
基点:	捕捉长方体端点,如图 8-80 所示
＜偏移＞: @0,5,-20	指定长方体第一个角点
指定其他角点或[立方体(C)/长度(L)]: @320,30,-50	指定其他角点

命令执行结果如图 8-81 所示。

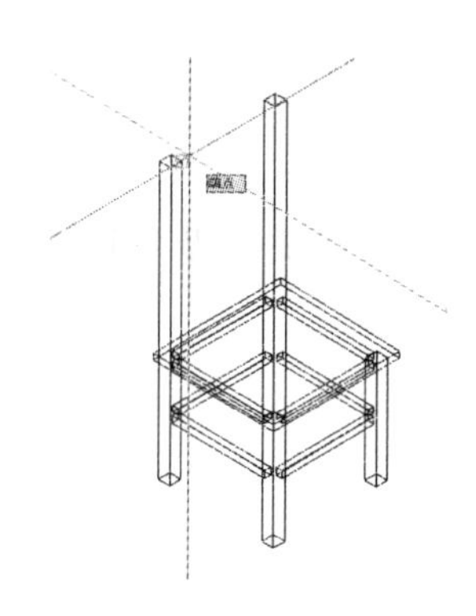

图 8-80 捕捉长方体端点

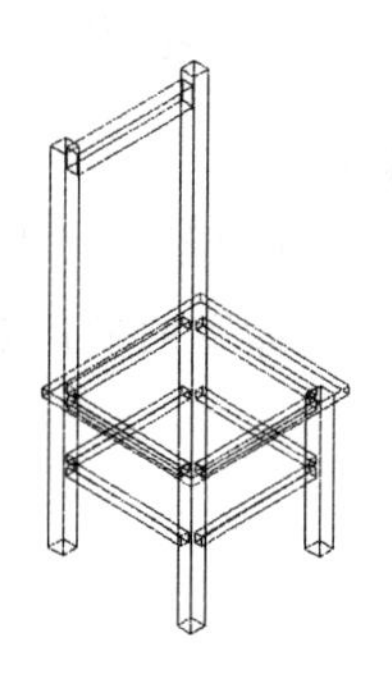

图 8-81 绘制长方体

(10)在命令行输入 BOX,再次执行长方体命令,绘制长度为 30、宽度为 20、高度为 −480的长方体,命令行操作内容如下:

命令:box	执行长方体命令
指定第一个角点或 [中心(C)]: from	选择"捕捉自"捕捉选项
基点:	捕捉长方体端点,如图 8-82 所示
<偏移>: @60,5,0	指定长方体第一个角点
指定其他角点或 [立方体(C)/长度(L)]: @30,20,−480	指定长方体其他角点

命令执行结果如图 8-83 所示。

(11)在命令行输入 AR,执行阵列命令,根据命令行提示,选择长方体。

(12)将"列数"选项设置为 3,将"列偏移"选项设置为 85,按 Enter 键确定,效果如图 8-84所示。

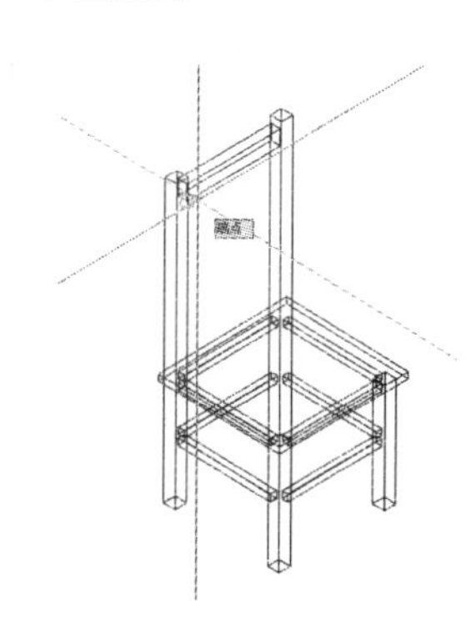

图 8-82 捕捉长方体端点

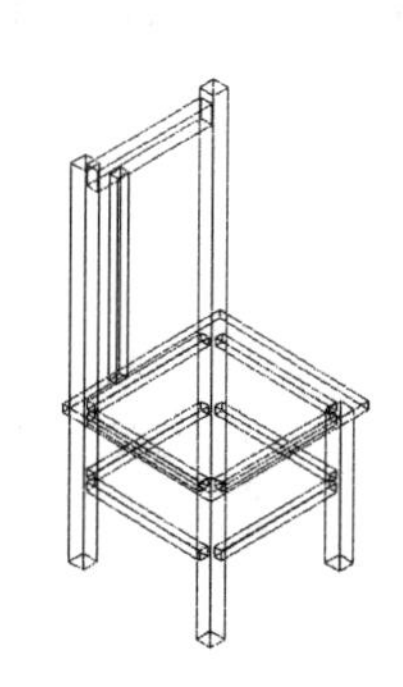

图 8-83 绘制长方体

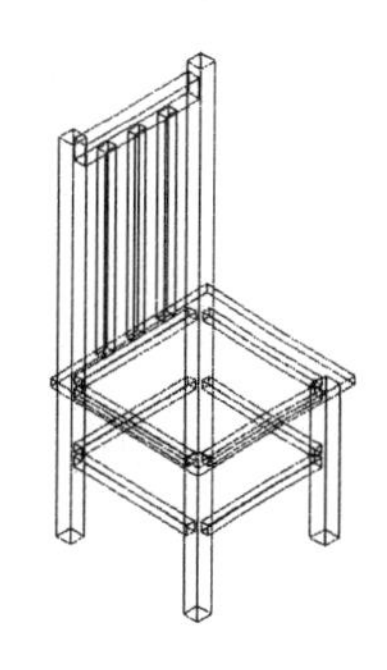

图 8-84 阵列复制长方体

实例 77　绘制电脑桌

案例效果

本例将绘制如图 8-85 所示的电脑桌，通过本实例的绘制，可以进一步掌握、巩固长方体、布尔运算等命令的使用及三维绘图命令的使用等。

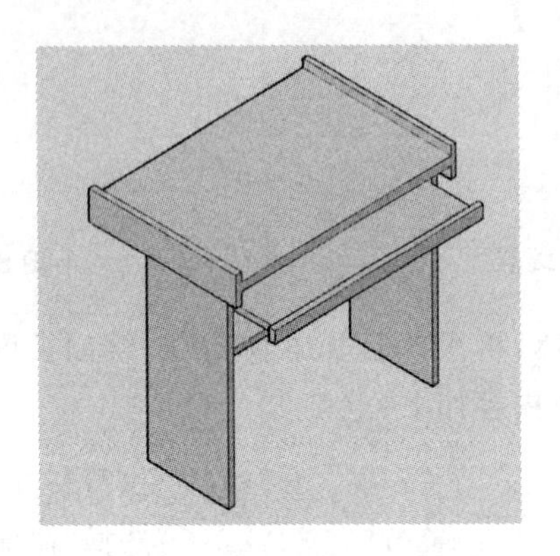

图 8-85　电脑桌

案例步骤

（1）在命令行输入 BOX，执行长方体命令，绘制长度为 20、宽度为 300、高度为 690 的长方体，命令行操作内容如下：

命令：box	执行长方体命令
指定第一个角点或［中心(C)］：	在屏幕上拾取一点
指定其他角点或［立方体(C)/长度(L)］：@20,300,690	指定长方体其他角点

命令执行结果如图 8-86 所示。

（2）在命令行输入 CO，执行复制命令，将绘制的长方体沿 X 轴正方向进行复制，其相对距离为 750，如图 8-87 所示。

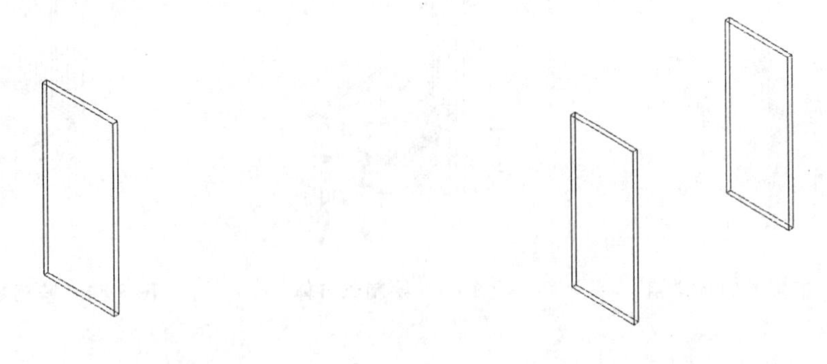

图 8-86　绘制长方体　　　图 8-87　复制长方体

(3)在命令行输入 BOX，执行长方体命令，绘制长度为 730、宽度为－20、高度为 120 的长方体，命令行操作内容如下：

命令：box	执行长方体命令
指定第一个角点或［中心(C)］：from	选择"捕捉自"捕捉选项
基点：	捕捉长方体的端点，如图 8-88 所示
<偏移>：@0,0,300	指定长方体的第一个角点
指定其他角点或［立方体(C)/长度(L)］：@730,－20,120	指定长方体的另一角点

命令执行结果如图 8-89 所示。

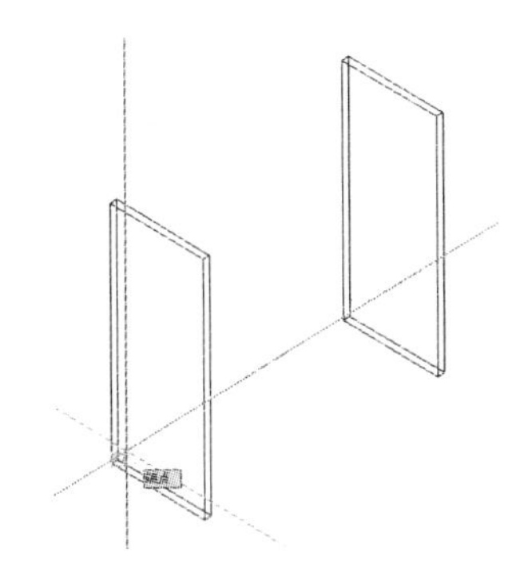

图 8-88　捕捉长方体端点

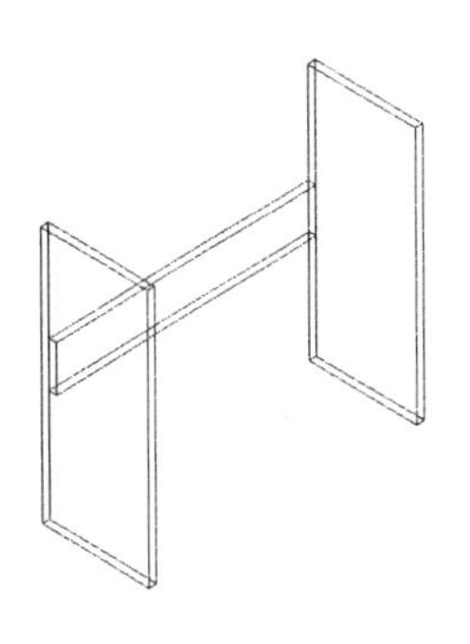

图 8-89　绘制长方体

(4)在命令行输入 BOX，执行长方体命令，绘制长度为 730、宽度为－120、高度为 20 的长方体，命令行操作内容如下：

命令：box	执行长方体命令
指定第一个角点或［中心(C)］：	捕捉长方体端点，如图 8-90 所示
指定其他角点或［立方体(C)/长度(L)］：@730,－120,20	指定长方体另一个角点

命令执行结果如图 8-91 所示。

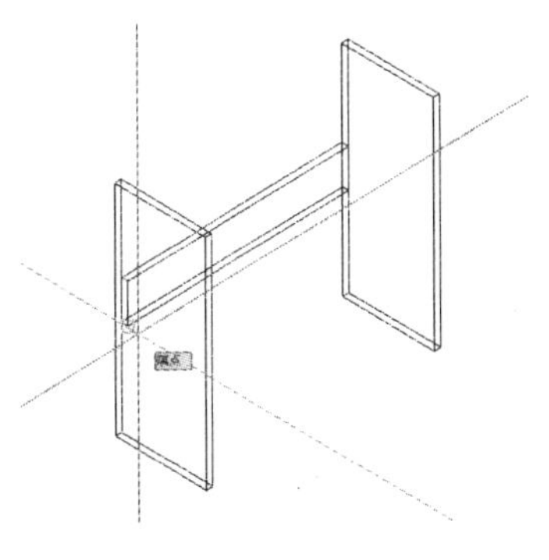

图 8-90　捕捉长方体端点

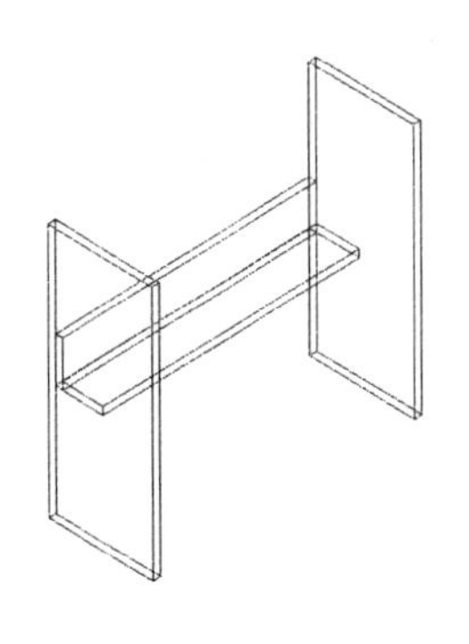

图 8-91　绘制长方体

(5)在命令行输入 BOX,执行长方体命令,绘制长度为 730、宽度为－300、高度为 20 的长方体,命令行操作内容如下:

命令:box	执行长方体命令
指定第一个角点或 [中心(C)]: from	选择“捕捉自”捕捉选项
基点:	捕捉长方体的端点,如图 8-92 所示
<偏移>: @0,0,－90	指定长方体的第一个角点
指定其他角点或 [立方体(C)/长度(L)]: @730,－300,20	指定长方体的另一个角点

命令执行结果如图 8-93 所示。

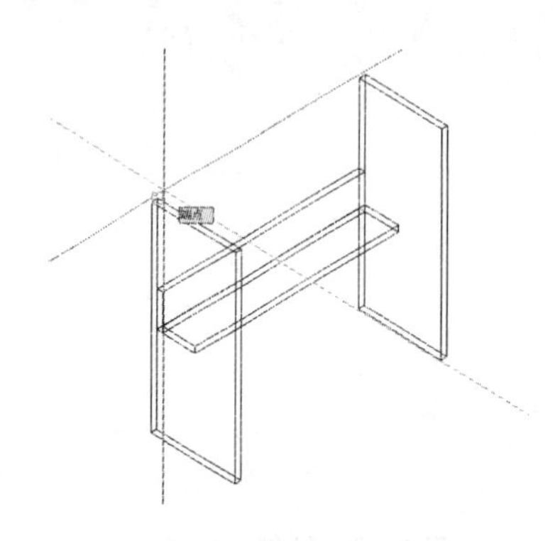

图 8-92　捕捉长方体端点

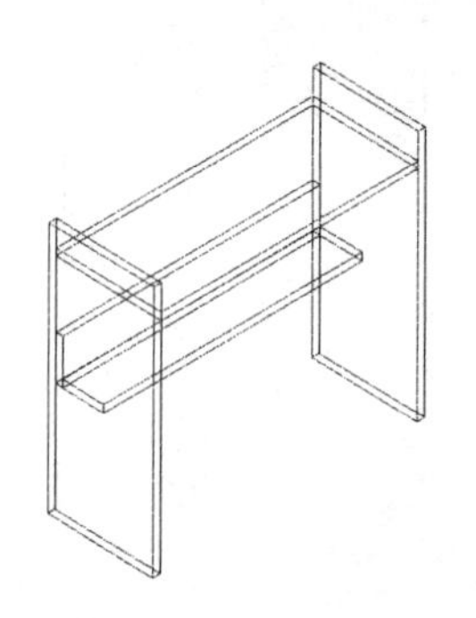

图 8-93　绘制长方体

(6)在命令行输入 BOX,执行长方体命令,绘制长度为 770、宽度为－20、高度为 40 的长方体,命令行操作内容如下:

命令:box	执行长方体命令
指定第一个角点或 [中心(C)]: from	选择“捕捉自”捕捉选项
基点:	捕捉长方体的端点,如图 8-94 所示
<偏移>: @－20,0,－10	捕捉长方体的第一个角点
指定其他角点或 [立方体(C)/长度(L)]: @770,－20,40	捕捉另一个角点

命令执行结果如图 8-95 所示。

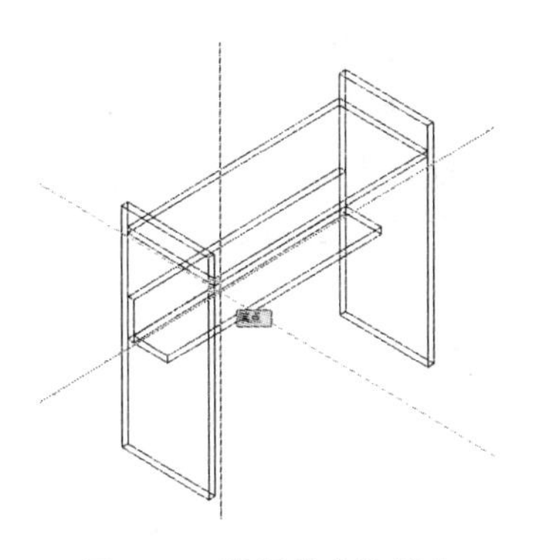

图 8-94 捕捉长方体端点

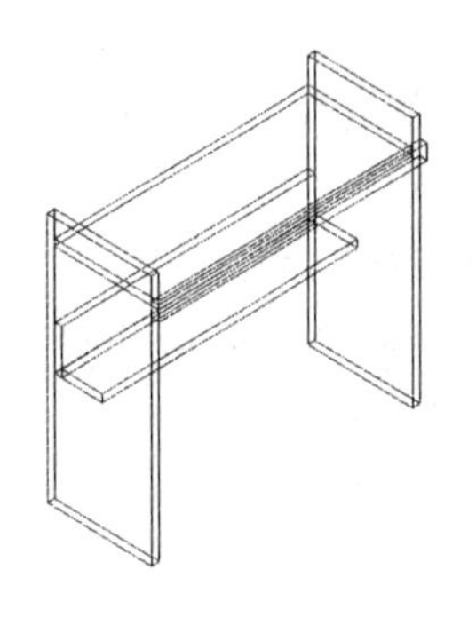

图 8-95 绘制长方体

(7)在命令行输入 BOX,执行长方体命令,绘制长度为 770、宽度为 540、高度为 30 的长方体,命令行操作内容如下:

命令:box	执行长方体命令
指定第一个角点或[中心(C)]: from	选择“捕捉自”捕捉选项
基点:	捕捉长方体的端点,如图 8-96 所示
<偏移>: @0,-50,0	指定长方体的第一个角点
指定其他角点或[立方体(C)/长度(L)]: @770,540,30	指定另一个角点

命令执行结果如图 8-97 所示。

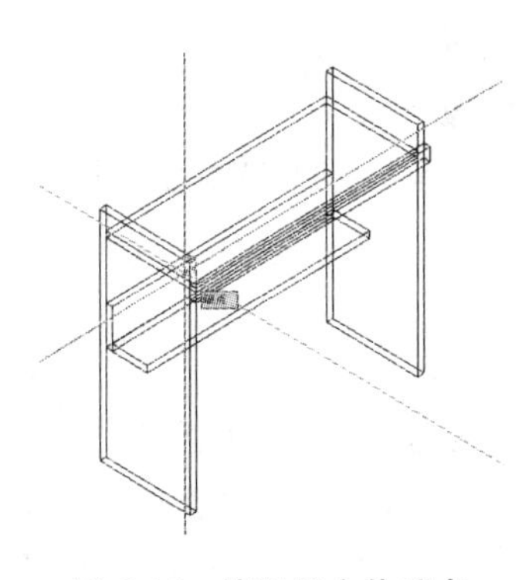

图 8-96 捕捉长方体端点

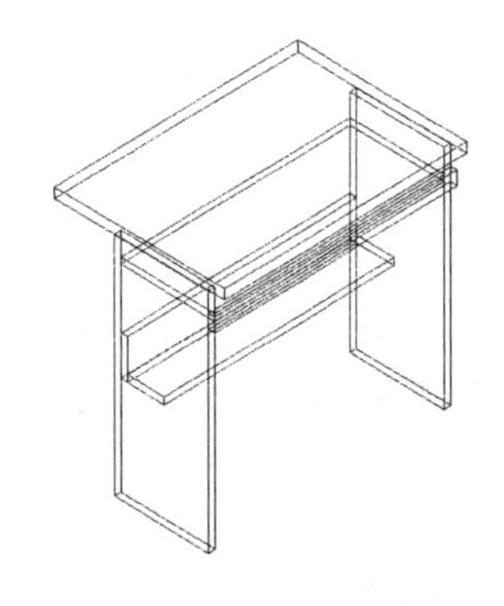

图 8-97 绘制长方体

(8)在命令行输入 BOX,执行长方体命令,绘制长度为-20、宽度为 540、高度为-100 的长方体,命令行操作内容如下:

命令	说明
命令：box	执行长方体命令
指定第一个角点或［中心(C)］：from	选择"捕捉自"捕捉选项
基点：	捕捉长方体的端点，如图 8-98 所示
＜偏移＞：@0,0,30	指定长方体的第一个角点
指定其他角点或［立方体(C)/长度(L)］：@－20,540,－100	指定另一个角点

命令执行结果如图 8-99 所示。

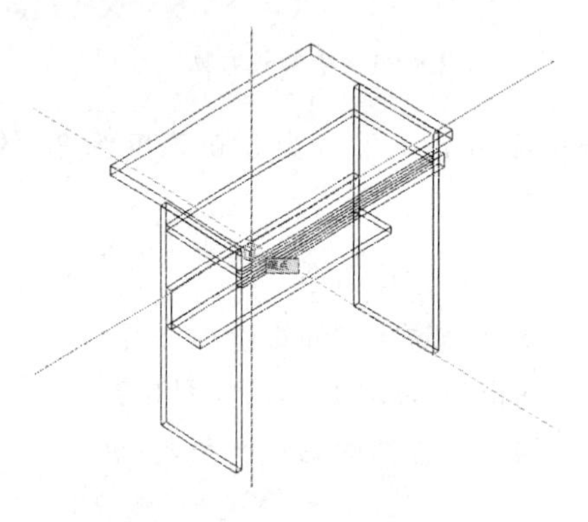

图 8-98 捕捉长方体端点

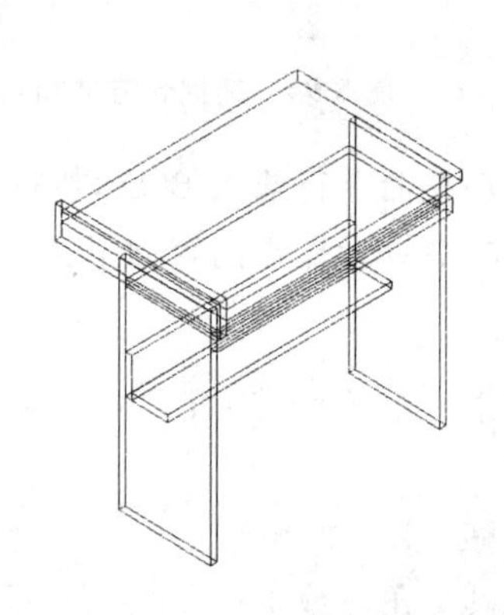

图 8-99 绘制长方体

(9)在命令行输入 MIRROR3D，执行三维镜像命令，将上步绘制的长方体进行三维镜像复制，命令行操作内容如下：

命令	说明
命令：MIRROR3D	执行三维镜像命令
选择对象：	选择镜像对象
选择对象：	按 Enter 键确定镜像对象的选择
指定镜像平面（三点）的第一个点或［对象(O)/最近的(L)/Z 轴(Z)/视图(V)/XY 平面(XY)/YZ 平面(YZ)/ZX 平面(ZX)/三点(3)］＜三点＞：	捕捉长方体的中点，如图 8-100 所示
在镜像平面上指定第二点：	捕捉长方体的中点，如图 8-101 所示
在镜像平面上指定第三点：	捕捉长方体的中点，如图 8-102 所示
是否删除源对象？［是(Y)/否(N)］＜否＞：	选择不删除源对象

命令执行结果如图 8-103 所示。

(10)单击"建模"工具栏的"并集"按钮，将键盘托盘的两个长方体进行并集运算。

(11)将合并后的两个长方体沿 Y 轴的负方向移动，其移动距离为 150，如图 8-104 所示。

(12)单击"建模"工具栏的"并集"按钮，将除了键盘托盘的两个长方体之外的所有长方体进行并集运算，如图 8-105 所示。

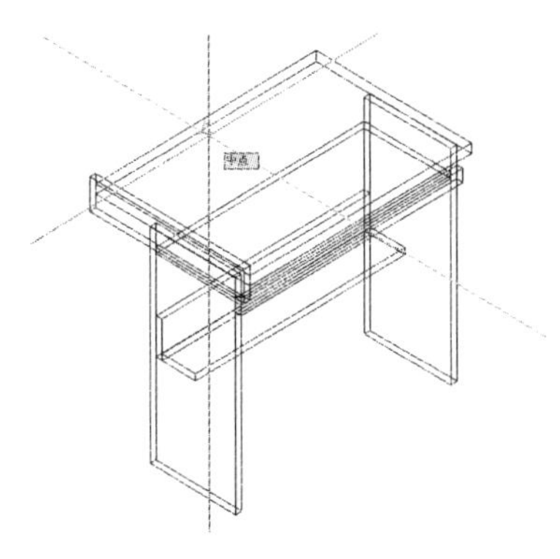

图 8-100　指定镜像线的第一点

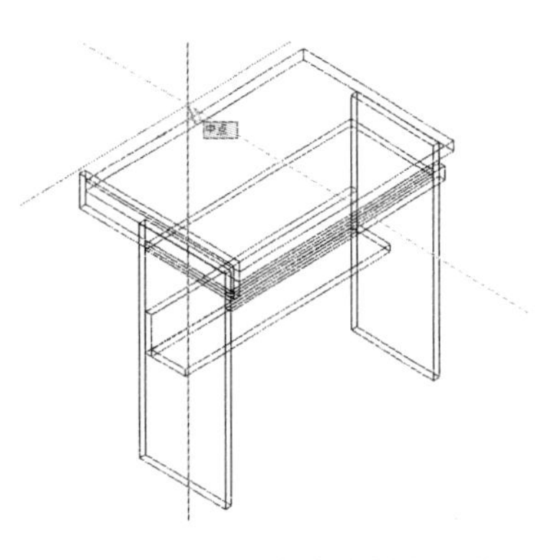

图 8-101　指定镜像线的第二点

图 8-102　指定镜像线的第三点

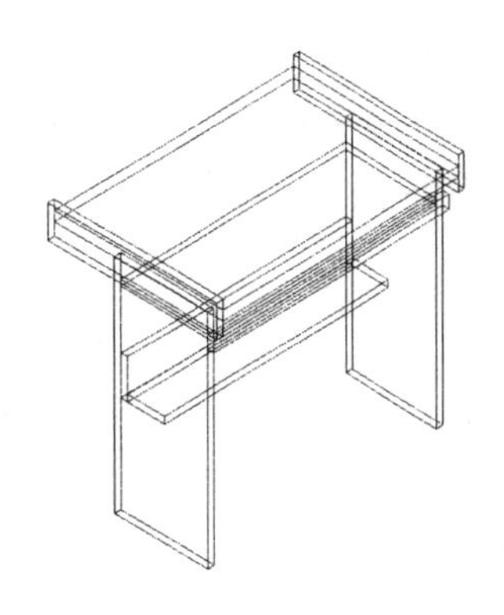

图 8-103　三维镜像长方体

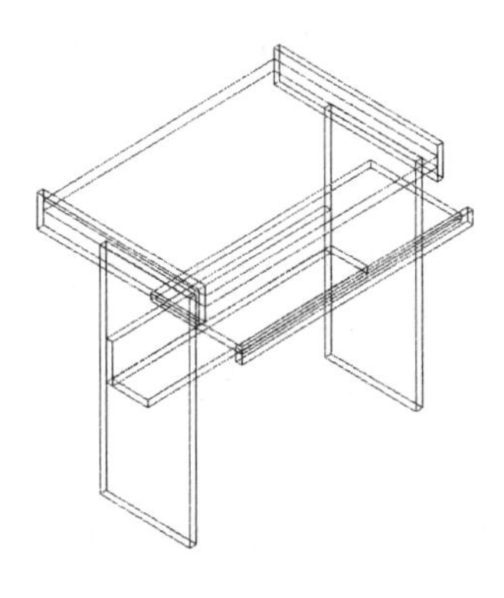

图 8-104　移动长方体

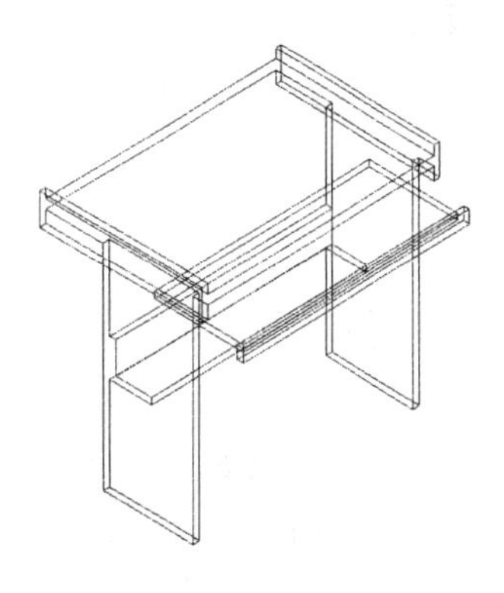

图 8-105　并集运算长方体

实例 78　绘制梳妆台

案例效果

本例将绘制如图 8-106 所示的梳妆台实体模型，通过本实例的绘制，可进一步掌握长方体、复制、布尔运算、圆柱体和剖切等命令的使用及编辑处理等。

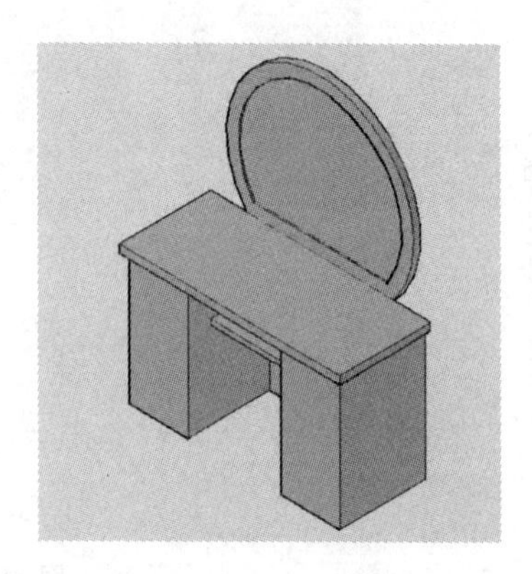

图 8-106　梳妆台

案例步骤

(1)在命令行输入 BOX,执行长方体命令,绘制长度为 370、宽度为 250、高度为 540 的长方体,命令行操作内容如下:

命令:_ box	执行长方体命令
指定第一个角点或[中心(C)]: 0,0,0	指定长方体的角点
指定其他角点或[立方体(C)/长度(L)]: l	选择"长度"选项
指定长度: 370	指定长方体的长度
指定宽度: 250	指定长方体的宽度
指定高度或[两点(2P)] <5.0000>: 540	指定长方体的高度

命令执行结果如图 8-107 所示。

(2)在命令行输入 BOX,执行长方体命令,绘制长度为－20、宽度为 400、高度为 540 的长方体,命令行操作内容如下:

命令: box	执行长方体命令
指定第一个角点或[中心(C)]: 370,250,0	指定长方体的第一个角点
指定其他角点或[立方体(C)/长度(L)]: @－20,400,540	指定另一个角点

命令执行结果如图 8-108 所示。

(3)在命令行输入 BOX,再次执行长方体命令,绘制长度为－270、宽度为 400、高度为 20 的长方体,命令行操作内容如下:

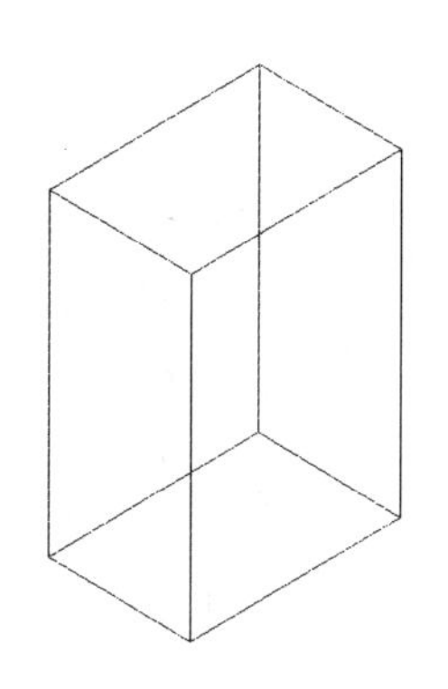

图 8-107　绘制长方体

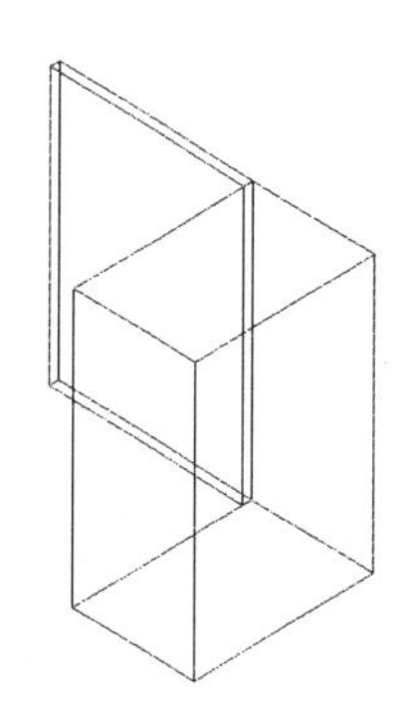

图 8-108　绘制另一长方体

命令行操作	说明
命令:box	执行长方体命令
指定第一个角点或[中心(C)]：370,250,360	指定长方体的第一个角点
指定其他角点或[立方体(C)/长度(L)]：@－270,400,20	指定另一个角点

命令执行结果如图 8-109 所示。

(4)在命令行输入 CO，执行复制命令，将长度为 370、宽度为 250 的长方体沿 Y 轴正方向进行复制，其相对距离为 650，如图 8-110 所示。

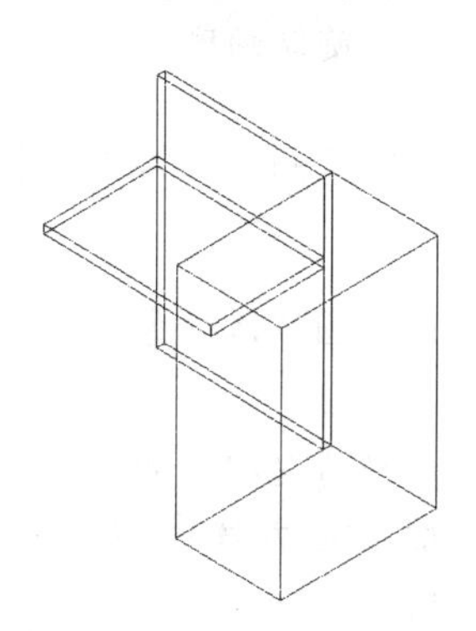

图 8-109　绘制长方体

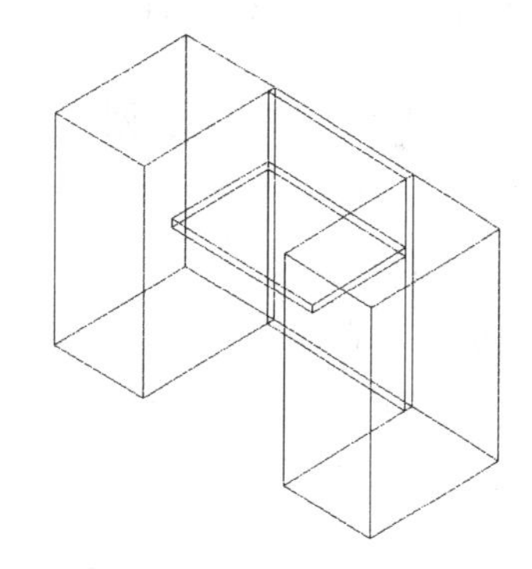

图 8-110　复制长方体

(5)在命令行输入 BOX，执行长方体命令，绘制长度为 390、宽度为 940、高度为 30 的长方体，命令行操作内容如下：

命令行操作	说明
命令:box	执行长方体命令
指定第一个角点或[中心(C)]：from	选择"捕捉自"捕捉选项
基点：	捕捉长方体的端点，如图 8-111 所示
＜偏移＞：@－20,－20,0	指定长方体的第一个角点
指定其他角点或[立方体(C)/长度(L)]：@390,940,30	指定长方体的另一个角点

命令执行结果如图 8-112 所示。

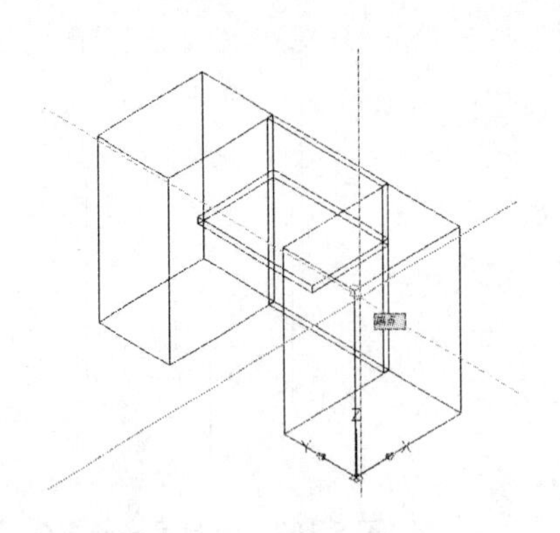
图 8-111 捕捉长方体端点

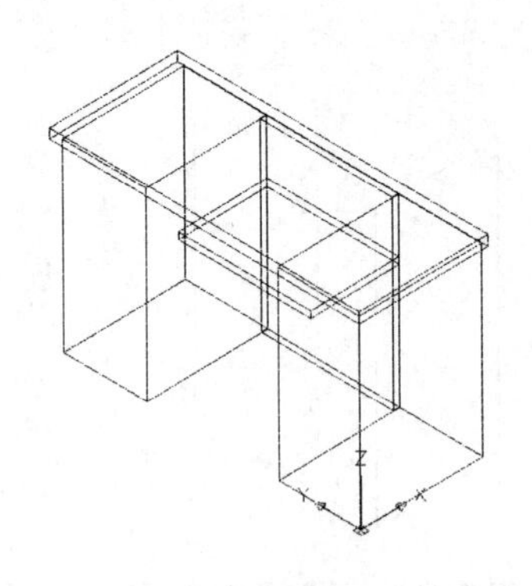
图 8-112 绘制长方体

(6)在命令行输入 UCS,执行 UCS 命令,将坐标系沿 Y 轴进行旋转,旋转角度为 90°,如图 8-113 所示。

命令:ucs	执行 UCS 命令
当前 UCS 名称: * 世界 *	
指定 UCS 的原点或[面(F)/命名(NA)/对象(OB)/上一个(P)/视图(V)/世界(W)/X/Y/Z/Z 轴(ZA)]	
<世界>: y	选择"Y 轴"选项
指定绕 Y 轴的旋转角度 <90>:	设置旋转角度

(7)单击"建模"工具栏的"圆柱体"按钮,执行圆柱体命令,绘制半径为 400、高度为 30 的圆柱体,命令行操作内容如下:

命令:_ cylinder	执行圆柱体命令
指定底面的中心点或[三点(3P)/两点(2P)/切点、切点、半径(T)/椭圆(E)]: from	选择"捕捉自"捕捉选项
基点:	捕捉长方体中点,如图 8-114 所示
<偏移>: @-250,0,0	指定圆柱体底面中心点
指定底面半径或[直径(D)]: 400	指定底面半径
指定高度或[两点(2P)/轴端点(A)] <30.0000>: 30	指定高度

命令执行结果如图 8-115 所示。

(8)单击"建模"工具栏的"圆柱体"按钮,再次执行圆柱体命令,绘制半径为 350、高度为 5 的圆柱体,命令行操作内容如下:

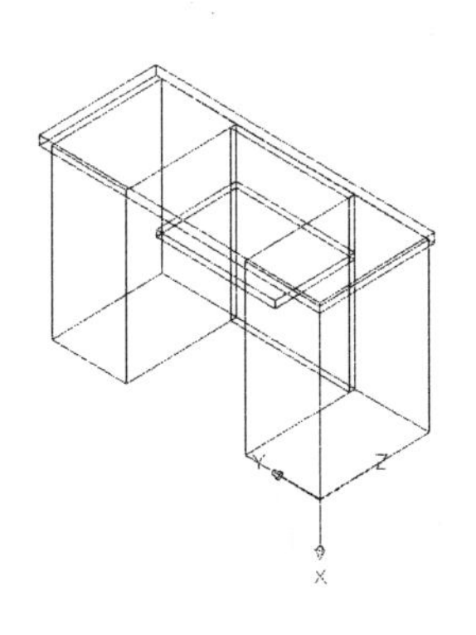

图 8-113 旋转 UCS

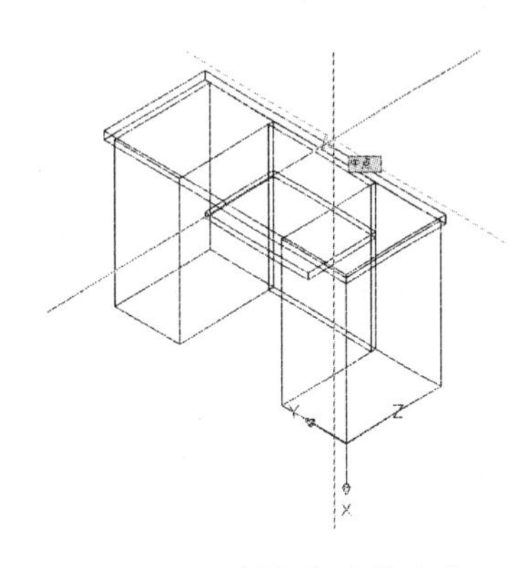

图 8-114 捕捉长方体中点

命令：_ cylinder	执行圆柱体命令
指定底面的中心点或［三点(3P)/两点(2P)/切点、切点、半径(T)/椭圆(E)］:	捕捉圆柱体圆心，如图 8-116 所示
指定底面半径或［直径(D)］＜400.0000＞：350	指定底面半径
指定高度或［两点(2P)/轴端点(A)］＜30.0000＞：5	指定圆柱体高度

命令执行结果如图 8-117 所示。

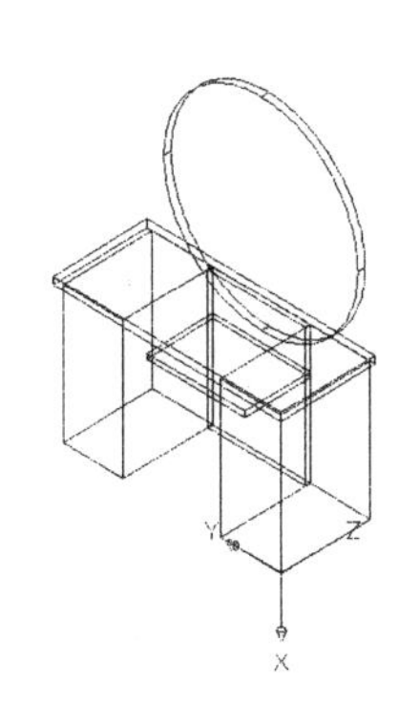

图 8-115 绘制圆柱体

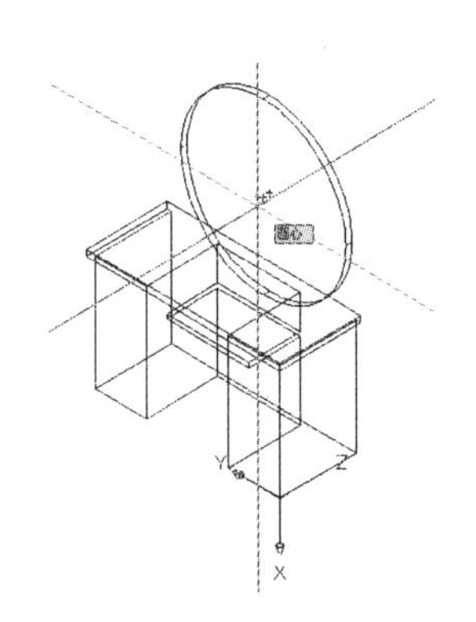

图 8-116 捕捉圆柱体圆心

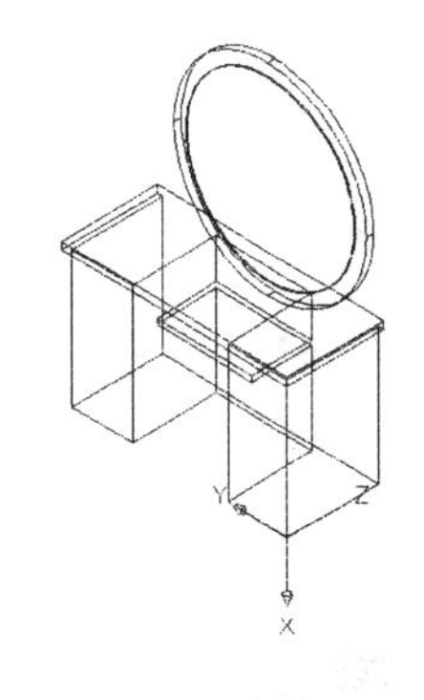

图 8-117 绘制圆柱体

(9)单击“建模”工具栏的“并集”按钮，执行并集命令，将所有的实体进行并集运算。

(10)选择“修改”→“三维操作”→“剖切”命令，执行剖切命令，将高度为 5 的圆柱体进行剖切操作，命令行操作内容如下：

命令：slice	执行剖切命令
选择要剖切的对象：	选择剖切对象，如图 8-118 所示
选择要剖切的对象：	确定剖切对象的选择
指定 切面 的起点或［平面对象(O)/曲面(S)/Z轴(Z)/视图(V)/XY(XY)/YZ(YZ)/ZX(ZX)/三点(3)］＜三点＞：yz	选择“YZ 平面”选项
指定 YZ 平面上的点 ＜0,0,0＞：from	选择“捕捉自”捕捉选项
基点：	捕捉组合体的中点，如图 8-119 所示
＜偏移＞：@－50,0,0	指定剖切点
在所需的侧面上指定点或［保留两个侧面(B)］＜保留两个侧面＞：	在剖切点上方拾取一点

命令执行结果如图 8-120 所示。

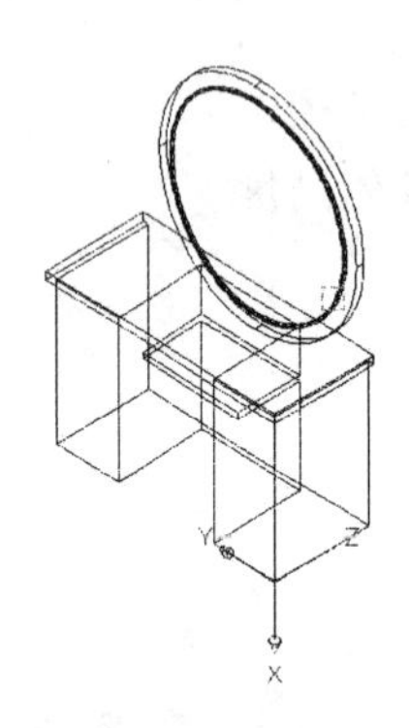

图 8-118　选择剖切对象

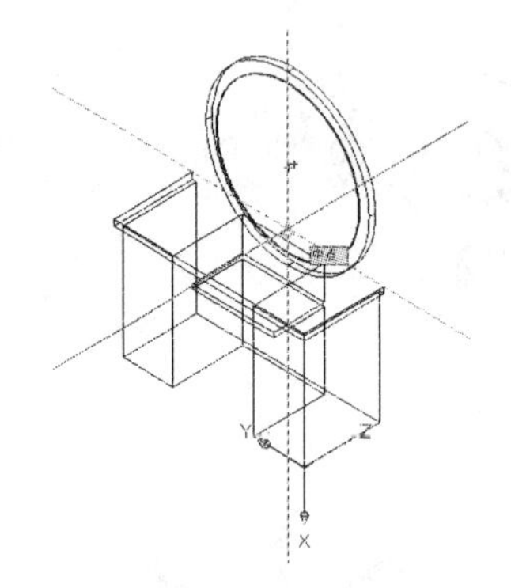

图 8-119　捕捉组合体中点

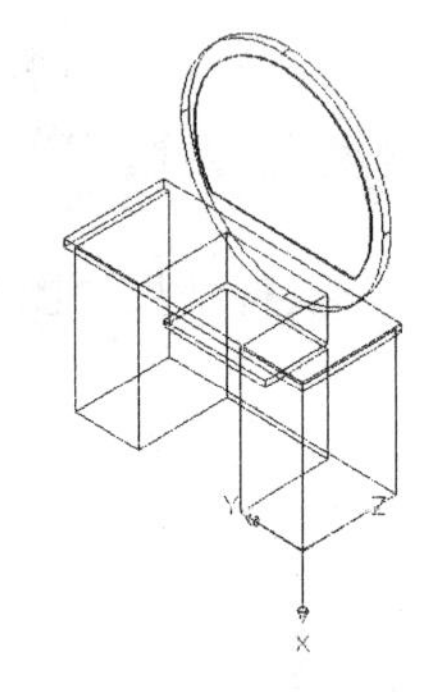

图 8-120　剖切圆柱体

(11)单击“建模”工具栏的“差集”按钮，执行差集命令，将剖切后的实体从组合体中减去。

8.3 上机练习

上一节主要介绍了建筑模型的绘制及编辑方法，本节将再通过绘制方凳、楼梯、石桌和栅栏，进一步巩固三维实体模型的绘制及编辑方法。

实例 79　绘制方凳

案例效果

本实例将绘制如图 8-121 所示的方凳，通过本实例的练习，可以进一步掌握并巩固长方体、三维阵列等三维绘图命令的使用。

图 8-121 方凳

步骤提示

(1)在命令行输入 BOX,执行长方体命令,绘制长度和宽度都为 40、高度为 360 的长方体,如图 8-122 所示。

(2)在命令行输入 3DARRAY,执行三维阵列命令,将长方体进行三维阵列复制,阵列的行数和列数都为 2,列间距和行间距都为 360,如图 8-123 所示。

(3)在命令行输入 BOX,再次执行长方体命令,绘制长度和宽度都为 440、高度为 30 的长方体,如图 8-124 所示。

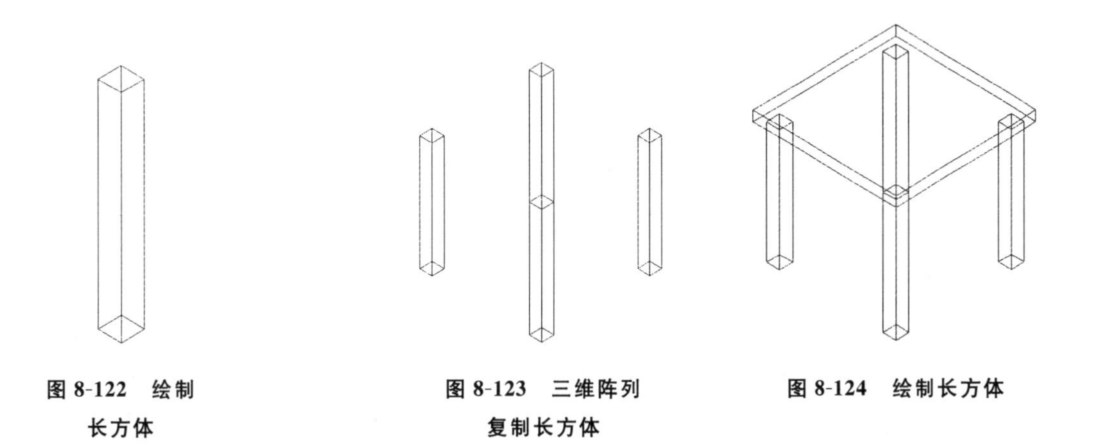

图 8-122 绘制长方体　　图 8-123 三维阵列复制长方体　　图 8-124 绘制长方体

实例 80 绘制楼梯

案例效果

本实例将绘制如图 8-125 所示的楼梯实体模型,通过本实例的绘制,可以进一步掌握长方体、圆柱体、三维镜像等三维绘图及三维编辑命令的使用及绘制方法与技巧。

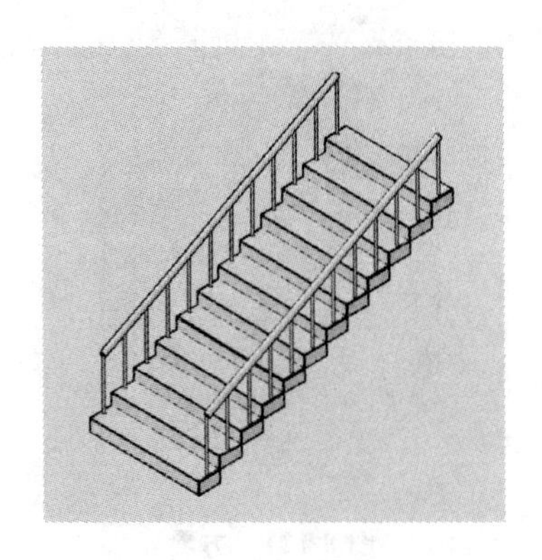

图 8-125　楼梯

步骤提示

(1)在命令行输入 BOX,执行长方体命令,以 0,0,0 为长方体的第一个角点,绘制宽为 300、长为 1500、高为 150 的长方体,如图 8-126 所示。

(2)单击“建模”工具栏的“圆柱体”按钮,以 150,30,150 为圆柱体底面中心点,绘制直径为 20、高度为 700 的圆柱体,如图 8-127 所示。

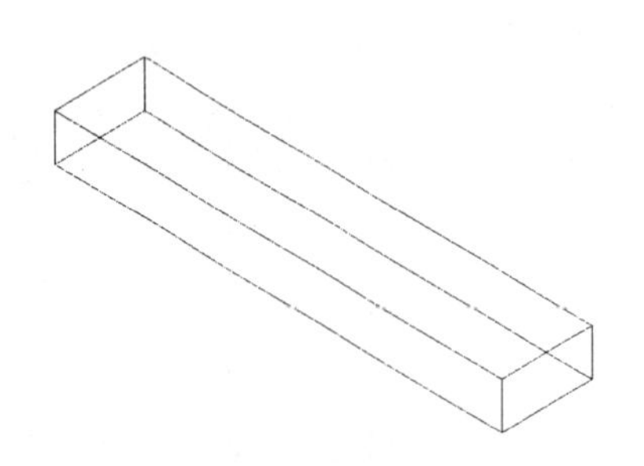

图 8-126　绘制长方体

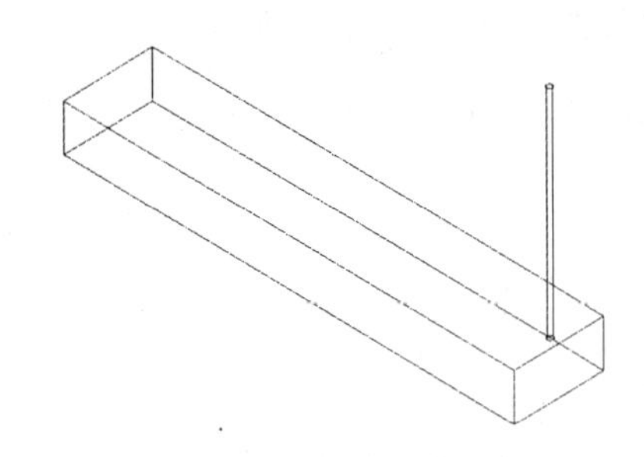

图 8-127　绘制圆柱体

(3)在命令行输入 MIRROR3D,执行三维镜像命令,将绘制的圆柱体进行三维镜像操作,其三维镜像的平面为 ZX 平面,镜像平面上的点为 0,750,150,如图 8-128 所示。

(4)在命令行输入 CO,执行复制命令,将长方体和两个圆柱体进行复制,其复制的基点为长方体左下角的端点,复制的第二点为长方体右上角的端点,如图 8-129 所示。

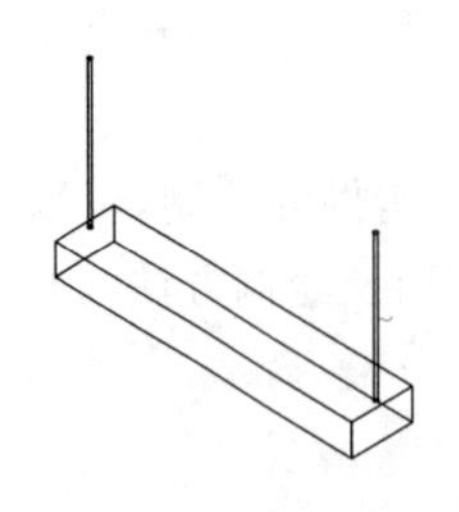

图 8-128　三维镜像圆柱体

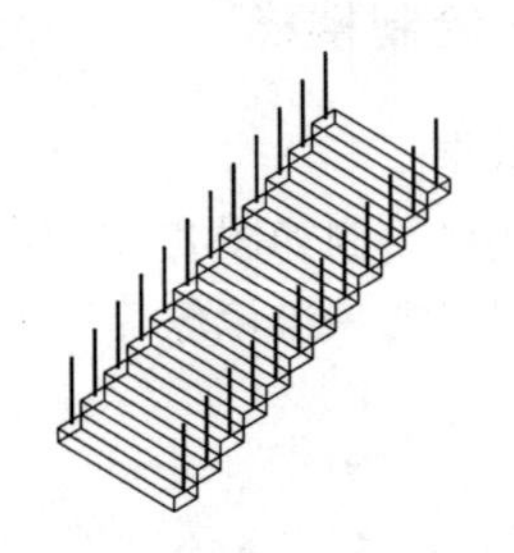

图 8-129　复制实体

(5)在命令行输入 UCS,执行 UCS 命令,将坐标系沿 Y 轴进行旋转,旋转角度为 90°。

(6)单击“建模”工具栏的“圆柱体”按钮,执行圆柱体命令,绘制圆柱体,其中圆柱体的底面中心点为左下角直径为20的圆柱体顶端中心点，直径为60，高度为右上角圆柱体顶端圆心到圆柱体的另一个圆心，如图8-130所示。

(7)在命令行输入CO，执行复制命令，将直径为60的圆柱体进行复制，其中复制的基点为半径为60的圆柱体底面圆心，复制的第二点为左上角直径为20的圆柱体顶面圆心，如图8-131所示。

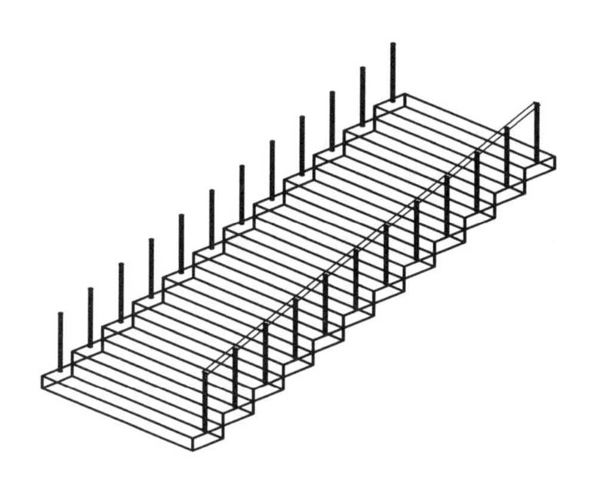

图8-130 绘制圆柱体

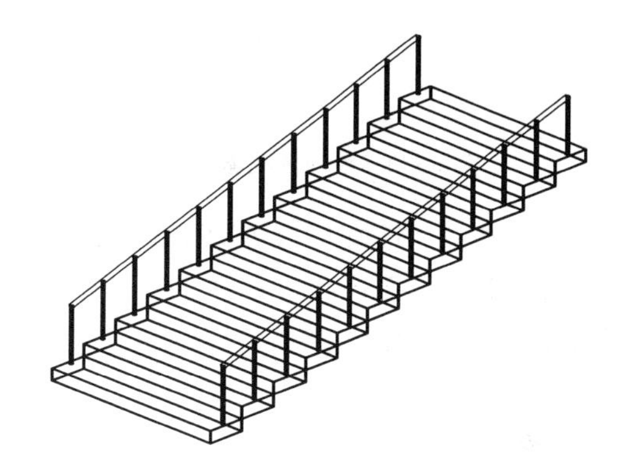

图8-131 楼梯实体

实例81 绘制圆石桌

案例效果

本例将绘制如图8-132所示的圆石桌实体模型，通过本实例的绘制，可以进一步掌握圆柱体三维绘图命令的使用，掌握三维阵列等三维编辑命令的使用等。

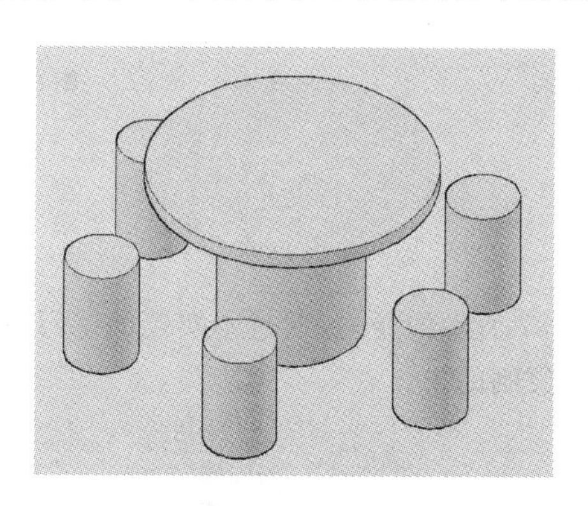

图8-132 圆石桌

案例步骤

(1)单击“建模”工具栏的“圆柱体”按钮，以0,0,0为圆柱体底面中心点，绘制直径为600、高度为680的圆柱体，如图8-133所示。

(2)单击“建模”工具栏的“圆柱体”按钮，以0,0,680为圆柱体底面中心点，绘制直径为1200、高度为60的圆柱体，如图8-134所示。

(3)单击“建模”工具栏的“圆柱体”按钮，以0,－800,0为圆柱体底面中心点，绘制直径为300、高度为450的圆柱体，如图8-135所示。

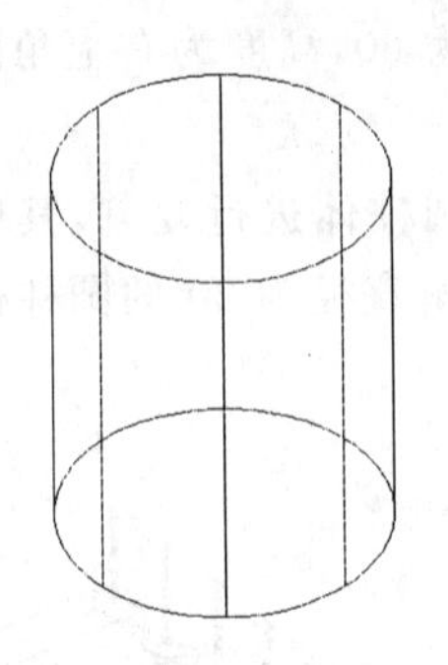

图 8-133　绘制圆柱体

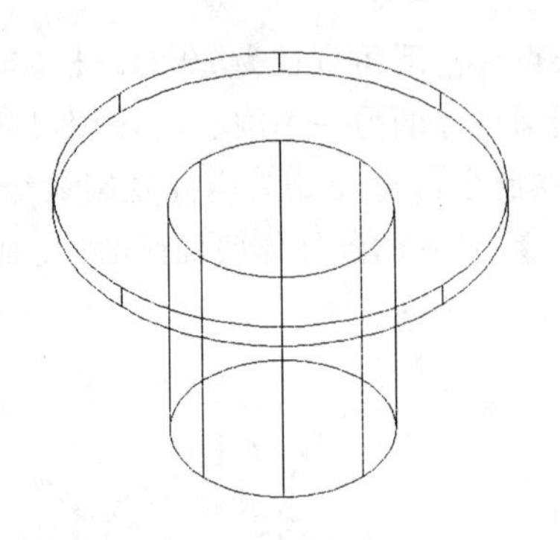

图 8-134　绘制桌面

(4)在命令行输入 3DARRAY，执行三维阵列命令，将直径为 300 的圆柱体进行三维阵列复制，其阵列数目为 6，阵列的中心点为直径为 600 的圆柱体顶面和底面圆心的连线，如图 8-136 所示。

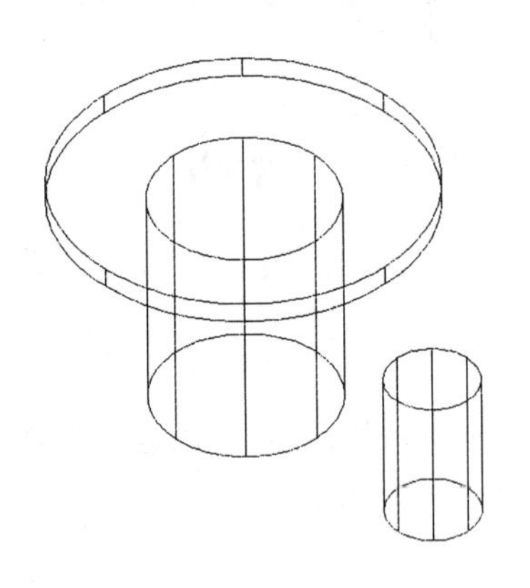

图 8-135　绘制圆柱体

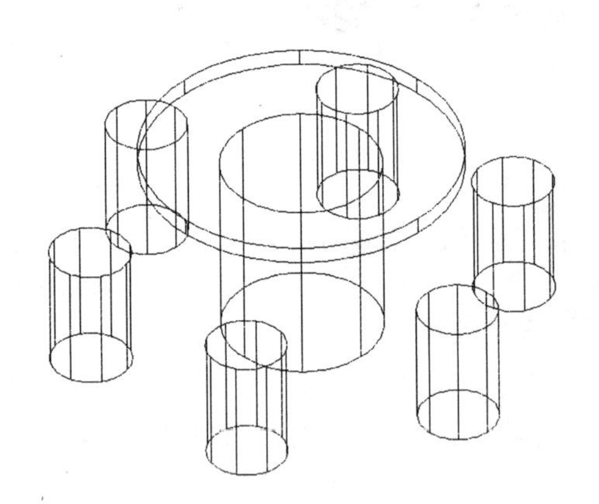

图 8-136　圆石桌

实例 82　绘制栅栏

案例效果

本实例将绘制如图 8-137 所示的栅栏，通过本实例的练习，可进一步学习圆柱体、三维阵列、UCS 等命令的使用方法。

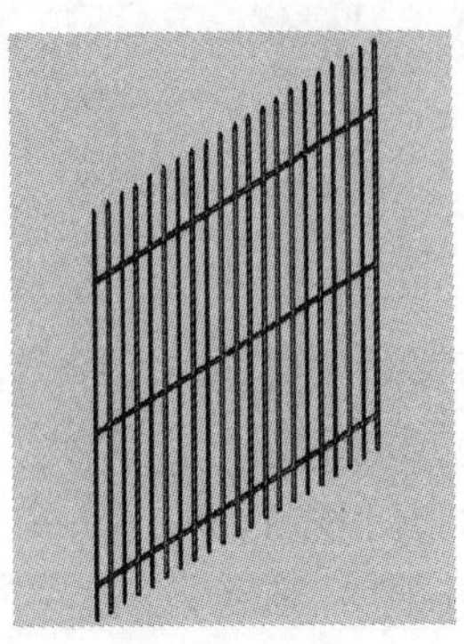

图 8-137　栅栏

步骤提示

(1)单击“建模”工具栏的“圆柱体”按钮,以 0,0,0 为圆柱体底面中心点,绘制直径为10、高度为 2400 的圆柱体,如图 8-138 所示。

(2)单击“建模”工具栏的“圆锥体”按钮,以 0,0,2400 为圆锥体底面中心点,绘制直径为 10、高度为 30 的圆锥体,如图 8-139 所示。

(3)单击“建模”工具栏的“并集”按钮,执行并集运算命令,将圆柱以及圆锥进行并集运算。

(4)在命令行输入 3DARRAY,执行三维阵列命令,将并集运算后的实体对象进行三维阵列复制,其中“阵列数”设置为 21,“列间距”设置为 100,如图 8-140 所示。

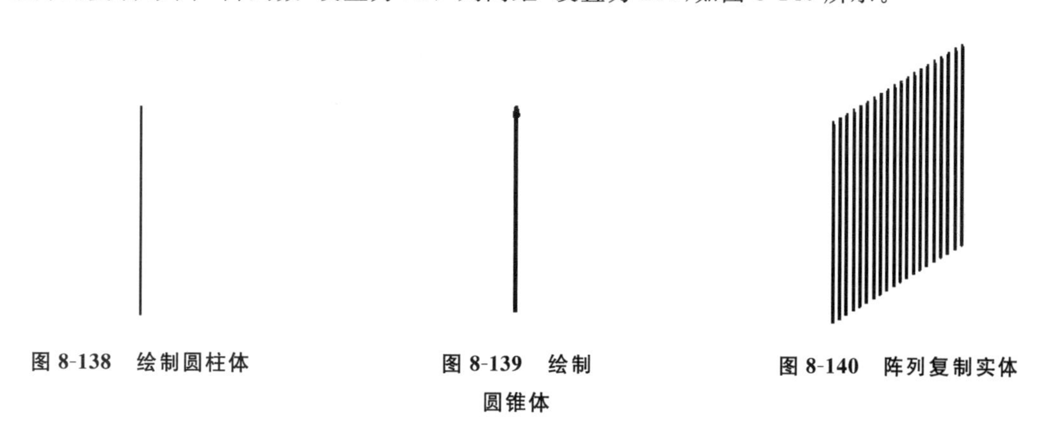

图 8-138 绘制圆柱体　　图 8-139 绘制圆锥体　　图 8-140 阵列复制实体

(5)在命令行输入 UCS,执行 UCS 命令,将坐标轴沿 Y 轴进行 90°旋转。

(6)单击“建模”工具栏的“圆柱体”按钮,以－200,0,0 为圆柱体底面中心点,绘制直径为 10、高度为 2000 的圆柱体,如图 8-141 所示。

(7)在命令行输入 CO,执行复制命令,将绘制的圆柱体进行复制,其相对距离分别为900 和 1800,如图 8-142 所示。

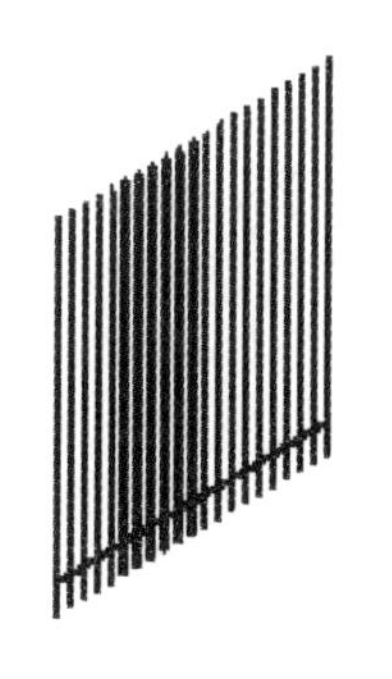

图 8-141 绘制圆柱体

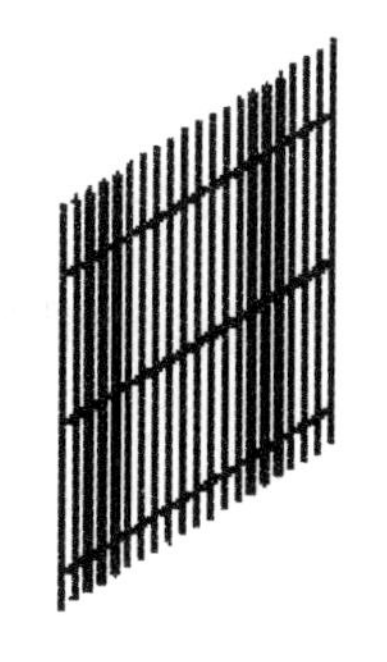

图 8-142 复制圆柱体

(8)单击“建模”工具栏的“并集”按钮,将所有的圆柱体进行并集运算。

8.4 本章小结

本章主要介绍了三维建筑模型的创建。通过对基本几何模型的组合、切割，可以创建出丰富的三维模型。AutoCAD 2014 在三维制作方面相比以前的版本更胜一筹，建模工具非常强大，用户在学习各种命令的同时，需要结合实例进行操作，才能体会到使用 AutoCAD 建模的乐趣。

第9章
图形的打印

◈内容摘要◈

AutoCAD 2014 提供了功能强大的打印输出图形命令。在绘制图形完成后，创建图形的布局样式，打印出符合标准的模型。此外，选择合适的打印设备，设置打印设备，设置图形打印比例、单位、范围等，都对打印模型的质量有重要的影响。

◈教学目标◈

- 认识打印设备
- 理解打印样式
- 理解图纸空间与模型空间
- 图纸打印

9.1 打印概述

创建完图形之后，通常要打印到图纸上，也可以将图形生成一份电子图纸，以便让其他用户从互联网上进行访问。打印的图形可以是包含图形的单一视图，或者是更为复杂的视图排列。根据不同的需要，可以打印一个或多个视口，或设置选项以决定打印的内容和图像在图纸上的布置。

9.1.1 认识打印设备

打开“打印—模型”对话框，在“打印机/绘图仪”区域的“名称”下拉列表框中，系统列出了用户已安装的打印机或 AutoCAD 内部打印机设备名称，如图 9-1 所示。

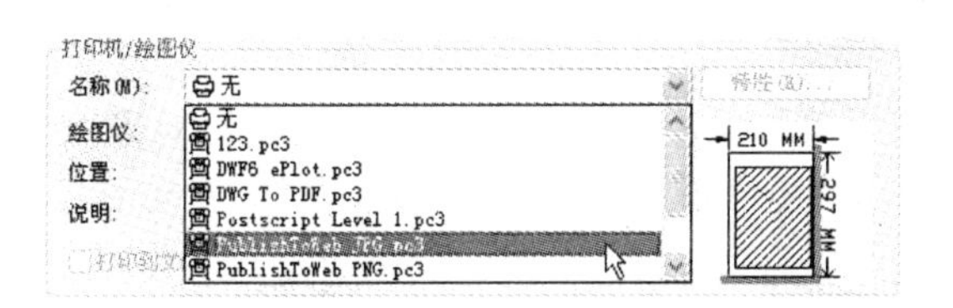

图 9-1 打印机设备列表

AutoCAD 提供的各种打印设备，用于输出各种虚拟的电子打印格式，如 JPG、PDF 等。这些设备中，一部分是 AutoCAD 默认的，有一部分可以手动添加或者安装，通过“文件”→“绘图仪管理器”命令，在打开的“绘图仪管理器”窗口中，来管理打印设备，如图 9-2 所示。

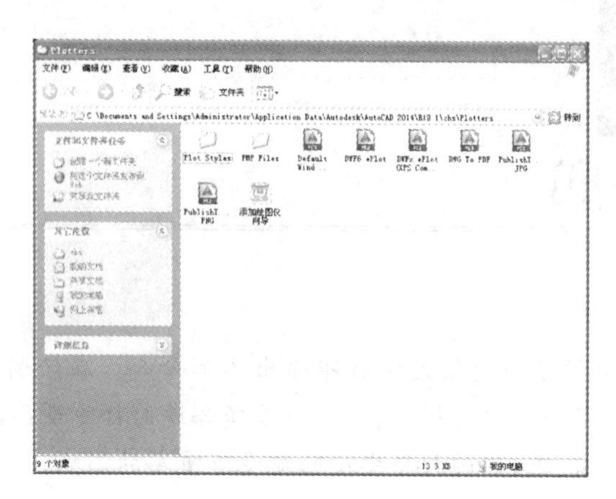

图 9-2　各种打印设备

提示

若需要添加绘图仪，可以在“绘图仪管理器”窗口中，双击“添加绘图仪向导”图标，根据向导提示，添加相应的绘图仪。

9.1.2　打印样式

执行“文件”→“打印”命令，系统将打开“打印－模型”对话框，如图 9-3 所示。该对话框中包含了“页面设置”、“打印机/绘图仪”、“图纸尺寸”、“打印区域”、“打印偏移”、“打印比例”等区域，在对话框右下角有个按钮，该按钮可将“打印－模型”对话框展开或折叠起来。单击按钮，“打印－模型”对话框将展开原来折叠起来的部分，如图 9-4 所示。打印样式与线型和颜色一样，也是对象特性。可以将打印样式指定给对象或图层。打印样式控制对象的打印特性。打印样式保存在以下两种打印样式表中：颜色相关（CTB）或命名（STB）。颜色相关打印样式表根据对象的颜色设置样式。命名打印样式可以指定给对象，与对象的颜色无关。

9.1.3　创建打印样式

在“打印－模型”对话框中的“打印样式表”区域中可以设置图形输出的打印样式，用户可对打印样式进行编辑，还可自定义图形的打印样式。自定义打印样式的方法如下：

(1)在“打印－模型”对话框的“打印样式表(笔指定)”下拉列表中选择“新建”选项，如图 9-5 所示，并打开如图 9-6 所示的“添加颜色相关打印样式表－开始”对话框，选择“创建新打印样式表”单选按钮。

(2)单击下一步(N) >按钮，打开如图 9-7 所示的“浏览文件名”对话框，输入打印样式名。

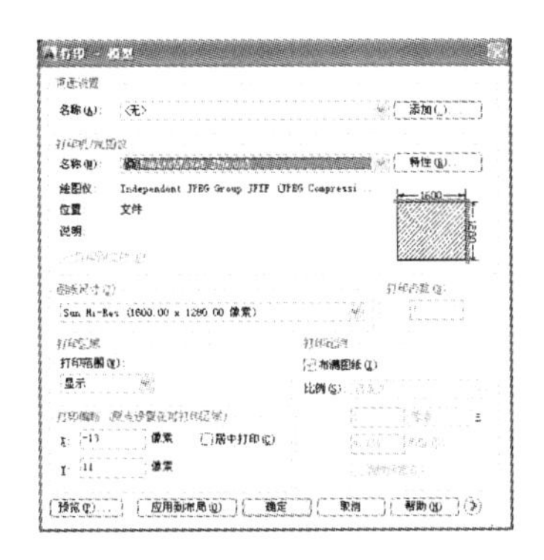

图 9-3 “打印一模型”对话框

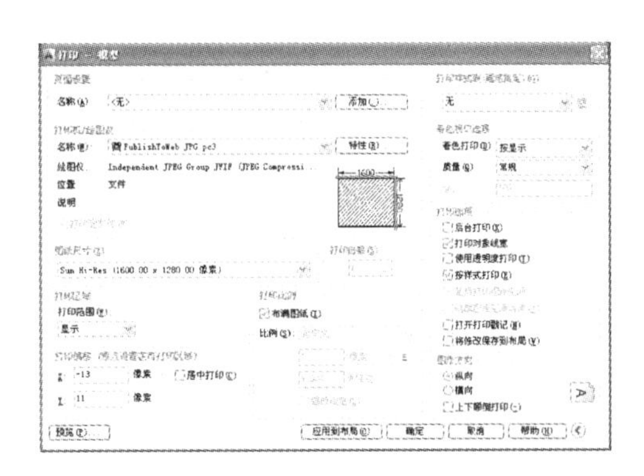

图 9-4 展开的“打印一模型”对话框

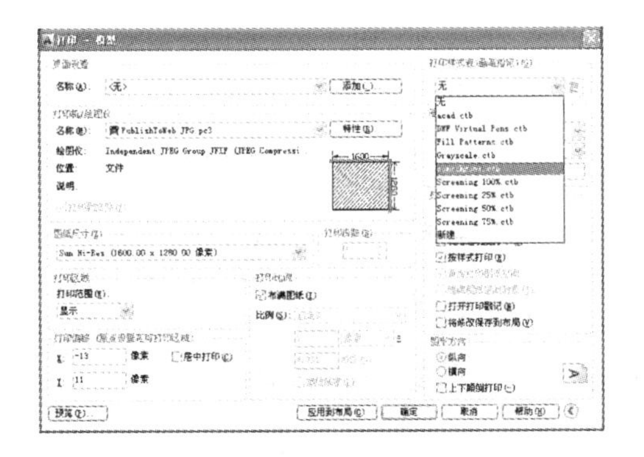

图 9-5 “打印样式表(笔指定)”区域

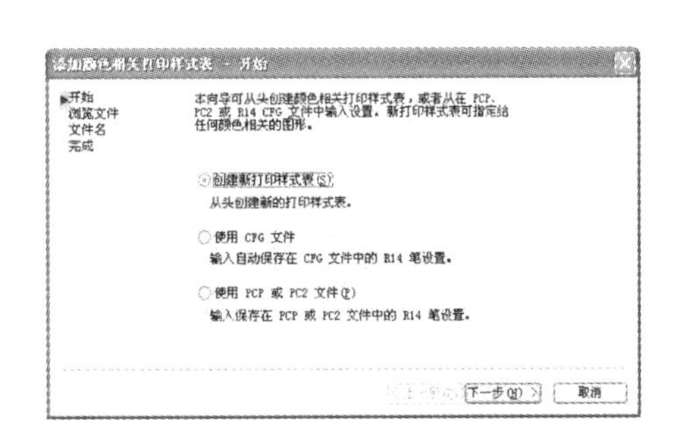

图 9-6 “添加颜色相关打印样式表一开始”对话框

提示

在图 9-6 所示“添加颜色相关打印样式表一开始”对话框中，各个单选项的含义如下：

(1)“创建新打印样式表”单选项：用户可以根据自己的需要自定义创建一个全新的打印样式。选择该单选项时，将跳过“浏览文件”选项，直接进入“文件名”选项。

(2)“使用 CFG 文件”单选项：使用 CAD 系统自带的或已保存的在 CFG 文件中的打印样式。

(3)“使用 PCP 或 PC2 文件(P)”单选项：使用 CAD 系统自带的或已保存的在 PCP 或 PC2 文件中的打印样式。

注意该文件名必须是“R14CFG”的文件名。

(3)输入了打印样式的名称后，单击 下一步(N) > 按钮，打开如图 9-8 所示的“完成”对话框。

(4)在该对话框中确定是否将新建的打印样式表应用到当前图形中，设置完成后单击 完成 按钮，样式新建完成。

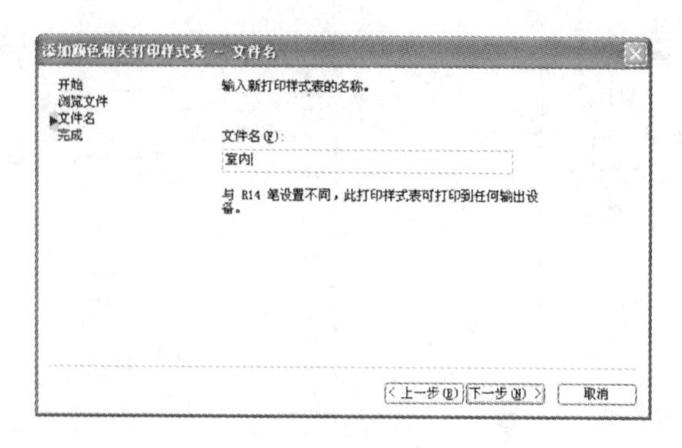

图 9-7 “浏览文件名”对话框

提示

若要对设置好的打印样式修改，可在“打印样式表”栏中单击按钮。修改样式的方法如下：

(1)在“名称”下拉列表框中选择需要的样式名为图形指定当前打印样式。

(2)单击按钮，打开如图 9-9 所示的“打印样式表编辑器”对话框，然后根据需要进行修改即可。

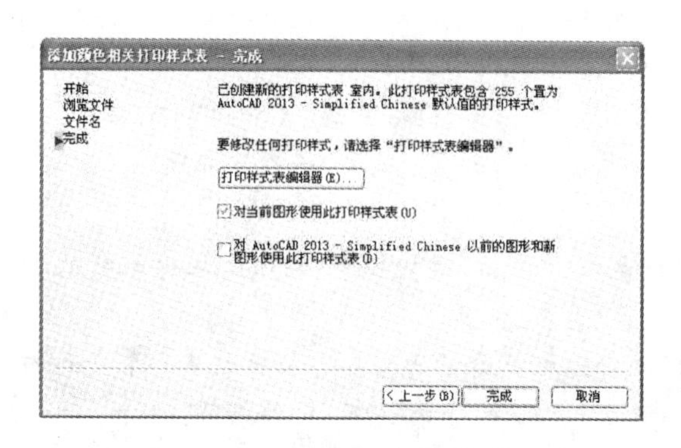

图 9-8 “完成”对话框

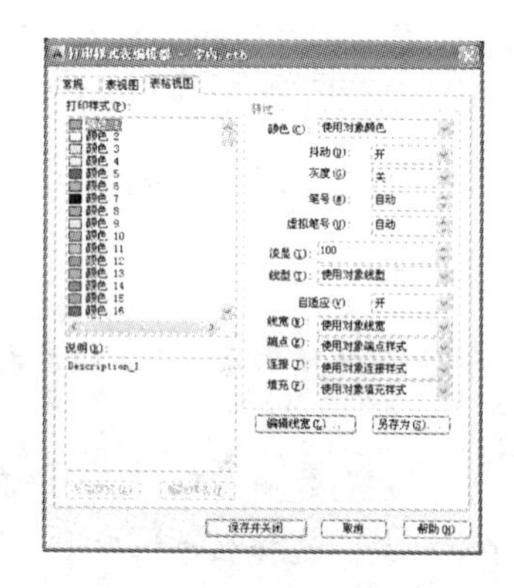

图 9-9 “打印样式表编辑器”对话框

9.1.4 打印样式表的编辑

打印样式表编辑器能够修改打印样式表中的打印样式。如果打印样式被附着到布局或“模型”选项卡中，并且修改了打印样式，那么使用该打印样式的所有对象都将受到影响。

执行“文件|打印样式管理器”命令，将打开“Plot styles”对话框，效果如图 9-10 所示。选择要修改的打印样表，打开“打印样式表编辑器”对话框，效果如图 9-11 所示。在“打印样式表编辑器”对话框中对打印样式表进行编辑修改。

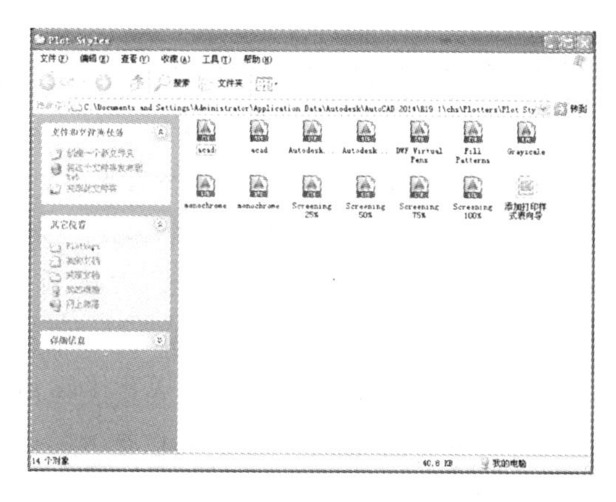

图 9-10 “Plot styles”对话框

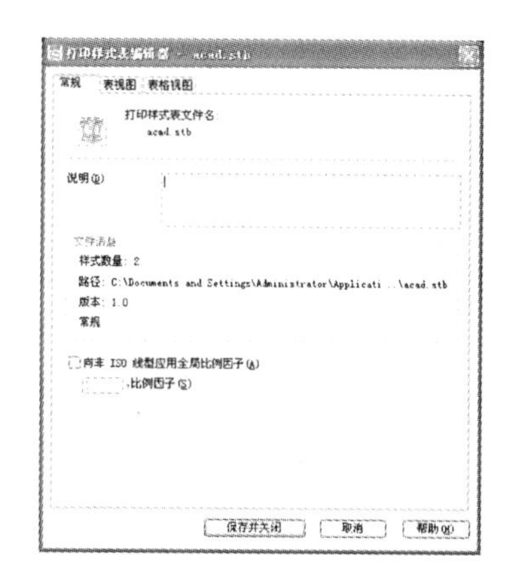

图 9-11 “打印样式表编辑器”对话框

“打印样式表编辑器”对话框中的“表视图”和“格式视图”选项卡分别如图 9-12,9-13 所示。“表视图”选项卡中的部分名称含义如下:

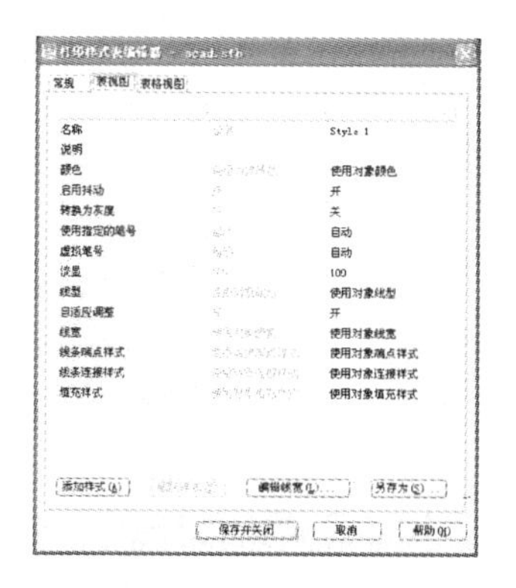

图 9-12 “表视图”选项卡

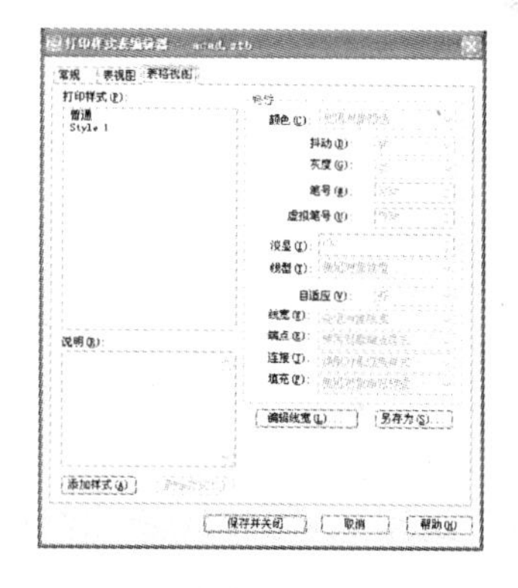

图 9-13 “格式视图”选项卡

(1)“颜色”选项:指定对象的打印颜色。打印样式颜色的默认设置为“使用对象颜色”。如果指定了打印样式颜色,在打印时该颜色将替代对象的颜色。

(2)“启动抖动”选项:打印机采用抖动来靠近点图案的颜色,使打印颜色看起来似乎比 AutoCAD 颜色索引(ACI)中的颜色要多。如果绘图仪不支持抖动,将忽略抖动设置。为避免由于细矢量抖动导致的线条打印错误,抖动通常是关闭的。关闭抖动还可以使较暗的颜色看起来更清晰。关闭抖动时,AutoCAD 将颜色映射到最接近的颜色,从而致使打印时颜色范围较小,无论使用对象颜色还是指定打印样式颜色,都可以使用抖动。

(3)“转换为灰度”选项:如果绘图仪支持灰度,则将对象颜色转换为灰度。如果不选择“转换为灰度”,AutoCAD 将使用对象颜色的 RGB 值。

(4)“使用指定的笔号”选项:指定打印使用该打印样式的对象时要使用的笔。笔号的范围为 1～32。如果打印样式颜色设置为“使用对象颜色”,或正编辑颜色相关打印样式表中的打印颜色,则不能更改指定的笔号,该值被设置为“自动”。

(5)“虚拟笔号”选项:在 1～255 之间指定一个虚拟笔号。许多非笔式绘图仪都可以使用虚拟笔模仿笔式绘图仪。对于许多设备,都可以在绘图仪的前面板上对笔的宽度、填充图案、端点样式、合并样式和颜色/淡显进行编程。

提示

只有在使用非笔式绘图仪并将绘图仪配置为使用虚拟笔时，虚拟笔设置才可用。在这种情况下，所有其他的样式设置都将被忽略，而只使用虚拟笔。如果没有将非笔式绘图仪配置为使用虚拟笔，则打印样式表中的虚拟和物理笔信息将被忽略，而使用所有其他设置。可以在 PC3 编辑器的“设备和文档设置”选项卡上的“矢量图形”中，将非笔式绘图仪配置为使用虚拟笔。在“颜色深度”下，选择“255 虚拟笔”。

(6)“淡显”选项：指定颜色强度设置，该设置确定在打印时 AutoCAD 在纸上使用的墨的多少，有效范围为 0～100。选择 0 将把颜色减少为白色，选择 100 将以最大的浓度显示颜色。要启用淡显，则必须选择“启用抖动”选项。

(7)“线型”选项：用于设置打印样式的线型。打印样式线型的默认设置为“使用对象线型”。如果指定一种打印样式线型，打印时该线型将替代对象的线型。

(8)“自适应调整”选项：调整线型比例以完成线型图案。如果未选择“自适应调整”，直线将有可能在图案的中间结束。如果线型缩放比例更重要，请关闭“自适应调整”。如果完成线型图案比正确的线型比例更重要，请打开“自适应调整”。

(9)“线宽”选项：显示线宽及其数字值的样例。可以以 mm 为单位指定每个线宽的数字值。打印样式线宽的默认设置为“使用对象线宽”。如果指定一种打印样式线宽，打印时该线宽将替代对象的线宽。

(10)“线条端点样式”选项：提供柄形、方形、圆形和菱形线条端点样式。线条端点样式的默认设置为“使用对象端点样式”。如果指定一种直线端点样式，打印时该直线端点样式将替代对象的直线端点样式。

(11)“线条连接样式”选项：提供斜接、倒角、圆形和菱形线条连接样式。线条连接样式的默认设置为“使用对象连接样式”。如果指定一种直线合并样式，打印时该直线合并样式将替代对象的直线合并样式。

(12)“填充样式”选项：提供实心、棋盘形、交叉线、菱形、水平线、左斜线、右斜线、方形点和垂直线填充样式。填充样式的默认设置为“使用对象填充样式”。如果指定一种填充样式，打印时该填充样式将替代对象的填充样式。

(13)[添加样式(A)]按钮：向命名打印样式表添加新的打印样式。打印样式的基本样式为“普通”，它使用对象的特性，不默认使用任何替代样式。创建新的打印样式后必须指定要应用的替代样式。不能向颜色相关打印样式表中添加新的打印样式，颜色相关打印样式表包含 255 种映射到颜色的打印样式。也不能向包含转换表的命名打印样式表添加打印样式。

(14)[删除样式(Y)]按钮：从打印样式表中删除选定样式。被指定了这种打印样式的对象将保留打印样式指定，但以“普通”样式打印，因为该打印样式已不再存在于打印样式表中。不能从包含转换表的命名打印样式表中删除打印样式，也不能从颜色相关打印样式表中删除打印样式。

提示

图形可以使用命名或颜色相关打印样式，但两者不能同时使用。转换样式命令CONVERTPSTYLES可将当前打开的图形从颜色相关打印样式转换为命名打印样式，或从命名打印样式转换为颜色相关打印样式，这取决于图形当前所使用的打印样式方式。

(1)颜色相关打印：通过使用颜色相关打印样式来控制对象的打印方式，确保所有颜色相同的对象以相同的方式打印。

当图形使用颜色相关打印样式表时，用户不能为单个对象或图层指定打印样式。要为单个对象指定打印样式特性，请修改该对象或图层的颜色。

(2)命名打印样式：命令打印样式可以理解为自定义的打印样式。

打印样式被设置为“随层”的对象将继承指定给其图层的打印样式。因为可以为每个布局指定不同的打印样式，而且命名打印样式表可以包含任意数量的打印样式，所以指定给对象或图层的打印样式可能不包含在所有打印样式表中。在这种情况下，AutoCAD将在“选择打印样式”对话框中报告该打印样式丢失，并使用对象的默认打印特性。

(15) 编辑线宽(L)... 按钮：显示“编辑线宽”对话框。共有28种线宽可以应用于打印样式表的打印样式中。如果存储在打印样式表中的线宽列表不包含所需的线宽，可以对现有的线宽进行编辑。不能在打印样式表的列表中添加或删除线宽。

9.2 打印基本步骤

9.2.1 打印设备的设定

打开“打印一模型”对话框，在“打印机/绘图仪”区域的“名称”下拉列表框中，系统列出了用户已安装的打印机或AutoCAD内部打印机设备名称。在该下拉列表中选择需要的输出设备后，在“打印机/绘图仪”区域的“绘图仪”栏、“位置”栏和“说明”栏后将显示被选中输出设备的名称、网络位置以及关于打印机的说明信息等。“名称”下拉列表后面的 特性(R)... 按钮也将可以使用。

接下来介绍如何设置当前打印机的特性。其操作步骤如下：

(1)选择打印机后，单击 特性(R)... 按钮，打开如图9-14所示的“打印机配置编辑器”对话框，并选择“设备和文档设置”选项卡。

(2)在列表框中选择“介质”目录下的“源和尺寸”项，即可在对话框下方的“大小”列表框中选择源图形的大小。展开“图形”目录，选择“矢量图形”项，此时对话框如图9-15所示。

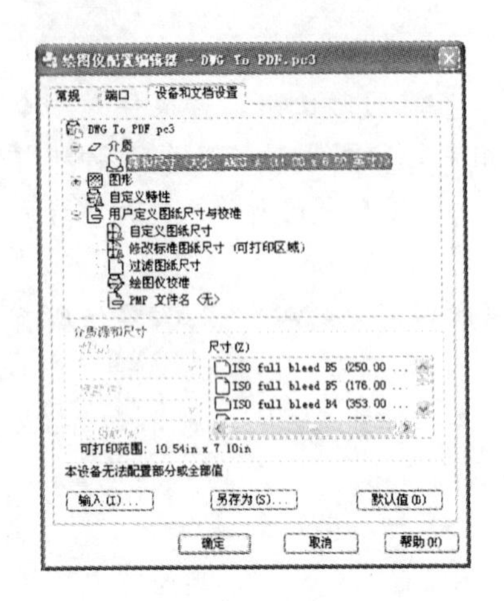

图 9-14 “打印机配置编辑器”对话框

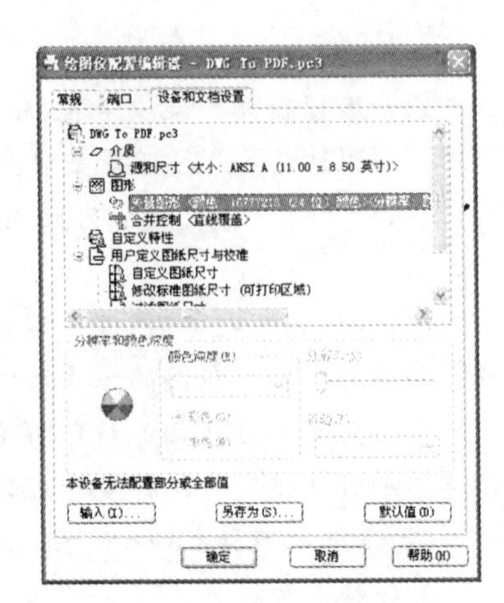

图 9-15 选择“矢量图形”项

提示

当选择不同的打印样式时,“矢量图形”选项所能运用的“分辨率和颜色深度”区域的功能不同。该区域内的各个选项含义如下:

(1)“颜色深度”区域:设置打印颜色的位数以及是用单色还是用彩色打印。

(2)“分辨率”区域:设置打印的精度。

(3)选择“用户定义图纸尺寸与校准”目录中的各项,可设置图纸的尺寸大小和可打印区域等。

(4)单击 另存为(S)... 按钮保存设置的打印特性,设置完成后单击 确定 按钮。

9.2.2 打印设置选项的设定

1. 设置打印尺寸

打开“打印”对话框,如图 9-16 所示,在该对话框内可以对打印的图纸进行大小尺寸设置。设置图纸尺寸可直接在“图纸尺寸”下拉列表中选择图纸大小即可。

2. 控制出图比例

设置合适的出图比例可在出图时使图形更完整地显示出来。与出图相关的比例有绘图比例和出图比例两种。

绘图比例是在绘制图形过程中所采用的比例。例如在绘图过程中用 1 个单位图形长度代表 200 个单位真实长度,则绘图比例为 1∶200。CAD 的绘图界限不受限制,因此绘图时一般以 1∶1比例绘制,出图时则控制出图比例。

出图比例是指出图时图纸上单位尺寸与实际绘图尺寸之间的比值,例如绘图比例为 1∶100,出图比例为 1∶1,则图纸上一个单位长度代表 100 个实际单位长度。若绘图比例为 1∶1,出图比例为 1∶100,则图纸上一个单位长度仍然代表 100 个实际单位长度。

与输出到图纸上的图形有关的还有线型比例和尺寸标注比例,这两种比例不会影响图纸尺寸的大小,但会影响除实线外的线型和尺寸标注的形状和比例。了解出图比例的

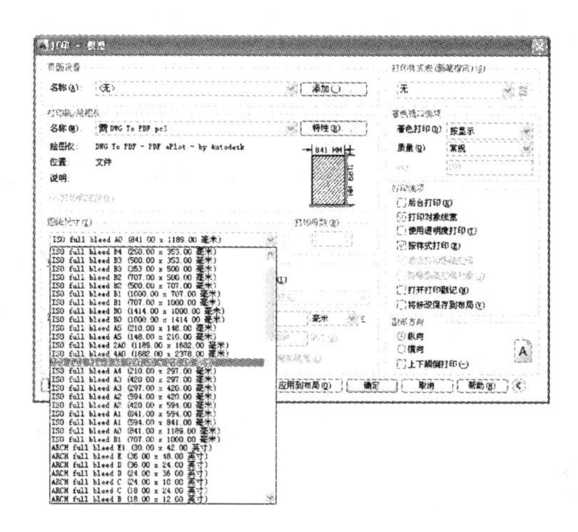

图 9-16 设置图纸尺寸

相关概念后，就可在"打印设置"选项卡中控制出图的比例，其方法如下：

(1)在"打印比例"下拉列表中根据实际情况选择所需的出图比例。

(2)若在下拉列表中选择"自定义"项，则在"自定义"文本框重新设置 mm 与其他单位间的换算。

3. 设置打印区域

设定不同的打印区域，打印出的图形则各不相同。在"打印－模型"对话框的"打印区域"中有设置图形打印范围的选项，如图 9-17 所示。在该下拉列表中包含了"显示"、"窗口"、"图形界限"三个选项。其各选项含义如下：

图 9-17 "打印－模型"对话框

(1)"显示"选项：选取该项，则打印当前绘图区中所显示的图形。

(2)"窗口"选项：打印用户所指定的区域。选择该项，在绘图区中选取要打印的矩形区域作为打印区域。

(3)"图形界限"选项：选取该项，打印时打印绘图区中所有的图形对象。

4. 设置图形打印方向

在"打印－模型"对话框的"图形方向"区域中可设置图形的出图方向。该区域有"纵向"单选项、"横向"单选项和"上下颠倒打印"复选框，如图 9-17 所示。其各选项的含义如下：

(1)“纵向”单选项:将图形以纵向方式打印到图纸上,如图 9-18 所示。

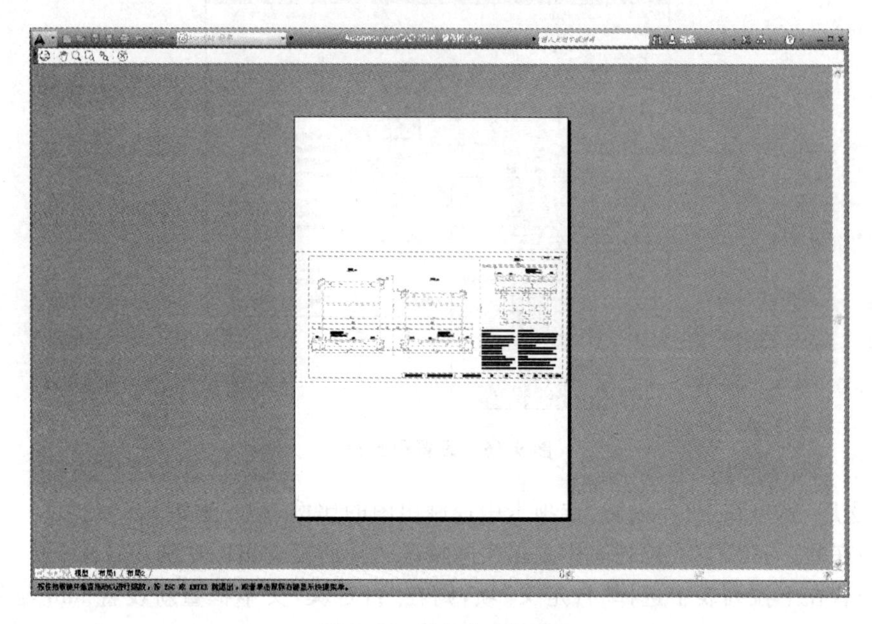

图 9-18 纵向方式打印

(2)“横向”单选项:将图形以横向方式打印到图纸上,如图 9-19 所示。

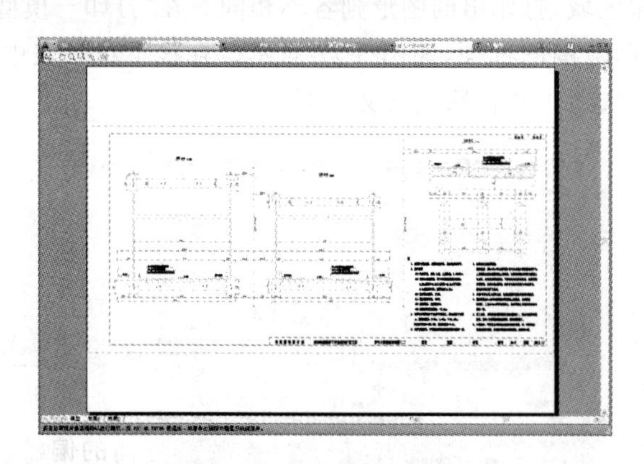

图 9-19 横向方式打印

(3)“上下颠倒打印”复选框:该选项是与纵向和横向打印配合使用,若与纵向打印配合则是上下颠倒定位图形方向并打印图形,若与横向配合则是左右颠倒定位图形方向并打印图形,如图 9-20 所示。

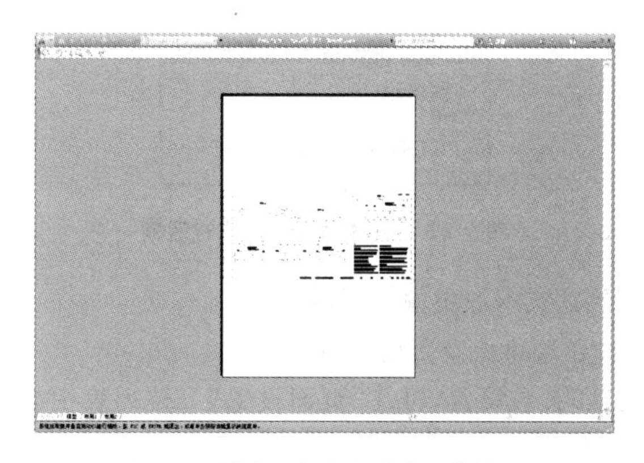

图 9-20 “上下颠倒打印”预览效果

5. 设置打印偏移

“打印偏移”区域是设置在出图时图形位于图纸的位置。“打印偏移”区域有如图 9-21 所示的选项。其各选项的含义如下：

图 9-21 设置“打印偏移”

(1)“居中打印”复选框：选取该复选框后将图形输出到图纸的正中间，系统自动计算出 X 和 Y 偏移值。

(2)“X”文本框：在该文本框中指定打印原点在 X 轴方向的偏移量。

(3)“Y”文本框：在该文本框中指定打印原点在 Y 轴方向的偏移量。

用户还可在“打印选项”区域中为图形设定其他的打印效果，如是否打印对象线宽、是否打印应用于对象和图层的打印样式等。

6. 保存打印设置

在 AutoCAD 2014 中用户还可将所设置的打印参数保存起来，供以后打印时调用。保存打印设置的操作步骤如下：

(1)在“打印”对话框的“页面设置”区域中单击 添加(.)... 按钮，打开如图 9-22 所示的“添加页面设置”对话框。

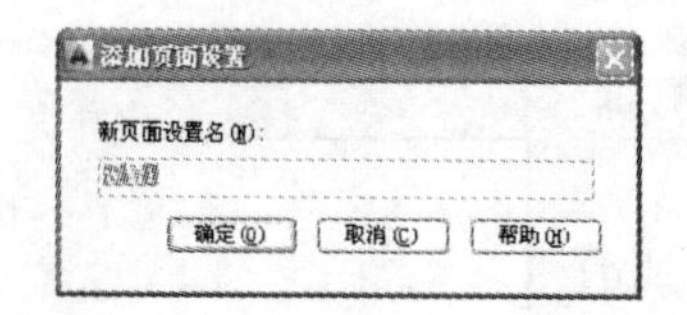

图 9-22 “添加页面设置”对话框

(2)在“新页面设置名”文本框中输入页面名称。

(3)单击[确定(O)]按钮即可保存页面设置。

若用户已保存有打印参数设置,可在“页面设置”下拉列表中将其调入 AutoCAD 中进行设置。操作步骤如下:

(1)在“页面设置”下拉列表中选择“输入”选项,打开如图 9-23 所示的“从文件选择页面设置”对话框。

(2)在该对话框中选择要使用的打印参数设置文件,单击[打开(O)]按钮,打开“输入页面设置”对话框,如图 9-24 所示。

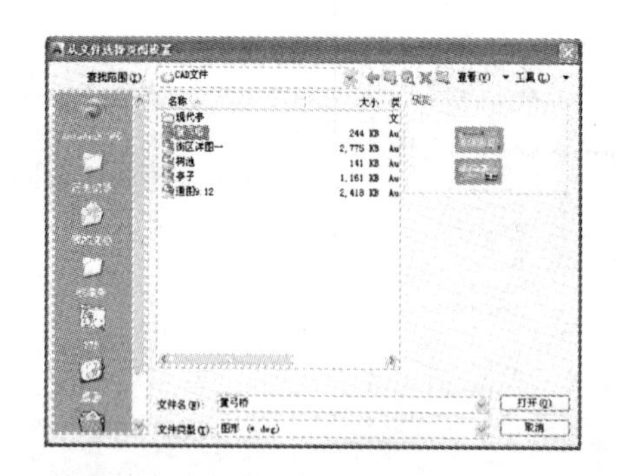

图 9-23 “从文件选择页面设置”对话框

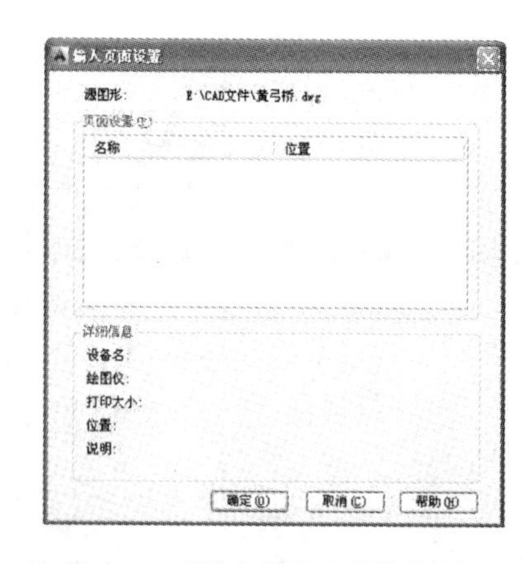

图 9-24 “输入页面设置”对话框

(3)在“页面设置”区域中选取要输入的打印参数设置。

(4)单击[确定(O)]按钮返回“打印－模型”对话框。

(5)在“页面设置”区域内的“名称”下拉列表中,选择所需的打印参数设置名称即可。

(6)如果要将多个图形布置在一起打印,可在窗口中执行“插入→块”命令,将图块插入到绘图区中,并进行位置和比例上的调整后,通过“打印”对话框将其打印出来。

9.3 在模型空间和布局空间打印

模型空间与布局空间是 AutoCAD 的两个工作空间。模型空间主要用于绘制图形,而布局空间主要用于打印输出。

9.3.1 在模型空间打印

模型空间是设置、管理视图的 AutoCAD 环境。模型空间的“模型”与真实的模型相对应。在模型空间中，可以把模型对象不同方位的显示视图，按合适的比例在模型上表示出来，还可以定义模型的大小、生成图框和标题栏。模型空间中的三维对象在模型空间中是用二维平面上的投影来表示的，因此它既是一个三维环境，也是一个二维环境。

在模型建立好后，就要进入模型空间，规划视图的大小与位置，也就是将模型空间中不同视角下产生的视图，或是具有不同比例因子的视图在一张模型上表现出来。在模型空间打印就是本章前面小节中讲述的打印方法。

9.3.2 在布局空间打印

布局空间(即模型空间)是一种工具，用于设置在模型空间中绘制图形的不同视图，创建图形最终打印输出时的布局。布局空间可以完全模拟模型布局，在图形输出之前，可以先在模型上布置布局。

布局就相当于模型空间环境。一个布局就是一张图纸，并提供预置的打印页面设置。在布局中，可以放置标题栏、创建用于显示视图的布局视口、标注图形以及添加注释。可以查看和编辑模型空间对象，例如布局视口和标题栏。

默认情况下，新图形最开始有两个布局选项卡，即“布局 1”和“布局 2”。如果使用图形样板或打开现有图形，图形中布局选项卡可能以不同名称命名。

使用“布局向导”命令的方法如下：

- 执行“插入”→“布局”→“创建布局向导”命令。
- 执行“工具”→“向导”→“创建布局”命令。
- 在命令行输入命令：layoutwizard。

下面以图 9-25 所示图形来学习使用“布局向导”创建布局的方法。

(1)激活“布局向导”命令，弹出“创建布局－开始”对话框，如图 9-26 所示。

(2)“创建布局－开始”对话框的左边列出了创建布局的步骤。在其“输入新布局的名称”中输入“一层平面图”，然后单击“下一步”按钮，屏幕出现如图 9-27 所示对话框。

(3)为新布局选择一种已配置好的打印设备，例如 DWG TO PDF. pc3，单击“下一步”按钮，出现如图 9-28 所示的对话框。

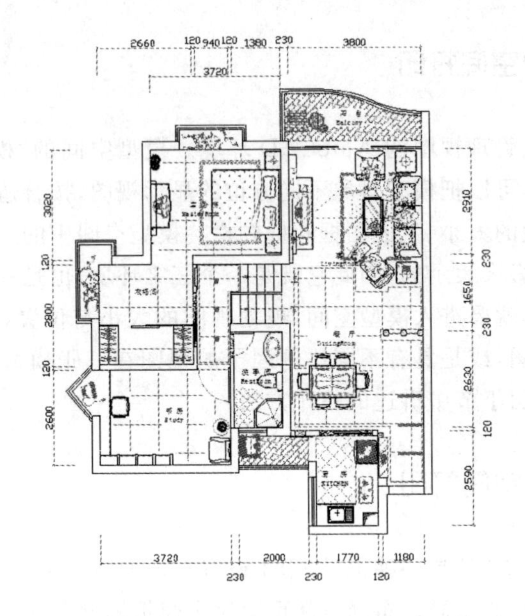

图 9-25　图例文件(一层平面图)

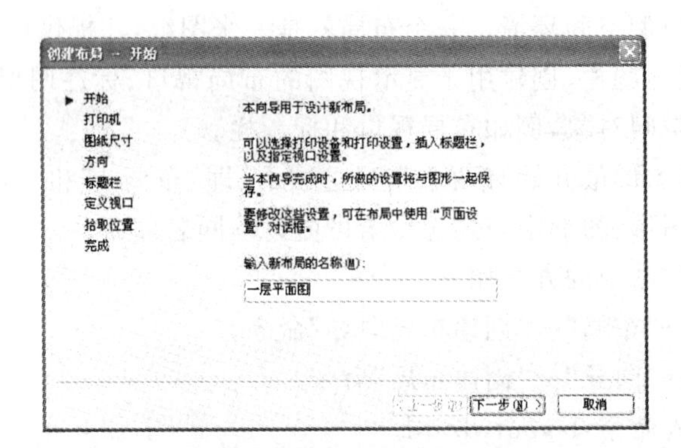

图 9-26　“创建布局－开始”对话框

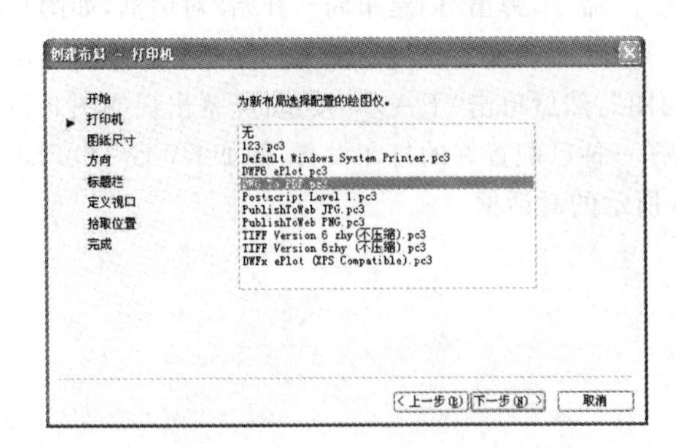

图 9-27　“创建布局－打印机”对话框

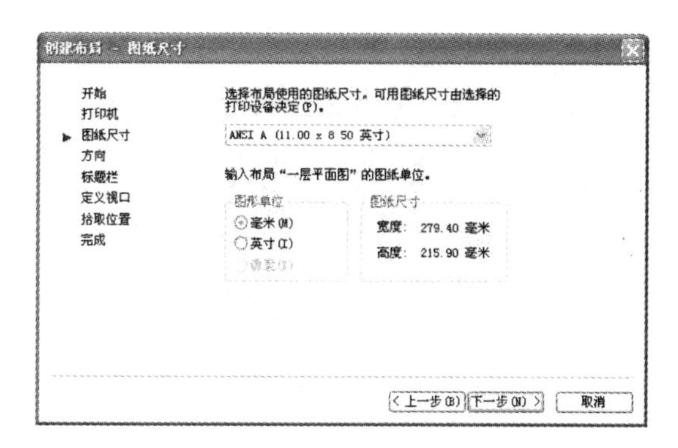

图 9-28 "创建布局—图纸尺寸"对话框

(4)先选择图形所用的单位，再选择打印图纸的尺寸。如选择"mm"为单位，以 A3 的图纸打印。单击"下一步"按钮，将出现如图 9-29 所示对话框。

(5)设置图形在图纸上的方向，如"横向"。单击"下一步"按钮，出现如图 9-30 所示的对话框。

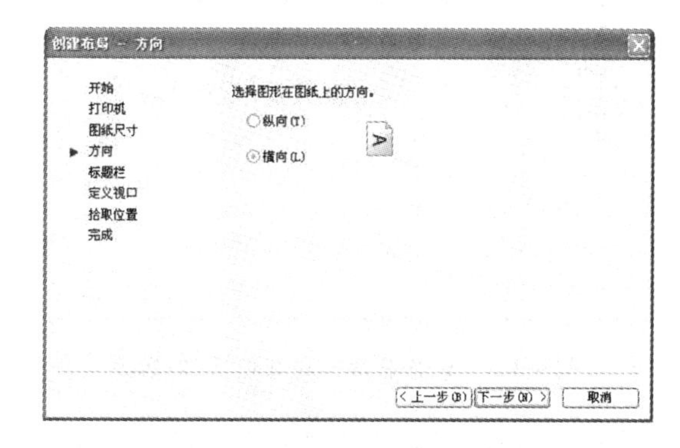

图 9-29 "创建布局—方向"对话框

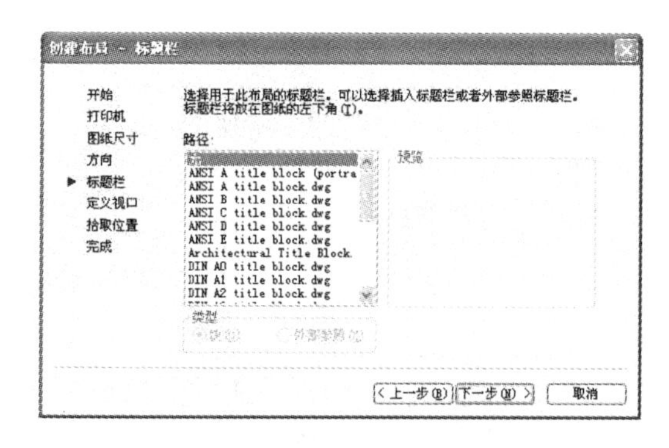

图 9-30 "创建布局—标题栏"对话框

(6)选择图纸的边框和标题栏的大小和样式，如 DIN A3 title block.dwg。在"类型"框中，可以指定所选择的图框和标题栏文件是作为"块"插入，还是"外部参照"引用。单击"下一步"按钮，出现如图 9-31 所示的对话框。

(7)设置新建布局中视口的个数和形式，以及视口中的视图与模型空间的比例关系。

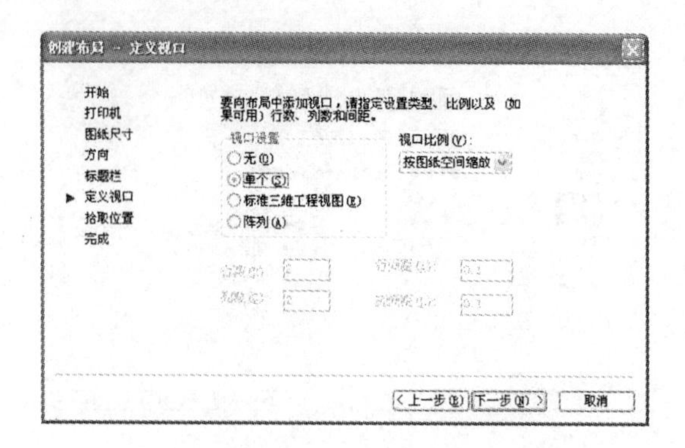

图 9-31 “创建布局－定义视口”对话框

例如 1:50,表示把模型空间的图形缩小 50 倍显示在视口中。单击“下一步”按钮,出现如图 9-32 所示的图形。

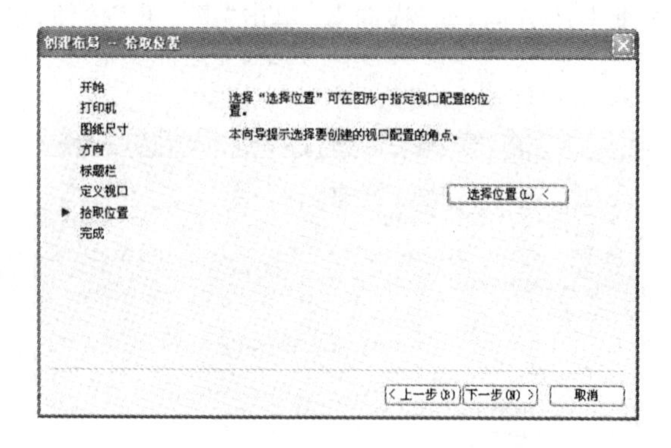

图 9-32 “创建布局－拾取位置”对话框

(8)单击“选择位置”按钮,AutoCAD 切换到绘图窗口,并通过指定两个对角点来指定视口的大小和位置,如图 9-33 所示。

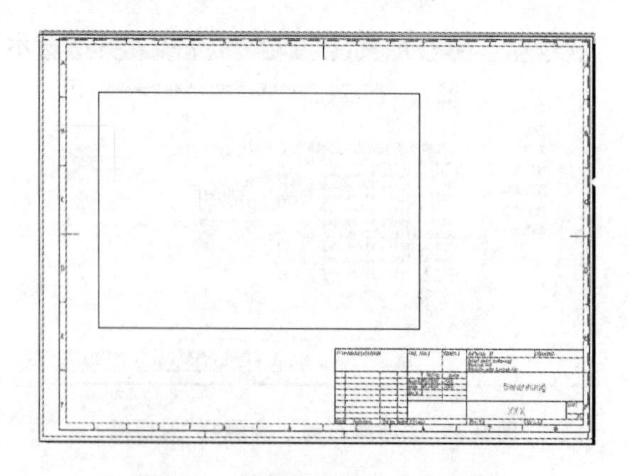

图 9-33 选择视口的大小和位置

(9)确定视口的大小和位置后,屏幕弹出如图 9-34 所示的对话框。

(10)最后单击“完成”按钮即完成新布局及视口的创建。这时,所创建的布局出现在

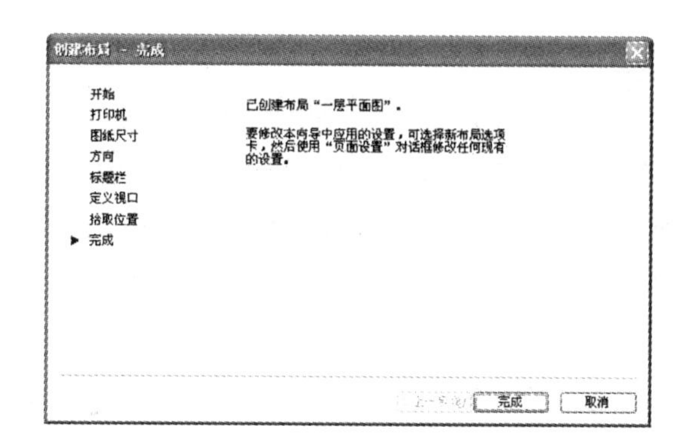

图 9-34 “创建布局－完成”对话框

屏幕上，如图 9-35 所示。此外，AutoCAD 将显示图纸空间的坐标系图标。

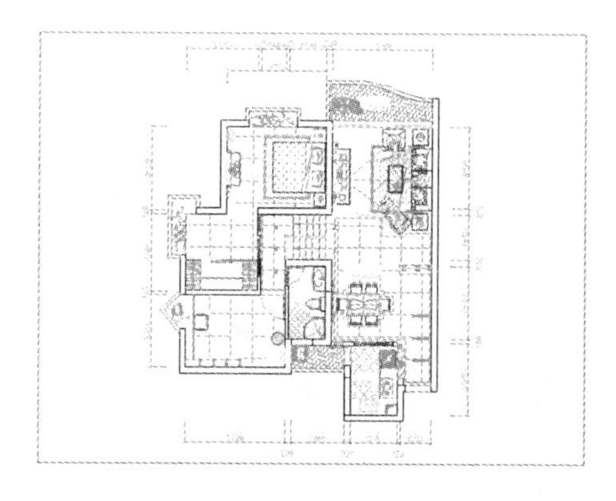

图 9-35 完成创建后的视口

(11)现在我们双击显示图形的视口，可以透过图纸空间来操作模型空间的图形，为此，AutoCAD 将这种视口称为“浮动视口”。

(12)如果要在布局输出时只打印视图而不打印视口边框，就需要冻结视口边框所在的图层，如“视口边框”，这时屏幕上的视口边框将消失，如图 9-36 所示。也可以将所在的层设置为“不打印”。然后用普通的打印方法对图纸进行打印即可。

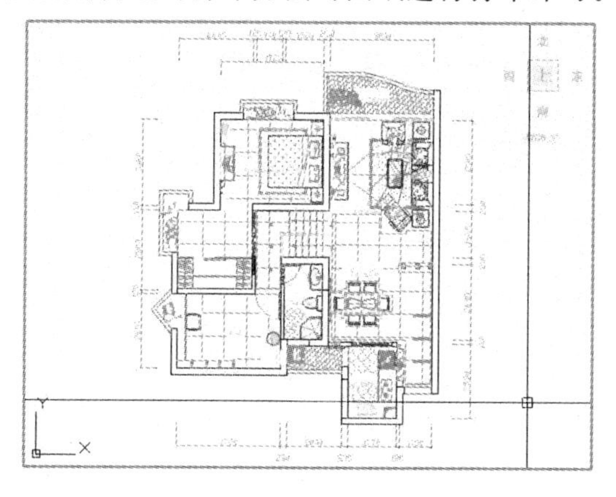

图 9-36 冻结“视口边框”的布局

9.4 本章小结

通过本章的学习，使读者了解了图纸打印输出的方法，其中包括模型空间与图纸空间的概述、创建布局、编辑与管理布局及图纸的打印输出等内容。在操作过程中，读者一定要了解视口的操作方法和电子打印的方法，并通过实际的操作，进一步地掌握模型空间与图纸空间的使用及打印输出的方法，为以后的工作打下基础。

第10章 CAD图形文件格式、电子传递与发布

◈内容摘要◈

在 AutoCAD 中可以把图形连接发布、传递，实现资源共享等。其中使用发布命令还可以轻松快捷地创建 Web 网页。

◈教学目标◈

- 了解 CAD 常见转换格式
- CAD 打印类型
- CAD 输出方法
- 网上发布 DWG

10.1 转换成其他格式输出

AutoCAD 图形文件经常被转换成其他格式的文件，以便在网络上传阅，如 JPG、EPS 等格式，这里所讲到的格式转换，其实就是一种虚拟的文件打印。

10.1.1 转换成常用图像格式输出

在 AutoCAD 2014 中，DWG 图形文件常被转换成 JPG 图像文件格式和 PDF 图像文件格式。JPG 全名是 JPEG 。JPEG 图片以 24 位颜色存储单个光栅图像。JPEG 是与平台无关的格式，支持最高级别的压缩，不过这种压缩是有损耗的。

1. 转换为 JPG 图像文件

将 DWG 格式文件转换图 JPG 图像格式文件方法如下：

(1)选择“文件”→“打印”命令，弹出“打印－模型”对话框，在“打印机/绘图仪”列表中，选择 Publish To Web 选项，如图 10-1 所示。

(2)如有需要，可以在“图纸尺寸”列表中，选择打印的尺寸，如图 10-2 所示。

(3)设置好打印范围后，单击“预览”按钮，预览打印效果，如图 10-3 所示。

(4)退出预览模式，单击“打印”按钮，将弹出“浏览打印文件”对话框，设置好文件名，选择保存位置，单击“保存”按钮即可，如图 10-4 所示。

2. 将 DWG 格式文件输出为 PDF 文件

PDF 是 Portable Document Format(便携文件格式)的缩写，是一种电子文件格式，与操作系统平台无关，由 Adobe 公司开发而成。PDF 文件是以 Post Script 语言图像模型

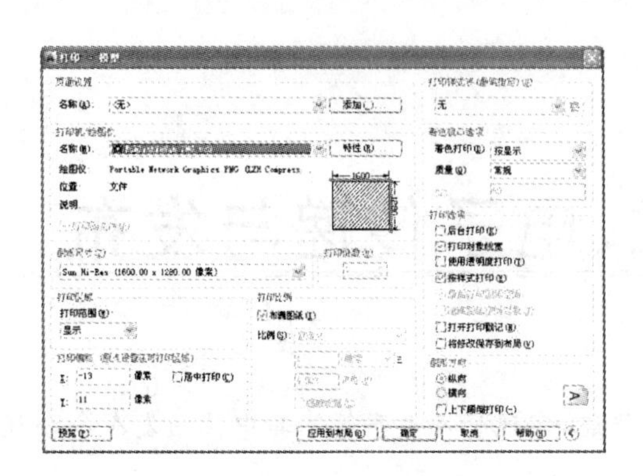

图 10-1 “打印－模型”对话框

图 10-2 “图纸尺寸”列表

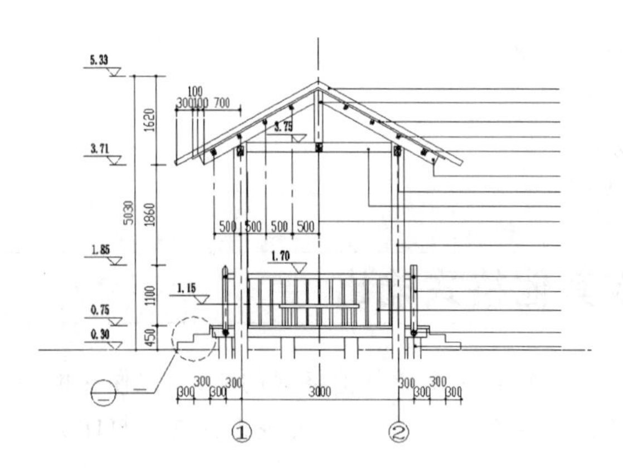

图 10-3 预览打印效果

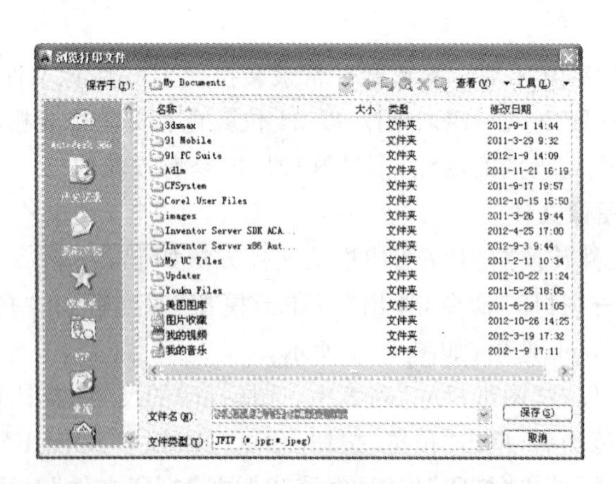

图 10-4 保存文件

为基础，无论在哪种打印机上都可保证精确的颜色和准确的打印效果，即 PDF 会忠实地再现原稿中的每一个字符、颜色以及图像。PDF 打印的方法与 JPG 输出方法相同，只需要在打印时，设置打印格式为 PDF 格式即可，如图 10-5 所示。

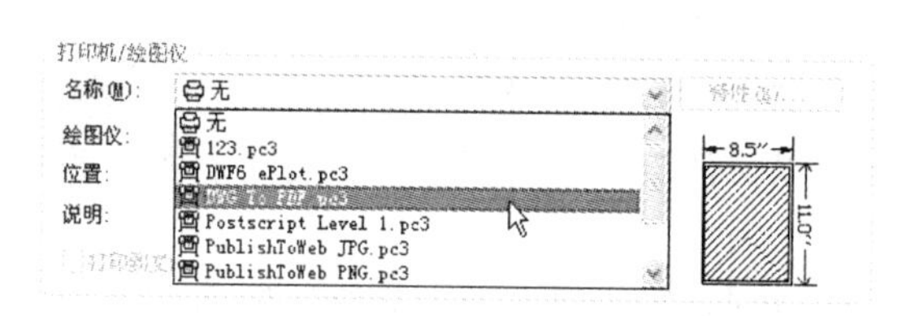

图 10-5 选择打印类型

10.1.2 转换成 EPS 格式输出

EPS 文件是目前桌面印前系统普遍使用的通用交换格式当中的一种综合格式。就目前的印刷行业来说，使用这种格式生成的文件，大部分专业软件都能处理它。在 AutoCAD 2014 中，可以使用"输出"命令，将 DWG 文件格式输出为 EPS。

选择"文件"→"输出"命令，将弹出"输出数据"对话框，如图 10-7 所示，在"文件类型"列表中，选择 EPS 格式的文件即可。

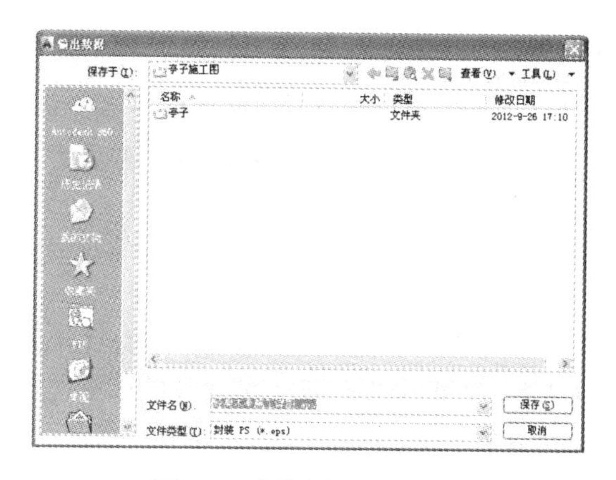

图 10-6 "输出数据"对话框

10.2 电子传递

使用电子传递，可以打包进行 Internet 传递的文件集。传递包中的图形文件会自动包含所有相关的依赖文件，例如外部参照和字体文件，也可以通过图纸集创建传递包。

将图形文件发送给其他人时，常见的一个问题是忽略了包含相关的依赖文件，例如外部参照和字体文件。在某些情况下，接收者会因没有包含这些文件而无法使用图形文件。使用电子传递，依赖文件会自动包含在传递包内，从而降低了出错的可能性。启动电子传递命令的方法有如下两种：

- 下拉菜单：执行"文件"→"电子传递"命令
- 命令行：ETRANSMIT

启动电子传递 ETRANSMIT 命令后，AutoCAD 系统将自动打开"创建传递"对话框，如图 10-6 所示。

对话框中共包含有“文件树”和“文件表”两个选项卡，“选择一种传递设置”区域和“输入要包含在此传递包中的说明”文本框。各个选项含义与使用功能如下：

(1)“文件树”选项卡：以文件树状形式列出了当前绘制图形和所包含的传递内容，如图 10-7 所示。

(2)“文件表”选项卡：以列表形式列出了当前绘制图形和所包含的传递内容，效果如图 10-8 所示。

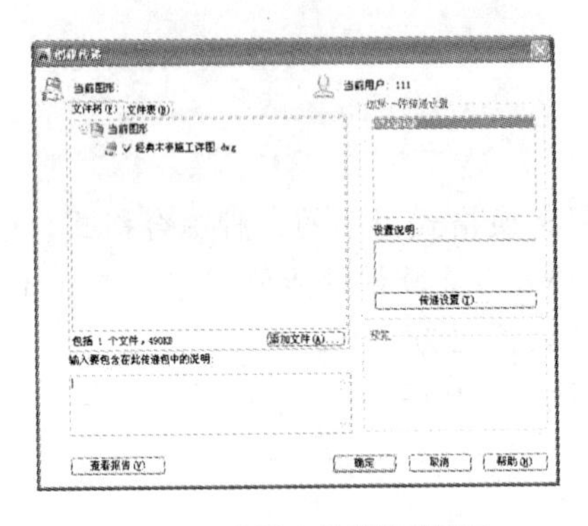

图 10-7 “创建传递”对话框

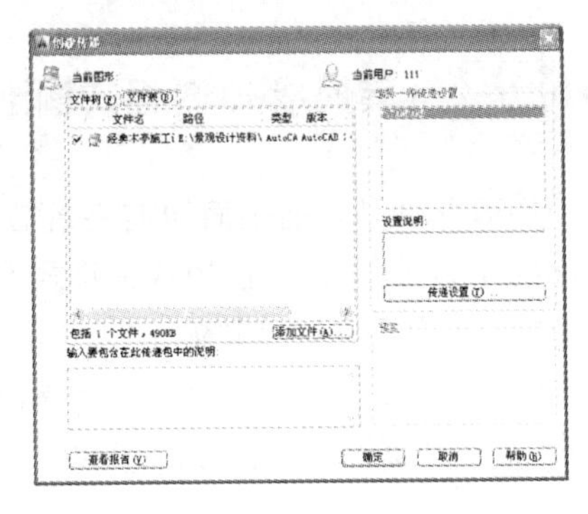

图 10-8 “文件表”选项卡

(3)“选择一种传递设置”区域：用户可以在该区域内选择所需要的传递设置，也可以对传递设置内的参数进行设置。AutoCAD 系统默认的传递设置为“STANDARD”，该传递设置不能被删除，只能对其进行修改。

(4)“输入要包含在此传递包中的说明”文本框：在此文本框内可以对电子传递包进行必要的注释说明。

若用户所需要传递的文件不只一个，而是多个时，可以使用[添加文件(A)...]按钮，打开“添加要传递的文件”对话框，如图 10-9 所示。在该对话框中选择传递文件，然后单击[打开(O)]按钮，把所需要传递的文档添加到“创建传递”对话框中，效果如图 10-10 所示。用户可以反复操作，在“创建传递”对话框中添加多个文件。

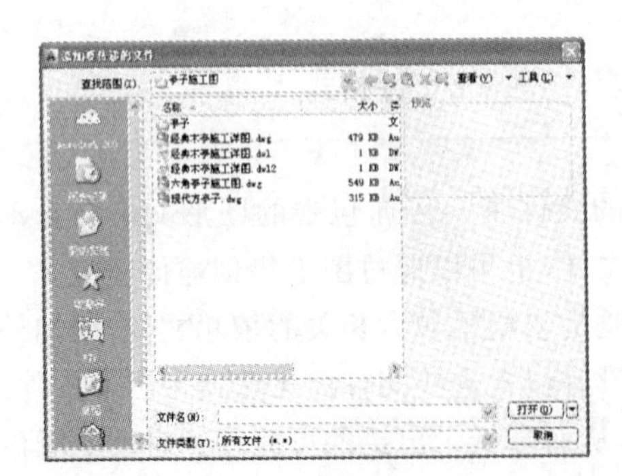

图 10-9 “添加要传递的文件”对话框

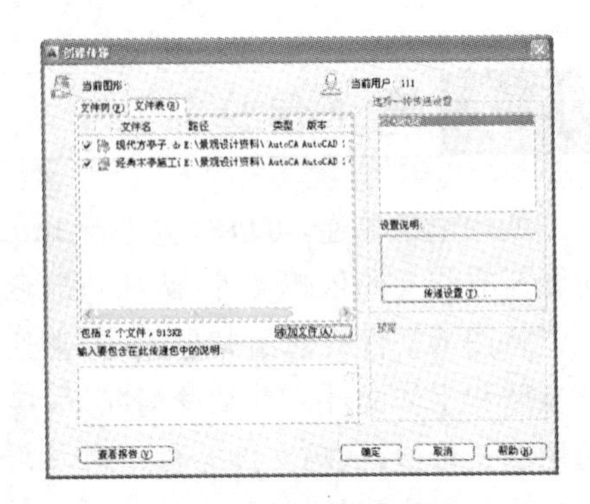

图 10-10 添加文件

若用户需要传递设置方式，可单击[传递设置(T)...]按钮，系统将打开“传递设置”对话框进行参数设置，如图 10-11 所示。在对话框中默认的传递方式为“副本－STANDARD”，用户可以新建自己的传递方式，单击[新建(N)...]按钮，系统将自动打开“新传递设置”对话框，如图10-12所示。在该对话框中输入新传递设置的名称，如“副本-STANDARD”，在“基于”下拉列表中选择标准方式，效果如图10-13所示。然后单击 继续 按钮，继续下一步设置，系统将自动打开“修改传递设置”对话框，效果如图10-14所示。在该对话框中各项的含义如下：

图10-11 “传递设置”对话框

图10-12 “新传递设置”对话框

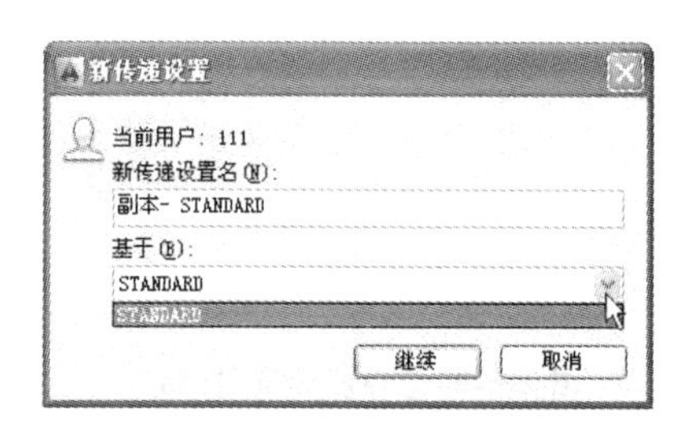

图10-13 选择“基于”选项

图10-14 “修改传递设置”对话框

(1)如图10-15所示，在“传递类型和位置”区域内的“传递包类型”下拉列表选择传递包的类型：Zip、文件夹、自解压可执行文件。

(2)如图10-16所示，在“传递类型和位置”区域内的“文件格式”下拉列表选择传递的文档。

(3)如图10-17所示，在“传递类型和位置”区域内的“传递文件名”下拉列表选择传递的文件名称：提示输入文件名、必要时进行替换、必要时输入增量文件名。

(4)在包含“动作”和“选项”区内可以对传递的文件附加一些功能选项，如“包含字体”复选框、“用传递发送电子邮件”复选框、“提示输入密码”复选框等，效果如图10-18所示。

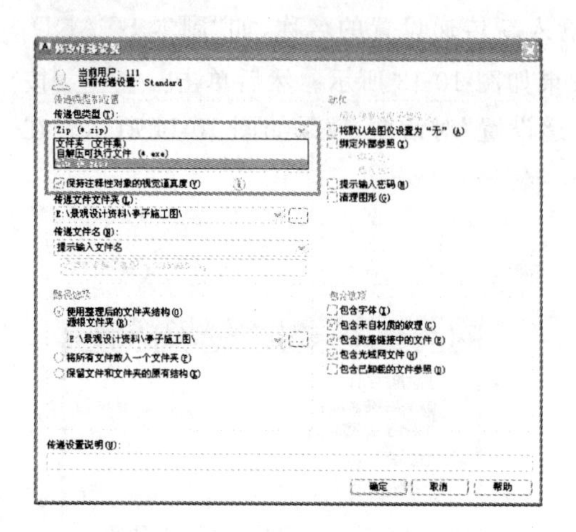

图 10-15 “传递包类型”下拉列表

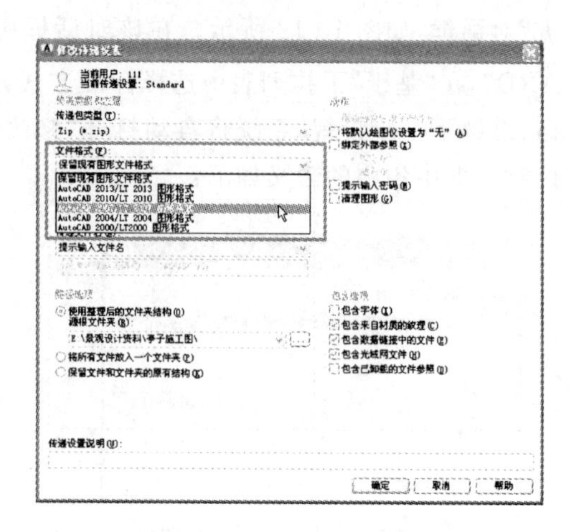

图 10-16 “文件格式”下拉列表

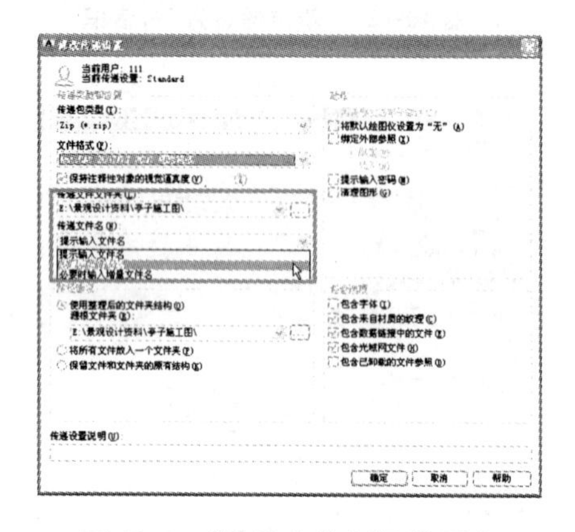

图 10-17 “传递文件名”下拉列表

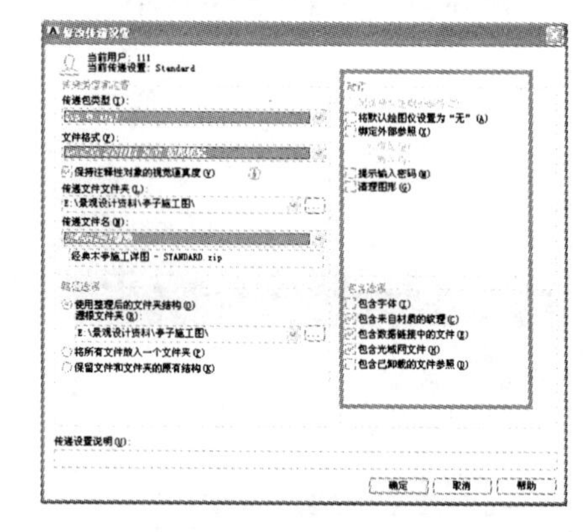

图 10-18 “传递选项”区域

①“包含字体”复选框：勾选该复选框后，将文件中的字体和图形一起传递。

②“用传递发送电子邮件”复选框：勾选该复选框后，将传递文件以电子邮件的方式传递。

③“将默认绘图仪设置为“无”(A)”复选框：勾选该复选框后，将绘图仪的输入设置取消。当然，对于没有绘图仪的用户此复选框可以不做任何操作。

④“绑定外部参照”复选框：由于外部参照并不是当前图形中的对象，只是一个参照，因此在文件传递时，外部参照并没有一起被传递，如此就造成图形传递的失败。勾选该复选框后，将图形中的外部参照一起传递。

⑤“提示输入密码”复选框：对于一些只有授权人才能看的机密图形，可以对其设置密码。这样就只有授权的人才能看图形，防止机密外泄。勾选该复选框后，在打开传递文件时，系统要求输入授权密码。

设置完传递参数后，单击 确定 按钮回到“传递设置”对话框中，效果如图 10-19 所示。这时对话框中的 重命名(R) 按钮和 删除(D) 按钮都将显示可用，用户可对新创建的传递设置修改或重命名或删除等。

提示

标准“STANDARD”传递方式不能重命名与删除。

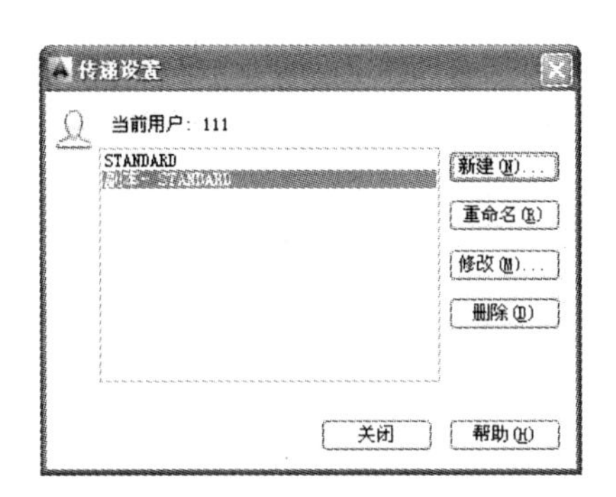

图 10-19 “传递设置”对话框

在“创建传递”对话框中，单击[查看报告(V)]按钮，CAD 系统将自动打开“查看传递报告”对话框，效果如图 10-20 所示，用户可以查看传递的信息。若传递的信息比较重要，可以将该信息保存到用户指定位置。单击[另存为(S)...]按钮，打开“报告文件另存为”对话框，效果如图 10-21 所示，在该对话框中选定保存路径，将报告信息保存起来。

图 10-20 “查看传递报告”对话框

图 10-21 “报告文件另存为”对话框

传递设置的参数都设置好后，单击[确定]按钮，打开“指定 Zip 文件”对话框，效果如图 10-22 所示。在该对话框中将传递需要压缩的文件进行压缩保存，输入压缩文件名后单击[保存(S)]按钮，CAD 系统直接将图形传递出去，自动创建传递软件包。

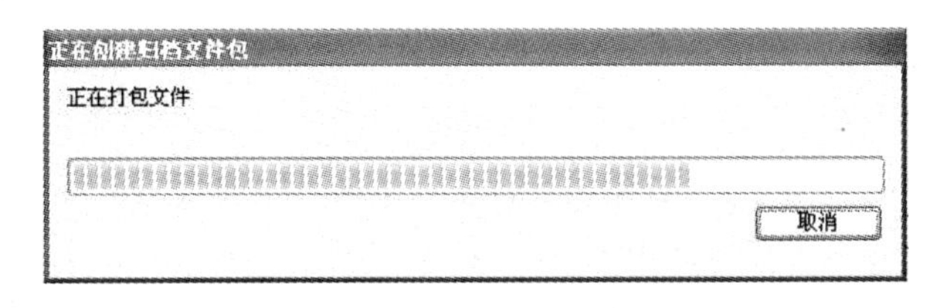

图 10-22 “指定 Zip 文件”对话框

10.3 创建 Web 网页

用户可以从 Internet 上打开、下载图形文件。因为 AutoCAD 2014 的文件处理命令可以识别 URL 路径,能够通过 Internet 将 AutoCAD 图形文件下载到自己的计算机中。

10.3.1 创建 Web 文件

创建 Web 网页是创建包括选定图形的图像的 HTML 页面。启动网上发布命令的方法有如下两种:

- 下拉菜单:执行"文件→网上发布"命令
- 命令行:PUBLISHTOWEB

启动网上发布命令后,系统将打开"网上发布一开始"对话框,如图 10-23 所示。具体创建操作步骤如下:

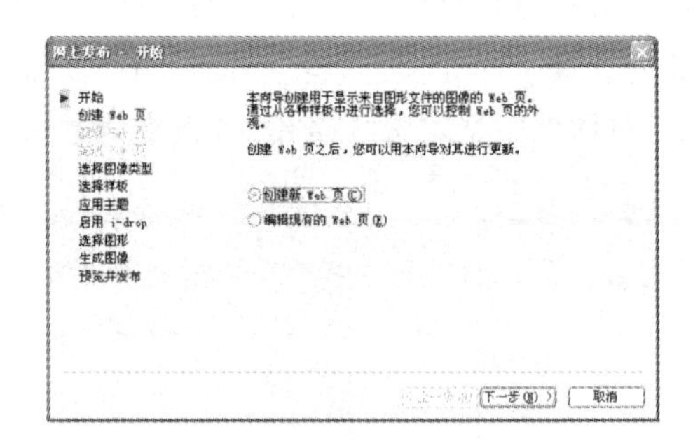

图 10-23 "网上发布一开始"对话框

(1)单击"创建新 Web 页"单选项,然后单击[下一步(N) >]按钮,AutoCAD 将打开"网上发布一创建 Web 页"对话框,如图 10-24 所示。

(2)在该对话框中输入新 Web 网页名称和网页的位置。用户可以单击[...]按钮,打开"选择放置 Web 页的目录"对话框,如图 10-25 所示。在该对话框中指定创建 Web 页的路径。

(3)单击[下一步(N) >]按钮,AutoCAD 将打开"网上发布一选择图像类型"对话框,如图 10-26 所示。该对话框中要求用户确定将要在 Web 页显示的图形图像类型。用户可以通过左面的下拉列表在 DWF、JPEG 和 PNG 三种类型之间选择。确定文档类型后,在右方的下拉列表中,可以在小、中、大和极大之间确定 Web 页中显示图像的大小。

(4)确定这两项内容后单击[下一步(N) >]按钮,AutoCAD 弹出"网上发布一选择样板"对话框,如图 10-27 所示。该对话框用于确定 Web 页样板,通过对话框中的列表进行选择即可。用户做出选择后,AutoCAD 在左边的图像框中会显示出相应的样板示例。

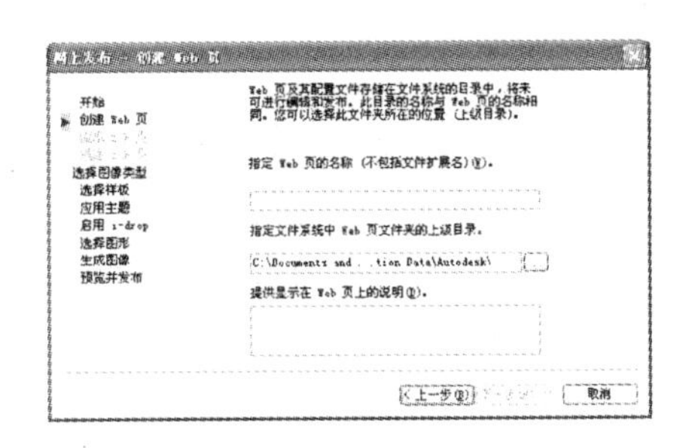

图 10-24 “网上发布—创建 Web 页”对话框

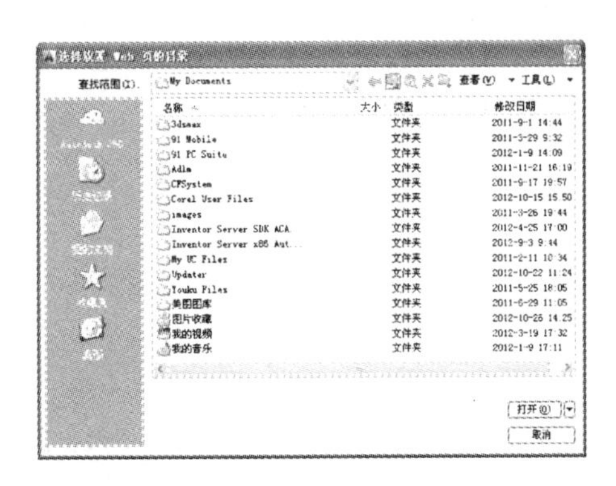

图 10-25 “选择放置 Web 页的目录”对话框

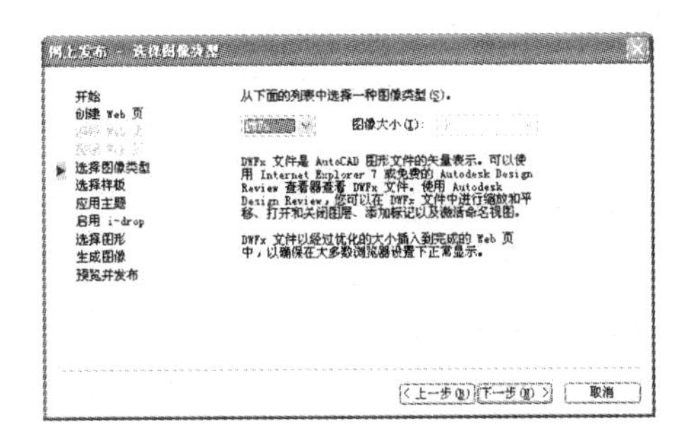

图 10-26 “网上发布—选择图像类型”对话框

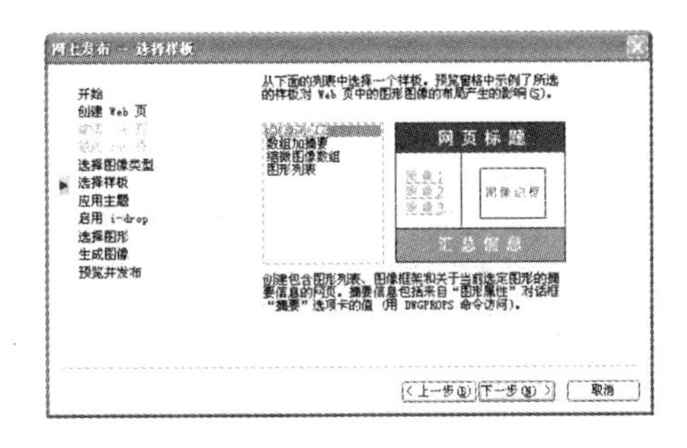

图 10-27 “网上发布—选择样板”对话框

(5)选择样板后单击[下一步(N) >]按钮，AutoCAD 打开“网上发布—应用主题”主对话框，如图 10-28 所示。此对话框用来控制 Web 页面上各元素的外观样式，如字体和颜色等，用户可以通过下拉列表进行选择。选择完毕后，AutoCAD 会在图像框中显示出相应的样式。

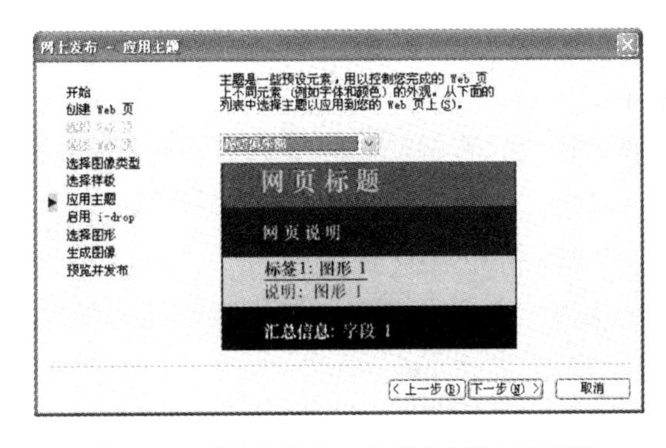

图 10-28 “网上发布—应用主题”主对话框

(6)单击[下一步(N) >]按钮，AutoCAD 打开“网上发布—启用 i-drop”对话框，如图 10-29 所示。此对话框允许用户选择是否创建支持 I-drop 的 Web 页。支持 i-drop 的 Web 页会将在 Web 页上所生成的图像一起发送 DWG 文档备份。利用此功能，访问 Web 页的用户可以将图形文件拖放到 AutoCAD 绘图环境中。

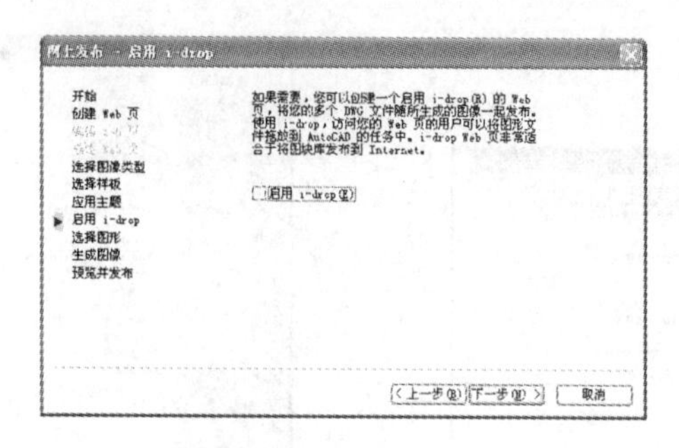

图 10-29 “网上发布—启用 i-drop”对话框

(7)用户可以通过“启用 i-drop(E)”复选框确定是否创建支持 i-drop 的 Web 页。用户选择该复选框后,单击下一步(N) >按钮,AutoCAD 打开“网上发布—选择图形”对话框,如图 10-30 所示。此对话框用于确定在 Web 页要显示成图像的图形文件,用户从中选择即可。

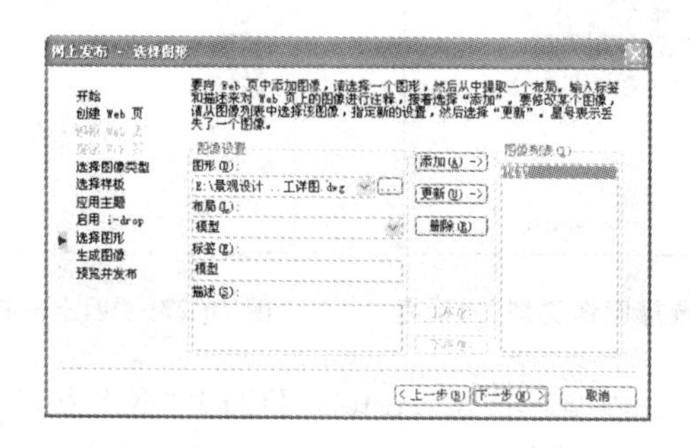

图 10-30 “网上发布—选择图形”对话框

(8)确定图形文件后单击下一步(N) >按钮,AutoCAD 将打开“网上发布—生成图像”对话框,如图 10-31 所示。此对话框用于确定以何种方式生成 Web 页图像,即是“重新生成已修改图形的图像”方式还是“重新生成所有图像”方式。

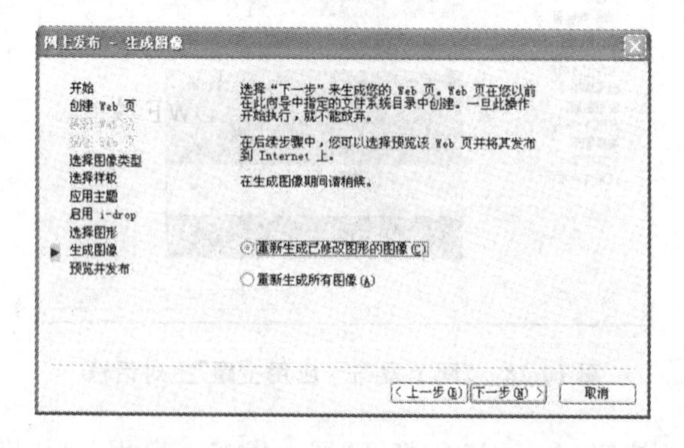

图 10-31 “网上发布—生成图像”对话框

(9)用户选择后单击下一步(N) >按钮,AutoCAD 打开“打印作业进度”对话框,显示当前图形打印作业的进度。打印作业进度完成后系统将打开如图 10-32 所示的对话框。单击对话框中的预览(P)按钮,用户可以预览所创建的 Web 页,双击图中的每一个图像或其名称，就会在 Autodesk Express Viewer 中打开该图形，如图 10-33 所示。

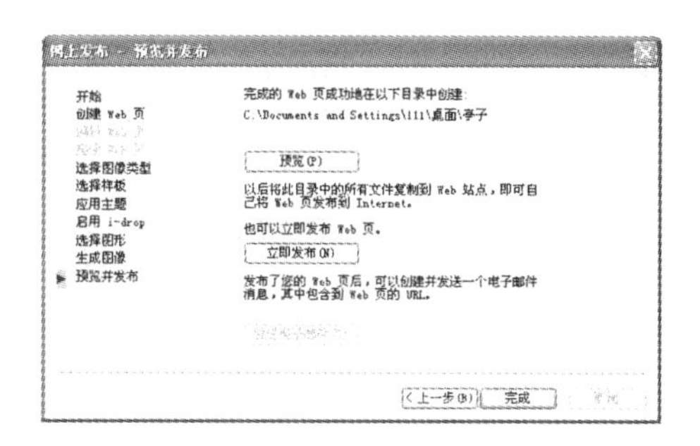

图 10-32 “网上发布一预览并发布”对话框

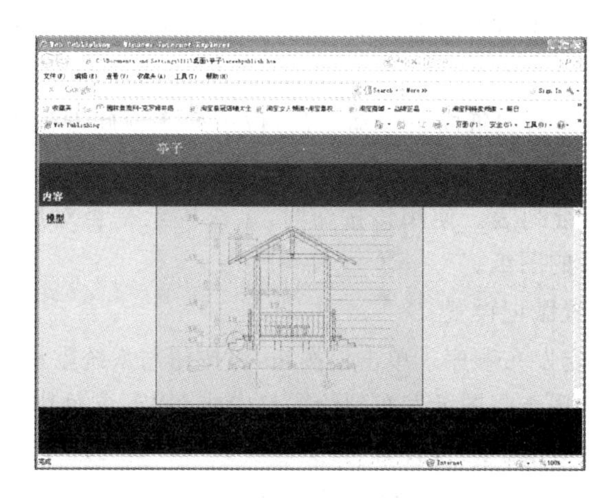

图 10-33 预览效果

(10)如果单击 立即发布(N) 按钮，则可立即发布新创建的 Web 页。在创建 Web 页后，可以通过网上发布向导中的“编辑 Web 页”选项和“描述 Web 页”选项进行编辑。

10.3.2 CAD 文件的网上发布

使用发布图形功能可以将 AutoCAD 图形发送到 DWF 文件或打印机上。启动该命令的方法有如下两种：

- 下拉菜单：执行“文件→发布”命令
- 命令行：PUBLISH

启动该命令后，系统将打开“发布”对话框，效果如图 10-34 所示。该对话框中有“图纸列表”显示框、“发布为”区域、“添加图纸时包含”区域，各项含义如下：

(1)“图纸列表”显示框：显示了当前图形的图纸名、页面设置与状态，并且对页面上的图纸是否可以打印进行检查。在该区域内还可以将图纸保存、上下移动图纸位置等。其中各个按钮含义如下：

- 按钮：往图纸内添加图纸。
- 按钮：将所选择的图纸删除掉。

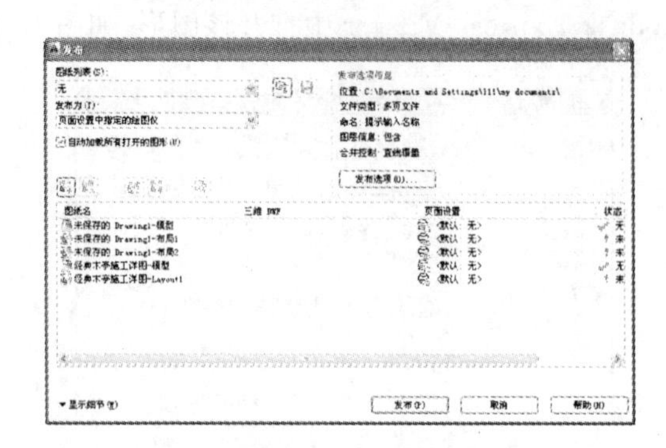

图 10-34 “发布”对话框

• 按钮:将所选择的图纸向上移动一位,位于列表框顶端位置的图纸不能使用该按钮。

• 按钮:将所选择的图纸向下移动一位,位于列表框底端位置的图纸不能使用该按钮。

• 按钮:加载图纸列表。使用该按钮时,系统提示是否对原有的图纸进行保存。加载的图纸将代替原有的图纸。

• 按钮:打印设置戳记设置。

• 按钮:用于确定发布顺序。单击该按钮,将按钮与系统默认相反的顺序发布。

(2)“发布为”区域:用于将图纸发布到绘图仪中或 DWF 文件中。

(3)“添加图纸时包含”区域:包含有“模型选项卡”和“布局选项卡”两个选项。

(4) 发布选项(O)... 按钮:该按钮用于对发布的一些参数进行设置,单击该按钮后,将打开“发布选项”对话框,效果如图 10-35 所示。

(5) 显示细节(W) 按钮:用于显示发布图形的细节,如选定图纸信息、选定页面设置信息。单击该按钮后,将在“发布”对话框下方展开图纸的细节显示,效果如图 10-36 所示。单击该按钮后,该按钮将变为 隐藏细节(I) 按钮。

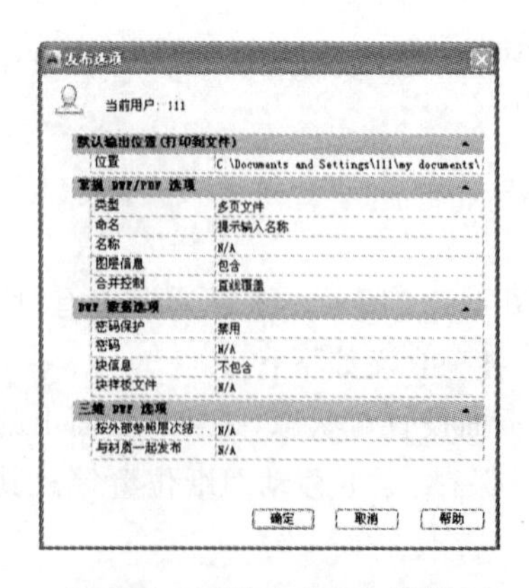

图 10-35 “发布选项”对话框

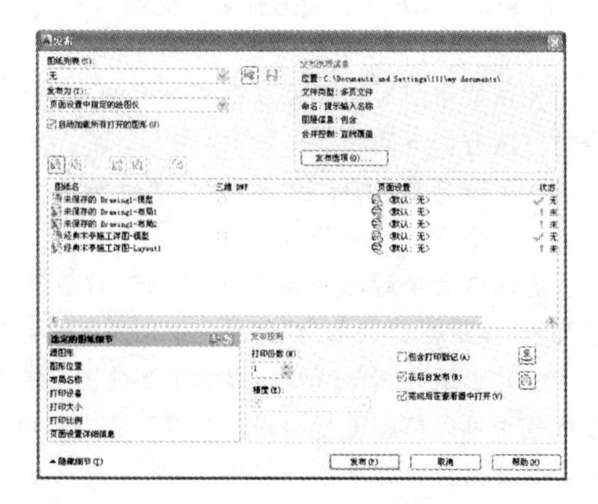

图 10-36 “发布”对话框

10.4 本章小结

通过本章的学习，使读者了解了电子打印的方法以及使用 Web 页在网上传阅 CAD 图纸的方法。电子打印和使用 Web 页是 CAD 最终出图的形式，至于以什么样的形式出图，由读者自行决定。熟悉这几种出图方法，在今后的实际工作中会有很大的帮助。